KB265677

Optimum Design of Engineering plastics

Plastic 최적설계

임무생 지음

한국학술정보[주]

머리말

Optimum Design of Engineering plastics(Plastic 최적설계)는 제품·금형·성형의 집적이기 때문에 설계의 Element Symbol화가 어려운 분야이다. 게다가 기술혁신과 격화하는 경쟁의 중압으로 각종 다양한 요구조건의 완전한 Matching 등이 요구된다. 이를 위해서는 결과중시에서 과정중시로, 사후대책 중심에서 사전예방 중심으로, Layout의 Optimum화, ES(Element Symbol)화 등, 종래에 없는 통합적인 견해와 재료·부품·금형·성형의 통합기술·품질생산·신뢰성 관리·요소설계 신뢰성 DB 등을 분석하여 Simulation하는 것이 필요하다. ES화의 수용으로 개념화 혁신과 High cycle에 의한 고품질 사출성형으로 부품 신뢰도를 높이는 데 본서가 기여하기를 바란다. Plastic은 성형 과정이 금형 내에서 이루어지기 때문에 Resin의 용융·유동·고화에 이르는 Flow를 육안으로 관찰하기가 곤란하다. 그러나 이러한 수지의 Flow 상태가 부품특성과 결함을 좌우하는 현실적인 문제들이다. Engineering Plastic은 항공기에서부터 자동차·고속철도·선박·건축물의 Infrastructure에 사용이 확대되고 있다. 공학설계에 있어서 최적 해를 얻기 위하여 최적화 방법이 많이 사용되어 왔으나 CAE(Computer-Aided Engineering)는 부품이 만족할 만한 수준이 될 때까지 여러 방법으로 재작업하여, 엔지니어들로 하여금 정확한 문제점을 예상하여, 디자인의 최적화로 전반적인 부품의 개발 시간과 비용을 절감할 수 있게 하는 장점을 가지고 있다. 이러한 장점을 살리기 위해서는 ES(Element Symbol)를 CAD데이터화하여 부품형상의 FEM-CAE 해석을 위한 모델을 손쉽게 제작할 수 있다. 일반적으로 시험생산을 한 후, 그 결과물을 비교해 금형을 수정하는 반복 작업을 거치게 되기 때문에 이러한 ES를 CAD DB화하면, 금형수정의 반복 횟수를 최대한으로 줄일 수 있다. Plastic은 금속재료와 비교하면 탄성률이 작고, 온도 의존성이 큰 결점을 가지고 있다. 금속재료에 익숙해져 있는 설계자가 놓치기 쉬운 결점이며 신뢰성 설계 시에 주의할 필요가 있다. 부품의 품질향상·원가절감 등의 목적을 효과적으로 달성하려면 부품의 초기설계에서부터 실패하지 말아야 하므로 ES화를 통한 최적설계를 도출하여야 한다. 사후에 발견된 문제를 해결하기에는 시간·비용이 요구되며, 때로는 이미 결정된 다른 요소들로 인하여 문제해결이 불가능한 경우가 생길 수 있으므로 ES적용이 기존보다 훨씬 앞 단계가 되어야 한다. 지정된 위치에 Weld Lines 이 생기도록 하기 위한 Runner의 설계문제는 Weld Lines의 발생위치를 제어해야 되기 때문에 Weld Lines 발생위치에 신뢰성이 보증되어야 한다. Gate 위치의 상세설정이나 Runner Diameter의 선택 등을 조합시킨 복잡한 최적화 문제에 대해서도 효과적이다. 플라스틱 성형가공 분야에서 변형거동은 금속의 소성가공과 비교하여 재료물성으로도 큰 변화를 동반하는 등, 매우 복잡하다. 플라스틱 성형가공 분야에 CAE기술을 접목시키기 위해서도 우선, 본서에 기술한 ES를 Basic으로 하여 설계자가 구상하는 사고를 조합시킴으로써 실용상 유효한 Element Symbol화 CAD설계를 하는 것이 무엇보다 가장 중요하다.

저자 배상

차 례

c·o·n·t·e·n·t·s

제5장 Insert 설계 / 151

제6장 도장하는 Plastic 제품의 설계기준 설계 / 173

c·o·n·t·e·n·t·s

제10장　부품 두께 설계 / 217

제11장　Rib 설계 / 253

제16장 Plastic 접합 설계 / 331

제17장 Nylon gear 설계 / 365

제18장 Polyacetal gear의 강도계산 / 425

제19장 Polyacetal의 Journal bearing의 설계 / 459

제20장 사출성형과 금형 / 491

제1장

Element 설계

1. 구조상의 부품 설계

1) Plastic과 금속

(1) 금속의 성질: 탄성적 성질
① 비례한도 내의 계수
② 탄성한도 이상에서의 영구고정
③ 항복응력×안전(설계)계수＝사용응력
④ 응력－변형도 곡선(S－S 곡선) 온도에 따라 거의 변하지 않는다.

(2) 플라스틱의 성질: 점·탄성적 성질
① S－S 곡선상의 하중률에 따른 효과
② S－S 곡선상의 온도 효과
③ 비례한도가 없다.
④ 항복점이 뚜렷하게 결정되지 않는다.
⑤ 하중이 가해질 때 시간에 크게 영향을 받는 성질(시간척도)

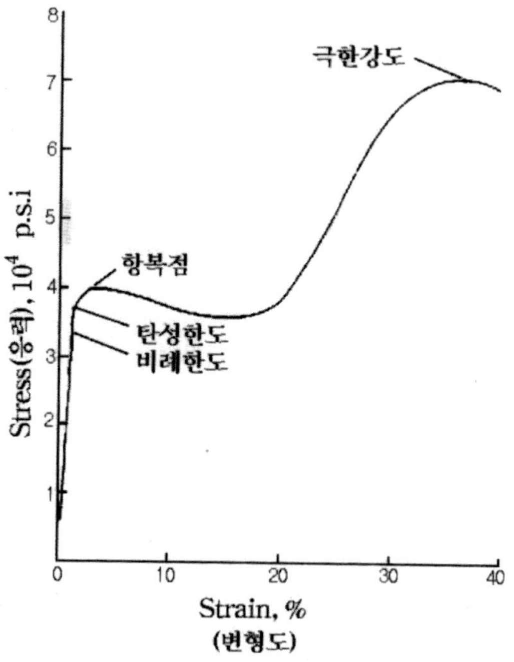

Creep 성질의 중요성(저탄소강의 전형적인 응력－변형도 곡선)

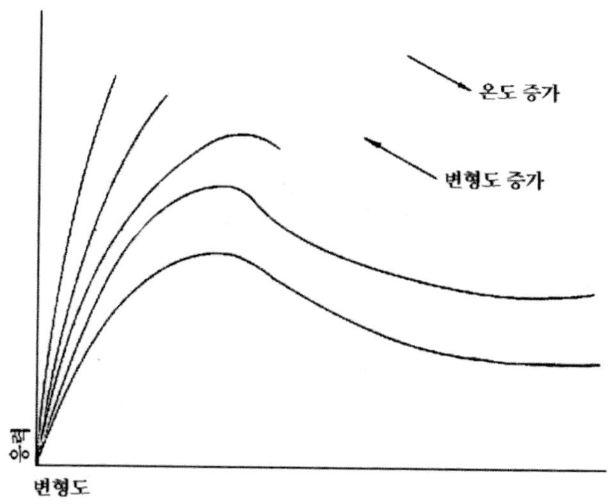

연성플라스틱의 전형적인 인장응력
변형도 곡선으로 변형도와 온도와의 효과를 보여준다.

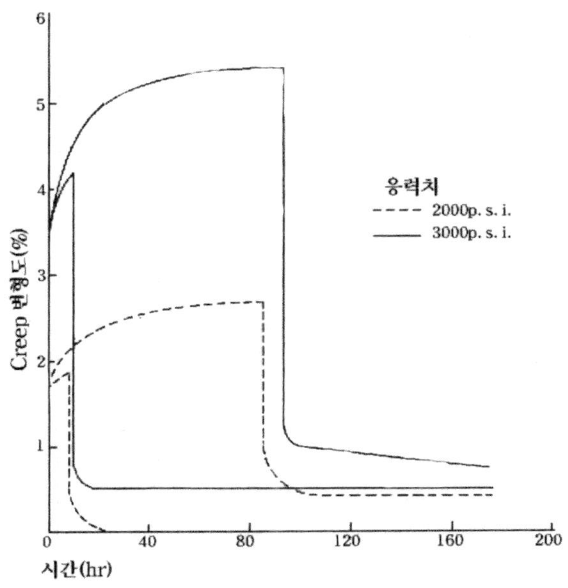

전형적인 공학적 열가소성 수지의 탄성

이 곡선은 하중을 제거한 후 변형 회복에 대하여 하중에 따른 응력과 시간의 효과를 나타내 준다.

2) 인장강도, 굽힘강도, 굽힘탄성률, Izod 충격강도의 온도의존성

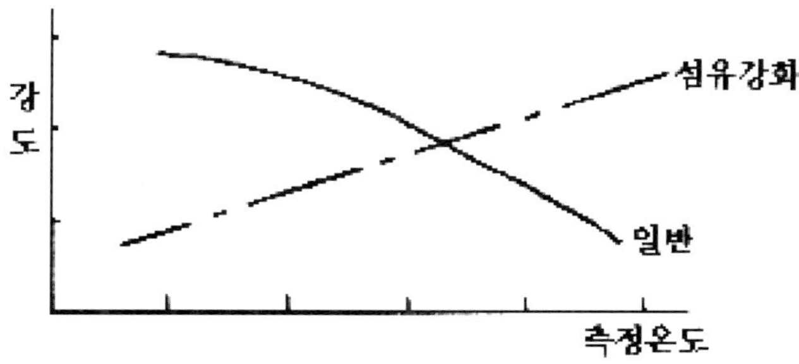

① Stress－strain 관계

Stress＝σ＝F / A, Strain＝ε＝(L－Lo) / Lo

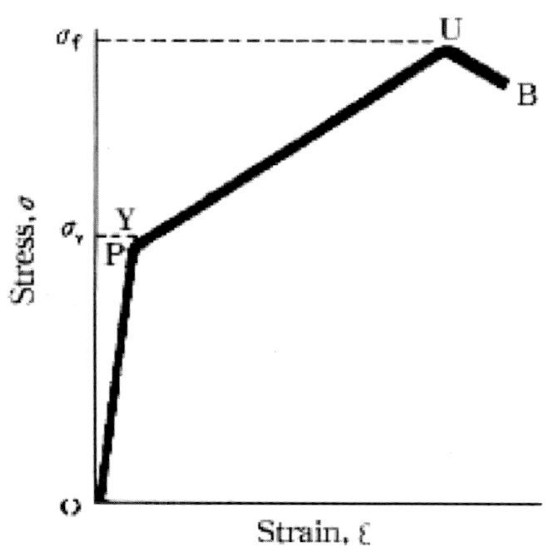

Stress－Strain Curve

OP 영역을 탄성구간이라 하는데 응력 σ를 가했을 때 Strain은 순간적인 값을 가지며 응력 제거 시 Strain도 제거된다. 즉 탄성구간에서 Stress와 Strain 관계가 시간에 무관하다. 그리고 OP 구간에서 Stress와 Strain은 선형비례관계를 가지며 그 관계식 Hook's law는 σ＝Eε이다.

여기서 E는 Young's modulus로서 재질의 고유성질이다.

그러나 점차 응력이 증가됨에 따라 P점에서 응력과 Strain 관계가 σ＝Eε식을 따르지 않으며, 또한 응력이 제거되어도 변형은 영원히 잔류하게 된다.

이 구간을 소성구간이라 하며 P점에 해당되는 응력을 항복점이라 정의한다. 이 소성구간에서 ε를 증가시키기 위해 응력도 증가시켜야 하며, 탄성구간보다 원만한 폭으로 증가시켜야 한다.

결국 U점에 도달했을 때 인장시험편은 파괴된다. 이때의 응력을 파괴강도 σf로 정의하며 파괴 시의 응력을 재질의 연신율(Elongation)이라 한다.

강제 설계 시 부품의 응력이 항복점보다 훨씬 낮게 유도되도록 하므로 제품설계 시 Hook's law를 많이 사용한다. 그러나 Plastic 부품의 경우는 부품의 응력이 매우 낮거나 응력적용 시간이 10~20분 비교적 짧은 경우에만 Hook's law를 사용해야 한다.

② Plastic의 Isochronous curve는 아래의 그림과 같고 판재의 경계면은 단단하게 고정되어 있다고 가정하고 세로(a)=20㎝, 가로(b)=60㎝, 두께(t)=0.32㎝인 Plastic 판재 중심 부분에 10kg의 하중을 100시간 및 1000시간으로 각각 가했을 때 Deflection은 얼마인가?

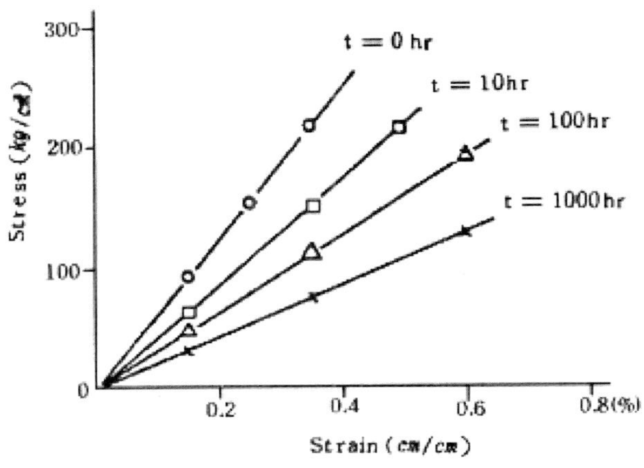

Isochronous curve

$$\mathrm{Deflection}(\delta) = \frac{0.00725 P \cdot a^2}{D}$$

P: 하중

a: 판재의 세로길이

D: $\dfrac{E \cdot t^3}{12(1-V^2)}$

t: 판재의 두께

E: Young's modulus

V: Poisson's ratio 0.4

Isochronous curve로부터 t=100hr일 때 Apparent modulus는 시간에 따른 S-S Curve를 얻을 수 있다. 낮은 응력 구간에서 응력과 변형과의 관계가 선형적으로 비례하며 이때 비례계수는 오로지 시간의 함수이다. 이러한 거동을 Linear visco elastic behavior라 정의하며 이를 수학적으로 표시하면 σ=εE(t)로 된다.

여기서 E(t)는 Apparent modulus라 한다.

시간이 증가함에 따라 감소한다.

$$(E\,100) = 3.18 \times 10^4 \text{kg}/\text{cm}^2$$

$$\delta = 0.00725 \times \frac{10 \times (20)^2}{3.18 \times 10^4 \times (0.32)^3} \times 12 \times (1 - 0.4^2) = 0.28\,\text{cm}$$

1000hr일 때 $(E\,1000) = 2.18 \times 10^4\,\text{kg}/\text{cm}^2$

$$\delta = \frac{0.00725 \times 10 \times (20)^2 \times 12 \times (1 - 0.4^2)}{2.18 \times 10^4 \times (0.32)^3} = 0.41\,\text{cm}$$

10kg에 유도되는 응력은 $\sigma = \dfrac{6M}{t^2}$, $M = 0.168 \times P$

$$\sigma = 98.4\,\text{kg}/\text{cm}^2$$

2. 구조상 Plastic의 Creep 성질

1) 세 단계의 Creep 곡선

- 1단계: 크고 빠른 최초의 변형(일반적 S−S시험)
- 2단계: 느리고 일정한 비율로 변형(Creep 계수)
- 3단계: 파괴(Creep 파괴강도)

Creep 시험은 설계에서 사용할 수 있는 것보다 더 큰 실제적 강도와 강성을 나타낸다. Creep 데이터는 탄성적 설계 문제에 대해서 사용되어야 한다.

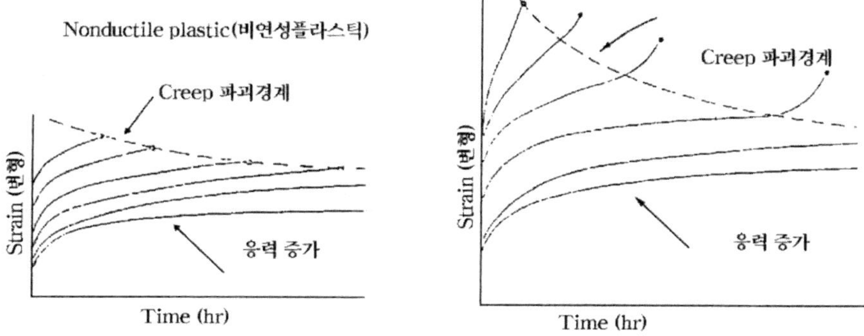

연성과 비연성 플라스틱의 대표적인 Creep 성질

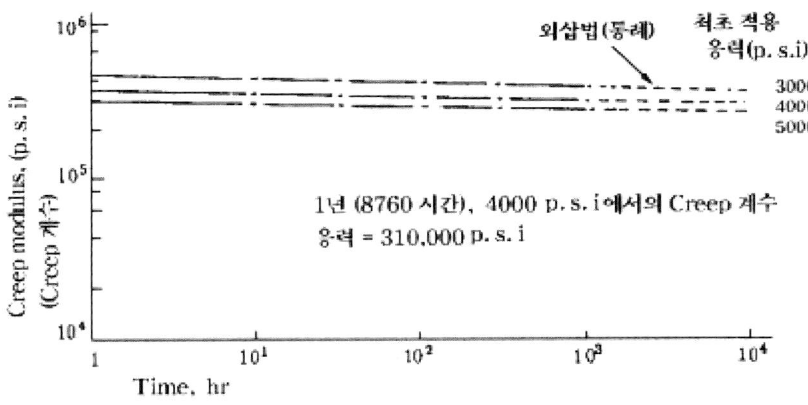

212°F에서 30% 강화 유리의 PBT의 Creep 계수는 1년에서의 설계 계수를 얻기 위하여 통계적으로 외삽(外揷)한다.

2) Creep 파괴: 강도에 대한 설계기준

파괴(항복)구획에 대해서 Creep 파괴경계(Envelope) 곡선에서부터 응력 - 시간곡선까지

예) 주어진 하중을 지지하기 위한 단순보의 폭 설계

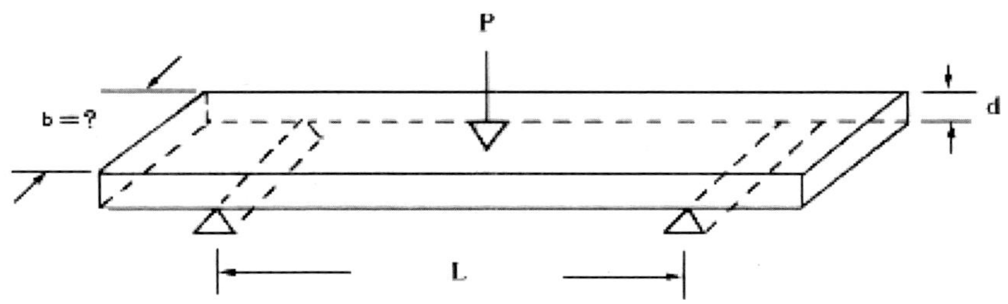

S = 최대 섬유조직 응력

$$b = \frac{3PL}{2Sd^2}$$

① 부품의 설계 수명을 선택한다.

② Creep 파괴 곡선으로부터의 데이터(필요한 곳에서 외삽법을 사용함) 파괴(항복)에 대해서, Creep 파괴응력 대 시간의 구획을 나눈다.

설계 수명에 대응되는 Creep 파괴응력을 읽는다.

③ 사용응력을 계산한다.

④ $b = \frac{3}{2} \times \frac{PL}{Sd^2}$

⑤ Creep 파괴에 대한 온도의 영향을 고려한다.

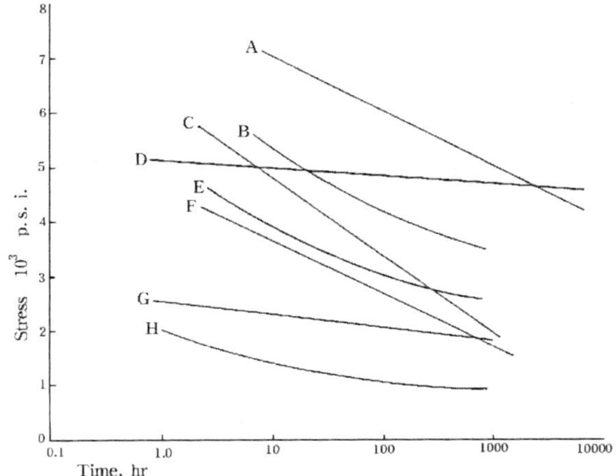

A: SAN at 23℃
B: Epoxy MC at 120℃
C: 30% glass－reinforced nylon(dry) at 120℃
D: 30% glass－reinforced PBT at 150℃
E: Mineral－filled phenolic Mc at 120℃
F: Acetal at 80℃
G: Impact polystyrene at 23℃
H: Alkyd Mc at 120℃

인장과 굽힘에 있어서 플라스틱의 Creep 파괴강도

3) Creep 계수: 강성에 대한 설계기준

허용되는 최대 굽힘을 일으키는 주어진 하중을 지지하는 단순보의 폭을 설계한다.
① 부품의 설계 수명을 선택한다.
② 주어진 온도에서 Creep 계수 곡선으로부터 얻은 데이터
③ 설계수명에 대응되는 설계수치를 읽는다.
④ 사용계수를 바꾼다(일반적인 안전계수 0.5~0.75).
⑤ $b = \dfrac{P}{E} \times \dfrac{L^3}{4d^3}$ (E: 사용계수)

4) POM의 Creep 성질

① 성형품의 구조설계는 최종 제품이 사용 시의 환경을 고려하여 설계응력을 결정한다. 일반적으로 온도 65℃, 연속부하조건에 4만 시간의 Creep 변형이 0.25% 이하에 해당하는 응력을 설계 시 허용응력으로 한다.

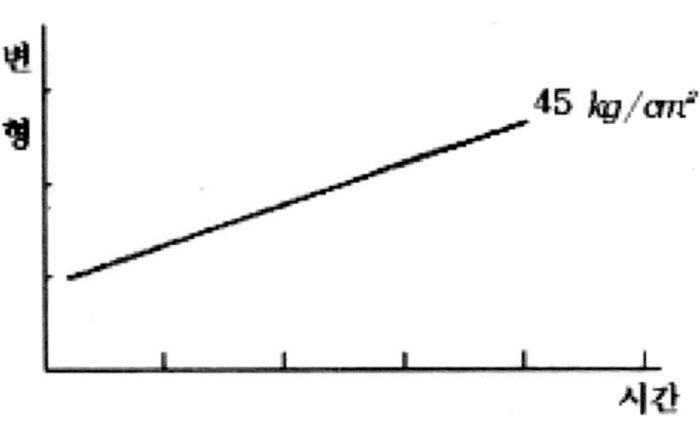

3. 내열성 부품 설계

① 문제점
  - 성능＝f(T)
  - 단순하지 않은 최대 사용 온도 성능＝f(t)
② 온도효과의 분류
  - 단기효과
  - 장－단기효과
  - 장기효과

(1) 성질－단기효과
① 형상 안정성: 과도적 성질
  - 비 결정 중합체
  - 반 결정 중합체
  - 열경화성
② 치수 안정성－가역성(열팽창, β)
  - β, α 온도

- 과도점에서의 β
③ 치수 안정성 - 비가역적(수축: 금형 수축과 휨)
  - 성형응력의 이완
  - 후 - 공정 결정화
  - 후 - 공정경화
④ 충격
⑤ 전기적 성질
⑥ 응력 - 변형도

(2) 성질 - 장ㆍ단기 효과

- Creep 계수
- Creep 파괴 강도
- 내 화학성

(3) 성질 - 장기 효과

- 내열노화성
- UL 온도 Index

(4) 성질 - 자체발생 온도효과

- 피로
- 내마찰성과 내구성
- 가연성
- 내 Arc - Track성

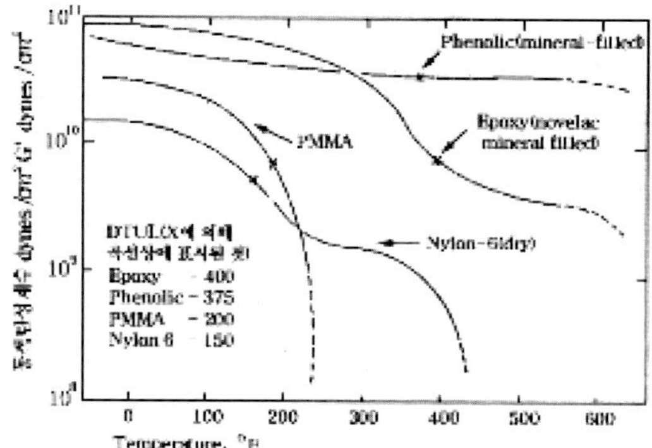

대표적인 열경화성 수지와 열가소성 수지에 대한 동전단(비틀림) 계수 대 온도 곡선으로 하중(DTUL)이 264p.s.i인 상태에서 편향 온도를 보여준다.

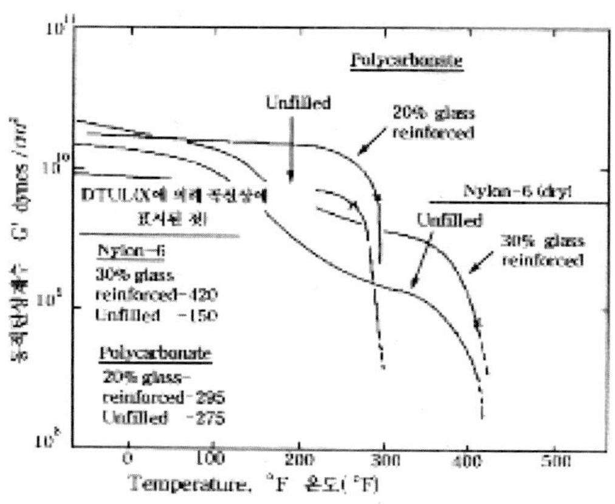

비결정 강화유리 플라스틱과 반결정 강화유리 플라스틱에 대한 동전단(비틀림) 계수 대 온도 곡선으로 하중(DTUL)이 264p.s.i인 상태에서 편향 온도를 보여준다.

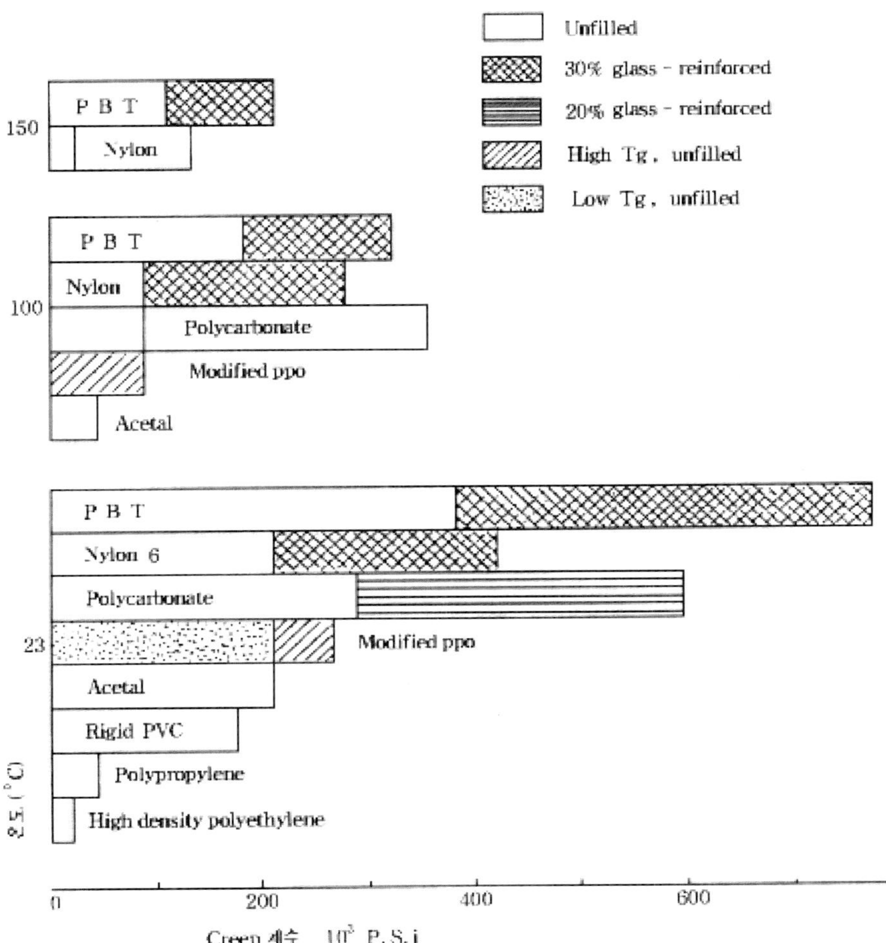

Creep 계수 대 온도관계(1000시간에서)

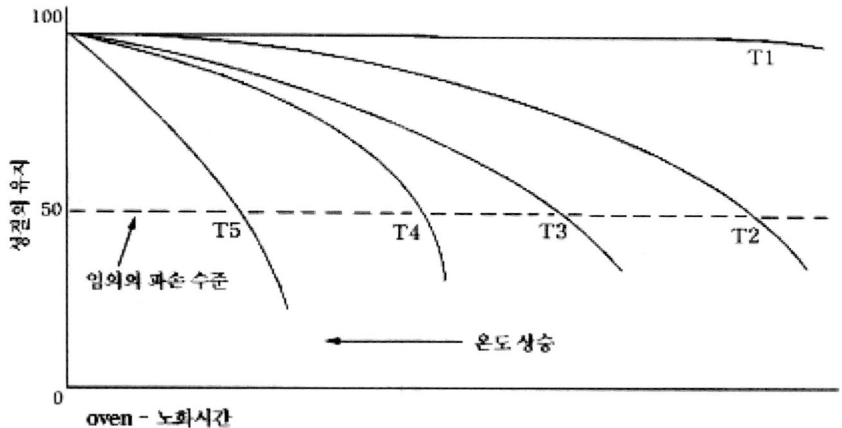

UL온도 Index system에 따른 전형적인 열-노화 곡선

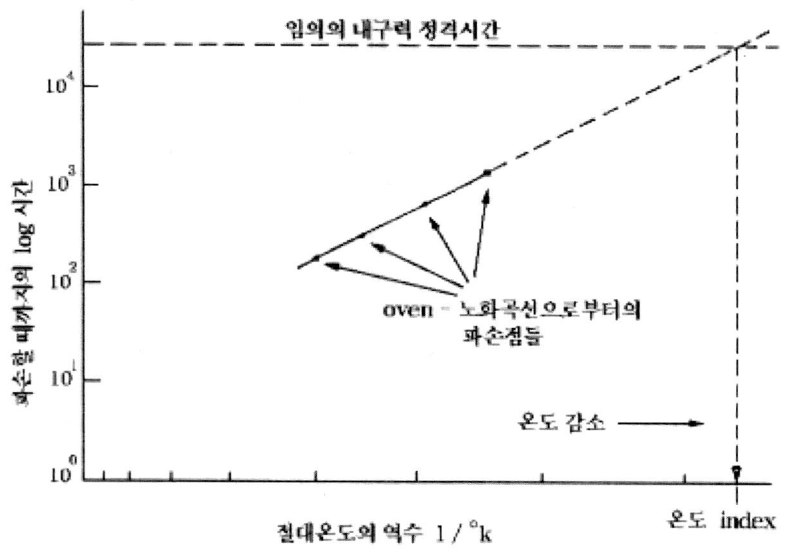

UL온도 Index system에 따라서 열-노화 곡선으로부터 얻은 Arrhenius 구획에서 온도 Index를 유도해 내기 위한 단순화된 모델

선팽창계수

(UNIT: ㎜ / ㎜ / ℃×10^{-5})

PBT	3.7
아연 합금	2.7
마그네슘 합금	2.7
동합금	1.9～2.1
유리	0.7～0.9

각종 재료의 내열성 비교

수 지	일변형 온도 (18.6kg / ㎠)	사용온도 상한치
PBT	215	130
FR－PET	225	(130)
변성 PPO(비강화)	130	(100)
변성 PPO(강화)	157	110
PC(비강화)	140	110
PC(강화)	145	125
FR－PA6	195	110
FR－PA66	240	－
POLYACETAL(비강화)	－	100
POLYACETAL(강화)	－	120
PHENOL 수지	130～170	130
BMC	180	130
AL DIE CAST	335	(200)

(5) 열응력

① 성형품이 금속과 조립하여 사용되는 경우에는 온도 변화에 의하여 생기는 재료의 신축이 열응력에 부하가 걸린다.

$$\sigma_T = E \cdot \alpha(t_2 - t_1)$$

σ_T: 열응력

E: 종탄성계수

α: 선팽창계수

t: 온도

재　료	선팽창계수(α)
동	1.9×10^{-5}
강	1.1×10^{-5}
주철	1.9×10^{-5}
Aluminum	2.4×10^{-5}
Resin(POM)	3.5×10^{-5}

② 열응력은 열팽창계수가 서로 다른 재질의 부품이 상온에서 결합된 후 상온보다 높거나 낮은 온도에서 사용될 경우 열팽창에 의한 상대변형 차이에 의해 발생한다. 특히 Plastic 부품이 금속부품과 결합하여 사용될 때 Plastic의 열팽창계수가 금속의 것보다 10배 정도 높기 때문에 열팽창에 의한 상대변형의 여유를 주기 위하여 연결부위에 Tolerance를 주어야 한다. 열변형의 차이에 의해 유도되는 열응력은

$$\sigma_T = (\alpha\,plastic - \alpha\,metal)E\,plastic\,\Delta T$$

로 주어지며 열응력 자체는 높지 않더라도 부품의 잔류응력이나 주어진 응력과 합산되어 재질의 항복강도나 파괴강도를 넘을 수 있다. 만일 압축응력이 유도될 때 그 응력이 Buckling stress보다 커질 경우가 있기 때문에 부품설계 시 여유 있는 Tolerance나 rib 보강을 해 주어야 열응력에 의한 파괴를 방지할 수 있다.

그림과 같이 금속에 Plastic을 Bolt로 부착시켰을 경우 Tolerance를 줄 수가 없다. 온도가 증가함에 따라 Plastic은 금속보다 많이 팽창하여 결국 압축응력이 유도된다.

이때 유도된 압축응력이 Buckling stress보다 낮아야 Plastic이 휘지 않는다.

$$Buckling = \frac{4\pi^2 \times EI}{L^2}$$

L: 길이

I: 관성 Moment로 Buckling이 열변형에 의해 유도된 Sexp보다 훨씬 크게 되므로 I를 증가시켜야 한다.

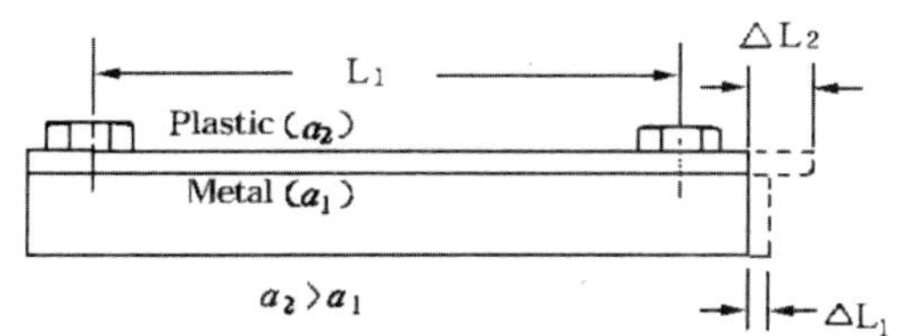

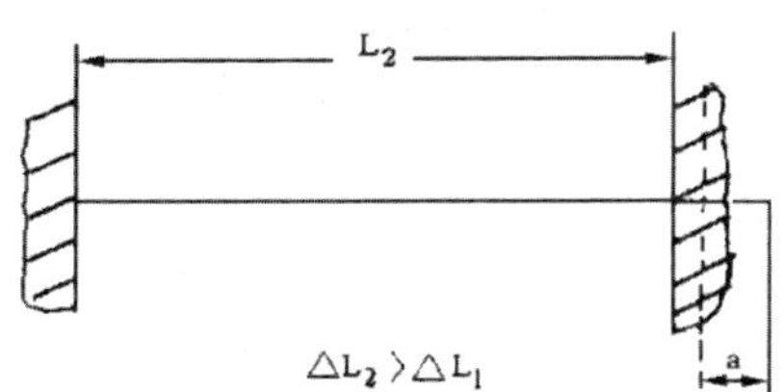

$$S_{exp} = \frac{a}{L} \times E$$
$$a = \triangle L_2 - \triangle L_1$$
$$S_{cr} = P_1 / Area$$
$$P_r = \frac{4\pi^2 \times EI}{L^2}$$

$$\text{Design Criteria} = S_{cr} > S_{exp}$$
$$E = \text{Flexural modulus}$$
$$I = \text{Moment of inertia of cross section}$$
$$\triangle L_n = \alpha n \times \triangle T \times L$$
$$\alpha_n = \text{Coefficient of linear expansion}$$

열팽창 고려 시 설계조건

4. 내약품성 부품 설계

(1) 화학적 침투 구조

① 화학반응

- 산화

- 가수분해

② 용해와 가소성화

③ 주변 응력 분해

- 폴리에틸렌에 관한 Non solvent 응력분해

- Solvent 응력분해

(2) 실험 Data의 설명

① 내화학성

- 중량변화

- 치수변화
- 외관변화
- 성질(성능)변화

② 주변응력-균열

- 긴 조각을 굽히는 시험(Bent strip test)에 의한 균열
- Creep 파괴시험에 의한 균열
- 외팔보 시험에 의한 균열: 임계응력과 임계변형도

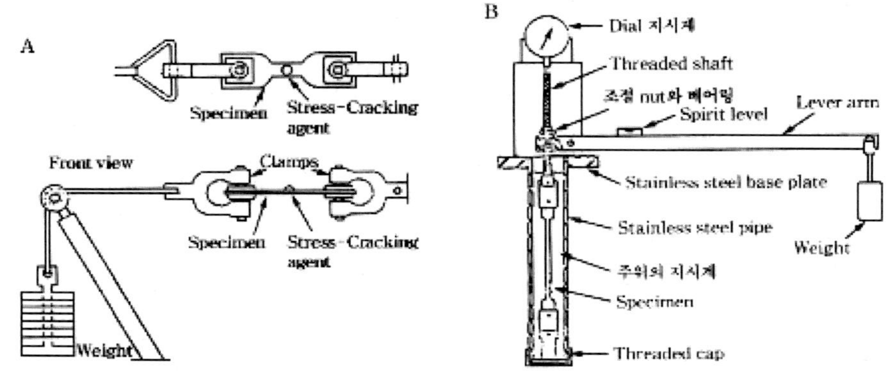

A-실온에서 주변적 응력-균열 저항시험
B-침수상태에서 상승된 온도의 Creep와 Creep 파괴시험

플라스틱의 내화학성을 측정하기 위한 인장 Creep 시험장치

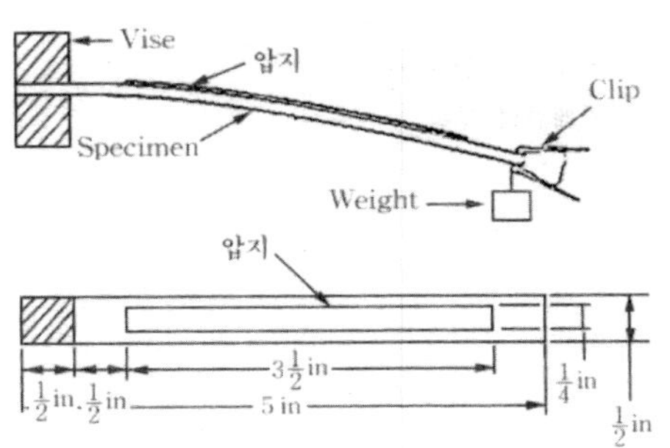

**실온에서 주변응력-균열 저항에 대한
외팔보 굽힘 시험**

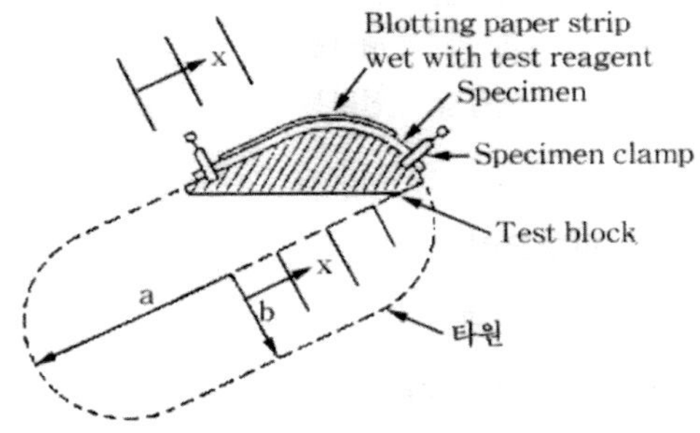

**주변응력-Cracking 시험에 관한
타원결합 형식**

각종 재료의 내약품성 비교

수 지	산		알칼리		유기용제	흡수율 (24hr, %)
	약산	강산	약알칼리	강알칼리		
PBT	○	○	△	×	○	0.10
FR-PET	○	○	△	×	○	0.10
변성PPO(비강화)	○	○	○	○	△-×	0.04
변성PPO(강화)	○	○	○	○	△-×	0.04
PC(비강화)	○	○	△		△-×	0.14
PC(강화)	○	○	△	×	△-×	0.06
FR-PA6	△	×	○	○	○	1.1
FR-PA66	△	×	○	○	○	1.0
AL 합금	×	×	×	×	○	−
Zn 합금	×	×	×	×	○	−

5. 구동 부품 설계

피 로

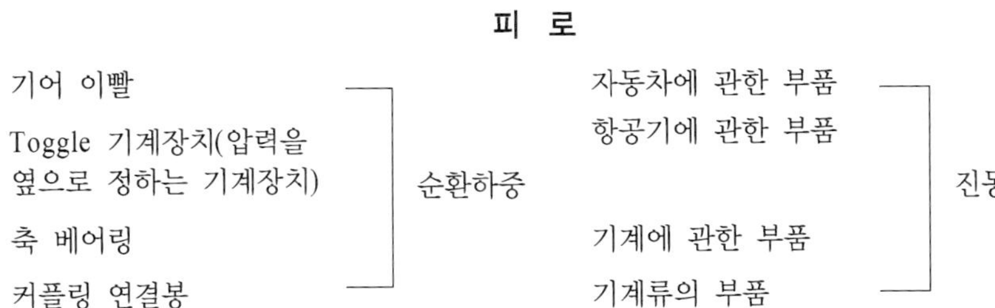

(1) 피로응력

- 균열의 전파
- 히스테리틱 가열

(2) S-N곡선

- S: 다른 응력의 수준에서 순환하중

- N: Cycle−대−파손의 숫자

① 균열전파에 의한 파손
② 히스테리틱 가열로 인한 연화로 생긴 파손

$$\Delta E = \pi a^2 J''$$

   ΔE: 사이클당 소모된 에너지

   a: 최고 응력

   J'': 이 실험의 T와 진동수에서의 Loss compliance

$$\Delta E = \pi f a^2 J''$$

   ΔE: 단위 시간당 소모된 에너지

(3) 온도 상승에 영향을 미치는 피로 변수들
- 진동수
- 두께
- Loss compliance

(4) 설계에서 히스테리시의 중요성
① Rib를 만들거나 Flange에 경도를 보강하거나 하중분포를 위하여 설계를 변화 시키므로 응력을 감소시킨다.
② 가능하다면 진동수를 감소시킨다.
③ 열전달을 최대화하기 위하여 불필요하게 두꺼운 벽을 피한다.
④ 전도, 대류, 복사를 통하여 주위에 열전달을 증가시킨다.
⑤ 저순환 Loss compliance를 갖는 플라스틱을 선정한다.

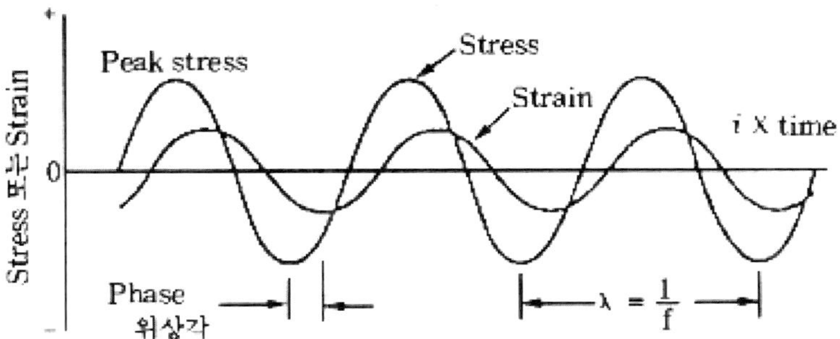

점탄성 재료의 sin파형 피로곡선에 있어서 응력, 변형도, 진동수, 위상각 사이의 관계
평균응력은 0이다.

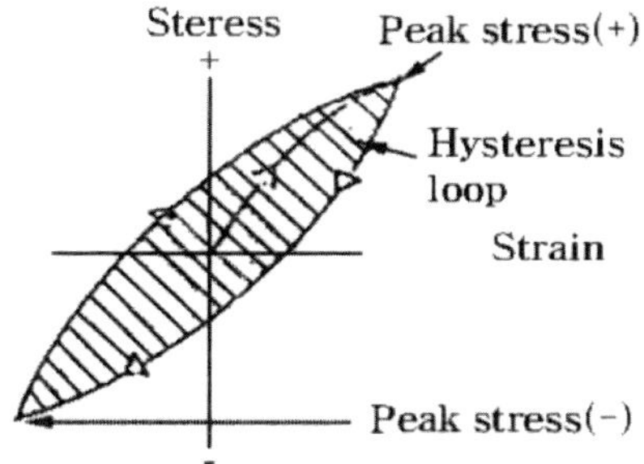

히스테리시스곡선을 나타내는 점탄성 재료에 대한 단일피로 Cycle에 있어서 응력 – 변형도
관계 포위된 면적은 열로서 Cycle당 소모된 에너지이다. 평균 응력은 0이다.

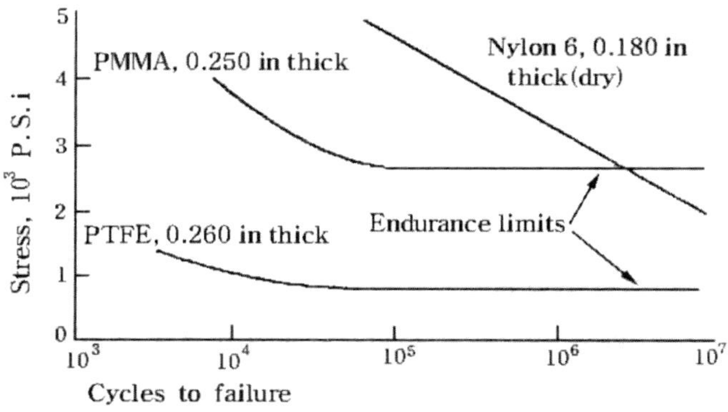

피로한도가 있는 것과 없는 것에 관한 전형적인 S – N곡선
응력은 균일하중하에서의 외고정 굽힘이다. 진동수는 1800Cycles / min. 평균 응력은 0이다.

마찰계수

수 지	강철에 대해서	같은 재질에 대해서
PBT	0.12	0.16
ACETAL	0.15	0.22~0.35
NYLON6	0.14	0.22
NYLON66	0.15	0.22
POLYCARBONATE	0.33~0.35	0.27

6. 응력 이완(Stress relaxation) 부품 설계

(1) 개스킷과 봉인(압축에서의 응력 이완)

① Gasket relaxometer

② 최초 응력의 효과

③ 기하학적 변수들(두께와 면적)

$$형상계수 = \frac{고리모양의면적}{전체측면면적} = \frac{r}{4t}$$

　　r: OD−ID

　　t: 두께

④ Filler의 효과

⑤ 온도

(2) 조임쇠−태핑나사

① 실험장치

② Boss 설계의 최적 활용

(3) Force fits – 인장에서의 응력 이완

① Force fits

② Snap fits

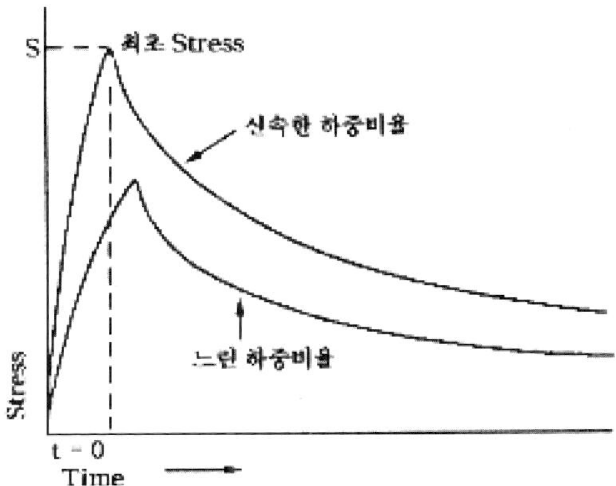

일정 변형에서 하중률의 효과를 보여주는 카테시안 좌표상의 전형적인 응력 이완 곡선

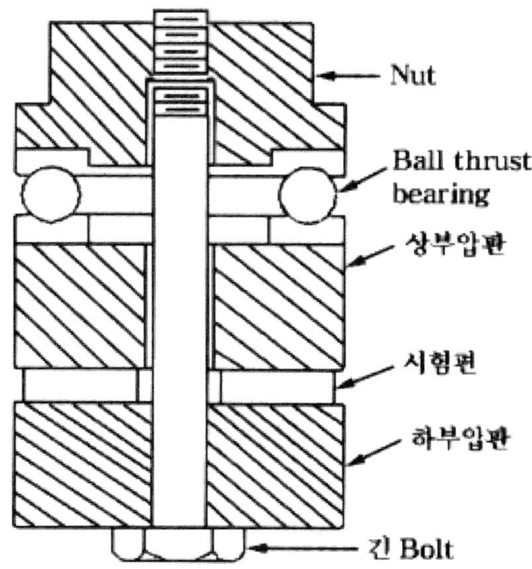

고리모양의 납작한 재료를 압축하여 응력 이완을 측정하고자 할 때의 Gasket relaxometer

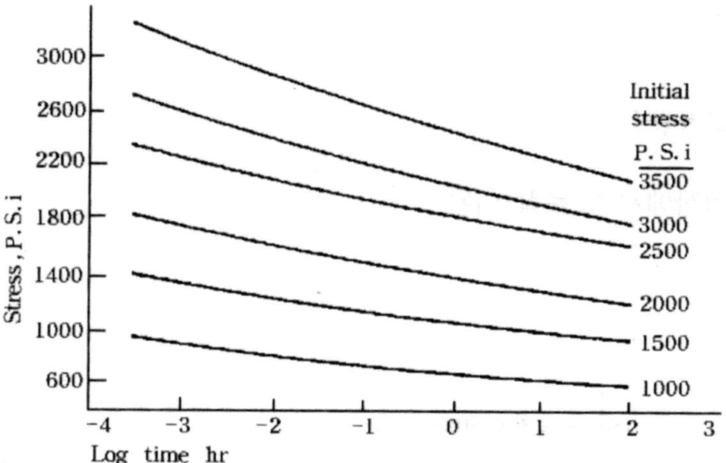

개스킷 Relaxometer를 사용한 압축에서의 응력 이완, 73℉에서 혼합되지 않은
Polytetra fluoroethylene에 대한 최초 응력(변형도), 두께, 고리모양 개스킷
OD 1.65in, ID 0.08in, Semi-log 좌표

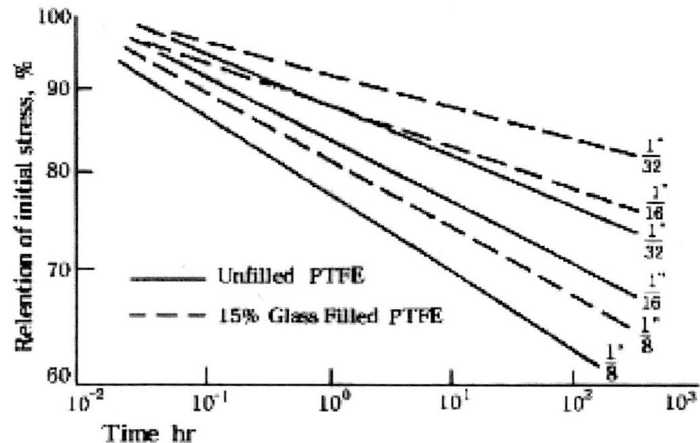

개스킷 Relaxometer를 사용한 압축에서의 응력 이완, 73℉에서 혼합되지 않은
PTFE와 15% 유리가 혼합된 PTFE에 관한 두께의 효과, log 좌표, 최초 응력은
2000p.s.i

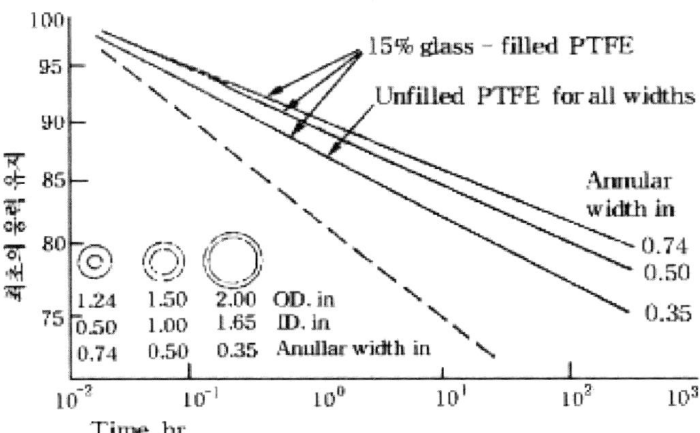

개스킷 Relaxometer를 사용한 압축에서의 응력 이완, 혼합되지 않은 PTFE와 15% 유리가 혼합된 PTFE에 대한 고리형폭의 효과, log 좌표, 최초 응력은 2000p.s.i, 재료두께 1 / 16in, 면적 $1in^2$, 73℉

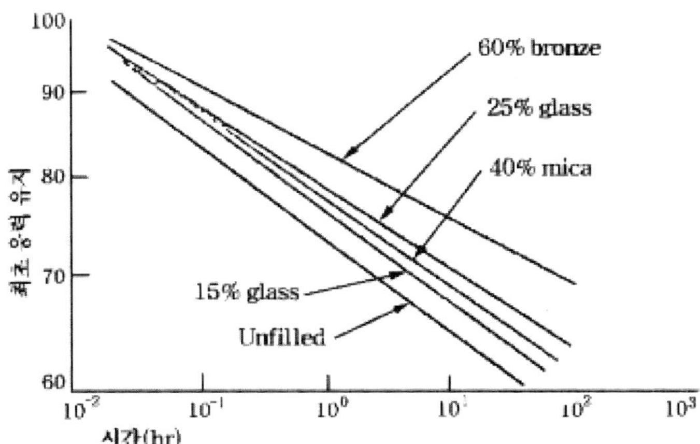

개스킷 Relaxometer를 사용한 압축에서의 응력 이완, 73℉의 PTFE에 대한 fillers의 효과, log 좌표, 최초 응력은 2000p.s.i, 고리형 재료 1 / 8in 두께

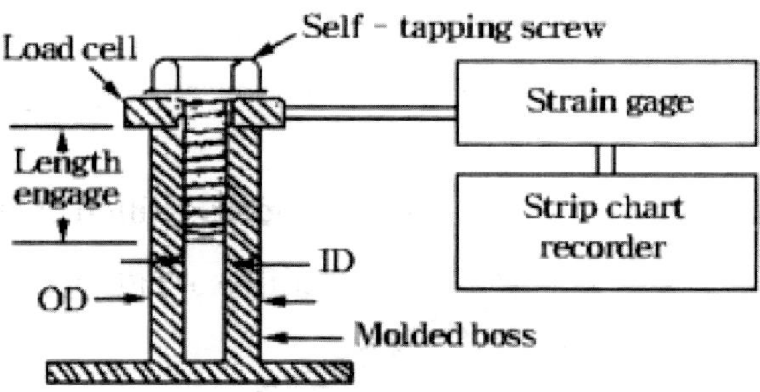

성형된 보스에서 자기-태핑나사에 의해 전개된 clamping force의
이완 측정을 위한 도식적인 실험

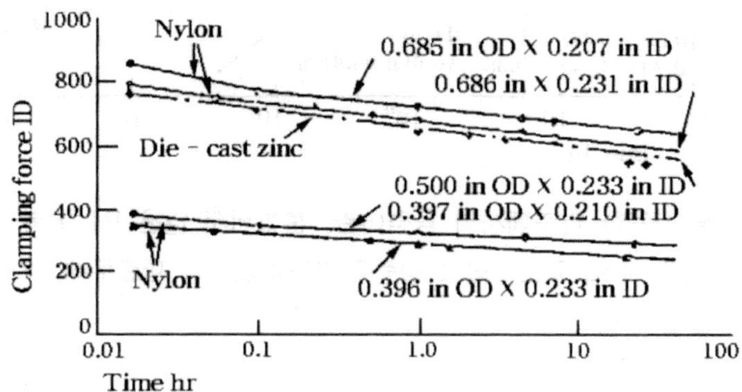

변화하는 OD와 ID의 성형된 boss들 안쪽에 0.56in 죄인 PK14SW-age형 B
자기-태핑나사에 대한 Clamping force의 이완대 시간, 혼합되지 않은 나일론 6과
다이-캐스트 아연, 초기에 나일론의 Strip-out torque의 약 2 / 3 정도를 죈다.
Semi-log 좌표

(4) 응력완화

① 시편에 일정한 변형을 가하여 응력은 시간에 따라 저하한다. 이 현상을 응력
완화라 한다. Metal 압입, Self tapping의 체결력이 시간에 따라 저하하는 응력완화
현상이다. 온도 23℃, 시간 1000hrs에서 완화탄성률과 Creep 탄성률은 다음의 예에
서 알 수 있다.

응력완화	응력 σv(kg / ㎠)	초기변형률 εv(%)	완화탄성률 Ev(kg / ㎠)
A grade	240	0.46	53300
creep	초기응력 σc(kg / ㎠)	변형률 εc(%)	creep 탄성률 Ec(kg / ㎠)
A grade	280	0.48	58300

② 응력완화 – 시간곡선

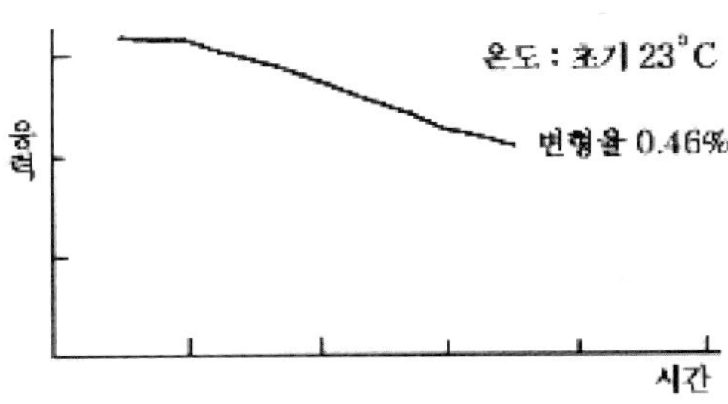

(5) 환경응력 Creep성

① Oil과 Grease류의 영향은 임계변형을 측정하여 사용가부를 판단한다.

② Bending form법에 의한 임계변형 측정

③ 측정온도 65℃, 임계변형 0.5%의 Oil을 사용하여 측정한다.

④ Creep 파단은 일정응력에 따라 시간에 재료의 파괴가 발생하는 것이다.

$$Y^2 = 6X$$

$$\varepsilon = \frac{d\sqrt{3}}{3(3+2X)}$$

ε: 변형률(%)

d: 시험편의 두께

X: X축 위치

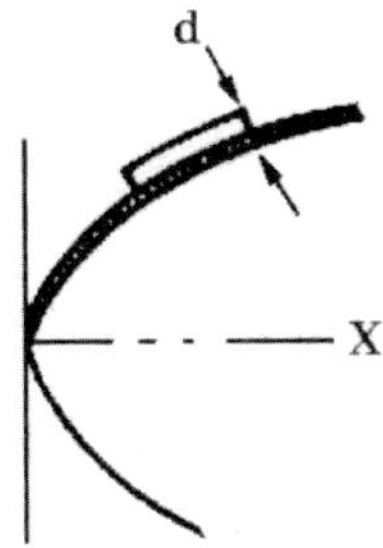

(6) 체결방법과 체결력

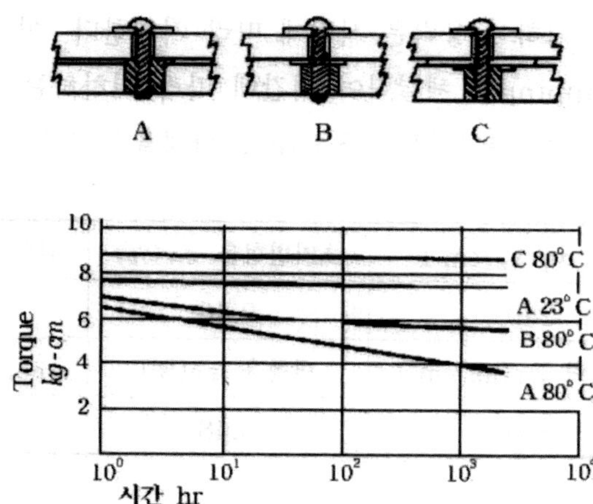

(7) 임계변형과 Creep 파단변형의 관계

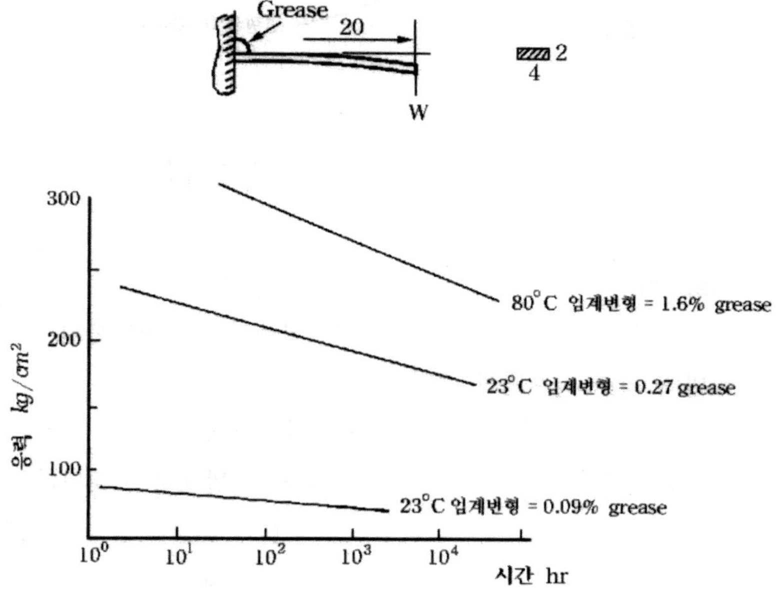

(8) 응력집중계수

① 성형품의 Hole, Corner부, 국부적 두께 변화부, 격자부, Notch부는 응력이 국부적으로 증대되기 때문에 그에 따른 안전율을 취할 필요가 있다.

② 형상에 따른 응력집중계수

$$응력집중계수(K) = \frac{\sigma_{m\,ax}}{\sigma_X}$$

$$K \fallingdotseq 3.0 = 2 + (d - \frac{r}{2})^3$$

$$K \fallingdotseq 2.0$$

$$K = I + 2\sqrt{\frac{D}{R}}$$

(9) 충격응력

① 충격응력이 가하는 경우, 재료의 탄성한계 내의 응력은 정하중 시의 2배 이상으로 하고 재료가 파단하는 Energy는 1 / 2 이하로 한다.

② 탄성 한계 내의 응력

$$\sigma_1 = \sigma_s (1 + \sqrt{\frac{1 + 2h}{\varepsilon}}) = 2\sigma_s \,(h = 0)$$

σ_1: 충격응력   h: 높이

σ_s: 정응력 ε: 정응력의 변형

③ 재료가 파단하는 경우의 인장충격 energy

항 목	부하속도
인장파단 Energy(kg－cm / cm²)	5㎜ / min
인장충격 Energy(kg－cm / cm²)	3.4×100㎧

7. 방진 / 방음 부품(Damping parts)

- 유기질상태와 그물질상태 사이의 Tg 근처(유리전이 영역)
- Glassy state & Rubbery state
- 손실계수와 tanδ의 최댓값(에너지 소모 상태의 측정)
- 공진계 내에서 진동
- 감쇠된 소음과 진동(방진 / 방음효과)
- 시간-온도 중첩
- 주파수의 구간 Tg에서 6~7℃ 이동
- 정상적인 가정주파수 범위: 20~20,000Hz(3구간)
- 평형온도 범위: 18~20℃

(1) 방진 / 방음 성질 대 혼합

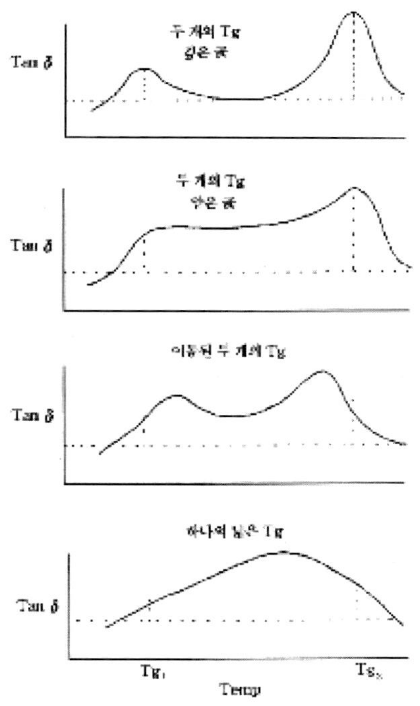

(2) 방진 / 방음 부품 설계 방법

① 중합체 혼합물 또는 합금: 두 개의 다른 Tg

② 연장된 층과 한정된 층: 샌드위치나 라미네이트 구조

③ 경사도

④ 한정된 층 코팅

8. 전단응력

일반적으로 전단응력에 따른 거동이 인장응력의 거동의 것과 비슷하다고 가정하여 전단강성 G와 Young's modulus E와의 관계는

$$Gt = \frac{Et}{2 + (1 + V)}$$

여기서 t는 Time dependent이며 V는 일반적으로 시간에 따른 변화를 무시하여 Plastic 경우는 0.4가 통용된다. 전단 항복강도 Z_y는 항복강도 σ_y로부터 아래와 같이 구하여 사용한다.

$$Z_y = \frac{\sigma_y}{\sqrt{3}}$$

9. Impact behavior

① Plastic의 충격강도는 인장강도처럼 응력의 단위가 아니라 재질의 단위면적당 파괴시키는 데 소요되는 Energy 단위로서 Izod 충격시험법이나 낙후시험법을 흔히 사용한다. 이 시험법이 간단하고 재질의 품질관리 면에서 유용하게 사용되나 Izod 충격강도만으로는 부품 설계 시 부품의 충격저항력을 예측하는 데 사용이 될 수 없다.

일반적으로 재질의 파괴 시 탄성에너지 및 많은 소성에너지를 수반하지만 설계된 제품의 충격을 가해서 야기되는 파괴 여부를 가리기 위해 흔히 사용하는 방법은 재질의 탄성한계치를 파괴조건으로 보고 동적응력 및 변형량을 구하므로 판별할 수 있다.

동적응력과 변형은 아래와 같이 주어진다.

$$\delta_d = \delta_s \left(1 + \sqrt{\frac{2h}{\delta_s} + 1} \right)$$

$$\sigma_d = \sigma_s \left(1 + \sqrt{\frac{2h}{\sigma_s} + 1} \right)$$

σ_d , δ_d: 동적변형량 및 동적응력

σ_s , δ_s: 하중을 정적으로 가한 상태의 변형량과 응력

h: 충격을 가한 하중의 높이

따라서 충격에 의해 예상되는 σ_d가 재질의 항복점 σ_y보다 훨씬 낮도록 제품설계가 되어야 한다.

② Young's modulus $E = 9.8 \times 104 \text{kg} / \text{cm}^2$, $\sigma \text{Limit} = 800 \text{kg} / \text{cm}^2$인 세로(a)$=20 \text{cm}$, 가로(b)$=600 \text{cm}$, 두께(t)$=0.3 \text{cm}$ Plastic 판재를 높이(h)$=1.5 \text{m}$에서 500gr의 구를 떨어뜨렸을 때 판재가 파괴되는지 여부를 판정하라.

이 문제는 동적거동이므로 Isochronous data를 이용할 수 없다. 그러나 문제에서 제공된 Young's modulus 및 σLimit는 dynamic data로서 $\delta \, \alpha \, p$, $\sigma \, \alpha \, p$ 관계로부터

$$\delta_s = 0.41 \times \frac{0.5}{10} = 0.0205 \,\text{cm}$$

$$\sigma_s = 98.4 \times \frac{0.5}{10} = 4.92 \,\text{kg}/\text{cm}^2$$

Static data로부터 Dynamic 값을 얻기 위해서 Amplication factor(A.F)를 곱하면 된다.

$$\text{A.F.} = 1 + \sqrt{\frac{2h}{\delta_s} + 1} = 1 + \sqrt{\frac{2 \times 150}{0.0205} + 1} = 122$$

$$\sigma_D = \sigma_s \times \text{A.F} = 4.92 \times 122 = 600 \,\text{kg}/\text{cm}^2$$

따라서 $\sigma_D < \sigma_{\text{Limit}}$ 이므로 이 Plastic 판재는 안전하다.

10. Creep을 고려한 변형량의 계산

낮은 응력수준의 탄성률

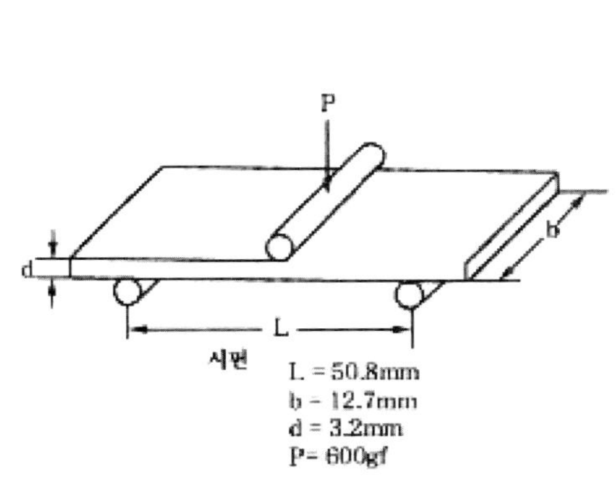

굽힘 Creep 변형측정 시편

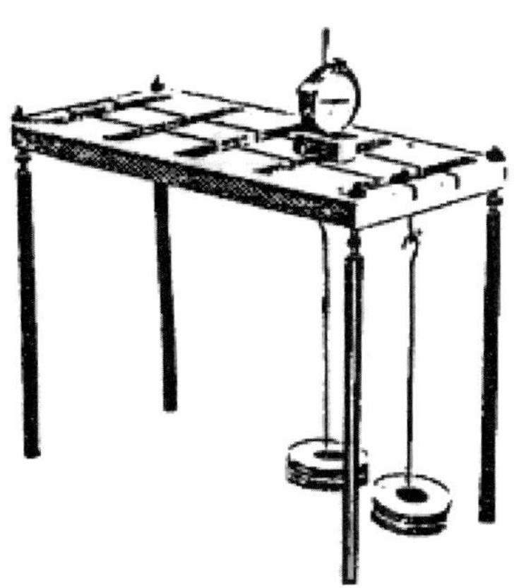

굽힘 Creep 변형측정장치

위의 측정장치를 사용하여 굽힘 Creep 변형을 측정하면 아래와 같은 결과를 얻는다.

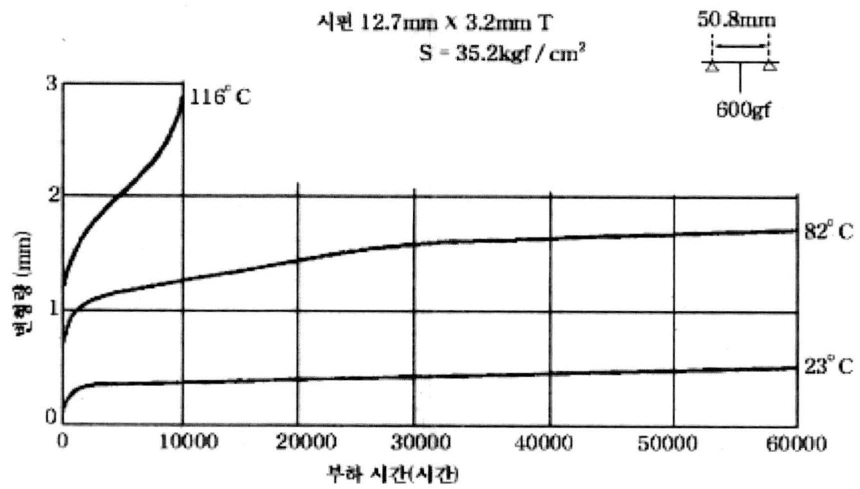

Creep 변형(1) C′D′ grade

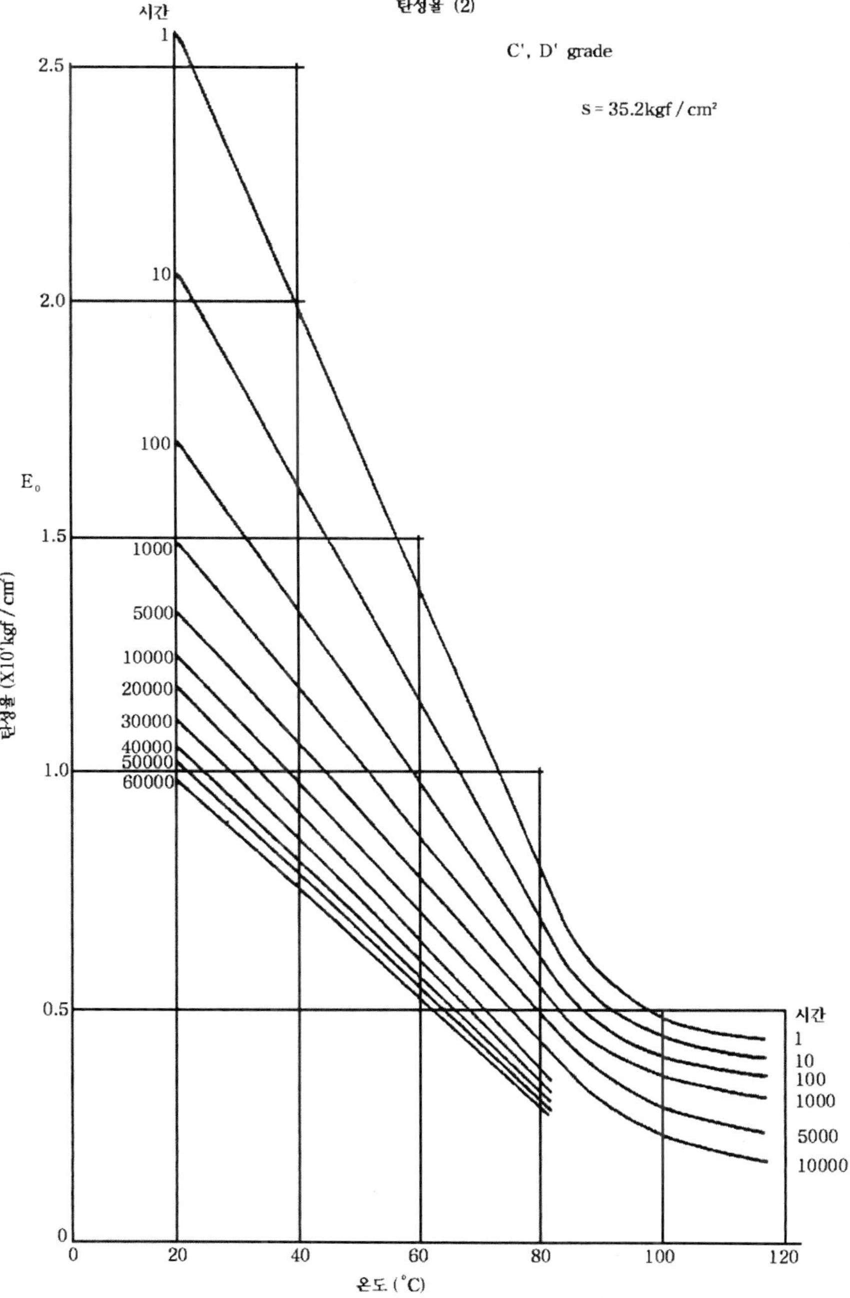

탄성율 (2)

C', D' grade

s = 35.2kgf / cm²

시간
1
10
100
1000
5000
10000
20000
30000
40000
50000
60000

2.5
2.0
1.5
1.0
0.5
0

E₀

탄성율 (X10⁴kgf / cm²)

시간
1
10
100
1000
5000
10000

0
20
40
60
80
100
120

온도 (°C)

탄성률

11. 변형량 계산

1) 장방향 단면의 변형량 계산(1)

폭 20㎜, 두께 2㎜의 장방향 단면의 성형품을 Span 50㎜의 양단을 자유단에 지지하고 Span 중앙에 집중하중을 가하여 5㎜의 변형을 가져왔을 때의 하중을 추정하라.
단, 온도는 20℃ 및 100℃, 부하시간은 1시간, 10시간, 100시간으로 한다.
(1)식으로부터

$$P = \frac{4E\,bd^3Y}{L^3} \tag{3}$$

$b = 2.0㎜$, $d = 0.2㎝$, $y = 0.5㎝$, $L = 5.0㎝$를 (3)식에 대입하면

$$P = \frac{4 \times E \times 3.0 \times 0.2^3 \times 0.5}{5.0^3} = 0.000256E \tag{4}$$

각 시간, 각 온도에 대응하는 E_0(저응력 수준의 탄성률)을 앞의 Graph에 굽힘변형률 γ를 구하면

$$\gamma = \frac{6dY}{L^2} \tag{5}$$

$$\gamma = \frac{6 \times 0.2 \times 0.5}{5^2} = 0.024 = 2.4\%$$

다음 Graph에서 변형 2.4%에 대응하는 E_s / E_0는 $E_s / E_0 = 0.70$
따라서

$$E = E_0 \times \frac{E_s}{E_0} \qquad\qquad\qquad (6)$$

에서 E를 구하고 (4)식에 대입하여 p를 구한 수치는 다음과 같다.

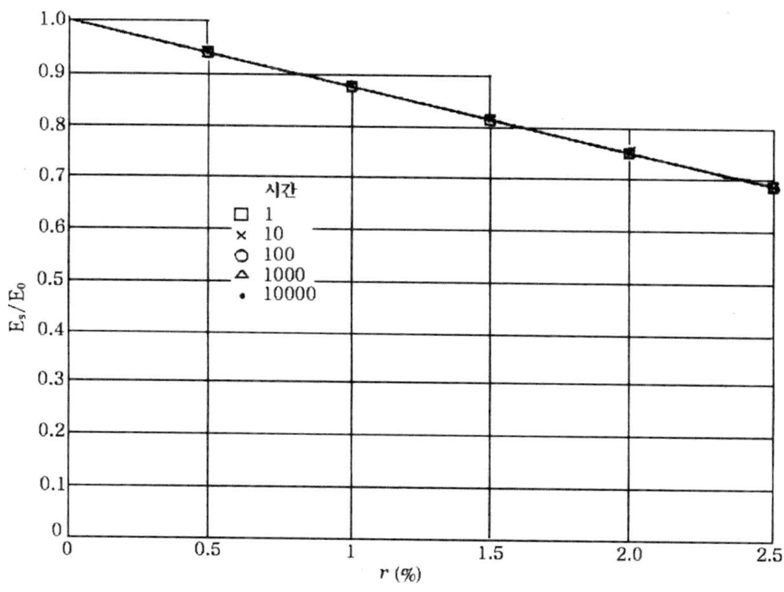

E_s / E_0과 변형과의 관계

20℃ / 100℃의 경우의 p수치

시간 (hr)	E_0 (kgf / cm²)	$E = E_0 \times \dfrac{E_s}{E_0} = 0.7E_0$ (kgf / cm²)	p (kgf)
1	25700 / 4800	18000 / 3360	4.61 / 0.86
10	20400 / 4400	14300 / 3080	3.66 / 0.79
100	16800 / 4150	11800 / 2900	3.02 / 0.74
1000	14800 / 3700	10400 / 2590	2.66 / 0.66

그래서 실측치와 비교한 아래의 Graph와 일치한다.

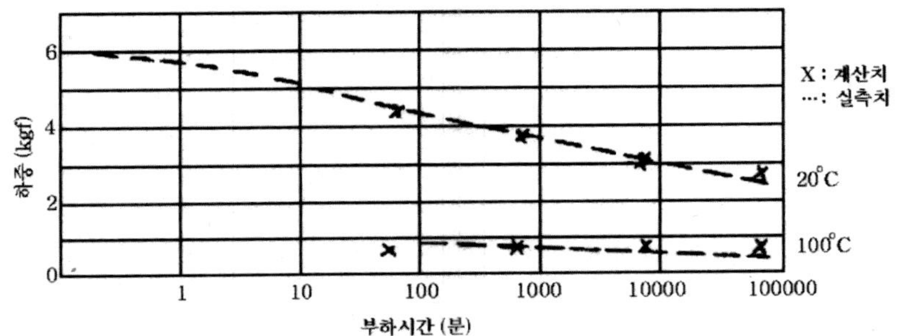

(1) 원통형 성형품 계산(1)

외경 9.7㎜, 내경 4.5㎜의 원통형 성형품을 Span 101.6㎜의 양단을 자유단에 지지하고 Span의 중앙에 하중을 가하면 최대 ΦBar Stress가 200kg / ㎠가 된다. 온도는 30℃, 50℃, 70℃ 경우, 부하시간 300시간으로 할 때 Span 중앙의 변형량을 추정하라.

$$\text{원통의 경우 } Y = \frac{4PL^3}{3E\pi(d_2^4 - d_1^4)} \tag{7}$$

$$P = \frac{S\pi(d_2^4 - d_1^4)}{8Ld_2} \tag{8}$$

(7) (8)식으로부터

$$Y = \frac{4L^3}{3E\pi(d_2^4 - d_1^4)} \times \frac{S\pi(d_2^4 - d_1^4)}{8Ld_2} = \frac{L^2 S}{6Ed_2} \tag{9}$$

위의 예제에서 L = 10.16㎝, S = 200kgf / ㎠, d = 0.97㎝를 (9)식에 대입하면

$$Y = \frac{10.16^2 \times 200}{6 \times E \times 0.97} = \frac{3550}{E} \tag{10}$$

(2) 원통형상의 내압용기 성형품 계산(1)

외경 39.3㎜, 두께 1.27㎜의 원통형상의 내압용기를 내압을 가하여 49℃의 온도에

서 Hoop stress는 175kgf / ㎠이다. 1시간, 10시간, 100시간, 1000시간 후의 직경의 증가량을 구하라.

$$Y = \frac{R}{E}(1 - \frac{\mu}{2})\frac{PR}{t} \tag{13}$$

$$Sh = \frac{PR}{t} \tag{14}$$

$$\therefore \ Y = \frac{R}{E}(1 - \frac{\mu}{2})Sh \tag{15}$$

Y: 반경의 증가량(㎝)

R: 평균반경 $= \frac{1}{2} \times \frac{1}{2}($내경 $+$ 외경$) = \frac{1}{4}(39.3 - 2.54 + 39.3) = 19.0$㎜

E: 탄성률

μ: Poisson비 0.35

Sh: Hoop stress 175kgf / ㎠

P: 내압

t: 두께 1.27㎜

$$Y = \frac{1.9}{E}(1 - \frac{0.35}{2}) \times 175 = \frac{274}{E} \tag{16}$$

Graph에서 얻은 변형량 γ(%)를 산출하면

$$\gamma = \frac{2\pi(R + Y) - 2\pi R}{2\pi R} \times 100 = 100\frac{Y}{R} \tag{17}$$

온도변화에 따른 계산치

시간 (hrs)	E_0 (kgf / cm²)	Y_0 (cm)	γ (%)	E_s / E_0	E (kgf / cm²)	Y (cm)	$2Y^{*}$ (mm)
1	1.70×10^4	1.61×10^{-2}	0.85	0.89	1.51×10^4	1.81×10^{-2}	0.36
10	1.37×10^4	2.00×10^{-2}	1.05	0.87	1.19×10^4	2.30×10^{-2}	0.46
100	0.16×10^4	2.36×10^{-2}	1.24	0.84	0.975×10^4	2.80×10^{-2}	0.56
1000	0.03×10^4	2.66×10^{-2}	1.40	0.82	0.847×10^4	3.23×10^{-2}	0.65
산출법	graph	(16)식	(17)식	graph	$E = E_0 \times \dfrac{E_S}{E_0}$	(16)식	$\times 20$

$2Y^{*} =$ 직경에 대한 증가량(mm)

실측치와 계산치를 비교한 Graph는 아래와 같다.

각 온도, 시간에 대응하는 E_0를 Graph에서 읽고 (10)식의 E를 대입하면 아래의 표와 같다.

E_0와 Y_0관계

온도	E_0	Y_0
30℃	$1.45 \times 10^4 \text{kgf / cm}^2$	0.25 cm
50℃	$1.10 \times 10^4 \text{kgf / cm}^2$	0.32 cm
70℃	$0.76 \times 10^4 \text{kgf / cm}^2$	0.47 cm

온도에 의한 굽힘 변형률을 구하면

$$\gamma = \frac{6d_2Y}{L^2} \tag{11}$$

30℃일 때 $\gamma = \dfrac{6 \times 0.97 \times 0.25}{10.16^2} = 0.014 = 1.4\%$

50℃일 때 $\gamma = \dfrac{6 \times 0.97 \times 0.32}{10.16^2} = 0.018 = 1.8\%$

70℃일 때 $\gamma = \dfrac{6 \times 0.97 \times 0.47}{10.16^2} = 0.026 = 2.6\%$

Graph에서 E_s / E_0를 구하면

30℃일 때 $\gamma = 1.4\%$　　　$E_s / E_0 = 0.81$

50℃일 때 $\gamma = 1.8\%$　　　$E_s / E_0 = 0.77$

70℃일 때 $\gamma = 1.4\%$　　　$E_s / E_0 = 0.67$

그래서 $E = E_0 \times \dfrac{E_s}{E_0}$ 를 구하여 (10)식에 대입하면 아래의 표와 같다.

E, Y와 실측치 관계

온도	E	Y	실측치
30℃	$1.18 \times 10^4 \, \mathrm{kgf/cm^2}$	0.30 cm	0.27 cm
50℃	$0.85 \times 10^4 \, \mathrm{kgf/cm^2}$	0.42 cm	0.40 cm
70℃	$0.51 \times 10^4 \, \mathrm{kgf/cm^2}$	0.70 cm	0.58 cm

실측치와 비교하면 약간의 오차는 있으나 추정은 가능하다.

(3) 원통형 성형품 계산(2)

외경 9.7㎜, 내경 4.5㎜의 원통형 성형품을 Span 101.6㎜의 양단을 자유단에 지지하고 Span의 중앙에 하중가하며 최대 Bar stress 100kgf/㎠이다.

온도는 30℃, 50℃, 70℃의 분포일 때 Span 중앙의 변형량을 추정하라.

$$Y = \frac{L^2 S}{6 E d_2} = \frac{10.16^2 \times 100}{6 \times E \times 0.97} = \frac{1775}{E} \tag{12}$$

온도변화에 따른 계산치와 실측치

온도 (℃)	E_0 (kgf/㎠)	Y_0 (cm)	γ (%)	E_s / E_0 (−)	E (kgf/㎠)	Y (cm)	실측치 (cm)
30℃	1.45×10^4	0.12	0.7	0.91	1.32×10^4	0.13	0.10
50℃	1.10×10^4	0.16	0.9	0.88	0.97×10^4	0.18	0.20
70℃	0.76×10^4	0.23	1.3	0.83	0.63×10^4	0.28	0.26
산출법	graph	(12)식	(11)식	graph	$E = E_0 \times \dfrac{E_s}{E_0}$	(12)식	−

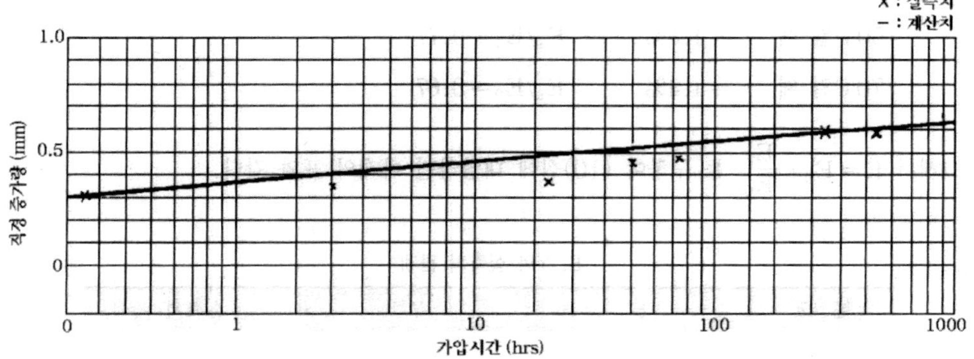

직경 증가량과 가압시간 관계

(4) Plastic과 금속 Insert 성형품 계산(1)

직경 3.4㎜의 Plastic과 금속 Insert에 걸리는 20kgf이다.

공기 중의 온도는 60℃ 일정하다.

Rod에 생기는 인장응력

$$S = \frac{4P}{\pi d^2}$$

S: 인장응력 kgf / ㎠

P: 하중 kgf

d: rod 직경 ㎝

$$S = \frac{4 \times 20}{\pi \times 0.34^2} = 220 kg f / ㎠$$

아래의 Graph에서 S=220kgf / ㎠에 대하여 A Resin의 K는 K=7890

하중 일정의 경우 Creep 파괴를 간단하게 추정하는 방법으로 금속재료의 열간 Creep에 적용하는 식으로 Larson−Miller의 식은 아래와 같다.

$$K = T(C + \log t) \tag{18}$$

K: 응력수준에 의하여 정하는 상수

T: 절대온도(℃ +273)

t: 파괴시간(hr)

C: 재료에 의하여 정하는 상수

　　공기 중에 D′ resin 경우　　　$C = 40$

　　공기 중에 C′ resin　　　　　$C = 25$

　　공기 중에 C′ resin　　　　　$C = 18.5$

　　공기 중에 A′ resin　　　　　$C = 21$

　　공기 중에 B′ resin　　　　　$C = 20$

$$7890 = (273 + 60)(20 + \log t)$$
$$\log t = 2.6937, \quad t = 494\,\text{hrs}$$

Resin grade에 따라 Creep 파괴시간의 차가 크므로 Grade 선정에 주의를 요한다.

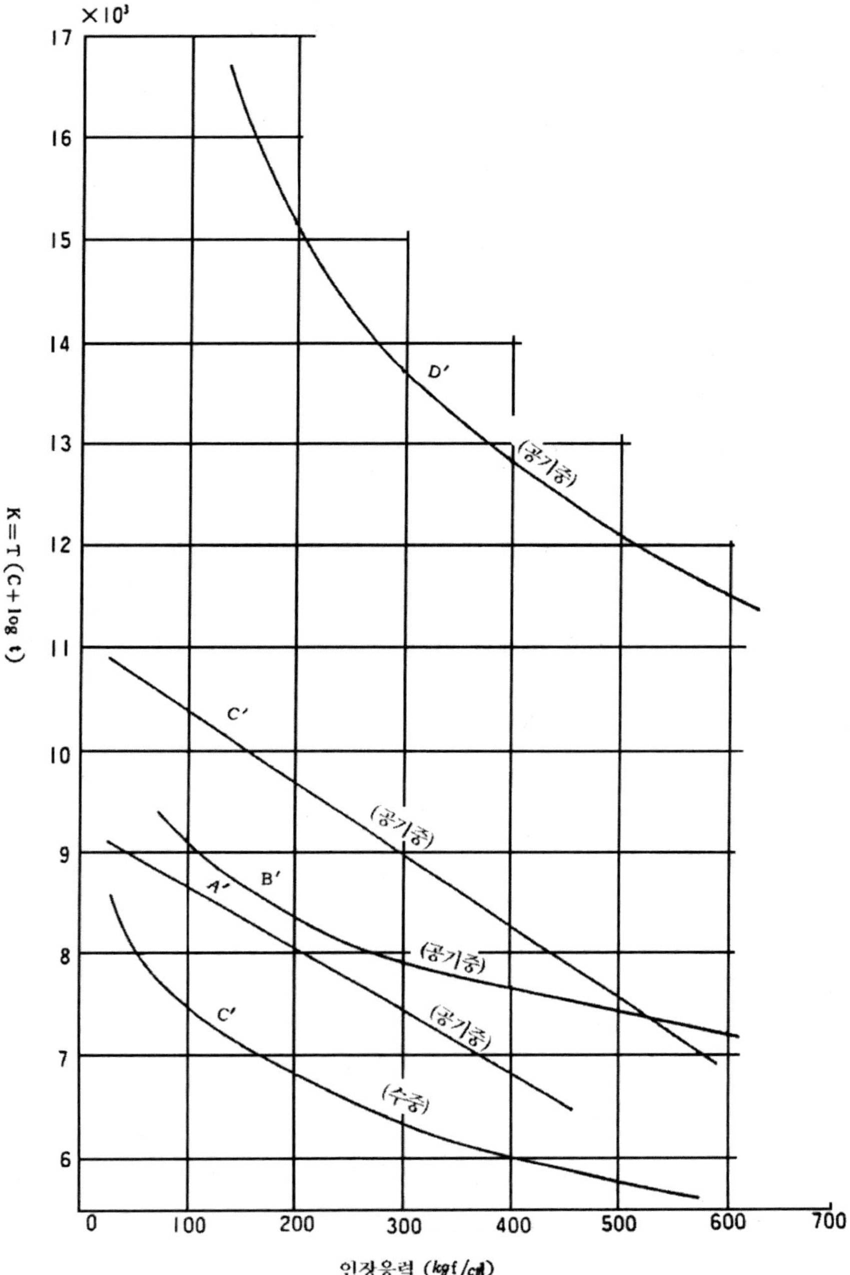

인장응력과 K의 관계

Grade에 따른 파괴시간

resin grade	K	t
A$'$	7890	494
B$'$	8225	50084
C$'$	9525	4014
D$'$	14800	27826

(5) 압력용기 성형품 계산(1)

상용수압 4kgf / ㎠, 최대외경 3㎝, 수명 연수 5년의 압력용기를 Plastic으로 제작할 때 두께를 결정하라.

아래의 Graph에서 온도 45℃, 5년간(약 4400시간)에 대응하는 파괴 Creep, Stress =약 160kgf / ㎠, 안전계수를 2로 하면 설계응력 s는 s=160 / 2=80kgf / ㎠

원통두께는

$$t = \frac{PD}{2S} \tag{19}$$

   t: 두께(㎝)

   D: 외경(㎝)

   S: creep stress(kgf / ㎠)

   P: 내압(kgf / ㎠)

$$t = \frac{4 \times 3}{2 \times 80} = 0.075 \text{cm} = 0.75 \text{mm}$$

따라서 최소두께는 0.75㎜로 한다.

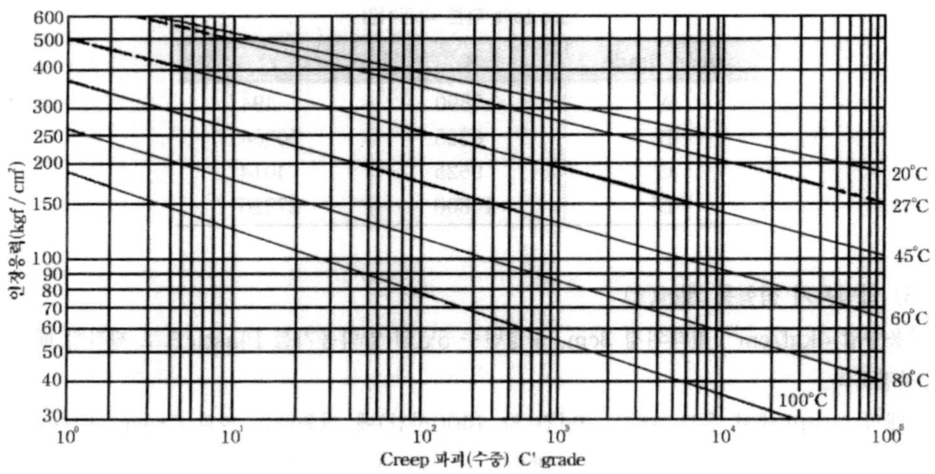

(6) Pipe 성형품 계산(1)

상용공기압 10kgf / ㎠, 내경 35㎜, 두께 2.5㎜, 환경온도 70℃의 Plastic pipe의 평균 수명을 추정하라.

(18)식을 이용하고 (19)식으로부터

$$S = \frac{PD}{2t} = \frac{10 \times (3.5 + 0.5)}{2 \times 0.25} = 80 \text{kg f} / \text{㎠}$$

인장응력과 K관계의 Graph에서 S =80kgf / ㎠에 대응하는 K는 K =10526이다. 또한 (18)식으로부터 10526 =(273 +90)(25 +logt)

$$logt = \frac{10526 - (363 \times 25)}{363} = 3997$$

t =3997 hrs≒1년 2개월

C′ Grade의 Creep 파괴 Graph에서 60℃와 80℃ 선의 중간에 70℃ 선을 인출하면 S =80kgf / ㎠의 선과 교차점을 구하면 약 4000시간이다.

2) 보의 계산식

(1) 양단자유단의 앙지지보로 집중하중

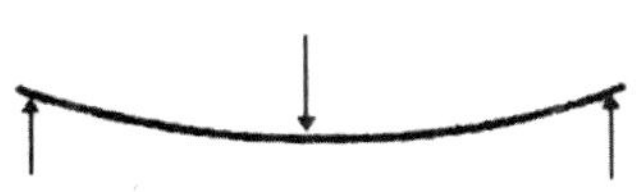

P: 하중

ρ: 단위길이당 하중

E: 탄성률

M: 최대 굽힘 Moment

L: Span 간격

단면형상	단면이차 Moment I	단면형상 Z	최대 변형량 Y	최대 Stress S	최대 휨률 γ
일반	I	Z	$Y = \dfrac{PL^3}{48IE}$	$S = \dfrac{M}{Z} = \dfrac{PL}{4Z}$	$\gamma = \dfrac{S}{E} = \dfrac{PL}{4Z}$ $\dfrac{48IY}{PL^3} = \dfrac{12IY}{ZL^2}$
	$I = \dfrac{bd^3}{12}$	$Z = \dfrac{bd^2}{6}$	$Y = \dfrac{PL^3}{4bd^4E}$	$S = \dfrac{3PL}{2bd^2}$	$\gamma = \dfrac{6dY}{L^2}$
	$I = \dfrac{h^4}{12}$	$Z = \dfrac{\sqrt{2}\,h^3}{12}$	$Y = \dfrac{PL^3}{4h^4E}$	$S = \dfrac{3PL}{\sqrt{2}\,h^3}$	$\gamma = \dfrac{12hY}{\sqrt{2}\,L^2}$
	$I = \dfrac{\pi d^4}{64}$	$Z = \dfrac{\pi d^3}{32}$	$Y = \dfrac{4PL^3}{3\pi d^4E}$	$S = \dfrac{8PL}{\pi d^4}$	$\gamma = \dfrac{6dY}{L^2}$
	$I = \dfrac{\pi}{64}(d_2^4 - d_1^4)$	$Z = \dfrac{\pi(d_2^4 - d_1^4)}{32d_2}$	$Y = \dfrac{4PL^3}{3\pi(d_2^4 - a_1^4)E}$	$S = \dfrac{8PLd_2}{\pi(d_2^4 - a_1^4)}$	$\gamma = \dfrac{6d_2Y}{L^2}$
	$I = \dfrac{\pi}{4}a^3b$	$Z = \dfrac{\pi a^2b}{4}$	$Y = \dfrac{PL^3}{12\pi a^3bE}$	$S = \dfrac{PL}{\pi a^2b}$	$\gamma = \dfrac{12aY}{L^2}$

(2) 양단자유단의 양지지보로 분포하중

단면형상	단면이차 Moment I	단면형상 Z	최대 변형량 Y	최대 Stress S	최대 휨률 γ
일반	I	Z	$Y = \dfrac{5pL^4}{384EI}$	$S = \dfrac{M}{Z} = \dfrac{pL^2}{8Z}$	$\gamma = \dfrac{S}{E} = \dfrac{pL^2}{8Z}$ $\dfrac{384YI}{5pL^4} = \dfrac{481Y}{5ZL^2}$
	$I = \dfrac{bd^3}{12}$	$Z = \dfrac{bd^2}{6}$	$Y = \dfrac{5pL^4}{32bd^3E}$	$S = \dfrac{3pL^2}{4bd^2}$	$\gamma = \dfrac{24dY}{5L^2}$
	$I = \dfrac{h^4}{12}$	$Z = \dfrac{\sqrt{2}\,h^3}{12}$	$Y = \dfrac{5pL^4}{32h^4E}$	$S = \dfrac{3pL^2}{2\sqrt{2}\,h^3}$	$\gamma = \dfrac{48hY}{5\sqrt{2}\,L^2}$
	$I = \dfrac{\pi d^4}{64}$	$Z = \dfrac{\pi d^3}{32}$	$Y = \dfrac{5pL^4}{6\pi d^4E}$	$S = \dfrac{4pL^2}{\pi d^3}$	$\gamma = \dfrac{24dY}{5L^2}$
	$I = \dfrac{\pi}{64}(d_2^4 - d_1^4)$	$Z = \dfrac{\pi(d_2^4 - d_1^4)}{32d_2}$	$Y = \dfrac{5pL^4}{6\pi(d_2^4 - d_1^4)}$	$S = \dfrac{4pL^2 d}{\pi(d_2^4 - d_1^4)}$	$\gamma = \dfrac{24d_2Y}{5L^2}$
	$I = \dfrac{\pi}{4}a^3b$	$Z = \dfrac{\pi a^2 b}{4}$	$Y = \dfrac{5pL^4}{96\pi a^3 bE}$	$S = \dfrac{pL^2}{2\pi a^2 b}$	$\gamma = \dfrac{48aY}{5L^2}$

(3) 양단고정단의 양지지보로 집중하중

단면형상	단면이차 Moment I	단면형상 Z	최대 변형량 Y	최대 Stress S	최대 휨률 γ
일반	I	Z	$Y = \dfrac{PL^3}{192EI}$	$S = \dfrac{M}{Z} = \dfrac{PL}{8Z}$	$\gamma = \dfrac{S}{E} = \dfrac{PL}{8Z}$ $\dfrac{1921Y}{PL^3} = \dfrac{241Y}{ZL^2}$
	$I = \dfrac{bd^3}{12}$	$Z = \dfrac{bd^2}{6}$	$Y = \dfrac{PL^3}{16bd^3E}$	$S = \dfrac{3PL}{4bd^2}$	$\gamma = \dfrac{12dY}{L^2}$
	$I = \dfrac{h^4}{12}$	$Z = \dfrac{2\sqrt{2}\,h^3}{12}$	$Y = \dfrac{PL^3}{16h^4E}$	$S = \dfrac{3PL}{2\sqrt{2}\,h^3}$	$\gamma = \dfrac{24hY}{\sqrt{2}\,L^2}$

단면형상	단면이차 Moment I	단면형상 Z	최대 변형량 Y	최대 Stress S	최대 휨률 γ
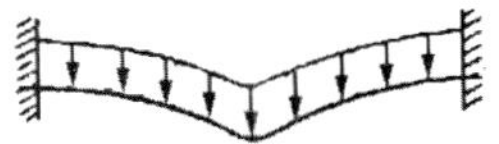	$I = \dfrac{\pi d^4}{64}$	$Z = \dfrac{\pi d^3}{32}$	$Y = \dfrac{PL^3}{3\pi d^4 E}$	$S = \dfrac{4PL}{\pi d^3}$	$\gamma = \dfrac{12dY}{L^2}$
	$I = \dfrac{\pi}{64}(d_2^4 - d_1^4)$	$Z = \dfrac{\pi(d_2^4 - d_1^4)}{32d_2}$	$Y = \dfrac{PL^3}{3\pi(d_2^4 - d_1^4)E}$	$S = \dfrac{4PLd_2}{\pi(d_3^4 - d_1^4)}$	$\gamma = \dfrac{12d_2Y}{L^2}$
	$I = \dfrac{\pi}{4}a^3 b$	$Z = \dfrac{\pi a^2 b}{4}$	$Y = \dfrac{PL^3}{48\pi a^3 bE}$	$S = \dfrac{PL}{2\pi a^2 b}$	$\gamma = \dfrac{24aY}{L^2}$

(4) 양단고정 양지지보로 분포하중

단면형상	단면이차 Moment I	단면형상 Z	최대 변형량 Y	최대 Stress S	최대 휨률 γ
일반	I	Z	$Y = \dfrac{pL^4}{384EI}$	$S = \dfrac{M}{Z} = \dfrac{pL^2}{12Z}$	$\gamma = \dfrac{S}{E} = \dfrac{pL^2}{12Z}$ $\dfrac{3841Y}{pL^4} = \dfrac{321Y}{ZL^2}$
	$I = \dfrac{bd^3}{12}$	$Z = \dfrac{bd^2}{6}$	$Y = \dfrac{pL^4}{32bd^3 E}$	$S = \dfrac{pL^2}{2bd^2}$	$\gamma = \dfrac{16hY}{L^2}$
	$I = \dfrac{h^4}{12}$	$Z = \dfrac{\sqrt{2}\,h^3}{12}$	$Y = \dfrac{pL^4}{32h^4 E}$	$S = \dfrac{pL^2}{\sqrt{2}\,h^3}$	$\gamma = \dfrac{32bY}{\sqrt{2}\,L^2}$
	$I = \dfrac{\pi d^4}{64}$	$Z = \dfrac{\pi d^3}{32}$	$Y = \dfrac{pL^4}{6\pi d^4 E}$	$S = \dfrac{8pL^2}{3\pi d^3}$	$\gamma = \dfrac{16d_2Y}{L^2}$
	$I = \dfrac{\pi}{64}(d_2^4 - d_1^4)$	$Z = \dfrac{\pi(d_2^4 - d_1^4)}{32d_2}$	$Y = \dfrac{pL^4}{6\pi(d_2^4 - d_1^4)E}$	$S = \dfrac{8pL^2 d_2}{3\pi(d_2^4 - d_1^4)}$	$\gamma = \dfrac{16d_2Y}{L^2}$
	$I = \dfrac{\pi}{4}a^3 b$	$Z = \dfrac{\pi a^2 b}{4}$	$Y = \dfrac{pL^4}{96\pi a^3 bE}$	$S = \dfrac{pL^4}{3\pi a^2 b}$	$\gamma = \dfrac{32aY}{L^2}$

(5) 편지지보로 선단하중

단면형상	단면이차 Moment I	단면형상 Z	최대 변형량 Y	최대 Stress S	최대 휨률 γ
일반	I	Z	$Y = \dfrac{PL^3}{3EI}$	$S = \dfrac{M}{Z} = \dfrac{PL}{Z}$	$\gamma = \dfrac{S}{E} = \dfrac{PL}{Z}$ $\dfrac{3YI}{PL^3} = \dfrac{31Y}{ZL^2}$
(직사각형 단면)	$I = \dfrac{bd^3}{12}$	$Z = \dfrac{bd^2}{6}$	$Y = \dfrac{4PL^3}{bd^3E}$	$S = \dfrac{6PL}{bd^2}$	$\gamma = \dfrac{3dY}{2L^2}$
(마름모 단면)	$I = \dfrac{h^4}{12}$	$Z = \dfrac{\sqrt{2}\,h^3}{12}$	$Y = \dfrac{4PL^3}{h^4E}$	$S = \dfrac{12PL}{\sqrt{2}\,h^3}$	$\gamma = \dfrac{3hY}{\sqrt{2}\,L^2}$
(원형 단면)	$I = \dfrac{\pi d^4}{64}$	$Z = \dfrac{\pi d^3}{32}$	$Y = \dfrac{64PL^3}{3\pi d^4E}$	$S = \dfrac{32PL}{\pi d^3}$	$\gamma = \dfrac{3d_2Y}{2L^2}$
(중공원형 단면)	$I = \dfrac{\pi}{64}(d_2^4 - d_1^4)$	$Z = \dfrac{\pi(d_2^4 - d_1^4)}{32d_2}$	$Y = \dfrac{64PL^3}{3\pi(d_2^4 - d_1^4)E}$	$S = \dfrac{32d_2PL}{\pi(d_2^4 - d_1^4)}$	$\gamma = \dfrac{3d_2Y}{2L^2}$
(타원형 단면)	$I = \dfrac{\pi}{4}a^3b$	$Z = \dfrac{\pi a^2b}{4}$	$Y = \dfrac{4PL^3}{3\pi a^3bE}$	$S = \dfrac{4PL}{\pi a^2b}$	$\gamma = \dfrac{3aY}{L^2}$

(6) 편지지보로 분포하중

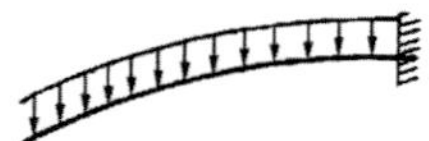

단면형상	단면이차 Moment I	단면형상 Z	최대 변형량 Y	최대 Stress S	최대 휨률 γ
일반	I	Z	$Y = \dfrac{pL^4}{8EI}$	$S = \dfrac{M}{Z} = \dfrac{pL^2}{2Z}$	$\gamma = \dfrac{S}{E} = \dfrac{pL^2}{2Z}$ $\dfrac{81Y}{pL^4} = \dfrac{41Y}{ZL^2}$
(직사각형 단면)	$I = \dfrac{bd^3}{12}$	$Z = \dfrac{bd^2}{6}$	$Y = \dfrac{3pL^4}{2bd^3E}$	$S = \dfrac{3pL^2}{bd^2}$	$\gamma = \dfrac{4dY}{2L^2}$

단면형상	단면이차 Moment I	단면형상 Z	최대 변형량 Y	최대 Stress S	최대 휨률 γ
(마름모)	$I = \dfrac{h^4}{12}$	$Z = \dfrac{\sqrt{2}\,h^3}{12}$	$Y = \dfrac{3pL^4}{2h^4E}$	$S = \dfrac{6pL^2}{\sqrt{2}\,h^3}$	$\gamma = \dfrac{4hY}{\sqrt{2}\,L^2}$
(원)	$I = \dfrac{\pi d^4}{64}$	$Z = \dfrac{\pi d^3}{32}$	$Y = \dfrac{8pL^4}{\pi d^4E}$	$S = \dfrac{16pL^2}{\pi d^3}$	$\gamma = \dfrac{2dY}{L^2}$
(중공원)	$I = \dfrac{\pi}{64}(d_2^4 - d_1^4)$	$Z = \dfrac{\pi(d_2^4 - d_1^4)}{32d_2}$	$Y = \dfrac{8pL^4}{\pi(d_2^4 - d_1^4)E}$	$S = \dfrac{16pL^2 d_2}{\pi(d_2^4 - d_1^4)}$	$\gamma = \dfrac{2d_2Y}{L^2}$
(타원)	$I = \dfrac{\pi}{4}a^3b$	$Z = \dfrac{\pi a^2 b}{4}$	$Y = \dfrac{pL^4}{2\pi a^3 bE}$	$S = \dfrac{2pL^2}{\pi a^2 b}$	$\gamma = \dfrac{4aY}{L^2}$

3) 원판, 원통 계산식

양단고정의 분포하중, 양단자유지지로 분포하중, 얇은 원통의 내압

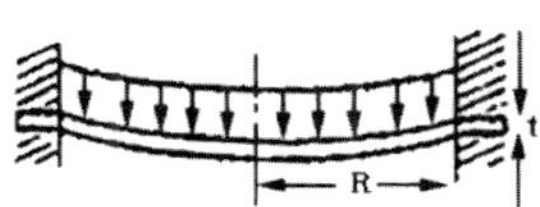 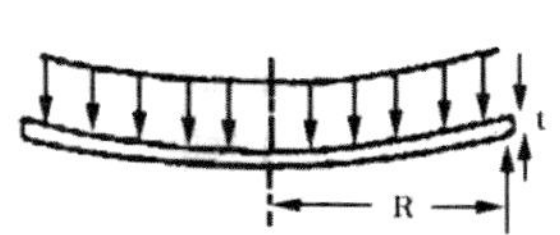 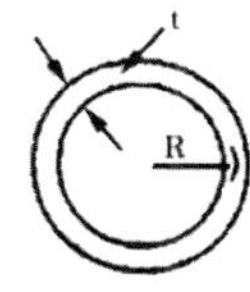

A: 양단고정의 분포하중　　　B: 양단자유지지로 분포하중　　　C: 얇은 원통의 내압

상태	최대 변형량 Y	최대 응력 S	휨률 γ
A	$Y = \dfrac{3PR^4(1-\mu^2)}{16Et^3}$	$S = \dfrac{3PR^2(1+\mu)}{8t^2}$	$\gamma = \dfrac{S}{E} = \dfrac{3PR^2(1+\mu)}{8t^2} \cdot \dfrac{16t^3Y}{3pR^4(1-\mu^2)}$ $= \dfrac{2tY}{(1-\mu)R^2}$
B	$Y = \dfrac{3PR^4(5-4\mu-\mu^2)}{16Et^3}$	$S = \dfrac{3PR^2(3+\mu)}{8t^2}$	$\gamma = \dfrac{S}{E} = \dfrac{3PR^2(3+\mu)}{8t^2} \cdot \dfrac{16t^3Y}{3pR^4(5-4\mu\mu^2)}$ $= \dfrac{2(3+\mu)tY}{(5-4\mu-\mu^2)R^2}$

상태	최대 변형량 Y	최대 응력 S	휨률 γ
C	$Y = \dfrac{R}{E}\left(1 - \dfrac{\mu}{2}\right)\dfrac{PR}{t}$	$Sh = \dfrac{PR}{t}$	$\gamma = \dfrac{S}{E} = \dfrac{Sh - \mu S_z}{E} = \dfrac{Sh}{E}\left(1 - \dfrac{\mu}{2}\right)$ $= \dfrac{Sh\left(1 - \dfrac{\mu}{2}\right)Y}{R\left(1 - \dfrac{\mu}{2}\right)Sh} = \dfrac{Y}{R}$

μ: Poisson비
ρ: 단위 면적당의 하중(내압)
s: 최대응력
Sh: Pipe stress
S_z: 축방향응력
Y: 최대 변형량(원통 경우는 반경의 증가량)

4) Coil spring 계산식

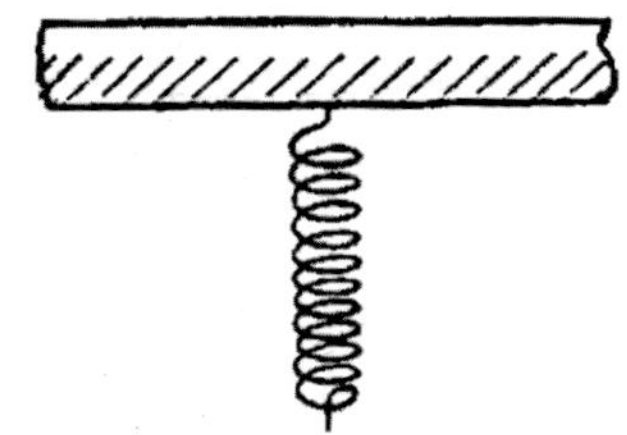

D: Coil 중심경	d: 선경	N: 유효권수
G: 횡탄성률	μ: Poisson비	P: 축하중
E: 종탄성률	Ss: 전단응력	Y: 변형량

상태	변형량 Y	전단응력 S_s	휨률 γ
위 그림	$Y = \dfrac{8NPD^3}{G\,d^4}$ $G = \dfrac{E}{2(1+\mu)}$	$S_s = k\dfrac{8PD}{\pi d^3}$ $K = k = \dfrac{4C-1}{4C-4} + \dfrac{0.615}{C}$ $C = \dfrac{D}{d}$	$\gamma = \dfrac{S_s}{G} = K\dfrac{8PD}{\pi d^3} \cdot \dfrac{d^4}{8NPD^3} = \dfrac{Kd}{\pi ND^2}$

12. 제품 Design의 Check list

1) 사용수지에 관하여

① 사용하는 수지
② 결정성 수지, 비결정성 수지
③ 투명, 불투명
④ 명판 부착 여부
⑤ 충진제 함유 재료(Glass 섬유, Talk)
⑥ 요구특성(강도, 내열, 내약품성) 만족 여부
⑦ 성형수축률
⑧ 유동성 L / t에 의한 설계 여부
⑨ 광택 여부 및 성형조건 변화 여부
⑩ 색상 지정 여부
⑪ Metalic색의 재료, Flow mark, Weld 한계 여부
⑫ 발포재료의 외관

2) 구조에 관하여

① 성형품의 용도, 사용 방법, 기능
② 형합 방법
③ 형상의 단순화 여부
④ 기본 두께
⑤ 하중, 부분적인 응력 집중
⑥ R
⑦ 도장품, 도금품의 충격 강도
⑧ 유사한 예

3) 요구 특성에 관하여

① 온도, 사용온도, 두께의 설정과 변형 방지책
　㉮ 연속 사용 한계온도(열열화)
　㉯ 변형하는 최고온도(이상 승온 시의 열변형)
　㉱ 응력하의 변형온도
　㉲ 금속취부상태의 열팽창 차에 의한 변형온도
　㉳ 최저온도(비화온도)
② 하중
　㉮ 필요강도
　㉯ 이상 시의 충돌, 낙하, 피로 파괴, Creep
③ 내약품성
　㉮ 기름, 용제, 산, 알칼리의 약품 접촉
　㉯ LDPVC와 접촉 Insert, Gate부 Boss
④ 정도
　㉮ 허용공차
　㉯ 두께 및 형상에 의한 성형수축률의 차이
　㉱ 휨에 대한 형상
⑤ 내구성
　㉮ 내구 기간
　㉯ 내후성, 내광성 필요 여부
　㉱ 경시변화에 의한 강도 저하, 외관 변색(변색, 광택) 두께 여부

4) 외관에 대하여

① 형상 최적설계
　㉮ Parting line
　㉯ 금형 Core선

㉐ 발구배
㉑ 두께
㉒ R
㉓ Undercut
㉔ Rib
㉕ Boss
② 색
㉮ 흑색
㉯ 투명은 두께차로 색차
③ 표면다듬질
㉮ Embossing 가공의 구배
㉯ Hot stamping 고려 여부
㉰ 인쇄 고려 여부
㉱ 도장 고려 여부
㉲ 도금 고려 여부

5) 경제성에 관하여

① 희망하는 중량
② 제품의 경량화
③ 현행 부품 Cost
④ 조립부품의 삭감과 취부 Cost 절감
⑤ 접착 방법

13. 기하공차의 도시방법

1) 기하공차의 종류와 그 기호

기하공차의 종류와 그 기호는 KS B0608 − 1987에 의한다.

(1) 기하공차의 종류와 그 기호

적용하는 형체		공차의 종류	기호	비고
단독 형체	모양 공차	진직도 공차		
		평면도 공차		
		진원도 공차		
		원통도 공차		
단독 형체 또는 관련 형체		선의 윤곽도 공차		
		면의 윤곽도 공차		
관련 형체	자세 공차	평행도 공차		
		직각도 공차		
		경사도 공차		
	위치 공차	위치도 공차		
		동축도 공차 또는 동심도 공차		
		대칭도 공차		
	흔들림 공차	원주 흔들림 공차		
		온 흔들림 공차		

(2) 부가 기호

표시하는 내용		기호(1)	비고
공차붙이 형체	직접 표시하는 경우		
	문자기호에 의하여 표시하는 경우		
데이텀	직접 표시하는 경우		
	문자기호에 의하여 표시하는 경우		
데이텀 타깃 기입틀			
이론적으로 정확한 수치		50	
돌출 공차역		P	
최대 실체 공차 방식		M	

주(1) 기호란 중의 문자기호 및 수치는 P, M을 제외하고 한 보기를 나타낸다.

2) 기하공차의 공차역의 정의 및 도시보기와 그 해석

공차역의 정의란에서 사용하고 있는 선은 다음의 뜻을 나타내고 있다.

- 굵은 실선 또는 파선: 형체
- 가는 1점 쇄선: 중심선
- 굵은 1점 쇄선: 데이텀
- 가는 2점 쇄선: 보충하는 투상면 또는 절단면
- 굵은 2점 쇄선: 보충하는 투상면 또는 절단면에의 형체의 투상

공차역의 정의	도시보기와 그 해석

1. 진직도 공차

(1) 선의 진직도 공차

공차역은, 한 개의 평면에 투상되었을 때에는 t만큼 떨어진 두 개의 평행한 직선 사이에 끼인 영역이다.	지시선의 화살표로 나타낸 직선은, 화살표 방향으로 0.1㎜만큼 떨어진 두 개의 평행한 평면 사이에 있어야 한다.
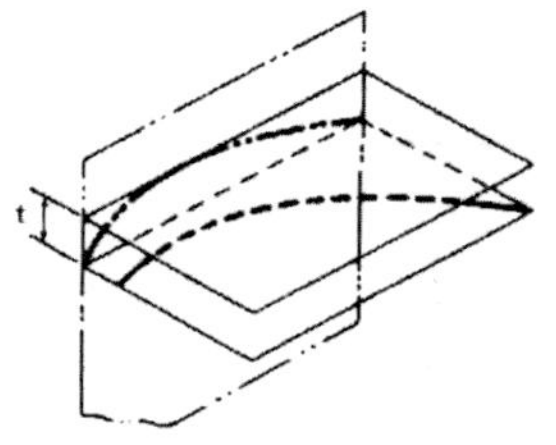	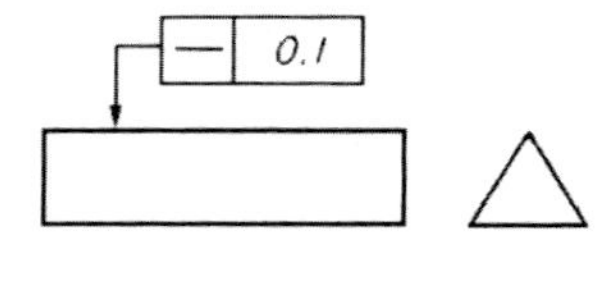

(2) 표면의 요소로서의 선의 진직도 공차

공차역은, 지정된 방향의 절단면 내에서 t만큼 떨어진 두 개의 평행한 직선 사이에 끼인 영역이다.	지시선의 화살표로 나타낸 면을, 공차기입틀을 표시한 도형의 투상면에 평행한 임의의 평면으로 절단했을 때, 그 절단면에 나타난 선이, 화살표 방향으로 0.1㎜만큼 떨어진 두 개의 평행한 직선 사이에 있어야 한다.
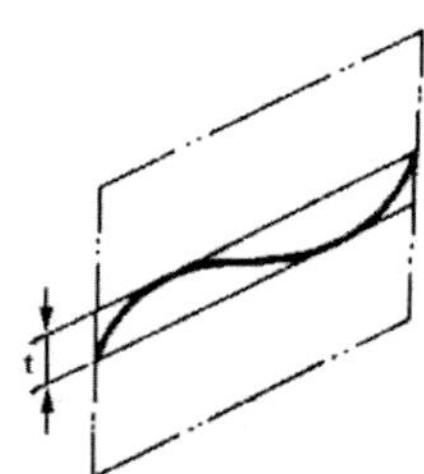	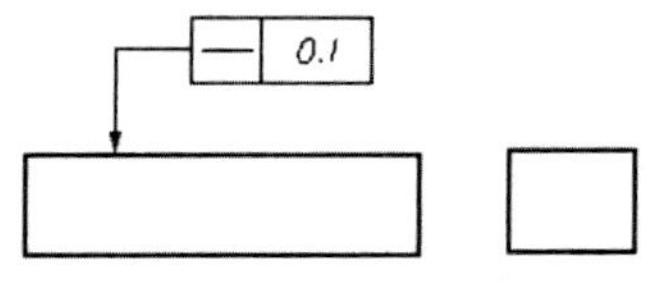
특히 축 대칭물의 형체에 대해서는, 그 축선을 포함하는 평면 위에 있어서의 것이다.	지시선의 화살표로 나타내는 원통면 위의 임의의 모선은, 그 원통을 축선을 포함하는 평면 내에 있어서 0.1㎜만큼 떨어진 두 개의 평행한 직선 사이에 있어야 한다.
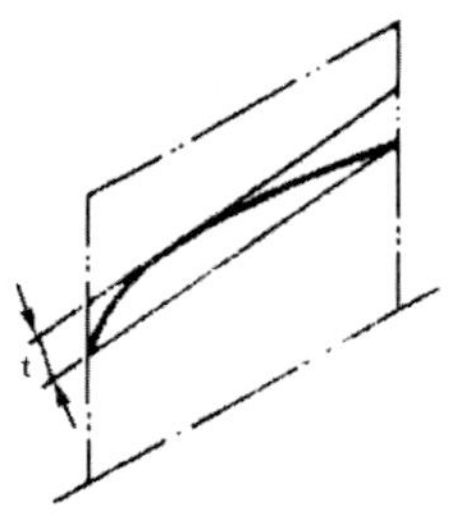	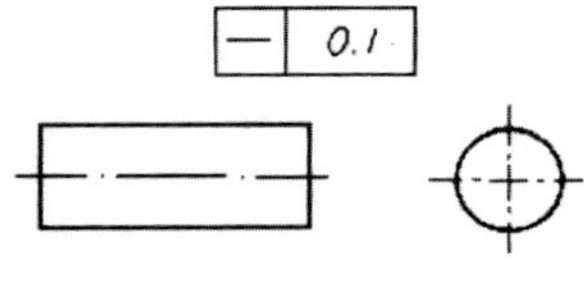

공차역의 정의	도시보기와 그 해석
	지시선의 화살표로 나타내는 원통면의 임의의 모선 위에서 임의로 선택한 길이 200㎜의 부분은 축선을 포함하는 평면 내에 있어서 0.1 ㎜만큼 떨어진 두 개의 평행한 직선 사이에 있어야 한다. 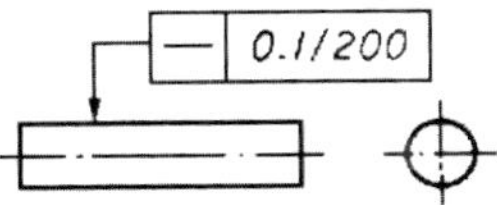
공차역의 지정이 서로 직각인 두 방향에서 실시되고 있는 경우에는, 이 공차역은 단면 $t_1 \times t_2$ 의 직6면체 안의 영역이다. 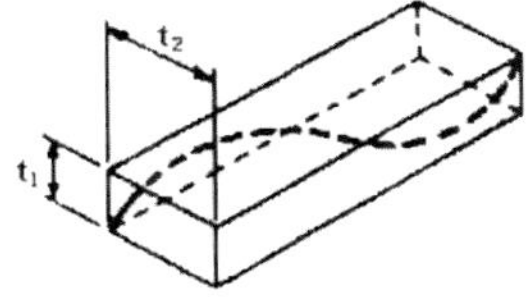	이 각봉의 축선은, 지시선의 화살표로 나타내는 방향으로 각각 0.1㎜ 및 0.2㎜의 나비를 갖는 직6면체 내에 있어야 한다. 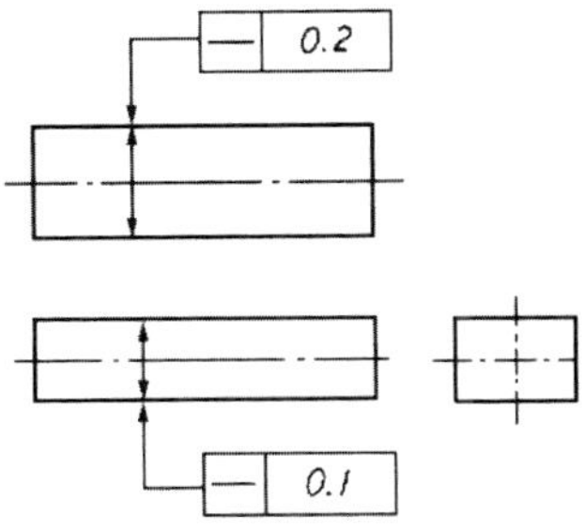
공차역을 표시하는 수치 앞에 기호 Φ가 붙어 있는 경우에는 이 공차역은 지름 t의 원통 안의 영역이다. 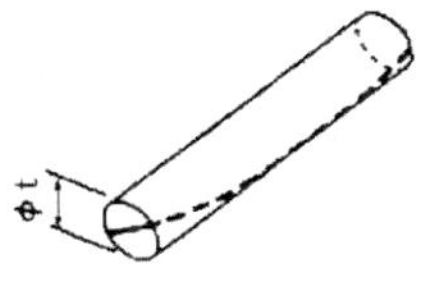	원통의 지름을 나타내는 치수에 공차 기입틀이 연결되어 있는 경우에는, 그 원통의 축선은 지름 0.08㎜의 원통 내에 있어야 한다. 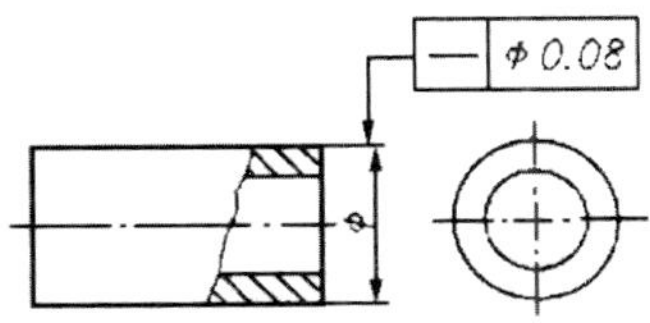

공차역의 정의	도시보기와 그 해석

2. 평면도 공차

공차역은 t만큼 떨어진 두 개의 평행한 평면 사이에 끼인 영역이다.

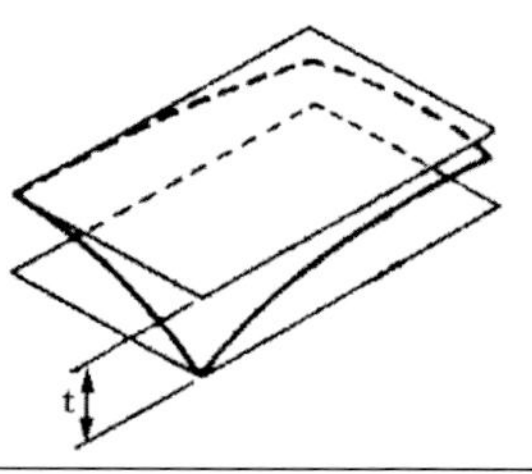

이 표면은 0.08㎜만큼 떨어진 두 개의 평행한 평면 사이에 있어야 한다.

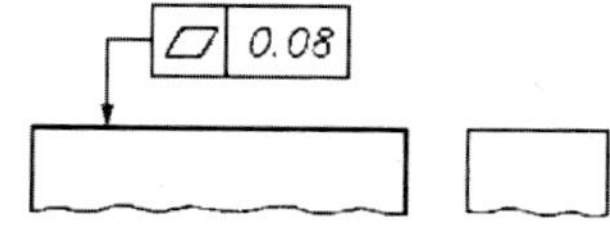

3. 진원도 공차

대상으로 하고 있는 평면 내에서의 공차역은 t만큼 떨어진 두 개의 동심원 사이의 영역이다.

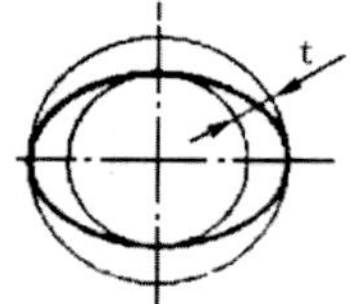

바깥지름면의 임의의 축직각 단면에 있어서의 바깥 둘레는, 동일 평면 위에서 0.03㎜만큼 떨어진 두 개의 동심원 사이에 있어야 한다.

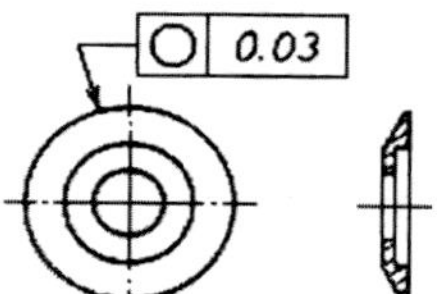

임의의 축직각 단면에 있어서 바깥 둘레는 동일 평면 위에서 0.1㎜만큼 떨어진 두 개의 동심원 사이에 있어야 한다.

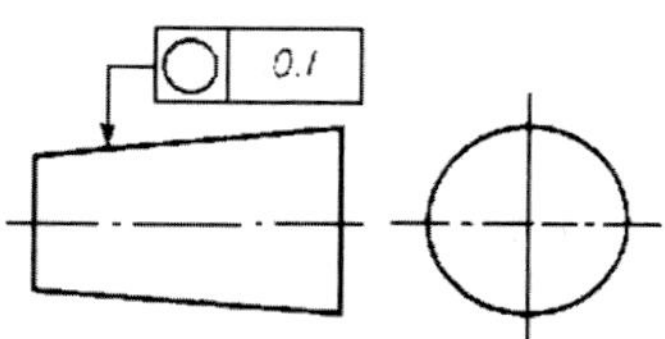

4. 원통도 공차

공차역은 t만큼 떨어진 두 개의 동축원통면 사이의 영역이다.

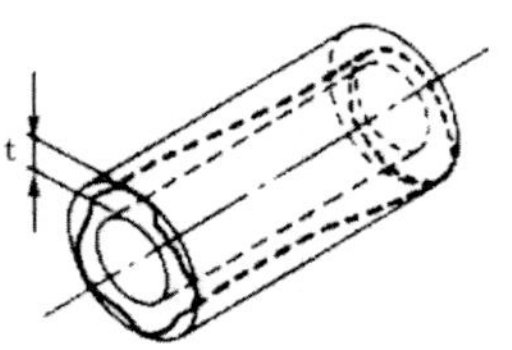

대상으로 하고 있는 면은, 0.1㎜만큼 떨어진 두 개의 동축원통면 사이에 있어야 한다.

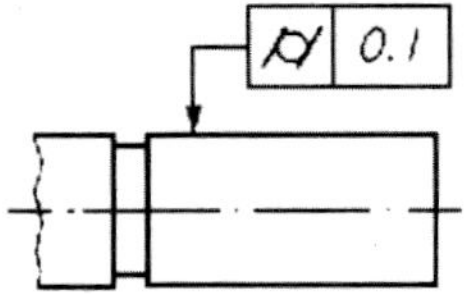

공차역의 정의	도시보기와 그 해석

5. 선의 윤곽도 공차

(1) 단독형체의 선의 윤곽도 공차

공차역은, 이론적으로 정확한 윤곽선 위에 중심을 두는 지름 t의 원이 만드는 두 개의 포락선 사이에 끼인 영역이다.	투상면에 평행한 임의의 단면에서 대상으로 하고 있는 윤곽은 이론적으로 정확한 윤곽을 갖는 선 위에 중심을 두는 지름 0.04㎜의 원이 만드는 두 개의 포락선 사이에 있어야 한다.
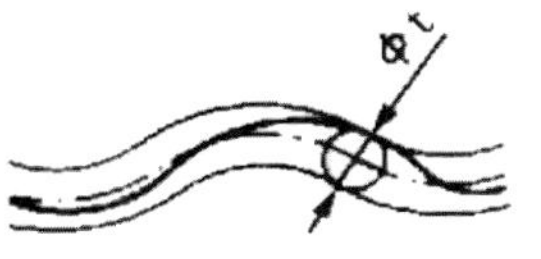	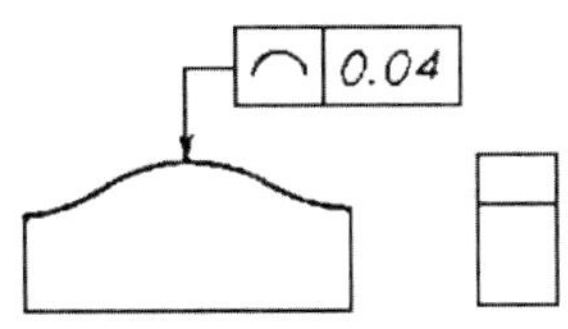

(2) 관련 형체의 선의 윤곽도 공차

공차역은 데이텀에 관련하여 이론적으로 정확한 윤곽선 위에 중심을 두는 지름 t의 원이 만드는 두 개의 포락선 사이에 끼인 영역이다.	투상면에 평행한 임의의 단면에서 대상으로 하고 있는 윤곽은, 데이텀 평면 A에 관련하여 이론적으로 정확한 윤곽을 갖는 선 위에 중심을 두는 지름 0.04㎜의 원이 만드는 두 개의 포락선 사이에 있어야 한다.
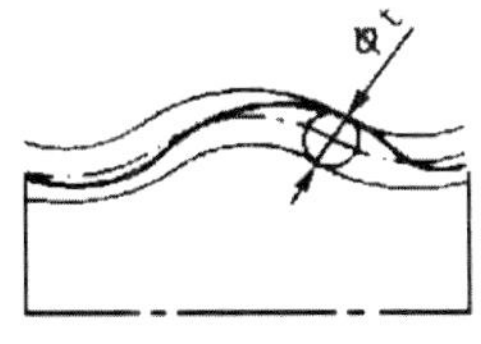	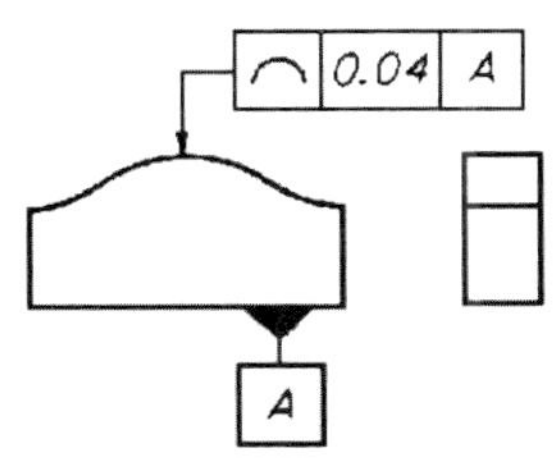

6. 면의 윤곽도 공차

(1) 단독형체의 면의 윤곽도 공차

공차역은 이론적으로 정확한 윤곽면 위에 중심을 두는 지름 t의 구가 만드는 두 개의 포락면 사이에 끼인 영역이다.	대상으로 하고 있는 면은, 이론적으로 정확한 윤곽을 갖는 면 위에 중심을 두는 지름 0.02 ㎜의 구가 만드는 두 개의 포락면 사이에 있어야 한다.
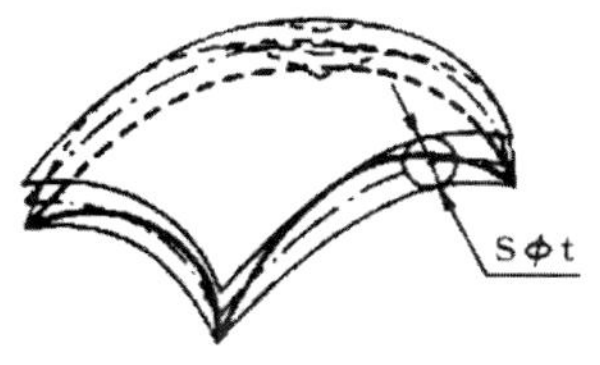	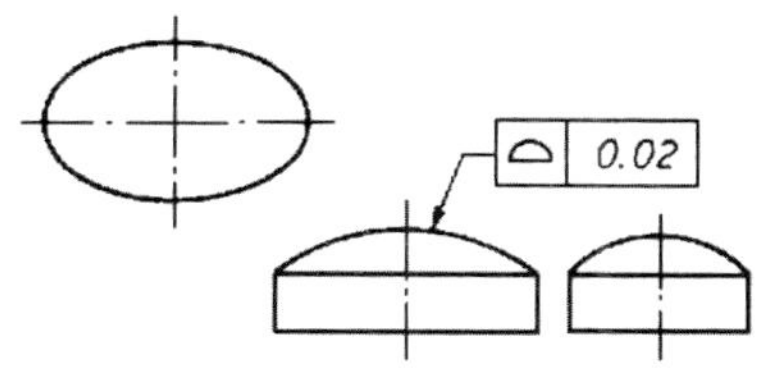

(2) 관련 형체의 면의 윤곽도 공차

공차역의 정의	도시보기와 그 해석
공차역은 데이텀에 관련하여 이론적으로 정확한 윤곽면 위에 중심을 두는 지름 t의 구가 만드는 두 개의 포락면 사이에 끼인 영역이다. 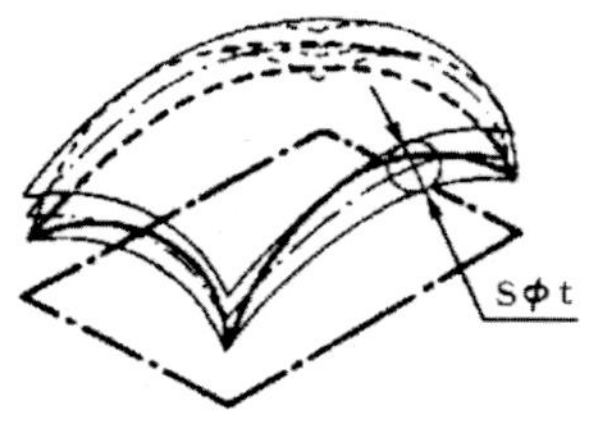	대상으로 하고 있는 면은, 데이텀 A에 관련하여 이론적으로 정확한 윤곽을 갖는 면 위에 중심을 두는 지름 0.02㎜의 구가 만드는 두 개의 포락면 사이에 있어야 한다. 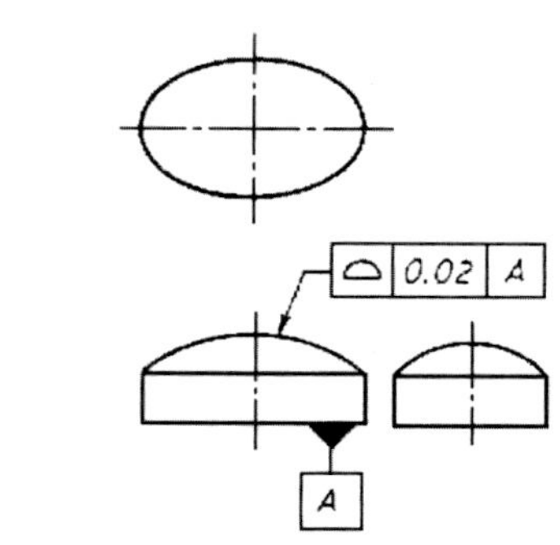

7. 평행도 공차

(1) 데이텀 직선에 대한 선의 평행도 공차

공차역의 정의	도시보기와 그 해석
공차역은, 한 개의 평면에 투상되었을 때에는 데이텀 직선에 평행하고 t만큼 떨어진 두 개의 평행한 직선 사이에 끼인 영역이다. 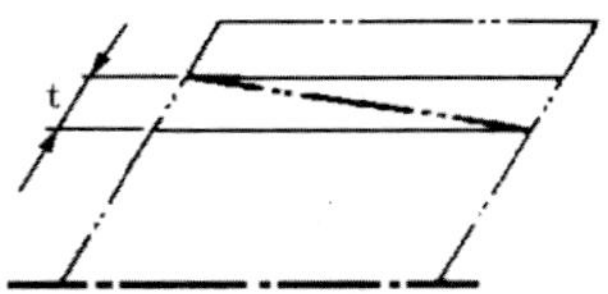	지시선의 화살표로 나타내는 축선은, 데이텀 축직선 A에 평행하고 또한, 지시선의 화살표 방향(수직한 방향)에 있는 0.1㎜만큼 떨어진 두 개의 평면 사이에 있어야 한다. 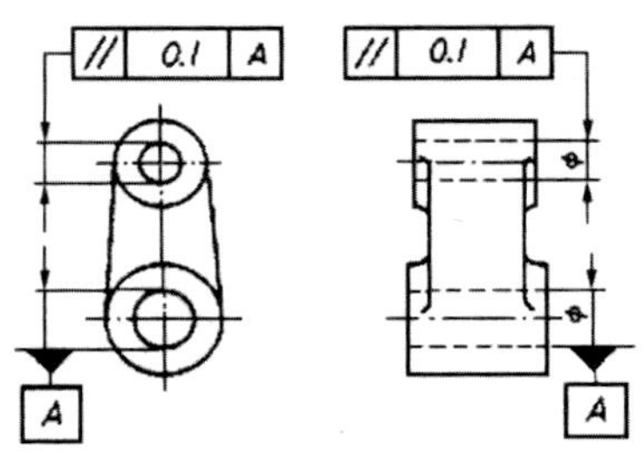

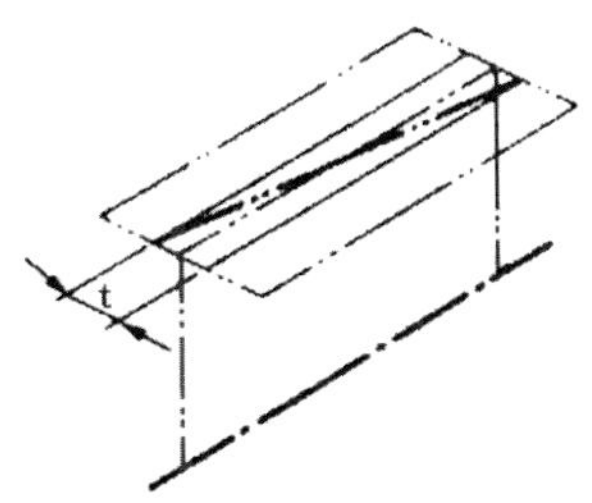

지시선의 화살표로 나타내는 축선은, 데이텀 축직선 A에 평행하고 또한, 지시선의 화살표로 방향(수평한 방향)에 있는 0.1㎜만큼 떨어진 두 개의 평면 사이에 있어야 한다.

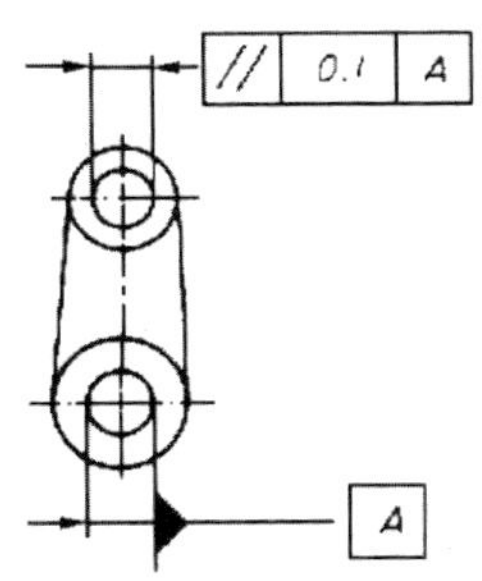

공차의 지정이 서로 직각인 두 개의 평면에서 실시되고 있는 경우에는 이 공차역은 단면이 $t_1 \times t_2$이고, 데이텀 직선에 평행한 직6면체 안의 영역이다.

지시선의 화살표로 나타내는 축선은 직각의 지시선의 화살표 방향, 즉 수평방향으로 0.2㎜, 수직방향으로 0.1㎜의 나비를 갖고 데이텀 축직선 A에 평행한 직6면체 내에 있어야 한다.

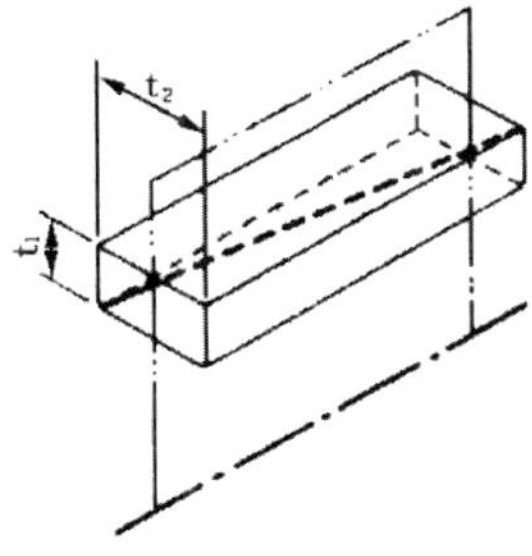

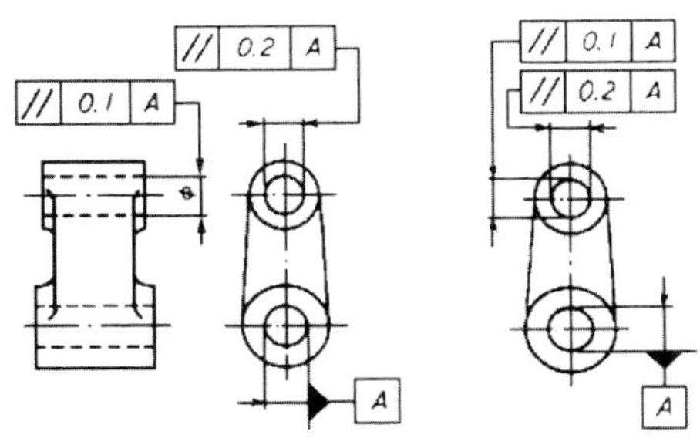

공차를 나타내는 수치 앞에 기호 Φ가 붙어 있는 경우에는 이 공차역은 데이텀 직선에 평행한 지름 t의 원통 안의 영역이다.

지시선의 화살표로 나타내는 축선은 데이텀 축직선 A에 평행한 지름 0.03㎜의 원통 내에 있어야 한다.

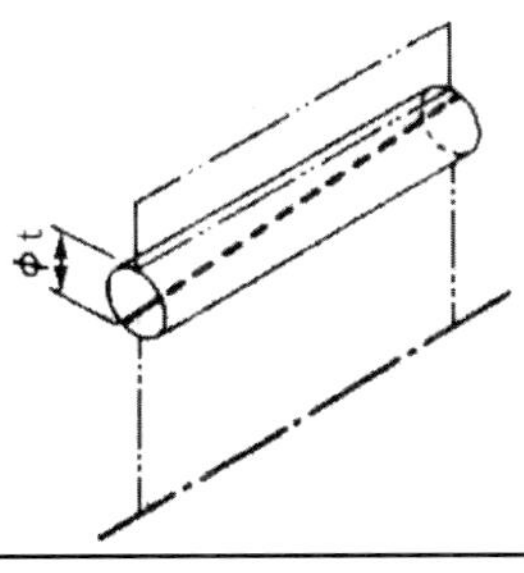

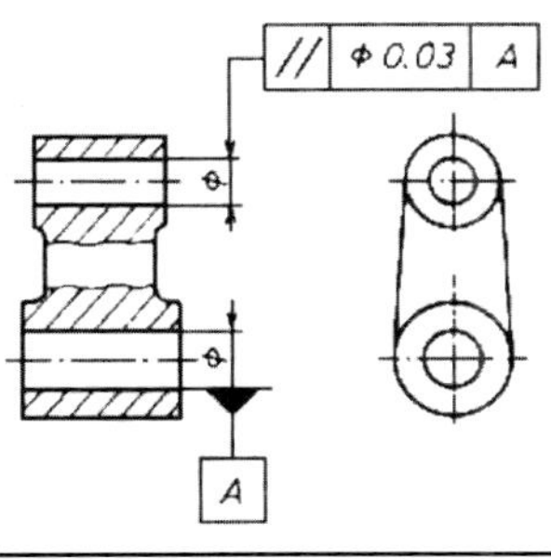

<table>
<tr><th>공차역의 정의</th><th>도시보기와 그 해석</th></tr>
</table>

(2) 데이텀 평면에 대한 선의 평행도 공차

공차역은 데이텀 평면에 평행하고 서로 t만큼 떨어진 두 개의 평행한 평면 사이에 끼인 영역이다.

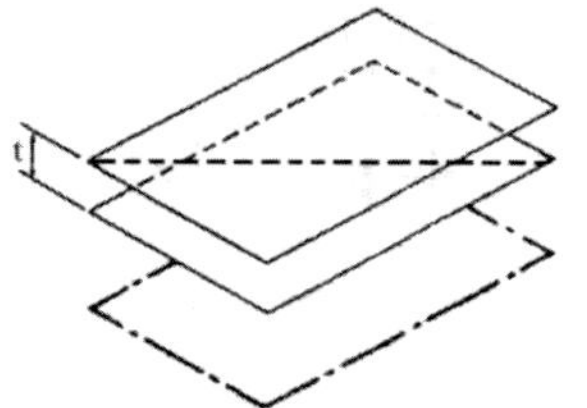

지시선의 화살표로 나타내는 축선은 데이텀 평면 B에 평행하고, 또한 지시선의 화살표 방향으로 0.01㎜만큼 떨어진 두 개의 평면 사이에 있어야 한다.

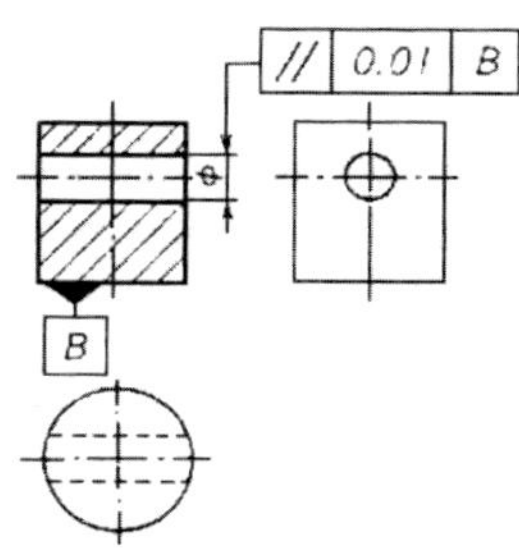

(3) 데이텀 직선에 대한 면의 평행도 공차

공차역은 데이텀 직선에 평행하고 t만큼 떨어진 두 개의 평행한 평면 사이에 끼인 영역이다.

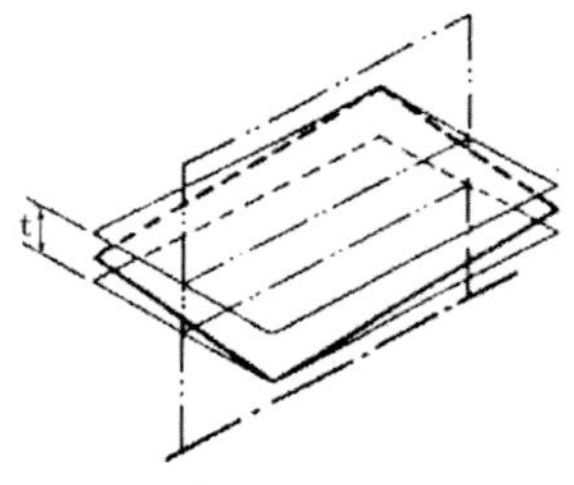

지시선의 화살표로 나타내는 면은 데이텀 축 직선 C에 평행하고 또한, 지시선의 화살표 방향으로 0.1㎜만큼 떨어진 두 개의 평면 사이에 있어야 한다.

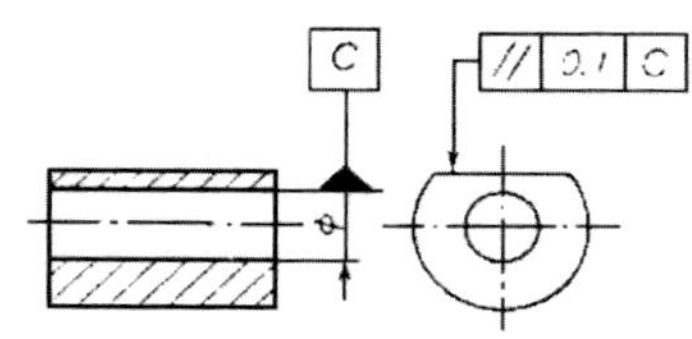

(4) 데이텀 평면에 대한 면의 평행도 설치

공차역은 데이텀 평면에 평행하고 t만큼 떨어진 두 개의 평행한 평면 사이에 끼인 영역이다.

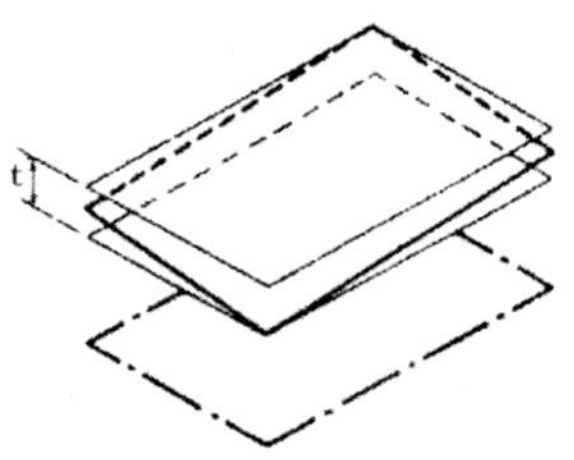

지시선의 화살표로 나타내는 면은 데이텀 평면 A에 평행하고 또한, 지시선의 화살표 방향으로 0.01㎜만큼 떨어진 두 개의 평면 사이에 있어야 한다.

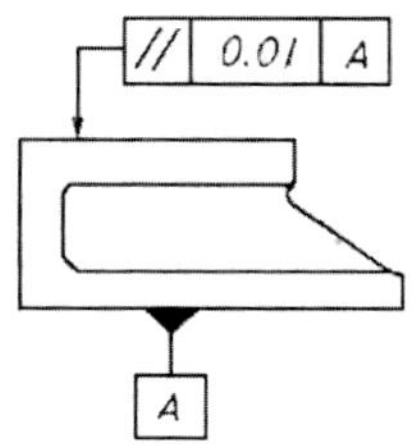

공차역의 정의	도시보기와 그 해석
	지시선의 화살표로 나타내는 면 위에서 임의로 선택한 길이 100㎜ 위의 모든 점은 데이텀 평면 A에 평행하고 또한, 지시선의 화살표 방향으로 0.01㎜만큼 떨어진 두 개의 평면 사이에 있어야 한다. 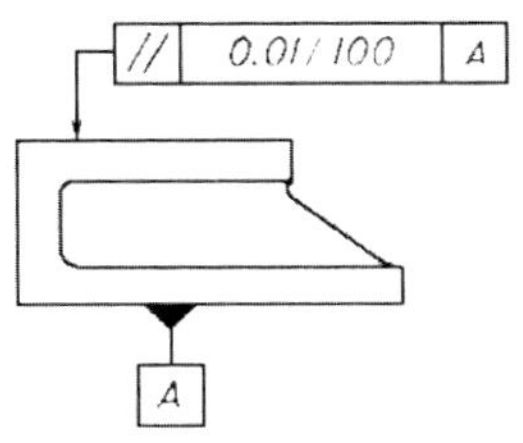

8. 직각도 공차

(1) 데이텀 직선에 대한 선의 직각도 공차

공차역은 한 평면에 투상되었을 때에는 데이텀 직선에 수직하고 t만큼 떨어진 두 개의 평행한 직선 사이에 끼인 영역이다. 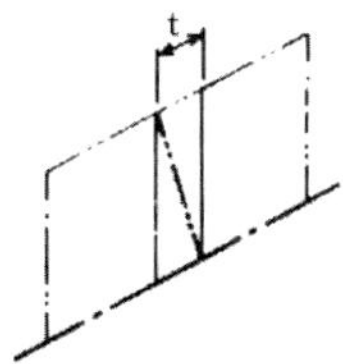	지시선의 화살표로 나타내는 경사진 구멍의 축선은, 데이텀 축직선 A에 수직하고 또한, 지시선의 화살표 방향으로 0.06㎜만큼 떨어진 두 개의 평행한 평면 사이에 있어야 한다. 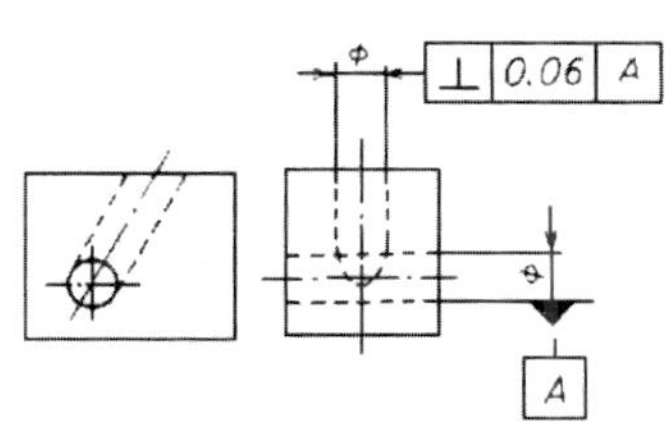

(2) 데이텀 평면에 대한 선의 직각도 공차

공차의 지정이 한 방향에만 실시되어 있는 경우에는, 한 평면에 투상된 공차역은 데이텀 평면에 수직하고 t만큼 떨어진 두 개의 평행한 직선 사이에 끼인 영역이다. 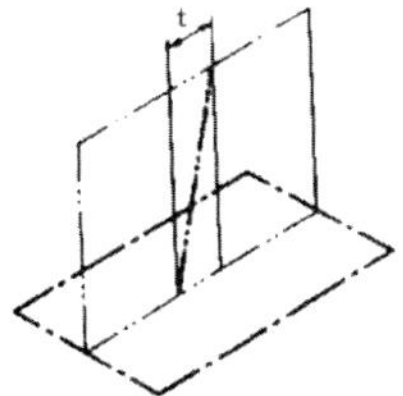	지시선의 화살표로 나타내는 원통의 축선은 데이텀 평면에 수직하고 또한, 지시선의 화살표 방향으로 0.2㎜만큼 떨어진 두 개의 평행한 평면 사이에 있어야 한다. 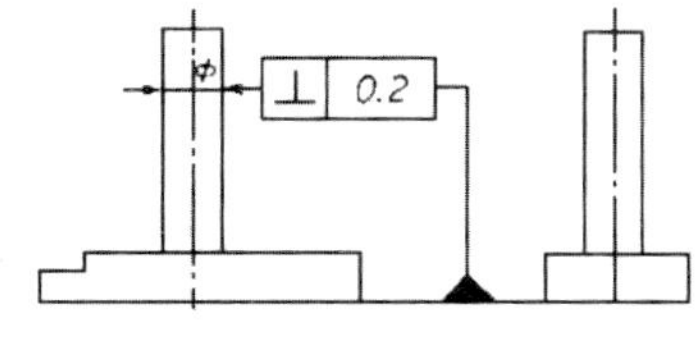

공차의 지정이 서로 직각인 두 방향으로 실시되어 있는 경우에는, 이 공차역은 단면이 $t_1 \times t_2$이고 데이텀 평면에 수직한 직6면체 안의 영역이다.

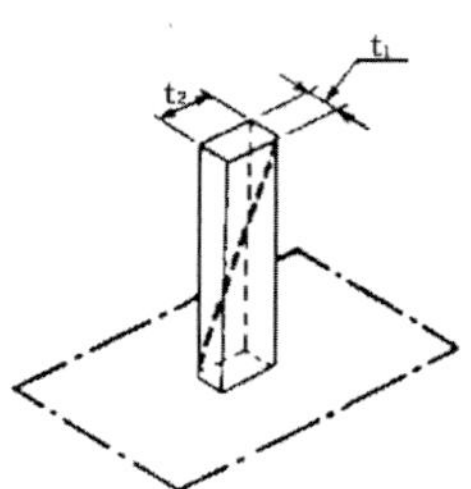

공차를 나타내는 수치 앞에 기호 Φ가 붙어 있는 경우에는, 이 공차역은 데이텀 평면에 수직한 지름 t의 원통 안의 영역이다.

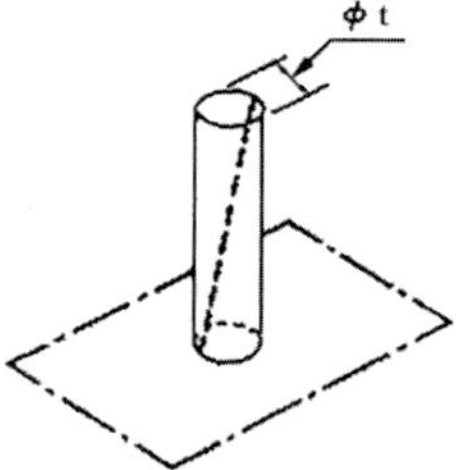

지시선의 화살표로 나타내는 원통의 축선은, 각각의 지시선의 화살표 방향으로 각각 0.2㎜, 0.1㎜의 나비를 갖고 데이텀 평면에 수직한 직6면체 내에 있어야 한다.

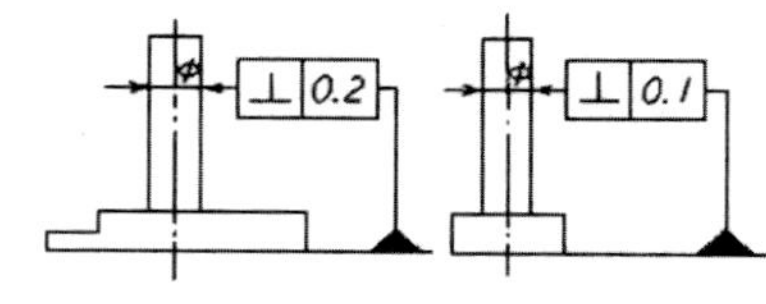

지시선의 화살표로 나타내는 원통의 축선은 데이텀 평면 A에 수직한 지름 0.01㎜의 원통 내에 있어야 한다.

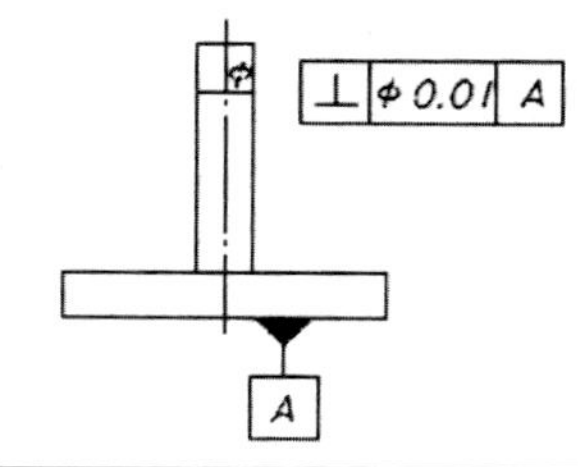

---

(3) 데이텀 직선에 대한 면의 직각도 공차

공차역은 데이텀 직선에 수직하고 t만큼 떨어진 두 개의 평행한 평면 사이에 끼인 영역이다.

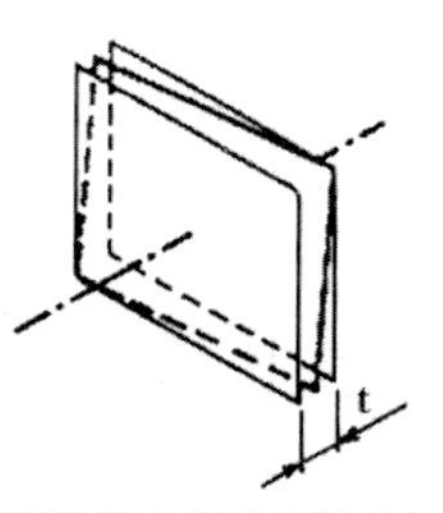

지시선의 화살표로 나타내는 면은 데이텀 축 직선 A에 수직하고 또한, 지시선의 화살표 방향으로 0.08㎜만큼 떨어진 두 개의 평행한 평면 사이에 있어야 한다.

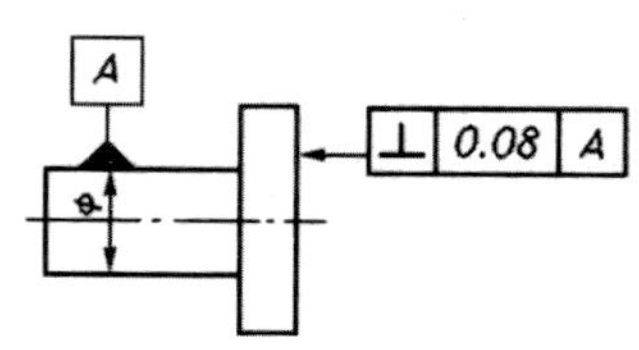

(4) 데이텀 평면에 대한 면의 직각도

공차역은 데이텀 평면에 수직하고 t만큼 떨어진 두 개의 평행한 평면 사이에 끼인 영역이다.	지시선의 화살표로 나타내는 면은, 데이텀 평면 A에 수직하고 또한, 지시선의 화살표 방향으로 0.08㎜만큼 떨어진 두 개의 평행한 평면 사이에 있어야 한다.
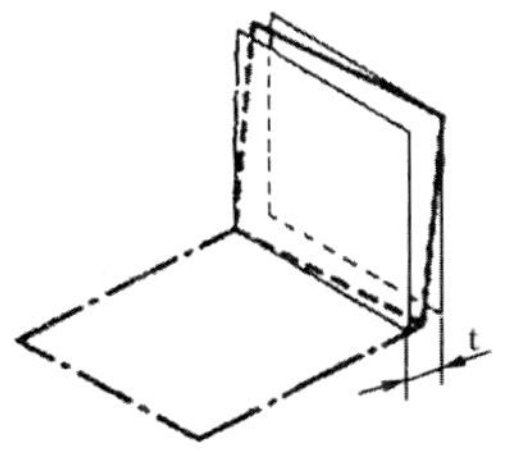	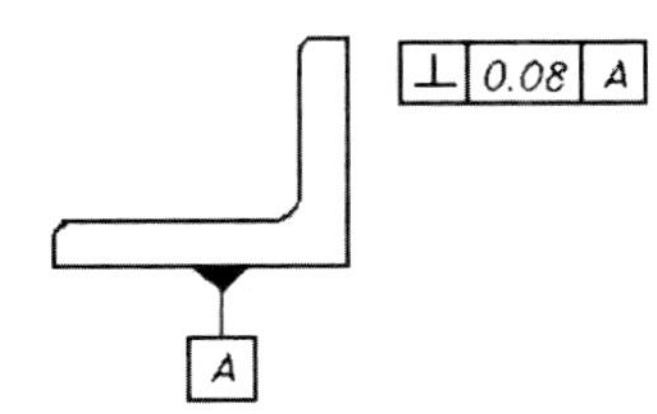

9. 경사도 공차

(1) 데이텀 직선에 대한 선의 경사도 공차

(a) 동일 평면 내의 선과 데이텀 직선
한 평면에 투사되었을 때의 공차역은 데이텀 직선에 대하여 지정된 각도로 기울고, t만큼 떨어진 두 개의 평행한 직선 사이에 끼인 영역이다.

지시선의 화살표로 나타낸 구멍의 축선은, 데이텀 축직선 A−B에 대하여 이론적으로 정확하게 60° 기울고, 지시선의 화살표 방향으로 0.08㎜만큼 떨어진 두 개의 평행한 평면 사이에 있어야 한다.

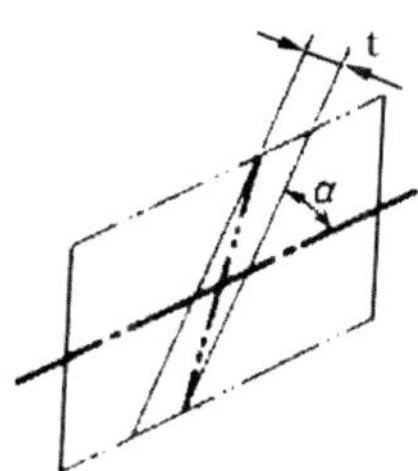

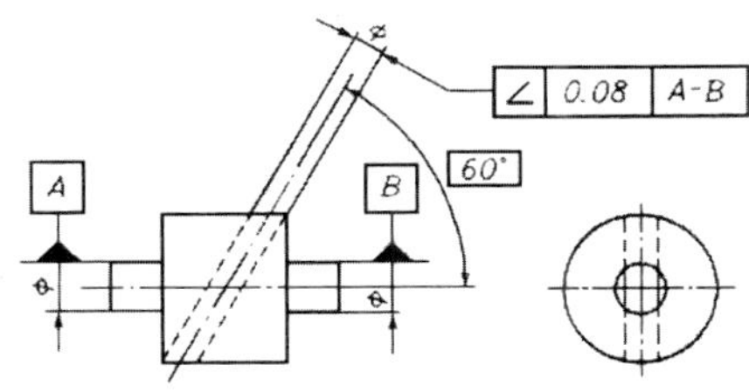

(b) 동일 평면 내에 있지 않는 선과 데이텀 직선
대상으로 하고 있는 선과 데이텀 직선이 동일 평면 위에 있지 않는 경우에는, 이 공차역은 데이텀 직선을 포함하고 대상으로 하고 있는 선에 평행한 평면에 대상으로 하고 있는 선을 투상했을 때, 데이텀 직선에 대하여 지정된 각도로 기울고, t만큼 떨어진 두 개의 평행한 직선 사이에 끼인 영역이다.

데이텀 축직선 A−B를 포함하고 지시선의 화살표로 나타낸 구멍의 축선에 평행한 평면에의 구멍의 축선의 투상은, 데이텀 축직선 A−B에 대하여 이론적으로 정확하게 60° 기울고, 지시선의 화살표 방향으로 0.08㎜만큼 떨어진 두 개의 평행한 직선 사이에 있어야 한다.

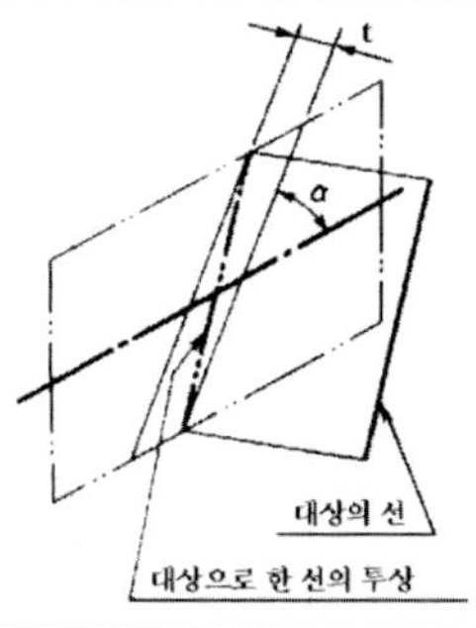

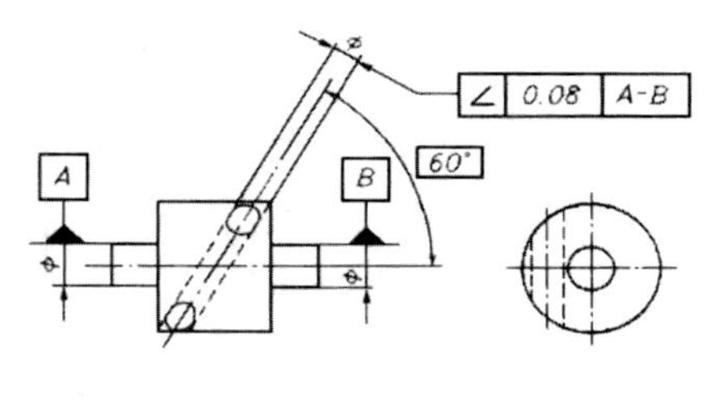

(2) 데이텀 평면에 대한 선의 경사도 공차

한 평면에 투상된 공차역은, 데이텀 평면에 대하여 지정된 각도로 기울고, t만큼 떨어진 두 개의 평행한 직선 사이에 끼인 영역이다.

지시선의 화살표로 나타내는 원통의 축석은, 데이텀 평면에 대하여 이론적으로 정확하게 80° 기울고, 지시선의 화살표 방향으로 0.08㎜만큼 떨어진 두 개의 평행한 평면 사이에 있어야 한다.

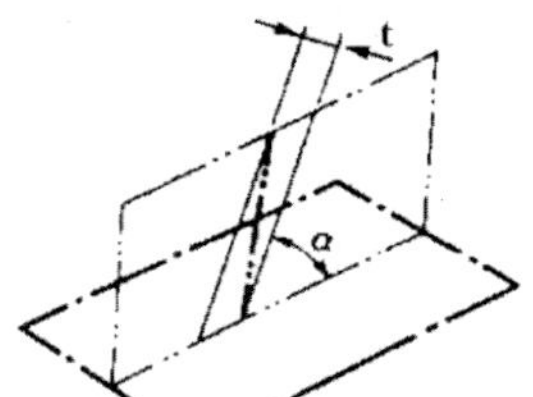

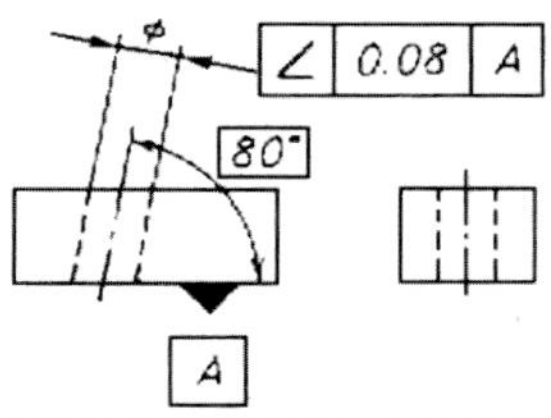

(3) 데이텀 직선에 대한 면의 경사도 설치

공차역은, 데이텀 직선에 대하여 지정된 각도로 기울고, t만큼 떨어진 두 개의 평행한 평면 사이에 끼인 영역이다.

지시선의 화살표로 나타내는 면은, 데이텀 축직선 A에 대하여 이론적으로 정확하게 75° 기울고, 지시선의 화살표 방향으로 0.01㎜만큼 떨어진 두 개의 평행한 평면 사이에 있어야 한다.

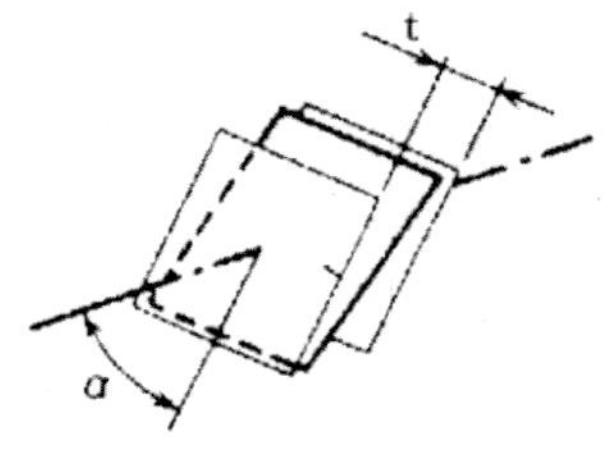

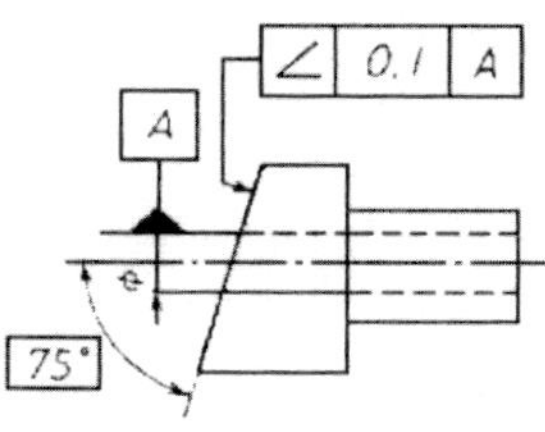

(4) 데이텀 평면에 대한 면의 경소다 공차

공차역은, 데이텀 평면에 대하여 지정된 각도로 기울고, 서로 t만큼 떨어진 두 개의 평행한 평면 사이에 끼인 영역이다.	지시선의 화살표로 나타내는 면은, 데이텀 평면 A에 대하여 이론적으로 정확하게 40° 기울고, 지시선의 화살표 방향으로 0.08mm만큼 떨어진 두 개의 평행한 평면 사이에 있어야 한다.

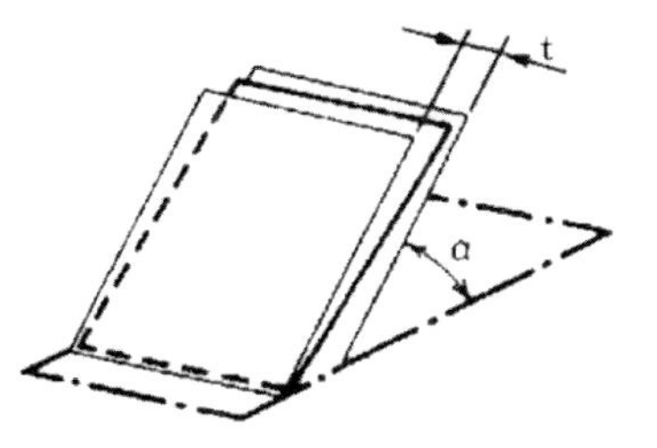
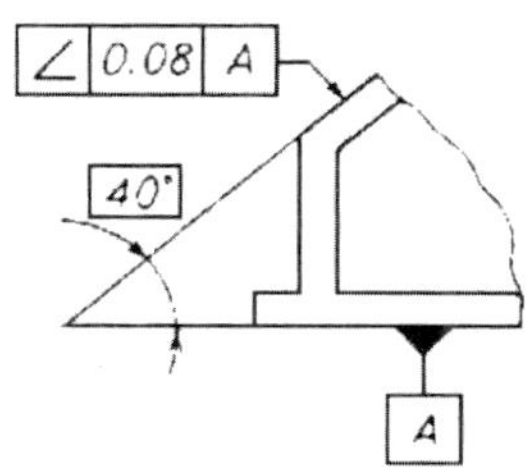

10. 위치도 공차

(1) 점의 위치도 공차

공차역은 대상으로 하고 있는 점의 이론적으로 정확한 위치(이하 진위치라 한다)를 중심으로 하는 지름 t의 원 안 또는 구 안의 영역이다.	지시선의 화살표로 나타낸 점은, 데이텀 직선 A로부터 60mm, 데이텀 직선 B로부터 100mm 떨어진 진위치를 중심으로 하는 지름 0.03mm 의 원 안에 있어야 한다. 또한 이 그림 보기의 경우는 데이텀 직선 A, B의 우선순위는 없다.

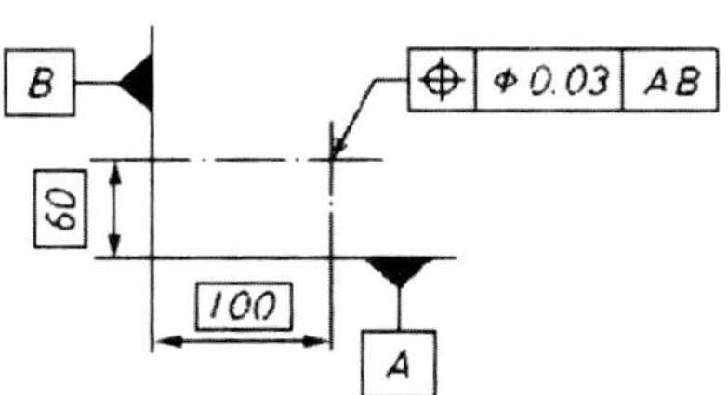

비고: 그림에 나타나 있는 면에 수직방향의 두께를 고려할 때는 여기에서 설명한 원은 원통이 되고, 점은 선이 된다.

지시선의 화살표로 나타낸 구의 중심은, 데이텀 축직선 A의 선 위에서 데이텀 평면 B로부터 14mm 떨어진 진위치에 중심을 갖는 지름 0.3mm의 구 안에 있어야 한다.

공차역의 정의	도시보기와 그 해석

(2) 선의 위치도 공차

공차역의 정의	도시보기와 그 해석
공차의 지정이 한 방향에만 실시되어 있는 경우의 선의 위치도의 공차역은, 진위치에 대하여 대칭으로 배치하고 t만큼 떨어진 두 개의 평행한 직선 사이 또는 두 개의 평행한 평면 사이에 끼인 영역이다. 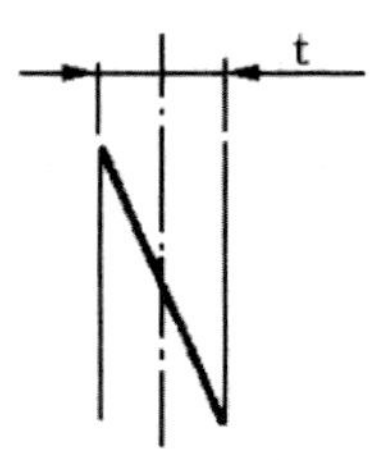	지시선의 화살표로 나타낸 각각의 선은, 그들 직선의 진위치로서 지정된 직선에 대하여 대칭으로 배치되고 0.05㎜의 간격을 갖는 두 개의 평행한 직선 사이에 있어야 한다. 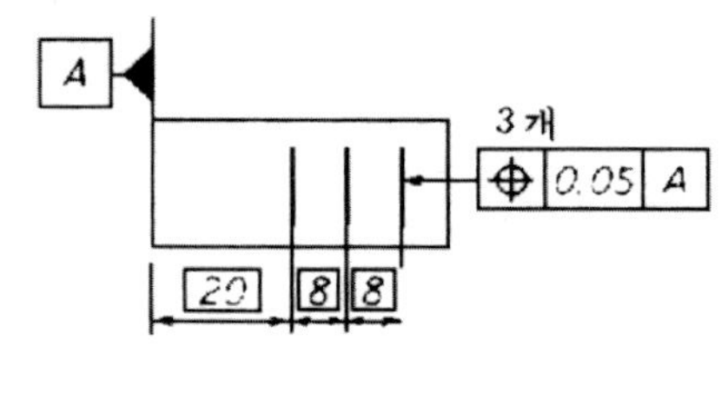

(3) 면의 위치도 공차

공차역의 정의	도시보기와 그 해석
공차역은 대상으로 하고 있는 면의 진위치에 대하여 대칭으로 배치되고, t만큼 떨어진 두 개의 평행한 평면 사이에 끼인 영역이다. 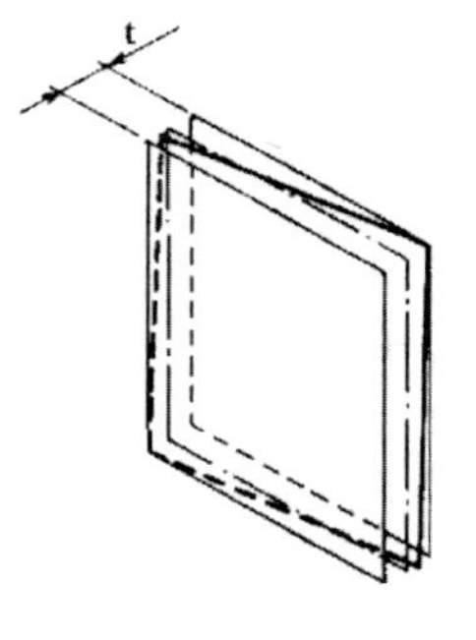	지시선의 화살표로 나타낸 평면은, 데이텀 축직선 B의 선 위에서 데이텀 평면 A로부터 35㎜ 떨어진 위치에 있어서, 데이텀 축직선 B에 대하여 105° 기울어진 진위치에 대하여 지시선의 화살표 방향에 대칭으로 0.05㎜의 간격을 갖는 평행한 두 개의 평면 사이에 있어야 한다. 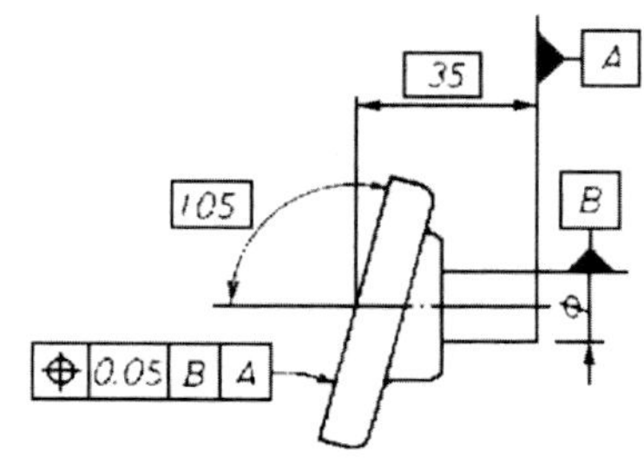

11. 동축도 공차 또는 동심도 공차

(1) 동축도 공차

공차를 나타내는 수치 앞에 기호 Φ가 붙어 있는 경우에는 이 공차역은 데이텀 축직선과 일치한 축선을 갖는 지름 t인 원통 안의 영역이다.

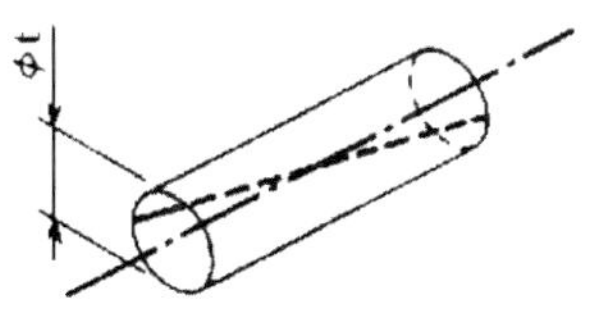

지시선의 화살표로 나타낸 축선은 데이텀 축직선 A−B를 축선으로 하는 지름 0.08㎜인 원통 안에 있어야 한다.

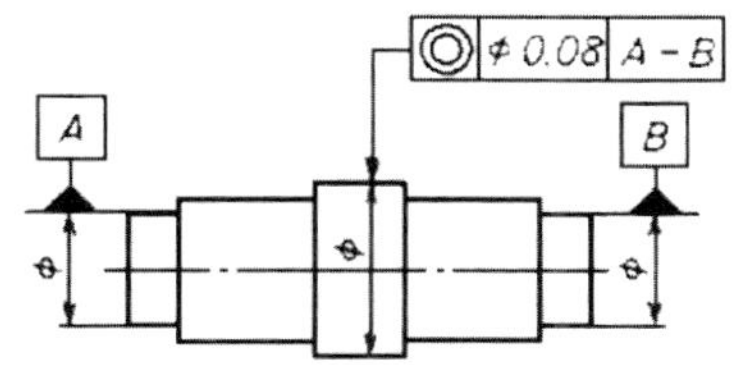

(2) 동심도 공차

공차역은 데이텀 점과 일치하는 점을 중심으로 한 지름 t인 원 안의 영역이다.

지시선의 화살표로 나타낸 원의 중심은 데이텀 점 A를 중심으로 하는 지름 0.01㎜인 원 안에 있어야 한다.

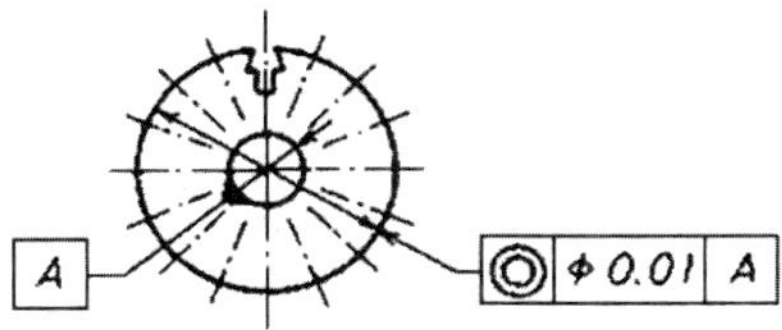

지시선의 화살표로 나타낸 축선은, 데이텀 평면 A로부터 100㎜만큼 떨어진 진위치에 있어서 지시선의 화살표로 나타낸 방향에 대칭으로 0.08㎜의 간격을 갖는 평행한 두 개의 평면 사이에 있어야 한다.

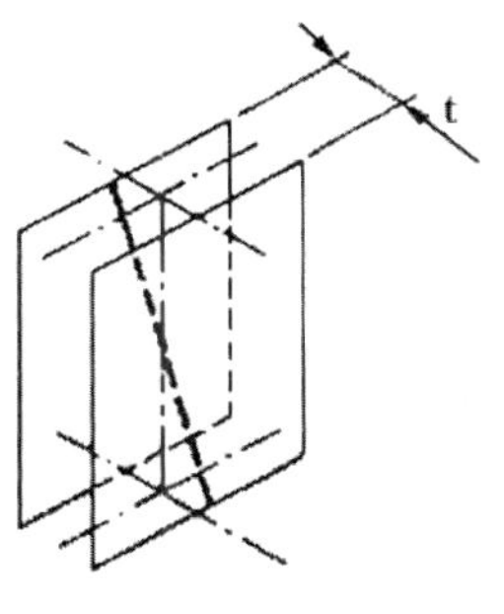

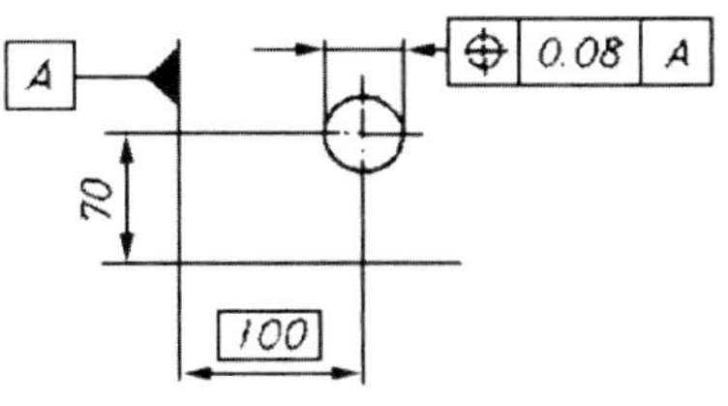

공차역의 정의	도시보기와 그 해석

공차역의 지정이 서로 직각인 두 방향으로 실시되어 있는 경우의 선의 위치도의 공차역은, 진위치를 축선으로 하는 단면 $t_1 \times t_2$인 직6면체 안의 영역이다.

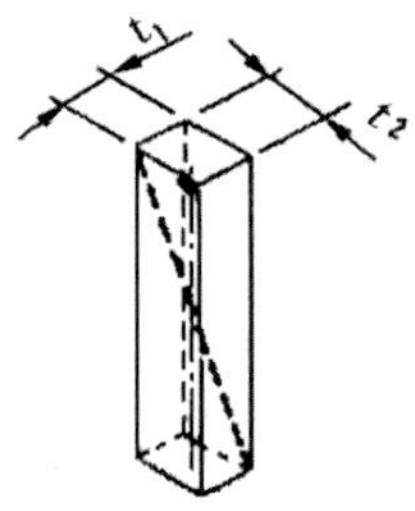

공차를 나타내는 수치 앞에 기호 Φ가 붙어 있는 경우의 선의 위치도의 공차역은 진위치를 축선으로 하는 지름 t인 원통 안의 영역이다.

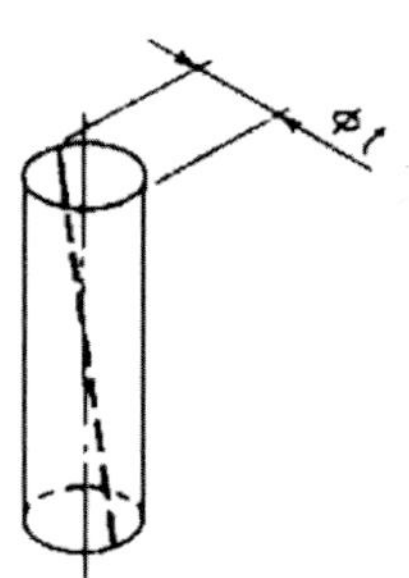

지시선의 화살표로 나타낸 축선은 데이텀 평면 A로부터 100㎜, 데이텀 평면 B로부터 85㎜ 떨어진 진위치에 있어서 지시선의 화살표로 나타낸 방향에 대칭으로 0.05㎜ 및 0.02㎜의 간격을 갖는 두 쌍의 평행한 두 개의 평면으로 둘러싸인 직6면체 안에 있어야 한다.

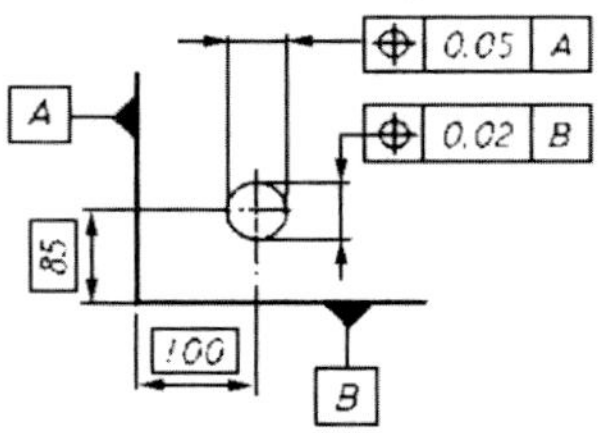

지시선의 화살표로 나타낸 축선은 데이텀 평면 A 위에 있어서, 데이텀 평면 B로부터 85㎜, 데이텀 평면 C로부터 100㎜의 진위치를 지나고, 데이텀 평면 A에 수직한 직선을 축선으로 하는 지름 0.08㎜인 원통 안에 있어야 한다.

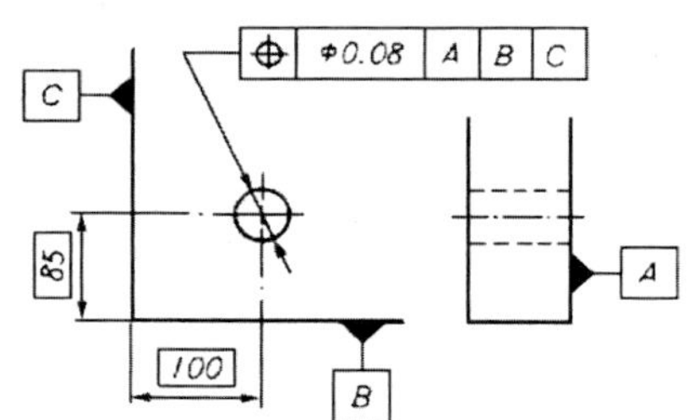

지시선의 화살표로 나타낸 8개의 구멍의 축선 상호간의 관계위치는 서로 30㎜ 떨어진 진위치를 축선으로 하는 지름 0.08㎜인 원통 안에 있어야 한다.

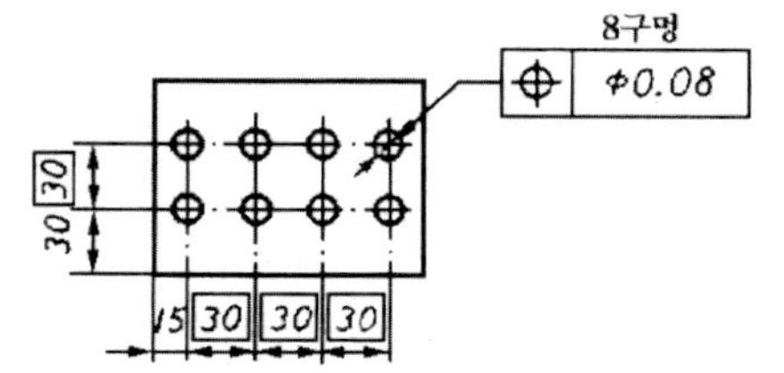

12. 대칭도 공차

(1) 데이텀 중심 평면에 대한 대칭도 공차

공차역은 데이텀 중심 평면에 대하여 대칭으로 배치되고, 서로 t만큼 떨어진 두 개의 평행한 평면 사이에 끼인 영역이다.

지시선의 화살표로 나타낸 중심 면은 데이텀 중심 평면 A에 대칭으로 0.8㎜의 간격을 갖는 평행한 두 개의 평면 사이에 있어야 한다.

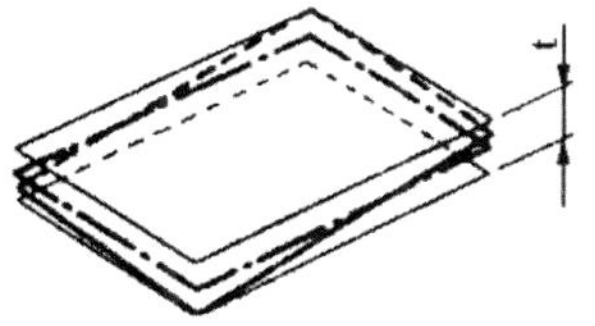

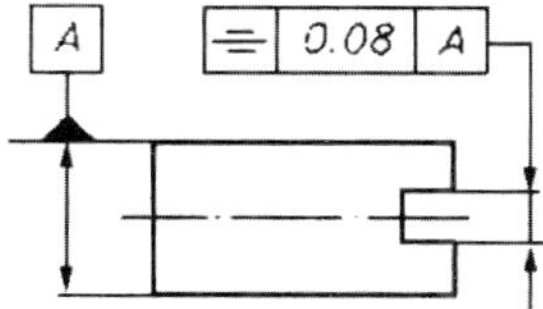

(2) 데이텀 중심 평면에 대한 선의 대칭도 공차

공차의 지정이 한 방향에만 실시되어 있는 경우에는, 이 공차역은 데이텀 중심 평면에 대하여 대칭으로 배치되고 서로 t만큼 떨어진 두 개의 평행한 평면 사이에 끼인 영역이다.

지시선의 화살표로 나타낸 축선은 데이텀 중심 평면 A-B에 대칭으로 0.08㎜의 간격을 갖는 평행한 두 개의 평면 사이에 있어야 한다.

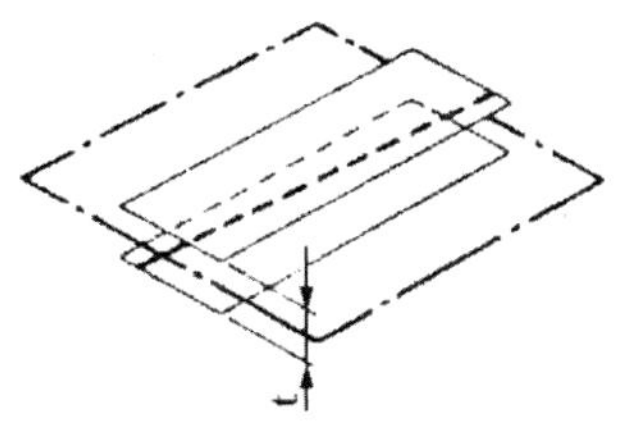

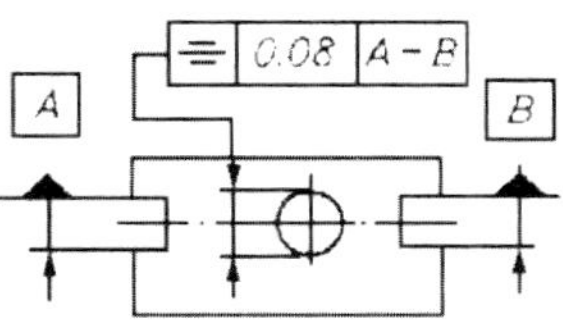

(3) 데이텀 직선에 대한 면의 대칭도 공차

공차역은 데이텀 직선에 대하여 대칭으로 배치되고, t만큼 떨어진 두 개의 평행한 평면 사이에 끼인 영역이다.

지시선의 화살표로 나타낸 중심 면은, 데이텀 축직선 A에 대칭으로 0.1㎜의 간격을 갖는 평행한 두 개의 평면 사이에 있어야 한다.

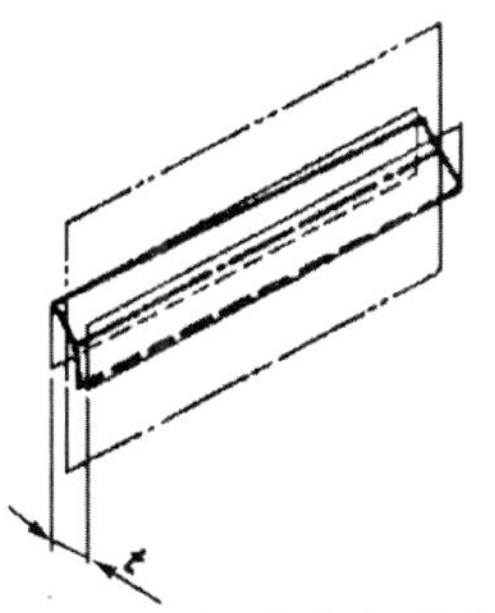

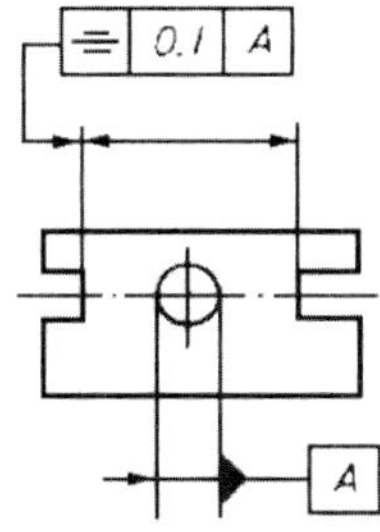

공차역의 정의	도시보기와 그 해석

(4) 데이텀 직선에 대한 선의 대칭도 공차

공차의 지정이 서로 직각인 두 방향으로 실시되어 있는 경우에는, 이 공차역은 데이텀 직선 (보기를 들면 두 개의 데이텀 평면의 교선)과 일치하는 선을 축으로 한 단면 $t_1 \times t_2$의 직6면체 안의 영역이다.	지시선의 화살표로 나타낸 축선은 데이텀 중심 평면 A−B에 대칭으로 0.08㎜, 데이텀 중심 평면 C에 대칭으로 0.1㎜의 간격을 갖는 두 쌍의 평행한 두 개의 평면으로 둘러싸인 직6면체 안에 있어야 한다.

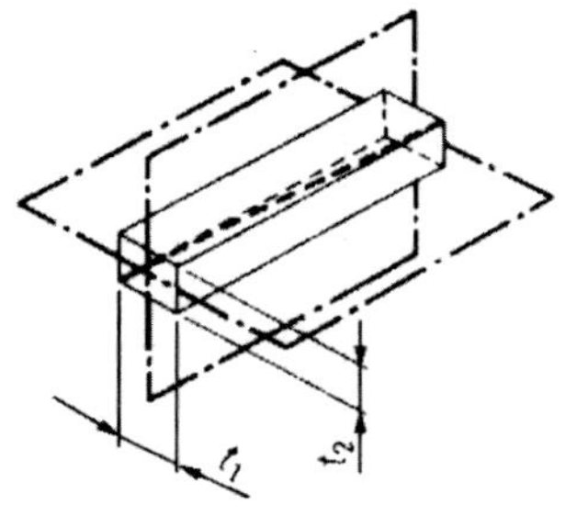

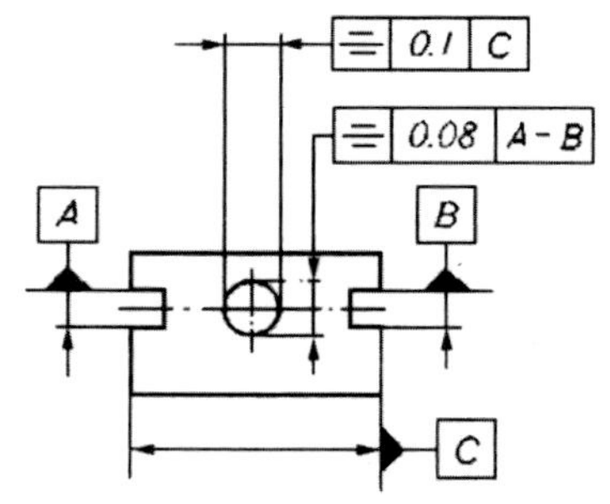

13. 원주 흔들림 공차

(1) 반지름 방향의 원주 흔들림 공차

공차역은 데이텀 축직선에 수직한 임의의 측정 평면 위에서 데이텀 축직선과 일치하는 중심을 갖고, 반지름 방향으로 t만큼 떨어진 두 개의 동심원 사이의 영역이다. 흔들림은 일반으로는 축선의 둘레의 완전한 1회전에 대하여 적용되나, 1회전 중의 일부분에 적용을 한정할 수도 있다.	지시선의 화살표로 나타내는 원통면의 반지름 방향의 흔들림은, 데이텀 축직선 A−B에 관하여 1회전 시켰을 때, 데이텀 축직선에 수직한 임의의 측정 평면 위에서 0.1㎜를 초과해서는 안 된다.

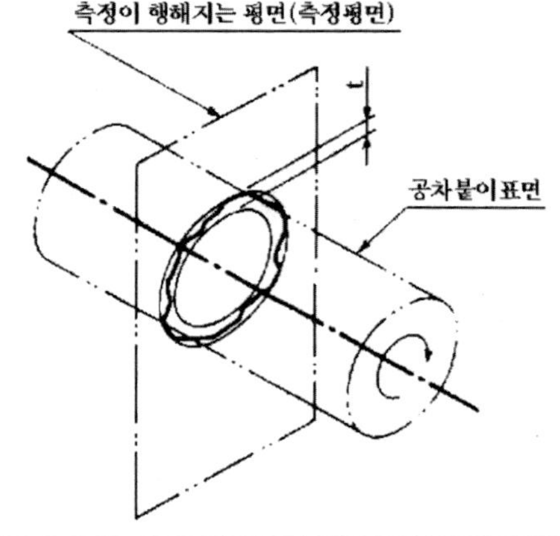

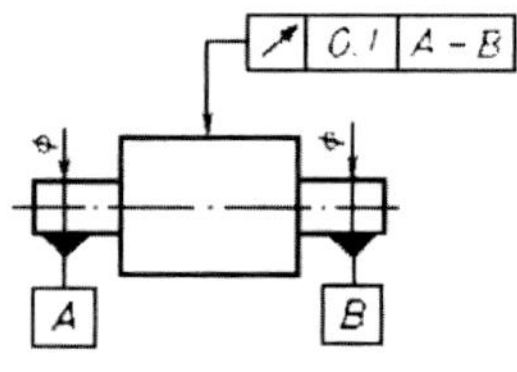

지시선의 화살표로 나타내는 원통면의 일부분 (그림 (a)에서는 굵은 1점 쇄선으로 나타내는 범위, 그림 (b)에서는 부채골의 원통부분)의 반지름 방향의 흔들림은, 공차붙이 형체부분을 데이텀 축직선 A에 관하여 회전시켰을 때, 데이텀 축직선에 수직한 임의의 측정 평면 위에서 0.2㎜를 초과해서는 안 된다.

공차역의 정의	도시보기와 그 해석
	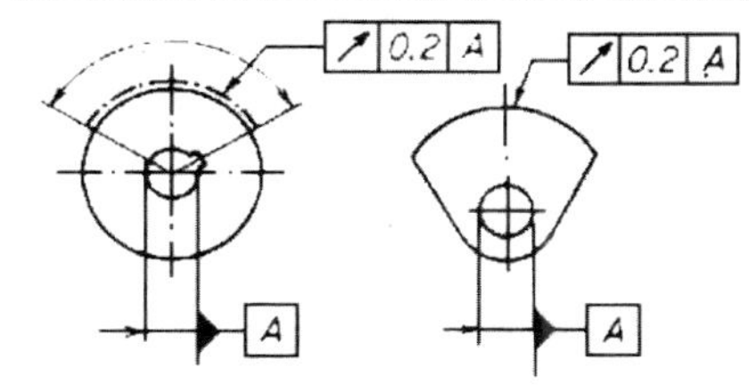

(2) 축방향의 원주 흔들림 공차

공차역은 임의의 반지름 방향의 위치에 있어서 데이텀 축직선과 일치하는 축선을 갖는 원통 위에 있고, 축방향으로 t만큼 떨어진 두 개의 원 사이에 끼인 영역이다.	지시선의 화살표로 나타내는 원통 측면의 축방향의 흔들림은, 데이텀 축직선 D에 관하여 1회전 시켰을 때, 임의의 측정위치(측정 원통면)에서 0.1㎜를 초과해서는 안 된다.
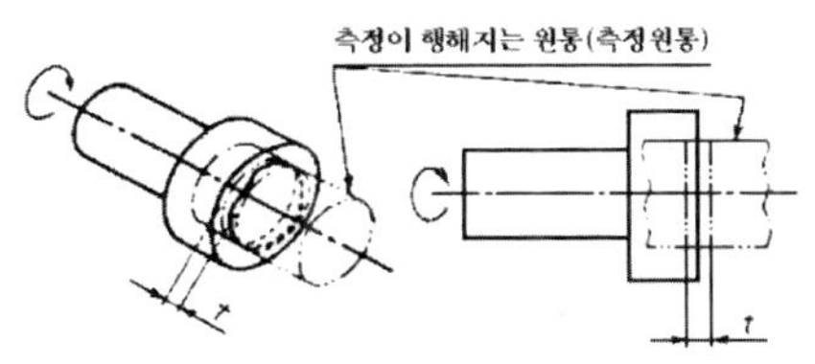	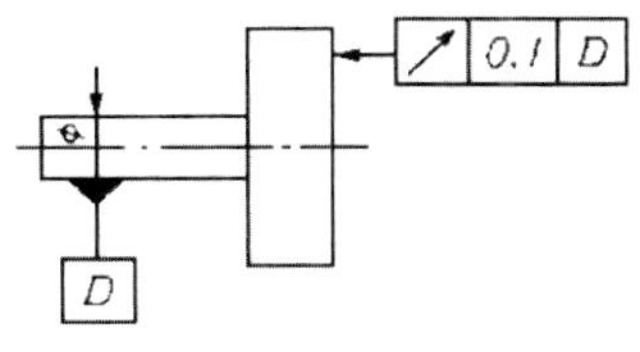

(3) 경사진 법선방향의 원주 흔들림 공차

공차역은 데이텀 축직선과 일치하는 축선을 가지며, 그 원추면이 공차붙이 형체면과 직교하는 임의의 측정 원추면 위에 있고, 면에 따라 t만큼 떨어진 두 개의 원 사이에 끼인 영역이다.	지시선의 화살표로 나타내는 방향의 이 원추면의 흔들림은 데이텀 축직선 C에 관하여 1회전 시켰을 때, 임의의 측정 원추면 위에서 0.1㎜를 초과해서는 안 된다.
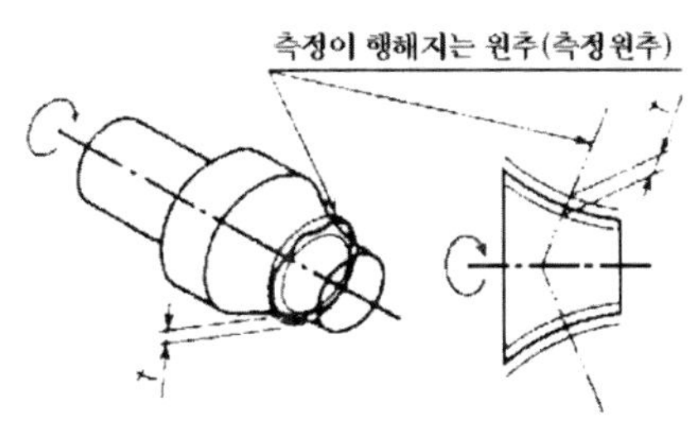	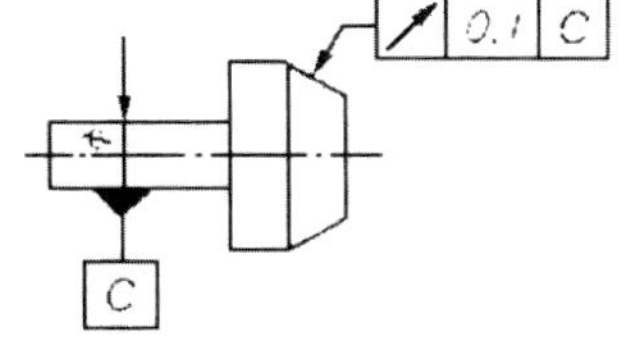
비고: 특별히 지시선에 의하여 측정 방향의 지정이 없는 경우에 적용하며, 측정 방향은 표면에 대하여 수직방향이다.	곡면 위의 모든 점의 접선에 수직한 방향의 이 곡면의 흔들림은 데이텀 축직선 C에 관하여 1회전 시켰을 때, 임의의 측정 원추면 위에서 0.1㎜를 초과해서는 안 된다.

공차역의 정의	도시보기와 그 해석
	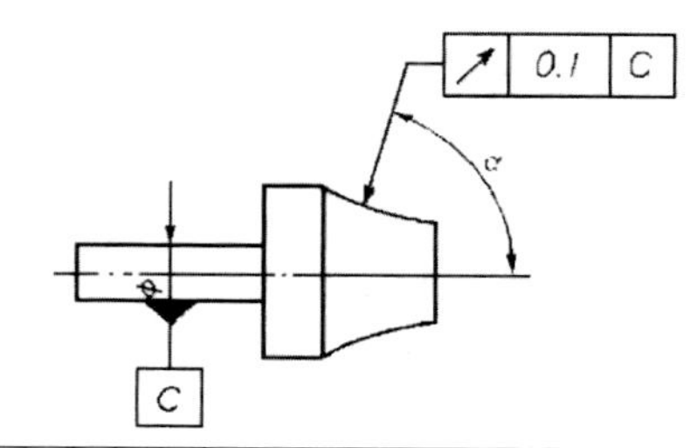

(4) 지정방향의 원주 흔들림 공차

공차역은 데이팀 축직선과 일치하는 축선을 가지며, 그 원추면이 지정된 방향을 갖는 임의의 측정 원추면 위에 있고, 면에 따라 t만큼 떨어진 두 개의 원 사이에 끼인 영역이다.	데이팀 축직선과 α의 각도를 이루는 방향의 이 곡면의 흔들림은 데이팀 축직선 C에 관하여 1회전 시켰을 때, 임의의 측정 원추면 위에서 0.1㎜를 초과해서는 안 된다.

14. 온 흔들림 공차

(1) 반지름 방향의 온 흔들림 공차

공차역은 데이팀 축직선과 일치하는 축선을 갖고, 반지름 방향으로 t만큼 떨어진 두 개의 동축 원통 사이의 영역이다. 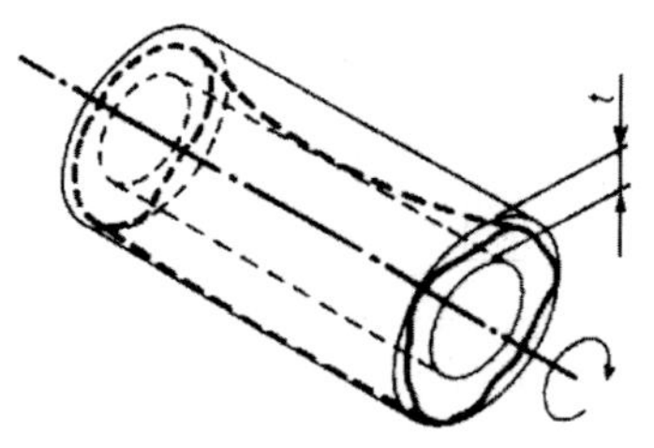	지시선과 화살표로 나타낸 원통면의 반지름 방향의 온 흔들림은, 이 원통부분과 측정기구 사이에서 축선 방향으로 상대 이동시키면서, 데이팀 축직선 A−B에 관하여 원통부분을 회전시켰을 때, 원통 표면 위의 임의의 점에서 0.1㎜를 초과해서는 안 된다. 측정기구 또는 대상물의 상대 이동은, 이론적으로 정확한 윤곽선에 따르고, 데이팀 축직선에 대하여 정확한 위치에서 실시되어야 한다. 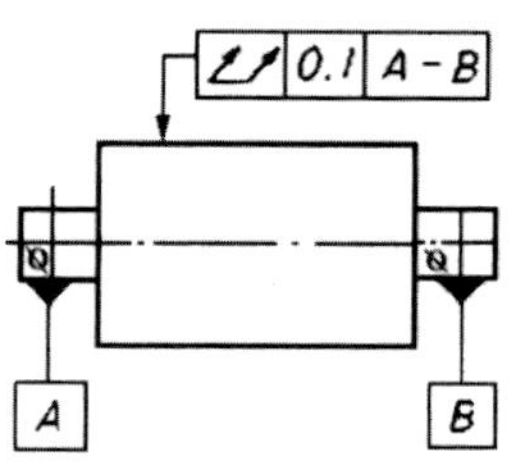

공차역의 정의	도시보기와 그 해석
공차역은 데이텀 축직선에 수직하고, 데이텀 축직선 방향으로 t만큼 떨어진 두 개의 평행한 평면 사이에 끼인 영역이다. 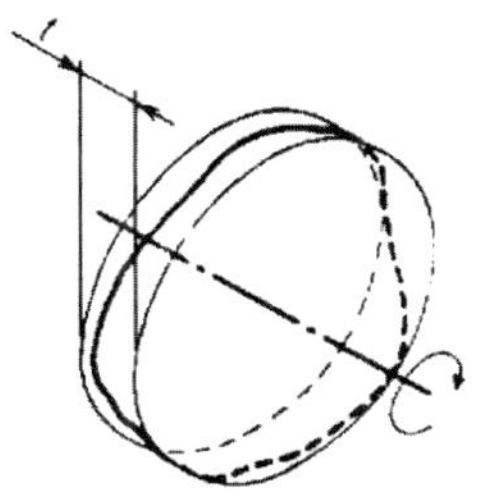	지시선의 화살표로 나타낸 원통 측면의 축방향의 온 흔들림은, 이 측면과 측정기구 사이에서 반지름 방향으로 상대 이동시키면서, 데이텀 축직선 D에 관하여 원통 측면을 회전시켰을 때, 원통 측면 위의 임의의 점에서 0.1㎜를 초과해서는 안 된다. 측정기구 또는 대상물의 상대 이동은 이론적으로 정확한 윤곽선에 따르고, 데이텀 축직선에 대하여 정확한 위치에서 실시되어야 한다. 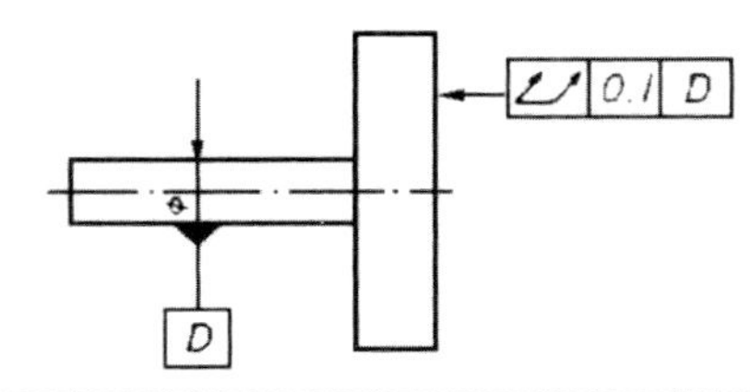

제2장

성형나사 설계

1. Threads의 목적

성형품의 뚜껑, 케이스 등에 설치하여 성형품의 조립, 견고한 장착 등에 적용된다.

2. Threads의 방법

성형품에 Threads의 방법은 성형 후에 Tapping, Insert 투입 등이 있고 성형 시 직접 성형하거나 Insert시키는 방법이 있다.

3. Threads의 종류

① American standard: 조립 시 부착력이 강하고 성형이 용이하며 조립시간이 짧은 이점이 있다.

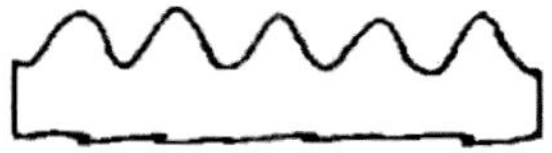

② Square: Threads의 종류 중 강도상 가장 좋은 이점이 있다.

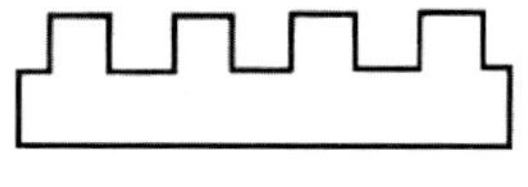

Pipe fitting

③ acme: 고강도를 요구하는 부위에 적합하다.

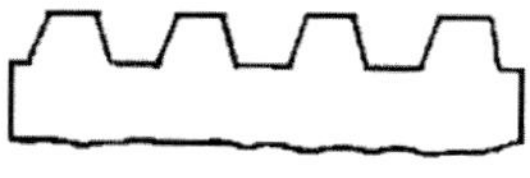

Pump housing

④ Buttless: 일정한 방향으로 하중을 전달하는 경우에 적합하다.

⑤ Bottle type: 유리제품과 사용되는 부위 등 응력집중이 되지 않는 경우에 사용한다.

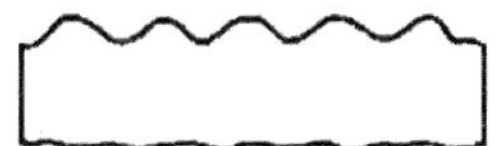

4. Threads 설계

① 나사산은 실용상 Φ5㎜의 32산(0.75㎜ 피치) 이하는 피하도록 한다.

② 길이가 긴 나사는 수축으로 인하여 Pitch가 틀리게 되므로 피한다.

③ 나사공차가 수축치보다 작은 경우는 피한다.

④ 나사에는 반드시 1 / 15~1 / 25의 발구배를 준다.

⑤ 나사의 끼워 맞춤은 경에 따라 다르나 0.1~0.4㎜ 정도의 틈새를 준다.

⑥ 나사의 끝부분은 금형가공이나 수명상 부적당하므로 중심선에서 수직인 면의 끝에서 0.8~1㎜인 곳에서 나사가 시작되게 한다.

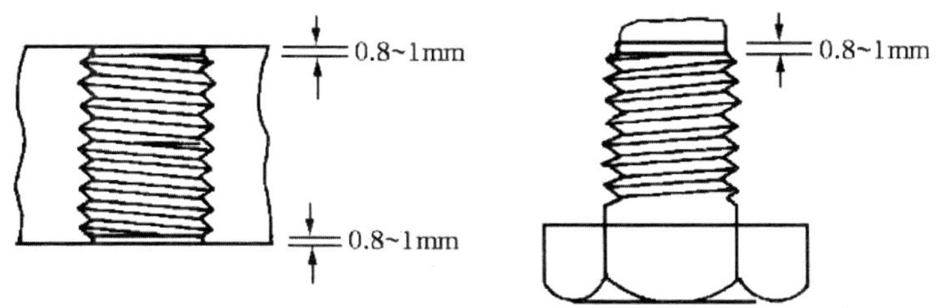

⑦ 나사산은 피치를 크게 하여 상당한 여유를 주고 강도에 유의하도록 한다. 규격 나사산을 사용하는 경우에는 보통 나사산을 이용하고 세목나사는 사용하지 않는다.

8㎜ 이하의 나사는 태핑(Tapping)을 하든지 금속을 인서트한다.

⑧ 성형품의 격자는 금형이 날카롭게 되면 깨어지기 쉽다. 직선부를 주면 좋다.

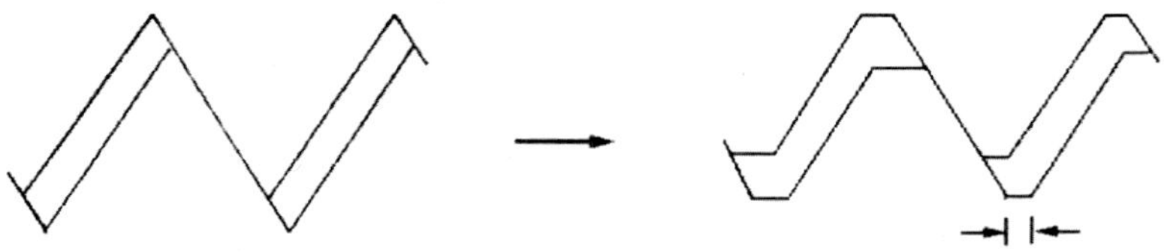

⑨ PBT Thread 설계

PBT는 적합한 설계를 하면 높은 Torque가 걸리는 Thread에도 사용될 수 있다. PBT 성형품은 직접 성형하거나 성형 후 금속과 같이 기계작업을 통하여 Internal thread나 External thread를 만들 수 있고 성형 후 기계작업으로 Thread의 끝부분과 밑부분을 0.005″(0.127㎜) − 0.010″(0.254㎜) 직경으로 Radius를 주어 응력집중을 막도록 해야 한다.

⑩ Thread − forming screw

Design parameters for thread−forming screws

screw size	hole size				optimum boss diameter		optimum length of engagenent**	
	tapered cored hole(top of hole)		straight wall drilled hole					
	inch	mm	inch	mm	inch	mm	inch	mm
#4.17	0.093	2.36	0.093	2.36	0.250	6.35	0.218	5.54
#5.15	0.104	2.64	0.099	2.53	0.250	6.35	0.250	6.35
#6.13	0.112	2.84	0.109	2.77	0.280	7.11	0.281	7.14
#7.12	0.125	3.18	0.120	3.05	0.312	7.92	0.300	7.62
#8.11	0.136	3.45	0.130	3.30	0.343	8.71	0.343	8.71
#9.10	0.247	6.27	0.144	3.66	0.375	9.52	0.356	9.04
#10.9	0.162	4.11	0.157	3.99	0.406	10.31	0.375	9.52
#12.9	0.183	4.65	0.177	4.50	0.437	11.10	0.437	11.10
1 / 4 ~ 8	0.213	5.41	0.206	5.23	0.531	13.49	0.500	12.70
9 / 32 ~ 8	0.242	6.15	0.238	6.05	0.625	15.88	0.562	14.27
5 / 16 ~ 8	0.271	6.88	0.266	6.76	0.687	17.45	0.625	15.88

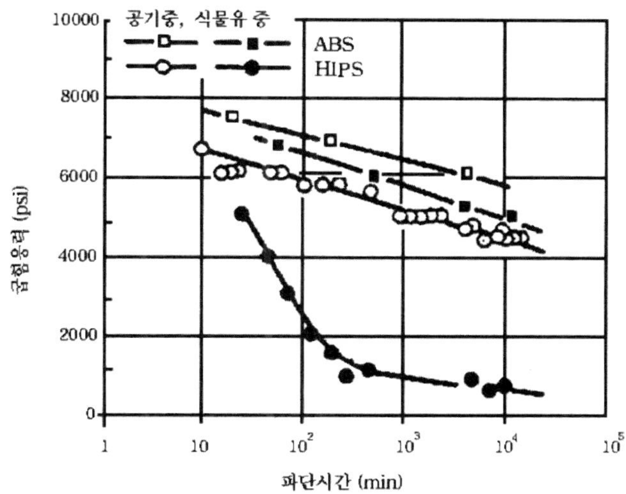

HIPS와 ABS의 환경응력 영향

5. 성형 로렛트

라디오, 텔레비전 등의 Knob의 외속에 사용되는 로렛트는 Hobbing 방향과 평행한 형상을 사용한다. 다이아몬드상의 로렛트는 언더컷트가 되므로 특별한 경우가 아니면 사용하지 않는 것이 좋다. 로렛트의 피치는 될 수 있는 한 크게 하고 보통은 3㎜로 하고 적어도 1.5피치를 한도로 하는 것이 좋다. Parting line에 평면부를 남기는 것은 성형귀, 금형의 모죽음 등의 점에 유의하며 0.8 ㎜ 정도가 적당하다.

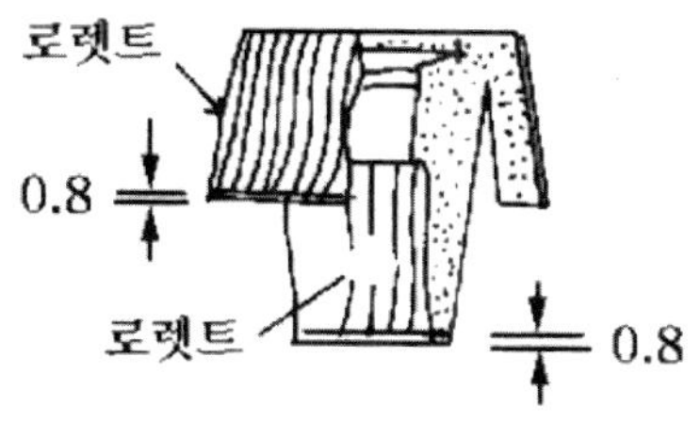

Parting line에 평행한 평면에 로렛트를 주는 경우에는 로렛트의 형상에는 제한이 없지만 피치, 평행부 등에 관해서는 외측 로렛트에 준한다.

6. 성형문자

    문자, 장식, 상표, 표시란을 제품표면에 혹은 뒷면에 재현시킨다. 이런 것들은 볼록 모양이든지 오목 모양으로 만들 수 있으나 볼록 모양의 방법은 금형의 가공비가 싸고 금형의 보존경비도 적다.

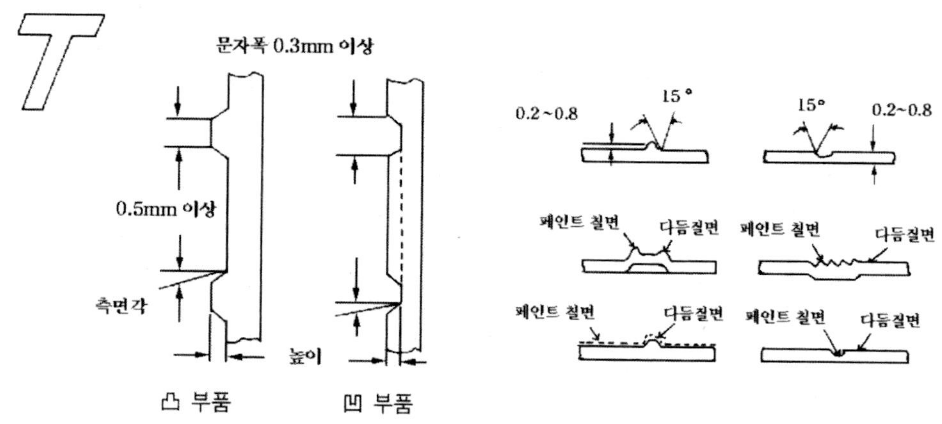

    문자 폭은 일반적으로 0.5㎜ 이상으로 하며 문자의 깊이(높이)는 작은 것일 때는 0.2~0.4㎜, 큰 문자에는 0.4~0.8㎜로 하든가 그 이하로 한다. 단 UL 규격 적용 시에는 0.6㎜로 한다.

    문자의 구배는 10°~15° 정도로 하며 또는 그 이상으로 한다. 판의 두께에 대해서 문자의 깊이가 깊을 때 또 폭이 넓을 때는 문자에 의한 Flow mark가 발생되므로 문자의 깊이는 성형시험에 의해 조절될 수 있도록 여유를 둘 필요가 있다.

제3장

Pad 설계

1. 곡 률

성형품 면이 만나는 곳에는 내부나 외부를 둥그렇게 하는 것이 좋으며 이는 수지의 유동성을 좋게 하고 이형 시에도 편리하며 응력집중을 방지할 수 있다. 구석진 부분에 곡률을 줄 때 그 직경은 최소한 성형품 두께의 1/4 이상이어야 한다. 구석진 부분에 곡률을 주지 않았을 경우에는 Flow mark 및 불균일한 충진이 발생한다.

(1) 변형되기 쉬운 디자인

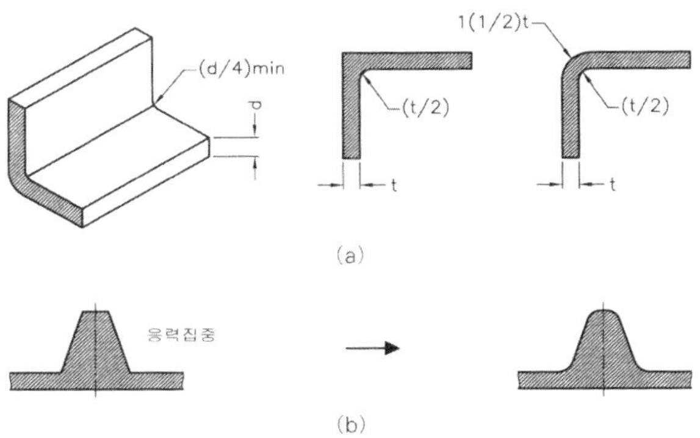

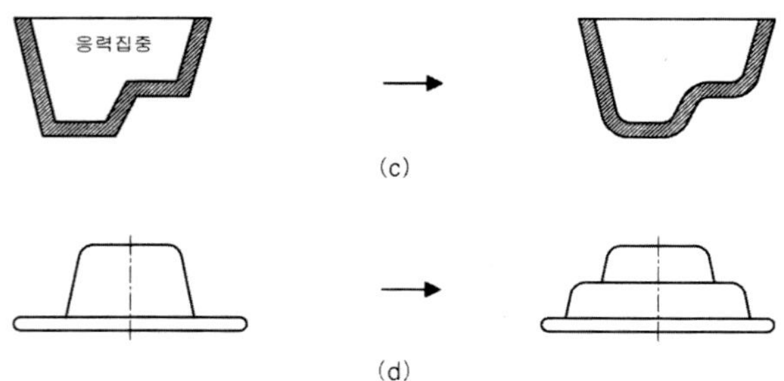

(2) Polycarbonate의 실온에서 한계응력, 방법은 굽힘 변형법

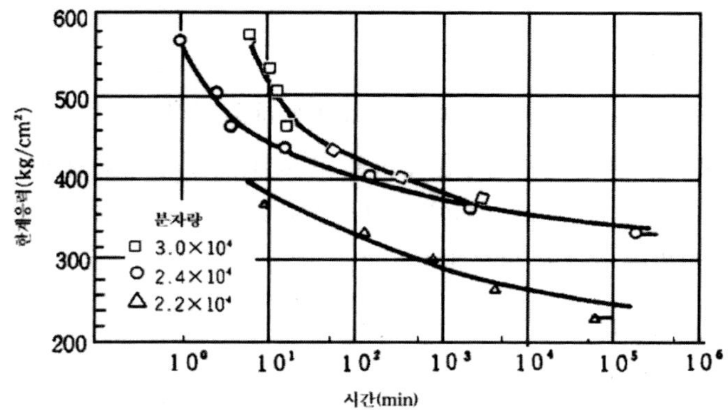

2. 보강과 변형방지

① 구석에 곡률을 준다.

내부응력은 면과 면이 접촉하는 각진 부분에 집중한다. 변형을 감소시키려면 구석에 곡률(R)을 줌으로써 내부응력을 분산시킴과 동시에 재료의 흐름을 용이하게 하면 강도상으로도 유리하다.

R / T가 0.3 이하에서는 응력이 급격히 증가하고 0.8 이상에서는 별로 효과가 없다.

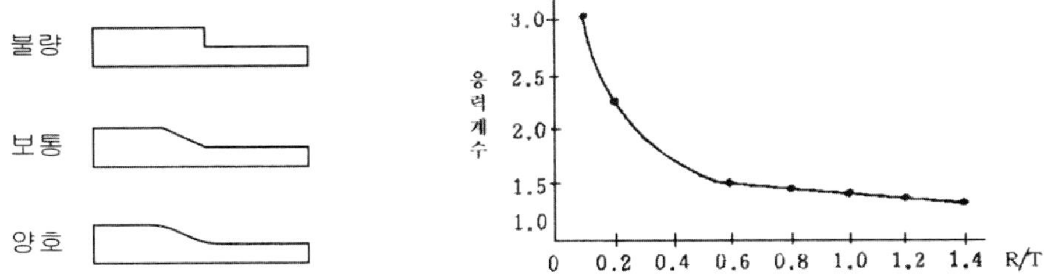

② 외관에는 의장사항 및 강도상 곡률을 줄 수 없을 때(무게가 6kg 이상인 케비넷의 경우)

③ 케이스에서 가장 주의해야 할 곳은 바닥으로 이 부분은 넓은 평면부로서 평면 피라미드 모양을 만들거나 바닥 테두리에 R을 주어 분산시킨다.

※ 바닥의 주변 면적이 넓은 경우 주변의 R을 크게 하든가 단을 주어 보강하는 것이 효과적이다.

④ 측벽 및 테두리에 강성을 주는 방법

이것은 변형에 견디는 강도와 다른 부분과의 수축을 균일하게 하는 효과가 있고 또, 흐름이 나쁜 경우에는 보강의 의미뿐 아니라 재료의 흐름을 양호하게 하기 위하여 이용되는 일도 있다.

⑤ 케이스의 측벽에 띠 모양의 보강

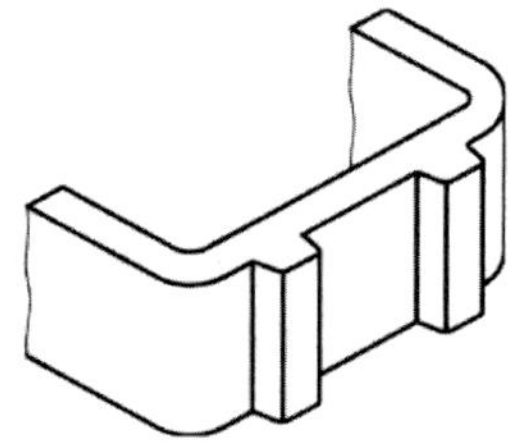

⑥ 케이스 측벽의 변형방지에 효과적인 방법

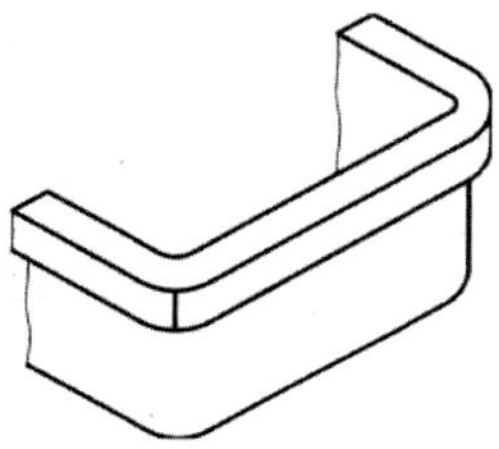

⑦ 케이스 테두리에 대한 각종 형상

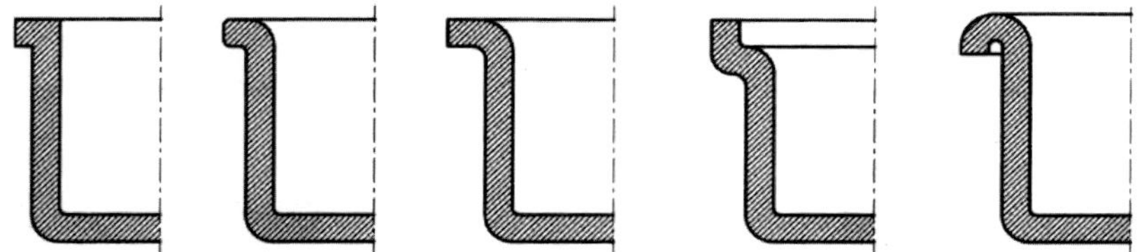

⑧ 평면부에 강성을 주는 방법

평면부는 가장 변하기 쉬운 곳이므로 평면부를 적게 하는 의미에서 완만한 구부림, 물결모양의 요철을 설치한다.

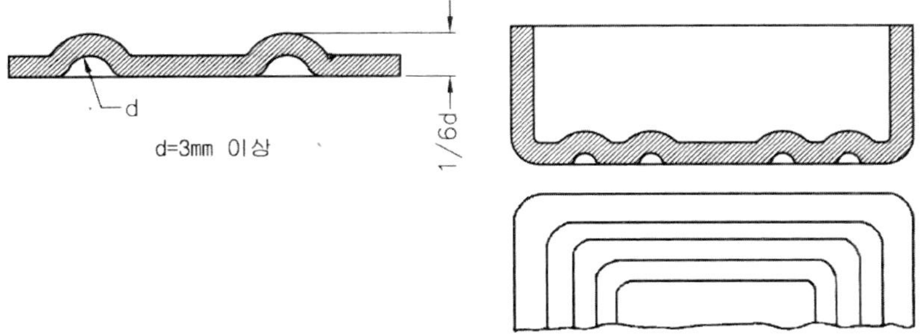

⑨ 곡률과 금형 제작상의 문제점

파내기 작업을 할 경우 좌우대칭 형상은 쉽게 가공되나 그렇지 않으면 가공이 곤란하다.

⑩ 凸형의 Knob는 금형의 절삭가공이 쉽고 Hobbing 가공의 경우는 Master를 제작해야 하므로 그 반대이다.

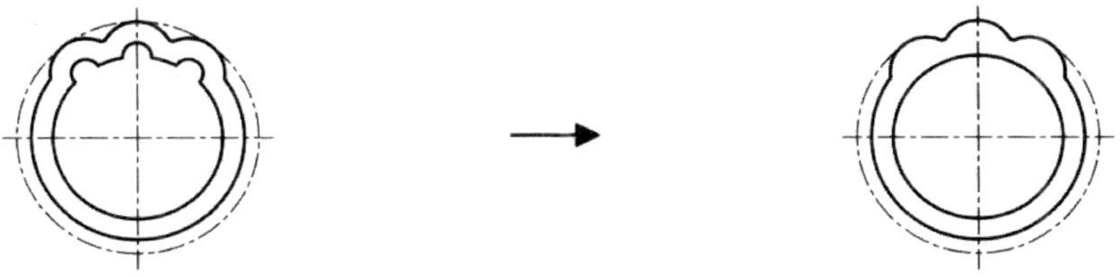

⑪ 살두께는 될 수 있는 한 균일하게 한다.

두꺼운 부분은 최후에 고화되므로 Sink mark를 초래하며 성형 Cycle을 길게 한다.

⑫ 물결모양의 이은 곳의 깊은 곳은 금형에서 예리한 각으로 되는 것을 피한다.

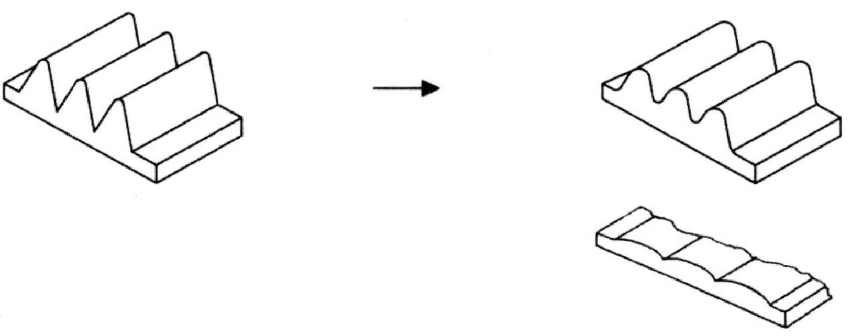

⑬ 성형품을 조립해서 고정하는 것은 그 Corner에 홈을 만들어 정확한 면 맞춤이 가능하도록 한다.

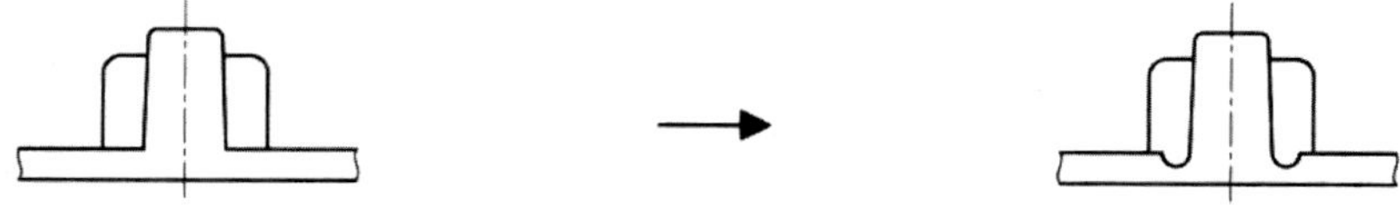

⑭ 모든 각부에는 되도록이면 최대의 Round를 준다.

⑮ 각 창의 주변에는 Crack이 발생하기 쉬우므로 Round를 준다.

⑯ Wood grain hot stamping을 할 때는 제품 Corner 반경이 1~2㎜ 이상 되어야 한다.

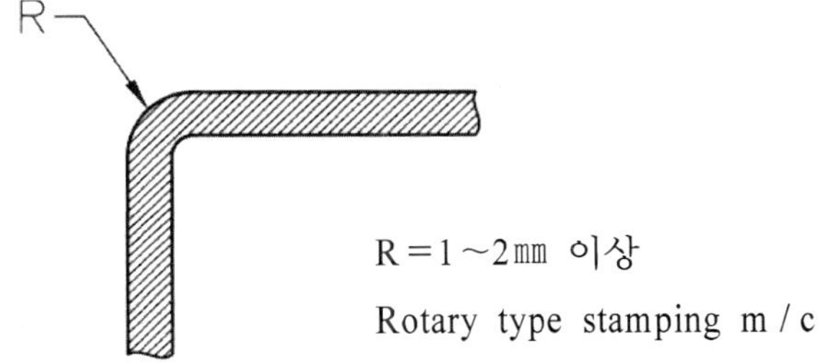

3. 상자형 성형품의 측면수축의 대책

Styrene 수지용의 상자형 금형에서 Polystyrene을 성형하면 아래와 같이 측면에서 수축(만곡)이 발생한다. 이 수축의 정도는 이미 표시한 성형조건에 따라 달라진다. Styrene 같은 것에서는 잘 성형할 수 없다. 그러나 금형을 조금 연구함에 따라 쉽게 해결할 수 있다.

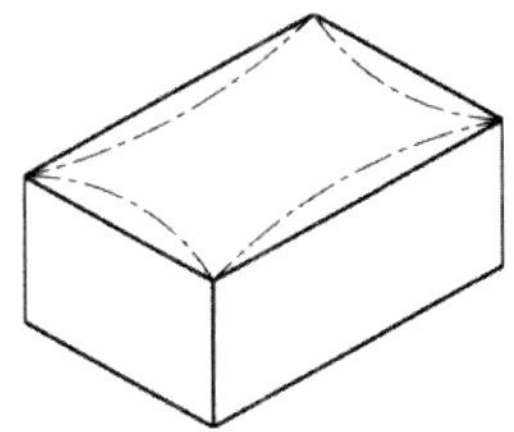

(1) 성형품의 Design에 의한 방법

① 모서리의 R을 크게 한다.

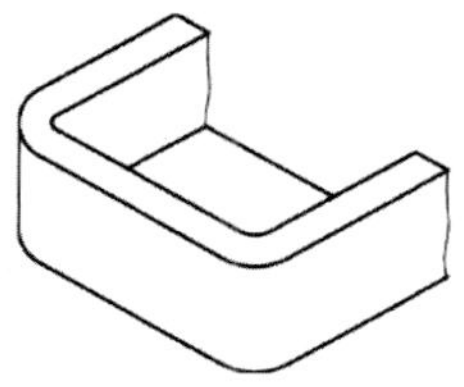

② Parting line부에 Flange를 만든다.

440×330×145㎜(w×d×h)의 상자를 성형할 경우, Flange가 없으면 2㎜ 수축하는데 Flange를 아래와 같이 만들면 거의 수축이 발생하지 않는다.

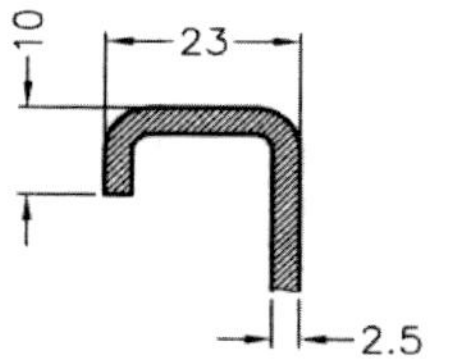
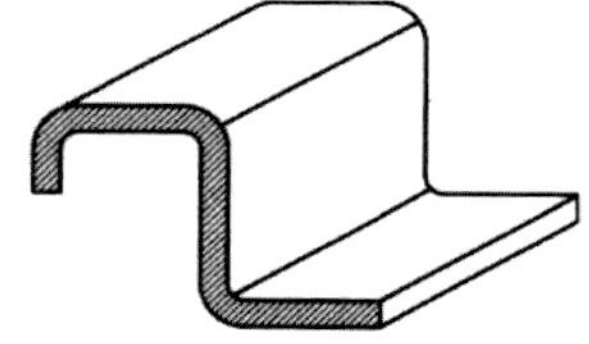

③ 측면에 단을 만든다.

예 1) 그림과 같이 단이 있는 경우도 Flange의 효과와 같이 수축은 적어진다.

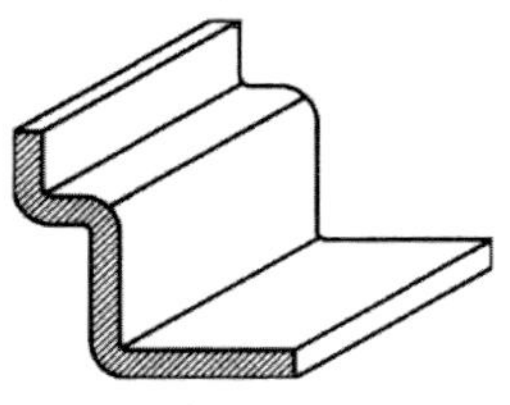

예 2) 그림과 같이 상자높이는 일정하여도 각도를 같은 입상측면을 만들어 밑면과 수직한 면을 가능한 한 적게 하면 수축이 눈에 띄게 적어진다.

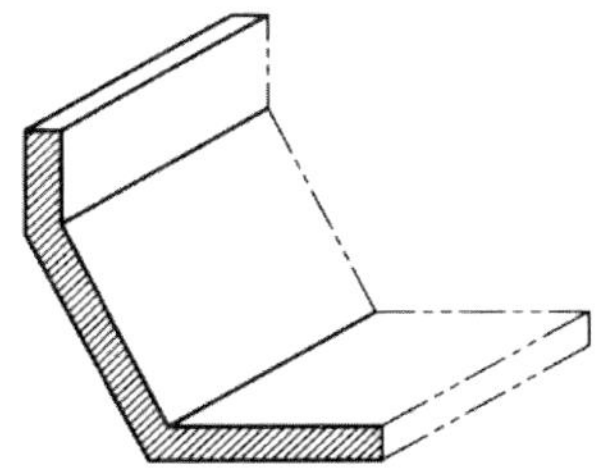

(2) 금형의 측면을 붙이게 하는 방법

이 방법은 매우 유효하며 현재까지 많이 성공되고 있는데 금형비용이 고가이다. 내측에서 만곡될 양을 미리 예측하여 그 양을 외측에 부풀게 하는 방법으로 그 부풀리는 방법은 그림에서 상자의 각에 점을 ABCDEFGH, AD 및 BC의 중앙을 J−J′, AB 및 DC의 중앙을 K−K′로 잡으면 상자의 상측의 J 및 J′ 점에서 외측의 a만큼 부풀림을 시킨 AD 및 BC를 현으로 하는 호를 그리며 밑면에서는 EH 및 FG처럼 DH 및 CG에 따라 호의 R이 커지며 EH 및 FG에 있어서 무한대로 되는 곡면을 만들도록 부풀린다. 또 같은 AB, DC에 있어서는 K 및 K′점에서 b만큼 부풀린다.

부풀림의 정도는 성형품의 크기, Flange의 크기, 저면과 측면의 각도, 수지의 Grade, Rib의 유무 등에 따라 달라지므로 경험을 기초로 각각의 금형에 대하여 설계하여야 한다.

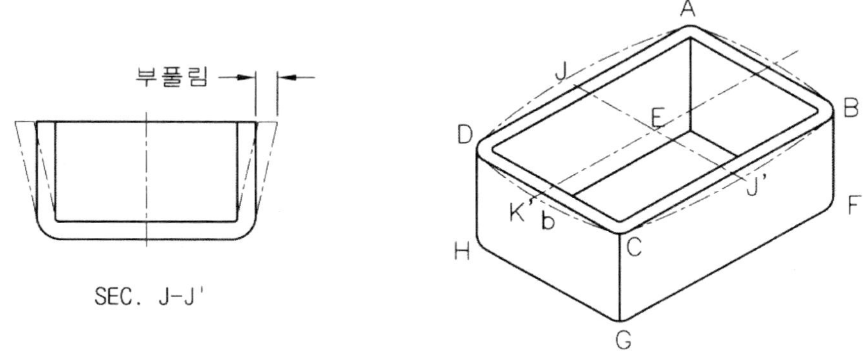

예 1) 보통상자의 경우

157×117×35㎜ t=2.7㎜의 그림과 같은 상자의 경우 가장 긴 면 중앙상부에서 2.2

㎜ 짧은 면 중앙상부에 2㎜씩 부풀렸다.

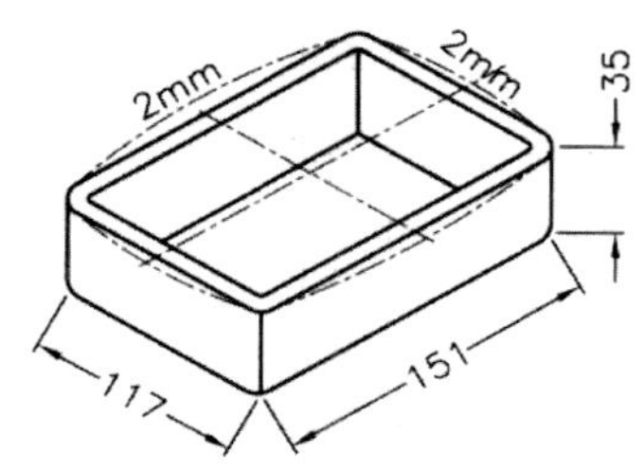

예 2) Hinge가 있는 성형품

그림과 같은 Hinge가 있는 성형품의 경우 Hinge부는 부풀림을 할 수 없으므로 Hinge는 성형품의 Flange를 길게 나오게 하는 선단에 만들 때 수축을 방지하며 다른 측면은 다음과 같도록 부풀렸다.

본 체는 Hinge가 없는 측면 3면을 2㎜씩 부풀리고 뚜껑은 Hinge가 있는 양면의 측면을 1.3㎜씩 부풀렸다. Hinge의 반대측의 측면은 높이가 작으므로 부풀리지 않았다.

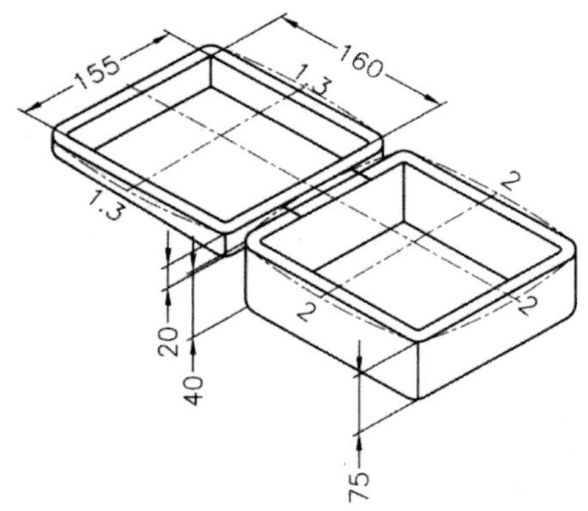

예 3) 한쪽 측벽이 없는 성형품

그림과 같은 한쪽 측벽이 없는 상자 성형품의 경우 비어 있는 면의 반대측 측면에는 중앙상부에서 2.8㎜ 부풀리고 다른 2면은 잘려 있는 끝단상부에서 2.5㎜씩 부풀린다.

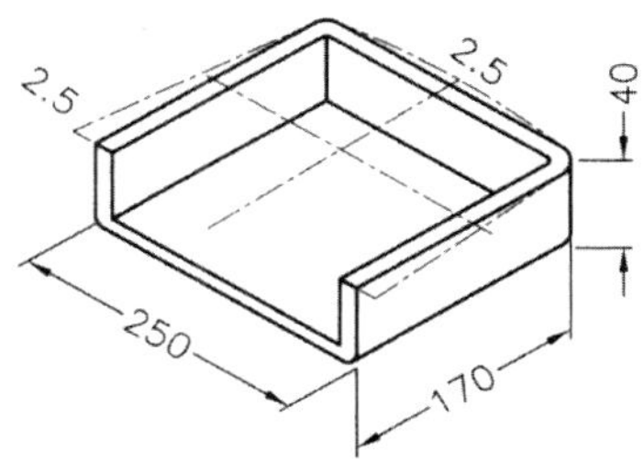

예 4) Back cover 성형품

그림과 같은 Back cover의 경우 전면부에 Flange가 있으므로 모든 측벽의 중앙상
단에 0.5㎜ 부풀림에 따라서 측면을 7000R로 하는 것이 가능하다. 또 저면도 7000R
을 만들기 위해 밑면의 중심부에 1㎜ 부풀렸다.

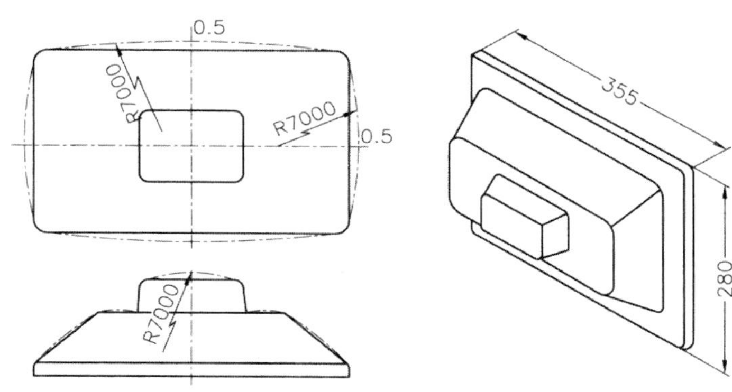

(3) Hole과 거리의 관계

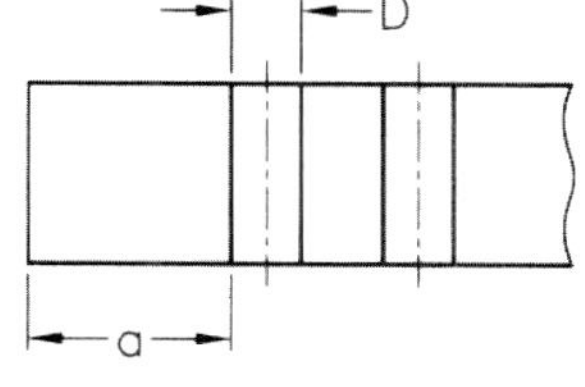

a≧3D

D≧D

D: Hole 직경

(4) Hole과 Hole 깊이의 관계

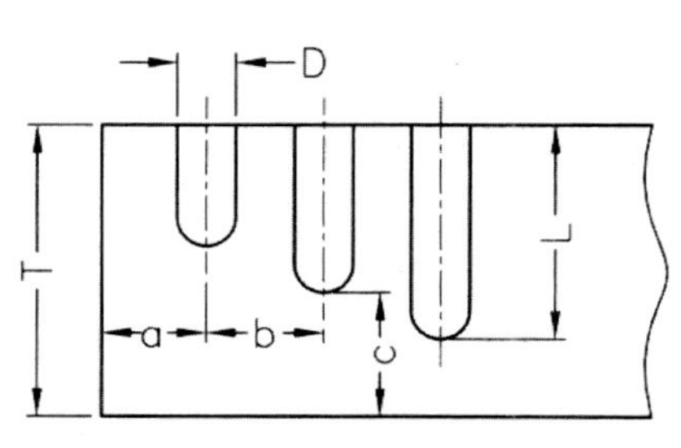

T≧4.5㎜ 경우

aL≦2.5D

bC≒3.0D

CL≧4.0D

T<4.5㎜ 경우

aL≦2.0D

bL≒2.5D

CL≧3.0D

(5) L 자형 성형품

L 자형 성형품의 경우 변형과 단면형상과의 관계를 아래 표와 같이 도시하였다.

형상 ⑧의 경우 삼각 Rib로 인하여 변형을 방지할 수 있으므로 최상의 방법이다. 변형의 주원인은 직각부의 냉각속도차, 수지의 유동방향 등이 있으므로 아래 표를 참고로 곡률의 영향을 주의하여, 실제 상태에서의 시험치를 참고로 하는 것이 좋다.

금형온도(℃)	단면형상 / 등급							
30	3300	2.5	2.5	2.5	2.5	3.0	2.5	2.5	0
	3310	2.5	2.5	3.0	2.5	—	2.5	2.5	—
80	3300	3.0	3.0	3.0	3.0	—	3.0	3.0	0
	3310	3.0	3.0	3.5	3.0	4.4	3.0	2.5	—

(6) L 자형 성형품의 경우 변형과 코너부의 냉각효과

(단위: 도)

등급	균일온도 금형	코너부 내측 냉각
2000	1.9	0.5
2003	2.7	0.7
3300	3.3	2.7
6300B	2.2	0.7
7400W	3.6	2.8

(7) Gate의 위치와 L 자 성형품의 변형관계

(단위: 도)

등급	Gate가 선단에 위치	Gate가 코너에 위치
2000	2.1	2.8
2003	2.4	3.0
3105	3.9	1.7
3200	4.1	1.7
3300	3.2	1.6
3400	3.1	1.4
6300B	1.9	2.1
7400W	3.2	1.8

(8) 게이트와 '휨' 변형

이하의 예에 나타낸 것처럼 게이트는 대칭성이 좋게 배치하는 것이 '휨' 및 변형을 감소시키는 효과가 있다. 또 이러한 게이트의 크기를 일치시켜 동시 충전시키는 것도 중요한 포인트이다.

　예 l) 날개바퀴(KP213G30)

　　게이트: 1.5㎜Φ 핀 게이트

　　외경: 약 65㎜

　　평균두께: 약 3㎜

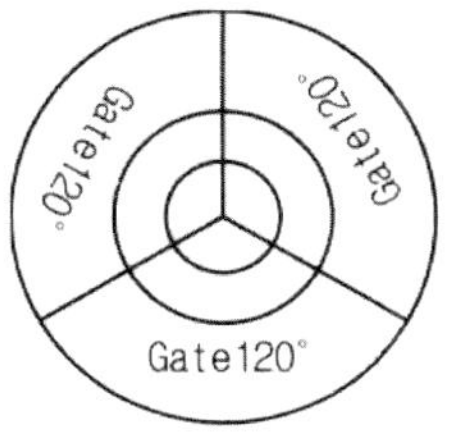

게이트 수	1점	2점	3점
진원도	0.22(0.05)	0.24(0.07)	0.14(0.03)
평면도	0.72(0.25)	0.94(0.06)	0.58(0.00)

성형조건: 단, 사출속도는 0.6m / min

사출압력은 1,000kg / ㎠

(   )는 n＝3에 대한 R

예 2) 원형성형품 위 뚜껑 및 아래 뚜껑(KP213G30)

게이트 수		1점	2점	3점
위 뚜껑	d_1의 진원도	0.07	0.18	0.05
	A면의 평면도	0.18	0.16	0.08
	A면 프란저의 쓰러짐(H)	0.22	0.26	0.14
아래 뚜껑	d_2의 진원도	0.14	0.27	0.10
	B면의 쓰러짐	0.28	0.45	0.21

(9) 응력의 부하분포

E: 굽힘 강성률
I: 단면 1차 Moment
P: 외력
L: 양의 깊이
W: 단위장당의 하중

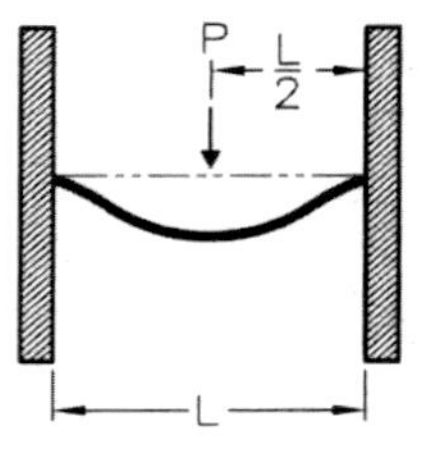

$$M = \frac{1}{8}PL$$

$$y = \frac{1}{192}\frac{PL^3}{EI}$$

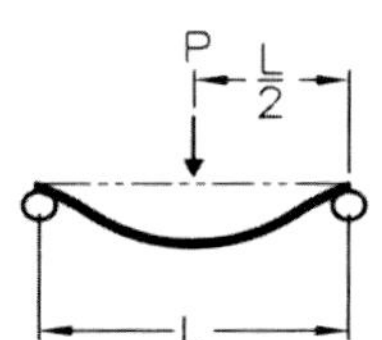

$$M = \frac{1}{4}PL$$

$$y = \frac{1}{48}\frac{PL^3}{EI}$$

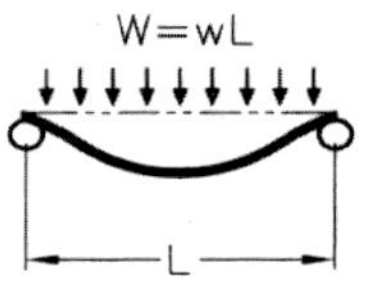

$$M = \frac{1}{8}PL$$

$$y = \frac{5}{348}\frac{WL^2}{EI}$$

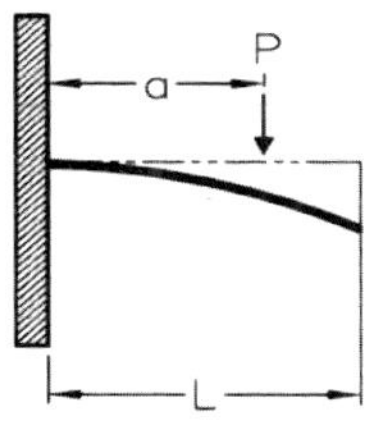

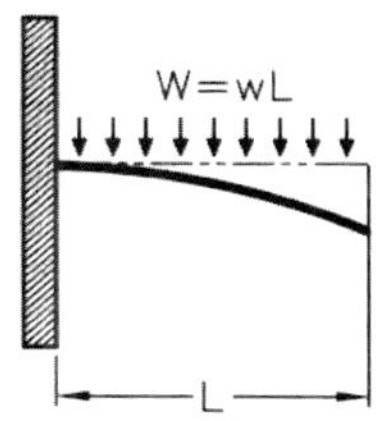

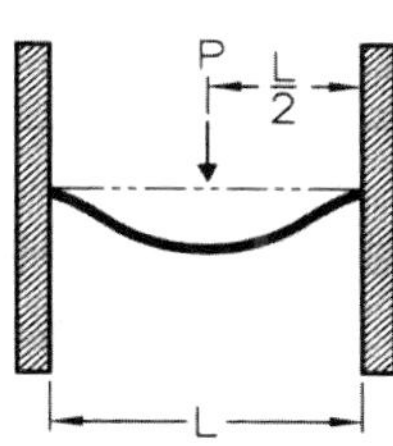

$$M = P\,a \qquad M = \frac{1}{2}WL \qquad M = \frac{1}{12}WL$$

$$y = \frac{1}{6}\frac{P}{EI}(3a^2L - a^3) \qquad y = \frac{1}{8}\frac{WL^3}{EI} \qquad y = \frac{1}{384}\frac{WL^3}{EI}$$

$$\text{for}\quad a = L \quad y = \frac{1}{3}\frac{PL^3}{EI}$$

(10) Rib의 단면형상

예 3) 성형품 약도

- 위 뚜껑: 게이트는 정3각형의 정점 위에 둔다. 평균두께는 약 2㎜ 사용게이트 위치

  3점: g_1, g_2, g_3

  2점: g_1, g_2

  1점: g_1

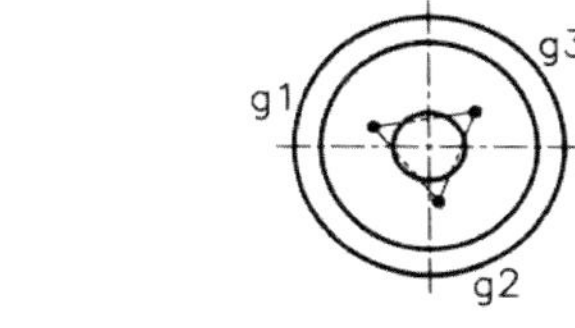

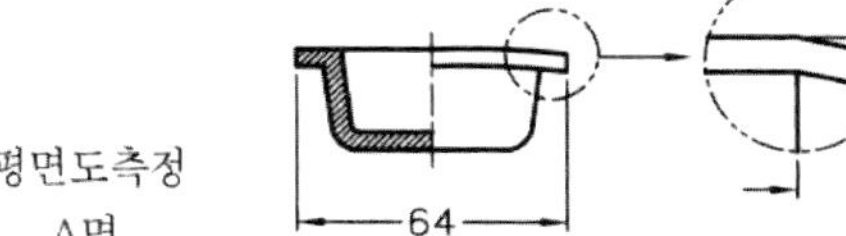

- 아래 뚜껑: 게이트는 이등변3각형의 정점에 든다. 평균두께는 약 2㎜

  3점: g_1, g_2, g_3

  2점: g_1, g_2

  1점: g_1

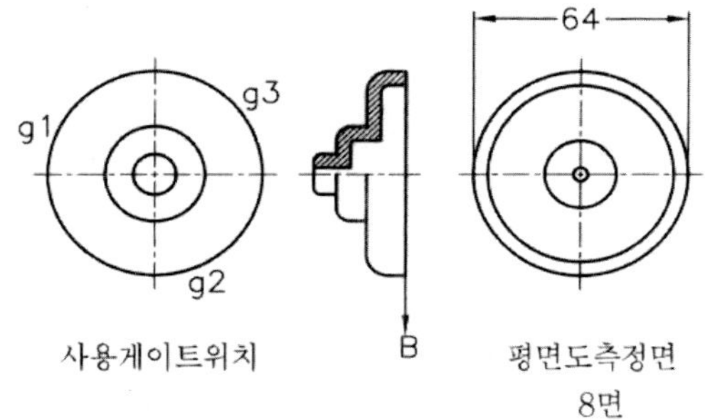

예 4) 원형 성형품 하우징(KP213G30)

게이트 배치	6점 비대칭	4점 대칭
진원도	0.15	0.15
평면도	0.44	0.27

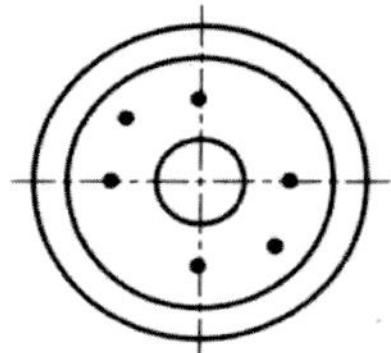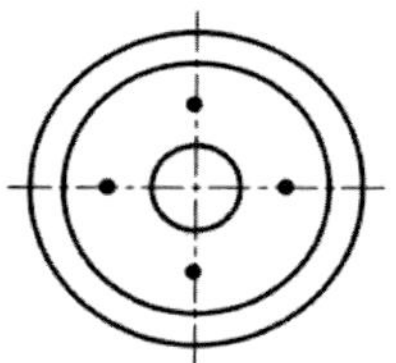

또한 다음 예에 나타낸 것처럼 게이트의 크기가 불충분하면 '휨'이 크게 되는 경향이 있는데 대체로 제품두께의 60% 정도의 게이트 경이 좋은 결과를 나타낸다.

번호	단면형	A	I	Z
1		bh	$\dfrac{1}{12}bh^3$	$\sigma = \dfrac{1}{2}h$ $\dfrac{1}{6}bh^2$
2		$\left(b+\dfrac{1}{2}b_1\right)h$	$\dfrac{6b^2+6bb_1+b_1^2}{36(2b+b_1)}h^3$	$\sigma_1 = \dfrac{1}{3}\cdot\dfrac{3b+2b_1}{2b+b_1}h$ $Z_1 = \dfrac{6b^2+6bb_1+b_1^2}{12(3b+2b_1)}h^2$

번호	단면형	A	I	Z
3		$\dfrac{\pi}{4}d^2$	$\dfrac{\pi}{64}d^4$	$\sigma = \dfrac{\dfrac{d}{2}}{\dfrac{\pi}{32}d^3}$
4		$\dfrac{\pi}{4}(D^2 - d^2)$	$\dfrac{\pi}{64}(D^4 - d^4)$	$\sigma = \dfrac{\dfrac{D}{2}}{\dfrac{\pi}{32}\dfrac{D^4 - d^4}{D}}$
5		$b_1 h_2 + b_2 h_2$	$\dfrac{1}{3}(b_1 e_2^2 - b_1 h_2^2 + b_2 e_1^3)$	$e_2 = \dfrac{b_1 h_1^2 + b_2 h_2^2}{2(b_1 h_1 + b_2 h_2)}$ $e_1 = h_2 - e_2$
6		$b_2 h_2 - b_1 h_1$	$\dfrac{1}{12}(b_2 h_2^3 - b_1 h_1^3)$	$e = \dfrac{h_3}{2}$ $\dfrac{1}{6} \cdot \dfrac{b_2 h_2^3 - b_1 h_1^3}{h_2}$

4. Pad 효과

(1) 일반적으로 Pad는 설치목적이 체결 시의 응력을 분산하고 개공부에 설치한다. 이 개공부의 설치는 체결응력과 외부응력에 의한 Crack의 발생을 방지해야 된다.

(2) Pad Desin

기호	치수
A	hole
B	2A~3A
T	2~4
t	0.5~1.0

① T와의 차이가 큰 경우는 피한다.

(3) 체결용 Pad

(4) Pad 효과

① 체결

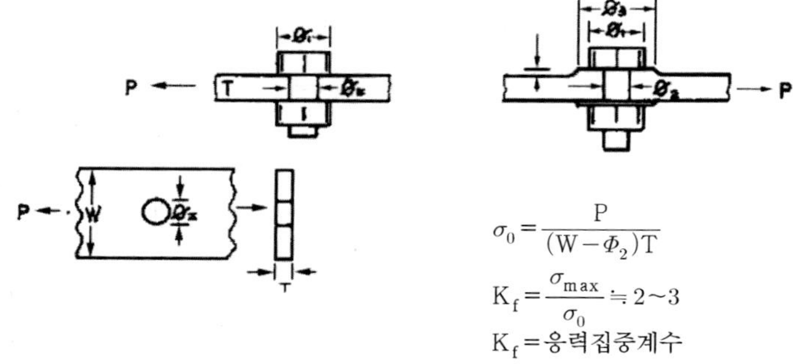

$$\sigma_0 = \frac{P}{(W - \Phi_2)T}$$

$$K_f = \frac{\sigma_{max}}{\sigma_0} \fallingdotseq 2\sim3$$

$$K_f = 응력집중계수$$

② Pad가 없는 경우

개구부의 응력 $\sigma_1 = \dfrac{P}{(W - \Phi_2)T}$

③ Pad가 있는 경우

개구부의 응력 $\sigma_2 = \dfrac{P}{(W - \Phi_2)(T + t)}$

④ Pad의 효과 $\sigma_2 < \sigma_1$

⑤ 대책

실예 1

실예 2

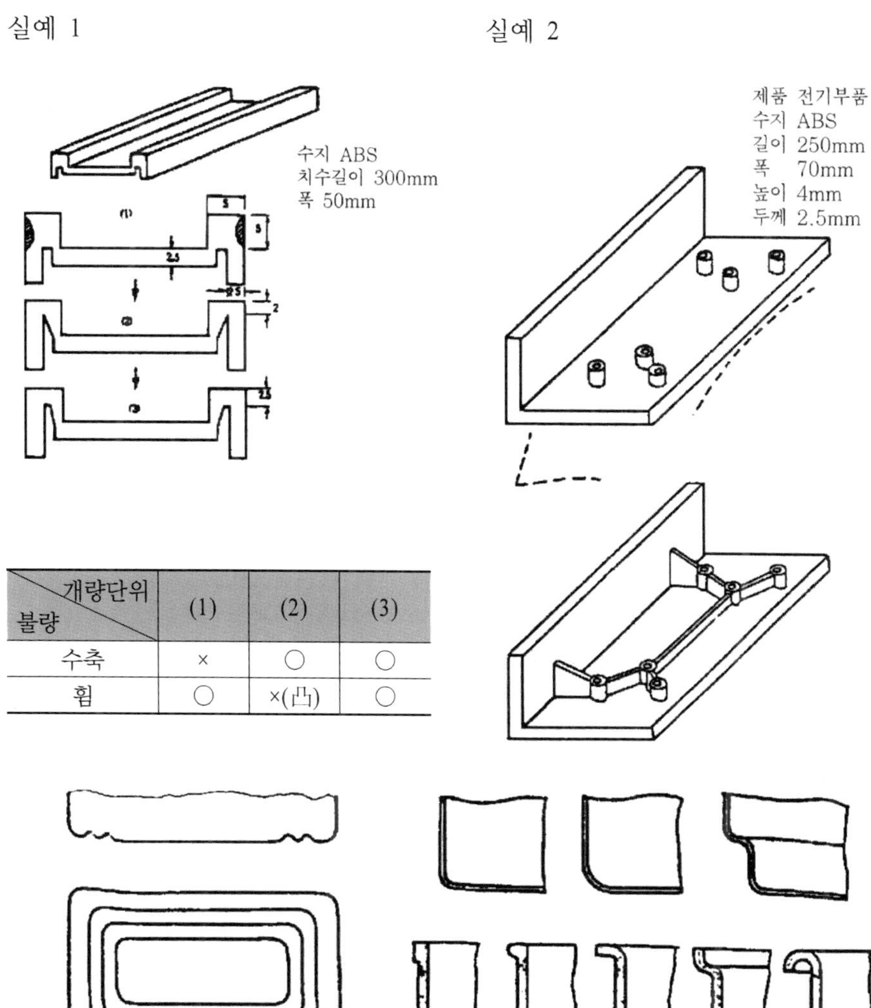

불량 \ 개량단위	(1)	(2)	(3)
수축	×	○	○
휨	○	×(凸)	○

⑥ 상자 형상의 성형품 단면과 휨 방향

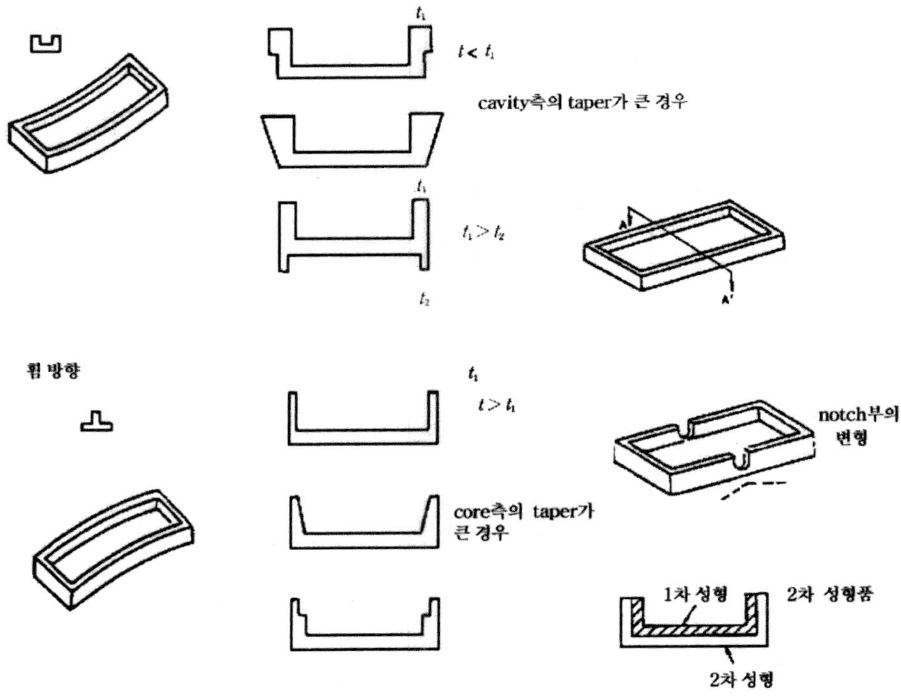

⑦ 깊은 부품의 휨, 두께의 불균일과 얇은 두께 부분의 변형

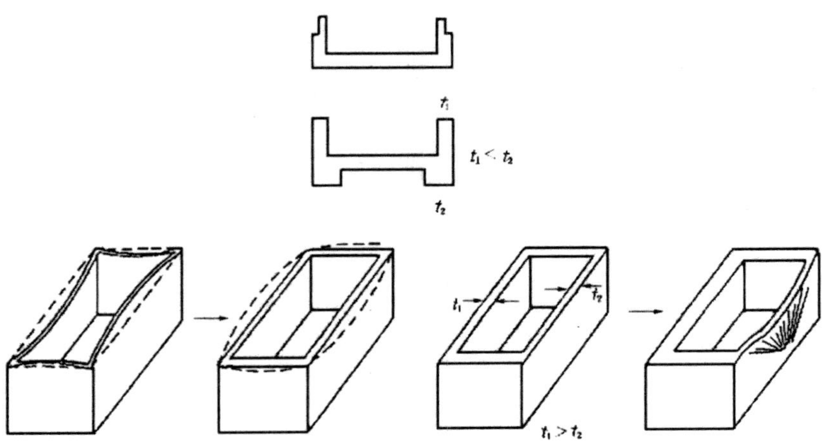

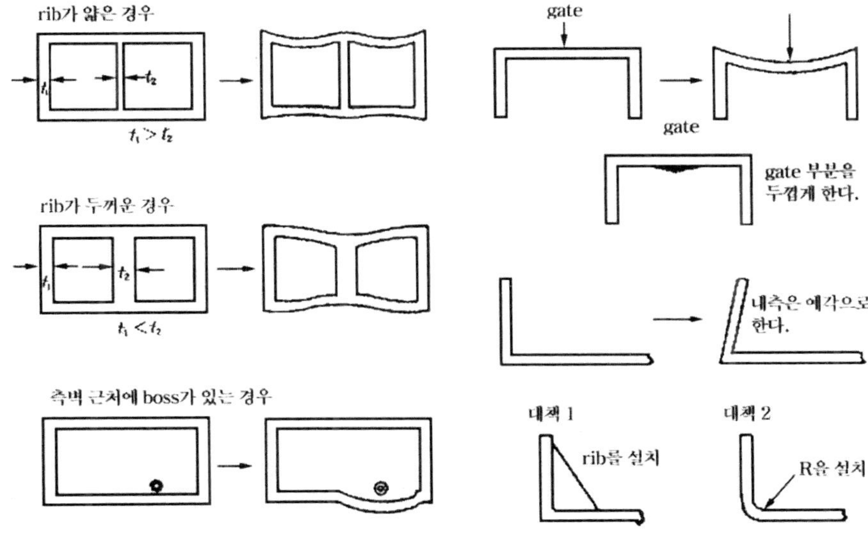

⑧ Pad의 상세 설계

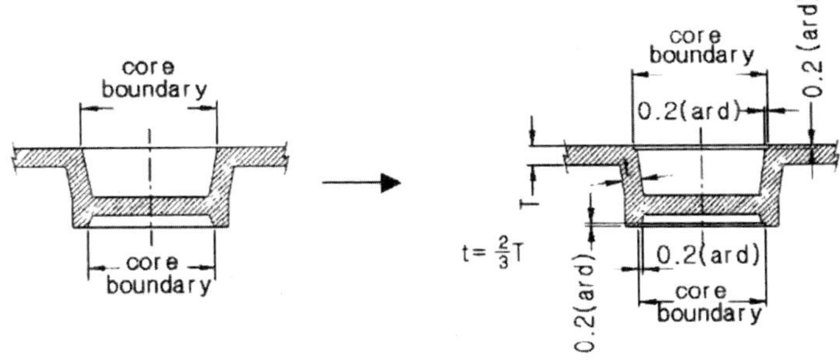

(5) Pad의 Element 설계

① 요소부분

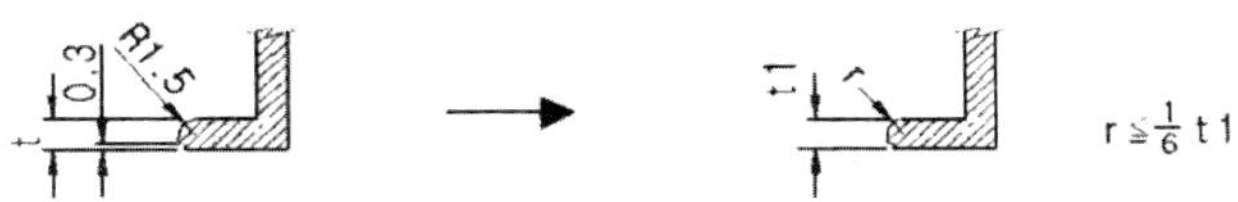

② Core 부분

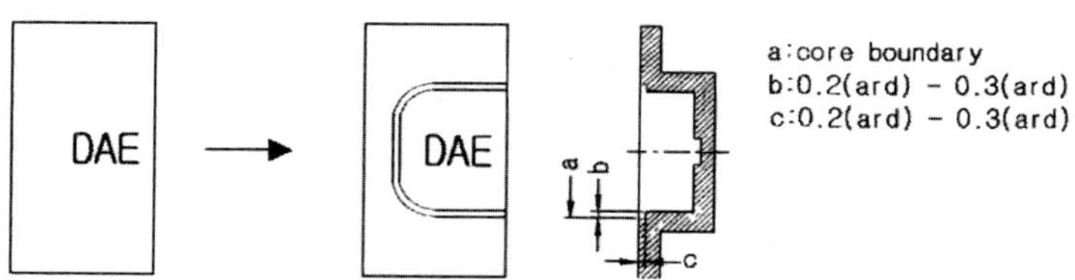

③ Moment of inertia

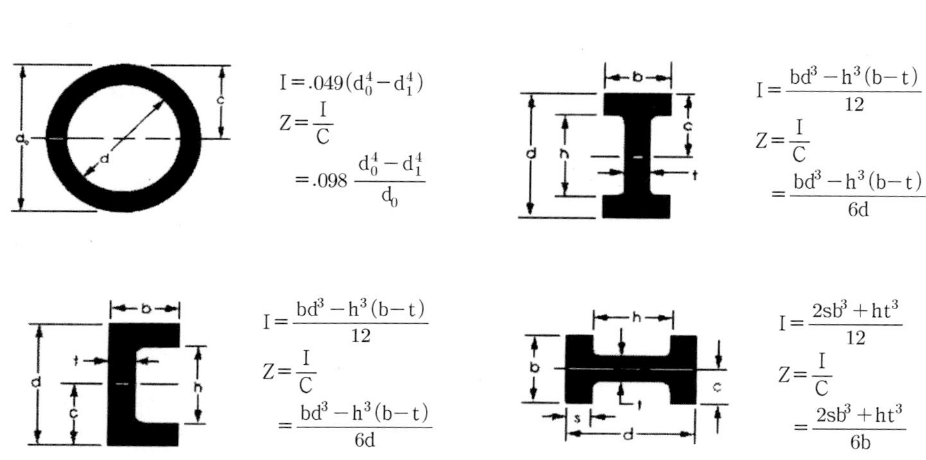

Z: Section modulus

C: Distance from neutral axia to extreme fiber

④ 고밀도 Polyethyrene의 발생시간에 의한 환경영향

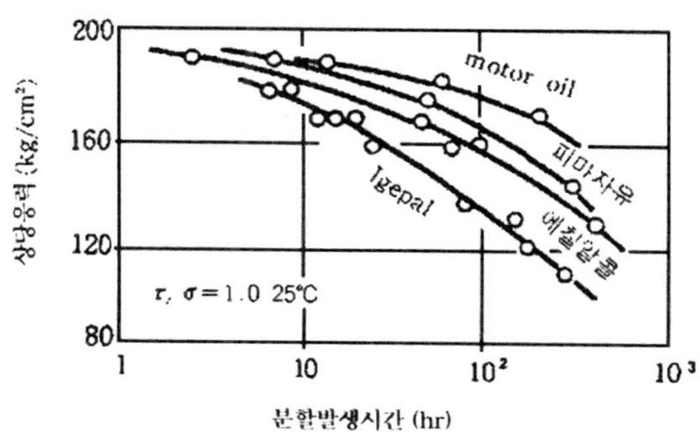

5. 포장 Pad 설계

S.F 성형품을 식품용기 및 포장재로 사용하기 위해서는 수송 중의 상품 보호기능이 충분하고 가능한 한 값싸게 보존한다는 조건이 필요하다. 또한 종이 Pad 대체효과에 적극적인 도움이 된다.

- 상품 – 수송 중의 충격 허용 G. Factor
- 완충포장 설계 – 두께, 비중
- 성형품 설계 – 성형성 고려한 형상
- 시험제작 – 생산성 Check
- Test – 기능 Check
- 금형설계 – 성형성, 생산성
- 성형 – S.F 원료 품종선택

(1) 완충계수(C펙타)를 기준으로 하는 설계에 필요한 제원

① 완충 재료에 걸리는 전 중량(kg)

② 물품의 허용 가속도(G)

③ 예상되는 하역 상태의 등가 낙하높이 또는 지정 시험 낙하높이(㎝)

④ 내장상의 면적 또는 허용되는 접촉면적(㎠)

<계산순서>

① 완충재에 가해지는 최대응력을 구한다.

$$\sigma_m = \frac{P}{A} = G \cdot \frac{W}{A}$$

σ_m: 최대응력(kg / ㎠)

p: 작용력(kg)

G: 물품의 허용가속도(G)

W: 물품의 중량(kg)

A: 하중 방향의 접촉면적(㎠)

② 완충계수

최대응력 곡선에 위 식으로 구한 최대응력치를 대입하여 그 값의 부근에서 완충계수가 최소가 되는 재료를 선택하면 가장 경제적이다.

③ 예정하고 있는 재료의 두께를 최소로 하기 위해서는 그 재료의 완충계수가 최소가 되는 최대응력치를 곡선상에서 구해 거꾸로 재료의 하중면적을 구한다.

④ 두께를 구하는 식

$$T = C \cdot \frac{h}{G}$$

T: 완충재의 두께(㎝)

C: 완충계수

h: 등가낙하높이(㎝)

G: 물품의 허용가속도(G)

(2) 완충계수기준

중량 20kg, 최대허용가속도 30G의 상품을 밑면적 200㎠의 카튼 박스에 넣어 이것을 S.F로 전면 보호하고 싶다.

상정 낙하높이를 50㎝라고 가정하고 S.F의 비중과 두께를 구하자.

$$W = 20\text{kg}, \quad G = 30G, \quad A = 200\,\text{c㎡}, \quad h = 50\,\text{cm}$$

최대응력

$$\sigma_{\text{m} = G}\frac{W}{A} = 30 \times \frac{20}{200} = 3.0\,(\text{kg}/\text{c㎡})$$

최대응력 $3.0\text{kg}/\text{c㎡}$ 부근에서 완충계수가 최소가 되는 곡선이므로 비중 0.02를 사용한다. 이때 $C = 2.7$로 구해진다.

두께를 구하면

$$T = C \cdot \frac{h}{G} = 2.7 \times \frac{50}{30} = 4.5\,\text{cm}$$

따라서 비중＝0.02   두께＝4.5㎝

(3) G. Factor를 사용하는 설계

설계에 필요한 제원

① 완충재에 걸리는 전 중량(kg)

② 물품의 허용가속도(G)

③ 예산되는 등가낙하높이 또는 지정시험 낙하높이(㎝)

④ 물품 또는 내장상에 의해 하중이 걸리는 재료의 면적(c㎡)

<계산순서>

① 완충재에 가해지는 정적응력을 구한다.

$$\sigma_{\text{st}} = \frac{W}{A}$$

σ_{st}: 정적응력(kg / c㎡)

② 물품 또는 내장상의 전면을 완충재로 보호하려 할 때는 예측되는 낙하 높이에 의한 곡선에 허용가속도와 정적응력을 삽입하여 그 교차점과 두께를 Parameter로 하는 곡선군과의 관계 위치에 의해 필요로 하는 두께를 구한다.

③ 부분적으로 완충재료를 사용하고자 할 때는 예측되는 낙하높이에 의한 곡선에 허용 가속도치를 삽입하며 교차하는 곡선군 중에서 가능한 곡선의 최소치 부근에 교차점을 갖는 곡선을 선택한다. 그리고 두께와 소요면적을 구한다.

그러나 재료의 좌굴이나 Creep이 증대하지 않는가 확인해야 한다.

④ 두께가 제조 메이커(성형공장)의 품질규격 등에 의해 단순한 두께 종류로 한정되어 있는 경우는 설계 두께가 두 종류 두께의 중간에 위치할 때가 있다. 이때는 두꺼운 쪽을 선택한다.

(4) 허용가속도 기준

중량 45kg, 허용가속도 55G의 물품이 있다. 이것을 한 변이 25㎝인 내장상에 넣어 전면에 S · F를 사용하여 상정낙하높이 50㎝에서 소요 두께를 구하자.

정적응력을 구한다.

$$\sigma_{st} = \frac{W}{A} = \frac{45}{25 \times 25} = 0.072\,(kg/cm^2)$$

$\sigma_{st} = 0.072$와 $G = 55$와의 교점을 구하면 이 점은 $T = 20$과 30의 중간에 있다. 따라서 비중 = 0.02 두께 = 3.0㎝

(5) 동적완충계수를 사용한 설계

동적시험에 의한 완충재료의 완충특성을 나타내는 곡선은 낙하높이와 완충재료의 두께를 Parameter로 한 최대가속도 - 정적응력곡선이며 이 곡선은 그대로 완충포장 설계에 응용된다. 그러나 충분한 범위의 낙하높이와 완충재료의 두께 각각의 조합에 의한 많은 곡선을 한 가지 재료에 대해 준비해야 하는 불편이 있다.

동적완충계수 - 최대응력곡선은 이들을 통일한 곡선이라고 할 수 있어서 C Factor를 사용한 설계와 마찬가지로 동적인 완충설계가 가능하다.

(6) 동적완충계수 – 최대응력곡선 기준

$$\sigma_m = 3.0\,(\mathrm{kg/cm^2})$$

$\sigma_m = 3.0$ 부근에서 C 펙타는 2.9이므로 구하는 두께 T는

$$T = 2.9 \times \frac{50}{30} = 4.8\,(\mathrm{cm})$$

비중 $=0.02$ 두께 $=5\,\mathrm{cm}$

$$\sigma_m = \mathrm{G} \cdot \frac{\mathrm{W}}{\mathrm{A}} = 55 \times \frac{45}{25 \times 25} \fallingdotseq 4\,(\mathrm{kg/cm^2})$$

$\sigma_m = 4$ 부근의 C 펙타는 3.0이므로 구하는 두께 T는

$$T = 3.0 \times \frac{50}{2} = 2.7$$

비중 $=0.025$ 두께 $=3\,\mathrm{cm}$

(7) 수압면적을 조정할 경우

그림과 같은 모양의 상품 허용충격치가 60G라 하고 취급 중 1m 높이에서 낙하될 위험이 있다고 하자. 비중 0.02의 S·F를 사용하기 위한 두께 및 수압면적을 계산하면

수압면적 $\mathrm{A} = 30 \times 25 = 750\,\mathrm{cm^2}$

최대응력 $\sigma_m = \mathrm{G}\dfrac{\mathrm{W}}{\mathrm{A}} = 60 \times \dfrac{20}{750} = 1.6\,\mathrm{kg/cm^2}$

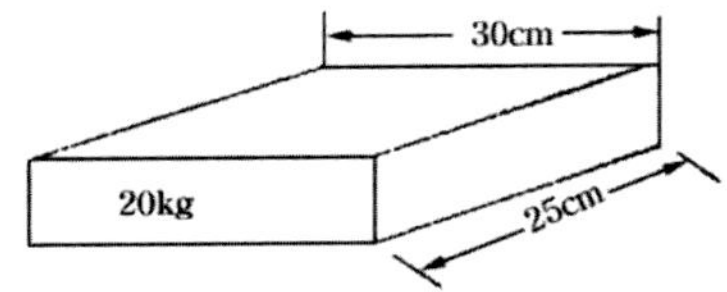

최대응력 1.6kg / ㎠에 대한 완충계수는 너무 크므로 수압면적을 조정할 필요가 있다.

이 경우 C Factor를 2.7 정도로 하는 것이 완충재로서 효과적이므로 최대응력이 3.5kg / ㎠가 되도록 수압면적을 조정하면

$$A = G \times \frac{W}{\sigma_m} = 60 \times \frac{20}{3.5} = 343 ㎠$$

$$T = C \cdot \frac{h}{G} = 2.7 \times \frac{100}{60} = 4.5 ㎝$$

따라서 아래 그림과 같은 완충방법을 생각할 수 있다.

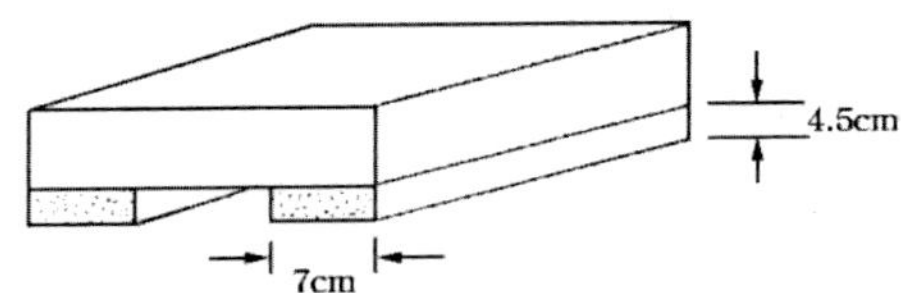

만일 포장물이 모서리(角) 방향으로 충격을 받을 경우에는 평면낙하에서의 수압면적(A)을 다음 식의 유효수압면적(Ae)에 보정해야 한다.

① 직방체의 물품을 전면 완충하는 경우

$$Ae = \frac{3(\ell \cdot b \cdot d)}{\sqrt{\ell^2 + b^2 + d^2}}$$

ℓ: 물품 또는 속포장의 길이

b: 물품 또는 속포장의 너비

d: 물품 또는 속포장의 두께

② 각 면의 두께가 같은 Corner part를 사용할 경우

$$Ae = 1.73L^2$$

　L: Corner part 한 변의 길이

제4장

Snap fit 설계

1. Snap fit

① 장기적으로 사용할 수 있도록 가능하면 작게 설계하고 각 모서리 부위에는 적당한 크기의 Rounding을 붙여 놓는다.

② Snap fit의 형합틈새는 1㎜까지는 허용되나 가능하면 0.5~0.8㎜가 적당하다.

2. Snap fit 종류

(1) Snap fit A-type를 계산하기 위한 Guide

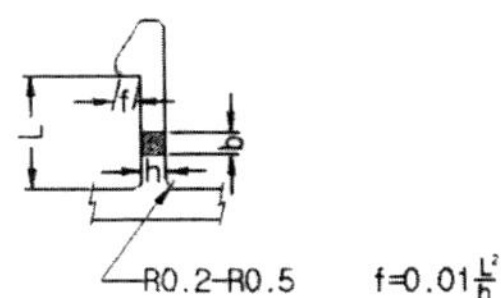

(2) Snap fit B-type를 계산하는 Guide

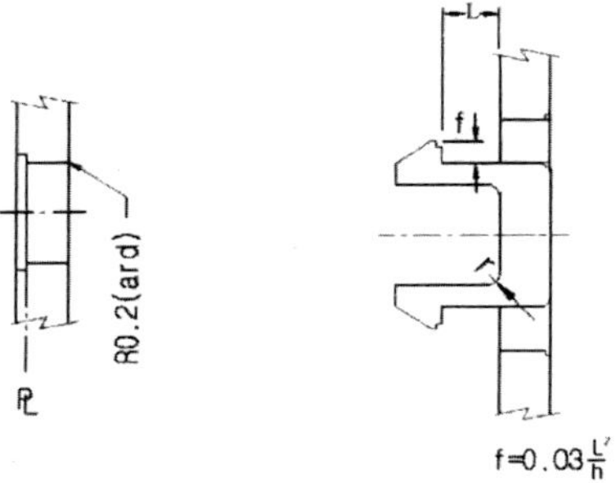

(3) Snap fit C-type를 계산하는 Guide

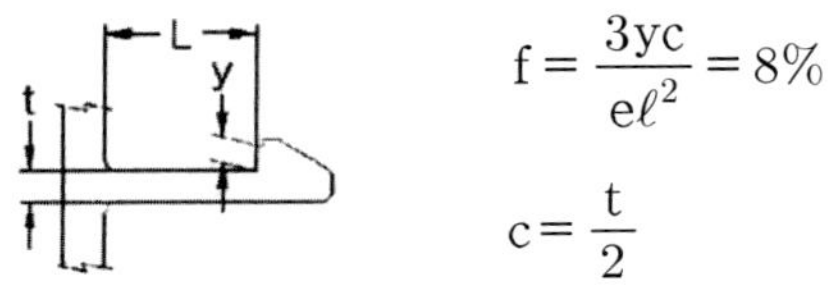

$$f = \frac{3yc}{e\ell^2} = 8\%$$

$$c = \frac{t}{2}$$

(4) Snap fit D-type를 계산하는 Guide

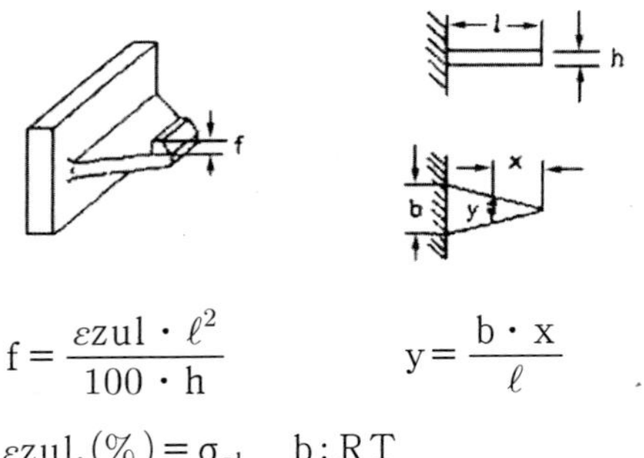

$$f = \frac{\varepsilon zul \cdot \ell^2}{100 \cdot h} \qquad y = \frac{b \cdot x}{\ell}$$

$$\varepsilon zul.(\%) = \sigma_{sl} \qquad b : RT$$

(5) Snap fit E−type를 계산하는 Guide

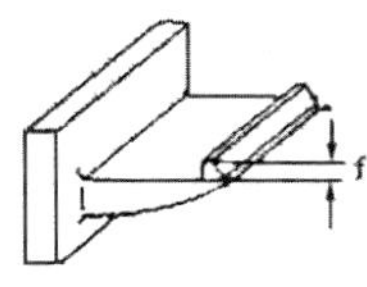

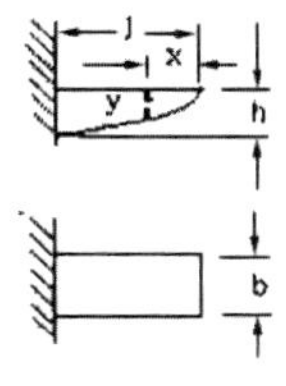

$$f = \frac{4}{3} \; \frac{\varepsilon zul \cdot \ell^2}{100 \cdot h} \qquad\qquad y = h \sqrt{\frac{x}{\ell}}$$

(6) Snap fit F−type를 계산하는 Guide

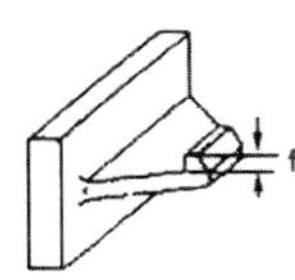

$$f = \frac{2}{3} \cdot \frac{\ell^2}{h} \varepsilon \qquad\qquad \varepsilon = \frac{\sigma}{E}$$

$$f = \frac{2}{3} \; \frac{\varepsilon zul \cdot \ell^2}{100 \cdot h}$$

(7) 일단지지보의 Snap fit

그림의 Snap 높이 Δh는 일단지지보의 계산식으로부터

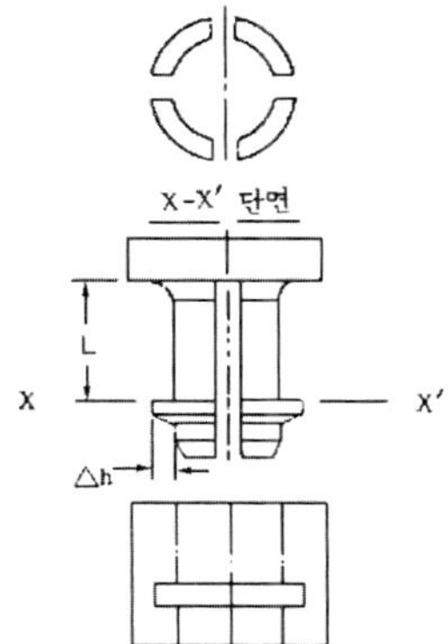

$$\Delta h = \frac{L^2 ZS}{3IE}$$

L: snap의 길이(㎝)

Z: 단면계수

S: Polyacetal의 설계응력(kgf / ㎠)

E: Polyacetal의 굽힘탄성계수(kgf / ㎠)

I: 단면 2차 Moment

$$\Delta h = \frac{\gamma}{3} \cdot \frac{L^2}{R - Y_G}$$

$$Y_G = \frac{2}{3} \times \frac{R^3 - r^3}{R^2 - r^2} \times \frac{\sin \alpha}{\left(\frac{\alpha°}{180°}\right) \cdot \pi}$$

$$\alpha° = \frac{180°}{n} - 7° \quad n = \text{slit } 수$$

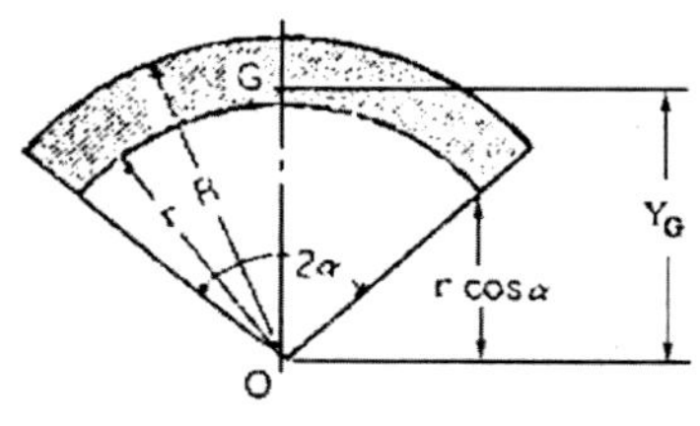

(8) POM의 Snap fit

Snap fit는 재료의 강성과 Snap 특성을 이용하는 방법으로 일단 지지구조의 Snap fit의 설계

① $I = \dfrac{bh^3}{12}, \quad \sigma_0 = \delta \dfrac{3 \cdot Eh}{2L^2} = E \cdot \varepsilon, \quad \varepsilon_0 = \dfrac{3\delta h}{2L^2}$

   I: 단면 2차 Moment

   σ_0: 응력

   ε_0: 변형률

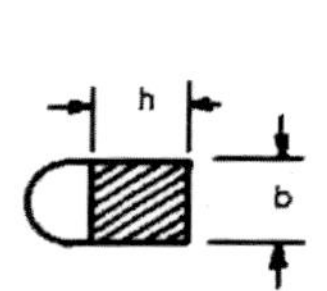

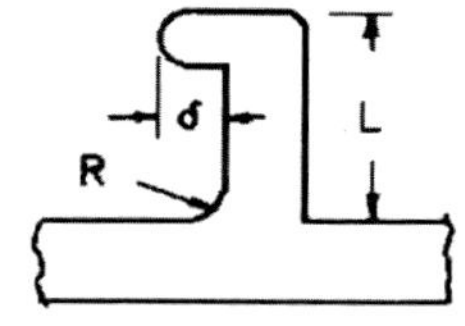

② Pom의 순간 최대변형량 εmax는 백화점 이하에서는 4%, 백화점 이상은 5~6%이다.

③ 응력 - 변형률 곡선에서 σmax = Kf×σ₀, εmax = Kf×ε₀가 된다.

④ 회전 대칭 부품의 Snap fit

큰 인발력을 얻는 경우와 응력완화에 의한 인발력의 차이가 없다.

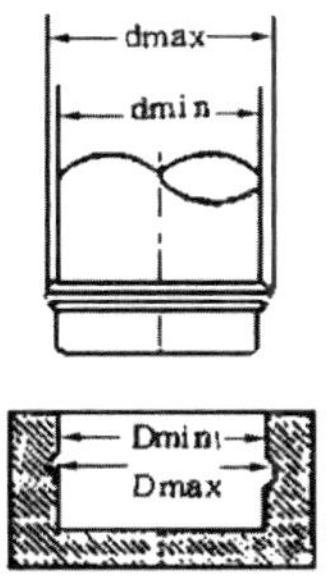
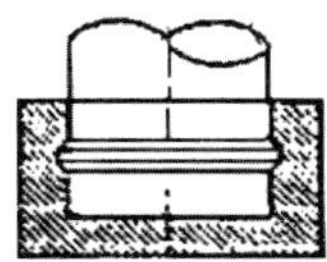

Snap $\Delta d = Dmax - Dmin$이 Snap은 Press fit의 경우와 동일한 계산을 한다.

$$\frac{\Delta d}{D_s} = \gamma \left(\frac{W+1}{W} \right) \text{와} \quad \frac{\Delta d}{D_s} = \gamma \left(\frac{W+V_h}{W} \right) \text{을 이용하여}$$

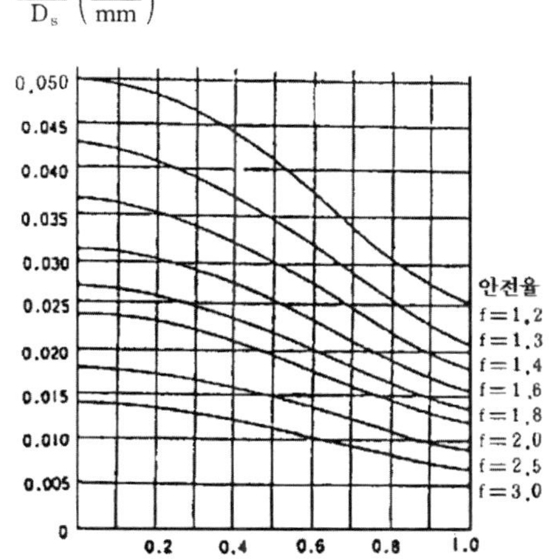

Ds / Dh와 Δd / Ds와의 관계

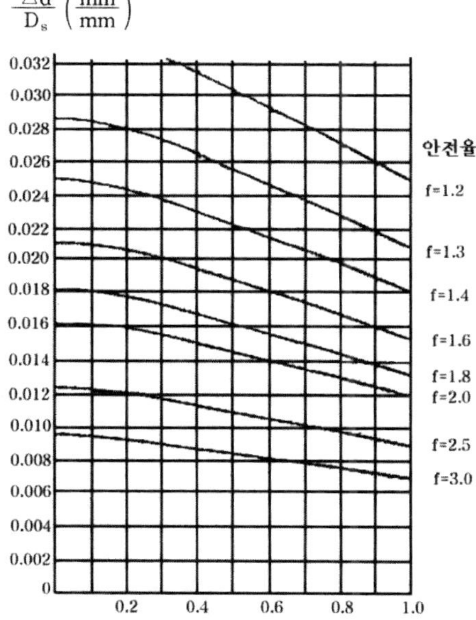

Ds / Dh와 Δd / Ds와의 관계

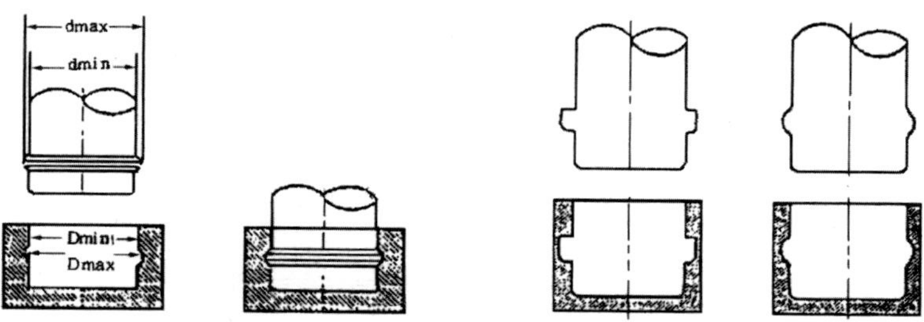

3. 일단지지보의 Snap fit

(1) 일단지지보

그림의 Snap 높이 Δh는 일단지지보의 계산식으로부터

$$\Delta h = \frac{L^2 ZS}{3IE}$$

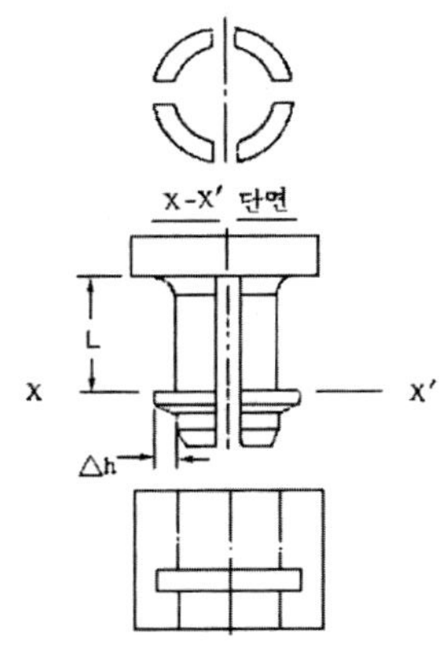

L: Snap의 길이(㎝)

Z: 단면계수

S: Polyacetal의 설계응력(kgf / ㎠)

E: Polyacetal의 굽힘탄성계수(kgf / ㎠)

I: 단면 2차 Moment

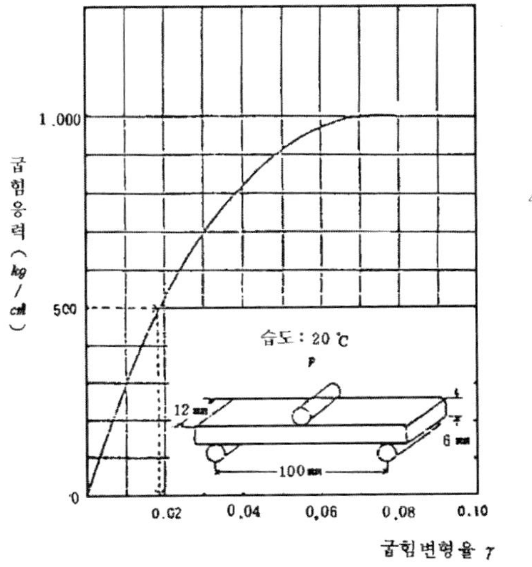

$$\triangle h = \frac{L^2 Z}{3I}\,\gamma$$

$$\gamma = \frac{S}{E}$$

일단지지보의 Snap fit 약도

(2) 장방형

$$\Delta h = \frac{\gamma}{3} \cdot \frac{12}{bd^3} \cdot \frac{bd^2}{6} \cdot L^2 = \frac{2}{3} \cdot \frac{L^2}{d} \cdot \gamma$$

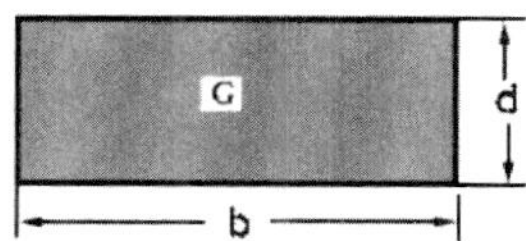

(3) 환형의 일부

내측 경우

$$\Delta h = \frac{\gamma}{3} \cdot \frac{L^2}{R - Y_G}$$

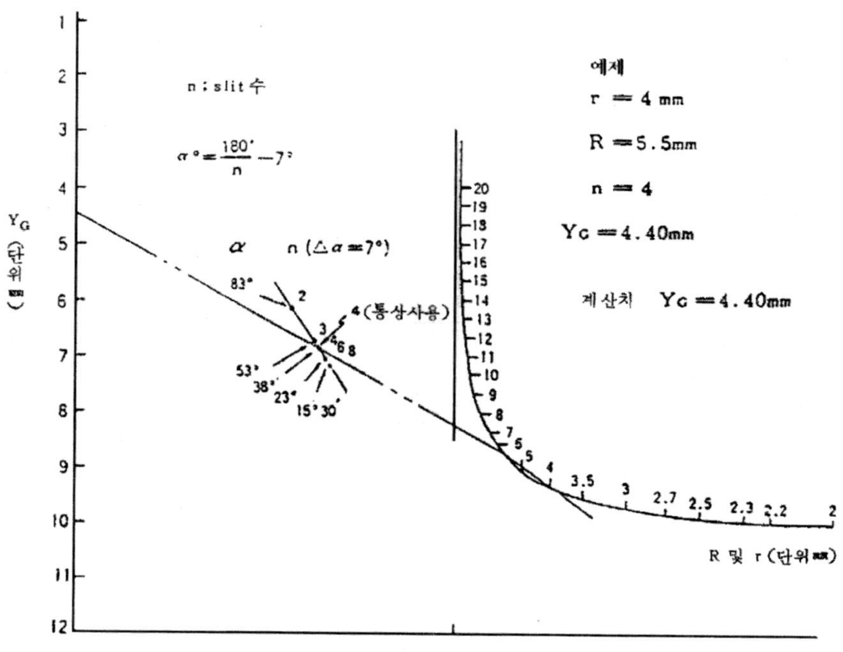

$$Y_G = \frac{2}{3} \times \frac{R^3 - r^3}{R^2 - r^2} \times \frac{\sin \alpha}{\left(\dfrac{\alpha^\circ}{180^\circ}\right) \cdot \pi} \quad \text{의 계산도표}$$

외측 경우

$$\Delta h = \frac{\gamma}{3} \cdot \frac{L^2}{Y_G - r \cos \gamma} \qquad Y_G = \frac{2}{3} \cdot \frac{R^3 - r^3}{R^2 - r^2} \cdot \frac{\sin \alpha}{\left(\dfrac{\alpha}{180^\circ}\right)\pi}$$

(4) 예제

L ＝10㎜, r ＝4㎜, R ＝5.5㎜, n ＝4 경우 Δh를 구하라.

<해답>

안전계수를 2로 하면 $s = \dfrac{S_{max}}{2} = \dfrac{1000}{2} = 500\,\mathrm{kgf/cm^2}$

위의 그림으로부터 γ를 구하면 $\gamma = 0.018$, $\alpha = \dfrac{180}{4} - 7 = 38°$를 위의 그림으로부터 $Y_G = 4.40\text{㎜}$ 이다. 그래서 위의 식

$$\Delta h = \frac{\gamma}{3} \cdot \frac{L^2}{R - Y_G} = \frac{0.018}{3} \cdot \frac{10^2}{5.5 - 4.40} = 0.545 \text{㎜}$$

이 경우 $\alpha = 38°$로 보며 각 지지보는 0.688㎜를 얻는 여유가 있다.

$$x = \sqrt{2(4\sin 7°)^2} = 0.688 \text{㎜}$$

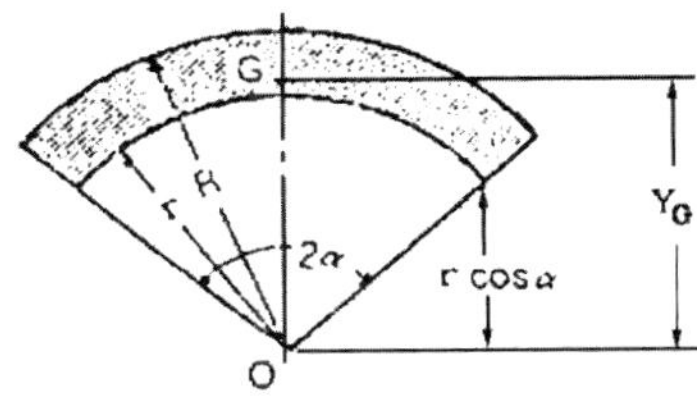

4. POM의 Press fit 이론적 계산과 실용 예

(1) 예제(Press fit)

외경 15㎜, 폭 10㎜의 Polyacetal hub에 9㎜의 금속제 Shaft를 압입하여 압입 후 hub와 금속 Shaft의 면에 생기는 접촉면 압력이 인발력 및 회전 Torque는 얼마인가?

상온에서 1년 후의 인발력과 회전 Torque 정도 저하를 분석하라.

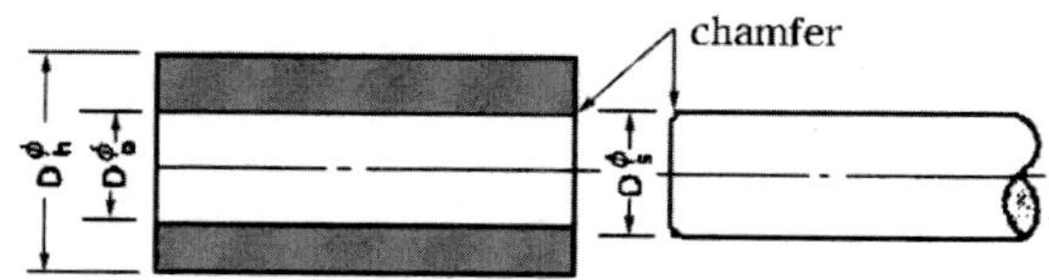

$$\Delta d = D_s - D_0 = \frac{S \cdot D_s}{W}\left\{\left(\frac{W + V_h}{E_h}\right) + \left(\frac{1 - V_s}{E_s}\right)\right\}$$

W: 형상계수

$$W = \frac{1 + \left(\dfrac{D_s}{D_h}\right)^2}{1 - \left(\dfrac{D_s}{D_h}\right)^2}$$

S: Polyacetal 설계응력(kgf / cm^2)

$$S = \frac{Smax}{f}$$

f: 안전율

Smax: Polyacetal의 인장최대강도(kgf / cm^2)

D: 직경(cm)

E: 인장탄성계수(kgf / cm^2)

V: Poison비 0.35

$$W = \frac{1 + \left(\dfrac{D_s}{D_h}\right)^2}{1 + \left(\dfrac{D_s}{D_h}\right)^2} = \frac{1 + \left(\dfrac{9}{15}\right)^2}{1 - \left(\dfrac{9}{15}\right)^2} = 2.13$$

Polyacetal hub와 금속축의 형합

$$\Delta d = D_s - D_0 = \frac{S \cdot D_s}{W}\left\{\left(\frac{W + V_h}{E_h}\right) + \left(\frac{1 - V_s}{E_s}\right)\right\}$$의 식으로부터

$E_s \gg E_h$ 이니까

$$\Delta d = \frac{S \cdot D_s}{E_h} \left(\frac{W + V_h}{W} \right)$$

$$\frac{\Delta d}{D_s} = \gamma \left(\frac{W + V_h}{W} \right)$$

위의 식으로부터 $\Delta d = \gamma \, D_s \left(\dfrac{W + V_h}{W} \right)$ 이며 안전계수를 2로 취하여

$$S = \frac{Smax}{2} = \frac{620}{2} = 310 \mathrm{kg\,f/cm^2}$$

이 점에 대응하는 변형 γ 를 아래 그림에서 구하면 $\gamma = 0.012$

$$\therefore \; \Delta d = (0.012)(0.9) \frac{2.13 + 0.35}{2.13} = 0.0126 \mathrm{cm} = 0.126 \mathrm{mm}$$

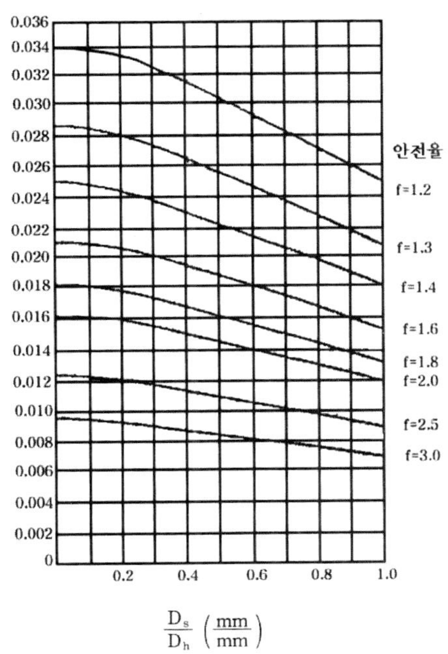

$$\frac{D_s}{D_h} \left(\frac{mm}{mm} \right)$$

D_s / D_h, Δd / D_s의 관계

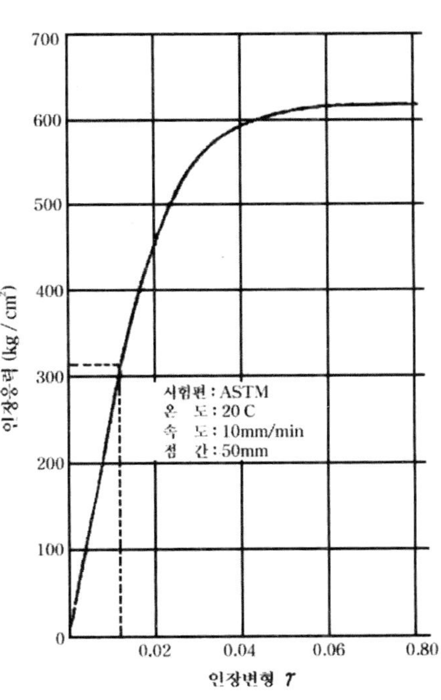

인장응력과 변형곡선

다른 방법과 아래 그림을 이용하여 Δd를 산출하면

$$\frac{D_s}{D_h} = \frac{9}{15} = 0.6, \quad f = 2$$와 그림으로부터

$$\frac{\Delta d}{D_s} = 0.014 \quad \therefore \Delta d = (0.014)\, D_s = (0.014)(9) = 0.126\,\text{mm}$$

를 얻어 일치함을 알 수 있다.

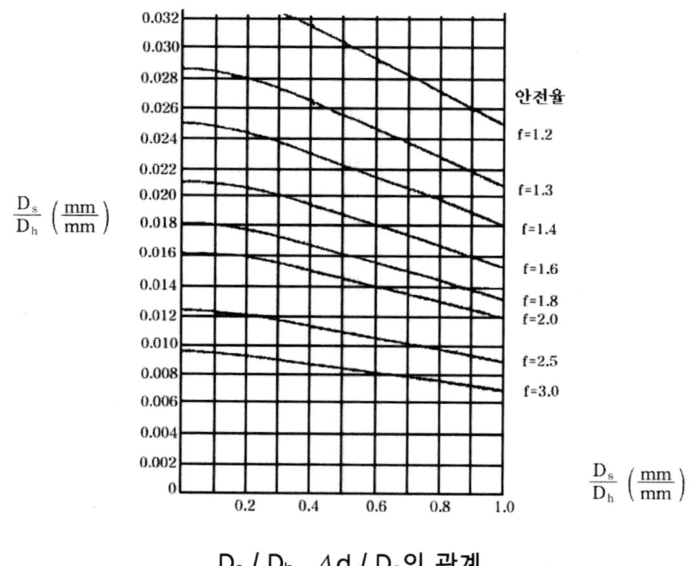

$$D_s / D_h, \ \Delta d / D_s의 \ 관계$$

Polyacetal hub의 내경을 D_0라 할 때

$$D_s - D_0 = 0.126$$

$$\therefore D_0 = 9 - 0.126 = 8.874\,\text{mm}$$

따라서 압입 후에 Hub와 축 간의 생기는 접촉면 압력 p는

$$F = \pi D_s L P_\mu$$

F: 인발력(kgf)

μ: 마찰계수 Resin 대 Resin=0.35, Resin 대 금속=0.15

L: 축의 압입부분의 유효길이(㎝)

P: 접촉면압(kgf / ㎠)

S: 설계응력

$$P : \frac{S}{W} = \frac{\Delta d}{D_s} \left\{ \frac{1}{\frac{1}{E_h}(W + V_h) + \frac{1}{E_s}(1 - V_s)} \right\}$$

T: 회전 Torque

$$T = \frac{1}{2} F D_s$$

$$P = \frac{W}{W} = \frac{310}{2.13} = 146 \text{kg f} / \text{㎠}$$

$$F = \pi D_s L P \mu = (3.14)(0.9)(1.0)(146)(0.15) = 62 \text{kg f}$$

$$T = \frac{1}{2} F D_s = (0.5)(62)(0.9) = 28 \text{kg f} \cdot \text{cm}$$

1년 후의 인발력 F′ 및 회전 Torque T′를 구하면 γ=0.012에 대응하는 인장응력
은 압입 직후 S=210kgf / ㎠인데 1년(약 8800시간) 후의 응력완화를 고려한
Polyacetal의 설계에 의하여

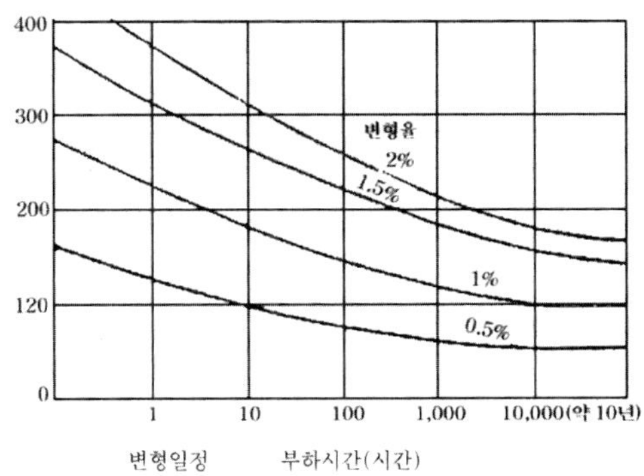

인장응력과 부하시간과의 관계

$$S' = 130 \text{kgf} / \text{cm}^2$$

$$\therefore \ P' = \frac{S'}{W} = \frac{130}{2.13} = 61 \text{kg f} / \text{cm}^2$$

$$F' = (3.14)(0.9)(1.0)(61)(0.15) = 26 \text{kgf}$$

$$T' = (0.5)(0.9)(26) = 12 \text{kgf} \cdot \text{cm}$$

5. Assembly

(1) Ultrasonic bonding

① Butt joint

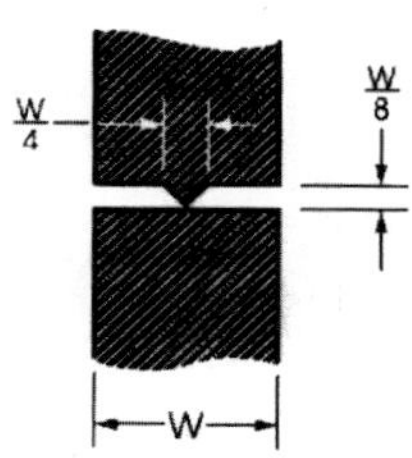

② Step joing

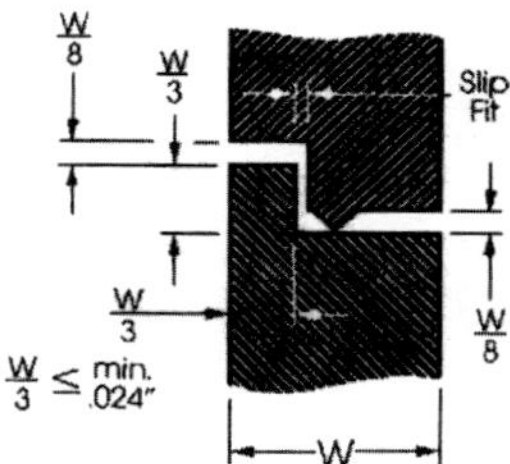

③ Tongue & Groove joint

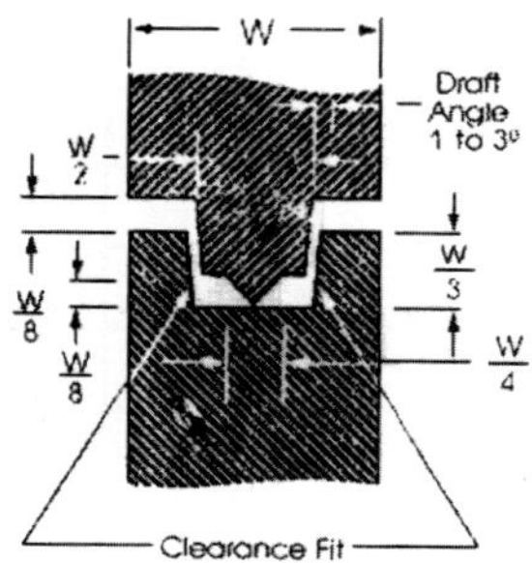

(2) Ultrasonic staking

① Ultrasonic staking

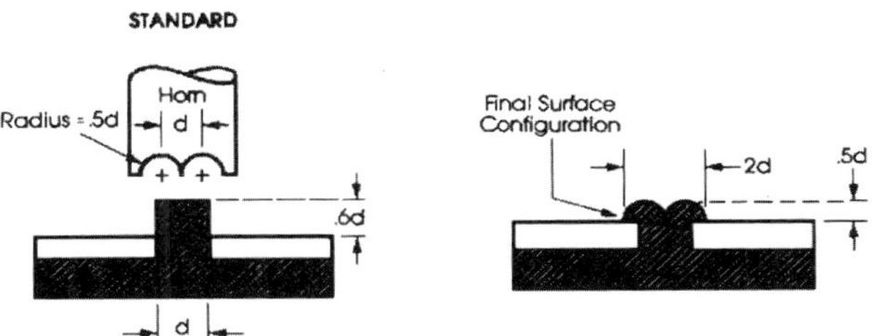

② Low profile

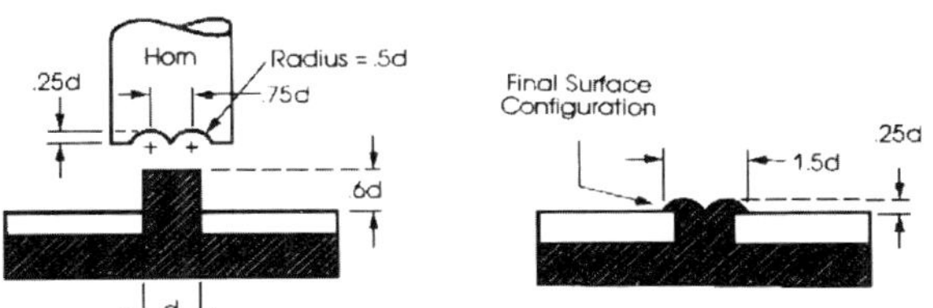

6. Dynamic strain – straight beam과
Dynamic strain – tapered beam

(1) Dynamic strain—straight beam

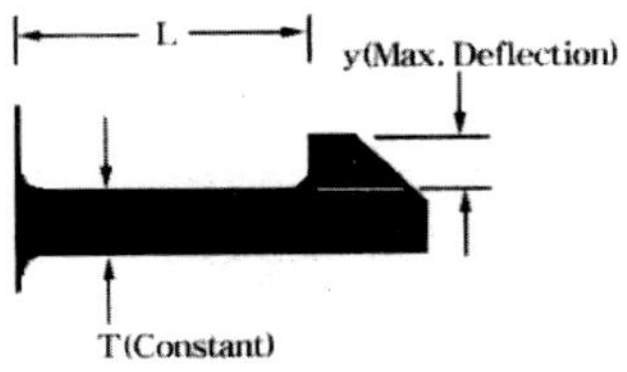

$$e_D \text{ (Dynamic Strain)} = \frac{3yT}{2L^2}$$

(2) Dynamic strain—tapered beam

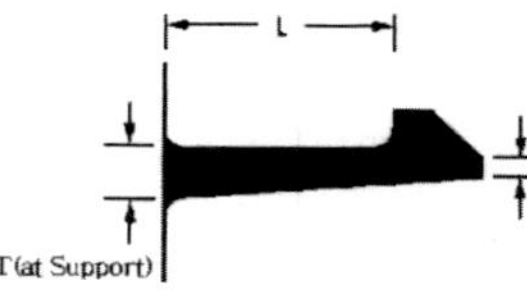

$$e_D \text{ (Dynamic Strain)} = \frac{3yT}{2L^2 K_p}$$

Find K_p(Proportionality Constant)
from graph below, where $R = t / T$

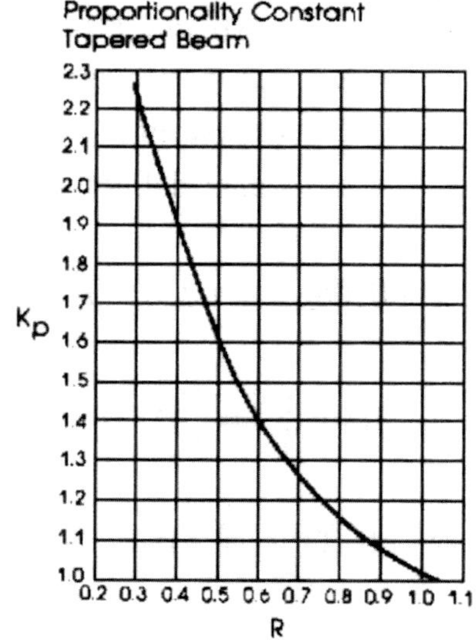

(3) Dynamic strain—streight beam 예제

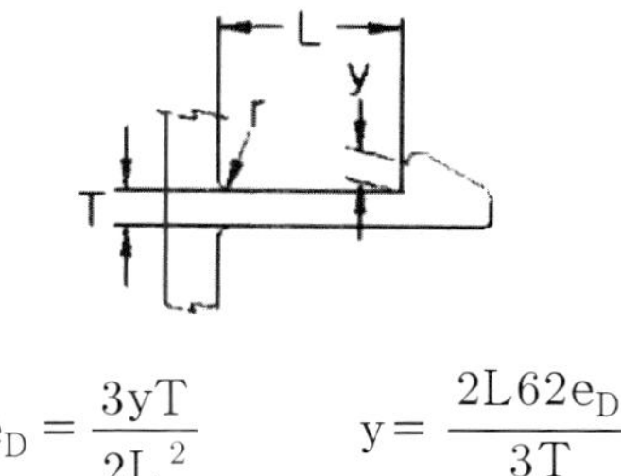

$$e_D = \frac{3yT}{2L^2} \qquad y = \frac{2L62e_D}{3T}$$

① $T=3$, $L=15$, $e_D=0.08$일 때 y?

$$y = \frac{2 \times 15^2 \times 0.08}{3 \times 3} = \frac{36}{9} = 4$$

(4) Dynamic strain—taped beam 예제

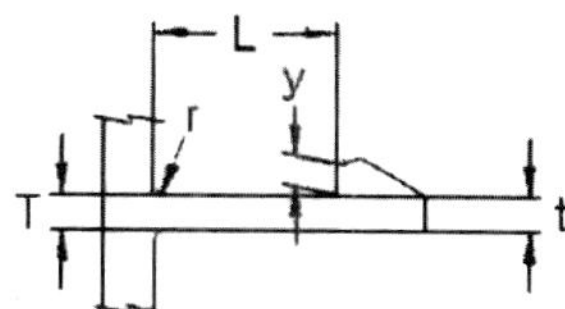

$$y = \frac{2L^2 k_p e_D}{3T}$$

e_D: dynamic strain

k_p: proportionablity const

T: constant

y: max deflection

① $e_d=0.08$, $t=2.5$ $T=3$, $L=15$일 때 y?

$$R = \frac{t}{T} = \frac{2.5}{3} = 0.83$$

$R = 0.83$일 때 $k_p = 0.8$

$$y = \frac{2K^2 k_p e_D}{3T} = \frac{2 \times 15^2 \times 0.8 \times 0.08}{3 \times 3} = 3.2$$

(5) 짧은 Snap fit

① 나사 대용 Snap fit

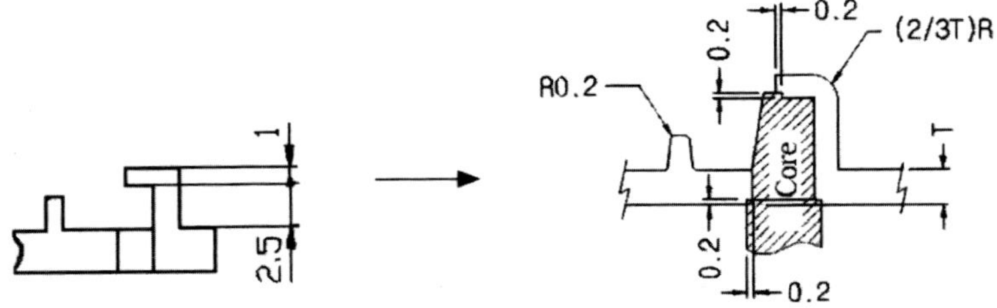

② Lock식 Snap fit

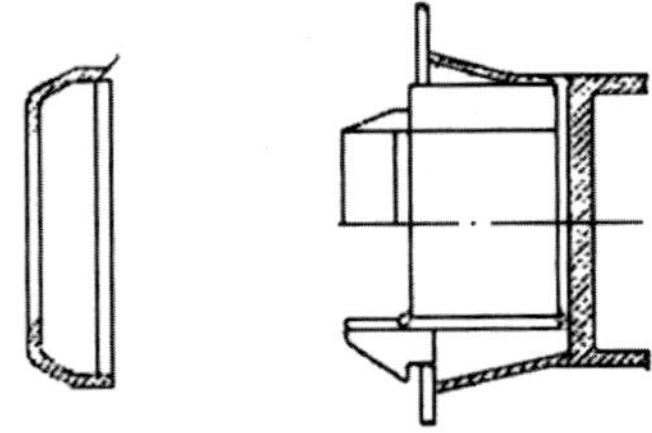

(6) Loop식 Snap fit

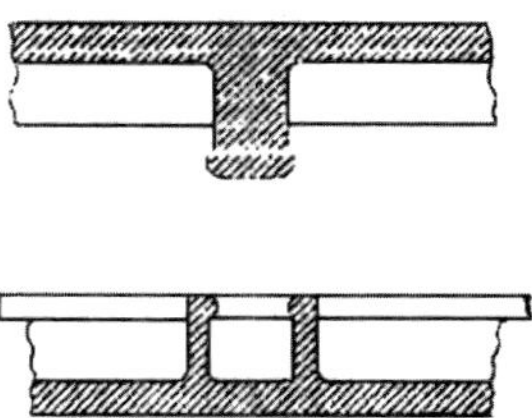

제5장

Insert 설계

1. Insert의 목적

사출성형품에 Insert를 하는 것은 수지로서 감당할 수 없는 기계적 성질인 응력전달, 장식효과, 전류전달, 금속부품과의 조립 등이 요구되는 부위에 적용한다.

2. Insert의 재질

Insert의 재질은 그 용도에 따라 청동, 알루미늄, 철강, 유리, 세라믹스, 플라스틱 등 다양한 재료가 사용된다.

3. Insert 장착방법

Insert 장착에는 사출성형 시 Mold 금형을 이용한 사출성형 시 정착과 사출성형 후에 Pressed in, Staked, Ultrasonic 등을 이용한 사출성형 후 장착 등이 있다.

4. Insert 설계

<Insert를 사용하는 경우 설계상 유의할 점>

① Insert 밑부분의 성형품의 두께가 너무 얇으면 Flow-mark나 수축이 생길 우려가 있다.

② Insert 밑부분의 두께는 Insert 외경의 1/6 이상으로 하고 외경은 내경의 2배 이상으로 한다.

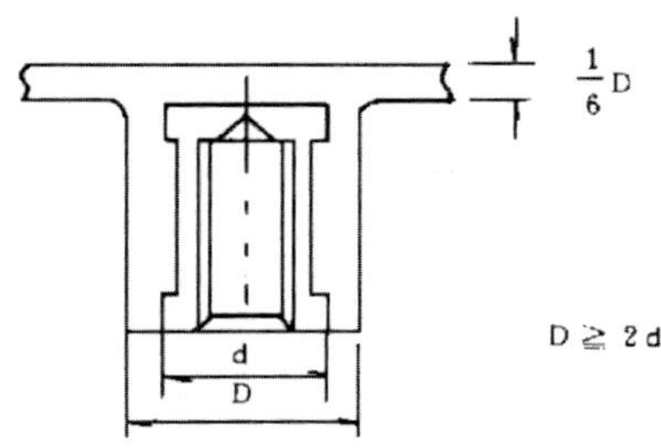

③ Insert의 간격은 3㎜ 이상으로 하고 Insert와 Plastic의 열팽창계수가 다르므로 Insert 외주에 Crack이 생기는 경우가 있으므로 안전신도는 5~6%로 고려해야 한다.

④ Insert 외주에 회전을 방지할 수 있는 로렛트를 한다.

⑤ 날카로운 Edge가 있는 Insert는 사용하지 않는다.

⑥ Bolt나 Nut를 Insert하는 경우에는 나사부에 재료가 들어가지 않도록 단을 만

들어 재료의 유입을 방지한다.

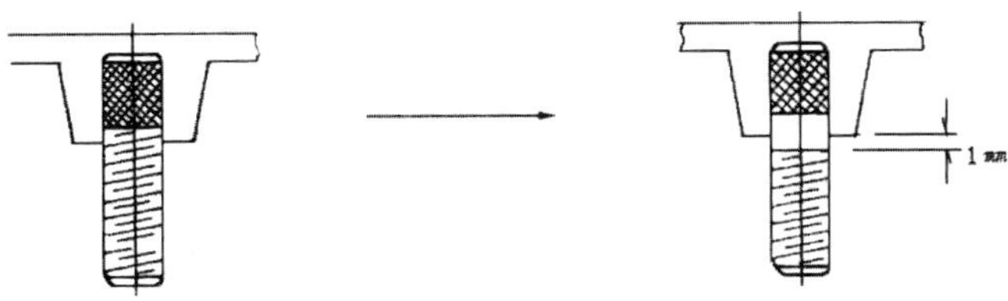

⑦ 사출성형 시 Insert가 확실히 고정되도록 Insert 단면으로 Core pin을 분할하여 Insert가 움직이지 않도록 눌림 여유를 준다.

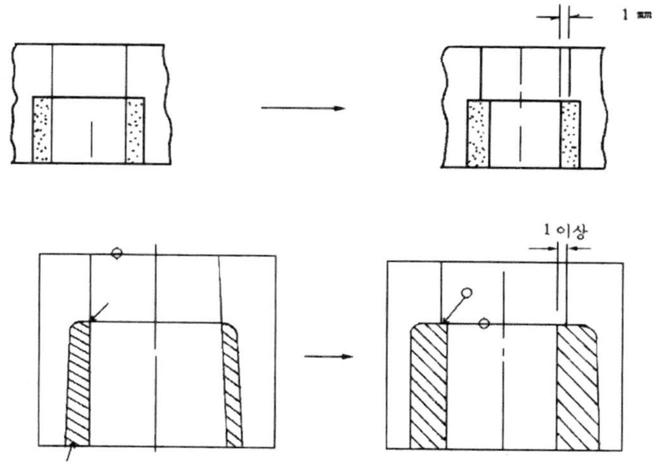

⑧ 체결부위를 고려하여 Insert는 성형품 표면보다 약간 나오도록 설계한다.

⑨ Insert용 Boss 주위에는 가능한 한 보강용 Rib를 설치한다.

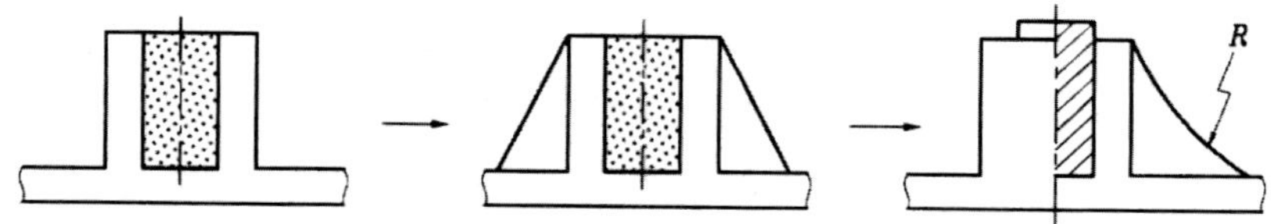

⑩ 체부를 고려하여 Insert는 성형품 표면보다 약간 나온다.

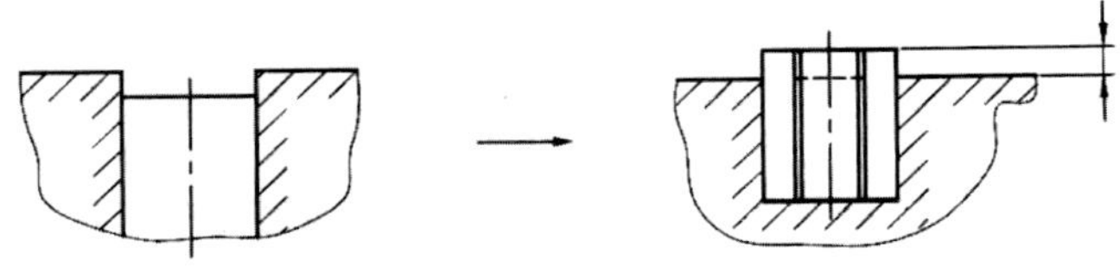

⑪ Insert의 형상과 조립

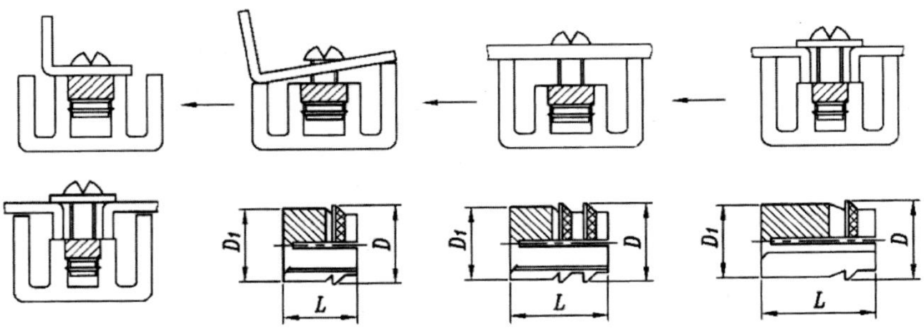

⑫ Insert P.C g / f 30으로 Ensert－insert의 잡아당기는 힘

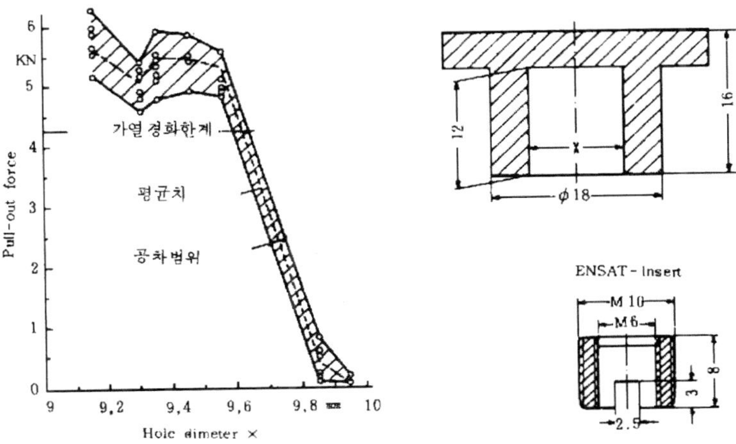

⑬ 수축 응력을 피하는 Metal tube를 넣는 가능성

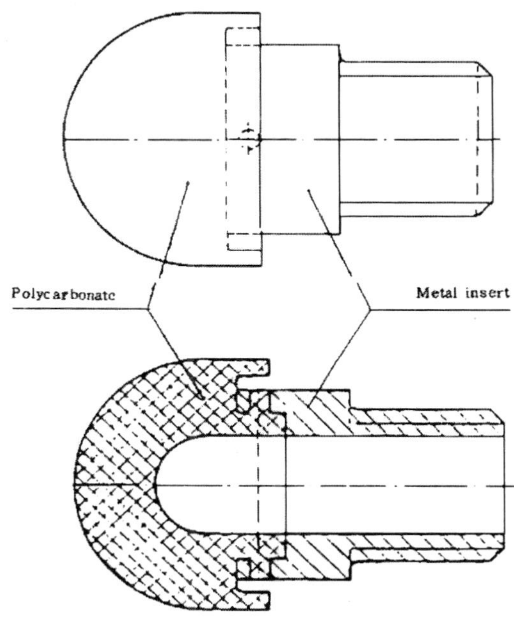

5. Insert의 종류

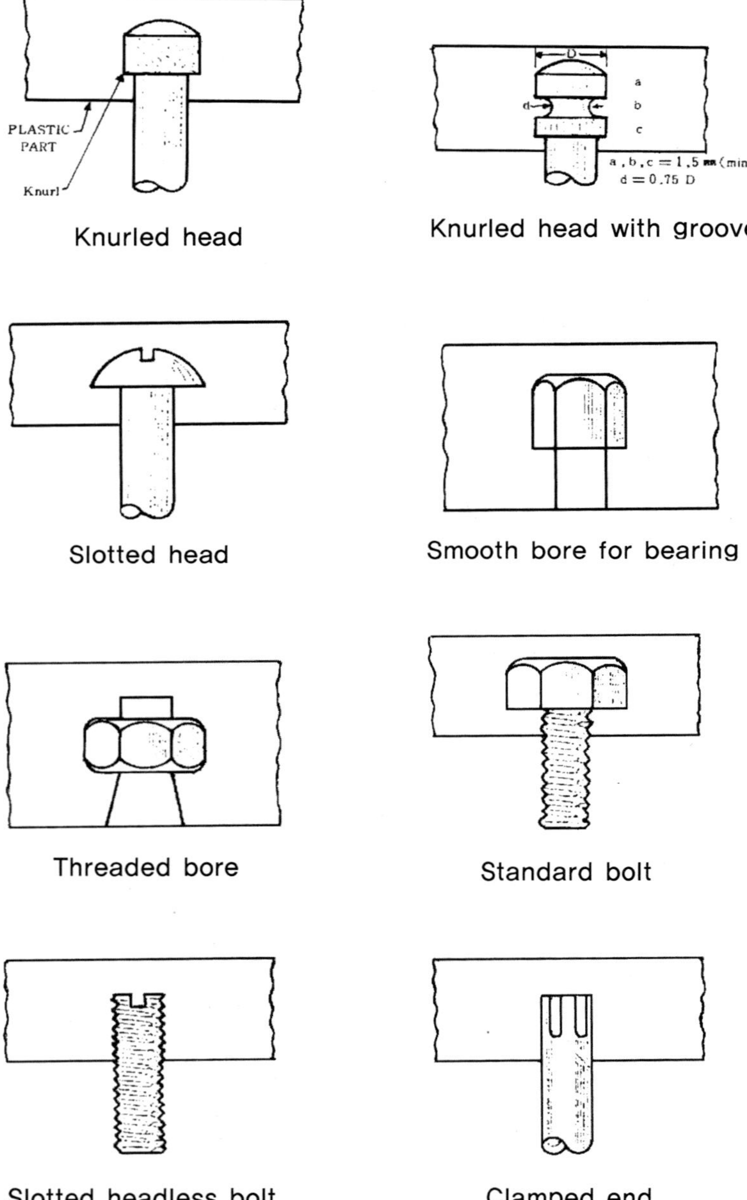

Knurled head

Knurled head with groove

Slotted head

Smooth bore for bearing

Threaded bore

Standard bolt

Slotted headless bolt

Clamped end

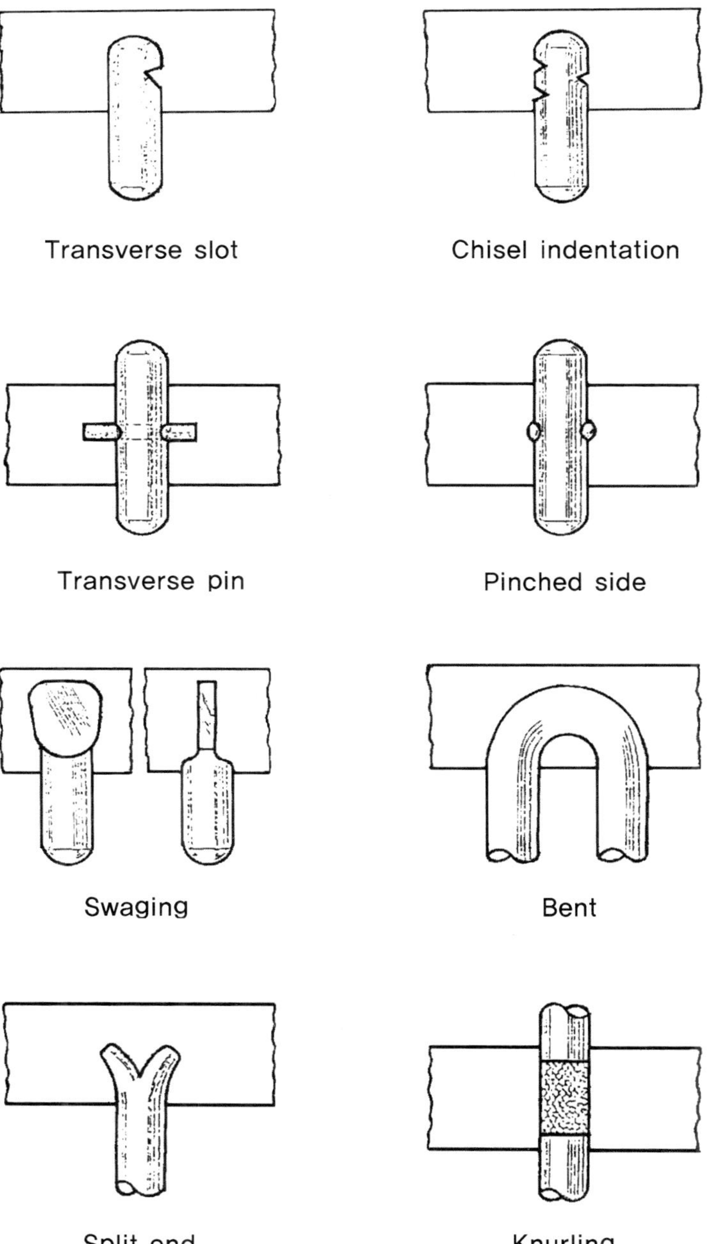

Transverse slot
Chisel indentation
Transverse pin
Pinched side
Swaging
Bent
Split end
Knurling

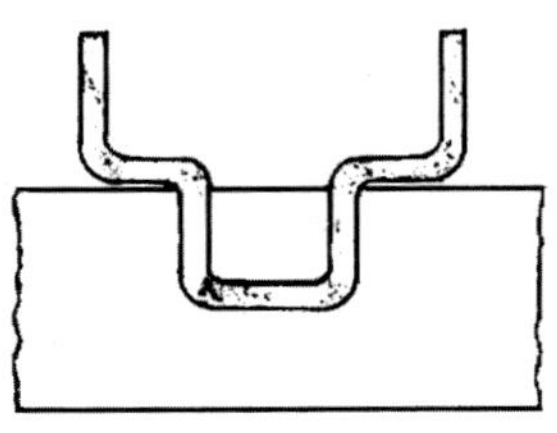

Special shape

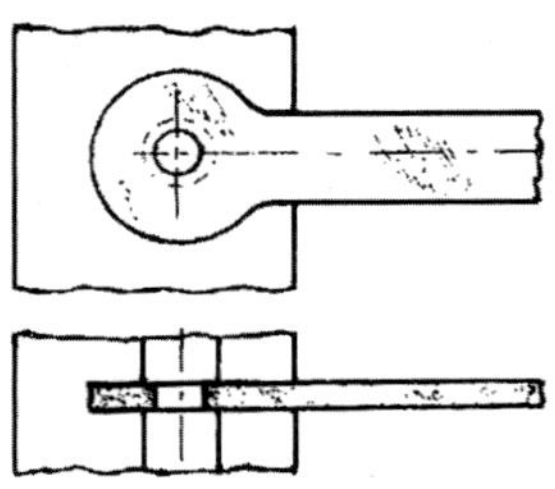

Punched hole

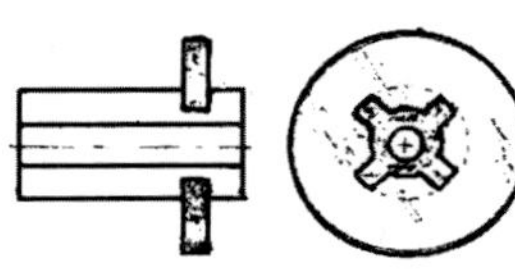

Disc

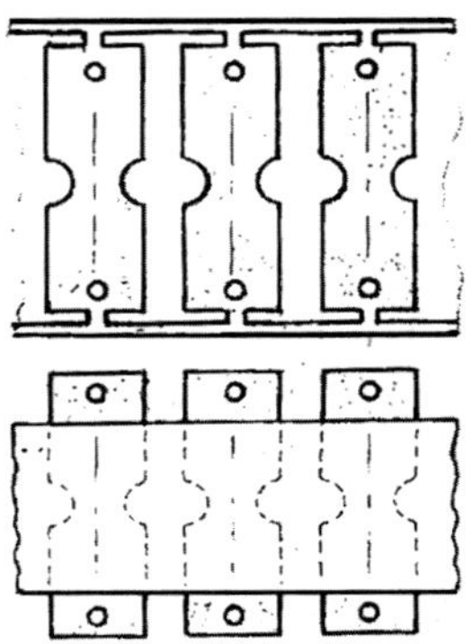

Ganged stamping

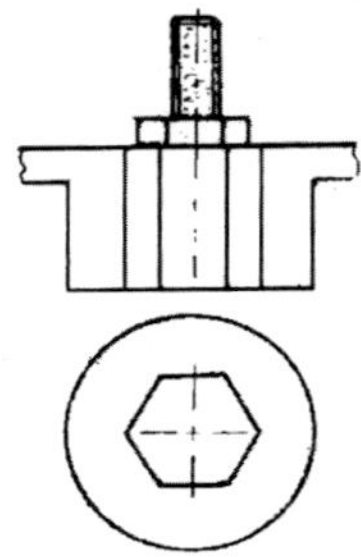

Specity circular boss for
non−circular

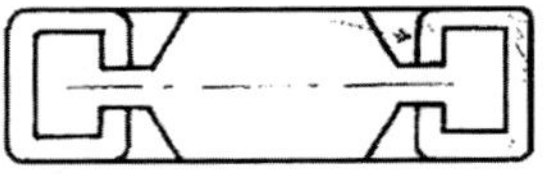

Use shrinking to
advantage

6. Engineering structural foam

(1) 초음파 Insert의 Hole

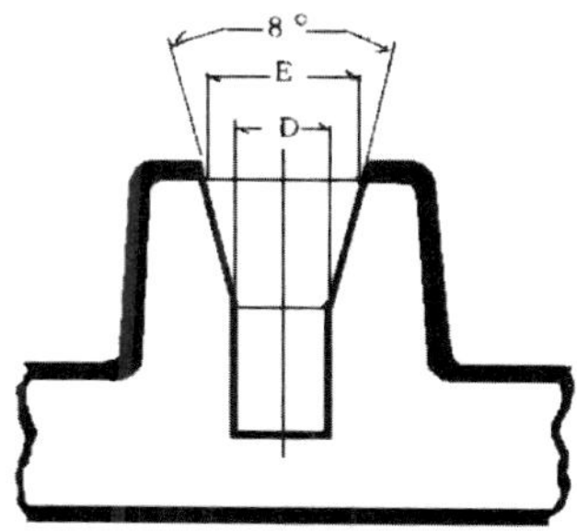

(2) 초음파 Insert의 Hole 설계

Screw	insert경	Insert길이	NORYL D부경 Φmm	NORYL E부경 Φmm	PC D부경 Φmm	PC E부경 Φmm
M3	4.34	6.35	3.80	4.30	3.82	4.33
M3.5	5.51	8.01	4.55	5.10	457	5.12
M4	6.48	9.52	5.12	5.75	5.14	5.78
M5	7.50	11.10	6.41	7.20	6.44	7.22
M6			7.74	8.65	7.77	8.66
M8			10.30	11.51	10.39	11.54

7. Styrene의 Insert 성형의 유의차 검정과 기여율

Styrene의 Insert 성형의 유의차 검정과 기여율(%)

수지	특성치	A 재질	B 두께	C 수지온도	D 사출압력	E 사출률	A×B	A×C	A×D	A×E	B×C	B×D	B×E	C×D	C×E	D×E	e
GP	왜곡률	2.4	46.3	3.7	–	–	–	1.2	2.2	1.1	6.6	18.2	4.3	4.6	–	–	9.4
	인발하중(P)	51.0	20.4	7.1	–	–	–	2.2	5.2	–	–	–	–	–	–	–	14.1
	인발하중(P / A)	40.0	34.9	–	–	–	7.7	–	–	–	1.7	4.1	–	–	–	–	11.2
	인발하중(P / μ)	12.1	37.5	–	–	–	8.6	–	–	–	5.3	10.1	–	–	–	–	26.4
	Crack	–	5.7	11.3	–	11.3	–	39.7	5.7	1.9	–	–	–	5.7	5.7	5.7	7.3
AS	왜곡률	2.4	33.3	2.4	3.1	2.8	4.8	1.6	4.0	3.0	4.6	2.7	6.8	8.1	6.7	4.0	9.7
	인발하중(P)	51.5	–	–	–	–	–	–	–	–	–	–	–	–	–	–	48.5
	인발하중(P / A)	49.5	–	–	–	–	–	–	–	–	–	–	–	–	–	–	50.5
	인발하중(P / μ)	–	–	–	–	–	–	–	–	–	–	–	–	–	–	–	100

주 A: 접촉표면적　μ: 마찰계수

8. Polyacetal의 Insert 강도

Type	Insert 부품		재질	비틀림 Torgue (kg · cm)		일반항력 (kg)	
	형상치수			$\overline{X}$	R	$\overline{X}$	R
a	P=1.0, 깊이=0.25 8 φ — 6 φ — 6		황동	143	10	164	12

Insert 부품			Insert 강도			
Type	형상치수	재질	비틀림 Torgue (kg · cm)		일반항력 (kg)	
			$\overline{X}$	R	$\overline{X}$	R
b	P=21.0, 길이=0.25 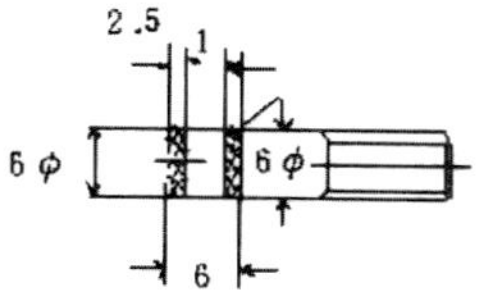	황동	63	5	141	12
c	P=1.0, 길이=0.25 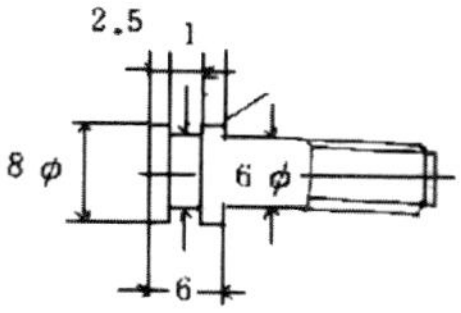	황동	118	8	209	15
d	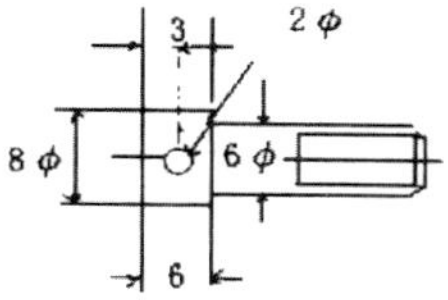	황동	29	2	80	10
e	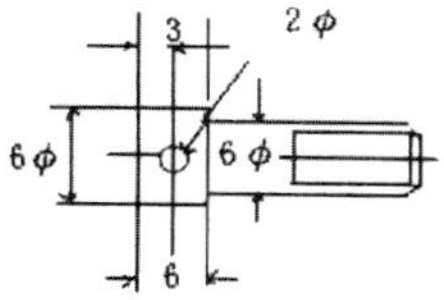	황동	17	9	55	8

9. Phenolic의 insert

① Insert는 Boss의 Level에 한정돼 있지 않다.

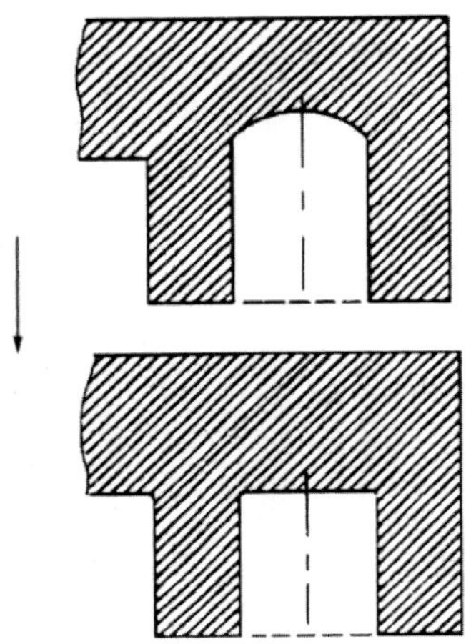

② 일반 Insert

$R = (1 + a)r$

 r: Insert 외경

 R: Boss 외경

 a: 선팽창계수에 의한 정수

  강=1 주철=0.9 Alnminium=0.8

③ Metal 체결부의 Shockout torque와 인발력 관계

$M_2 = 0.35 \times Q \times D$

$Q = M_2 / D \times 2.86$

 M_2: Shockout torque(kg$-$cm)

Q: 인발력(kg)

D: 나사유효경(㎜)

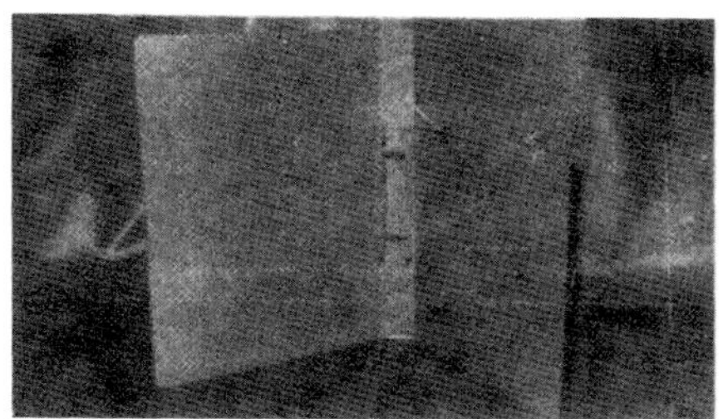

File 조립

진폭: 30㎛
용착시간: 1.5~2초
하중: 1점당 10kg

Rivet의 세부

④ caulking

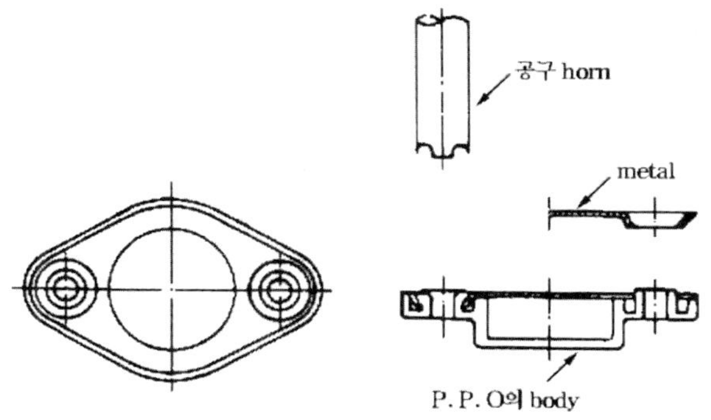

진폭 : 25㎛
가공시간 : 1.5초
하중 : 30kg
2점동시에 Caulking

10. 금속의 Insert

(1) 금속의 매입

열가소성이나 열경화성의 Plastic에 Pin이나 나사 등의 부품으로 초음파 진동을 이용하여 집어넣는 것을 Insert라 한다.

진동을 가하면 금속과 Plastic 사이에 마찰이 일어나 발열한다. 그 때문에 Plastic은 연화하여 Bracket에는 압력이 가해지므로 Plastic에 Insert 시킨다. 종래는 성형 시에 Bracket를 금형에 취부시켜서 사출하여 성형하고 있다. 이 방법에 비하면 초음파 Insert는 ① 금형에 Bracket를 집어넣는 작업이 생략 가능하고 Insert 시간이 짧아지므로 가공능률이 좋게 된다. ② Insert Bracket에 의한 금속의 파손 염려가 없다. ③ 도금부품은 도금 후 Insert 가능하다. ④ Multi welder를 이용하여 다수점이 동시에 Insert 가능하는 이점이 있는데 반면 Insert의 인발력이나 Torque가 성형된 것보다 약간 작으며, Insert 시의 소음이 다소 문제이다. 강도 면에서는 초음파용으로 개발시킨 나사가 여러 가지 있고 또한 소음은 방음장치를 부설시켜 방지하는 것이 가능하다. Insert에서는 Bracket와 Insert하는 아래 구멍과의 치수관계가 중요하고 이것이 적당치 않으면 소요의 강도가 나오지 않거나 반대로 Plastic에 Crack이 생기기도 한다.

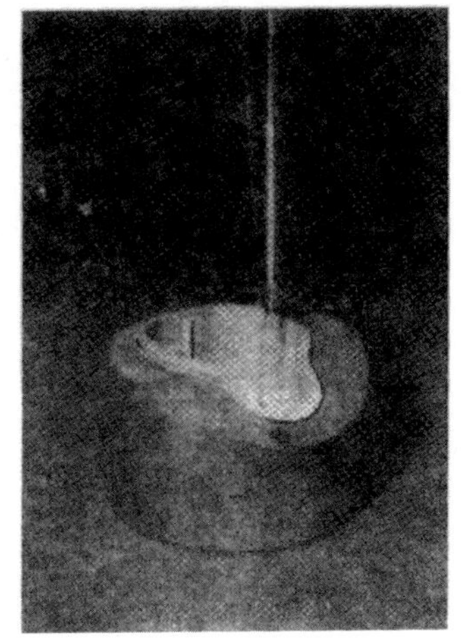

Insert의 Model

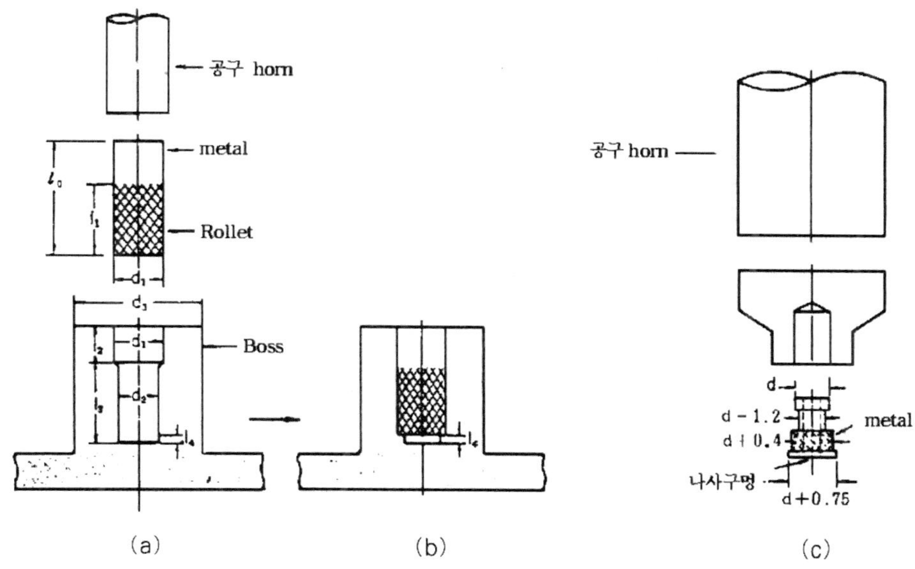

(a)의 경우는 metal의 직경이 7㎜까지의 것에는 다음과 같은 관계가 적당하다.

$d_1 = $(Metal 및 Guide 구멍의 직경)

$d_2 = d_1 \sim 0.3 \sim 0.6$㎜

$d_3 = 2 \times d$(Metal의 외경)

$\ell_0 = $(Metal의 길이)

$\ell_1 = $(Rollet 부분의 길이)

$\ell_2 = 2 \sim 3$㎜(Guide 구멍의 길이)

$\ell_3 = \ell_0$(아래 구멍의 깊이)

$\ell_4 = 2 \sim 3$㎜(수지가 피하는 부분의 깊이)

(b)의 경우는 Metal의 모양이 Straight로 되고 치수관계도 그림과 같이 변하게 된다. Insert용의 금구로서 가장 많이 사용되는 것은 나사류이다. 수나사와 암나사도 보통의 가늘고 긴 나선의 Rollet도 이용 가능하다. Torque에는 강하지만 인발에는 약하므로 일반으로는 직물형 나선의 Rollet의 것이 사용된다.

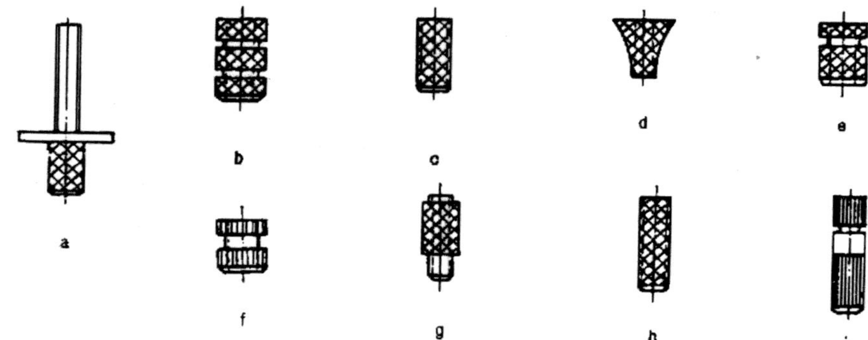

a: 자동차의 Light 부품에 사용되는 수나사
b, e: 인장강도를 증가시키기 위해 Slot를 넣은 것.
c, h: 일반용 암나사
f: Torque는 강하나 인발에 약한 암나사
g: 아래가 가는 부분을 Guide로써 Insert한다.
i: 전기부품의 Shaft용의 수나사로서 Torque가 강하다.

Insert용의 나사

이들의 나사가 목적에 적응토록 적당하게 이용되고 있다. Insert에 사용하는 나사
류에 절삭유 등이 부착되어 있는 경우는 그것부터 Crack이 발생하는 경우가 있다.
초음파 용착에서는 일반으로 초음파로 기름이 비산되므로 문제는 없다고 하지만
Insert의 경우에는 다소 차이가 있으므로 Bracket는 탈지한 편이 결과가 좋다. 형상
은 Rollet 가공에서는 응력 집중에 의한 Crack 불량을 방지하는 목적으로 되돌아감
이나 예리한 돌기가 없는 편이 좋다.

내충격, 내마모 때문에 경질합금을 밀납 땜하여 이용한다. 공구 Horn의 진폭은
목적에 의해 20㎑로서 15~25㎛ 정도 일반으로는 진폭을 작게 하여 하중을 크게 하
는 편이 좋다. 하중을 크게 하면 가공시간이 짧아지고 인발강도도 증가하는데 Crack
의 발생률은 많아진다. 그러나 Insert에 의한 Crack는 미세한 Crack로 여러 가지 처
리에 의해서도 그것이 거의 성장되지 않으므로 강도에는 영향이 없도록 한다.

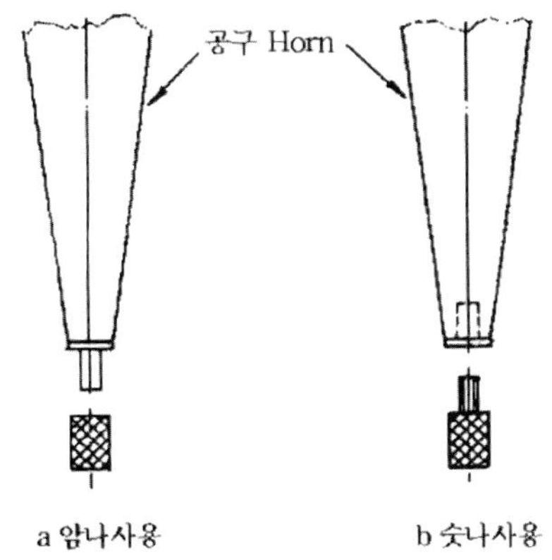

Insert 공구 Horn

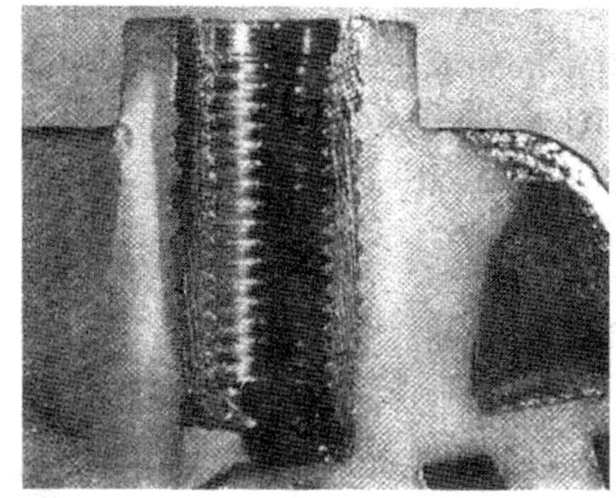

Insert 부의 단면

나사를 Insert할 때 나사를 손가락으로 지탱하고 있으므로 작업상의 위험이 따르므로 Horn의 편에 나사를 유지시켜 놓기 위해 여러 가지 방법이 개발되었다.

(a) 진공에 의한 흡착

Horn의 중심 혹은 구멍을 뚫고 진공으로 흡입하여 붙인 것으로 주로 수나사에 이용 가능하다. 이 방법은 나사의 재질에 관계없이 유효하다. 단 구멍을 관통하고 있는 암나사에 이용 불가능한 단점이 있다.

(b) Magnet에 의한 흡착

철제의 bracket에 이용되는 방법으로 Magnet로 흡착한다. (b)와 같이 외측에 Magnet를 놓는 방법과 (c)와 같이 Horn의 가운데에 Magnet를 넣는 방법이다. Magnet는 훼라이트나 합금강의 영구자석이다. Horn과 Magnet가 접착하지 않도록 연구할 필요가 있다. (d)는 (c)의 흡착부의 확대로서 Magnet는 Silicone 고무 튜브로서 Horn에 탄성적으로 접촉하고 있고 진동 Energy의 Loss 발열, 소음의 발생을 막고 있다. 그러나 이 방법은 비자성체에 이용 불가능한 결점이 있다.

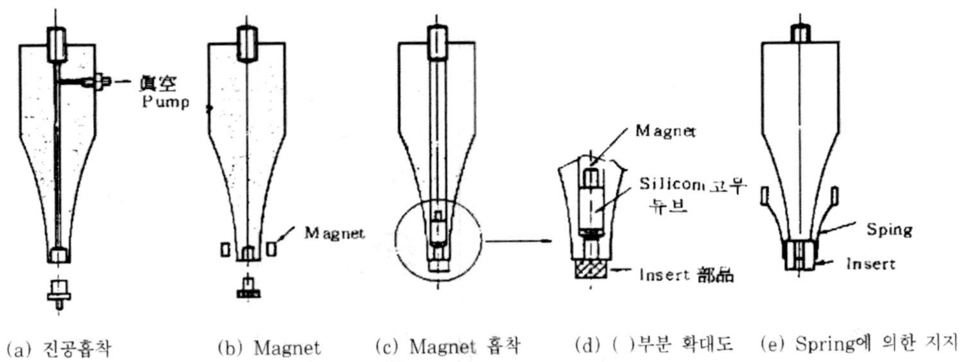

공구 Horn에 나사를 지지하는 방법

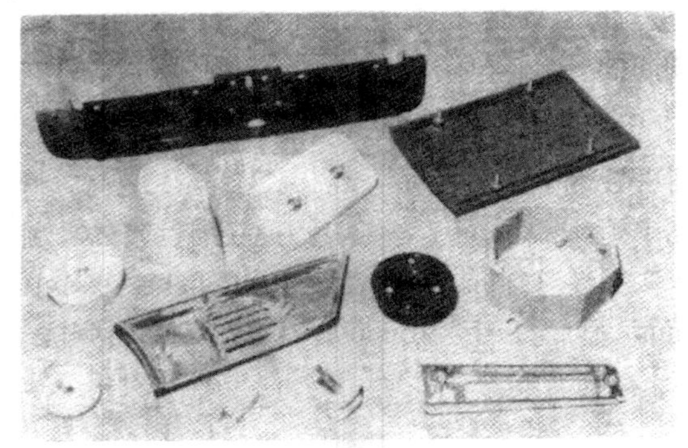

Insert한 Sample

(c) bracket를 금속의 Spring으로 지지하는 방법

Insert할 때는 아랫구멍에 Bracket가 눌러 들어가게 되면 Spring이 빠져나가도록 또한 Spring과 Horn과는 접촉하지 않도록 연구하는 것으로, 이 방법은 재질이나 나사의 종류에 불구하고 가능한 방법이다.

(2) 전기부품의 손잡이 Shaft

전기부품의 ABS제의 손잡이 Shaft를 Insert하는 예로 Shaft의 외경은 6㎜, 끼워 넣는 길이는 7㎜이다. 아랫구멍의 내경은 5.6㎜, 깊이는 9㎜이다. 공구 Horn의 진폭은 20㎛, 하중은 10kg, 가공시간은 0.5초였다. 인발력도 Torque도 50kg 이상이다.

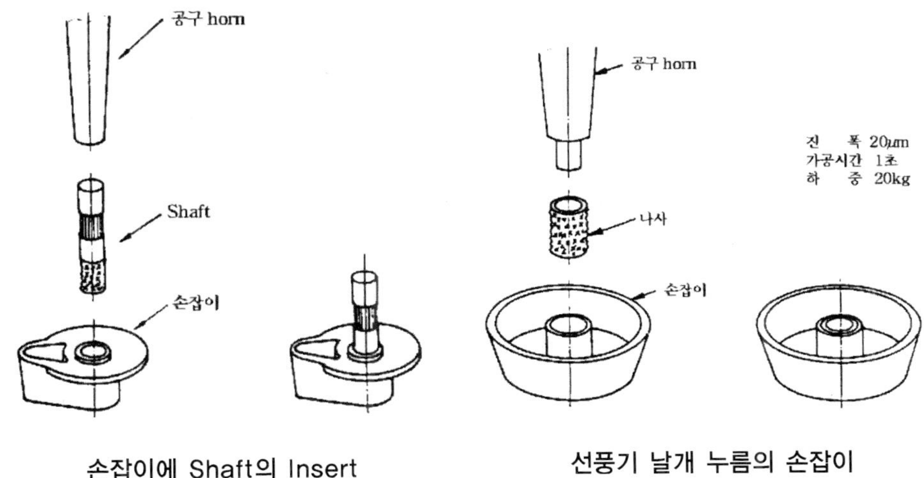

손잡이에 Shaft의 Insert　　　　　　선풍기 날개 누름의 손잡이

(3) 선풍기의 날개 누름 치구

선풍기의 날개를 멈추게 하는 손잡이에 암나사를 Insert하는 것으로, 재질은 ABS
이다. 나사는 알루미늄 합금으로 외경 11㎜, 길이 15㎜, Rollet는 병목이다. 아랫구멍
은 내경 10.6㎜, 깊이 18㎜로 Boss의 외경 15㎜이다. 진폭은 20μm, 하중 20kg, 가공
시간 1초이다.

(4) 안경 Hinge bracket

안경의 Hinge bracket의 Insert가 최근에는 널리 행해질 수 있도록 되어 있다. 안
경의 재질은 거의가 Acetate 수지이다.

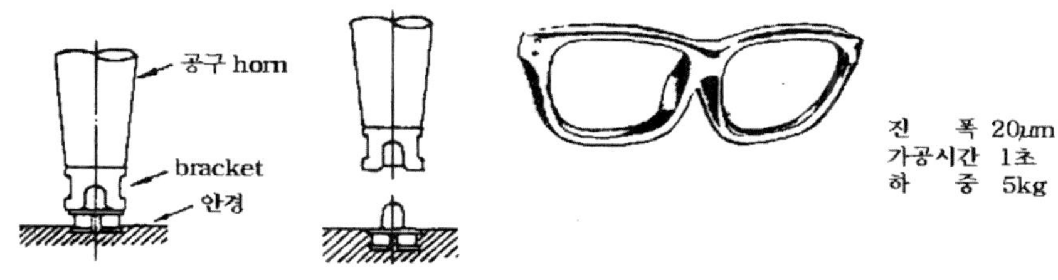

안경의 Hinge 메탈의 Insert

(5) Self tapping screw

Polyetherimide resin

Insert material	Ratio of wall thickness to O.D.
Steel	1.0
Brass	0.9
Aluminum	0.8

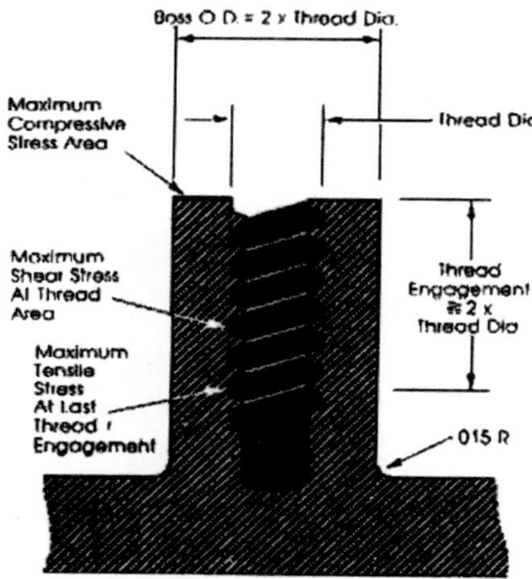

(6) Threaded insert

Polystyrene resin

Insert material	Ratio of wall thickness to O.D.
Steel	1.2 mm
Brass	1.1 mm
Aluminum	1.0 mm

(7) Ultrasonic insert

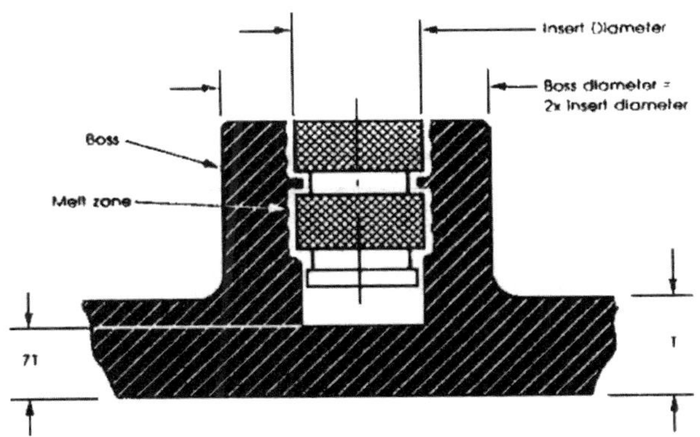

제6장

도장하는 Plastic 제품의
설계기준 설계

1. 표면도장

(1) 도장이 나뉘는 계단을 둔다. 계단이 1.5㎜ 이하이면 끝손질할 때 도장면에 흠, 긁힘 등을 만들기 쉽다.

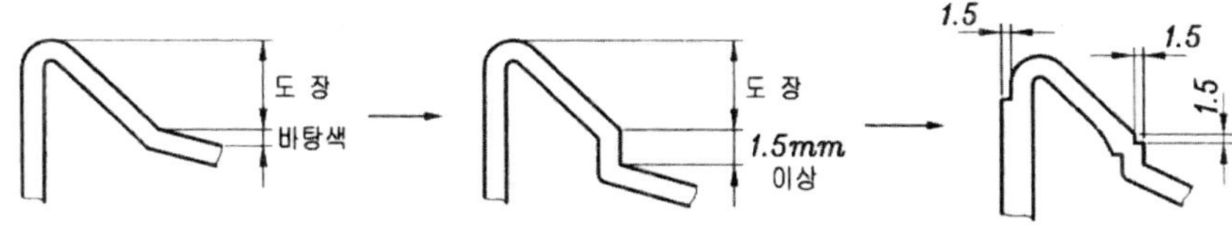

(2) 우묵한 안쪽을 도장하는 경우 폭이 좁고 깊은 도장은 특히 곤란하며 깊이는 폭의 2배 이하가 좋다. 5㎜ 이상의 깊이를 가진 경우는 면의 높이를 같게 하지 않고 한쪽을 낮게 하면 도장능률이 좋다.

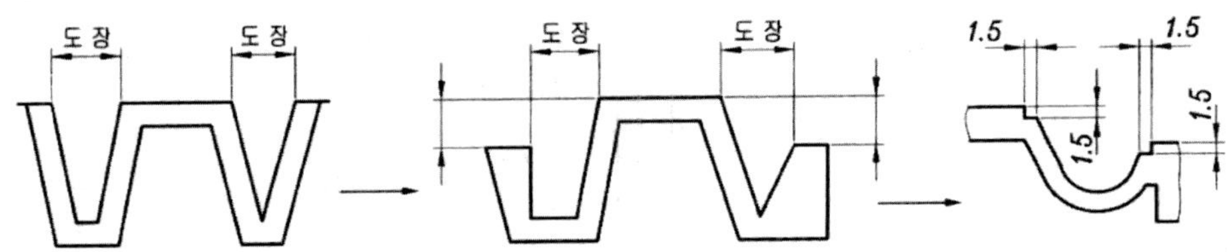

(3) Spray 도장으로서 도장면이 깊고, 도장계단이 좁고 깊은 경우 폭이 좁으면 끝손질에 손가락이 들어가지 않아 곤란하다.

깊을 때의 도장계단은 도장범위를 포함하여 최저 10㎜ 이상을 필요로 한다.

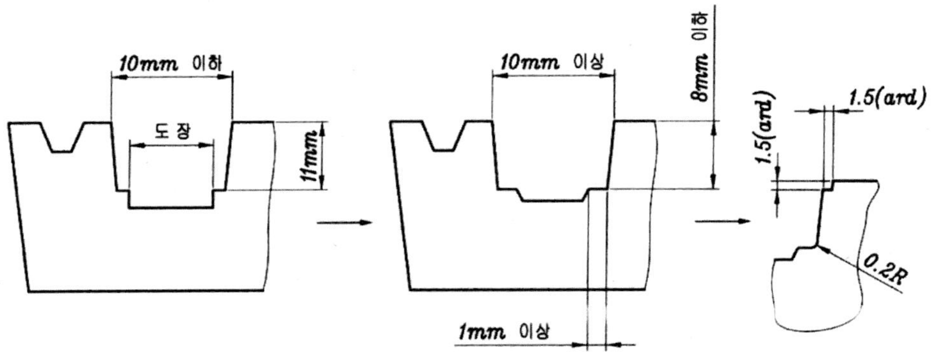

(4) Spray 도장의 경우, 격자의 우묵한 곳의 폭은 깊이의 2배 이상을 필요로 한다.

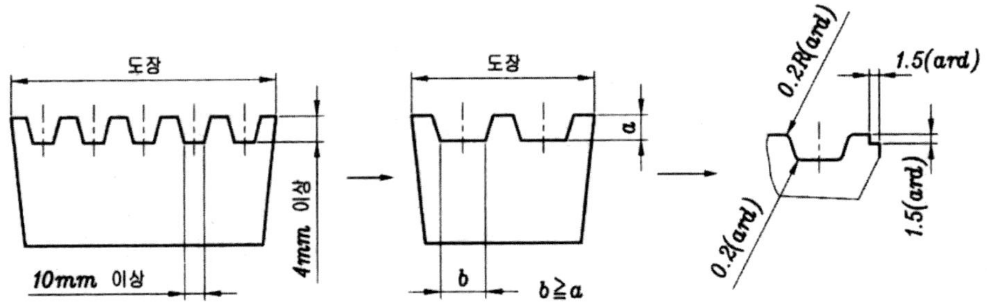

(5) 표면 조각 문자는 깊게 한다. 깊이가 얕으면 색충진할 때 닦아내는 액 및 손가락이 도막에 닿아 얼룩점 상처를 내기(만들기) 쉽다. 최저 0.3㎜ 이상 필요하다.

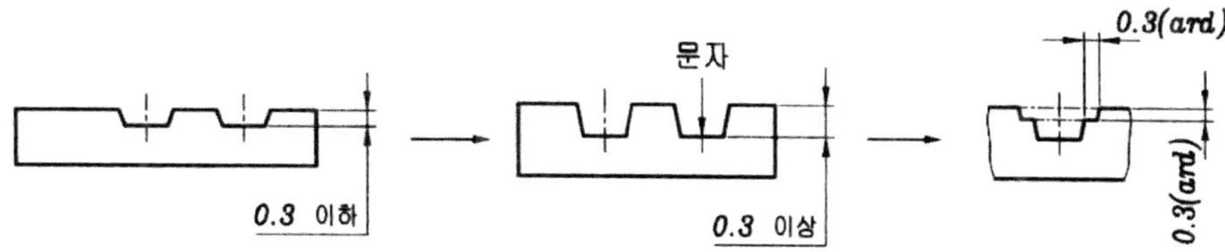

(6) 폭이 넓은 면에 색을 넣을 때는 도장면에 가죽 등의 무늬를 넣으면 좋다.

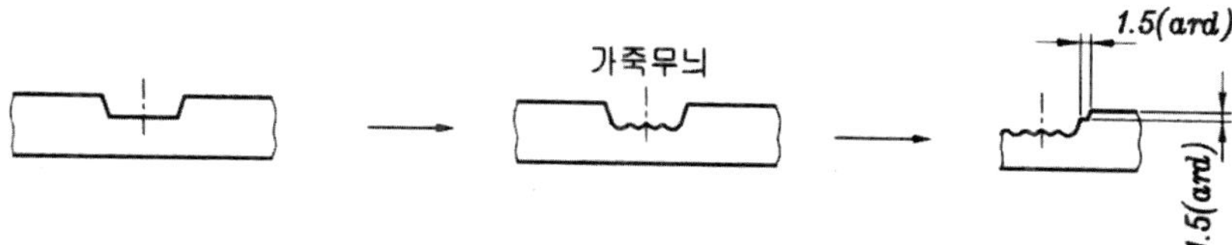

2. 이면도장

(1) 투명부는 높게 한다. 투명부 닦아냄, 끝손질을 할 시 도막에 접한 불량을 만들기 쉽다. 투명부는 높이 0.3㎜ 이상 필요하다.

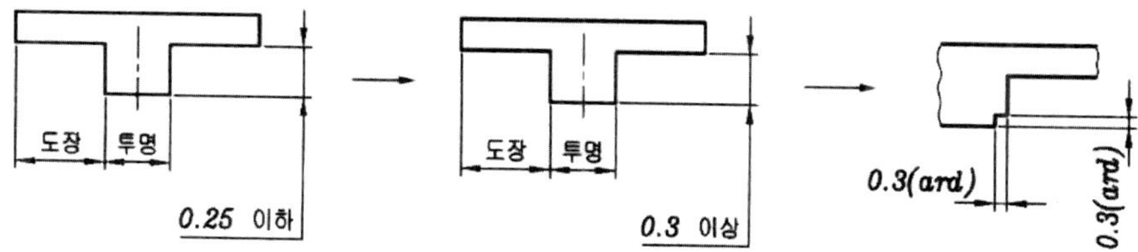

(2) 투명부가 단속(斷續)되는 경우는 투명부의 면 높이를 같게 한다.

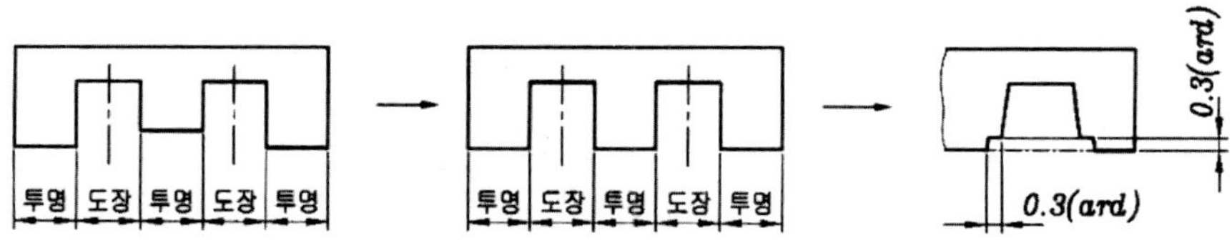

(3) 도장이 바뀌는 경제면은 높게 한다. 도장이 바뀌는 계단은 0.3㎜ 이상이 아니면 경계가 깨끗하게 되지 않고 닦아냄, 끝손질할 때 도장이 침식된다.

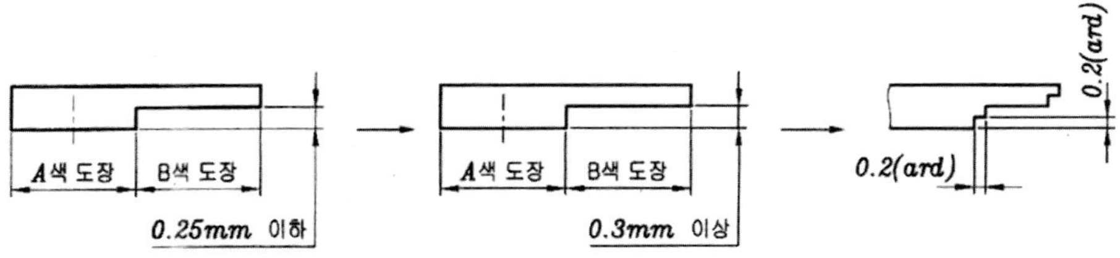

(4) 각종 색도장의 나뉘는 계단을 둘 때는 계단은 직각으로 하고 올라간 끝에 R을 붙인다.
①의 올라간 끝에 R을 붙인다. ②의 도장경계면은 직각으로 한다.

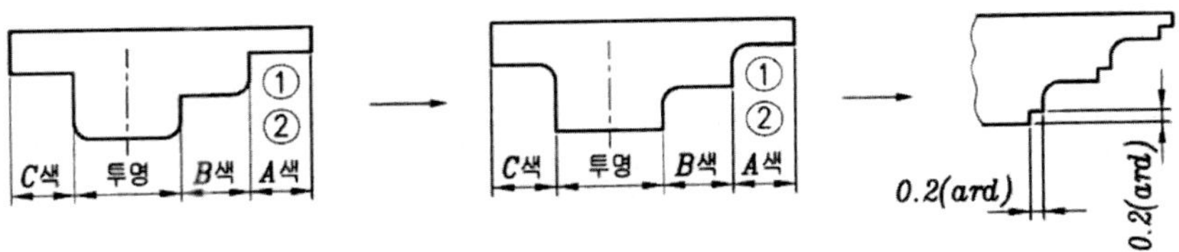

(5) 각종의 Spray 도장은 진한 색(어두운 색)→옅은 색(밝은 색)으로 설계한다. 옅은 색 도장 시 진한 색 도장을 하면 옅은 색이 변해 보이는 경우가 있다.

(6) 도장하는 각(脚)은 부착기둥에 R을 주어서 든든하게 한다. R이 없으면 도장에 의해 Crack이 가기 쉽다.

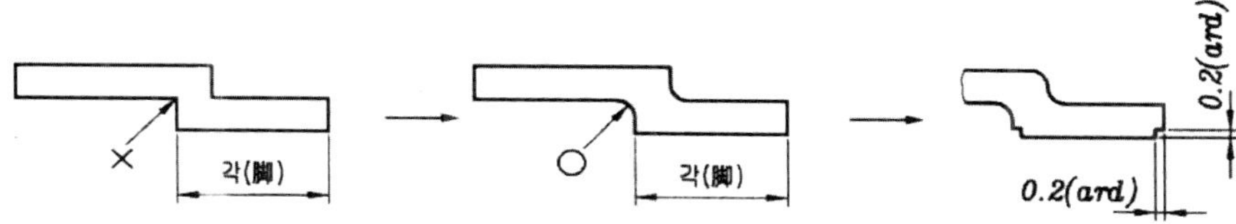

(7) Spray 도장을 하는 우묵한 곳의 깊이와 폭이 좁고 깊은 도장은 Spray 도장으로는 균일하게 되지 않고 얼룩, 덜됨을 만든다. 깊이는 폭의 2배 이하가 좋다.

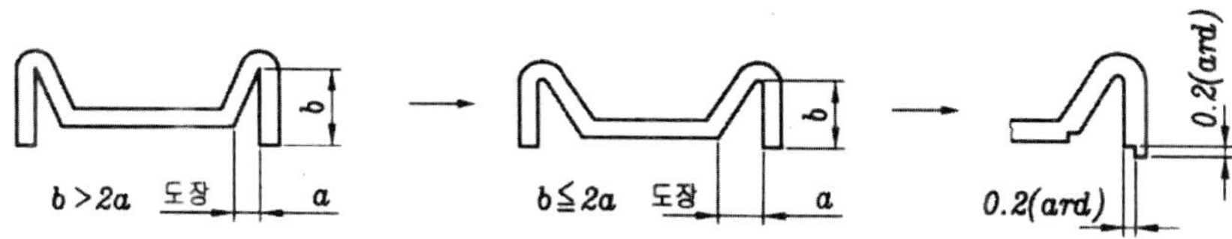

(8) Rollet의 도장분할은 정점에서 분할되면 안 된다. Rollet의 접점에서의 도장분할은 매우 곤란하다. ①과 같이 차를 두도록 한다.

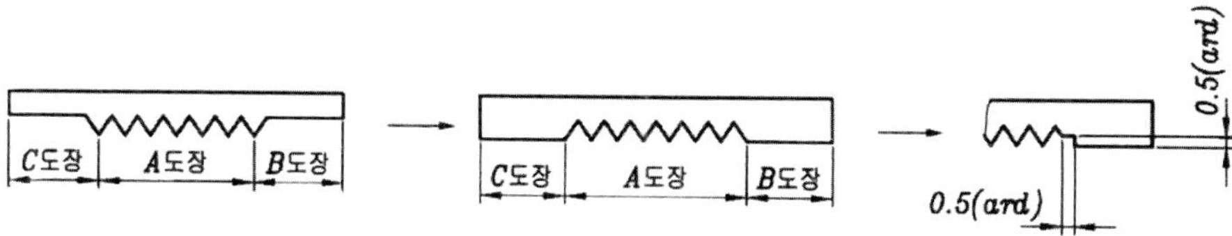

(9) 색을 넣는 색문자의 간격은 가능한 한 띄운다. 너무 가까우면 다른 도장이 섞여 들어온다. 간격은 최소 1㎜ 이상 필요하다.

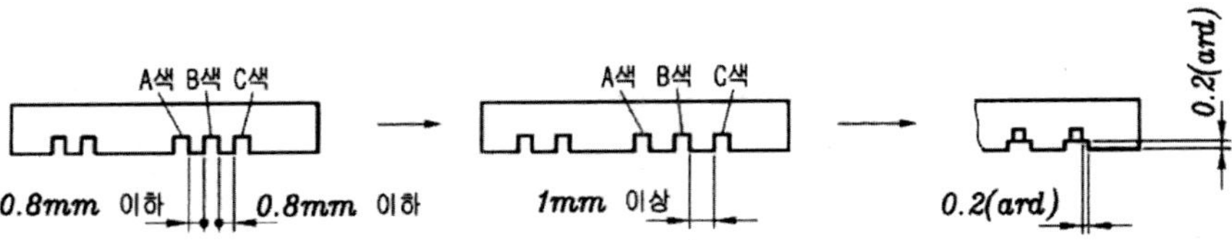

(10) 색을 넣는 문자와 측벽과의 간격을 띄어서 R을 준다. ①에 도료가 새어 나왔을 때 길어진 모서리는 이를 제거하기가 힘들다. 모서리에는 R을 주고 간격을 1.2㎜ 이상으로 하면 좋다.

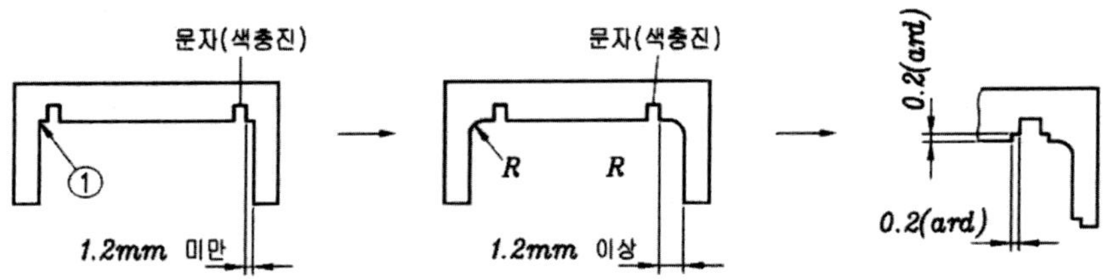

(11) 색을 넣는 문자는 평면의 경우는 凹로 하고 Rollet인 경우는 凸로 한다.

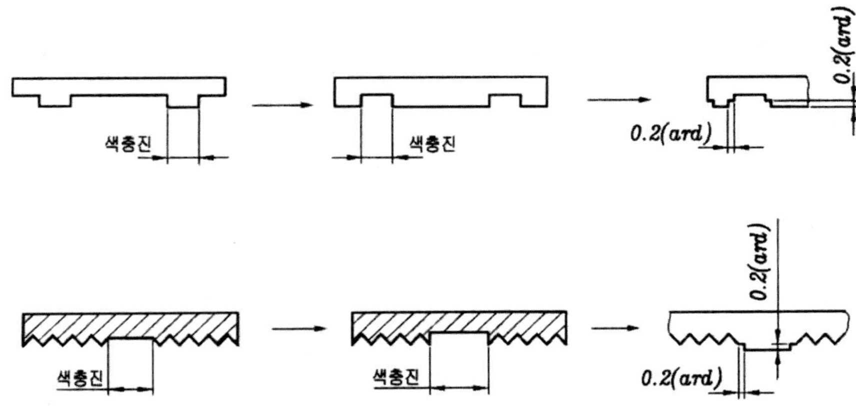

(12) 투명품의 발구배는 충분히 줄 필요가 있다.

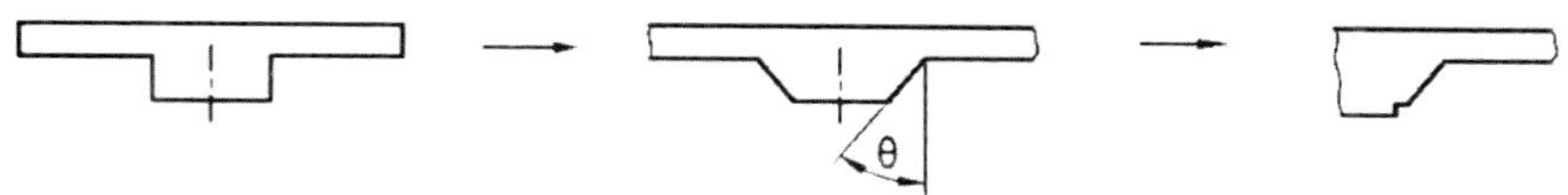

3. Plastic과 명판(銘板)의 접착

(1) 명판접착에는 건조구멍이 필요하다.

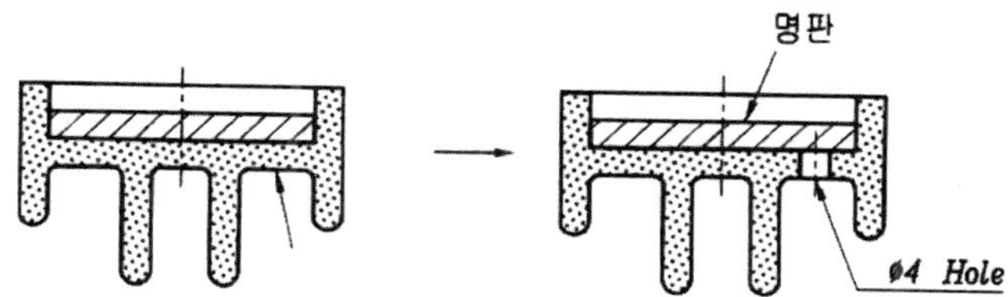

(2) 명판의 접착을 확실히 하기 위해 접착면을 증가시킨다.

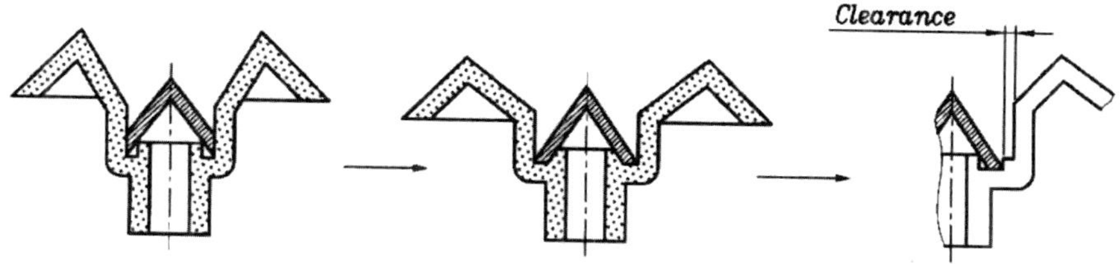

(3) 명판의 주위테를 붙인다.

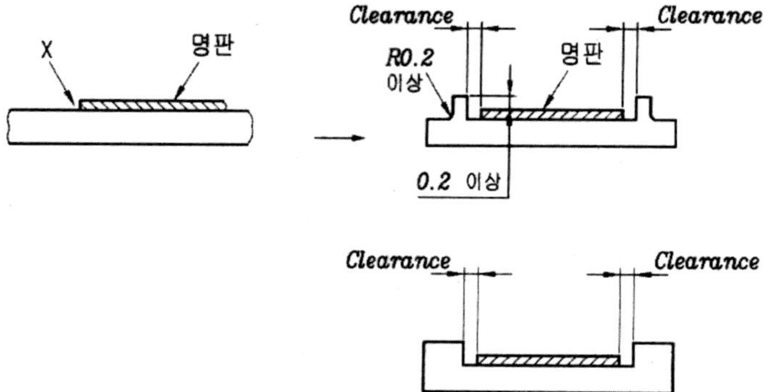

(4) 명판의 위치결정 턱을 붙인다.

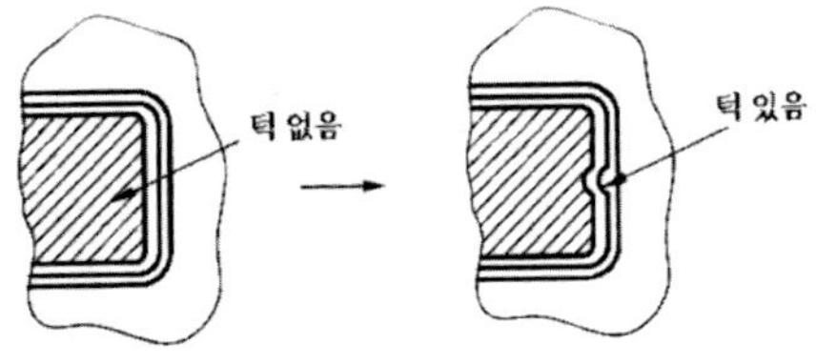

제7장

Slot 설계

1. Slot의 정의

깊은 Slot나 Groove가 필요한 성형품의 경우 Slot의 면적을 넓혀 줌으로써 금형의 강도를 높여 준다. 불가피한 경우는

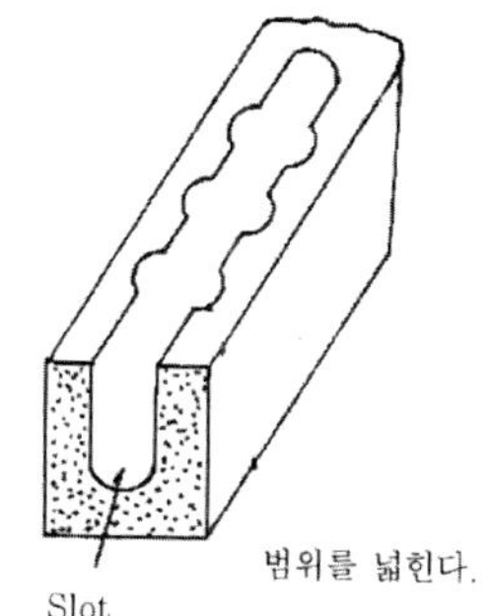

　　　Slot 깊이<3×성형품 두께

Slot는 성형제품에 홈을 만들어 주어 성형제품의 휨이나 조립 등에 이용된다.

2. Slot의 효과

수지의 충격강도는 Slot가 있는 성형품에서 Slot가 없는 경우에 비교하여 극도로

저하한다. 이것은 수지가 Slot에 대해서 민감하다는 것을 나타낸다. 또 Slot부의 Rounding의 대소에 따라서 아래와 같이 충격강도가 변화하므로 성형품의 Design에 있어서는 각의 둥글기를 크게 잡고 Slot 효과를 없애는 것이 필요하다.

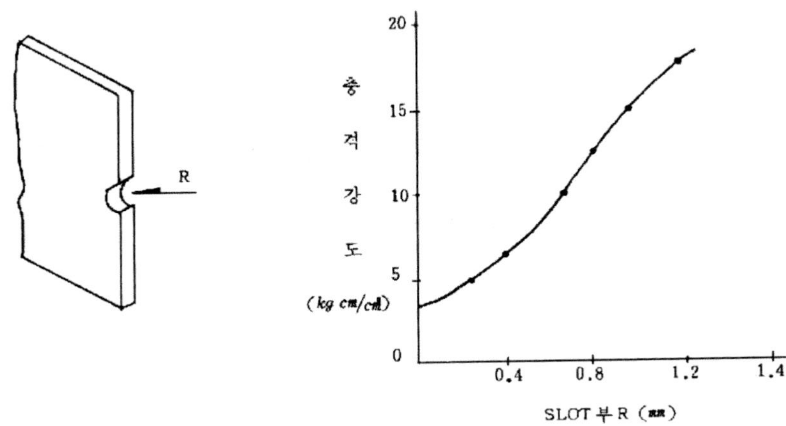

3. Slot의 설계

깊은 Slot이나 Groove가 필요한 성형품의 경우 Slot의 면적을 넓혀 줌으로써 금형의 강도를 높여 주고 수명을 연장시킨다.

(1) Hinge의 설계

① Hinge가 90° 이상 휠 경우는 Hinge부 두께는 0.15∼0.5㎜로 하고 0.5㎜를 넘을 수 없고 Hinge action에 필요한 강성과 두께를 먼저 결정해 준다.

② Hinge 랜드의 길이는 적어도 1.5㎜ 이상으로 하고 적당한 굽힘과 Rounding을 주는 것이 Hinge의 수명을 연장시킨다.

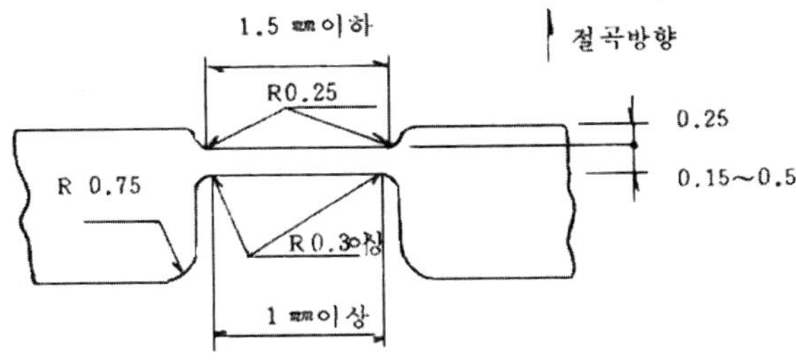

(2) Hinge를 90° 이하로 휠 경우

① Hinge부의 형상을 V 자형으로 하고 살두께는 0.2㎜ 정도로 하며 홈의 선단에 약간의 R을 준다.

② V 자형의 열림각도는 100° 정도로 한다.

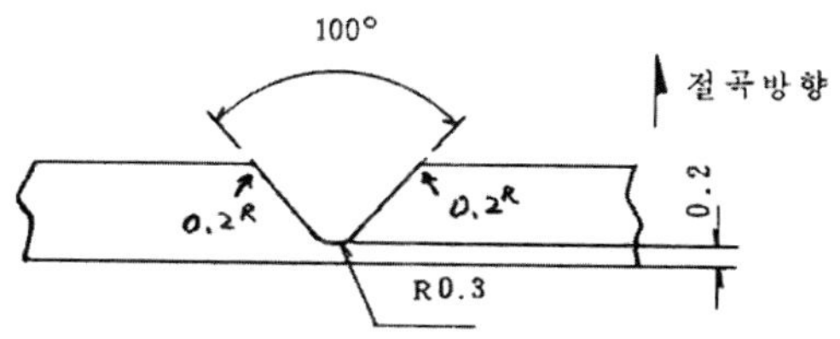

(3) 설계 시 주의사항

① Gate의 위치: 수지의 흐름이 Hinge line에 직각이 되도록 설계하고, 다수 Gate의 경우는 Hinge 부에 Weld line이 생기지 않도록 Gate는 Hinge의 편측에만 설치한다.

② Hinge의 균열강도: Hinge단에 Burr 같은 작은 반원형의 얇은 막을 놓든가 선단부를 둥글게 하고 Φ1 정도의 원형으로 함으로써 Hinge 부의 균열강도를 증가시킬 수 있다.

③ Higne의 수명: 성형 후 따뜻할 때 2~3회 Bending해 놓으면 수명이 길어진다. 또 성형 온도는 높은 듯한 온도로 하면 좋은 효과가 있으나 과다한 성형온도는 바람직하지 않다.

(4) 창살

창살의 형상 치수 및 창살부 전면적의 치수에 따라 발구배를 약간 달리 선정하는 것이 좋다.

- 창살의 피치가 4㎜ 이하일 때는 발구배를 1/10 정도로 한다.
- 창살부의 (A) 치수가 클 때 발구배를 많이 주는 것이 좋다.
- 창살의 높이(H)가 8㎜를 넘을 경우나 (A) 치수가 클 때 발구배를 너무 지나치게 주지 않을 경우에는 그림의 경우에서처럼 성형부에 1/2H 이하의 창살모양을 만들어서 성형품을 하원판 측에 남도록 한다.

$$\frac{0.5(A-B)}{H} = 1/12 \sim 1/14$$

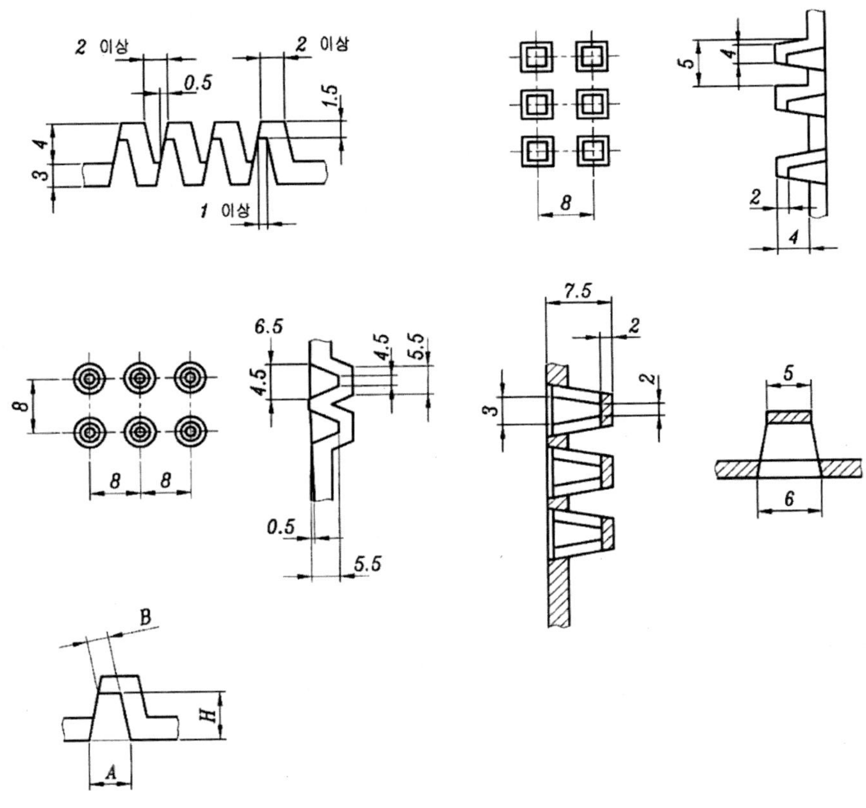

(5) PC Frame 위에 Plastic 렌즈의 성형

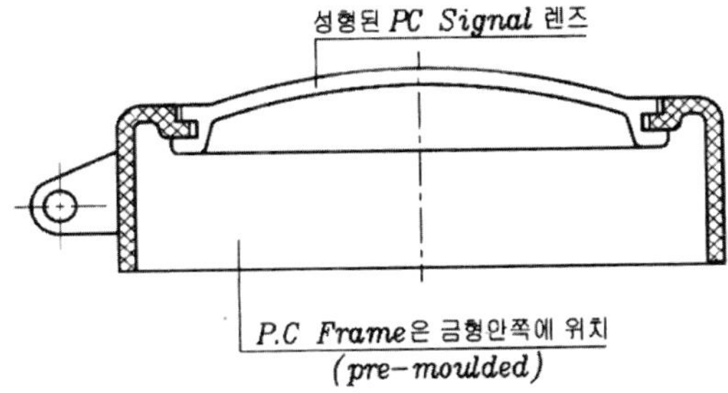

(6) PA에 있어서 다음의 Cold pressing을 갖는 Film hinge의 형성

① 최초 살두께 1.2㎜

② Cold pressed down to 0.3㎜

③ 이것은 Polymer 분자량의 평행방위에 기인하여 30.000까지 Bending strength를 일으키게 한다.

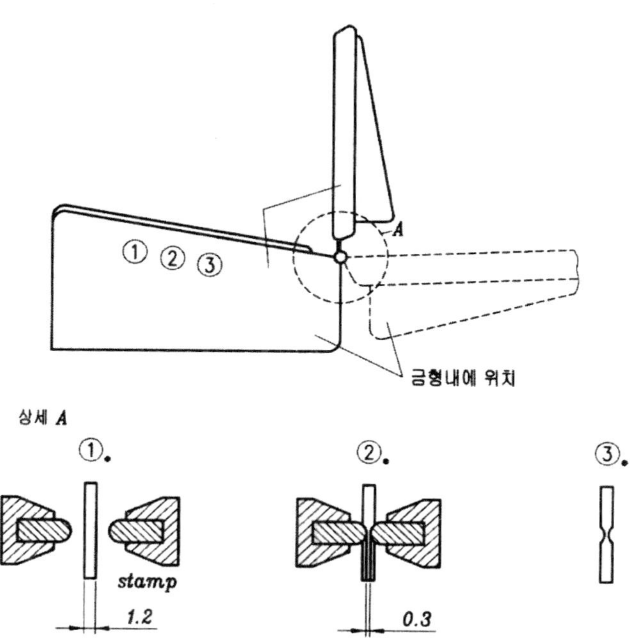

(7) Slot 반경과 Design의 효과

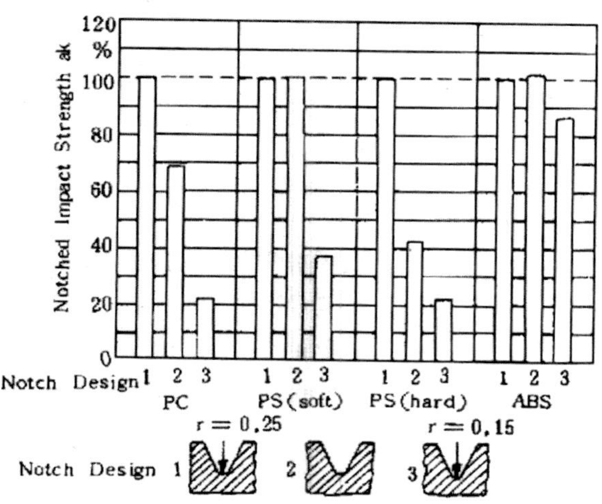

(8) Impact에 대한 저항

열가소성 수지의 Impact strength는 제품의 두께, Notch의 범위, 주위온도, Impact
의 종류에 따라 여러 가지로 변한다. 이러한 요소들은 제품을 설계할 때에 고려되
어야 한다.

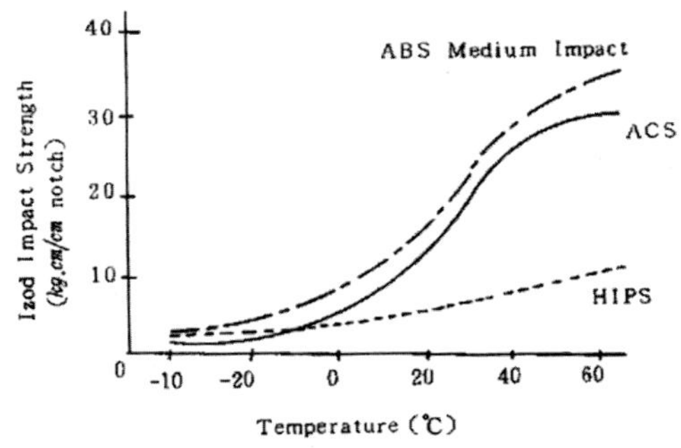

온도에 대한 Izod impact strength의
의존도

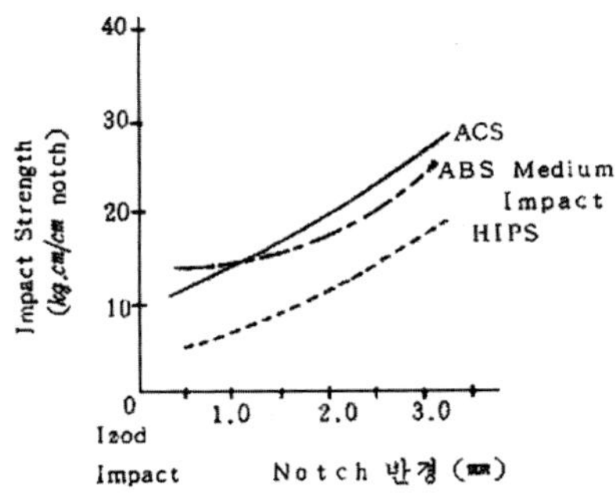

Notch에서 Impact strength의
변화

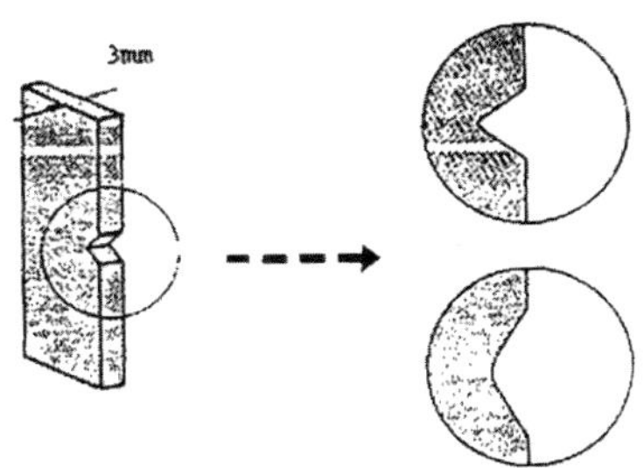

(9) 낙구 Impact

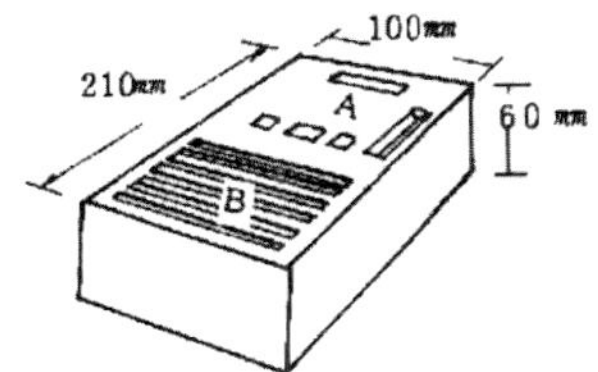

시험방법: UL1410 Finger test Test piece

평균두께: 3㎜

Part A: Vicinity of edge(모서리 주변)

Part B: Lattice section(창살부분)

Resin	5Ft−1b 낙구 Impact에 기준한 판단			
	Part A		Part B	
ACS	Clouding only	Success	Clouding only	Success
ABS Flame Retardant	Breakage, holed	Failure	Breakage, holed	Failure
ABS−PVC	Clouding only	Success	Cracking	Success
Modified PPO	Cracking	Success	Partly holed	Failure

(10) Laser machining

① Polyetherimide resin

Maximum recommended cutting relationships

laser power, watts	cutting speed, in / min (㎝ / min)
150	35(90)
300	70(180)
500	135(340)

② Fillet, Radii

⑦ Stress concentration diagram

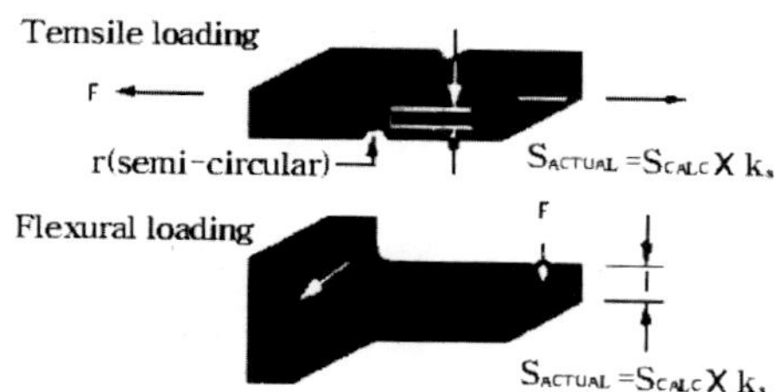

④ Stress concentration factors

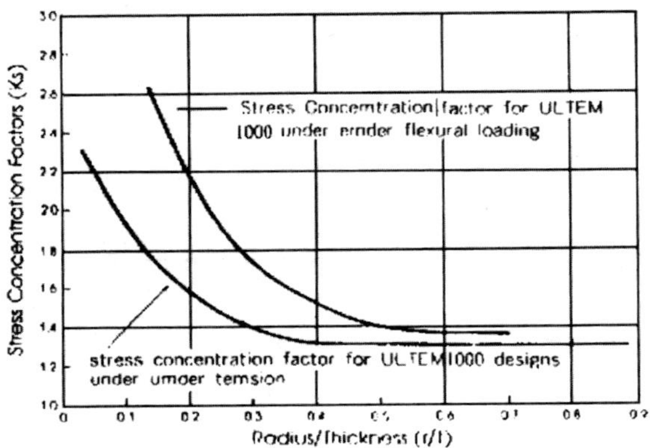

(11) Slot 종류

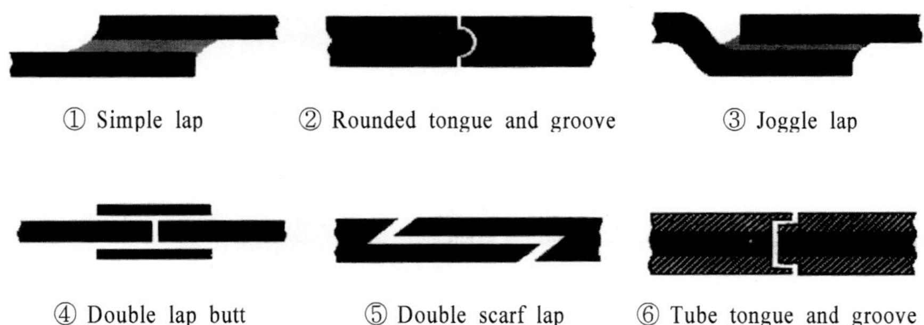

⑦ Tongue and groove   ⑧ Round lap   ⑨ Landed scarf tongue and groove

⑩ Wall butt lap   ⑪ Butt scarf lap   ⑫ Wall tongue and groove

(12) Slot 설계 방법

①

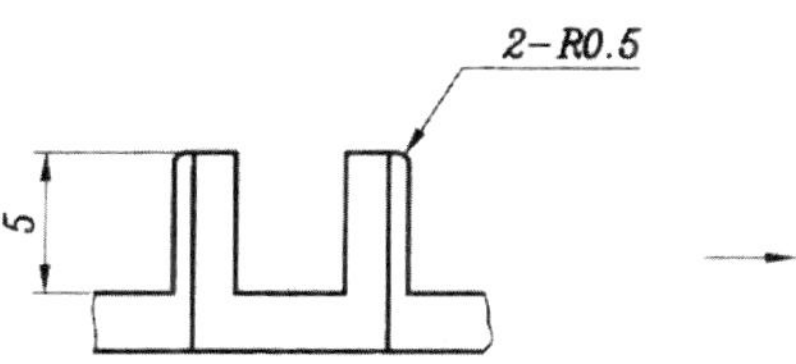
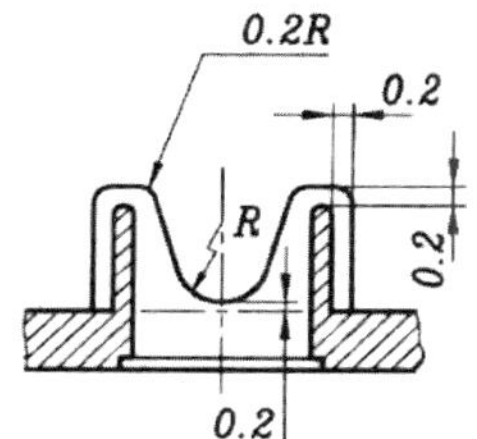

②

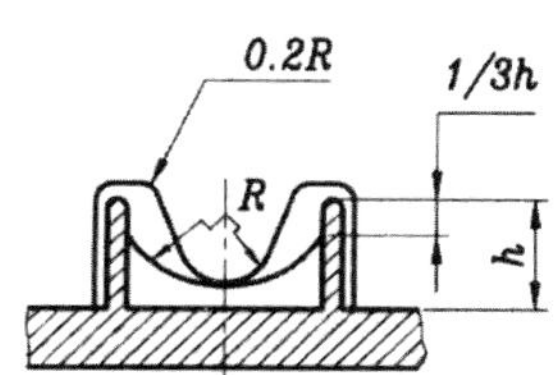

제8장

도금하는 Plastic 제품의 설계기준 설계

1. 원리(原理)

Plastic은 전기를 통하지 않으므로 전처리(前處理)는 금속 도금과는 매우 다르지만 구리, 니켈, 크롬의 전기도금은 금속도금과 거의 같다.

처리공정의 예를 들어 본다(3종류).

처리공정	종	류
(1)	① 탈지(脫脂) ③ 감응성 부여(센시타이징) ⑤ 화학도금 ⑦ 전기니켈도금(10~30μ)	② 표면조화(表面組化, Etching) ④ 활성화(액티베이팅) ⑥ 전기도금(10~30μ) ⑧ 전기크롬도금(0.25μ)
(2)	① 탈지 ③ 감응성 부여 ⑤ 화학니켈도금 ⑦ 전기니켈도금(0.25μ)	② 표면조화(Etching) ④ 활성화 ⑥ 전기도금(10~30μ)
(3)	① 탈지 ③ 감응성 부여 ⑤ 화학니켈도금 ⑦ 전기니켈도금(10~30μ)	② 표면조화 ④ 활성화 ⑥ 전기도금(10~30μ) ⑧ 전기크롬도금(0.25μ)

주: 1. 금색(金色)의 경우는 전기니켈도금 후 크로메이트처리 또는 금도금을 한다.

2. 도금의 용착도(容着度)

도금의 특성은 거의 금속도금과 같지만 금속과 Plastic과는 열팽창계수가 매우 다르므로 냉각된 경우 접착력이 약하여 부풀어 오른다.

검사방법은 KS규격에 의한다.

3. 도금의 강도

일반적으로 제품의 용도, 형상 등에 따라 협의한 후 시험법을 정한다.

<시험법(예)>

① 냉열(冷熱) Cycle

70℃시간-20℃시간을 1Cycle로 하고 3Cycle 후 외관에 이상(부풀음)이 없을 것.

② 도금두께

20μ 이상

③ 염수분무(鹽水噴霧)

35℃ 5% Nacl을 8시간 분사, 16시간 방치하는 것을 1Cycle로 하고 2Cycle 후 외관에 이상이 없을 것.

④ 내습

95~100%RH, 40℃, 200Hr에 견딜 것.

4. 도금이 되는 재질

ABS가 가장 실용적이며 도금용 grade가 있다. 그 외 Acryl, AS, PP, Polystyrene 등 원리적으로는 Plastic 자체에 도금이 가능하지만 공업용으로는 문제가 많아 실제는 도금용 ABS가 통상 사용되고 있다.

5. 성형조건과 도금특성

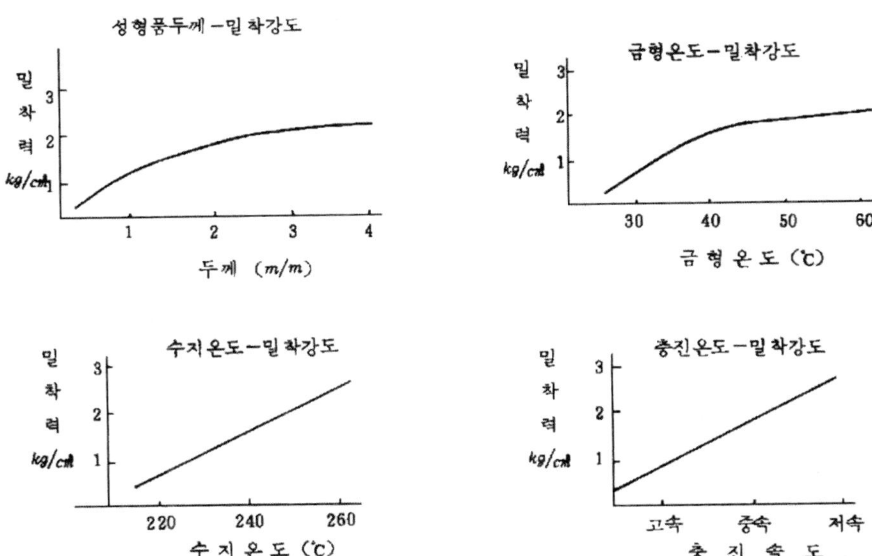

① 각은 될 수 있는 대로 R을 준다.

② 불필요한 우묵한 곳이나 좁은 구멍은 가능한 한 피한다. 깊은 V형의 구멍이나 좁은 구멍은 도금이 어렵고 Cost가 높게 된다.

③ 예리한 코너의 각부나 바닥은 둥근 맛을 주면 도금 부착이 좋게 된다.

④ 깊고 좁은 구멍이나 우묵한 곳은 도금액이 통하는 구멍을 만들어 주고 각부는 둥글게 한다.

⑤ Rib는 1° 이상의 Taper를 주고 각에는 R을 준다.

⑥ Boss나 장식문자는 가능한 한 낮게 한다.

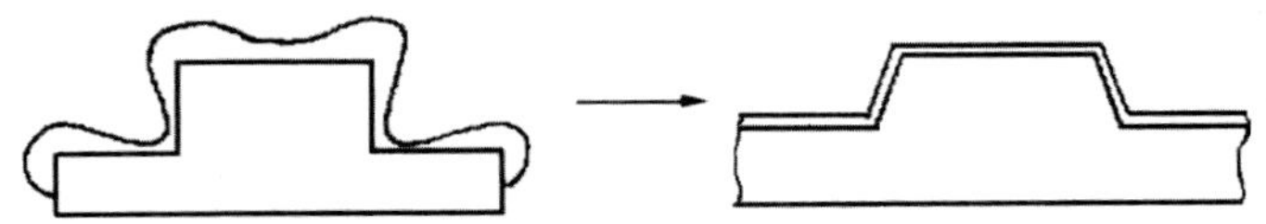

⑦ 비교적 넓은 평면은 약간 둥근 형상으로서 도금을 하면 도금에 의한 단점이 보완될 수 있다.

6. 외관에 중요한 재료 및 용도에 대한 고려

(1) 도금품의 양부

① 두께의 변화

② Gate 및 Sprue, Runner

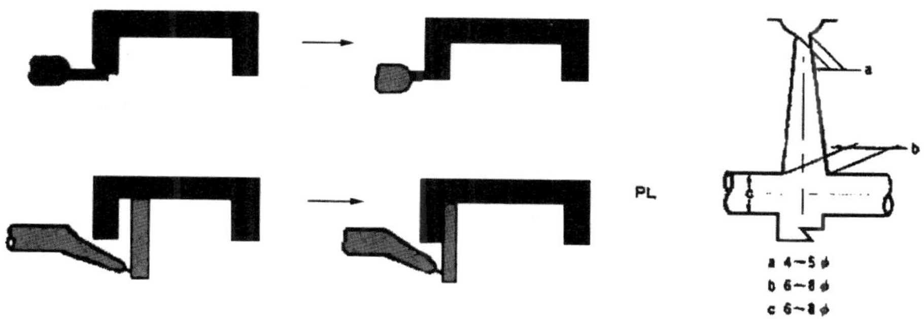

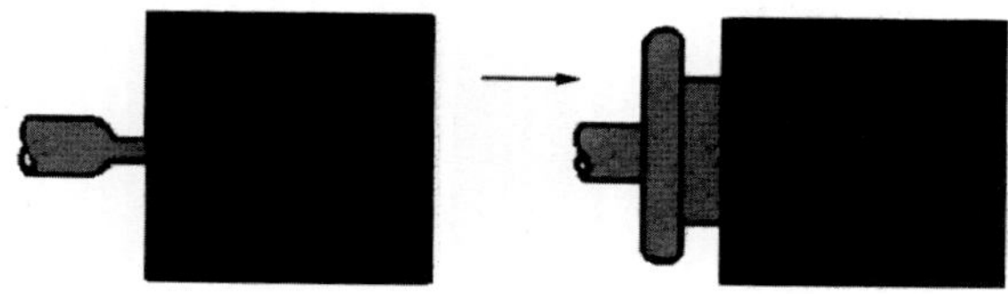

③ Weld

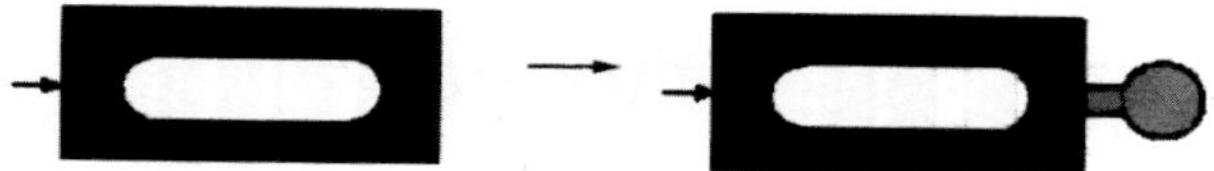

④ Design

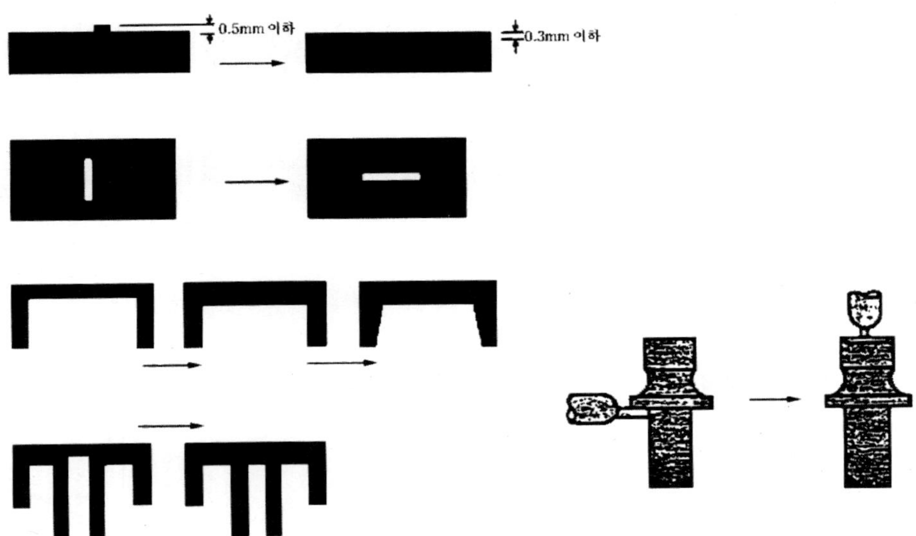

7. 도금부품의 Design과 불량 현상

(1) 형상요인과 불량 현상

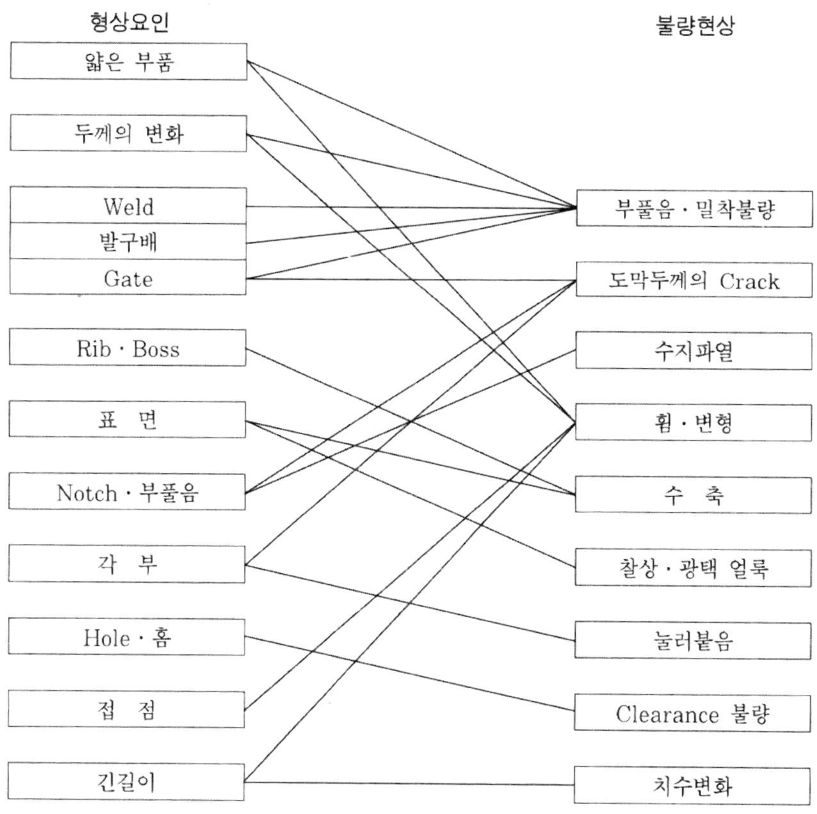

(2) 도금두께의 분포

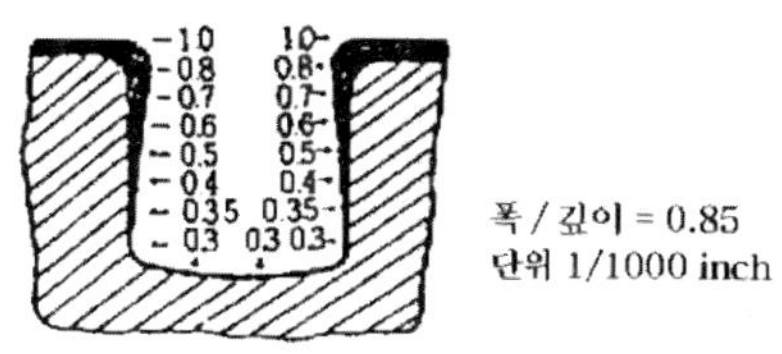

제9장

Hole 설계

1. Hole의 기능

성형품에 형성되는 Hole은 다른 성형품과의 조립, 장식효과 및 통풍기능 등에 사용된다.

2. Hole 형상

Hole의 형상에는 원형, 정사각형, 직사각형, 타원형 등이 있다.

3. Hole의 분류

- 관통되지 않는 Hole(Blind)
- 관통되는 Hole(Through)
- 단이 있는 Hole(Step)
- 경사와 단이 있는 Hole(Recessed step)
- 2구멍이 교차하는 Hole(Intersecting)

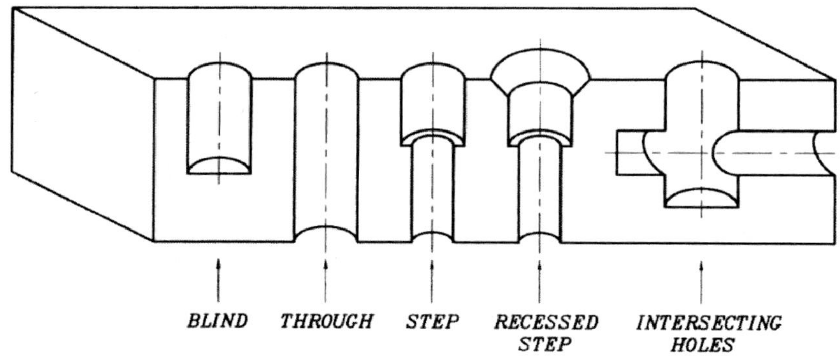

4. Hole의 설계

Hole이 성형될 때는 Gate로부터 Hole 반대편이나 Hole과 측면 사이에 Knit line이 생기므로 위 그림 같은 설계가 필요하다. 강도가 요구될 때는 Hole과 측면과의 거리가 최소 3.175㎜ 이상이어야 한다.

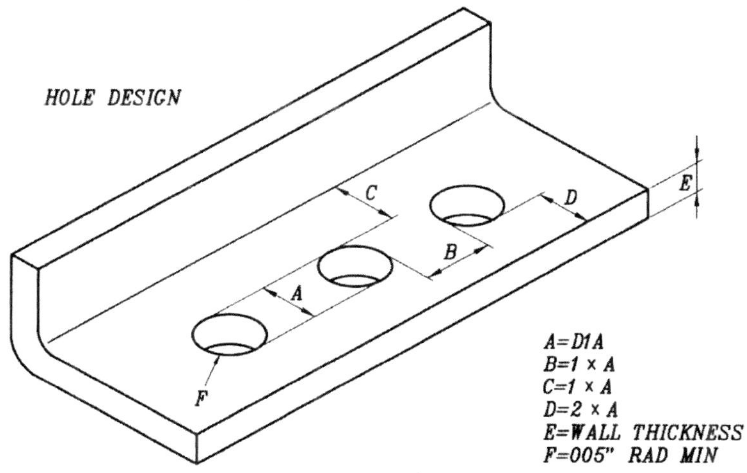

① 이형방향의 Hole의 설계는 구조상 용이하지만 측면 방향의 구멍에 대해서는 슬라이드 코어를 설치하는 수가 있다. 그러나 제품의 구조설계상 허용하는 범위에서 Slide core를 사용하지 않는 구조로 하는 것이 좋다.

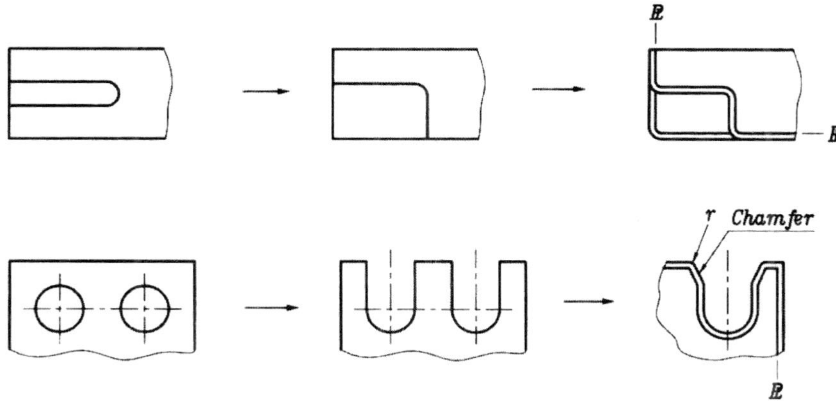

② Hole과 Hole의 중심거리는 직경의 2배 이상으로 한다.

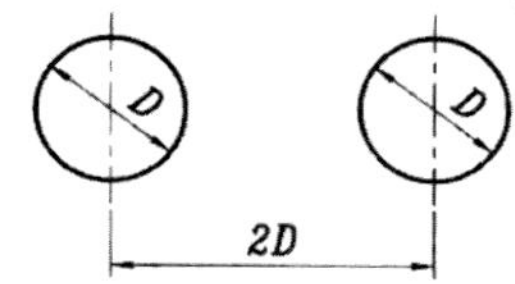

③ Hole 주변의 살두께는 두껍게 한다.

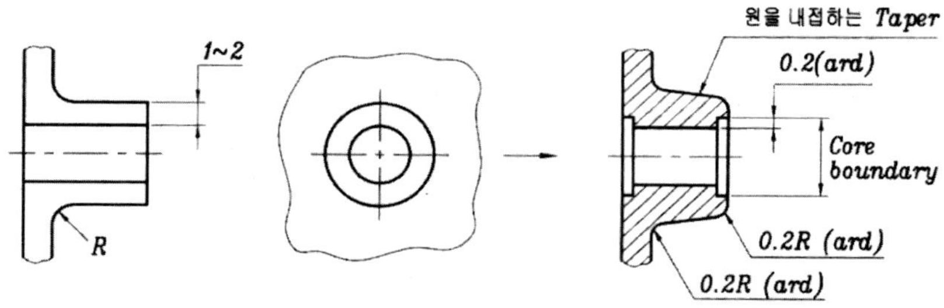

④ Hole과 제품 끝과의 거리는 3배 이상이 되어야 한다.

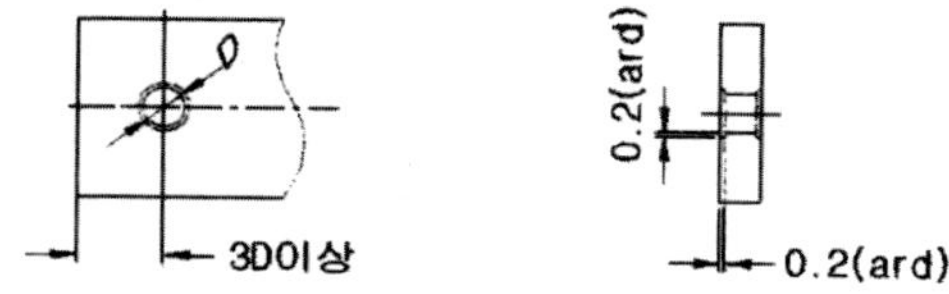

⑤ 성형재료가 흐르는 방향에 대하여 수직이고 막힌 구멍으로 Φ1.5 이하인 경우 핀이 휘어질 염려가 있으므로 깊이(L)는 구멍직경(D)을 넘지 않도록 한다.

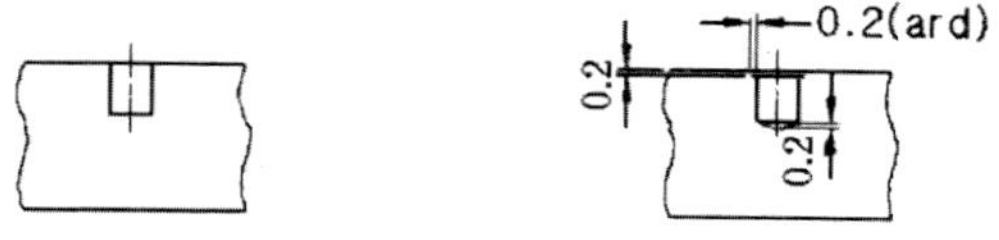

⑥ 핀으로 제품의 중간에서 맞추어지는 경우 상하 구멍의 편심이 염려되므로 어느 한쪽의 것을 크게 한다.

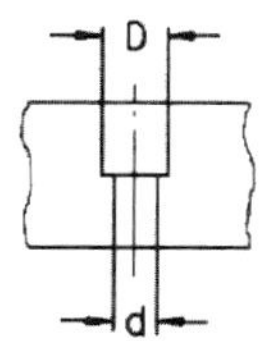 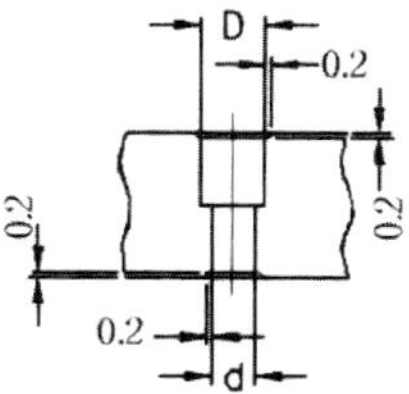

⑦ 다수의 Hole을 성형하는 경우에 Weld line 및 내부응력 등을 고려하여 재질 및 성형조건에 따라 구멍의 위치 및 간격을 아래 표에 따른다.

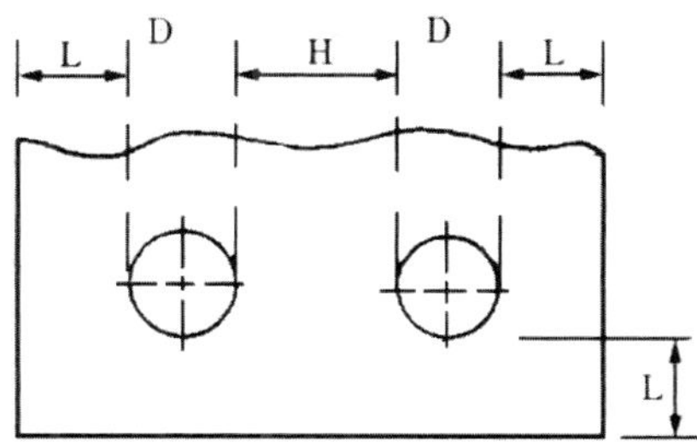

구멍직경(D)	단에서 구멍까지의 거리(L)	두 구멍 간의 거리(H)
1.5	2.5	3.5
2.5	3.0	5.0
3.0	4.0	6.5
5.0	5.5	8.5
6.5	6.5	11.0
8.0	8.0	14.0
10.0	10.0	18.0
12.5	12.5	22.0

⑧ 구멍의 깊이는 잔류두께에 주의하지 않으면 변형을 일으킬 우려가 있고 너무 엷으면 재료가 충진되지 않는 수가 있다.

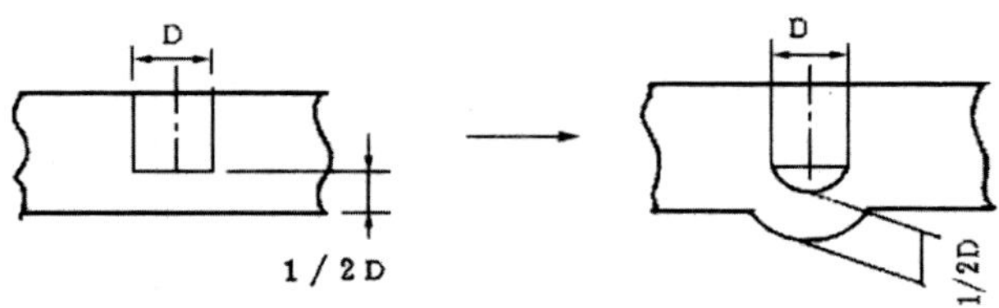

⑨ 접시꼴 나사홈 등의 경우에는 상단부에 0.4~0.5㎜ 층을 남기는 것이 좋다. 가늘고 긴 구멍을 성형하는 경우에는 긴 핀을 피하고 상하 양측에서 핀을 세워 구멍 중간에서 서로 핀 끝끼리 맞물림이 형성되도록 하여 핀이 부러지거나 굽어지는 것을 피할 필요가 있다.

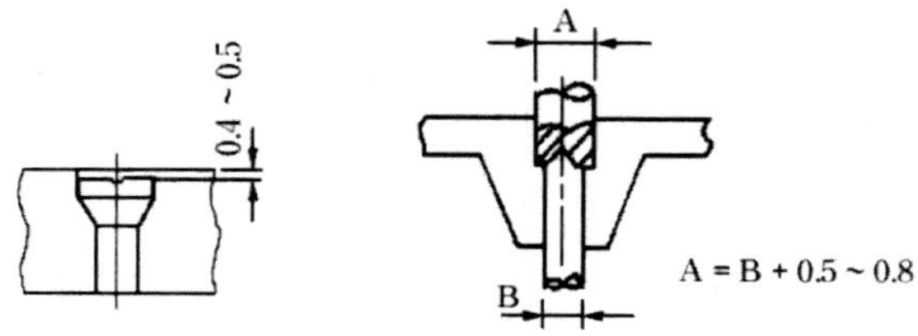

⑩ 성형품에서 Hinge 부위는 Slide core를 사용하여 핀 구멍을 만들고 있다. 그러나 아래와 같이 형상을 약간 변경함으로써 Slide core를 사용하지 않고 목적하는 Hinge를 형성할 수 있다.

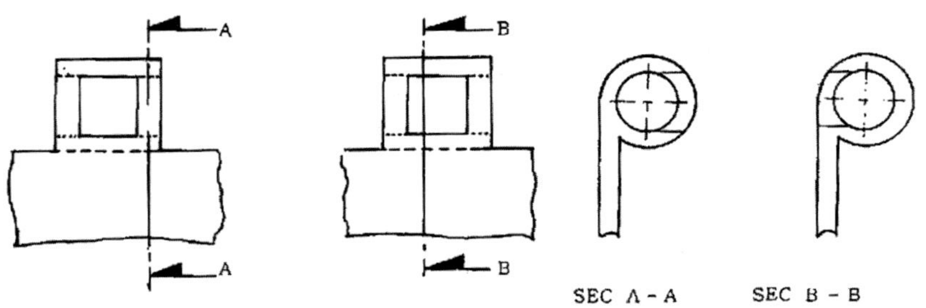

⑪ 구멍을 관통하여 뚫기 어려울 때는 적당한 위치로 옮기거나 구멍위치에 Drill support만 하는 것이 좋다.

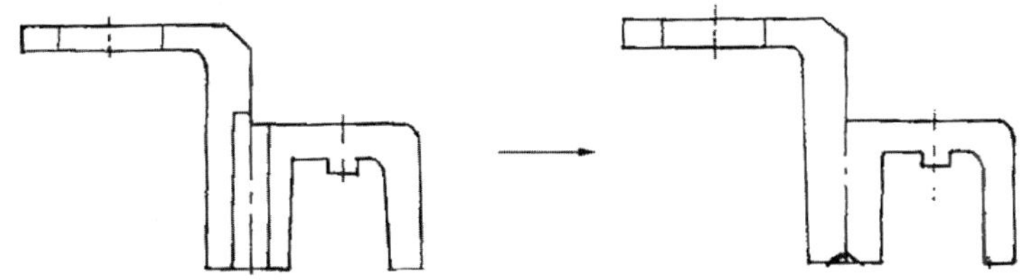

⑫ 측벽의 구멍은 가능하면 타공방식으로 뚫는 것이 좋다.

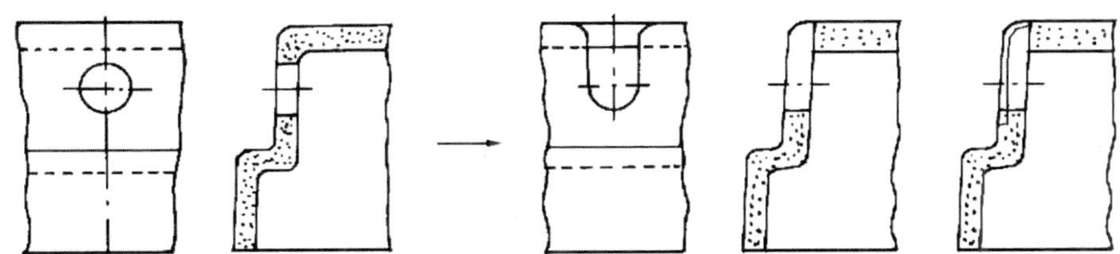

⑬ 큰 Core에 수직으로 Slide core를 관통하면 금형의 고장원인이 되어 2개의 방향으로 Core를 가로지르는 편이 좋다.

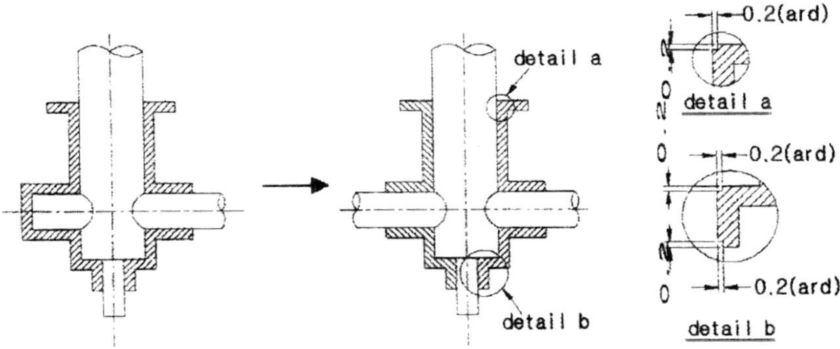

5. 성형구멍

성형구멍은 Gate의 반대쪽에 웰드라인을 남겨 강도상 60~70%밖에 유지할 수 없게 된다. 그러므로 충분한 고려가 필요하다. 강도상으로 문제가 될 때는 후가공을 할 수밖에 없다.

이형방향의 구멍의 설계는 구조상 용이하지만 측면 방향의 구멍에 대해서는 슬라이드 코어를 설치하는 수가 있다. 그러나 제품의 구조 설계상 허용하는 범위에서 슬라이드 코어를 사용하지 않는 구조로 하는 것이 요망된다. 그림에서는 구조를 간단히 하기 위한 개선 예를 나타낸다.

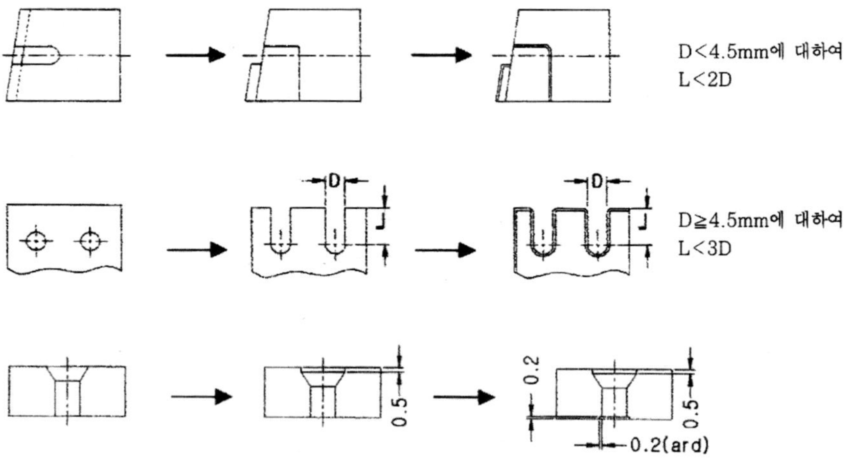

(1) 구멍설계에 있어서 다음과 같은 점에 주의할 것.

① 구멍과 구멍의 중심거리는 경의 2배 이상으로 한다.

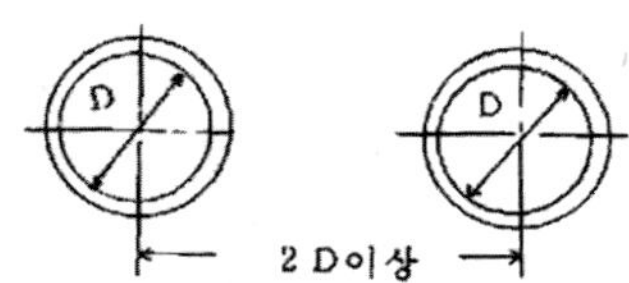

② 구멍 주변의 살두께는 두껍게 한다.

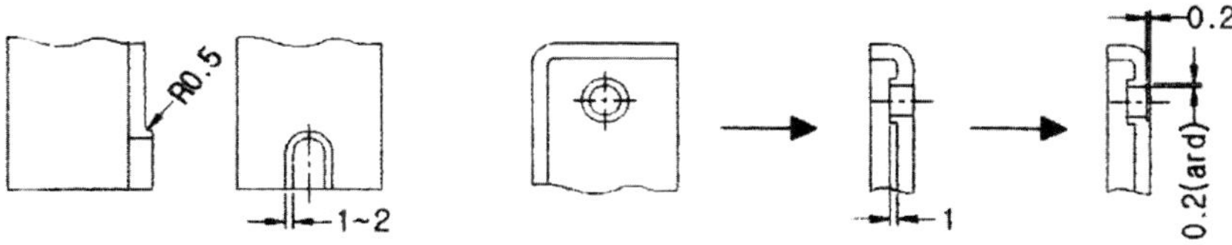

③ 구멍과 제품 끝과의 거리는 구멍경의 3배 이상이 요망된다.

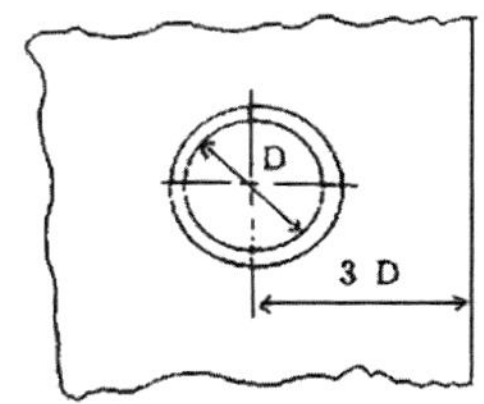

④ 성형재료가 흐르는 방향에 대해 수직이고 막힌 구멍으로 1.5Φ 이하인 경우 핀이 휘어질 염려가 있으므로 깊이(L)는 구멍경(D)을 넘지 않도록 한다.

⑤ 핀으로 제품의 중간에서 맞추어지는 경우 상하 구멍의 편심이 염려되므로 어느 한쪽의 것을 크게 한다.

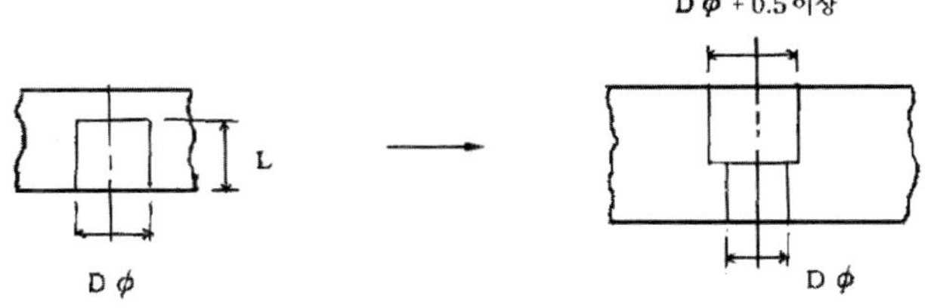

성형구멍의 디자인을 그림에서 파-팅라인에 수직인 면에 택한 것을 나타낸다.

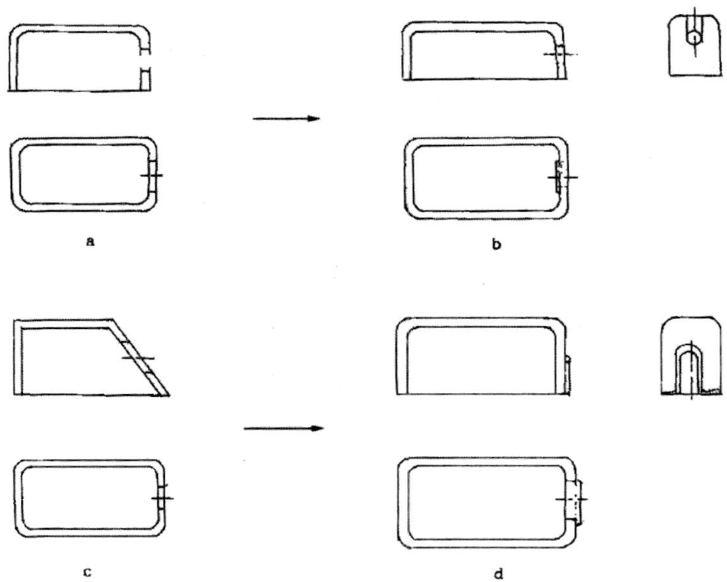

　그림의 a는 슬라이드 코어를 사용하여 구멍의 Undercut를 피해야 하므로 성형품은 될 수 있는 한 b와 같은 구멍으로 또는 d와 같은 구멍으로 함이 좋다. 다수의 구멍을 성형하는 경우에 웰드라인 및 내부응력 등을 고려하여 재질 및 성형조건에 따라 구멍의 위치 및 간격에 대한 위의 주의사항을 알기 쉽게 보통 사용되는 것을 나타냈다.

구멍직경 D	단에서 구멍까지의 거리 W	두 구멍 간의 거리 A
1.5	2.5	3.5
2.5	3.0	5.0
3.0	4.0	6.5
5.0	5.5	8.5
6.5	6.5	11.0
8.0	8.0	14.0
10.0	10.0	18.0
12.5	12.5	22.0

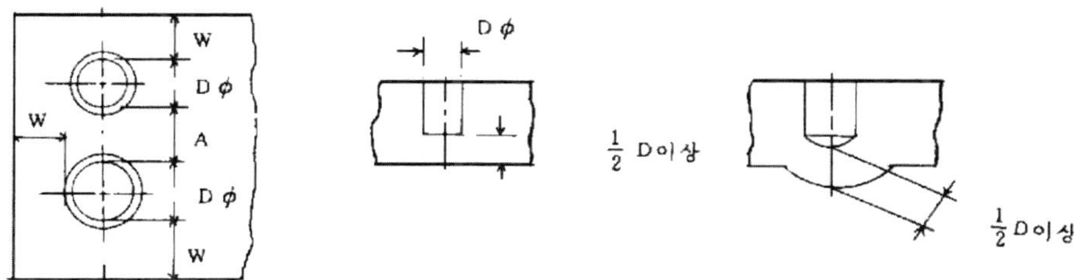

　또 구멍의 깊이는 그림처럼 잔류두께에 주의하지 않으면 변형을 일으킬 우려가 있고 너무 엷으면 재료가 충진되지 않는 수가 있다.

　⑥ 내부의 Bracket에 구멍을 뚫고 싶을 때는 충분한 경제성을 고려한다. 관통구멍은 금형의 구조가 복잡하게 되어 Cost가 높아진다.

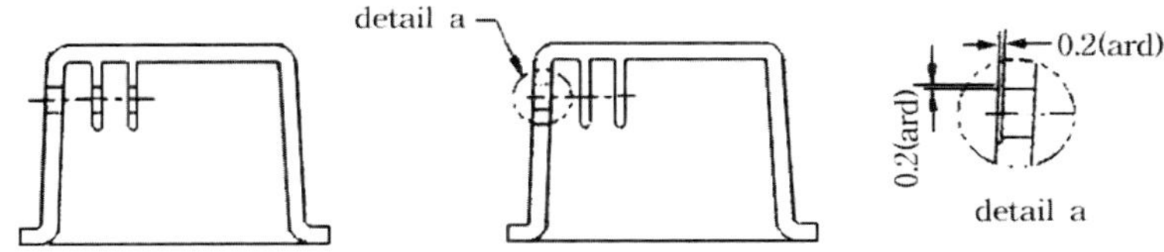

6. 관통 Hole의 설계

① 관통 Hole

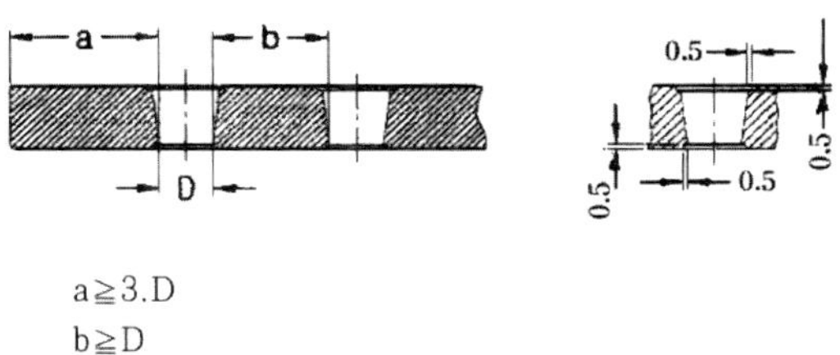

a≧3.D
b≧D

② 관통과 불관통 Hole 설계

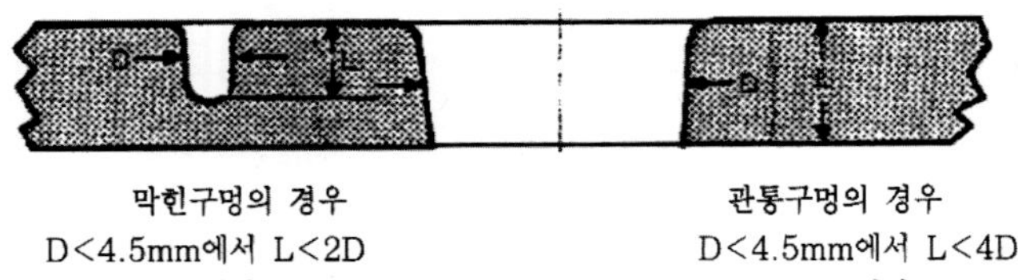

막힌구멍의 경우   관통구멍의 경우

D<4.5mm에서 L<2D   D<4.5mm에서 L<4D

D≧4.5mm에서 L<3D   D≧4.5mm에서 L<6D

7. Hole과 Rib의 Taper 관계

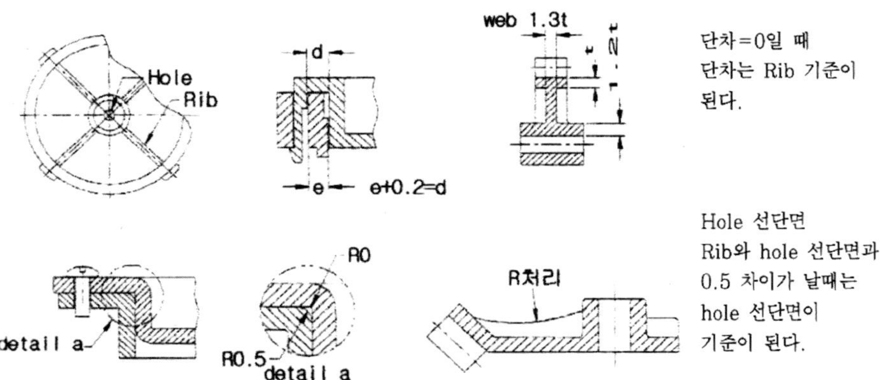

8. Phenolics의 Hole 설계

① Holes

성형 Part에 Holes는 Steel mold pin 또는 Core에 의해 구성된다. 이러한 Pin들은 파손이나 Bending되기 때문에 알아둬야 할 Minimum 실용 지름이 있다. 지름의 길이 비율을 다음 값을 초과해서는 안 된다.

항 목	금형 Type			
	압 축		Transfer 또는 Injection	
	1 end	2 ends	1 end	2 ends
Pin지지 지름길이	1:1	6:1	6:1	15:1

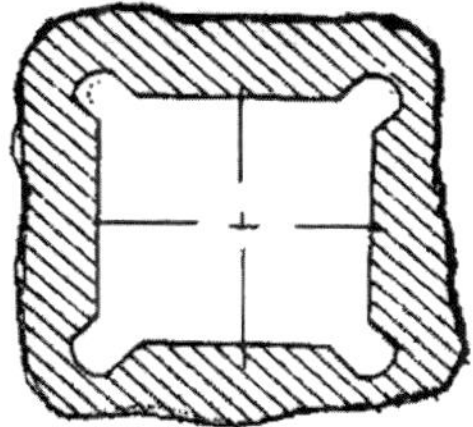

4각형 코너에서는 위에서 보는 바와
같이 틈을 허용하고 코너에서
지름들을 허용한다.

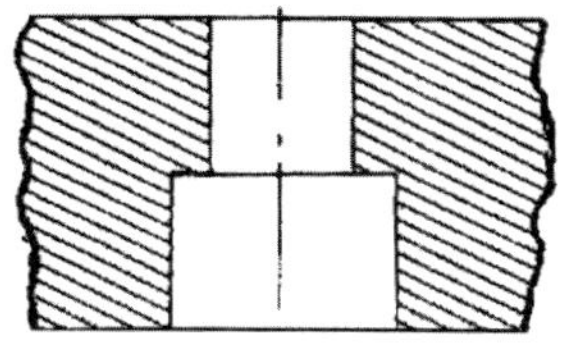

두 개의 통핀을 사용할 때 하나는 잘못된
배열을 보정하기 위해 다른 편보다
적어도 0.020″ 더 커야 한다.

② 한쪽만으로 지지되어 있는 1 / 16″ Pin 또는 그 이하 Pin들은 압축성형에서 1:1 비율을 초과해서는 안 된다. 지름 1 / 6″보다 가는 표면의 Holes은 반대 성형표면에서 부푸는 경향이 있다.

Holes와 Side wall의 다음 사이에 살두께는 아래와 같다.

Hole의 지름	Minimum to sidewall	Minimum between holes
1 / 16	1 / 16	1 / 16
1 / 8	3 / 32	3 / 32
3 / 16	1 / 8	1 / 8
1 / 4	1 / 8	5 / 32
3 / 8	5 / 32	3 / 16
1 / 2	3 / 16	7 / 32

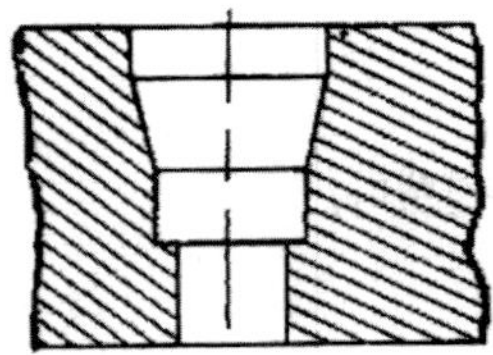

Screw 머리를 막기 위해 파는 구멍은
가볍게 눌러져야 한다. 그리고 구멍의
근처에 부딪치지 말아야 한다.

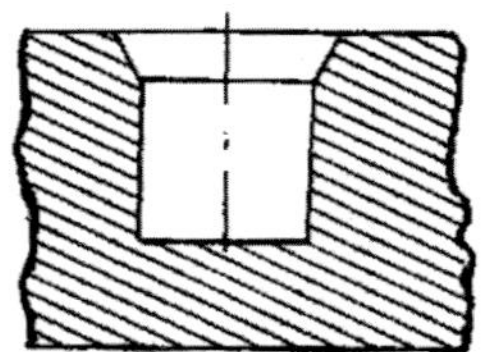

성형 후에 Tapping 되기 위한
Holes이나 Self tapping screw용
Holes는 미미하게 구멍을 내야 한다.

③ Duration과 Initial Stress 사례

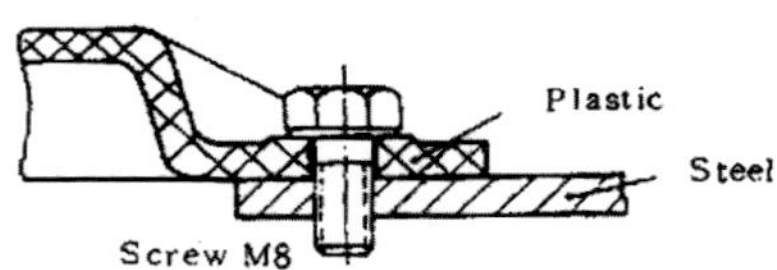

$$P_v = \frac{2 \cdot M_t \cdot y \cdot \pi}{h}$$

P_v = 최초 Stressing 힘
M_t = 최초 Locking torque
  y plastic
  y steel   0.12 ↔ 0.15
h = thread pitch

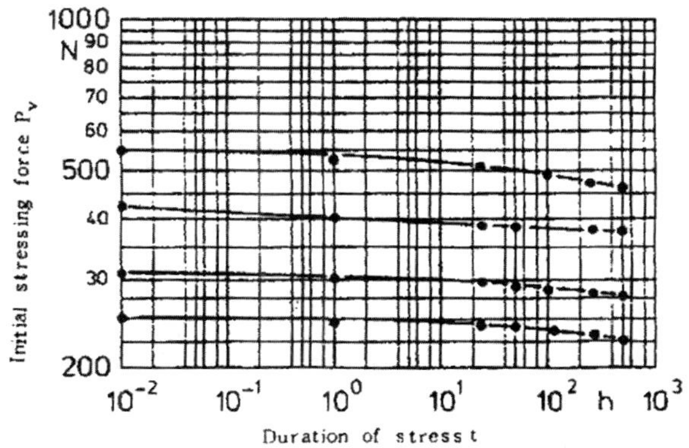

시간에 따르는 최초 Stressing force의 떨어짐. PC로 측정했다.

9. Hole, Hole의 응력

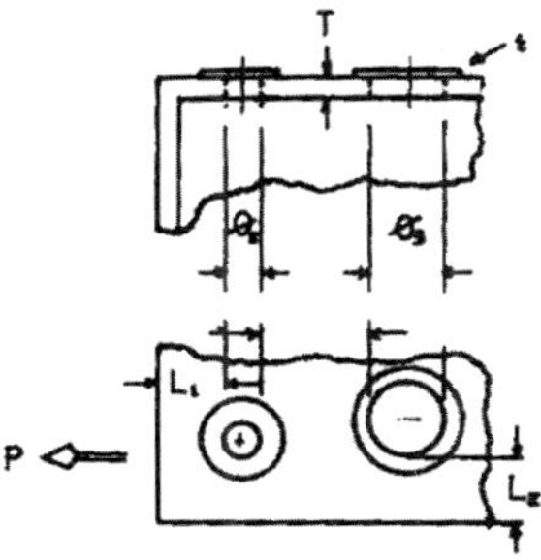

mm	$\Phi 2 < \Phi 3$
L_1	$> \Phi 2$
L_2	$> \Phi 3$
L_3	$> \Phi 3 \times 2$
T	$2 \sim 4$

(1) 개구부의 응력

$$\sigma_0 = \frac{P}{[(2L_1 + \phi_2) - \phi_2]_T} = \frac{P}{2L_1 \times T}$$

$2L_1$의 의미는 $L_1 + L_3$, $2L_2$, $2L_3$이다.

Hole은 Gate와 반대측에 Weld가 생기고 외부응력에 L_1, L_2, L_3의 안전율을 감안할 필요가 있다.

10. Hole의 설계 예

(1)

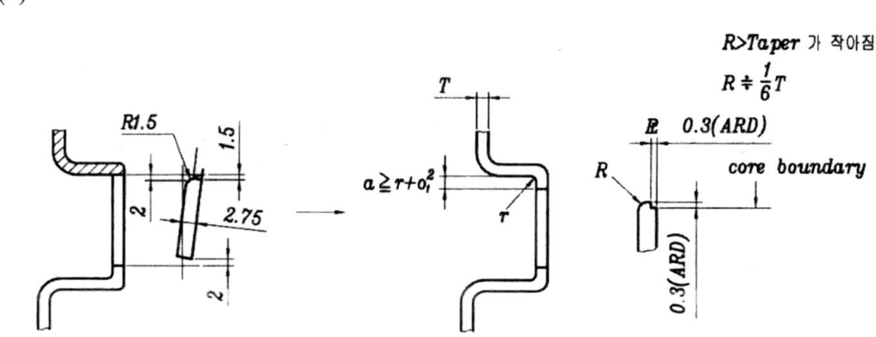

(2)

(3)

품번
품명코드
3610303610
3610303610

1
(3)
*1.5 +0.1 -0
*4 +0.1 -0
R1 전주
Core boundary
0.2(ard)
0.2(ard)
2/3T T>3
0.2(ard)
0.2(ard)
0.2(ard)
0.2(ard)
0.2(ard)
0.2(ard)
(T/6)R
Core boundary

φ3.2
7.5 +0.1 -0
φ6.5 +0.1 -0
6°
안착될 부품 두께+0.5
Streight
Core boundary
0.2(ard)
0.2(ard)
0.2(ard)
0.2R(ard)
detail a
Core boundary
0.2(ard)
0.2(ard)
0.2(ard)
0.2(ard)
Core boundary
detail a

(4)

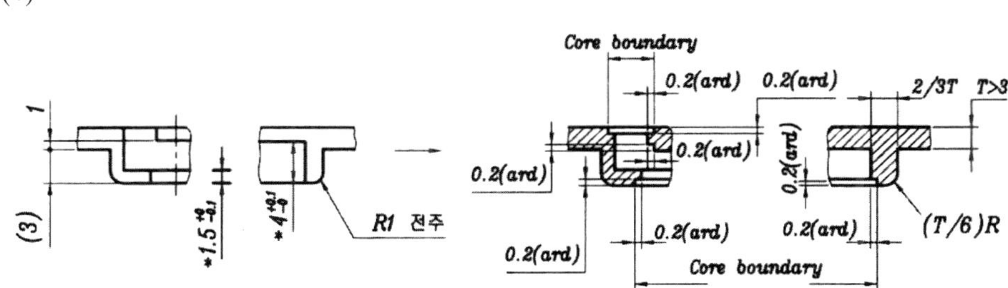

(5)

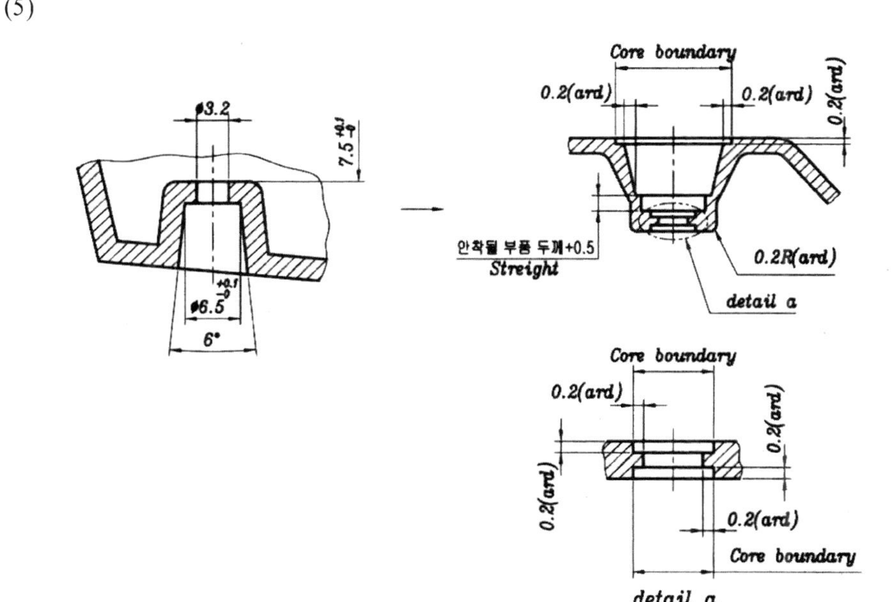

제10장

부품 두께 설계

1. 부품 두께 설계의 개요

(1) 용도상 기능
구조, 무게, 강도, 절연성, 치수 안정성

(2) 가공상 기능
① 성형: Filling or flow pattern, 냉각속도, 이형
② 조립: 강도, 정밀도

(3) Gates 영향
① 두꺼운 부위에 위치시킬 것.
② 얇은 부위에는 절대로 위치시키지 말 것.
③ Gate로 인해 Sink marks, voids 및 잔류응력이 생길 수 있다.

(4) 살두께
① 가능한 한 얇게 한다.

② 주어진 두께에서 최대의 경도, 강성을 갖는 현상이어야 한다.

③ 균일하게 설계하여 내부응력, 휨, 크래킹 등을 제거시킨다.

2. 살두께 설계 시 주의사항

두께는 균일하게 하는 것이 원칙이나 성형품의 구조 또는 형상에 따른 성형상의 이유로 두께를 적당하게 변화시킬 필요가 있으며, 경제적인 면에서도 두께를 변화시킬 필요가 있다.

- 구조상의 강도
- 이형 시의 강도
- 충격에 대한 힘의 균등한 분산
- 인서트 시 크랙 방지
- 구멍, 창 등의 웰드보완
- 얇은 두께부의 버닝마크의 방지
- 두꺼운 부분의 수축 방지
- 칼날부의 흐름을 억제하여 생기는 충진 부족 방지

일반적인 수지별 살두께 범위

재　　　료	두　　　께
폴리 에티렌	0.9~4.0㎜
폴리 프로펠렌	0.6~3.5㎜
나일론	0.5~3.0㎜
Acetal	1.5~5.0㎜
스티렌 및 AS	1.0~4.0㎜
아크릴	1.5~5.0㎜
경질 염화비닐	1.5~5.0㎜
폴리카보네이트	1.5~5.0㎜
셀루로즈 아세테이트	1.0~4.0㎜
ABS	1.5~4.5㎜
PBT	0.5~5㎜

(1) 살두께 최소치수

- PBT: 최소 0.020″(0.508㎜), 최대 0.500″(12.7㎜)
- NYLON: 최소 0.020″(0.508㎜), 최대 0.375″(9.525㎜)

(2) 평면의 살두께

성형품이 평면을 이루지 못할 경우는 아래 그림과 같이 재설계를 해야 한다.

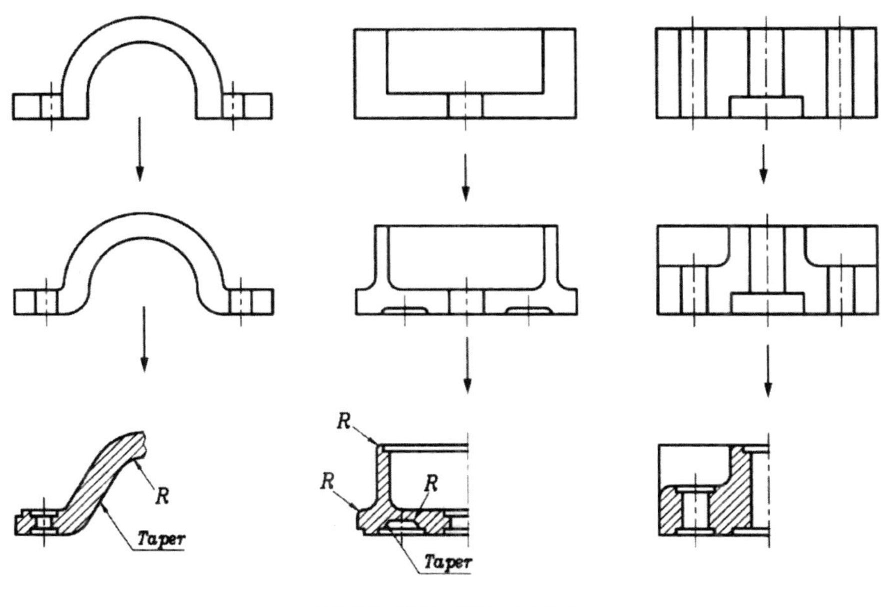

평면이 아닐 경우 살두께

(3) 서로 다른 살두께

- 만약 한 부품 내에서 서로 다른 살두께가 균일하게 되지 않으면 경사로 연결하
  여야 한다.

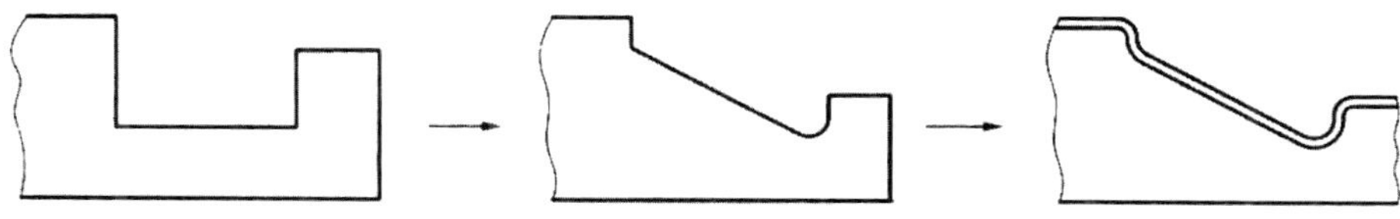

• 살두께가 불균일하면 외관불량을 초래한다.

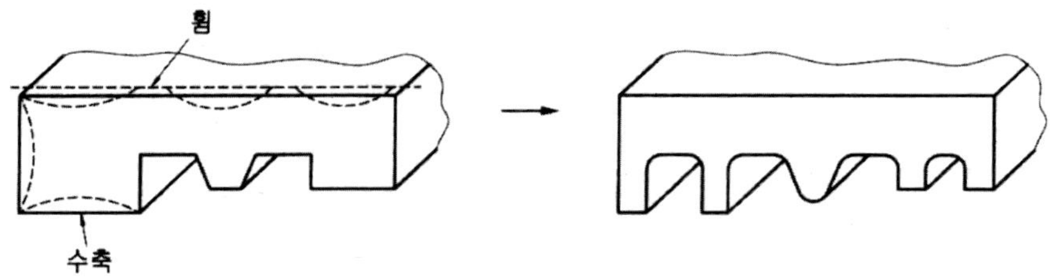

3. 형상별 살두께

① 단면의 살두께가 두꺼운 부위는 Rib를 주고 살두께는 균일하도록 한다.

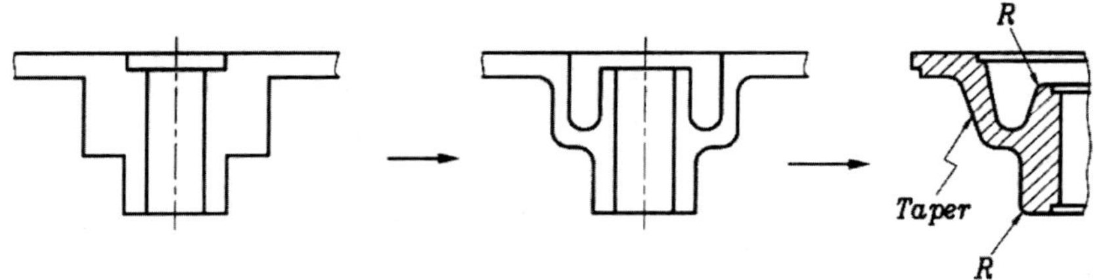

② 엷은 살의 단면부는 재료의 충진 부족이 되기 쉬우므로 피하는 것이 좋다.

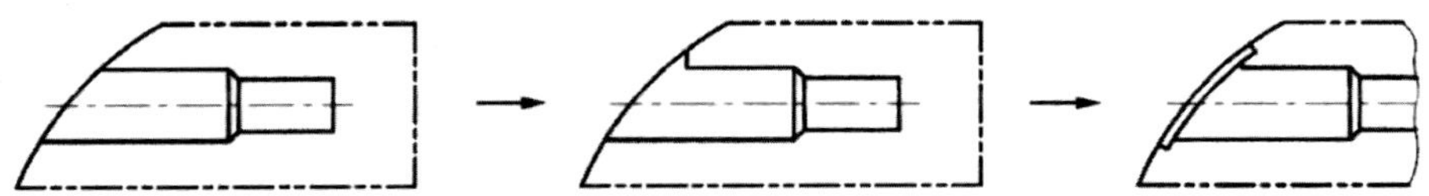

③ 금형에서 고정측 Core의 형상은 수축에 의하여 달라붙는 것을 피하도록 한다.

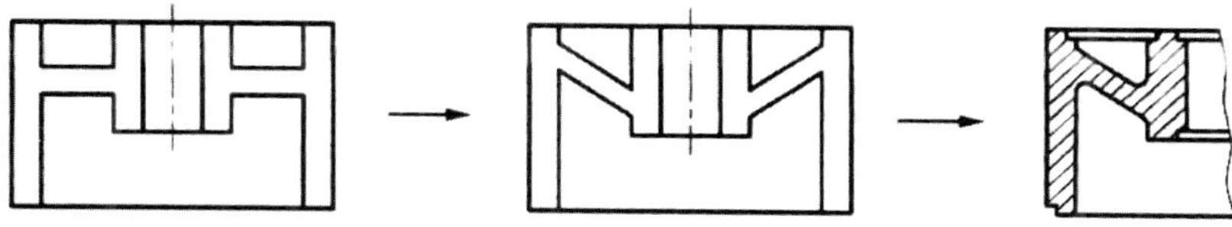

④ 살두께가 급격하게 불균일하면 외관불량을 초래한다.

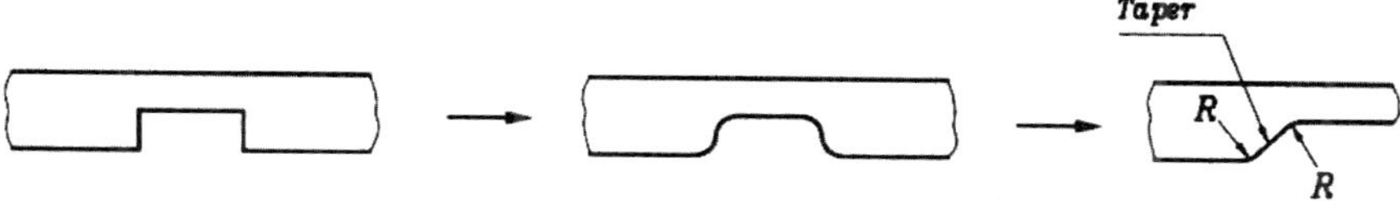

⑤ 상자모양 또는 용기모양의 성형품은 밑바닥을 두껍게 하고 측벽은 서서히 두께가 감소하도록 한다.

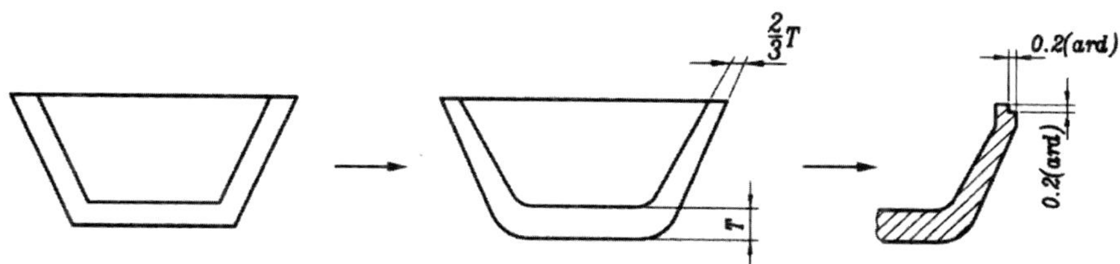

⑥ 단면이 'T'형으로 연결된 부분은 수축을 발생시키므로 Core 측의 Edge 부를 만들어 안전틈새를 주면 좋다.

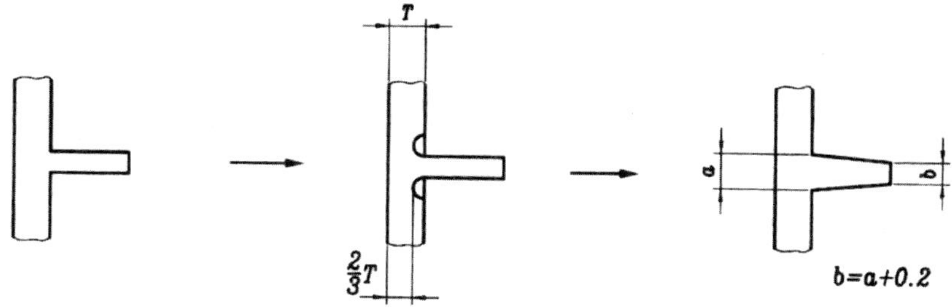

⑦ 금형 구조상의 원인으로 A부의 살두께가 엷어지는 것을 피한다.

⑧ 재료의 흐름은 두꺼운 부분에서 얇은 부분으로 흐르는 것이 좋다. 급격히 살두께가 변하는 것은 좋지 않다.

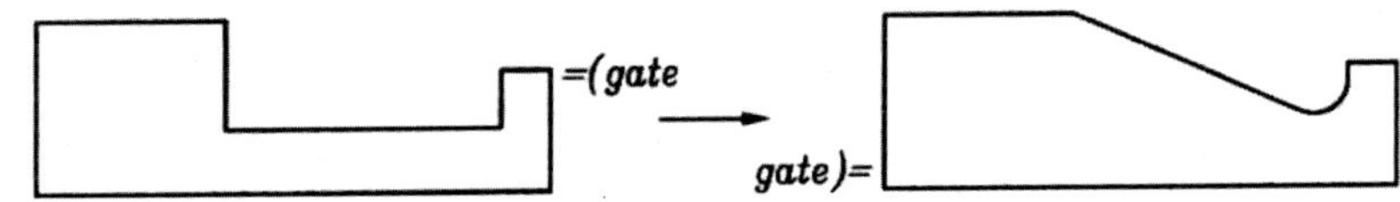

⑨ 곡면부위도 가능한 한 균일하게 한다.

⑩ 성형품의 격자는 금형이 날카롭게 되면, 깨어지기 쉬우므로 직선부를 주면 좋다.

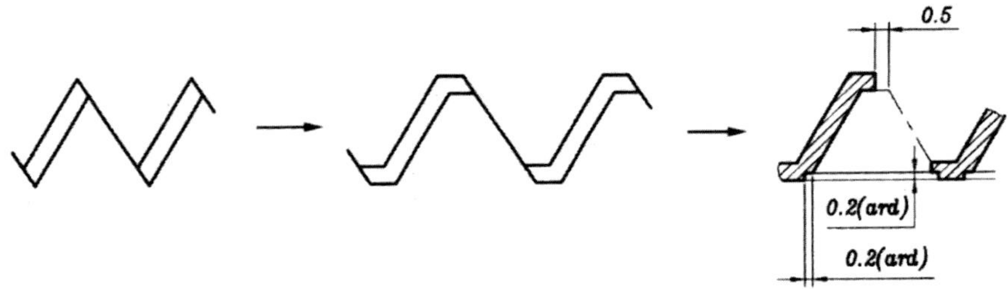

⑪ 음각문자는 양각문제에 비해서 금형가공이 곤란하다. Hobbing하는 경우는 그 반대의 경우가 된다.

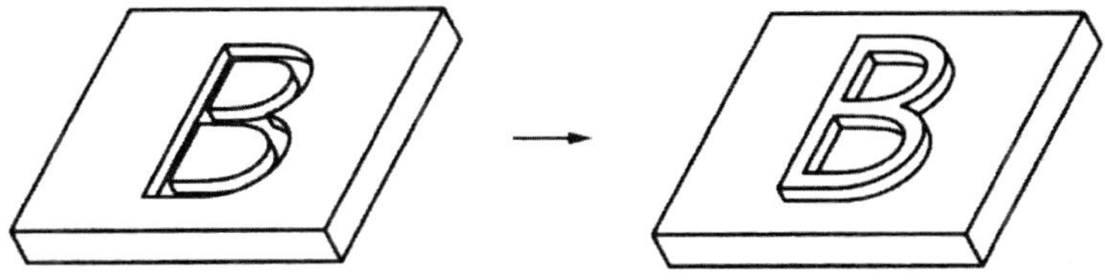

⑫ 단면이 T형으로 연결된 부분은 Sinkmark를 발생시키므로 Core 측에 Edge 부를 만들어 안전틈새를 주면 좋다.

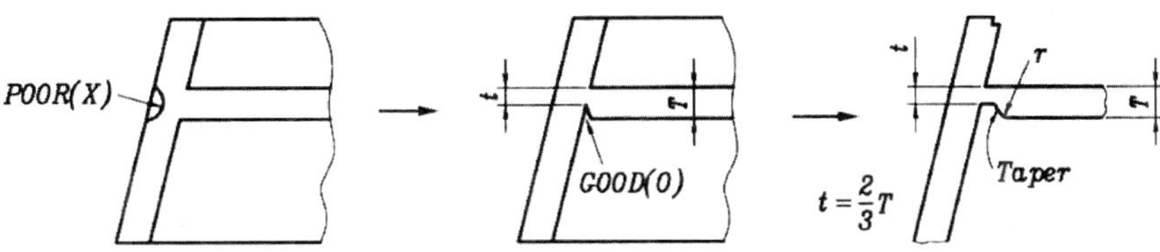

$$t = \frac{2}{3}T$$

⑬ 금형에서 고정측 Core의 형상은 수축에 의하여 달라붙는 것을 피하도록 한다.

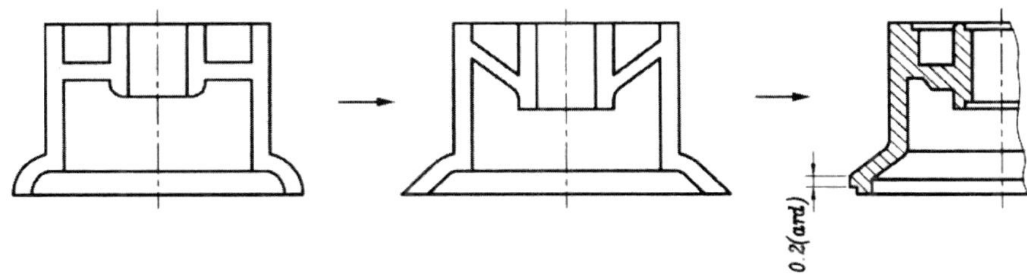

⑭ 변형되기 쉬운 디자인과 그 개선책

ⓐ

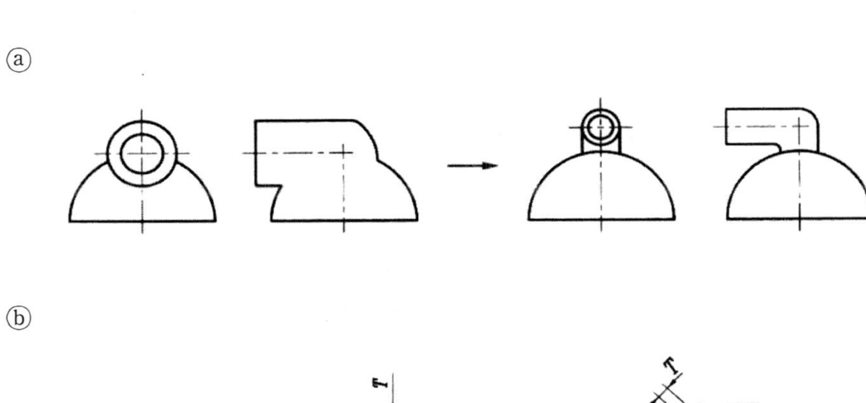

ⓑ

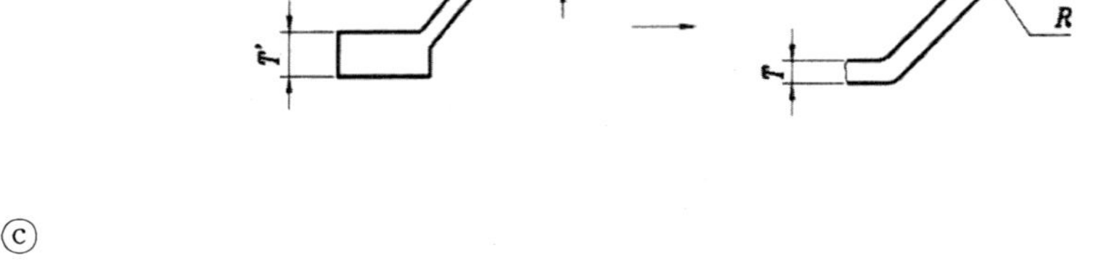

ⓒ

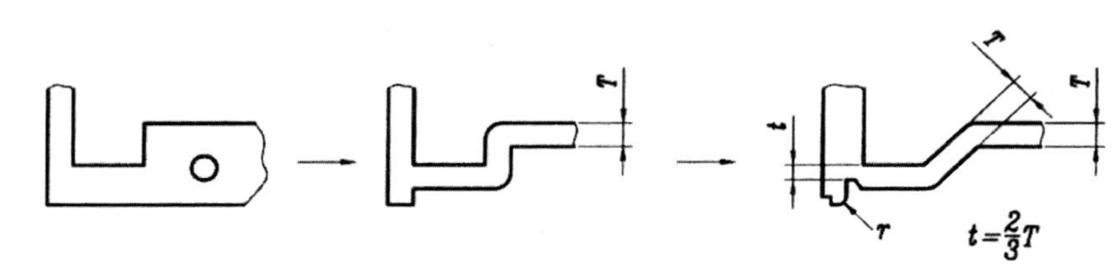

ⓓ   ⓔ

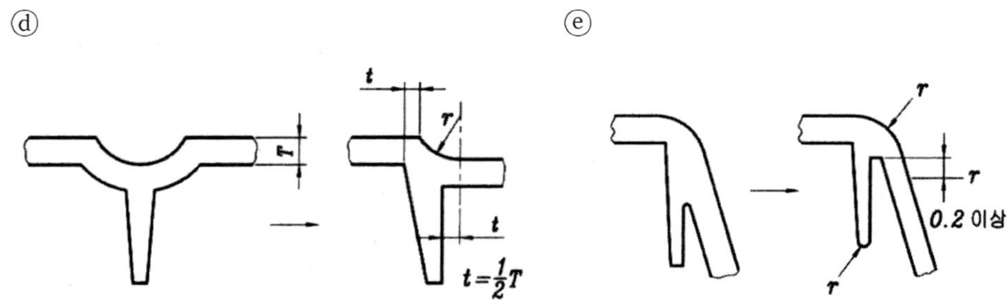

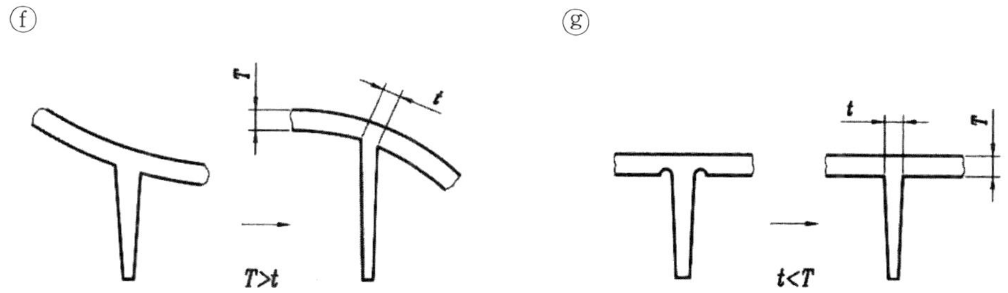

⑮ 경사진 Boss 또는 형상은 금형의 구조가 복잡하며 또한 대형이 되기 때문에 Parting line에 대해서 직각으로 할 것.

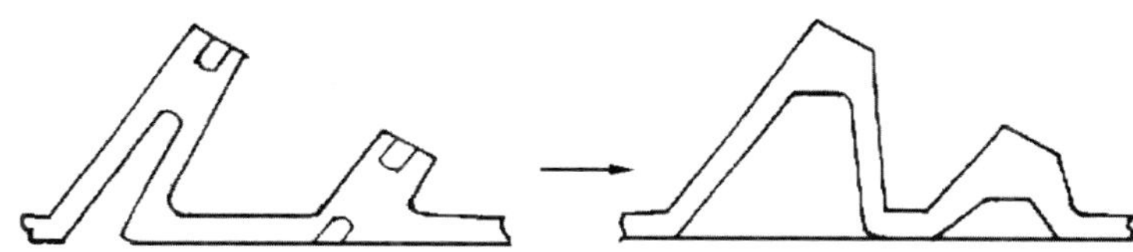

⑯ 두께분포

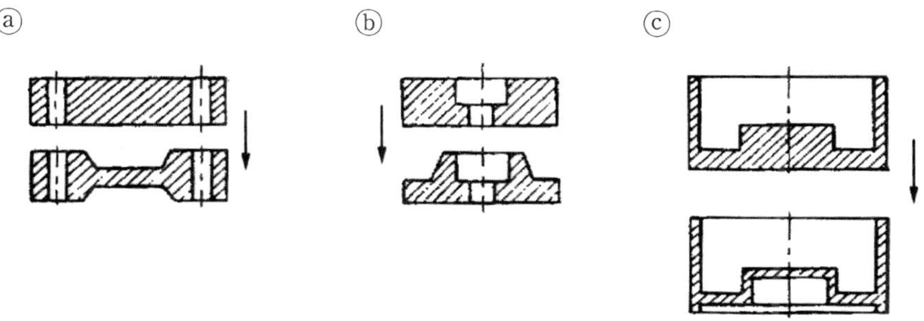

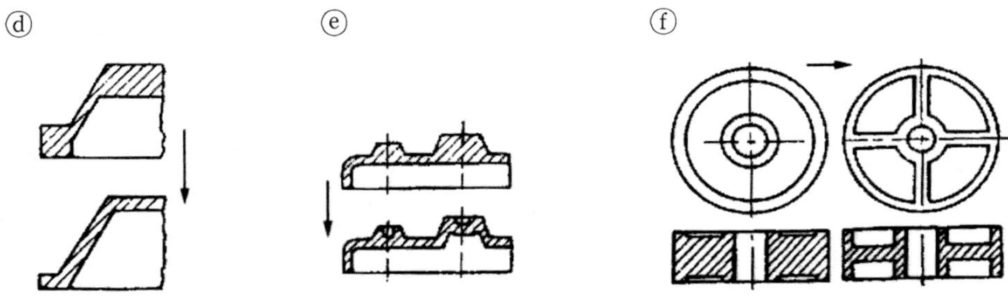

⑰ 큰 표면의 부품에 대한 중량절약

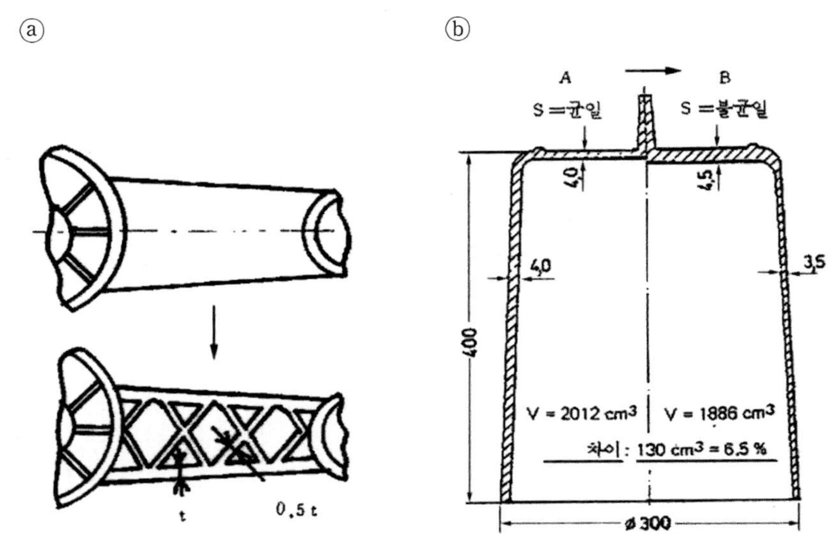

4. 재질별 두께

(1) Polyacetal

① 급격한 살두께, 얇은 두께를 피할 것.

Polyacetal은 결정성 수지이며, 비결정성 수지에 비해 수축률이 커서 급격한 살두께(6㎜ 전후를 두꺼운 살두께로 단정)로 하면 성형품의 중심부에 기포가 생기거나 표면에 凸凹이나 주름이 발생하므로 용도에 맞추어 살두께를 결정하여야 한다. 또 급격한 얇은 두께(0.5㎜ 이하가 얇은 살임)의 경우는 수지의 유동거리가 짧고, 성형 가공성을 현저히 저하하는 외에 수지의 배형, 잔류응력 등을 발생시켜 강도저하나 치수안정성을 떨어뜨리므로 피해야만 한다.

② 살두께의 불균일을 피할 것.

수지의 냉각속도의 차에 따라 성형수축률이 다른 성질이 있으므로 살두께 부분의 수축률은 일반적으로 크고 얇은 살부분의 수축률은 적어진다. 따라서 살두께의 불균일은 수축률이 다르므로 변형이나 내부응력의 증대를 불러일으키고 또, 성형가공 상에서는 살두께부의 충진불량, 냉각불량 등의 Trouble이 생긴다. 성형품의 크기에 도 다르나 일반적으로 1~4㎜ 정도의 균일살두께로 설계하는 것이 바람직하다.

(2) Polypropylene

① 살두께

성형품의 살두께는 다음과 같은 이유로 균일함이 바람직하다.

- 살두께가 불균일하면 수축률도 불균일하게 되어 내부응력에 의해 변형이나 강도저하의 원인이 된다.
- 살이 두꺼운 부분은 긁히거나 공극이 생기기 쉽다.
- 살이 두꺼운 부분이 조금이라도 있으면 냉각시간은 그 살이 두꺼운 부분에 따라 제약받는 일도 있다.

(3) ABS

① ABS의 성형된 Sheet의 수축률

성형온도: 230℃, 금형온도: 50℃, 성형 Sheet: 80×80×t(㎜)

Gate: Film type gate

ABS		A		B		C		D	
두께		∥	⊥	∥	⊥	∥	⊥	∥	⊥
수축률 (%)	t=1	0.27	0.20	0.36	0.32	0.22	0.20	0.34	0.33
	t=2	0.37	0.31	0.45	0.45	0.32	0.32	0.41	0.44
	t=3	0.42	0.40	0.56	0.55	0.35	0.34	0.47	0.46
	t=4	0.50	0.42	0.60	0.56	0.38	0.37	0.57	0.52
	t=5	0.52	0.47	0.62	0.57	0.40	0.40	0.60	0.55

(4) Glass 섬유강화 Grade의 성형수축률의 이방성

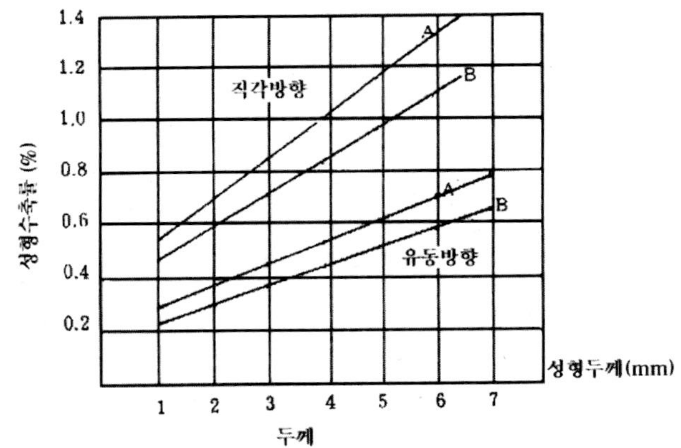

(5) Nylon

① 두께

살두께는 너무 두꺼우면, 변형이나 꺼짐을 유발한다.

나일론 −66: 0.5~5㎜, 유리섬유 강화수지: 0.75~3㎜, 가장 중요한 점은 두께의 변화를 완만하게 하는 것이다.

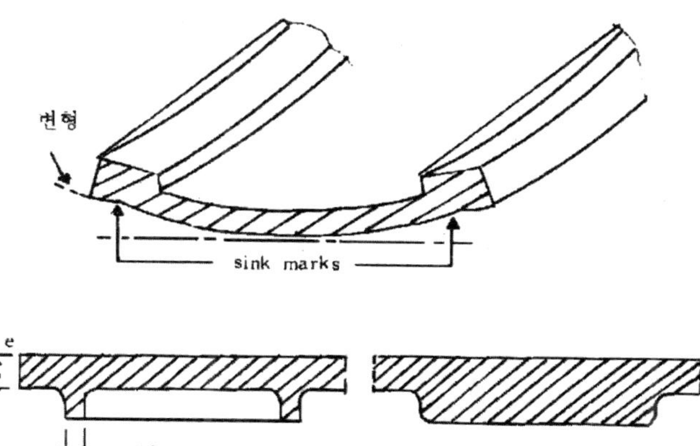

(6) Noryl

① 살두께

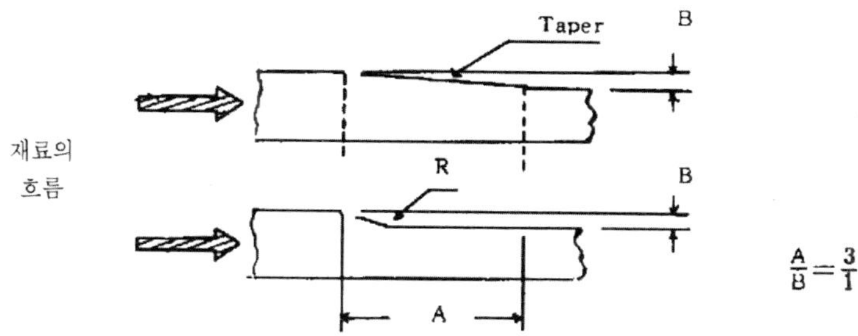

(7) Phenolic

① 살두께

살두께, Cross 단면 일정. 일반으로 다음이 살두께용으로 적당하다.

최소 0.040″, Small Parts 0.062″, 평균 0.093″, Large parts 0.250″, 실용최대 0.750″

(8) PET

① 상자형 성형품

Span(전장)과 내부 휨과의 관계를 그림에 표시했다. 상당히 평균치에서 벗어나고 있지만 대체적으로 내부 휨의 양을 미리 추정 가능한 것으로 이것을 사용하여 금형에 역 휨을 보강하기도 하고 허용 가능한 내부 휨의 양으로부터 필요한 보강 Rib의 수를 계산하는 것이 가능하다.

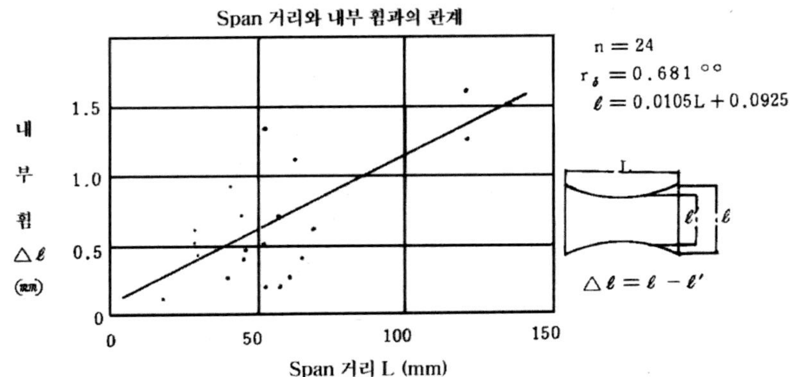

(9) POM의 Corner 부위의 Round

① 성형품에서는 평판이나 단순한 형상의 부품은 적은 Round를 설치한다.

② Corner 부위는 응력의 집중점이 성형 시에 사출압력의 전달부족의 원인이 된다. 따라서 각 Corner 부위에 적당한 Round를 설치할 필요가 있다.

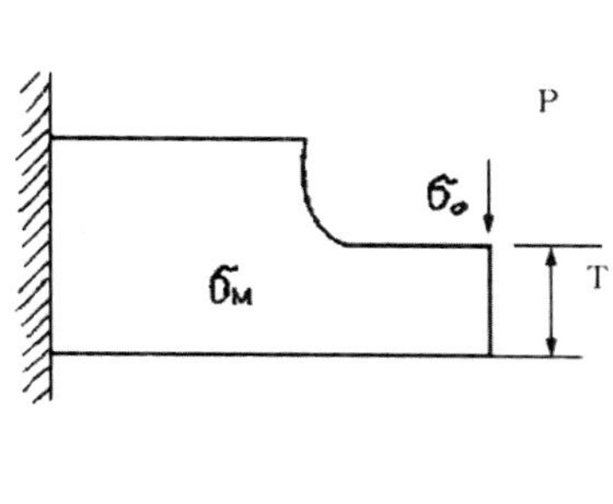

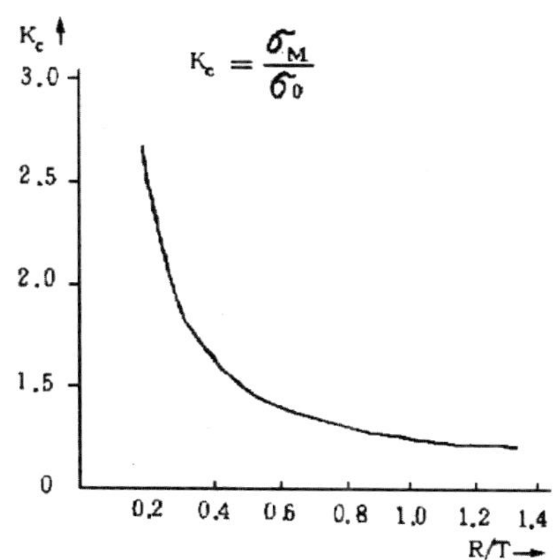

③ Corner R이 적정하지 않는 경우에 성형품 외관에 Flow mark, 수축 등의 불량 현상이 발생한다.

④ 큰 성형품은 Gate로부터 먼 경우에 주의할 필요가 있다.

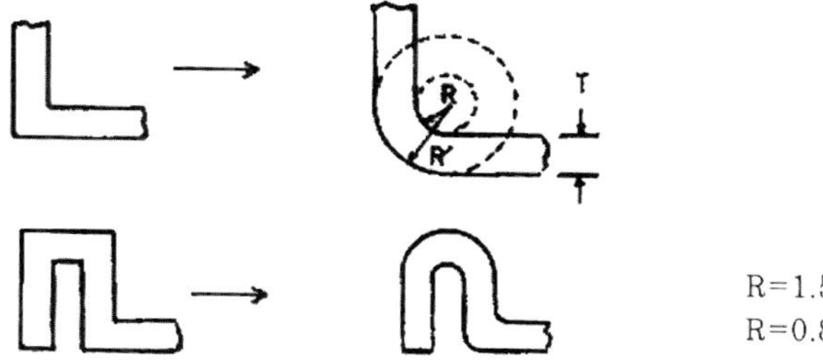

(10) POM의 성형품의 변형해석

① 평면 변형측정 원리

성형품의 표면에 외력이 수직방향으로 작용하는 조건으로 표면에 평면변형(평면응력)의 상태로 임의 점에서 선변형을 측정한다.

3방향의 변형 Gage rosette gauge로 측정한다.

$$\alpha = 45°$$

$$\sigma_1 = \frac{E}{1-V}(\varepsilon_1 + \varepsilon_2)$$

$$\sigma_2 = \frac{E}{1-V}(\varepsilon_2 - \varepsilon_1)$$

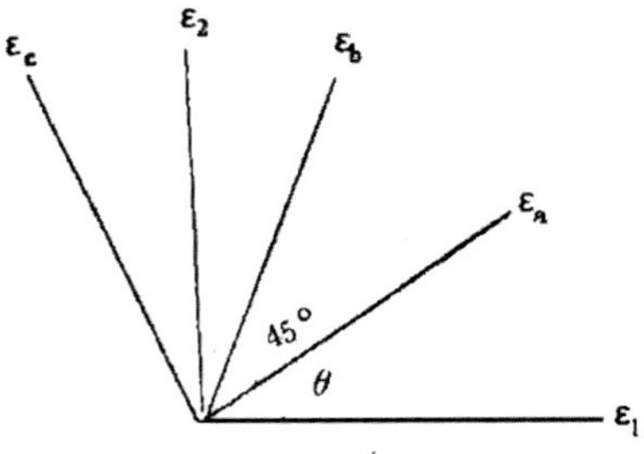

- ε_1: 주변형의 최대, ε_2: 주변형의 최소

$$\varepsilon_1 = K_1 + K_2 \qquad K_1 = \frac{1}{2}(\varepsilon_a + \varepsilon_c)$$

- $\varepsilon_2 = K_1 - K_2 \quad K_2 = \frac{1}{2}(\varepsilon_a - \varepsilon_b) + (\varepsilon_b - \varepsilon_c)$

$$\tan 2\phi = \frac{\varepsilon_a + \varepsilon_c - 2\varepsilon_b}{\varepsilon_a - \varepsilon_c}, \quad 2G = \frac{E}{1+V}$$

$$\gamma = -(\varepsilon_1 - \varepsilon_2)\sin 2\phi, \quad \tau = G\gamma$$

E: 종탄성계수   G: 횡탄성계수

V: Poisson 비 γ: 전단변형

τ: 전단응력 σ_1: 최대주응력

σ_2: 최소주응력

② 비례계수(23℃)

재료	E	G	γ
강	210×10^4	81×10^4	0.28
동	125×10^4	47×10^4	0.34
철	98×10^4	37×10^4	0.34
Al	74×10^4	27×10^4	0.34
POM1	7.3×10^4	2.7×10^4	0.35
POM2	2.4×10^4	0.88×10^4	0.35

(11) POM의 성형품의 강도와 두께

① 파괴강도

압축강도 ≧ 굽힘강도 > 인장강도 ≧ 전단강도

② 단순지지보

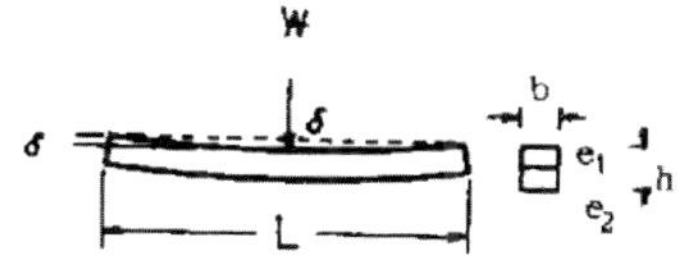

$$\delta_{\max} = \frac{W \cdot L^3}{48E \cdot I} = \frac{\sigma \cdot L^2}{12 \cdot E \cdot e_1}$$

$$\varepsilon = \frac{\sigma_{\max}}{E}, \quad \sigma_{\max} = \frac{M_{\max}}{Z}, \quad \delta = \frac{\varepsilon \ell^2}{\sigma \cdot h}$$

M: 굽힘 Moment

$$M = W \cdot L \cdot \frac{1}{4}$$

Z: 단면계수

I: 단면 2차 Moment

$$I = Z \cdot e_1 \ \text{혹은} \ I = Z \cdot e_2$$

③ 변형 $\delta = 2.8\,\text{mm}$ 이내, 변형률 $\varepsilon = 0.5\%$ 이하로 하는 두께 h는 몇 mm가 필요한가?

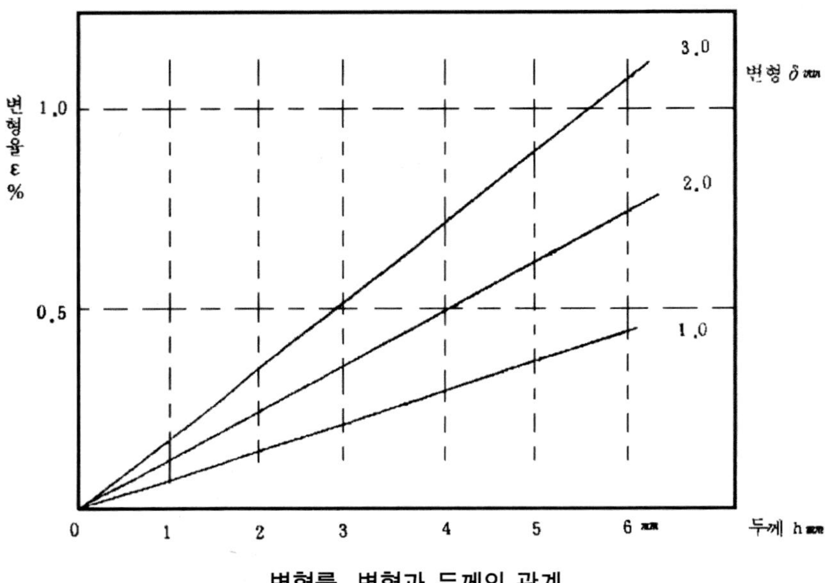

변형률, 변형과 두께의 관계

㉮ 우측종축 δ=2.8의 점과 원점(0.0)과 연결

㉯ 변형률 ε=0.5%와 수직선상의 두께를 구하면 h≧3.0㎜

㉰ 굽힘강도, 굽힘탄성률은 온도에 따라 다르며 두께를 산출하는 경우는 환경온도를 충분히 고려할 필요가 있다.

㉱ 두께는 가능한 한 균일화하여 국부적인 두께의 변화를 피해야 한다.

두께의 변화율≦15%라야 한다.

④ Beam structure

Both ends fixed, Center load	Cantilevered, End load	Simply supported, Center load

$$S_{max} = \frac{WL}{8Z} \text{ (at supports)}$$

$$Y_{max} = \frac{WL^3}{192EI} \text{(at load)}$$

$$S_{max} = \frac{WL}{Z} \text{ (at supports)}$$

$$Y_{max} = \frac{WL^3}{3EI} \text{(at load)}$$

$$S_{max} = \frac{WL}{4Z} \text{ (at supports)}$$

$$Y_{max} = \frac{WL^3}{48EI} \text{(at load)}$$

Both ends fixed, Uniform load	Cantilevered, Uniform load	Simply supported, Uniform load
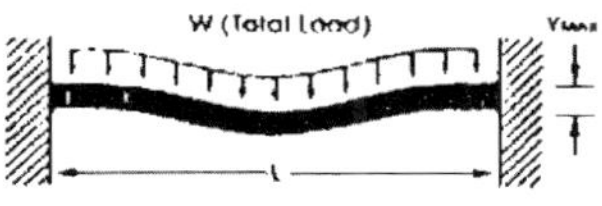	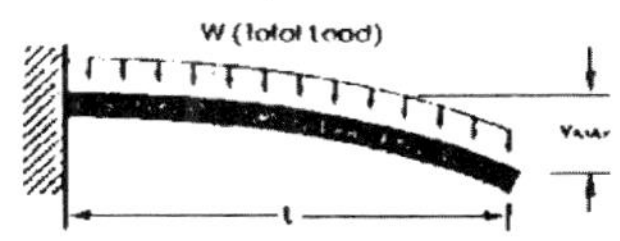	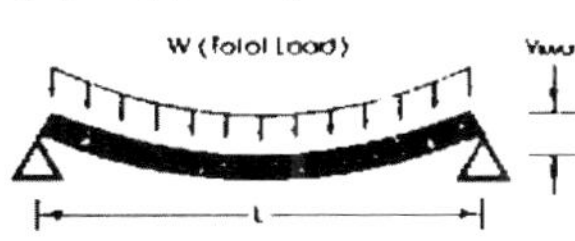

$$S_{max} = \frac{WL}{12Z} \ \text{(at supports)} \qquad S_{max} = \frac{WL}{2Z} \ \text{(at supports)} \qquad S_{max} = \frac{WL}{8Z} \ \text{(at center)}$$

$$Y_{max} = \frac{WL^3}{384EI} \text{(at load)} \qquad Y_{max} = \frac{WL^3}{8EI} \text{(at free end)} \qquad Y_{max} = \frac{5WL^3}{384EI} \text{(at load)}$$

⑤ Plate

㉮ Radial stress

$$Srad = \frac{3F}{4\pi t^2} \quad F = \pi r^2 P$$

$$Srad = \frac{3\pi r^2 P}{4\pi t^2} \quad F = \frac{3r^2 P}{4t^2}$$

㉯ Tangential stress

$$Stan = \frac{3F}{4\pi[1/\pi]t^2} = \frac{3\pi r^2 P}{\dfrac{4\pi t^2}{\mu}} = \frac{3\pi r^2 \mu P}{4\pi t^2} = \frac{3r^2 \mu P}{4t^2}$$

㉰ Maximum deflection

$$Y_{max} = \frac{3F[1/\mu^2 - 1]r^2}{16\pi e[1/\mu^2]t} = \frac{3Fr^2\left(\dfrac{1-\mu^2}{\mu^2}\right)}{\dfrac{16\pi E t}{\mu^2}}$$

$$= 3Fr^2 \times \frac{\dfrac{\mu^2(1-\mu^2)}{\mu^2}}{16\pi E t}$$

$$= \frac{3\pi r P(1-\mu^2)}{16\pi E t} = \frac{3r^2 P(1-\mu^2)}{16E t}$$

P: Pressure

μ: Poisson ratio(0.3 ~ 0.5)

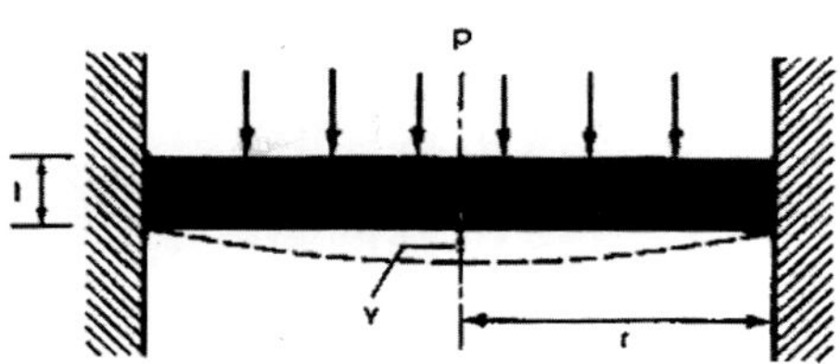

Circular plate under pressure

㉣ 인장강도의 이방성

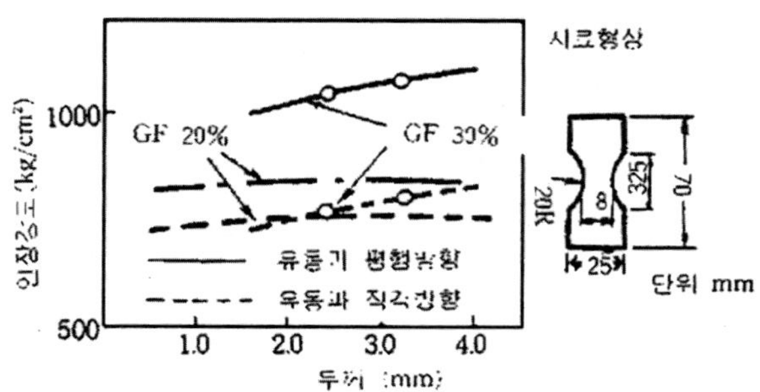

Glass 섬유가 함유된 Polycarbonate

(12) PBT 수지의 GF Content와 수축률

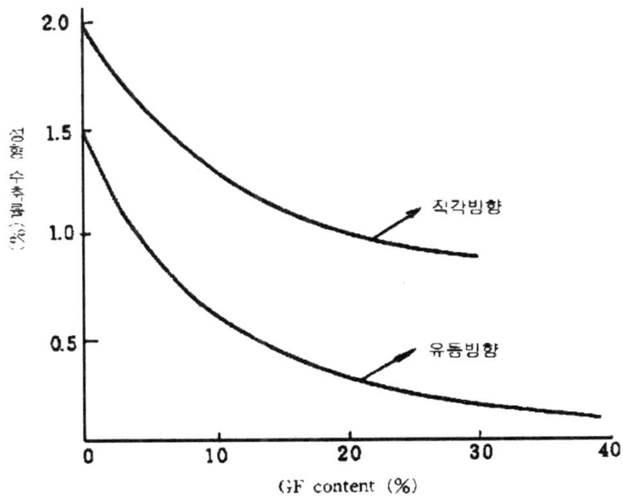

(13) GPPS 용융 시의 압력과 비용적 관계

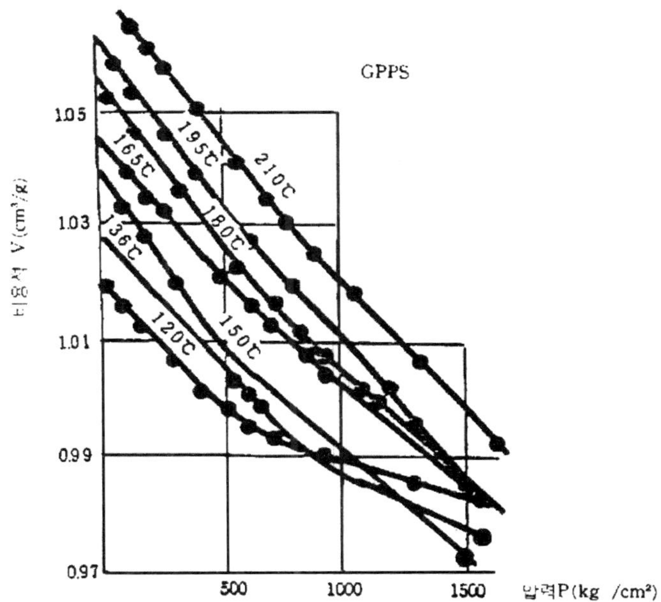

(14) PE 용융 시의 압력과 비용적 관계

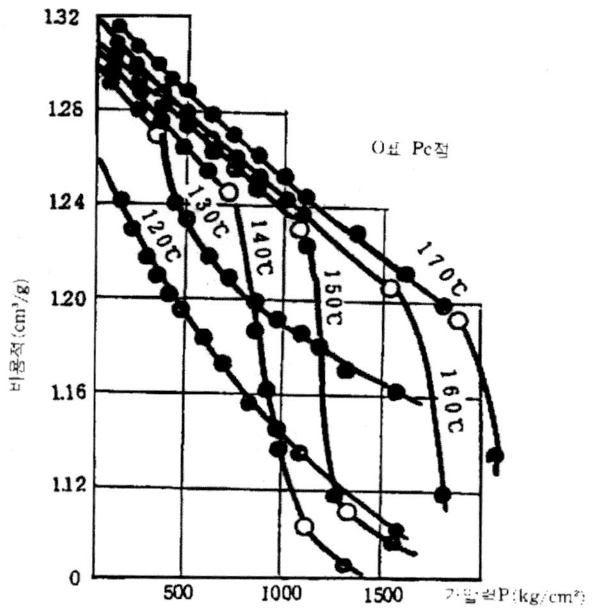

(15) 두께

성형품의 강성을 증가할 경우는 두께의 증가보다 보강 Rib를 설치하는 것이 Cycle up과 변형 방지 효과의 면에서 좋다.

① 일반적으로 사용하는 두께의 범위

L / t가 과대한 경우에 Gate의 수와 두께를 결정한다.

resin	두께(㎜)	L / t	resin	두께(㎜)	L / t
PE	0.6~3.0	280~200	PMMA	1.5~5.5	150~100
PP	0.6~3.0	280~160	HDPVC	1.5~5.0	150~100
POM	1.5~5.0	250~150	PC	1.5~5.0	150~100
PA	0.8~3.0	320~200	ACS	1.6~4.0	300~220
PS	1.0~4.0	300~220	ABS	1.5~4.4	280~160

(주기) L / t=충전 최대 길이(L) / 성형품 두께(t)

② PBT의 수축과 두께 관계

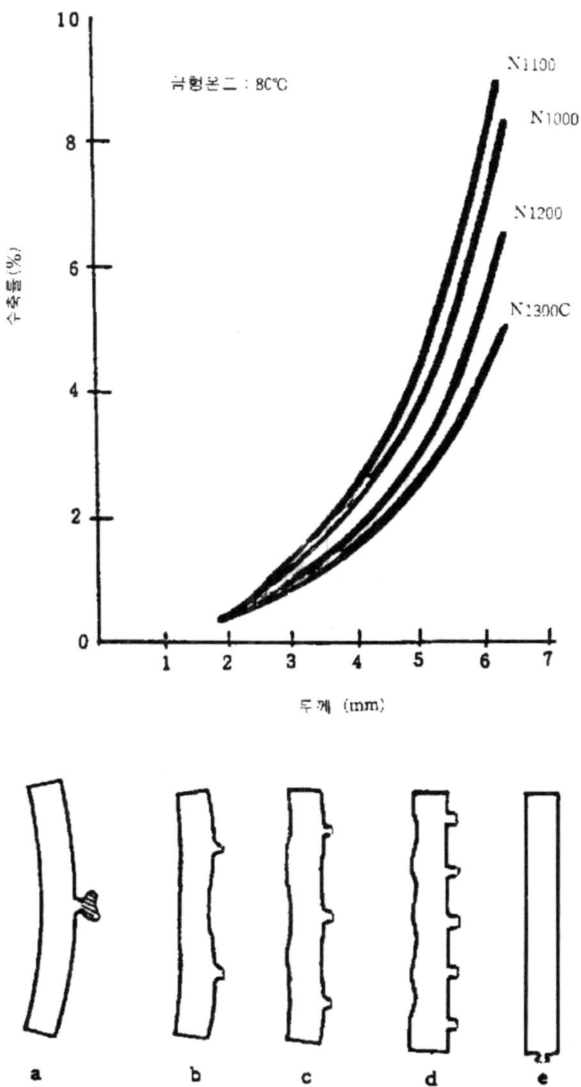

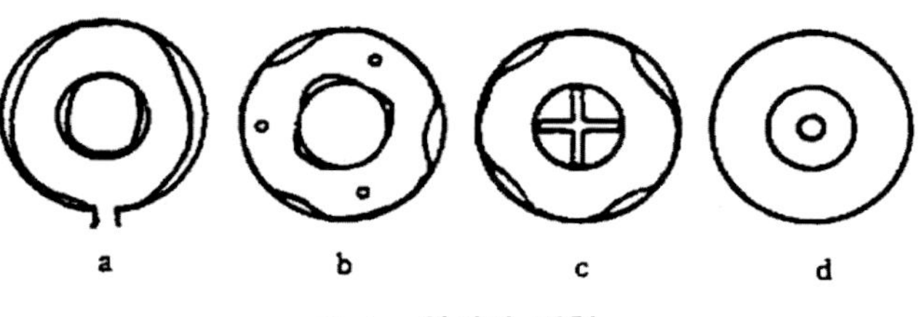

Gate 위치와 변형

③ Resin의 Flow length에 의한 두께

   ㉮ PA

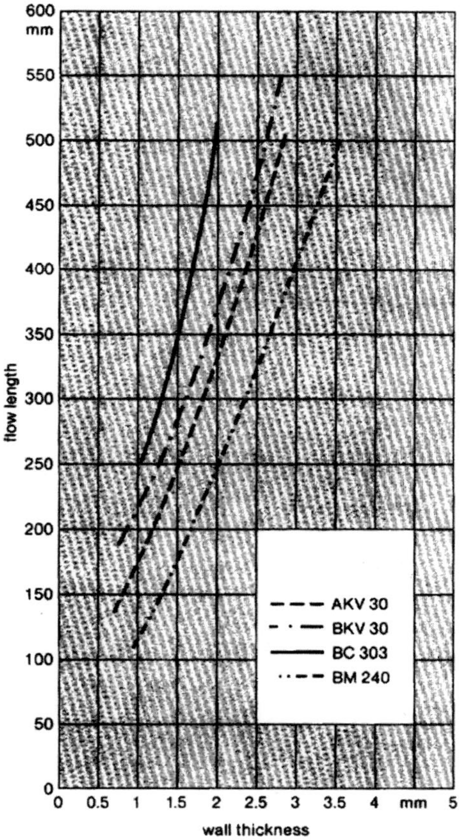

   ㉯ PC+ABS

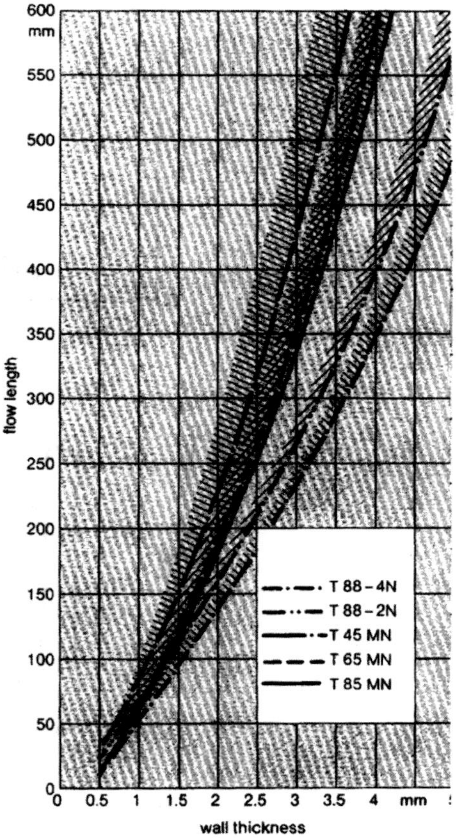

㉲ PET

㉳ PC＋PBT

Petlon 4630
EC 900
PR 52
flow length
wall thickness
wall thickness

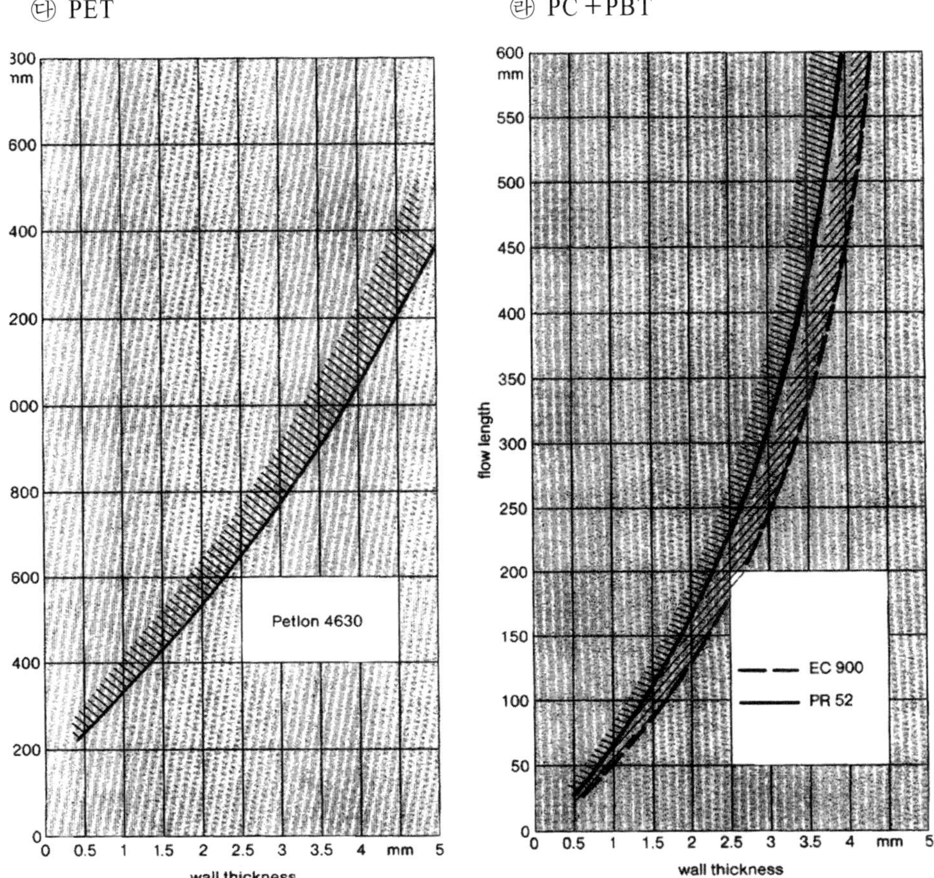

④ 판자 형상의 휨 방향

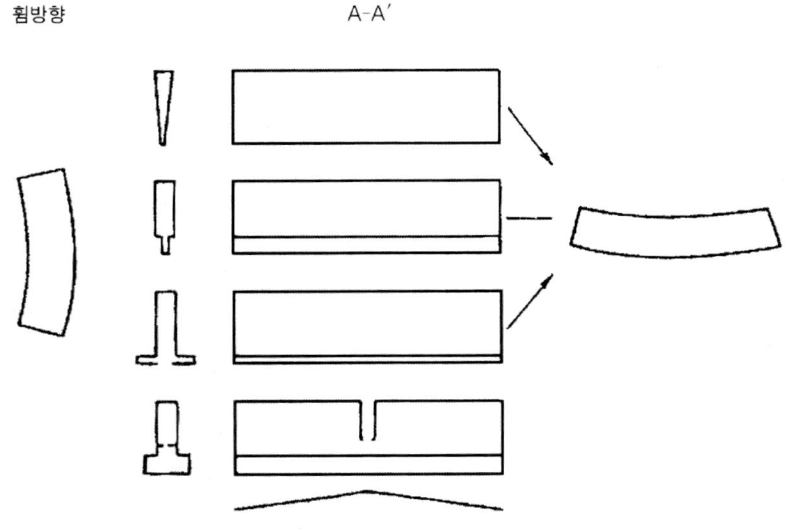

⑤ 상자 형상의 성형품 단면과 휨 방향

ⓐ

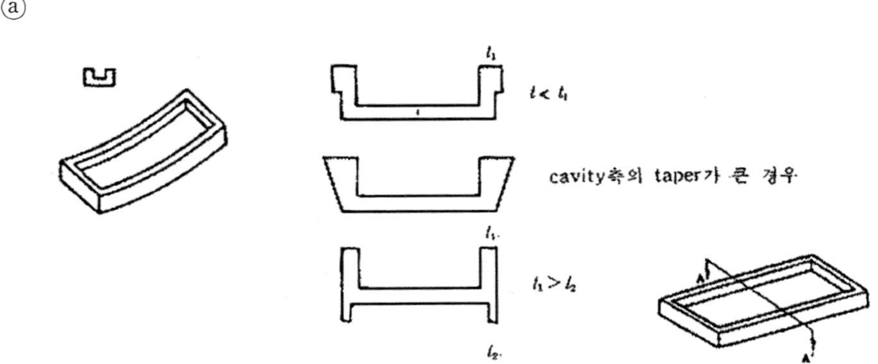

ⓑ

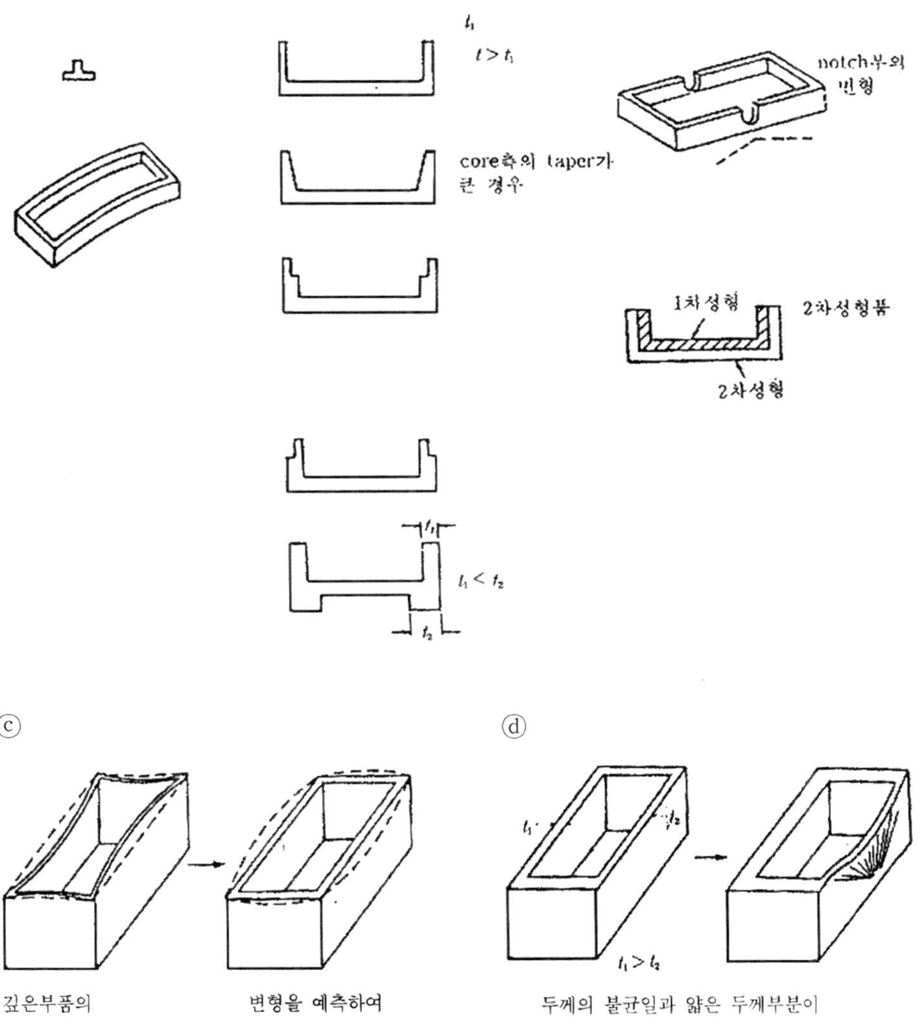

$t > t_1$
core측의 taper가 큰 경우
notch부의 변형
1차성형
2차성형품
2차성형
$t_1 < t_2$

ⓒ

깊은부품의 휨발생
변형을 예측하여 R을 준다.

ⓓ

$t_1 > t_2$
두께의 불균일과 얇은 두께부분이 변형한다.

ⓔ 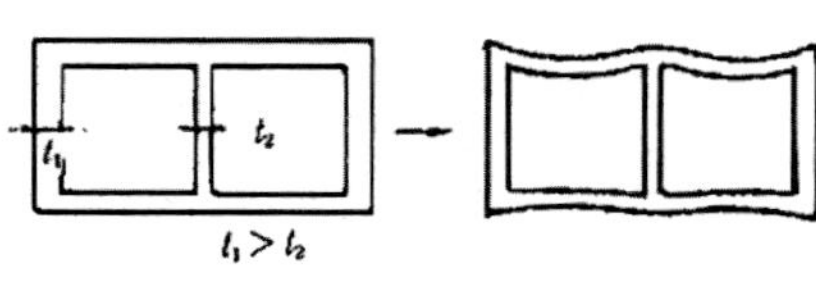

ⓕ 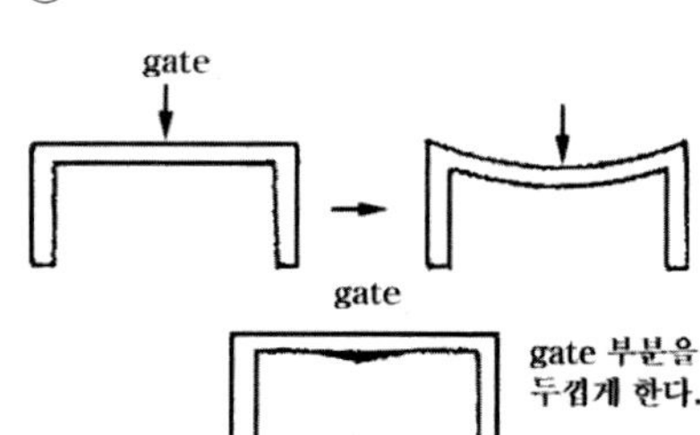

ⓖ Rib가 두꺼운 경우 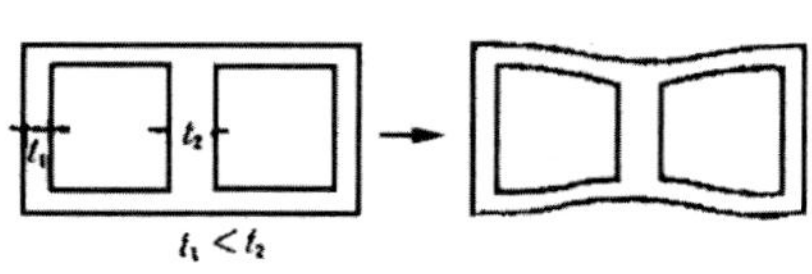

ⓗ 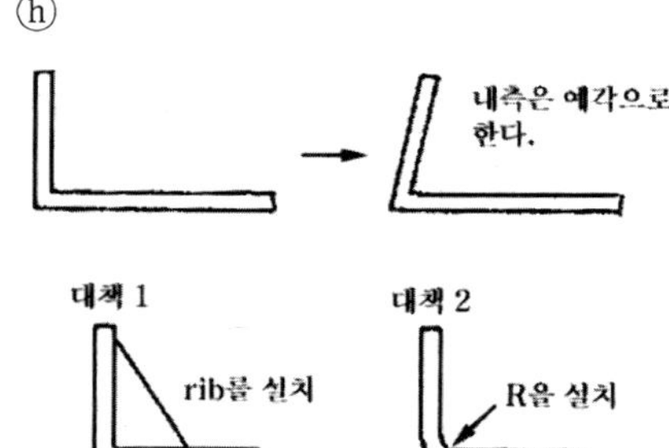

ⓘ 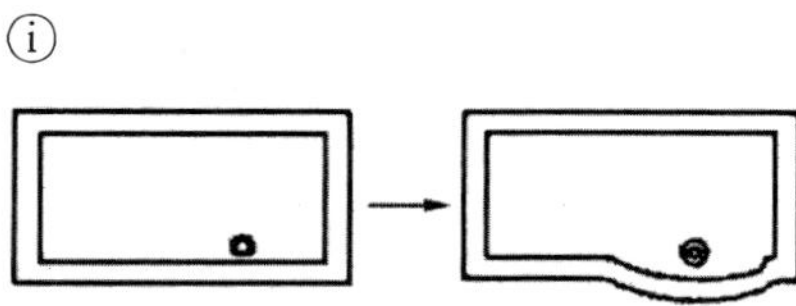

⑥ Variable wall section diagram

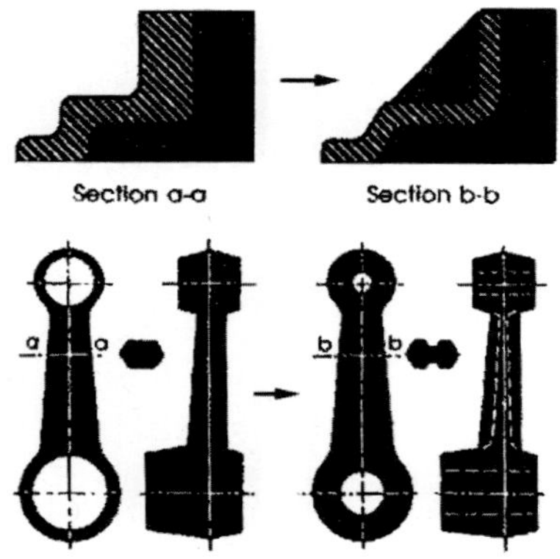

㉮ 유동성 부족

- 두께와 유동거리와의 관계

- 성형조건과 유동특성

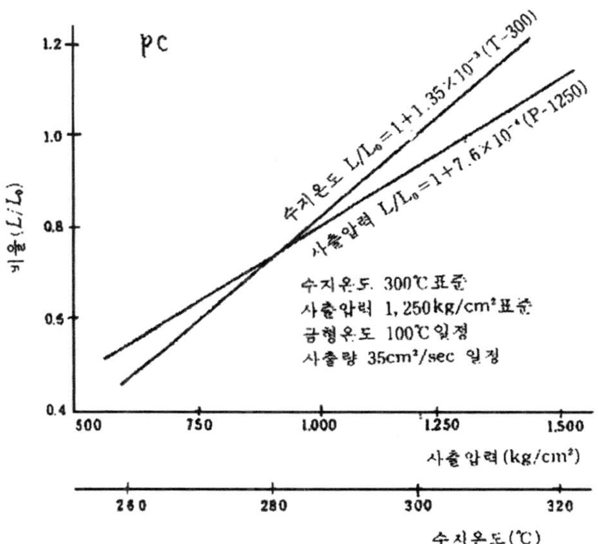

⑦ 평판 형상의 성형품 단면과 휨 방향

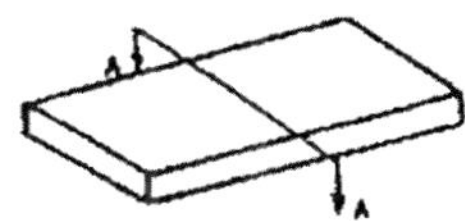

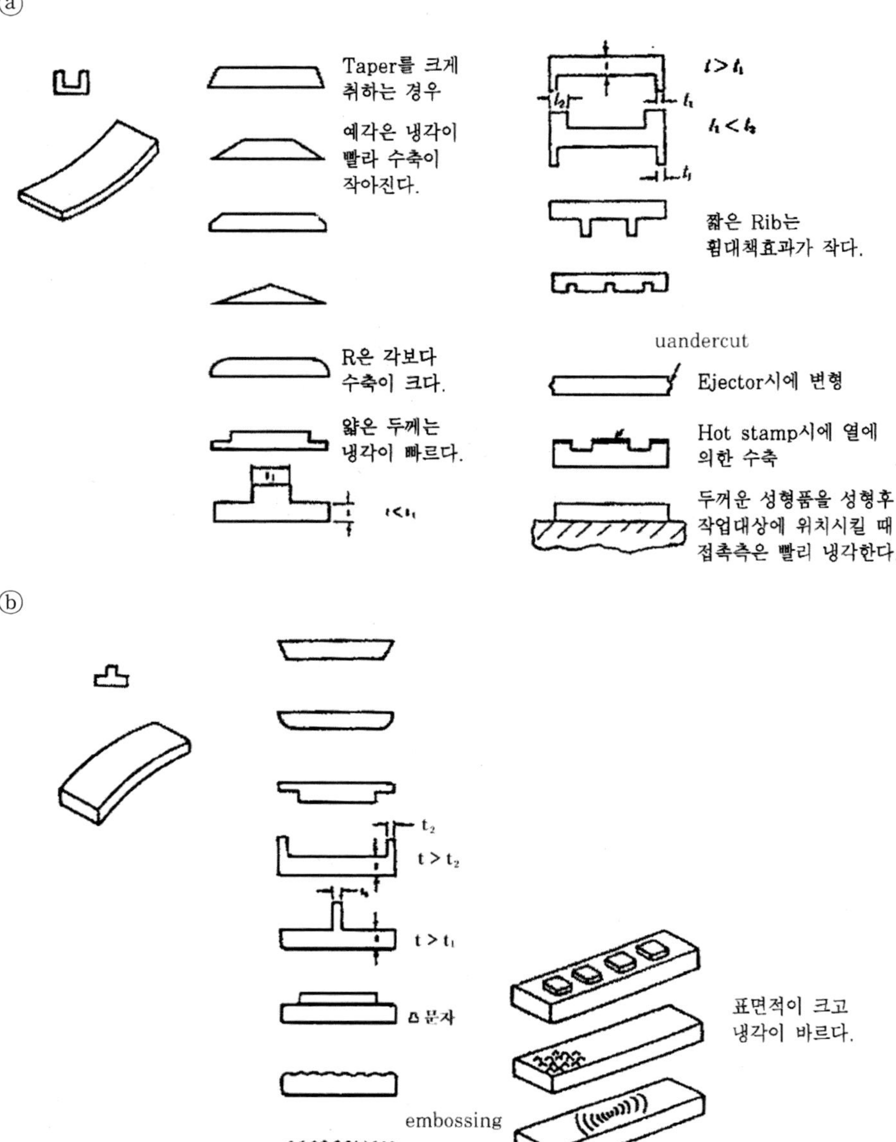

휨 방향
단면 A-A'
ⓐ
Taper를 크게
취하는 경우
예각은 냉각이
빨라 수축이
작아진다.
R은 각보다
수축이 크다.
얇은 두께는
냉각이 빠르다.
$t < t_1$
$t_1 > t_2$
$t_1 < t_2$
짧은 Rib는
휨대책효과가 작다.
uandercut
Ejector시에 변형
Hot stamp시에 열에
의한 수축
두꺼운 성형품을 성형후
작업대상에 위치시킬 때
접촉측은 빨리 냉각한다.
ⓑ
t_2
$t > t_2$
$t > t_1$
凹 문자
embossing
표면적이 크고
냉각이 바르다.

ⓒ

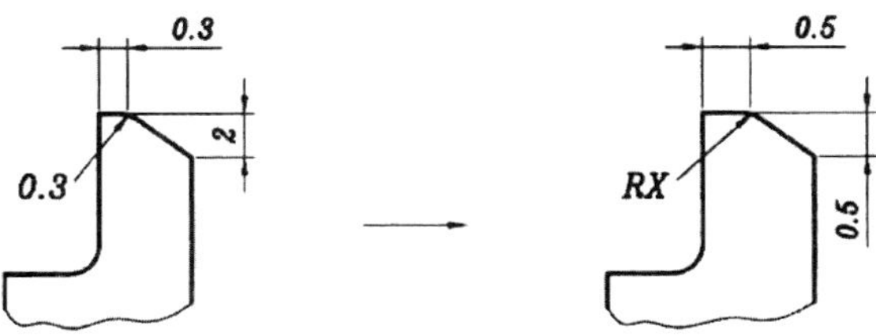

⑧ 변형에 대한 불량 요인도

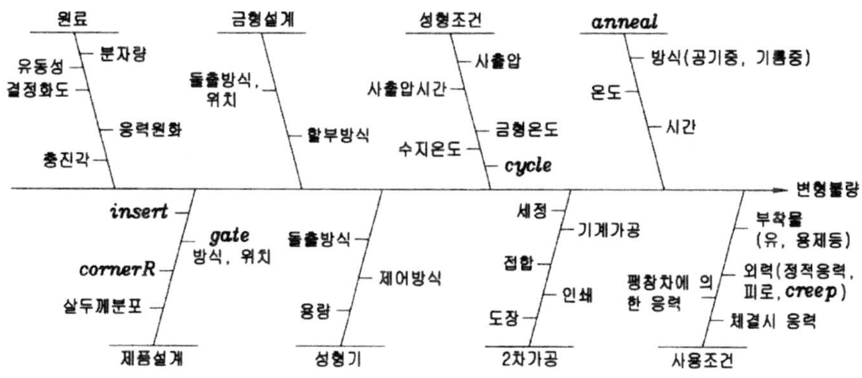

⑨ 형체 방향에 원인이 있는 Burr

　㉮ 금형의 긴 방향 치수 불량

　㉯ Back plate 및 Rocket ring경 내부의 강도 부족

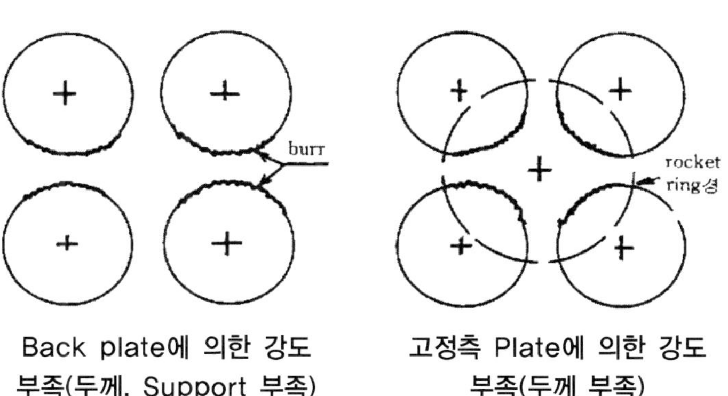

Back plate에 의한 강도
부족(두께, Support 부족)

고정측 Plate에 의한 강도
부족(두께 부족)

⑩ 고사출압에 의한 수축률

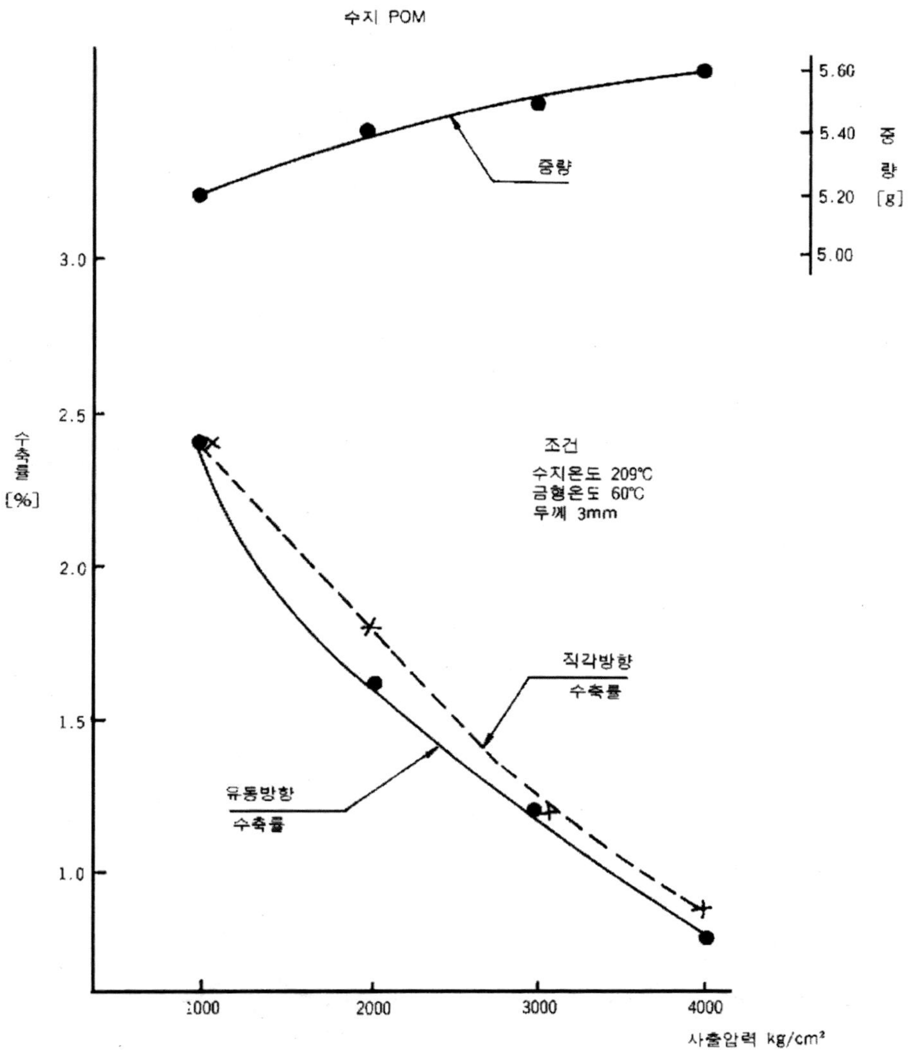

⑪ 사출성형품의 품질과 요인

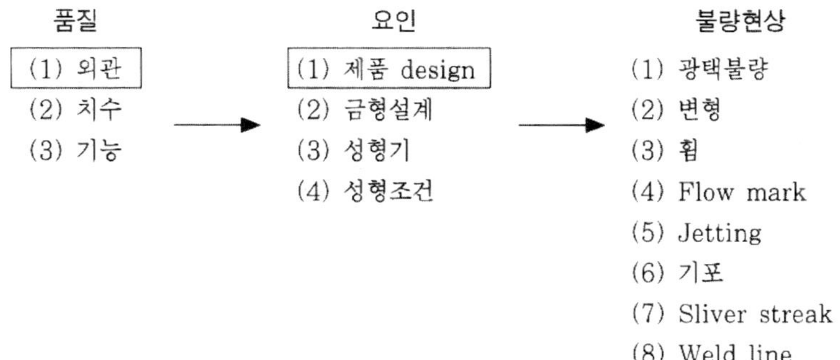

⑫ 각종 수지의 외관불량

불량 수지	광택	변형	휨	Flow mark	Jetting	기포	Sliver streak	Weld line
ABS	○			×	×		×	
HIPS	×			×				
PS	○							
PMMA	○					×	×	
PC	○					×	×	
PP		×	×				○	
PA		×	×					
PBT		×	×					

주기: ① ○ : 양호
② × : 불량
③ 무표기: 제품 Design, 금형설계, 성형조건에 의한 발생

⑬ 성형수축률

성형수축은 사출성형의 공정에서 열, 압력의 변화에 의하여 발생한다. 따라서 성형수축의 요인은 다음과 같다.

㉮ 열적수축

㉯ 탄성회복에 의한 팽창

㉔ 수지

㉕ 결정화에 의한 비용적의 변화에 의한 수축

㉖ 분자배향의 완화에 의한 수축

각종 수지의 선팽창계수와 성형수축률

성형재료		선팽창계수	성형수축률
수지명	충진재(강화재)	(10 / ℃)	(%)
열경화성수지 Phenol	목분	3.0~4.5	0.4~0.9
Phenol	Glass 섬유	0.8~1.6	0.01~0.4
Urea	Cellurose	2.2~3.6	0.6~1.4
Meramin	Cellurose	4.0	0.5~1.5
Diallyl phthalate	Glass 섬유	1.0~3.6	0.1~0.5
Epoxy	Glass 섬유	1.1~3.5	0.1~0.5
Polyester	Glass 섬유	2.0~3.3	0.1~1.2
열가소성수지 결정성 PE(저밀도)	—	10.0~20.0	1.5~5.0
PE(중밀도)	—	14.0~16.0	1.5~5.0
PE(고밀도)	—	11.0~13.0	2.0~5.0
PP	—	5.8~10.0	1.0~2.5
PP	Glass 섬유	2.9~5.2	0.4~0.8
Nylon 6	—	8.3	0.6~1.4
Nylon 6~10	—	9.0	1.0
Nylon	20~40% Glass 섬유	1.2~3.2	0.3~1.4
POM	—	8.1	2.0~2.5
POM	20% Glass 섬유	3.6~8.1	1.3~2.8
비결정성 PS(일반용)	—	6.0~8.0	0.2~0.6
PS(내충격용)	—	3.4~21.0	0.2~0.6
PS	20~30% Glass 섬유	1.8~4.5	0.1~0.2
AS	—	3.6~3.8	0.2~0.7
AS	20~33% Glass 섬유	2.7~3.8	0.1~0.2
ABS	—	9.5~13.0	0.3~0.8
ABS	20~40% Glass 섬유	2.9~3.6	0.1~0.2
MMS	—	5.0~9.0	0.2~0.8
PC	—	6.6	0.5~0.7
PC	10~40% Glass 섬유	1.7~4.0	0.1~0.3
경질 PVC	—	5.0~18.5	0.1~0.5
Cellurose acetate	—	8.0~18.0	0.3~0.8

● Glass 30% PBT 수지의 두께와 성형수축률

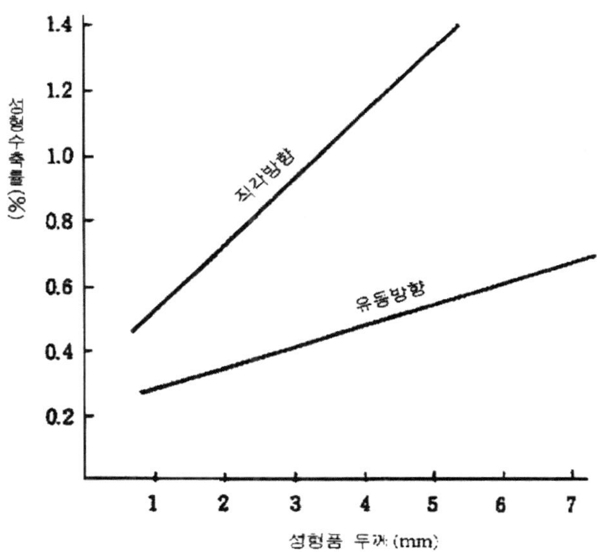

● ABS 수지 성형품의 두께와 성형수축률

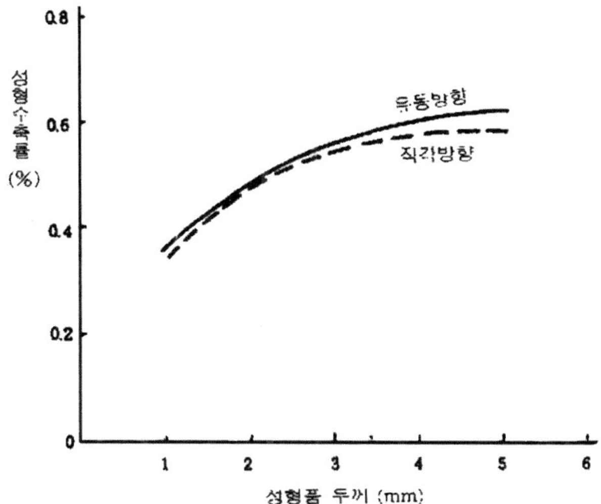

- 각종 수지의 온도와 비용적

  결정성 수지는 비결정성 수지에 비하여 성형수축률이 크다.

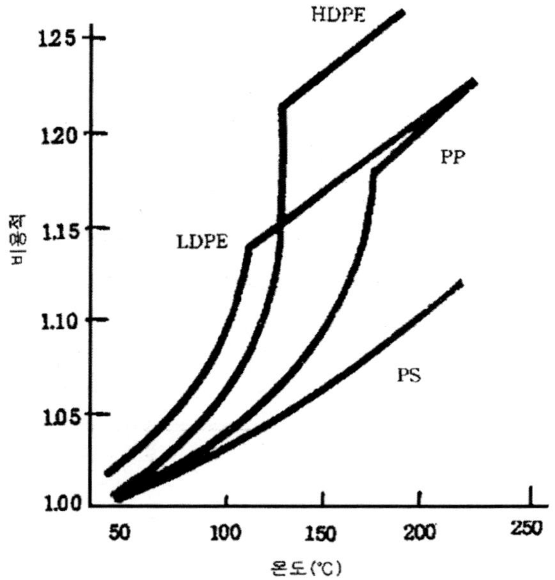

제11장

Rib 설계

1. Rib의 정의

Rib의 성형품에서 길게 돌기된 부분으로서 성형품의 장식, 보강, 휨성 방지 및 얇은 두께로서 강도를 증가시키므로 성형품의 경량화를 꾀할 수 있다.

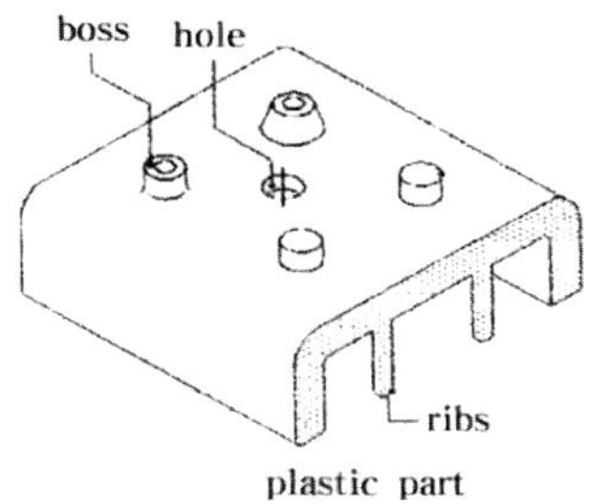

2. Rib의 기능

Rib는 성형품에 길게 돌기됨으로써 성형 시 수지의 흐름을 좋게 할 뿐 아니라 Runner 기능 및 냉각 시에 성형품이 일그러지는 현상을 방지한다.

3. Rib의 설계

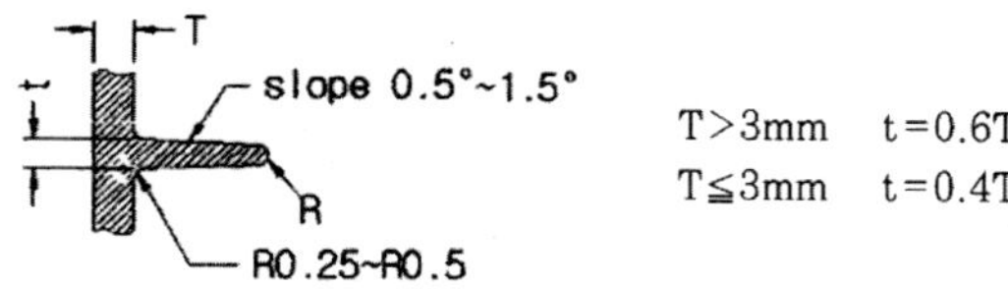

① 수축을 제거하기 위하여 다수의 Rib를 설계하여 형상을 갖추면서 수축을 방지한다.

② 폭이 넓은 Rib 대신에 폭이 좁은 Rib를 2개로 하든가 강도상으로 문제가 없을 시에는 1개의 Rib로 한다.

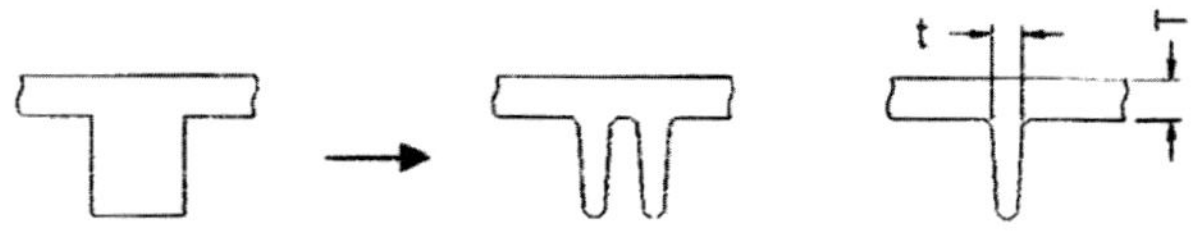

③ 보강하는 데 많이 사용되는 세로방향 Rib의 발구배는 일반적으로 측벽 바닥두께에 의해서 A, B의 치수가 결정되므로 이 경우 가장 많이 사용되는 발구배는 아래와 같다.

$$\frac{0.5(A-B)}{H} = \frac{1}{500} \sim \frac{1}{200}$$

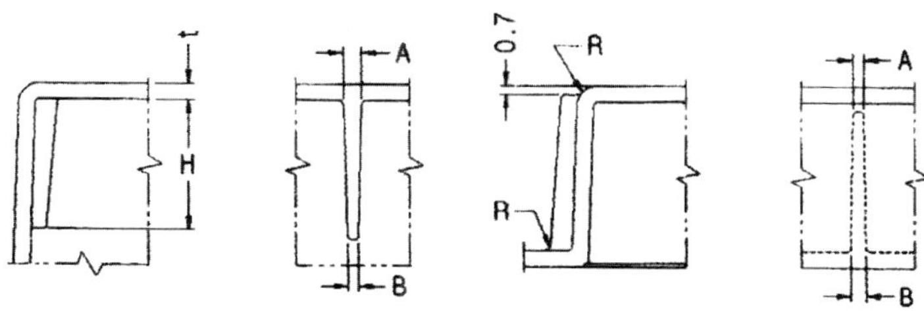

※ 다소 수축이 발생하여도 관계없는 경우(0.8~1.0)로 한다. 단 B=1.0~1.8

④ 바닥부위에 형성되는 Rib는 세로방향 Rib와 같은 용도로 이용되므로 세로방향 Rib와 같은 방법으로 설계한다.

$$\frac{0.5(A-B)}{H} = 1/150 \sim 1/100$$
$$A = T0.4$$

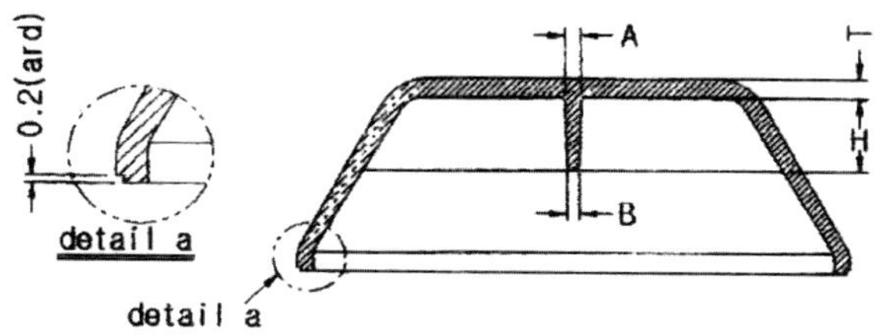

※ 다소 수축이 생겨도 좋은 경우

　B=(0.8~1.0)로 하는 경우도 있다.

　B=1.0~1.8(가공상 제한이 있기 때문)

⑤ 외곽형상을 변화시키지 않은 Rib를 설치하기 위하여, Rib 내의 수축으로 인한 변형을 방지하기 위하여 그림과 같이 설계한다.

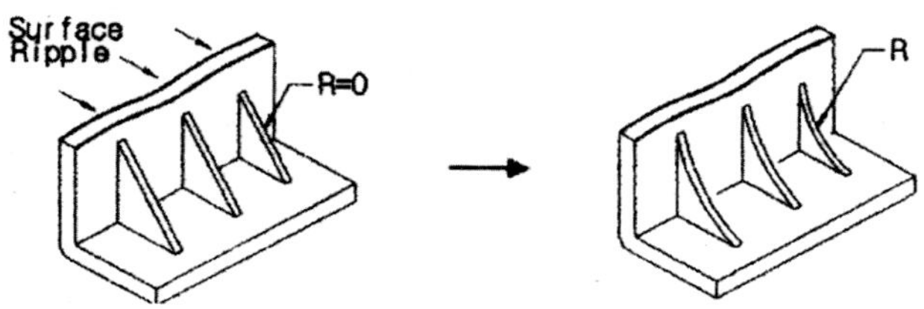

⑥ 벽두께에 Rib 두께를 같게 한 경우 (a)와 Rib 두께를 벽두께의 1 / 2로 한 경우 (b)는 전자의 경우 Rib의 접촉부 단면적은 약 50% 증가하고 수축을 발생하게 한다.

후자의 경우 Rib 접촉부의 단면적이 약 20% 증가하게 되어 수축이 생기지 않는다. 이런 점으로 보아 Rib의 두께를 두껍게 하는 것보다는 Rib의 수를 증가시키는 것이 좋다.

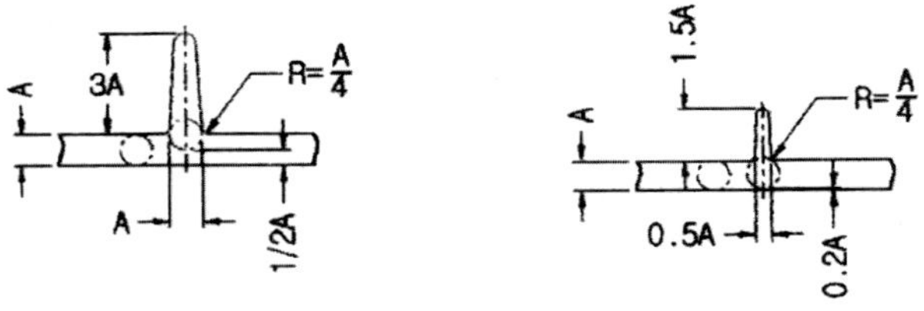

⑦ 표면에 Hot Stamping을 할 경우는 성형품 표면에 수축이 발생하므로 Rib를 설치하지 않는 것이 좋다.

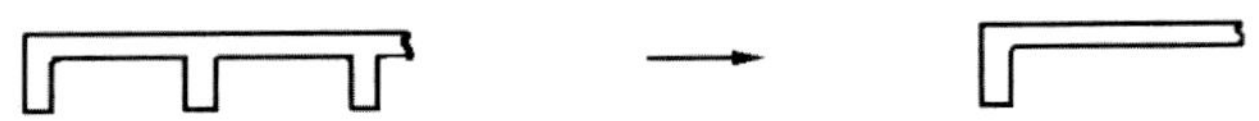

⑧ 돌기에 의해 끼워 맞추는 경우는 돌기부분이 부러지기 쉬우므로 l 또는 h를 크게 하고 탄성에 의해 끼워 맞춰지도록 하고 과대한 힘이 돌기에 가해지지 않도록 한다.

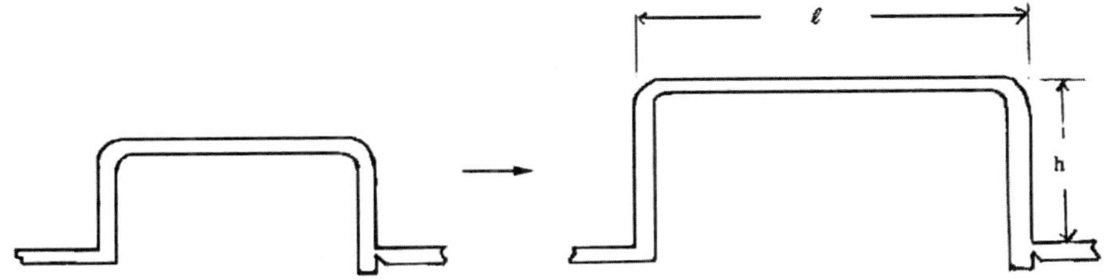

⑨ Vinyl 전선 등의 가소제를 포함한 부품이 직접 성형품에 닿으면 성형품을 변색 또는 열화시키므로 절연을 시킨다.

Rib의 형상에 의한 성형품의 변형이 크기 때문에 설계 시 부품기능을 손상하지 않은 범위에서 작은 변형의 쉬운 형상을 선택하는 일이 중요하다. 일반적으로 각형보다는 원형 쪽이 변형은 적으며 가장 변형이 적은 형상은 반구형이다.

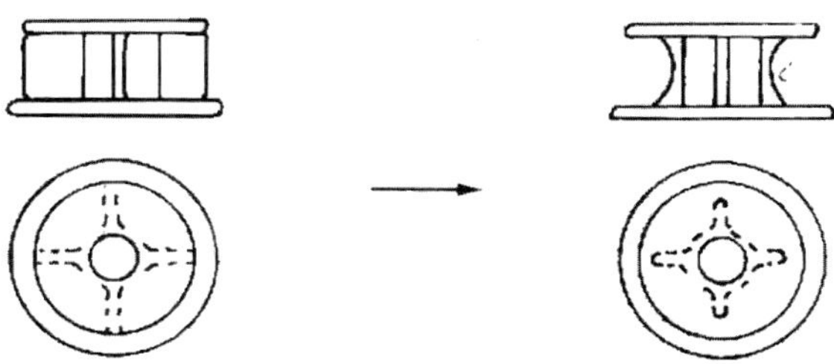

⑩ 기본적인 Rib design

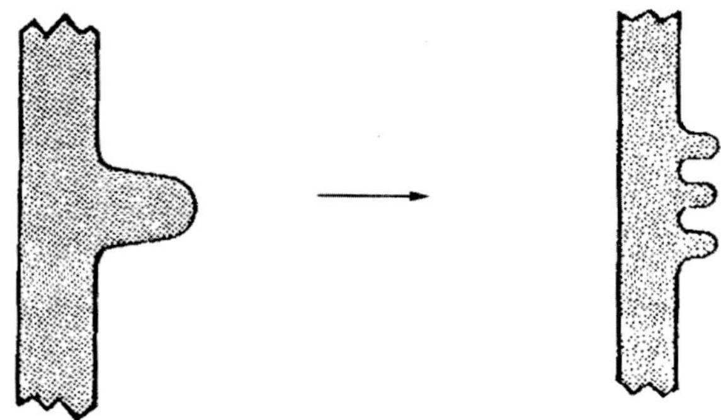

⑪ 일반적인 Rib 설계

㉮ Rib

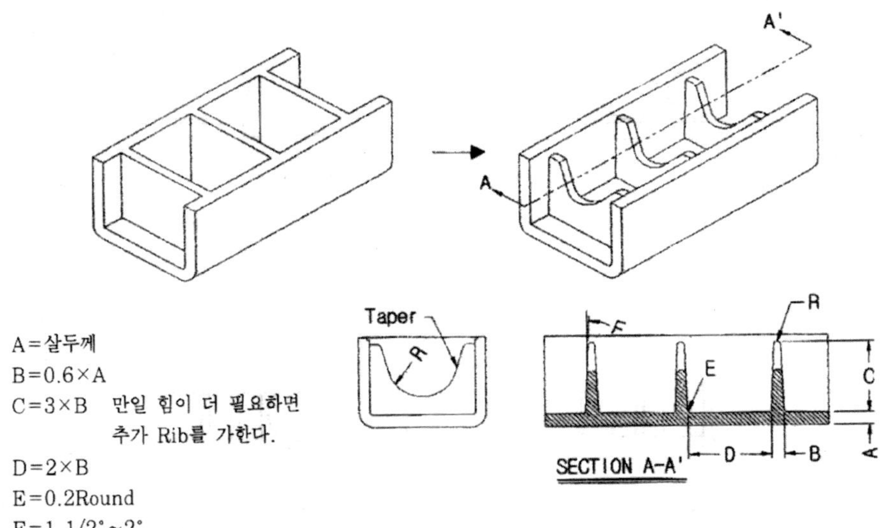

A＝살두께
B＝0.6×A
C＝3×B   만일 힘이 더 필요하면
          추가 Rib를 가한다.
D＝2×B
E＝0.2Round
F＝1 1/2°～2°

⑫ Rib의 두께에 따른 높이관계

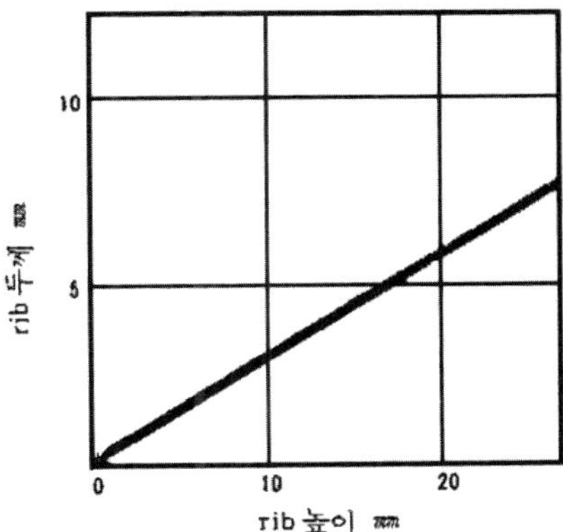

⑬ Rib 살부분 범위의 배열

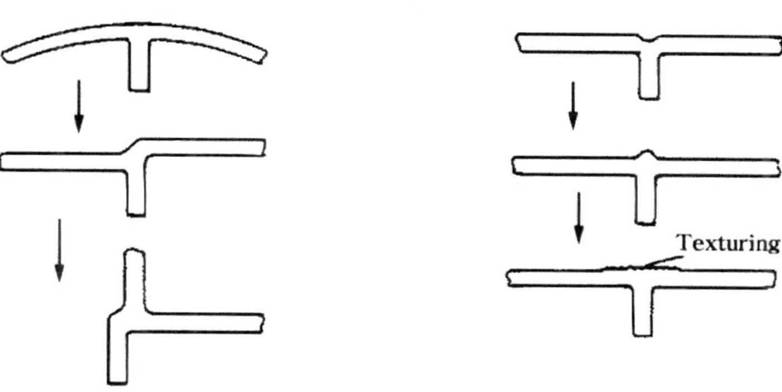

⑭ Plastic welding의 Rib 설계

ⓐ A Type

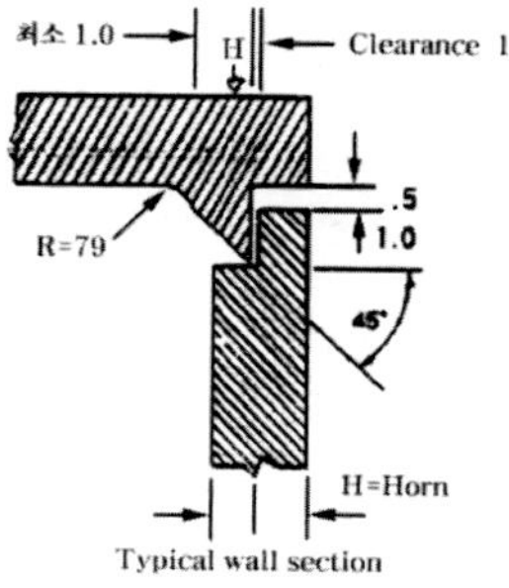

ⓑ B Type

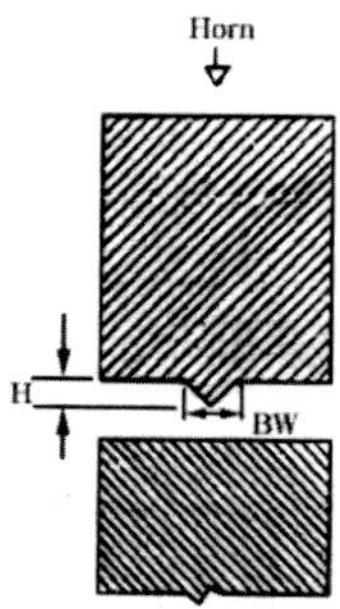

ⓒ C Type

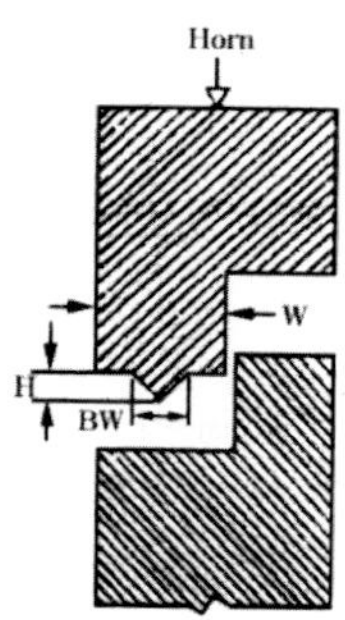

ⓓ D Type

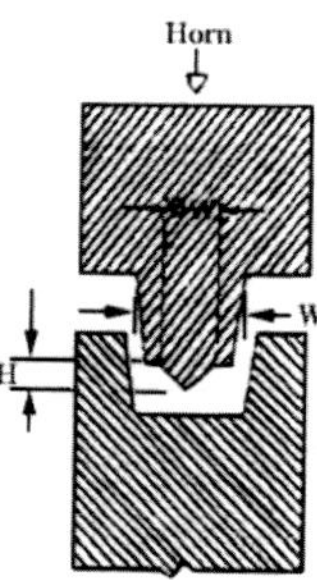

ⓔ E Type

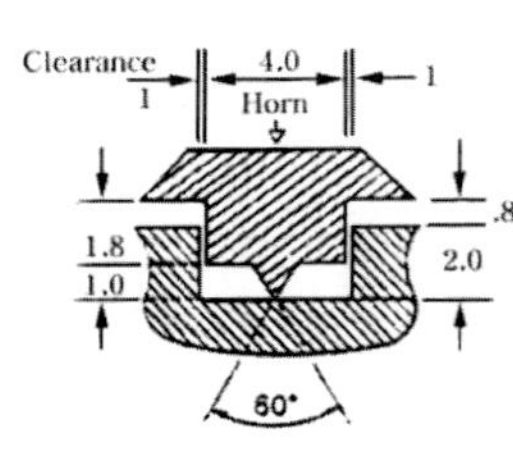

ⓕ F Type

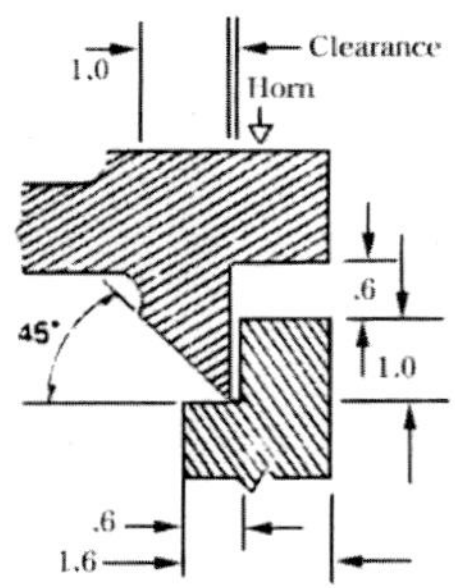

ⓖ G Type

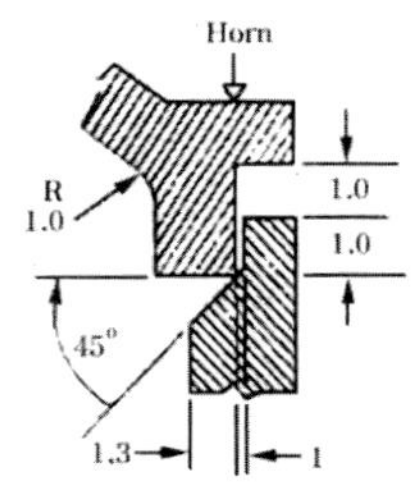

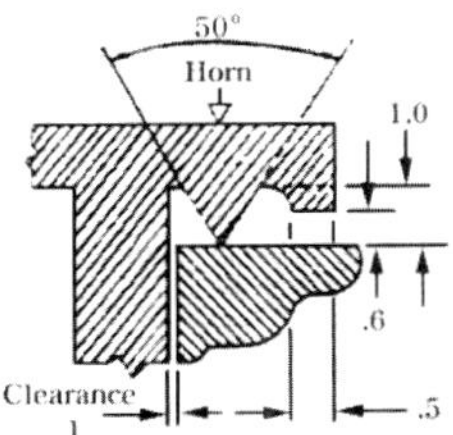

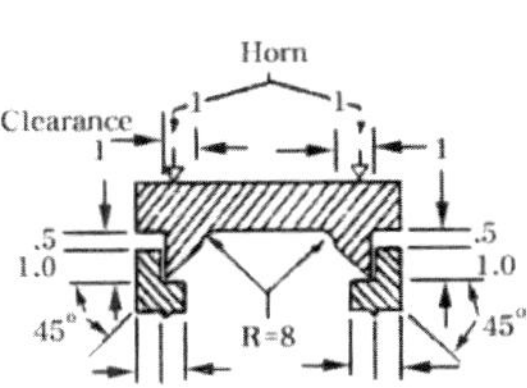

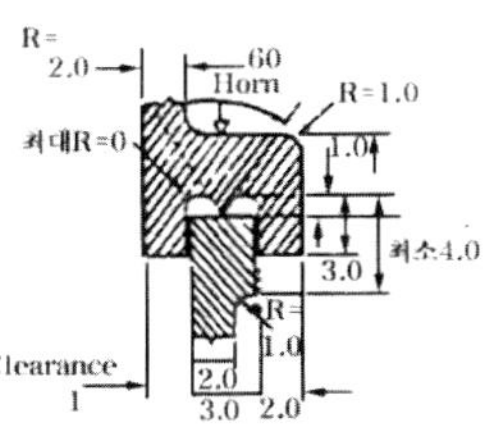

4. 재질별 Rib 설계

(1) Polycarbonate의 Rib 설계

성형품에 예각이 있으면 수지의 흐름을 저해하거나 Flow mark가 생기거나 또는 강도적으로 Notch 효과가 일어나므로 모두 Rib(최저 1.5㎜R)를 취할 필요가 있다.

두께를 균일하게 하기 위해 성형품의 Design 예로서는 그림에 나타냈는데 참고 바란다. 또 강도적으로 어느 부분의 살을 아무리 해도 빠질 수 없는 경우는 Rib를 만드는 것에 의해 두께의 균일화를 취하면 좋다.

Rib의 설치방법은 그림을 표준으로 한다. 이 경우 Rib 기부에 있어서 'A'에 주의할 것. 강도적으로도 살을 두껍게 하는 것보다 얇은 살로 Rib를 만드는 것이 충격강도는 높게 된다.

빼기 Taper는 통상 0.5~1° 또는 1:100~1:50 정도이면 좋다.

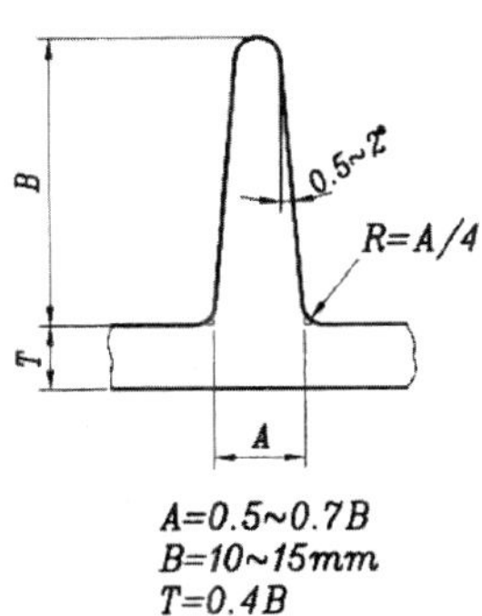

Rib의 설치 방법

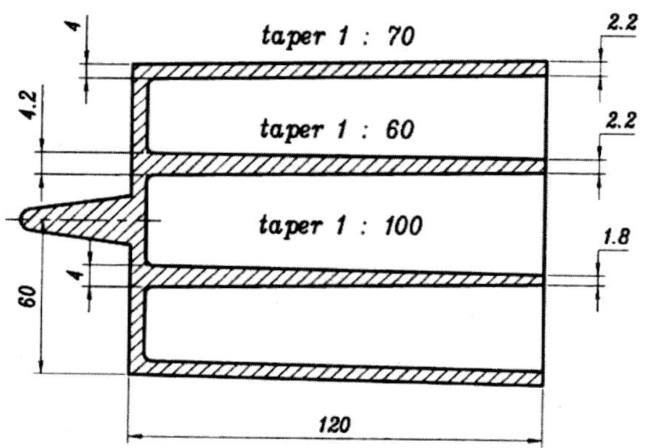

두께 0.5㎜ 이상, 높이 70~80㎜ 정도의 원통이라면, 빼기 Taper의 필요는 거의 없다. 어느 경우도 Core의 표면연마는 빼기방향으로 행하는 것이 유리하다.

Core pin의 경과 길이와의 비는 일단이 자유단인 경우는 1 : 5가 최고한도이며, 양단지지가능의 경우는 1 : 10까지 가능하다.

(2) Engineering structural foam의 Rib 설계

① Rib 구조설계

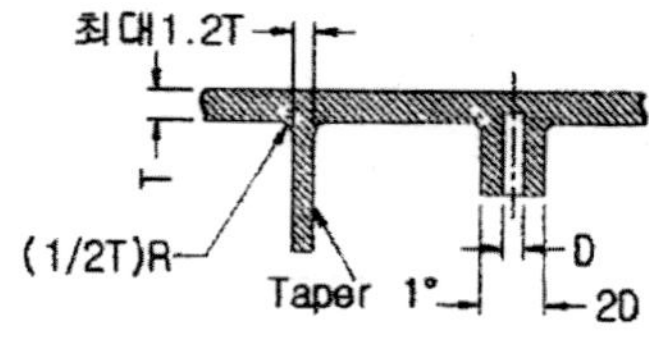

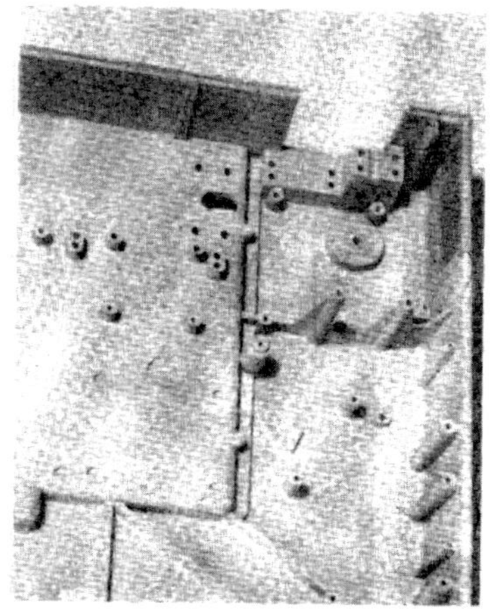

② T형상 Rib와 동일강상을 유지하는 평판두께의 변환공식

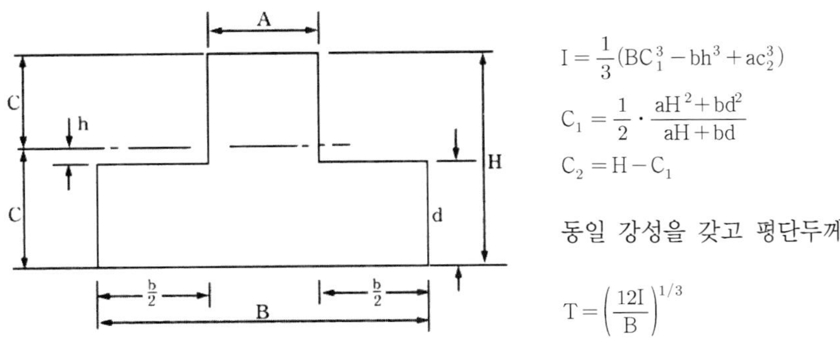

$$I = \frac{1}{3}(BC_1^3 - bh^3 + ac_2^3)$$

$$C_1 = \frac{1}{2} \cdot \frac{aH^2 + bd^2}{aH + bd}$$

$$C_2 = H - C_1$$

동일 강성을 갖고 평단두께

$$T = \left(\frac{12I}{B}\right)^{1/3}$$

(3) ABS의 Rib 설계

① Rib 설계 – Rib는 가능하고 적게 할 것(얇은 Rib는 Short shot 현상이 나오기 쉽다.)

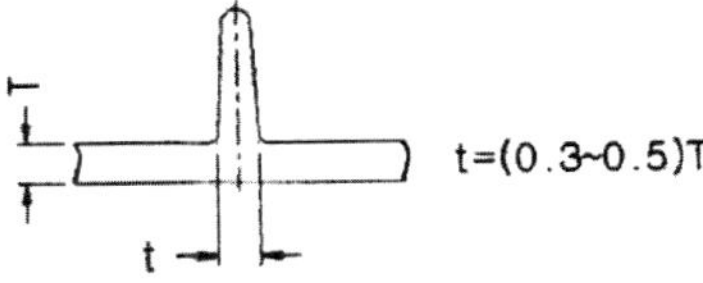

② 용착 Boss는 충분히 강하게 한다.

(4) PP의 Rib 설계

Polypro은 수축이 크므로 뺌이 쉬운데, 일반적으로 2°를 표준으로 하면 좋다. 최소 1° 정도까지 긁힘 상처 없이 뺄 수 있다. 성형품의 강성을 증가시킬 경우에는

Rib 살두께를 증가시키는 방법이 꽤 효과적이다. 그 밖에 Rib는 금형 내의 수지의 흐름을 용이케 하고 잔류응력에 의한 변형을 방지하는 데 유효하다. 그러나 Rib의 두께가 너무 두껍거나 높이가 높거나 하면, 이면에 긁힘을 발생시키거나 모서리 부분에 과대한 응력집중을 발생한다. 이런 경우 큰 Rib를 1개 세운 것보다 작은 Rib를 여러 개 세운 쪽이 효과적이다.

다음에 대표적인 Rib의 크기를 나타냈다. Rib를 세운 면의 살두께를 T라 하면, Rib의 형상은 다음과 같은 것이 적당하다.

① 높이 h: 3 / 2T   ② 기부의 R: T / 8
③ 발구배 P: 2°   ④ 살두께 t: T / 2

Rib에 의한 긁힘이 외관상 문제되는 경우는 양면에 가공물 외관을 배의 반점 같은 것을 만드는 것과 같이 반대측을 살붙임, 홈을 팜으로 해서 현저히 감소하게 된다.

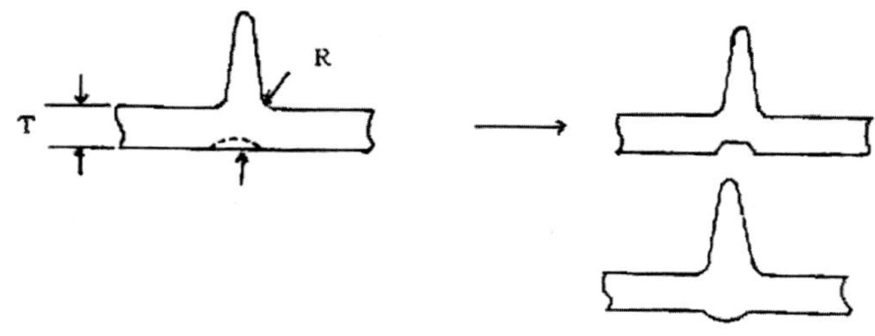

(5) 강성이 우수하고 수축이 심한 Rib 설계

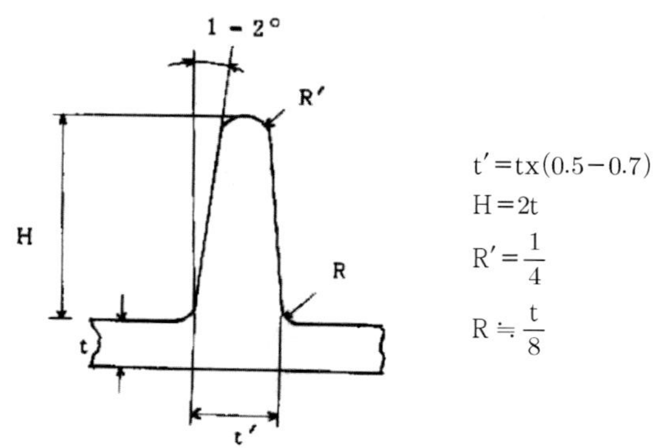

$$t' = t \times (0.5 - 0.7)$$
$$H = 2t$$
$$R' = \frac{1}{4}$$
$$R \fallingdotseq \frac{t}{8}$$

(6) PC.ABS의 Rib wall thickness 관계

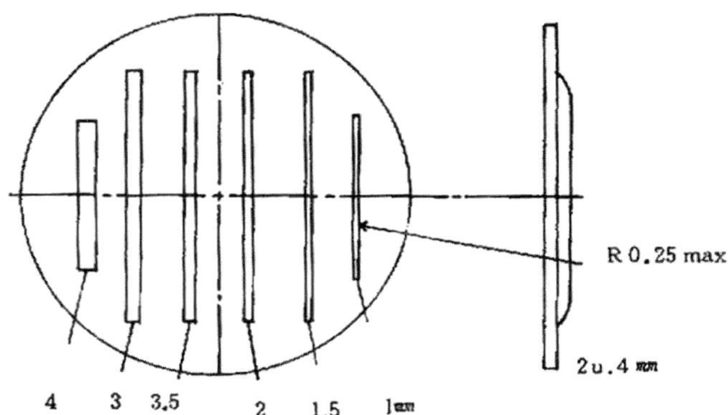

Baylon: 1 : 2.5   Markrolon(PC): 1 : 2~1 : 2.5
Cellidor: 1 : 1.5~1 : 3   Novodur(ABS): 1 : 1.5~1 : 2.5
Durethan: 1.3   Pocan B(GF30): 1 : 3.5
Duretan BKV30: 1 : 3.5~1 : 4

눈에 띄는 수축은 다음에 의해 감소시킬 수 있다.

① 더 높은 압력

② 평평한 부분에 Rib를 대지 않는다.

③ 표면을 Graining 또는 Texturing

④ 밝은 색깔

⑤ Rib가 최소 0.25㎜까지 살을 유지할 수 있는 Round

(7) POM의 Rib 설계

① 일반적으로 굽힘저항인 Flexural rigidity(휨강성)의 정의는 Flexural rigidity＝EI 여기서 E는 Young's modulus이고 I는 Moment of intertia(관성모멘트)이다. EI값이 클수록 주어진 하중에서 적은 변형량을 나타내고 주어진 변형량에서 판재가 유도되는 최대굽힘응력(Fiber stress)은 감소한다. 아래의 그림은 직사각형의 단면을 갖는 구조물의 EI를 Stress과 Plastic의 경우를 계산한 것이다. 즉 Steel 구조물을 Plastic으로 대체할 경우 똑같은 단면현상을 갖는다고 가정했을 때 철판의 두께보다 Plastic의 두께가 30배나 더 두꺼워야 한다.

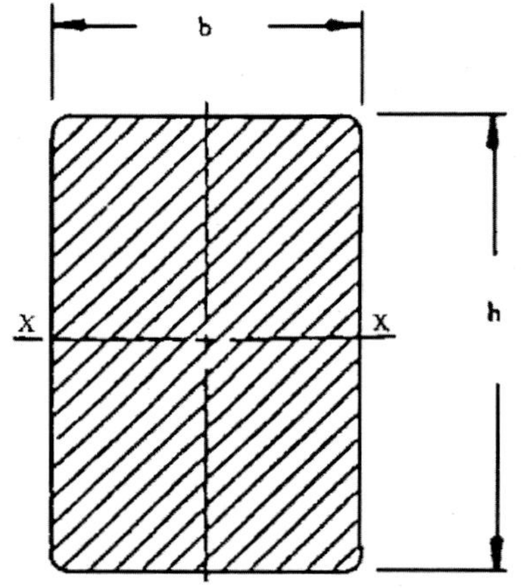

$$\text{Moment of incrtia} = 1xx = \frac{bh^3}{12}$$

$$\text{Modulus of steel} = E_{steel} = 2.1 \times \propto 10^6 \, kg/cm^2$$

$$\text{Modulus of plastic} = E_{plastic} = 7.0 \times 10^4 \, kg/cm^2$$

Flexural rigidity E1

To equate stiffness of two materials

$$(E_{plastic})(I_{plastic}) = (E_{steel})(I_{steel})$$

$$I_{plastic} = (30/1)(I_{steel})$$

For steel thickness h = 0.8㎜

Plastic must be h = 2.54㎜

If $E_{plastic} = 2.1 \times \propto 10^4 kg/cm^2$, then

$$I_{plastic} = 100/1$$

Plastic must be h = 2.81㎜ thickness.

이렇게 두께를 증가시켜 같은 Flexural rigidity를 갖도록 설계된 경우 대부분은 사출불능이며 또한 재질 사용에 있어서도 경제적일 수 없다. Plastic은 강제처럼 용접에 의한 번거로움이 없이 Rib를 용이하게 부착시켜 구조변경이 용이하므로 이를 많이 이용하게 된다. 아래의 그림은 Aluminium, Zinc, Nylon을 사용했을 때 같은 Flexural rigidity를 갖기 위한 형상변화이다.

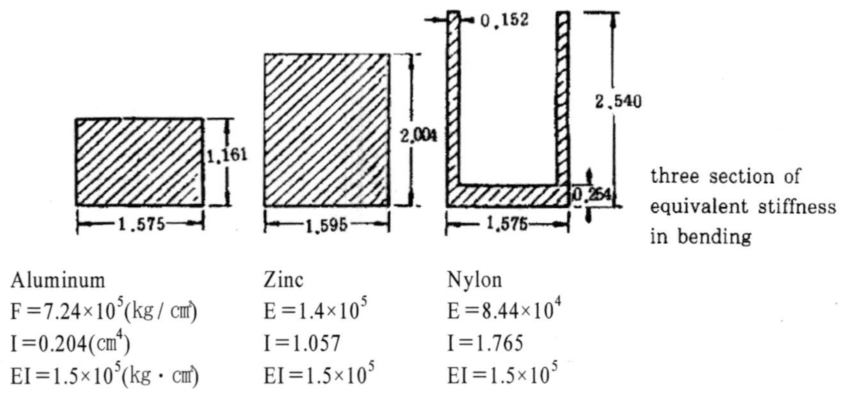

Aluminum	Zinc	Nylon
$F = 7.24 \times 10^5 (kg/cm^2)$	$E = 1.4 \times 10^5$	$E = 8.44 \times 10^4$
$I = 0.204 (cm^4)$	$I = 1.057$	$I = 1.765$
$EI = 1.5 \times 10^5 (kg \cdot cm^2)$	$EI = 1.5 \times 10^5$	$EI = 1.5 \times 10^5$

즉 Rib를 사용함으로써 Nylon의 경우 Young's modulus 면에서 Nylon보다 우수한 Aluminium이나 Zinc보다 부품의 두께를 얇게 할 수 있다.

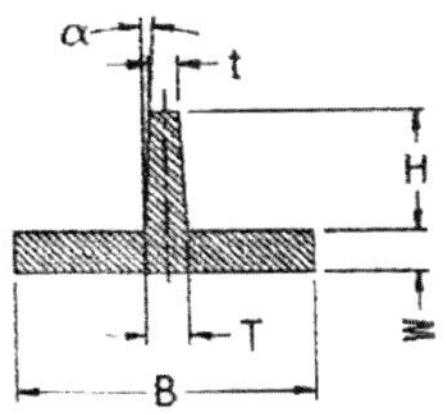

Rib가 보강된 판재의 변형과 굽힘응력을 계산하기 위해서 먼저 Rib 구조물 단면의 Moment of intertia(I)와 Section modulus(Z)를 구해야 한다.

여기서 I는 변형량과 관계하며 Z는 굽힘응력에 $\delta\alpha\dfrac{1}{EI}$, $\sigma\alpha\dfrac{1}{Z}$에 관계된다.

I_R과 Z_R은 그림에 나타나 있는 부품의 두께(W), 폭(B), Rib의 높이(H), Rib 두께(T), Draft angle(α)의 복잡한 함수로 나타내어진다. 따라서 I_R과 Z_R의 계산에 있어서 매우 복잡하므로 실제 Rib 설계기법으로서 Chart 이용이 용이하다.

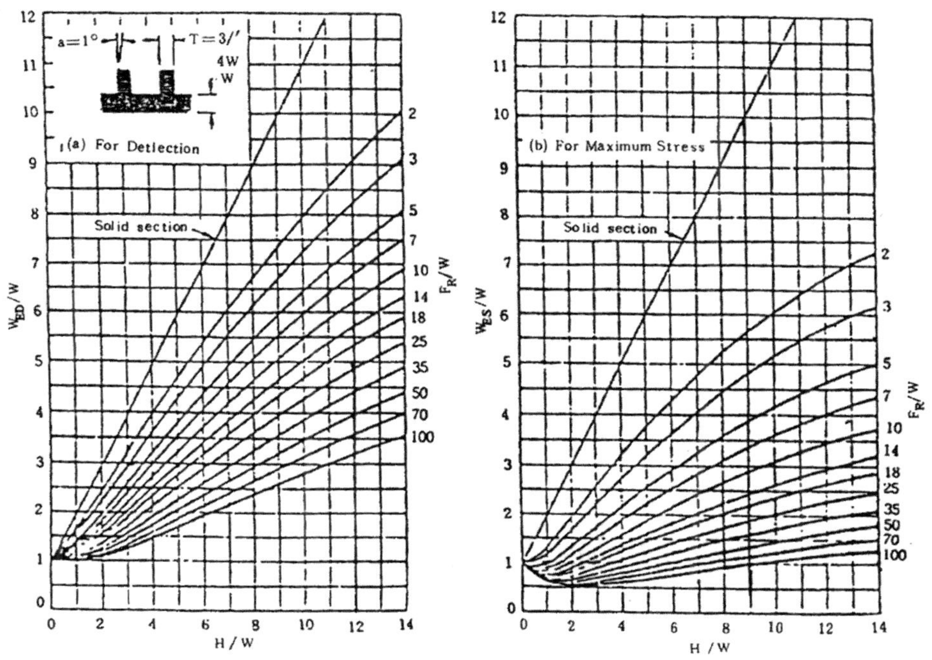

Rib에 의한 판재의 두께 변화

Rib 구조물과 동일한 Moment of intertia I_R과 Section modulus Z_R을 갖는 두께의 판재와의 관계를 Rib의 높이 / 판재의 두께(H / W)와 Rib frequency / 판재의 두께(FR / W)의 함수로 나타낸다.

Rib frequency F_R은 그림과 같이 판재에 여러 개의 Rib를 사용할 때 Rib 평균폭 이다.

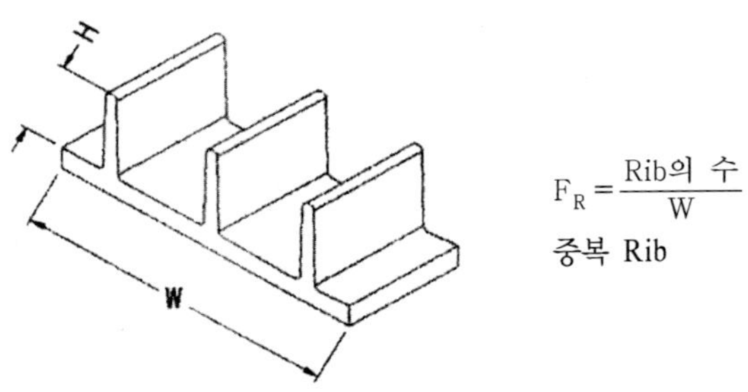

$$F_R = \frac{\text{Rib의 수}}{W}$$

중복 Rib

② Aluminum 판재를 유리섬유로 강화된 Plastic 사출물로 대체하고자 한다.

대체 시 Aluminum과는 적어도 같은 구조강성을 가져야 하며 한쪽으로 Rib를 부착할 수 있다. 그러나 부품의 전체 두께는 조립으로 인해 1.84㎝ 이상 할 수 없다. Plastic의 Young's modulus는 $4.5 \times 10^4 kg / cm^2$이며 Plastic의 두께를 0.8㎝로 하고자 할 경우

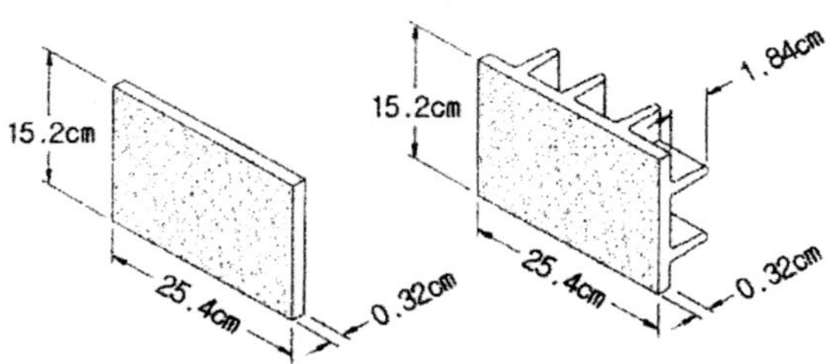

Aluminum plate와 Plastic plate

$$\delta \alpha \frac{1}{EI} \quad \text{여기서} \quad I \alpha (\text{부품의 두께})^3$$

따라서
$$\frac{1}{E_{A1} \cdot t_{A1}^3} = \frac{1}{E_{P1} \cdot t_{P1}^3}$$

$$
t_{pl} \left\{ \frac{E_{A1} \cdot t_{A1}^3}{E_{pl}} \right\}^{y3} = \left\{ \frac{7.0 \times 10^5 \times 0.32^3}{3.5 \times 10^4} \right\}^{y3} = 0.861\,cm = W_{ED}
$$

실제 Plastic 부품의 t는 0.28cm로 하니까

$$
\frac{W_{ED}}{W} = \frac{0.86}{0.28} = 3.1
$$

그리고 최대 Rib 높이는 $1.84 - 0.28 = 1.56\,cm$

$$
\frac{H}{D} = \frac{1.56}{0.28} = 5.6
$$

그림에서 Rib에 의한 판재의 두께변화를 이용하여 F_R / W를 구하면

$$
\frac{F_R}{W} = 16 \quad 그러므로 \quad F_R = 16 \times 0.28 = 4.5\,cm
$$

$$
F_R = Rib\ 평균간격\ Rib의\ 수\ = \frac{15.2}{4.5} = 3.4 \fallingdotseq 4개\,(15.2cm에\ 대해)
$$

$$
Rib의\ 수\ = \frac{25.4}{4.5} = 5.6 \fallingdotseq 6개\,(25.4cm에\ 대해)
$$

따라서 Rib의 형상은 그림과 같다.

여기서 Rib가 교차하기 때문에 구조물은 Aluminum 부품보다 더 강하며 더 안전하다.

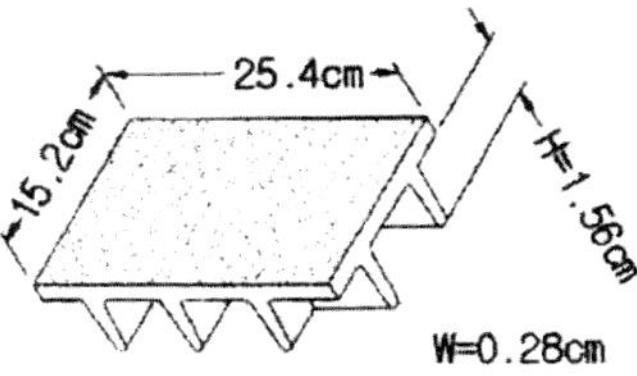

Plastic plate with Ribs

5. Rib의 일반적 형상 및 사례

(1) Rib

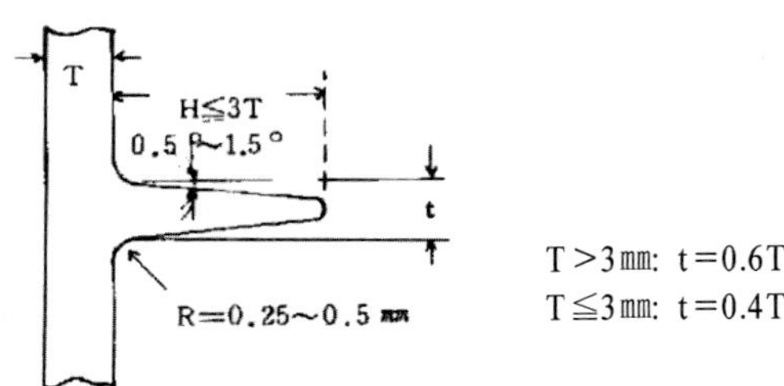

(2) 평판의 Rib 구조와 변형 사례

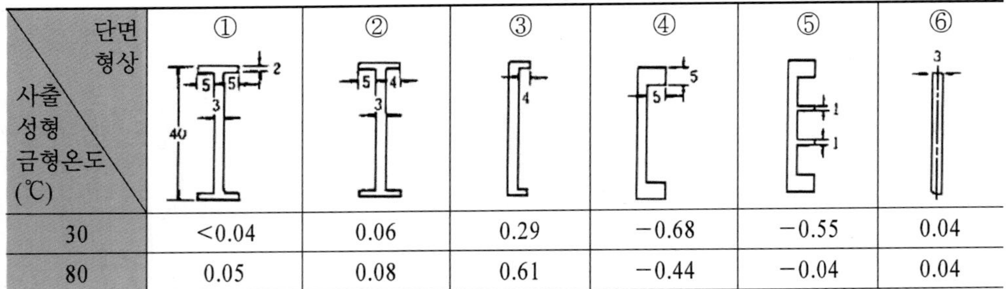

단면 형상 / 사출 성형 금형온도 (℃)	①	②	③	④	⑤	⑥
30	<0.04	0.06	0.29	−0.68	−0.55	0.04
80	0.05	0.08	0.61	−0.44	−0.04	0.04

4W×2T×2L㎜의 시험편

(3) L형 성형품의 형상과 변형 사례

L형 성형품의 형상과 변형

사출 성형 금형 온도 (℃)	단면 형상	①	②	③	④	⑤	⑥	⑦	⑧	평균치 ⑧을 제외
30	M270	2.5	2.5	3.5	3.0	3.0	2.0	2.5	−	2.71
	M90	2.5	2.5	4.0	3.5	3.0	2.0	2.5	0	2.86
80	M270	2.5	2.5	4.5	4.0	3.5	2.5	3.0	−	3.21
	M90	2.5	2.5	4.5	4.0	3.5	2.5	3.0	0	3.21

표 중의 값은 넘어지는 각도로 나타냈다.

(4) 각종 Gate가 부품에 미치는 영향

① Edge gate의 Flat

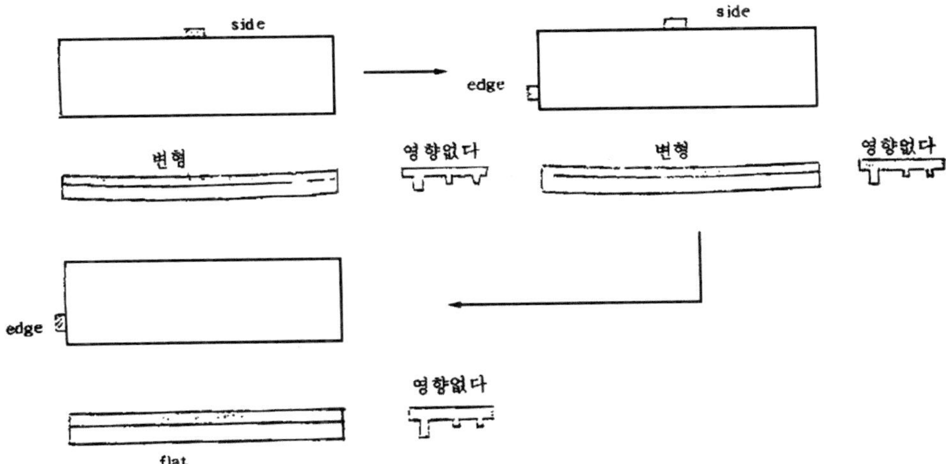

② End gate

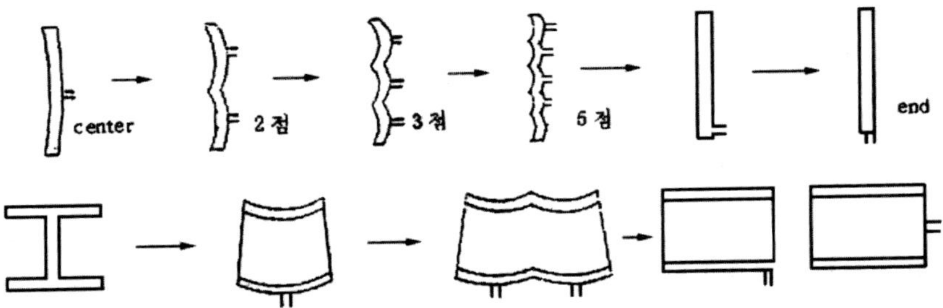

③ Center sprue gate

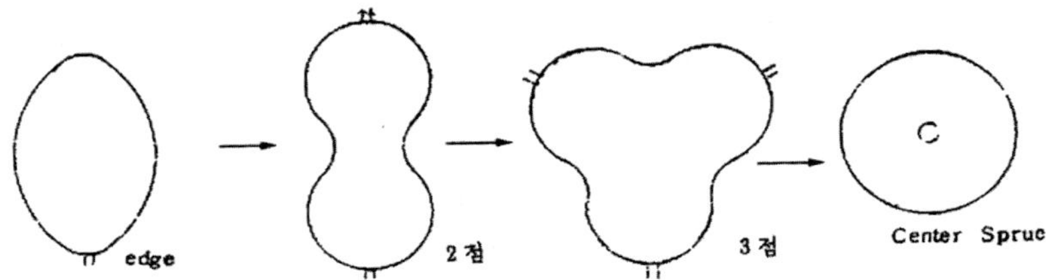

(5) Gas 주입 Rib

① Rib 두께 2.5~4 이하, 4 이상 불가

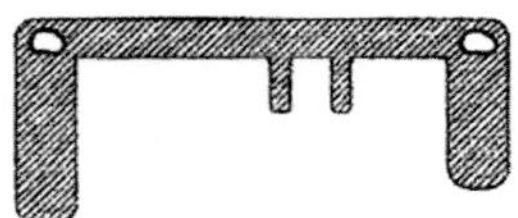

② $a = b = (2.5 \sim 4) \times S$

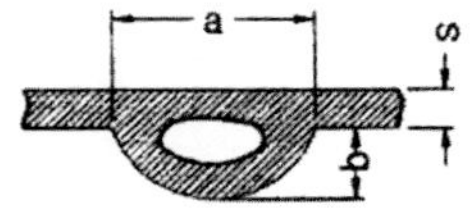

③ c＝(0.5～1.0)×5, d＝(5～10)×S

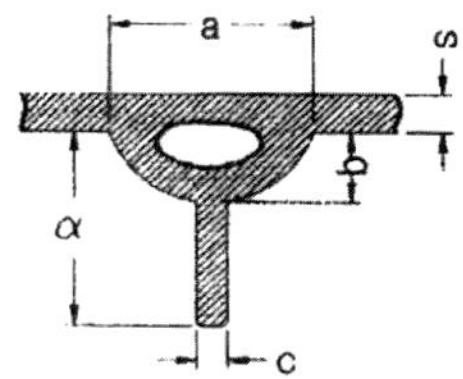

- 기존 Gate의 이용이 가능한 것도 있으나 Gate의 수정이 절대적으로 필요하다.
- Rib의 배열은 얇은 성형품의 경우는 Gas가 Rib를 통해 전달될 수 있도록 해야
  한다. Rib와 본체 두께의 차익이 너무 클 경우에는 Rib 주변에서 수지의 충진
  에 문제가 생기므로 Rib의 배열이 요구된다.

(6) Rib의 뒤틀림 현상

Rib의 뒤틀림(Buckling)은 강성을 상실했을 때 생긴다.

① Rib의 뒤틀림 현상
－재료의 탄성률(Elastic modulus)이 낮을 때
－Rib의 깊이에 비해 두께가 얇을 때
－Rib의 깊이에 비해 길이가 길 때

② Rib의 손상은
－Rib의 굴곡응력의 증가로 항복이 일어날 때
－Rib의 불안전한 휨(뒤틀림)이 있을 때

$$\frac{\ell}{b} = \pi \sqrt{\frac{2}{1+V}} \left(\frac{b}{d}\right)^2 \left(\frac{E}{O_y}\right) \sqrt{\left(1 - 0.63\frac{b}{d}\right)}$$

　E: 탄성률

　Oy: 항복응력

　V: 포이션비

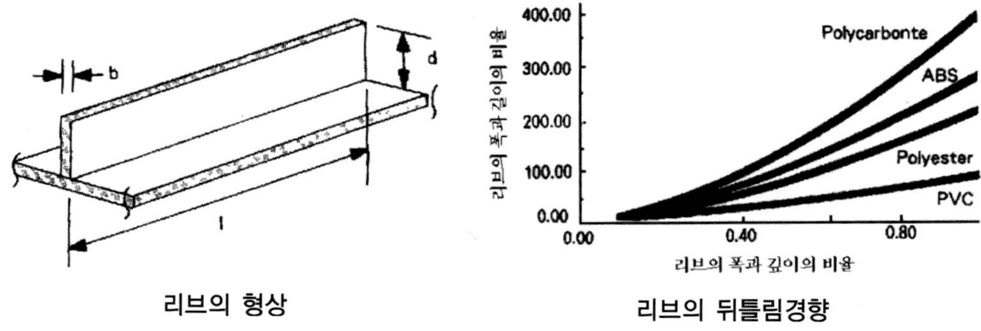

리브의 형상　　　　　　　　　리브의 뒤틀림경향

　　Rib의 뒤틀림 경향은 Rib의 b / d와 l / d 얻은 점이 해당되는 수지의 그래프 위쪽에 위치하면 뒤틀림이 주로 일어나며 Rib의 항복의 경향은 Rib의 b / d와 l / d 얻은 점이 해당되는 수지의 그래프 아래쪽에 위치하면 항복이 주로 일어난다.

　　Rib의 설계는 뒤틀림에 비해 항복에 의한 파괴의 경우가 설계에 의한 제어가 더 쉽기 때문이다.

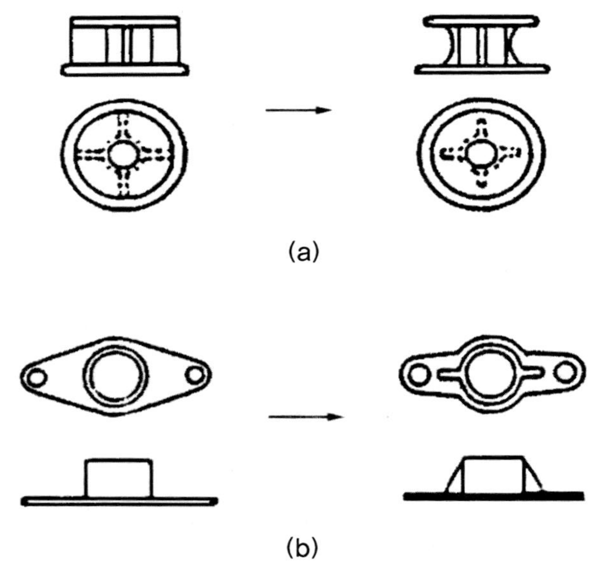

(a)

(b)

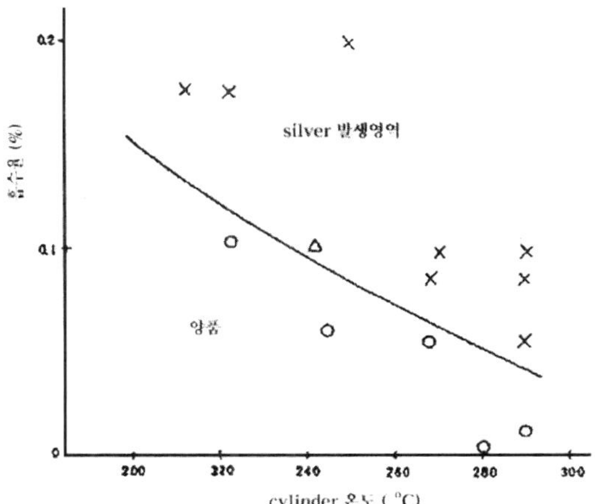

ABS 흡수율과 Cylinder 온도

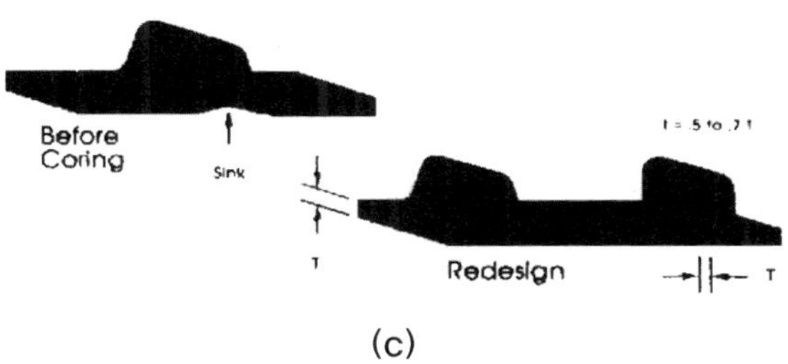

(c)

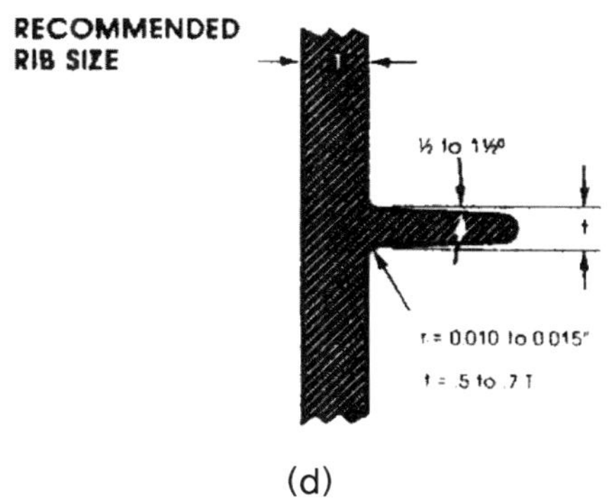

(d)

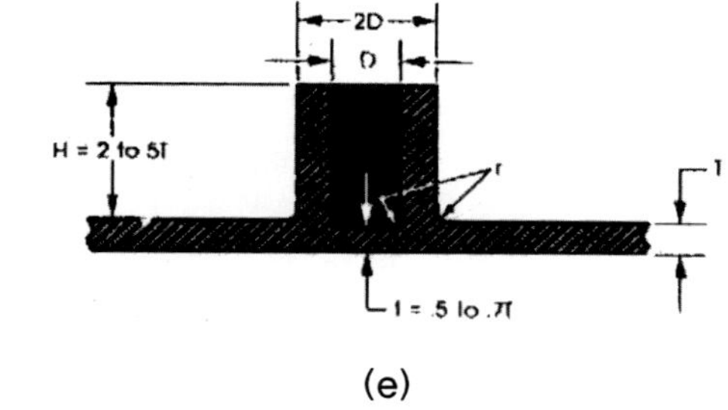

(e)

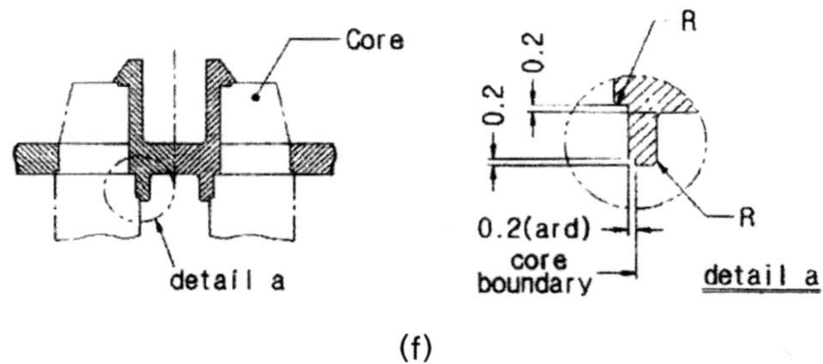

(f)

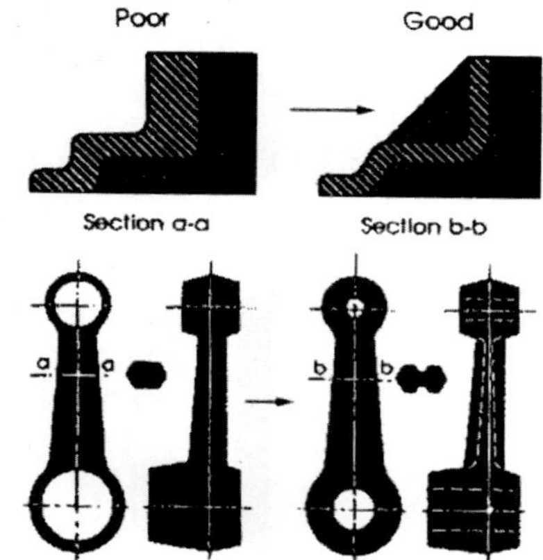

(g) Variable wall section diagram

Sink
Before Coring
Redesign
1 - 5 to 7 T
Before
Coring
Sink
Redesign
Extend boss core until t = .5 to 7 t

(h) Coring

1
9.5
1
7
1
1.5
1
기준선
6
5
3
0.4R
2.5
1
0.5(ARD)

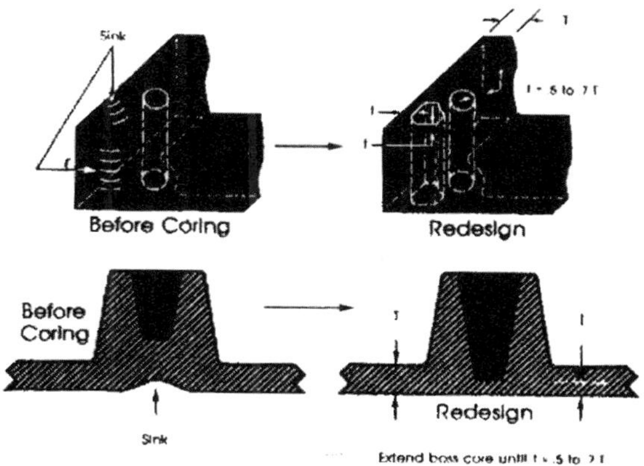

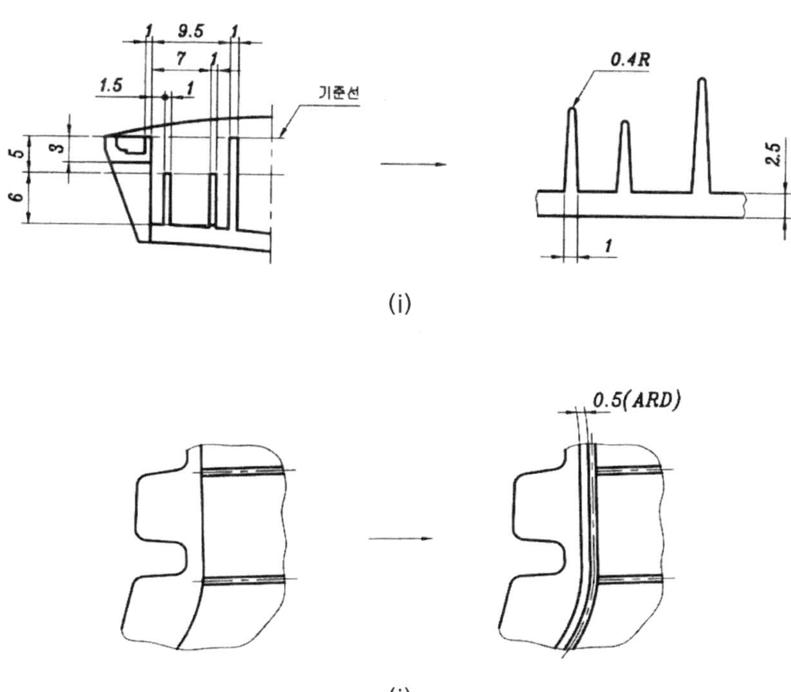

(i)

(j)

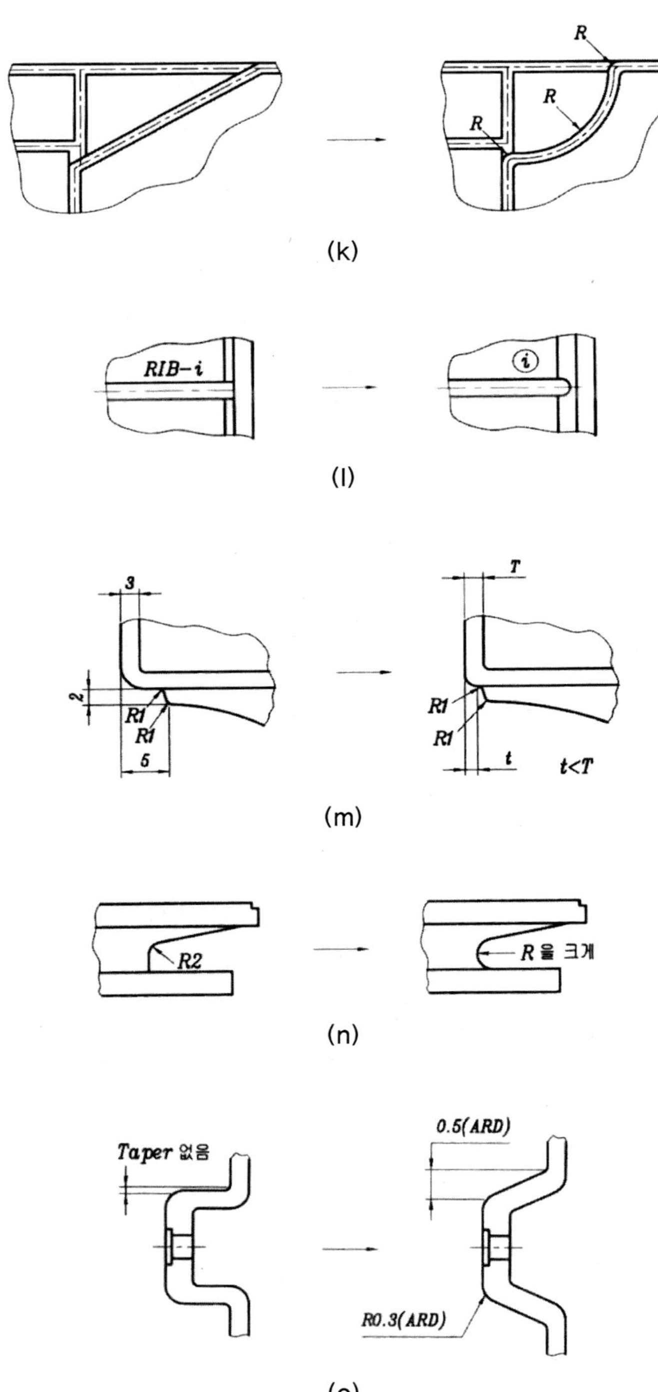

R
R
R
R
(k)
RIB-i
i
(l)
3
2
R1
R1
5
T
R1
R1
t
t<T
(m)
R2
R을 크게
(n)
Taper 없음
0.5(ARD)
R0.3(ARD)
(o)

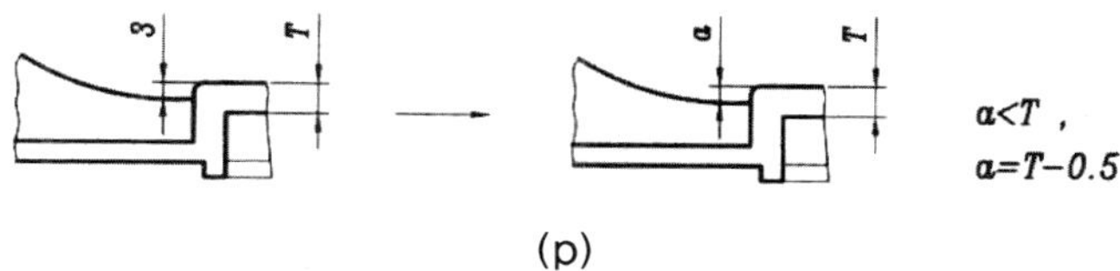

(p)

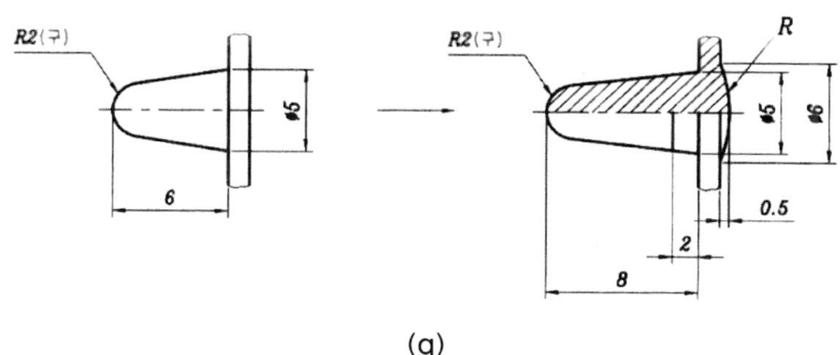

(q)

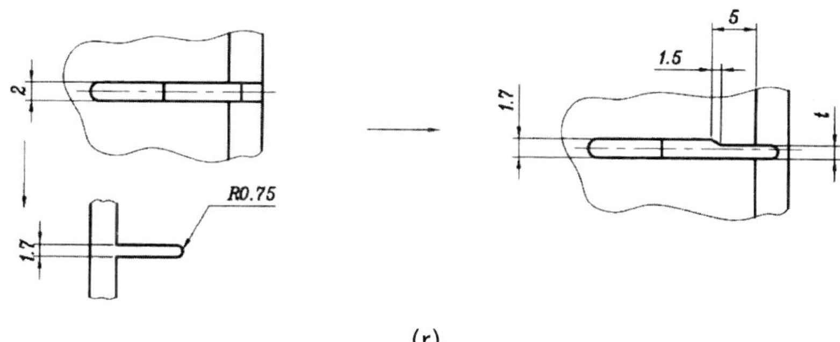

(r)

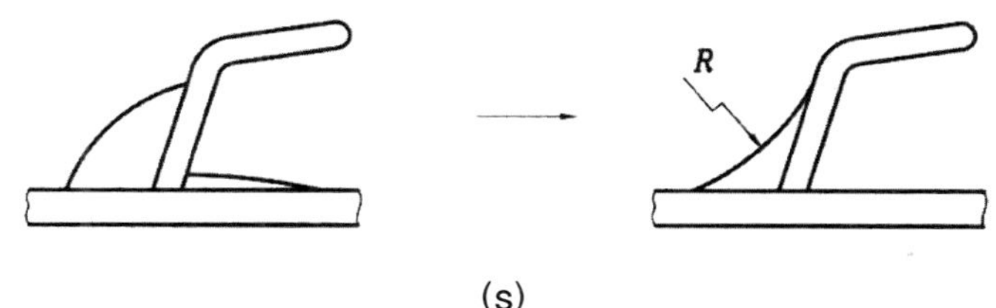

(s)

제12장

Parting line 설계

1. Parting line의 정의

금형에 충진된 성형품 및 Gate를 이형시키려면 상·하 원판을 열어 성형품의 어느 위치가 기준이 되어 금형이 열리느냐 하는 문제가 대두된다. 이때의 그 기준이 되는 선을 말한다.

2. Parting line의 설계

① 금형의 열림방향에 수직으로 한다.
② 제품설계상 어쩔 수 없는 경우 또는 금형 가공상 Parting 면을 경사로 하는 것이 쉬운 때는 경사면 또는 곡면으로 한다.

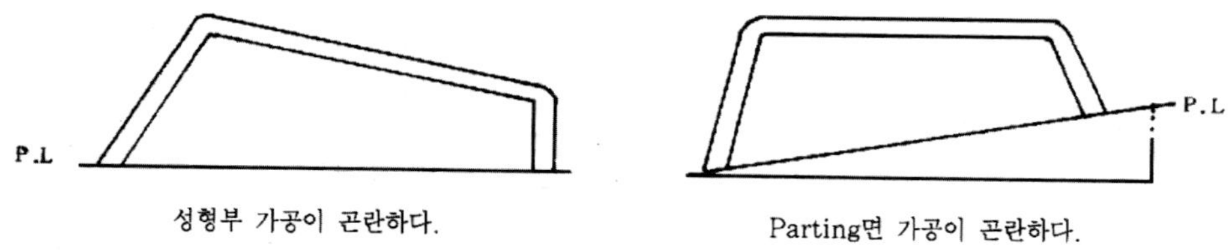

③ 제품의 내부나 무늬의 선과 일치되는 방향으로 잡고 Parting line이 제품표면에서는 잘 보이지 않도록 한다.

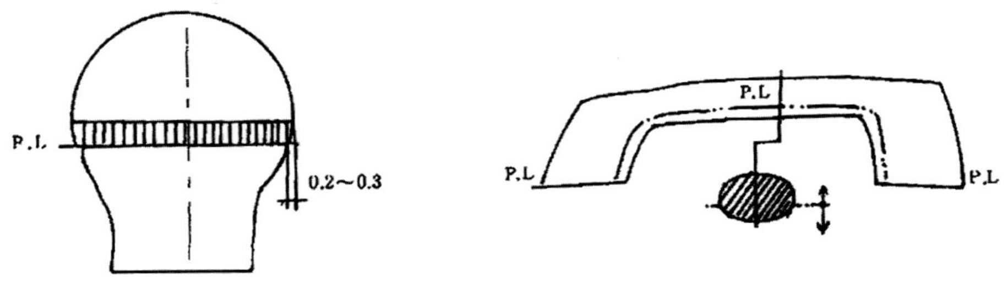

④ Parting line에는 성형 Burr가 나오기 쉬우므로 다듬질이 용이한 곳으로 택한다. 즉 Burr도 한 공정으로 제거되도록 설계한다.

⑤ 발구배에 관계되지 않는 한 제품이 한쪽에서만 성형되도록 한다.

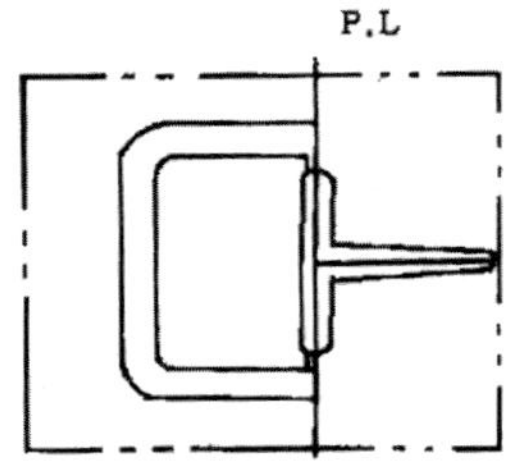

⑥ 성형품의 양단에 Undercut가 있는 경우에는 세로분할의 Parting line을 택한다.

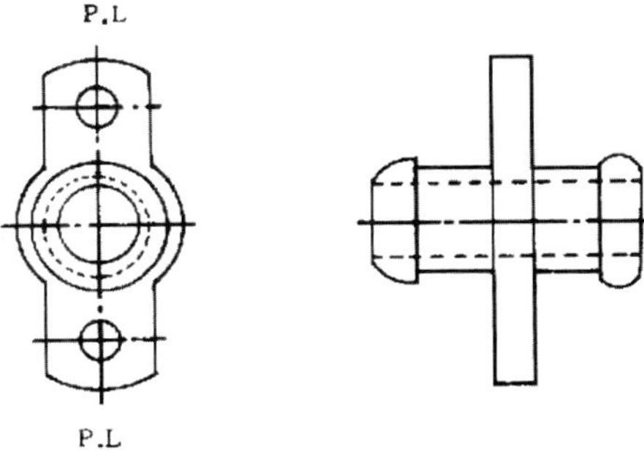

⑦ 성형품이 물결모양이거나 Knurling의 모양인 제품은 그 테두리를 따라 Parting line을 설정할 경우 성형귀나 게이트의 세우기가 쉽게 된다.

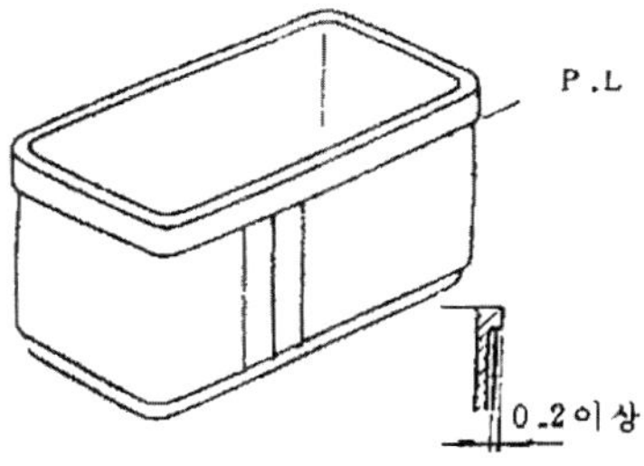

⑧ 단이 이어진 제품은 금형제작이나 성형품 다듬질이 곤란하므로 가급적 Parting line을 직선으로 설계하는 것이 면맞춤이나 다듬질에 용이하다.

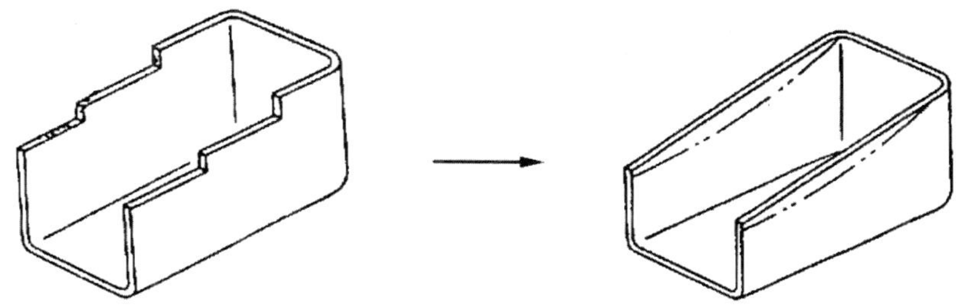

⑨ 성형품에 적당한 스프루, Runner, Gate, Overflow, Air vent 등의 배치도 고려되어야 한다.

⑩ 제품이 하원판 측에 붙도록 Parting 면을 정한다. 제품설계 중에 제품이 꼭 상원판 측에 붙어야 할 경우에도 강제로 하원판 측에 붙도록 설계한다. 그 방법은

첫째, 하원판 측에 있는 성형부의 발구배를 되도록 적게 주며,

둘째, 슬라이드 코어를 이용하면 된다.

3. 형상별 Parting line

(1)

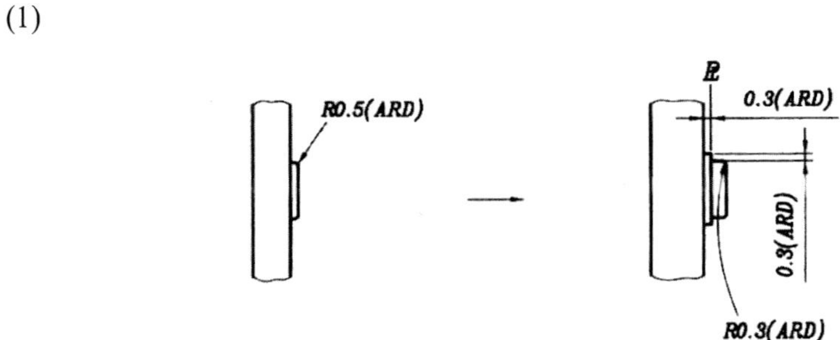

(2)

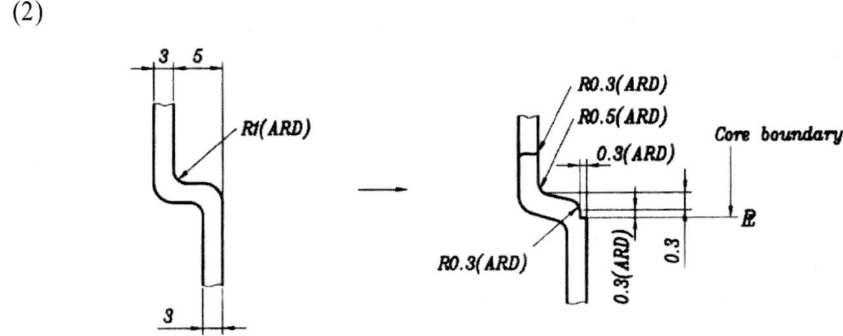

(3)

2
1
0.5
2R
0.5R
P.L
2
1(ARD)
R1.5
0.5(ARD)
R0.3(ARD)

(4)

R1
0.5
R3.5
R 끝낼 점
1
0.5
P.L
0.5
R(t/6)
R0.3(ARD)
0.5(ARD)
R0.5(ARD)
P.L
0.5(ARD)
하부폭과의 틈 관계
P.L

(5)

8
2
R1
R2
3
4
3.7
0.3(ARD)
1.5
P.L
R
0.3(ARD)
R0.2(ARD) Taper
크게
0.3(ARD)
Taper를
작게한다.
0.3(ARD)
Core boundary
P.L

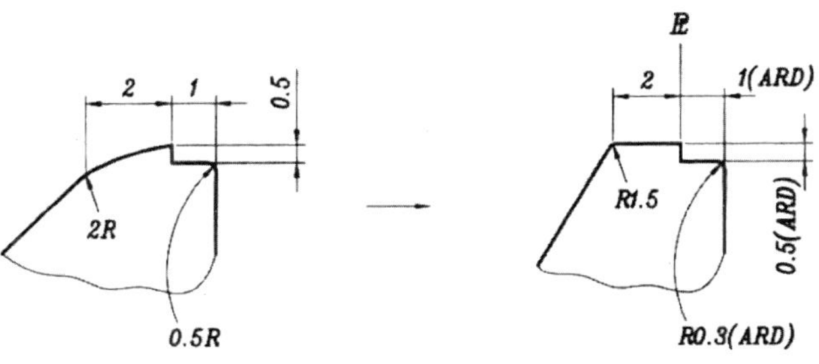

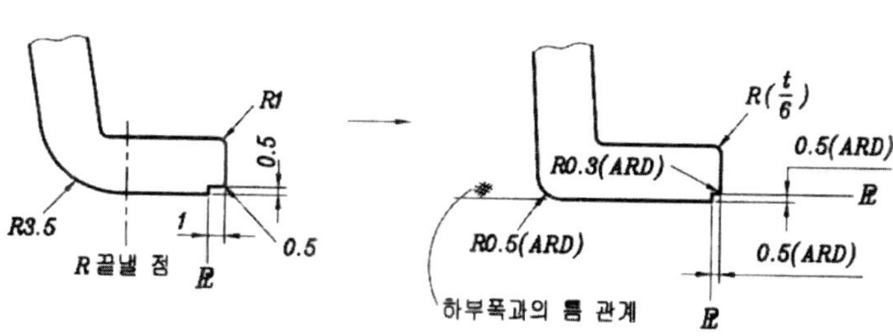

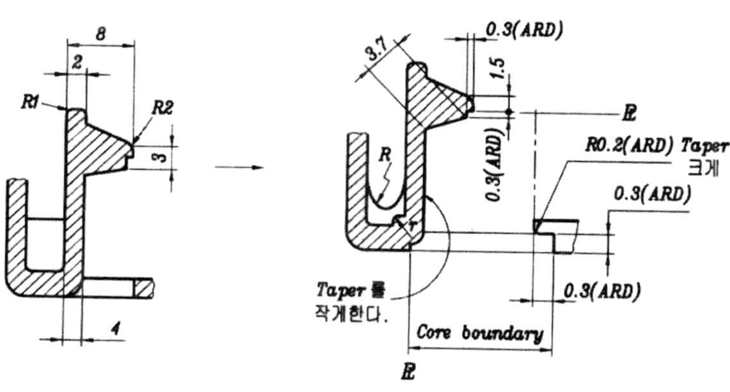

(6)

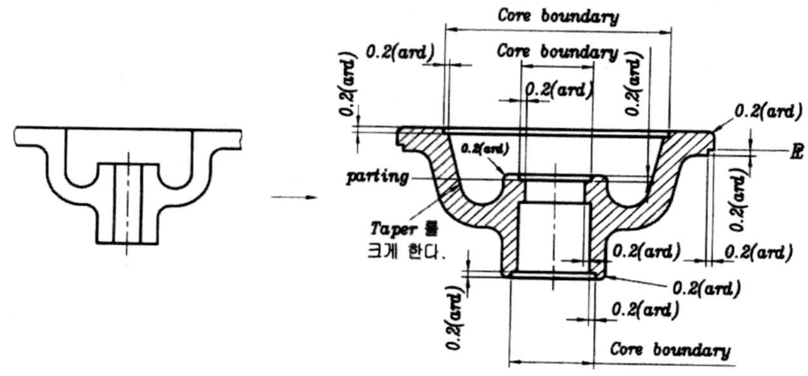

(7)

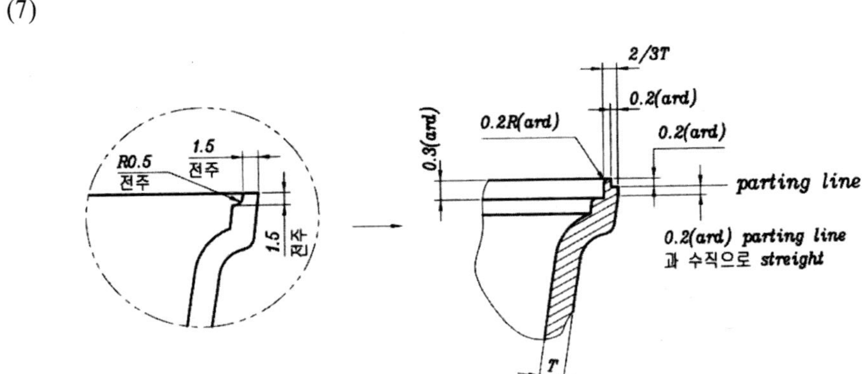

(8)

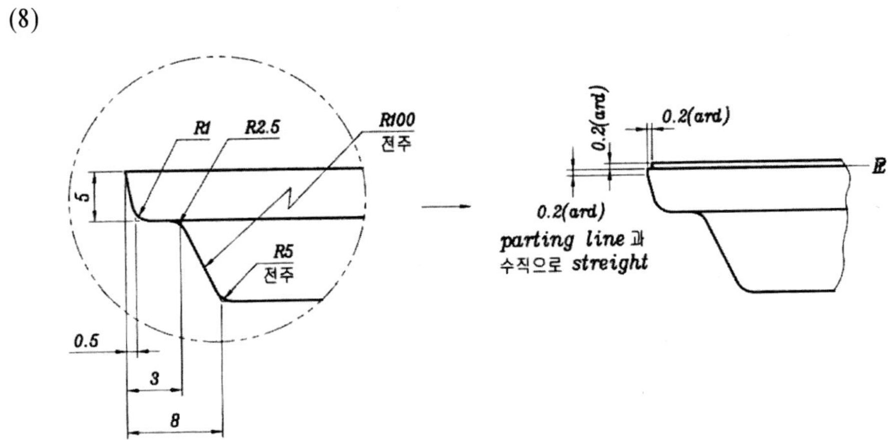

제13장

Taper 설계

1. 발구배

금형으로부터 제품을 이형시키는 것을 용이하게 하기 위해서는 발구배가 필요하다. 이 발구배는 성형품의 형상, 성형재료의 종류, 금형의 구조, 금형다듬질 정도 및 품질 향상에 따라 달라지는 것으로 보통의 경우 발구배는 $1/30 \sim 1/60(2° \sim 1°)$가 적당하지만 실용최소한도는 $1/240(1/4°)$이 된다. 발구배의 선택방법에 대해서 정확한 수치, 공식 같은 것은 없고 대개 경험치에 의한 결정을 적용하는 경우가 많다. 발구배를 많이 주어도 지장이 없는 경우에는 허용하는 범위 내에서 많이 주는 것이 좋다.

아래 표는 발구배를 각도로 나타낼 때와 치수를 나타낸다. 예를 들면 $1°$의 발구배라면 표로부터 1.80, 따라서 데이터로 나타내면 $1.8 \times 2 = 3.6$이다. 그러나 수직한 평면의 다듬질 정도에 따라 발구배가 적은 경우는 실제로는 Under cut를 일으키든가 구배 없는 상태로 잘 나타나게 된다.

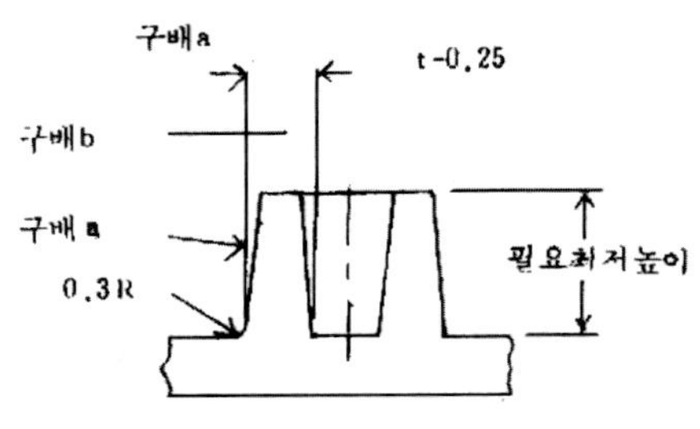

높이에 따른 구배 변화량

(단위: ㎜)

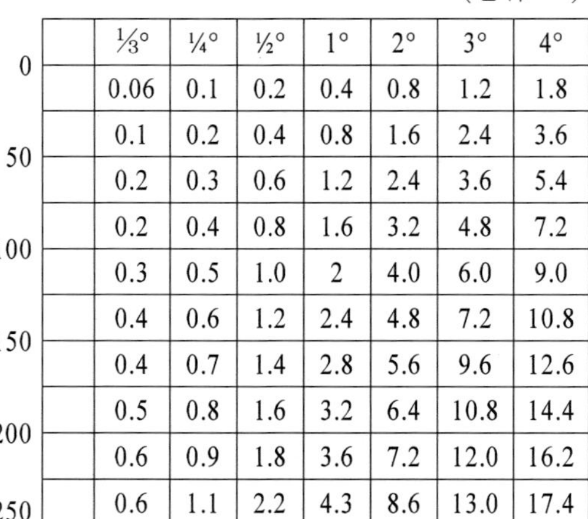

	$\frac{1}{3}°$	$\frac{1}{4}°$	$\frac{1}{2}°$	1°	2°	3°	4°
0	0.06	0.1	0.2	0.4	0.8	1.2	1.8
	0.1	0.2	0.4	0.8	1.6	2.4	3.6
50	0.2	0.3	0.6	1.2	2.4	3.6	5.4
	0.2	0.4	0.8	1.6	3.2	4.8	7.2
100	0.3	0.5	1.0	2	4.0	6.0	9.0
	0.4	0.6	1.2	2.4	4.8	7.2	10.8
150	0.4	0.7	1.4	2.8	5.6	9.6	12.6
	0.5	0.8	1.6	3.2	6.4	10.8	14.4
200	0.6	0.9	1.8	3.6	7.2	12.0	16.2
250	0.6	1.1	2.2	4.3	8.6	13.0	17.4

수지별 발구배

수지	구배 a	구배 b
PA, AS, ABS	1~2°	20′~1°
Glass 강화품종	2~3°	30′~1°

2. 성형품의 종류에 따른 발구배

① Frame, 상자, 뚜껑

- H가 50㎜까지의 제품에서

$$\frac{S}{H} = 1/30 \sim 1/35$$

- H가 100㎜까지의 제품에서

$$\frac{S}{H} = 1/20 \text{ 이상}$$

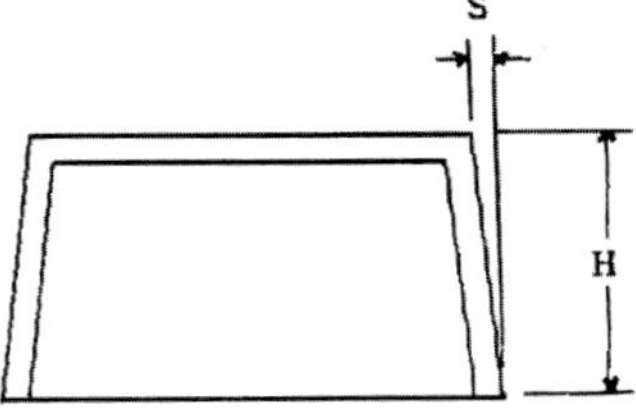

② 얕은 가죽모양이 있는 제품

$$\frac{S}{H} = 1/5 \sim 1/10$$

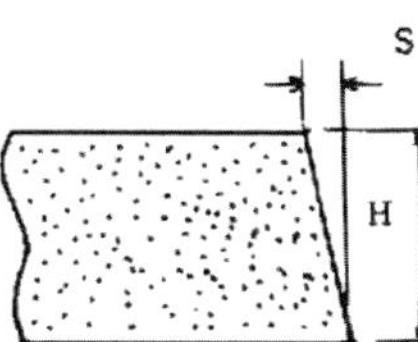

③ 컵 같은 제품은 상원판 측보다, 즉 컵의 내면측 성형부에 발구배를 적게 주는 것이 좋다.

④ 가죽무늬가 있는 제품의 성형재료별 발구배는 아래 표와 같으며, Parting line 에 수직으로 무늬가 있는 경우만 제품이형에 문제가 된다.

성형자료	발구배	
	보통가죽무늬 (깊이 0.05~0.2)	얕은 가죽무늬 (깊이 0.02~0.05)
PS, ABS	8°~10°	5°~8°
PE, PP	4°~5°	2°~3°
Poly acetal	6°~7.7°	4°~5°

Texture specification

No	Draft degree(min)	Depth ㎜	Tool surface grit
1	1.0	0.0254	8000
2	1.0	0.0076	240
3	2.0	0.0305	Etched
4	3.5	0.0635	Etched
5	1.5	0.0152	Etched
6	1.5	0.0254	Etched
7	2.0	0.0356	Etched

※ Texture 깊이 허용차＝0.005㎜

3. POM의 발구배

① 제품의 높이가 100㎜ 경우의 발구배 1°로 하면 제품의 구배는 1.75㎜ 증가한다.

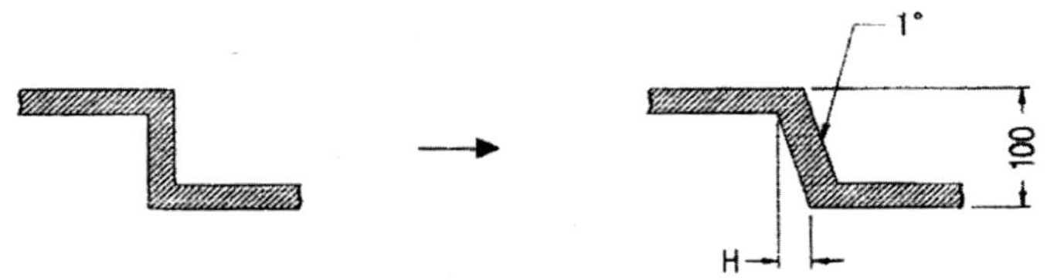

② Embossing 가공면의 발구배
- 10μ일 때 1°의 발구배, 가죽무늬와 나무무늬는 4° 이상 필요하다.
- 최소구배 0.5°
- 통상구배 1°~2°
- Gate 부근구배 2° 이상
- 창살부구배 2° 이상
- 원칙적으로 구배 0° 및 Minus 구배는 피한다.

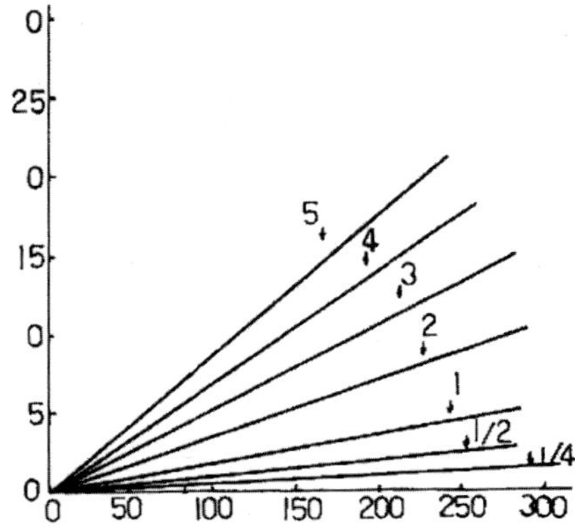

4. 형상의 종류별 Taper

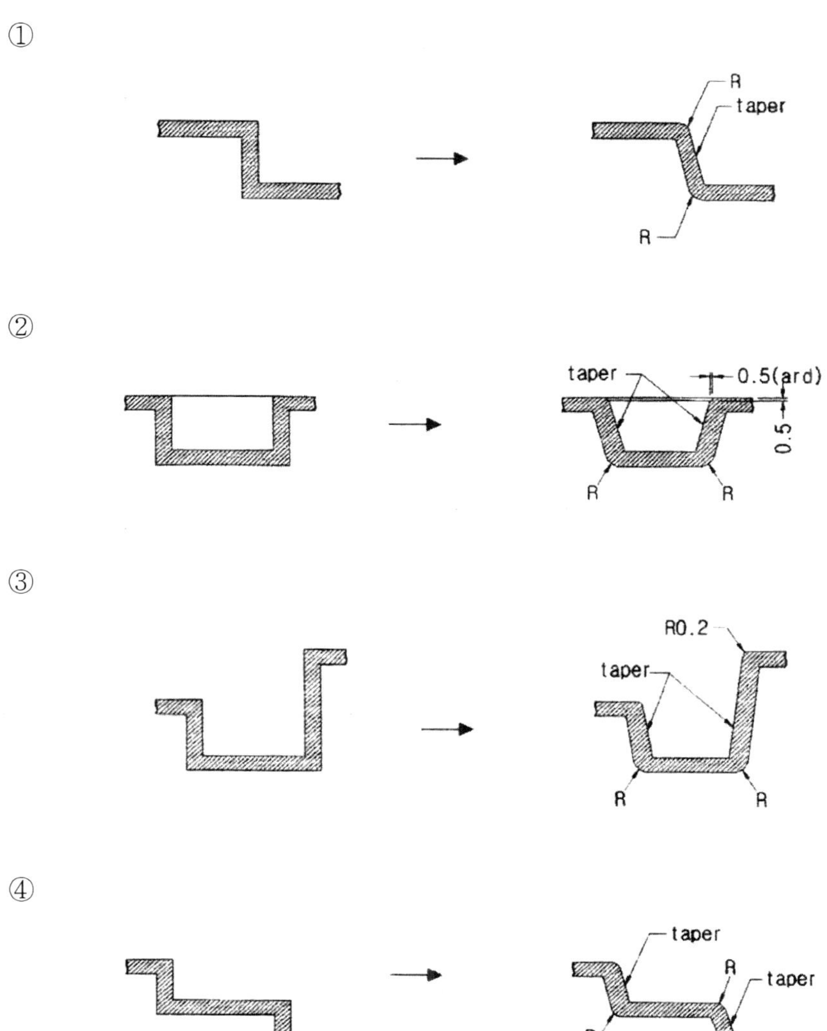

⑤ 제품 높이와 발구배

㉮

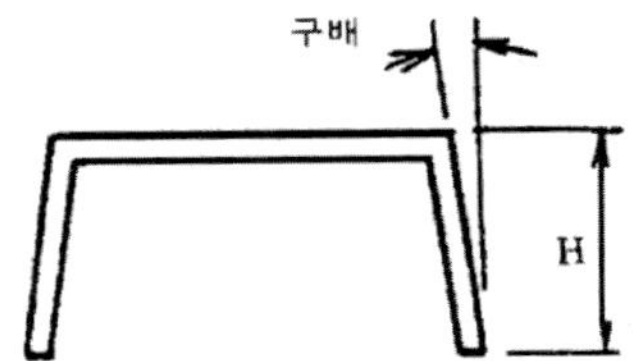
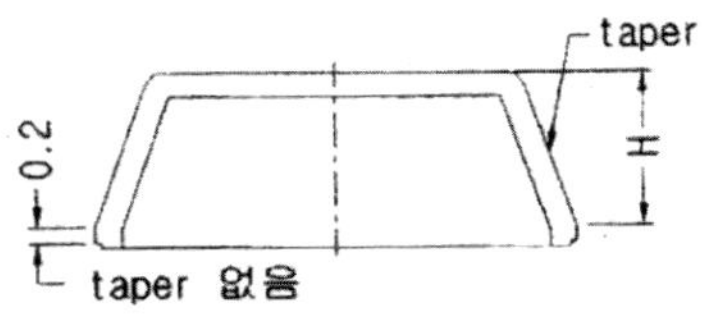

높이(H)	발구배
50 이상	2°~4°
50~100	1°~2°
100 이상	0.6°~1.5°

㉯

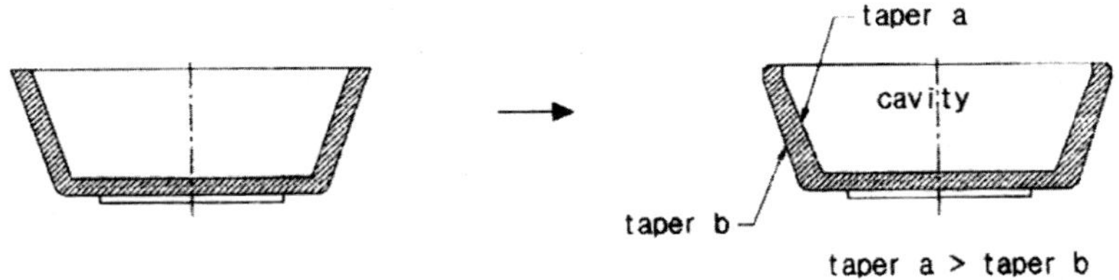

⑥ 범용 Rib

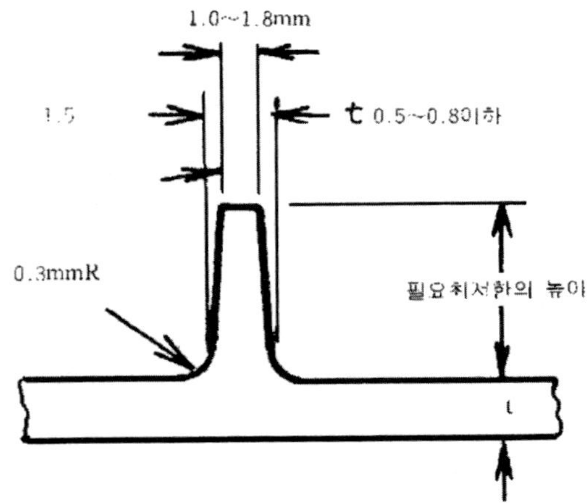

⑦ PVC 수지의 Rib

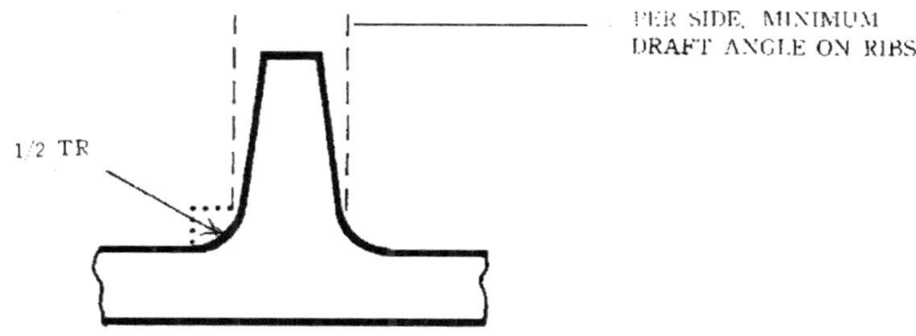

⑧ System계 수지에 적용하는 Self tapping boss의 구배

㉮

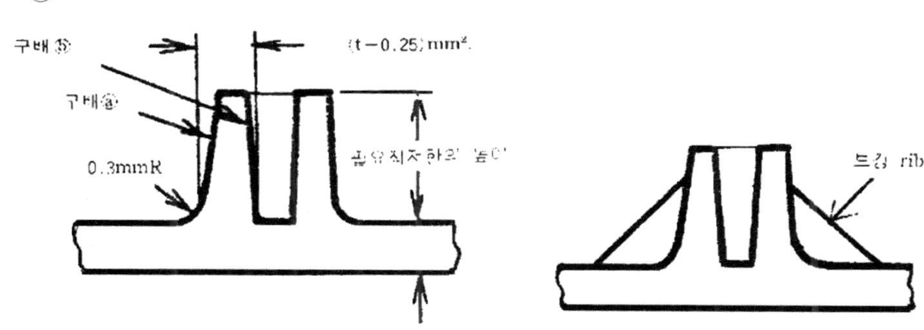

㉯

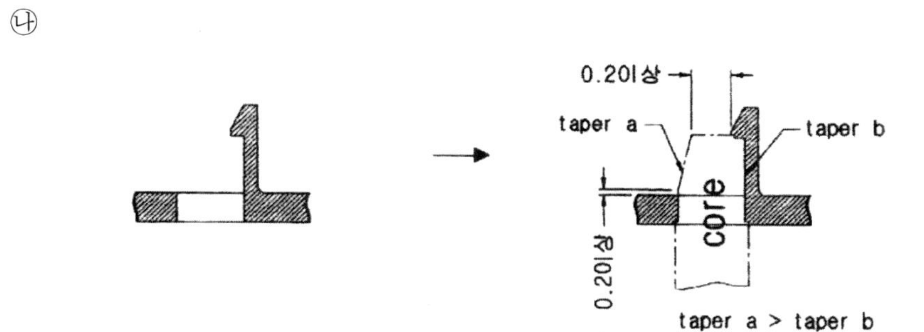

⑨ Texture

PVC Resin Texure surface에 따른 Draft angle

Deph of engravving, Inches	Minimum draft, Degrees
0.001(0.025)	3
0.002(0.050)	5
0.003(0.076)	7
0.004(0.102)	9

⑩ 금형 Core의 Taper

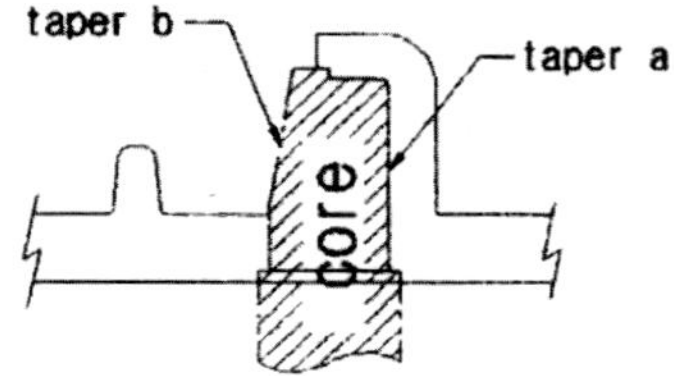

제14장

단차 설계

1. Under cuts의 정의

성형품을 이형할 때 지장이 있는 금형 또는 성형품의 울퉁불퉁한 부분을 말한다.

2. Under cuts의 종류

① Internal: 성형품 내부에 형성된 것으로서 비실용적이며 고가의 제품에 적용되고 Ejector wedge를 사용하여 생산할 수 있다.

② External: 성형품 외부에 형성된 것으로서 분할형 금형으로 생산한다.

③ Circular: 성형품 돌기형태가 둥근 형상으로 돌출된 것으로 분할형 금형으로 생산한다.

④ Side wall: 성형품 벽면에 형성된 홈 및 Hole을 말하며 Core pin을 이용하여 생산한다.

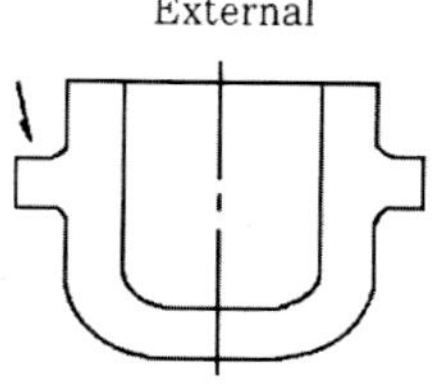

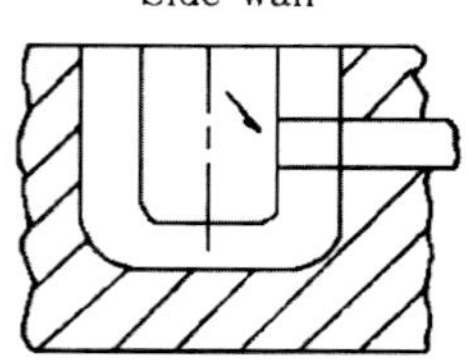

(1) Component deflection에 의하여 가능한 금형 Ejection의 최대 Undercut 값

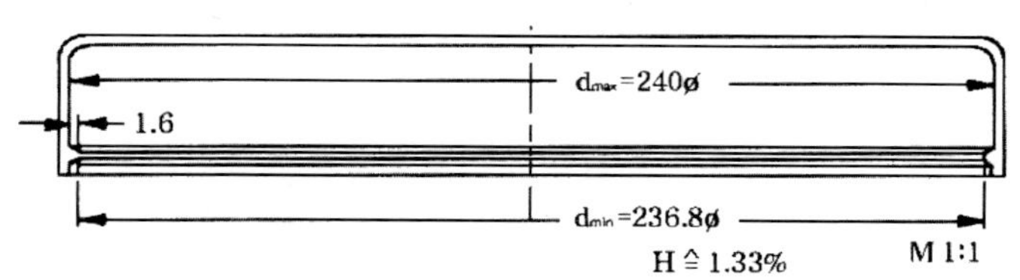

$$H = \frac{d_{max} - d_{min}}{d_{max}} \cdot 100 (\%)$$

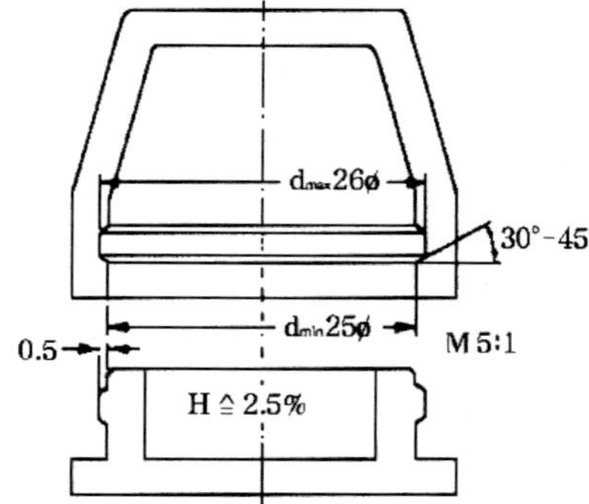

최대	Under H %	Cut 값
PC		~3
ABS		2~3
PA		4~5
PE	soft	10~12

(2) Polypropylene의 Under cut 설계

① Under-cut

Under-cut는 부품을 고정시키거나 누르거나 하는 데 이용된다. Under cut는 장기사용에 견디도록 가능한 작게 또 기부에 적당한 Rounding을 붙여 놓았다. Under-cut의 틈은 1㎜까지는 허용되나, 0.5~0.8㎜가 적당하다.

부조세공, 조각, 점각 등의 표면효과는 Polypropylene의 경우 다른 어느 열가소성 수지보다도 아름답게 가공된다.

(3) Nylon 11과 12의 Under cut 설계

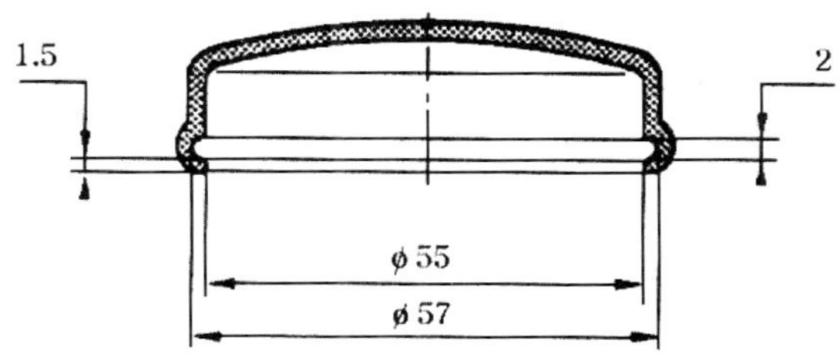

목 부분은 57㎜ 지름에 대해 2㎜의 Under cut로 금형에서 Eject된다.

A부는 20.3㎜의 지름에 대해 2㎜ Rib에 의해 B로 맞추어진 Snap이고 Under cut로 금형에서 Eject된다.

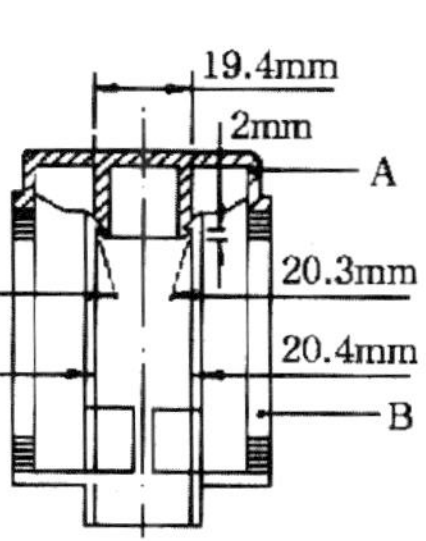

(4) Polycarbonate 원통 Under cut 설계

Polycarbonate는 기계적 강도가 크고 탄성률이 높으므로 큰 Under cut는 얻을 수 없다.

원통상의 Under cut의 최대 허용 깊이 ΔR은 $\Delta R = 0.02r_i(\dfrac{L+0.38}{L})$로 구할 수 있다.

여기서 L은

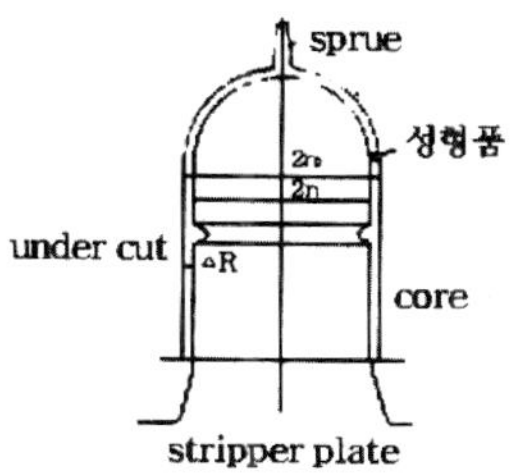

$$L = \frac{1 + (r_i/r_o)^2}{1 + (r_i/r_0)^2}$$ 에 의해 계산한다.

(5) Noryl의 Under cut 설계

① 원통형 Under cut

$$\Delta\ell = \frac{Sr_1}{E} \cdot \frac{L + \mu}{L}$$ 단, $\mu = 0.38$

$\Delta\ell$: Under cut량(㎝)

S: 허용응력치(kg / ㎠)

E: 굽힘탄성률(kg / ㎠)

r_1: 내경(㎝)

r_0: 외경(㎝)

L: $\dfrac{r_0^2 + r_1^2}{r_0^2 + r_1^2}$

※ Under cut의 양은 8% 이하가 필요하다.

(6) 응력집중

하중에 부하가 걸리는 성형품의 R은 최소 1.5R이며, 하중에 부하가 걸리지 않는 성형품의 R은 최소 0.4R이고, Noryl의 경우는 최소 0.75R이다.

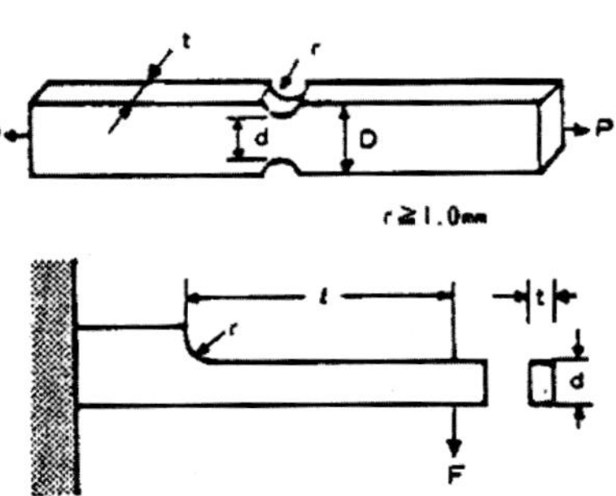

(7) 외부 Under cut

①

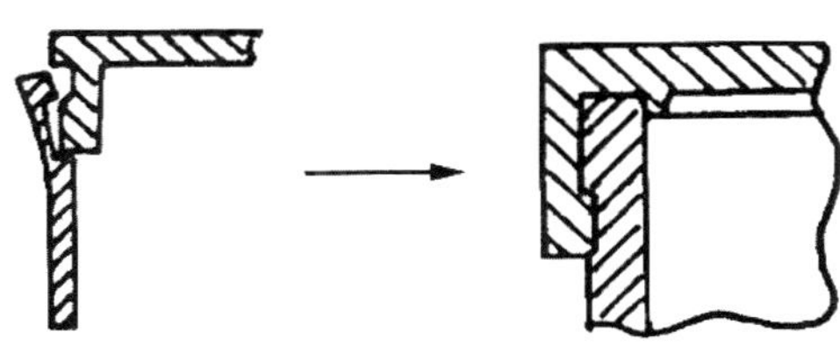

②

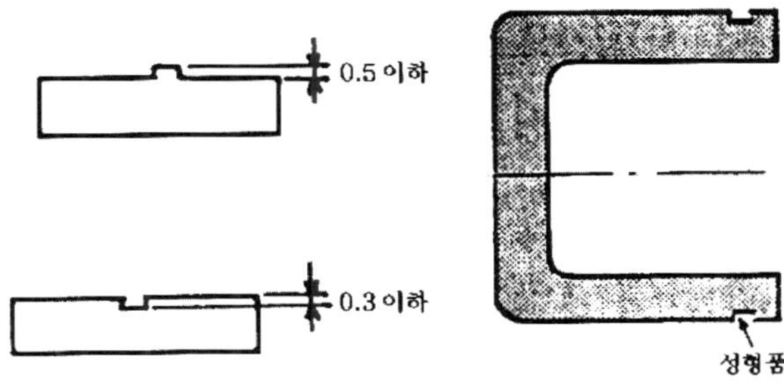

③

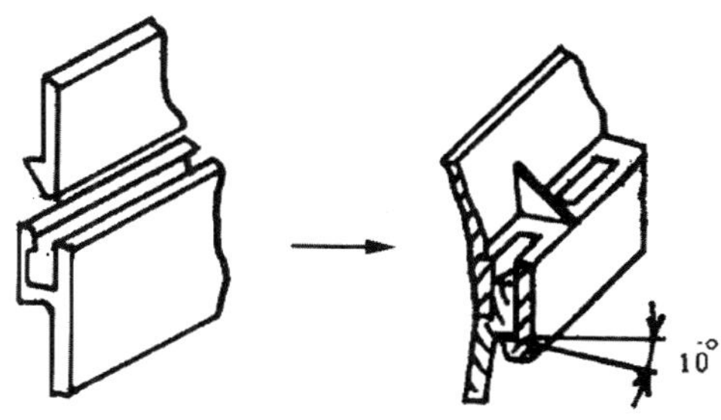

(8) 내부 Under cut

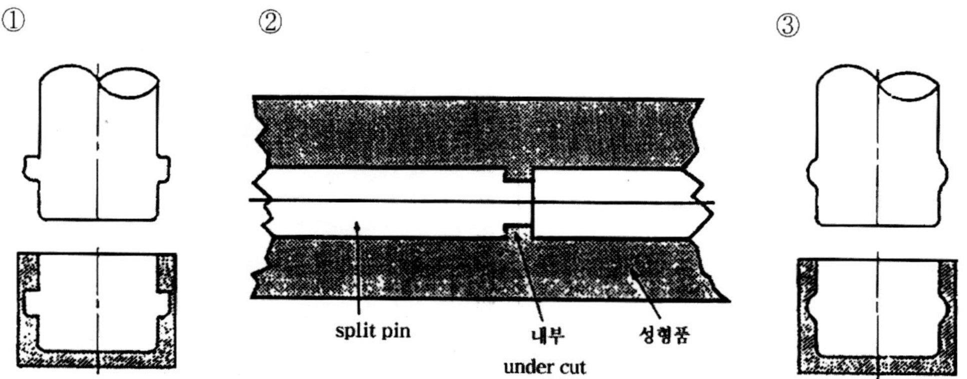

(9) POM의 Under cut 설계

① Metal 압입 체결력

㉮ Metal의 압입방법에는 냉간압입방법과 열간압입방법이 있다.

㉯ 축, Pin, Bushing은 냉간압입방법을 사용하고 주철 Beat는 열간압입방법을 사용한다.

㉰ Metal 외경과 Hole 관계

사용방법	Metal 외경 $-$ Hole(D_1-D_2)
냉간압입법	0.10 ~ 0.12(㎜)
열간압입법	0.15 ~ 0.20(㎜)

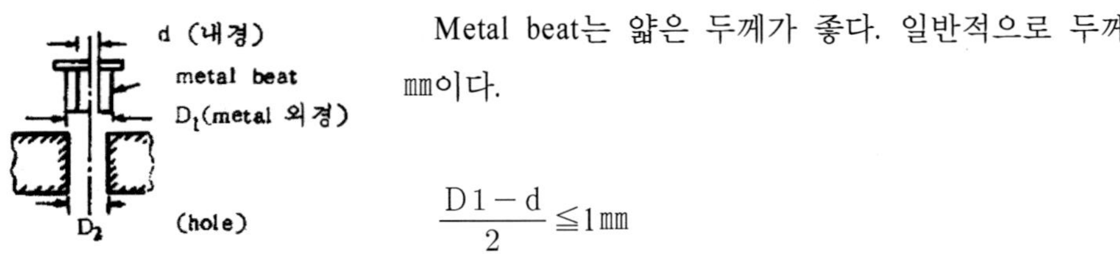

Metal beat는 얇은 두께가 좋다. 일반적으로 두께는 1㎜이다.

$$\frac{D1-d}{2} \leq 1㎜$$

㉱ Metal은 C cutter를 주어 회전방지시키고 발거력 강화를 위하여 Undercutter를 설치한다. 다음은 Metal 체결부의 체결 Torque와 인발력의 관계를 나타낸다.

Screw의 역학효율의 관계식으로부터 발거력

발거력(kf): $QC = 2.86 \times \dfrac{M}{D}$

M: 회전 Torque($kg-cm$)

D: Screw경(cm)

㉠ Under cutter를 설치하여 체결력을 강화한다.

M4	측정온도	발거력(측정)	발거력(계산)	Torque(측정)
CASE1	23℃	168kg	186kg	26kg·cm
	80℃	64kg	72kg	10kg·cm
CASE2	23℃	230kg	186kg	26kg·cm
	80℃	130kg	64kg	9kg·cm

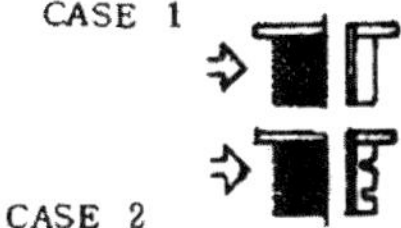

(10) 각종 수지의 최대 Under cut

Resin별 Under cut

Resin	Under cut(%)
(1) LDPE	23
(2) HDPE	10
(3) PA66	17
(4) MMS	5
(5) POM	5

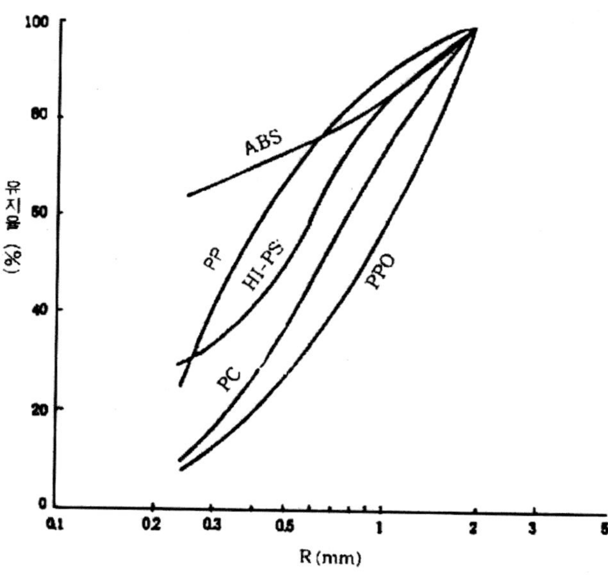

Izod 충격강도에 의한 반경의 영향

(11) 외부에 있는 Under cut

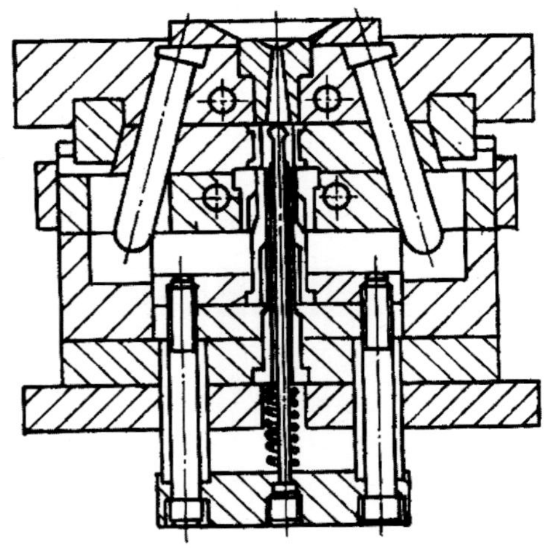

Side core(Bobbin 성형)

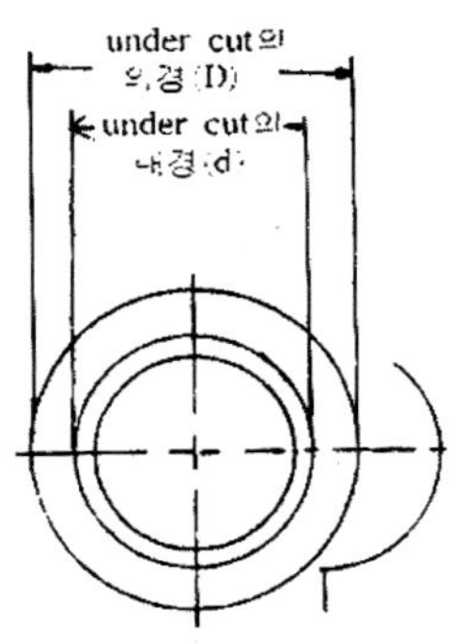

A=분할형의 이동량

$$A = \sqrt{\left(\frac{D}{2}\right)^2 - \left(\frac{d}{2}\right)^2} + \varepsilon$$

ε =여유량

원형성형품의 분할형의 이동
필요량 계산

(12) A가 B에 삽입되는 B의 Under cut

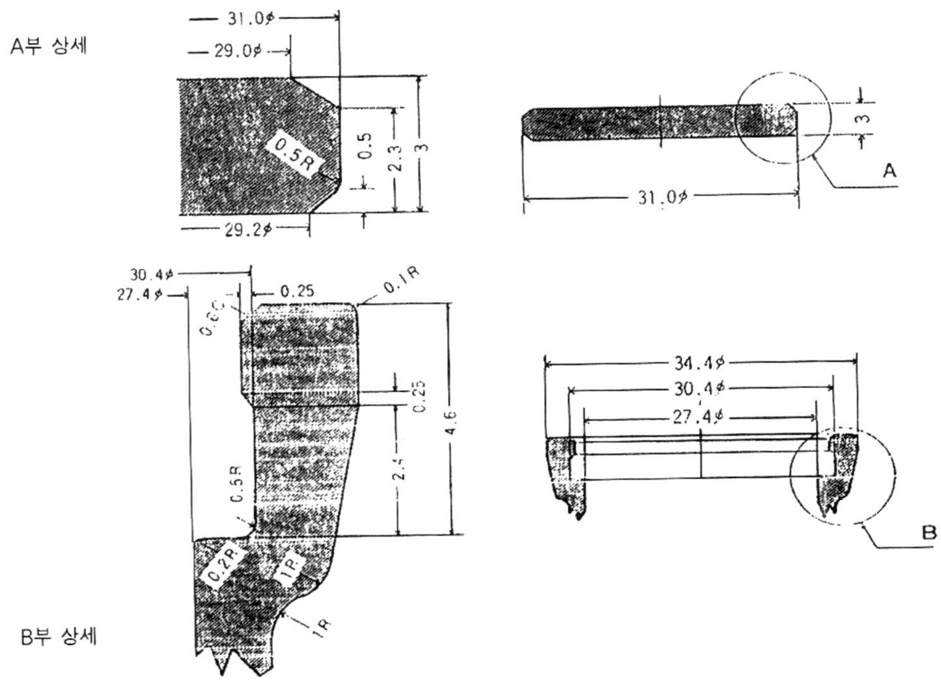

제15장

Boss 설계

1. 보스의 정의

보스는 사출성형품 Pad의 돌기부분에 사용되는 것으로 Hole의 보강과 조립 시 끼워 맞춤이나 적당한 높이로 하여 조립축으로도 사용한다.

2. 보스의 설계

① 길고 얇은 보스는 나사의 파손, 나사의 보강, 응력집중방지 등을 위하여 Rib를 추가하여 보강하고 아래와 같이 설계한다.

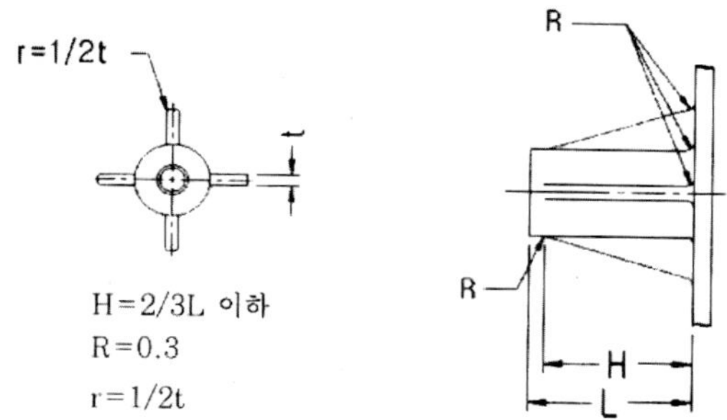

② 다음은 Self-tapping screw용 보스의 발구배에 관한 치수를 예시한 것이다. Self-tapping screw용 Φ3에 대해 H=30㎜ 이하가 좋다.

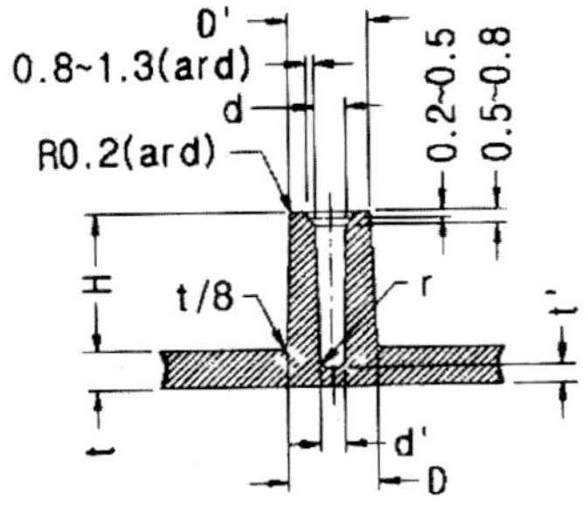

(PS, ABS)

항목	Φ3	Φ4	Φ4	Φ5
ΦD	7.5	8.5	9	9
ΦD^1	7	8	8.5	8.5
Φd	2.25	3.25	3.25	4.25
Φd^1	2.4	3.4	3.4	4.4
c	0.5	0.5	0.5	0.5
t	1.5	1.5	1.5	1.5
H	30 이하	30 이하	30 이하	30 이하
α	1°	1°	1°	1°
파괴 Toque	16kg·cm	38kg·cm	38kg·cm	57kg·cm

$$F = \pi \cdot d \cdot t \cdot \tau$$

F: Screw를 성형품에서 빼는 데 필요한 전단력

d: Screw의 외경

t: Screw가 끼워져 있는 깊이

τ: 수지의 전단강도

③ Engineering structure foam의 Boss 설계

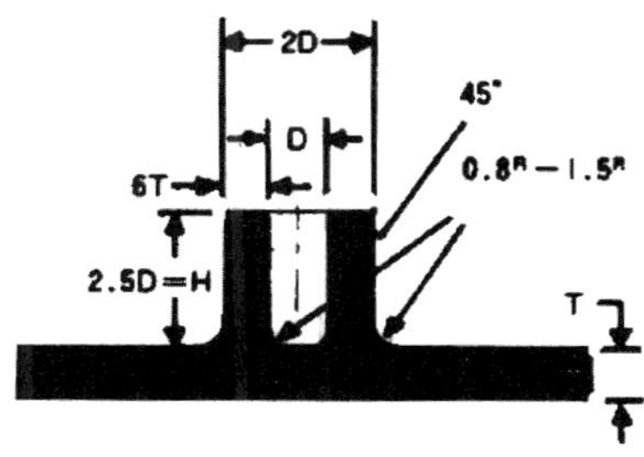

④ 강성이 우수하고 수축이 예민한 Boss 설계

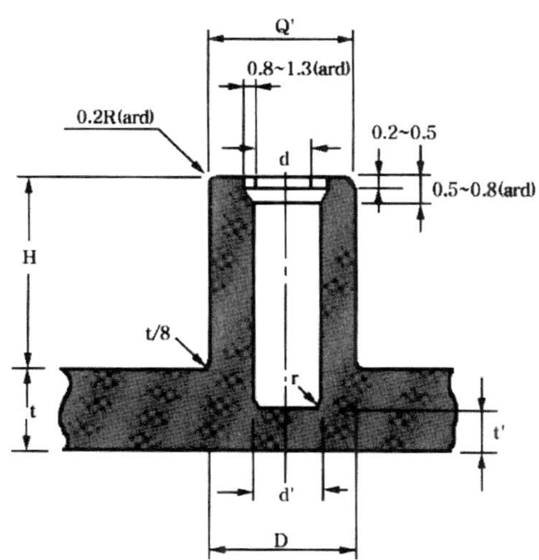

$$\frac{D - D'}{H} = 0.035 - 0.070$$

$$\frac{d - d'}{H} = 0.0177 - 0.035$$

$$t' = t(0.6 - 0.8)$$

$$R = 0.5d'$$

$$H \geqq 2.5d$$

$$H \leqq 2D'$$

$$r \geqq 0.2 \sim d'/2$$

3. Boss의 일반적인 사항

① • 성형품 Pad의 돌기 부분에 사용

  • Hole의 보강

  • 조립 시 끼워 맞춤이나 적당한 높이로 하여 조립축으로 사용

  • Boss＜2×직경

② 길고 얇은 Boss

  • Rib를 주어 보강

  • Rib가 충전 부족 방지

  • Rib를 두껍게 하면 Vent를 좋게 한다.

③ Sink mark

Boss 반대쪽같이 Sink mark가 생기기 쉬운 곳에는 무늬를 넣어 주는 것이 좋다.

④ 이형시킬 때 Core pin에 수축력이 걸려서 휘어지게 되므로 보스를 설치하는 것이 좋다.

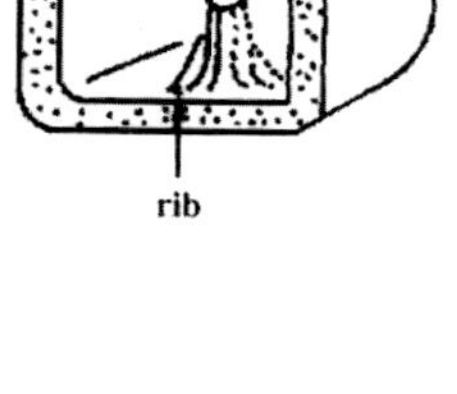

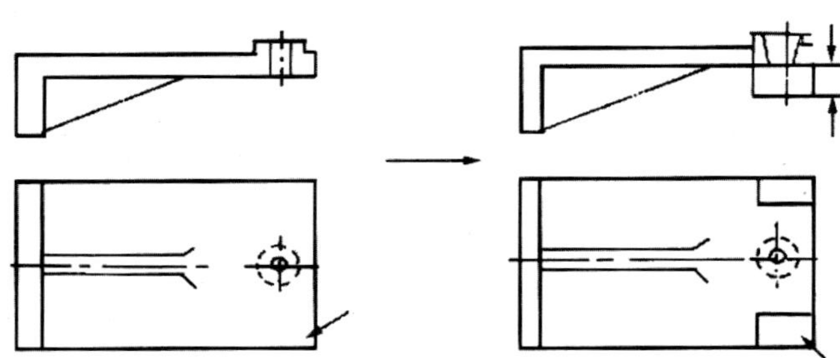

⑤ Boss의 강도를 보강하는 Rib를 주어 모서리에 0.2 Round 지게 한다.

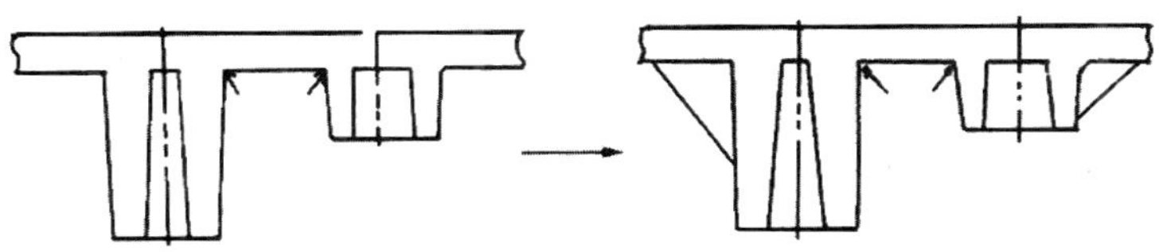

⑥ Corner boss   ⑦ PVC Compound boss

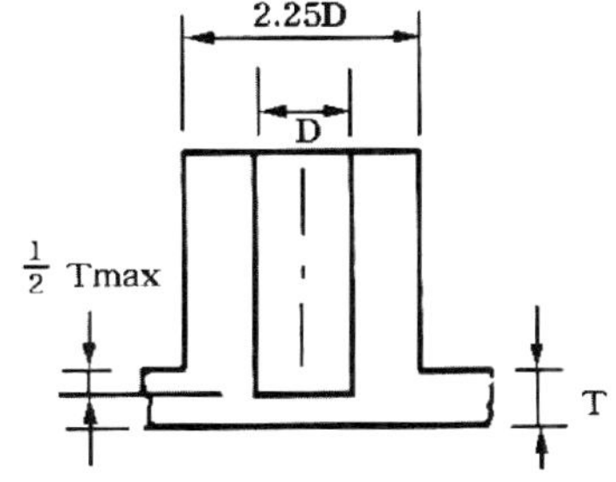

1) Rib가 있는 Wall boss

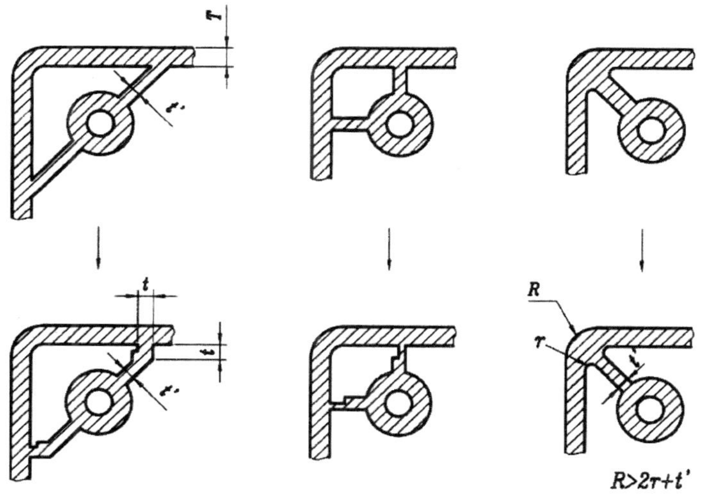

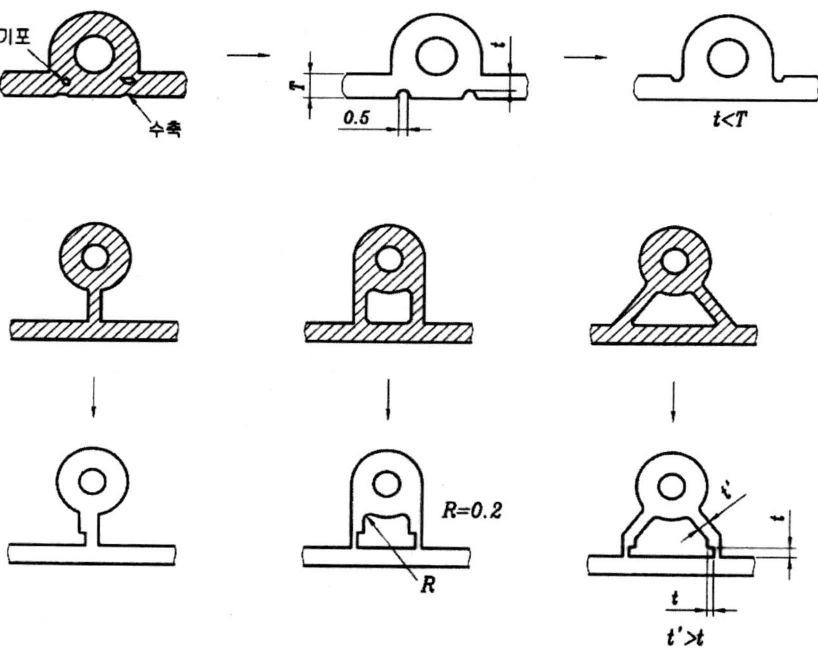

4. 가장 적합한 설계의 Boss

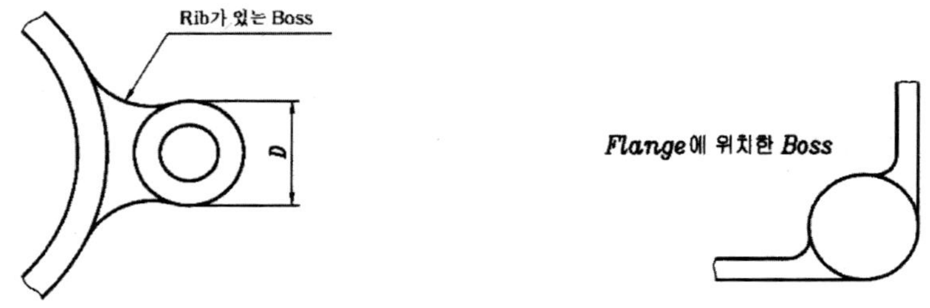

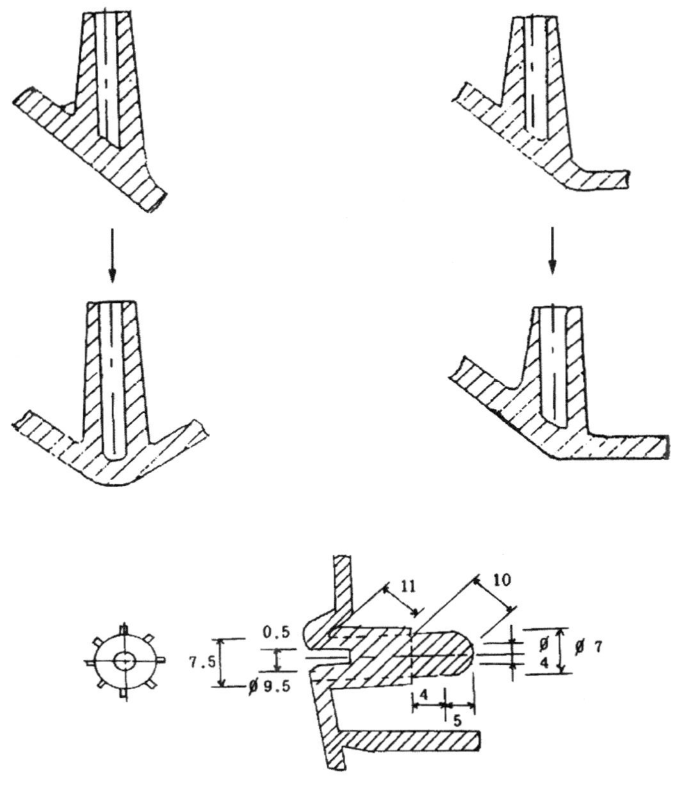

5. Boss부의 Silver와 Weld

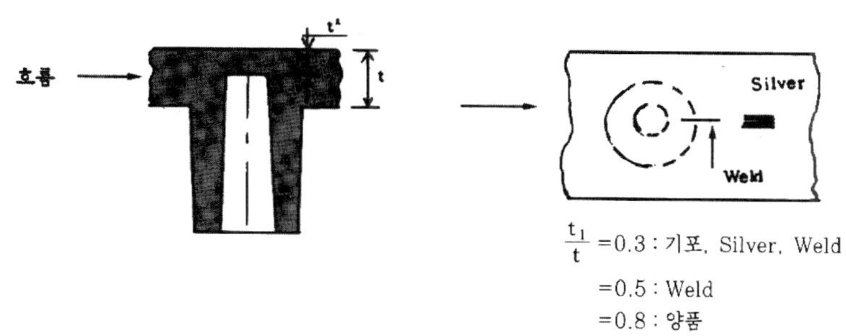

$\dfrac{t_1}{t}$ =0.3 : 기포, Silver, Weld

=0.5 : Weld

=0.8 : 양품

6. Mounting bosses

① 수축 고려한 Mounting boss

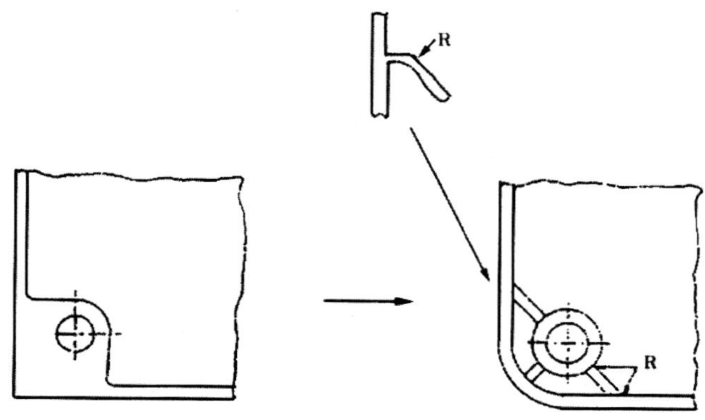

② 보스높이가 30㎜ 이상에서 강도를 요하는 보스의 구배는 아래와 같이 한다.

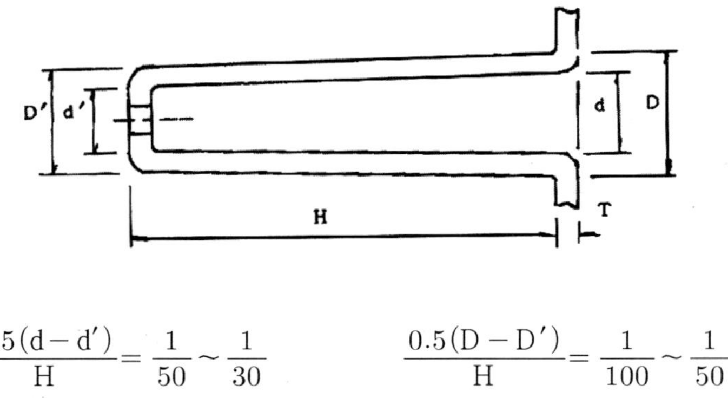

$$\frac{0.5(d-d')}{H} = \frac{1}{50} \sim \frac{1}{30} \qquad\qquad \frac{0.5(D-D')}{H} = \frac{1}{100} \sim \frac{1}{50}$$

③ 경사진 보스 또는 형상은 금형의 구조가 복잡하며 또한 금형이 대형으로 되기 때문에 Parting line에 대해서 직각으로 하는 것이 좋다.

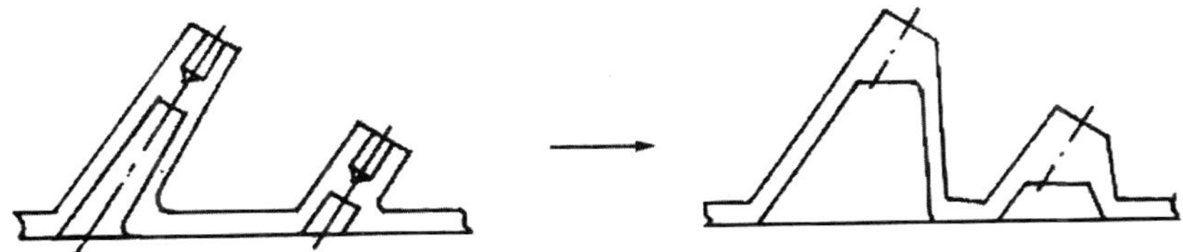

④ Mounting bracket의 1 / 8″에서 Mounting boss

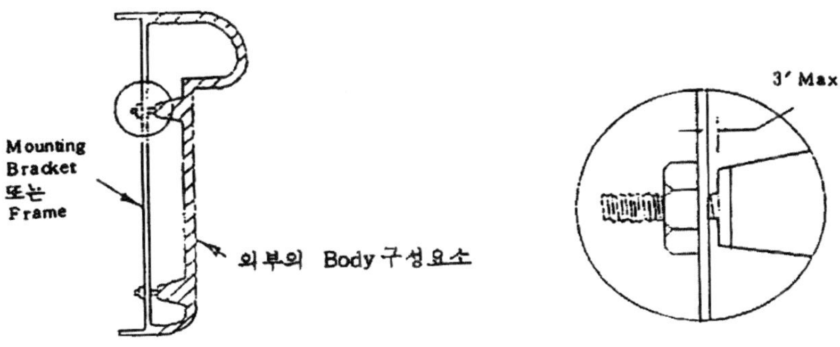

7. Sink mark가 발생하는 Boss

Sink는 Boss 걸림에 의해 일어난다.

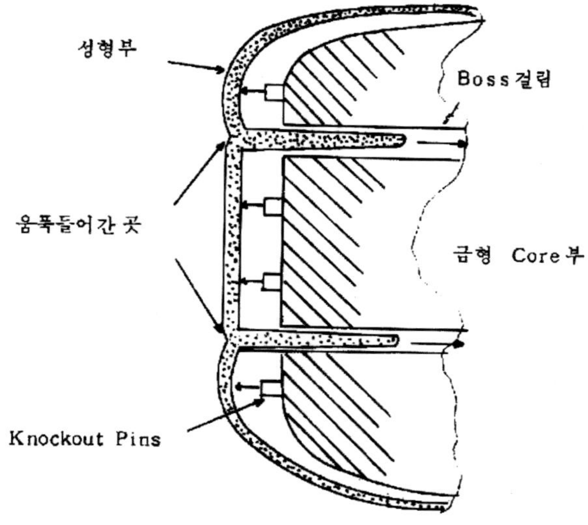

8. Mounting boss의 일반

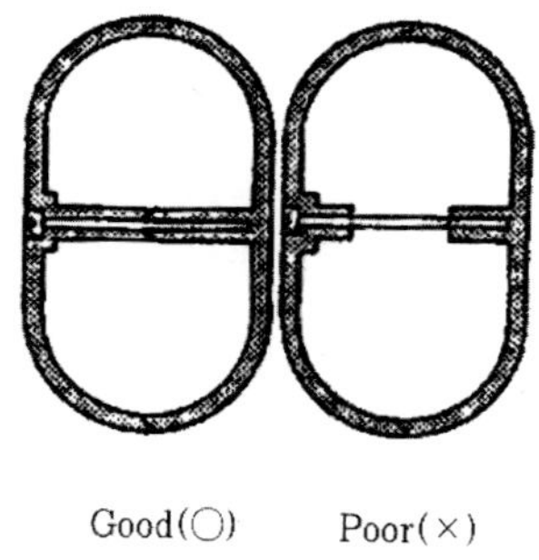

9. 재질별 Boss 설계

(1) Polypropylene

① Boss

Boss는 구멍의 보강이든가 조립 시의 끼워 맞춤 또는 적당한 높이에 조립용으로서 이용되고 있다. 다른 성형품 또는 금속부품과 조합시키기 위해 이용되는 Boss는 기부(基部)의 Rounding은 Rid의 기부와 같이 T / 8R가 적당하고 두께는 구멍의 직경과 같으나 좋으나 0.8㎜ 이하는 바람직하지 않다. 또 Boss의 높이는 직경의 2배 이하로 발구배는 2°가 적당하다.

② 성형공(孔) 및 Sleeve

구멍 및 Sleeve 등의 성형 시 Gate의 반대측에 Weld를 생기게 한다. Weld부의 단면적이 작으면 깨지기 쉬우므로 주의가 필요하다. 구멍에 있어서는 구멍과 구멍의 간격은 구멍지름의 2배 이상이 적당하고 구멍과 제품선과의 거리는 구멍지름의 3배가 적당하다.

③ Tapping screw

Polypro 성형품의 평판에 Tapping screw를 넣은 경우, 그 인발 강도는 대체로 다음과 같은 관계식으로 구해진다.

$$F = \pi \cdot d \cdot t \cdot \tau$$

F: Screw를 성형품으로 빼는 데 필요한 전단력

τ: Polypylene의 전단강도(수지의 경우 2.5kg / ㎟, Film의 경우 2.7kg / ㎟)

d: Screw경

t : Screw가 끼어져 있는 깊이

π: 3.14

다음에 Tapping 나사를 취부하는 경우, Tapping 나사를 성형품에 완전히 고정하고 또 고정부의 강도를 유지하기 위해서는 하도와 같은 Boss의 형상을 권한다.

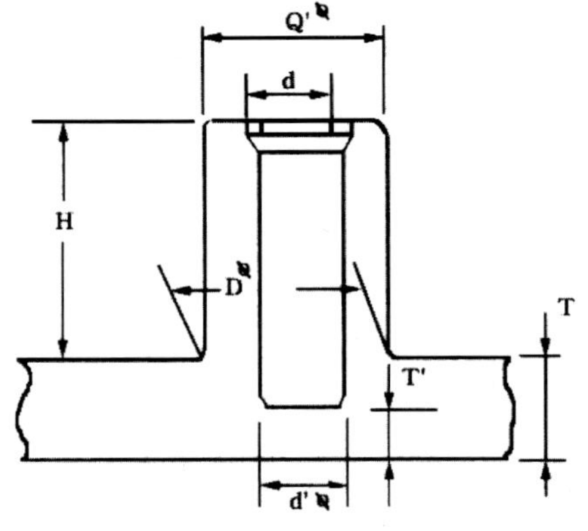

T	2.5～3.0		3.5
D	7	7	8
D$'$	6	6.5	7
T$'$	T / 2 또는 1.0～1.5		
d	2.6		
d$'$	2.3		

H는 30㎜ 이하가 좋다.

발구배

$$\frac{0.5(D - D')}{H} = 1/30 \sim 1/20$$

(2) ABS

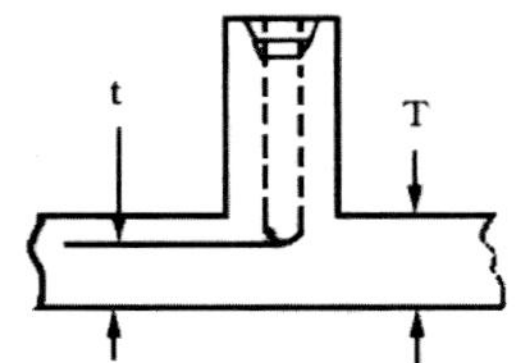

$$t = 0.8T$$

(3) Polyacetal

- Self tapping용

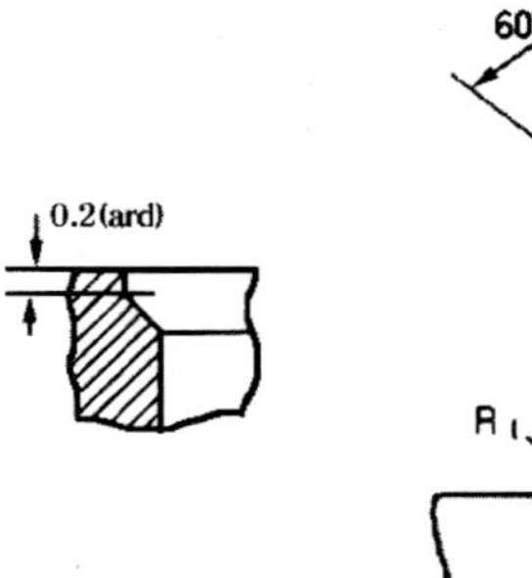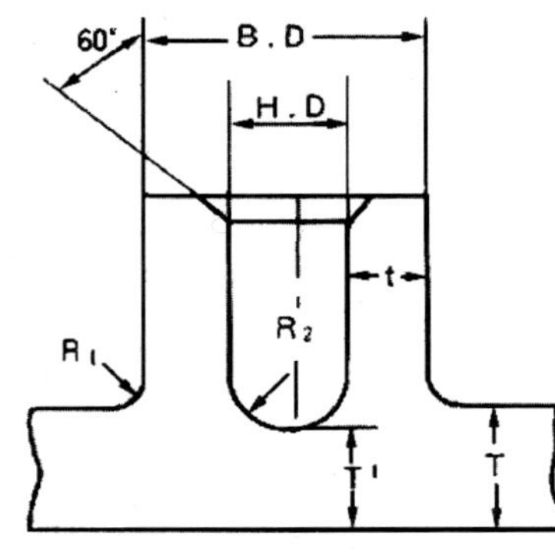

$B.D \geqq 2H.D$

$T \geqq t$

$T^1 = 0.8T$

$0.3 \leqq R^1 \leqq 0.7 ㎜$

H.D ≒ 나사유효경

Tapping 길이 ≒ 2.5 × 나사최대경

(4) Poly carbonate boss 설계

① Boss size의 일반 Type

$B.D \geqq 2H.D$

$T \geqq t$

$T' = 0.8T$

$0.3 \leqq R_1 \leqq 0.7\,\text{mm}$

$R_2 = \dfrac{1}{2}H.D$

HD = 나사유효경

Tapping 길이 $= (1.25 \sim 1.7)$

$\times$ 나사최대경

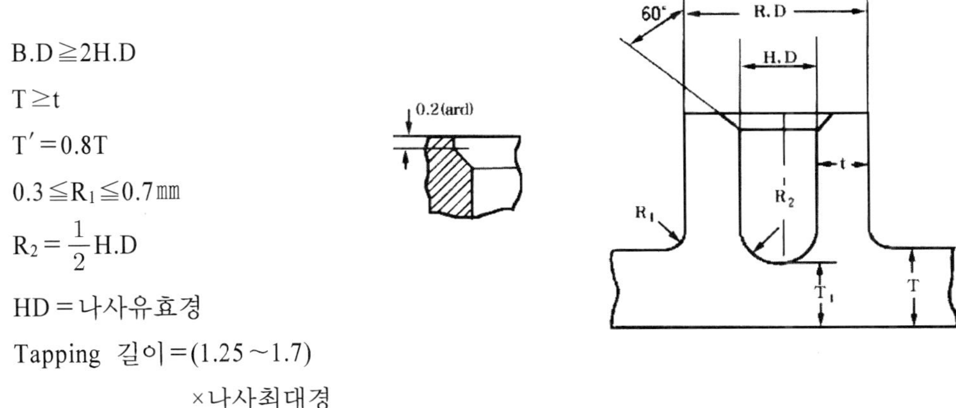

② Boss 높이는 내경의 3~5배 정도, 특수한 경우는 내경의 5~10배

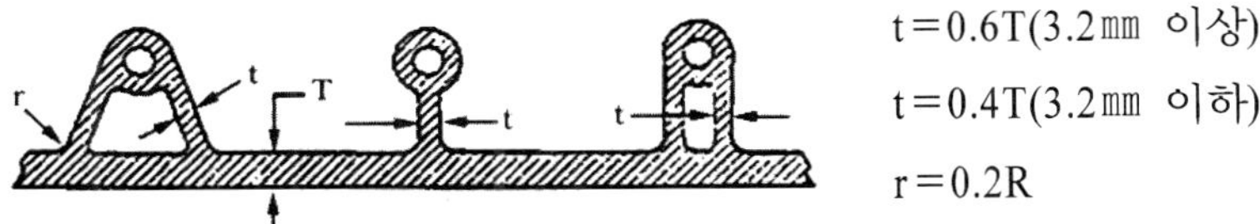

$t = 0.6T(3.2\,\text{mm}\ 이상)$

$t = 0.4T(3.2\,\text{mm}\ 이하)$

$r = 0.2R$

(5) Screw와 Core hole 관계

① Core hole과 잡아 빼는 힘

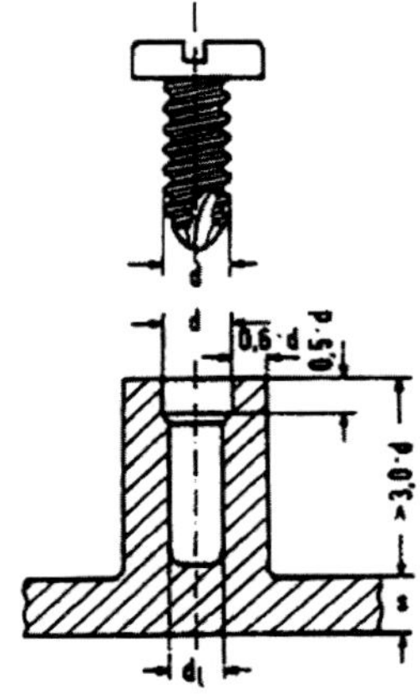

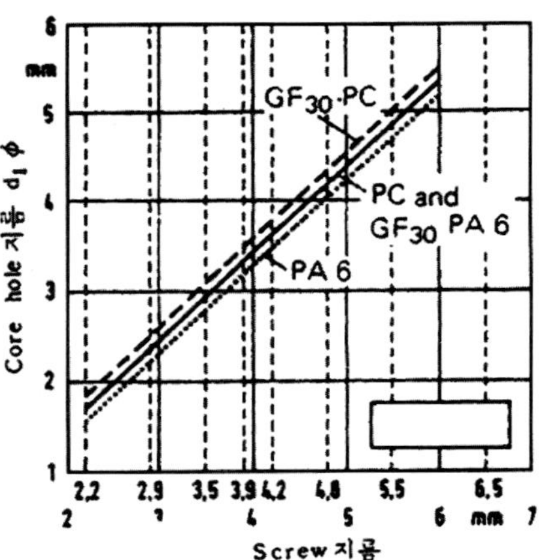

② Resin별 Screw와 Core hole

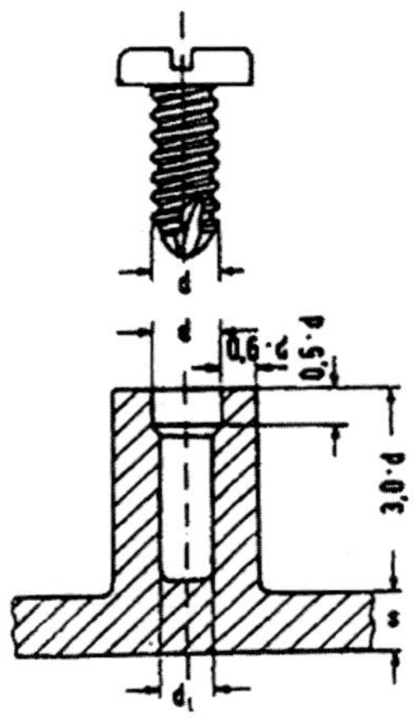

③ Self tapping screw와 잡아 빼는 힘

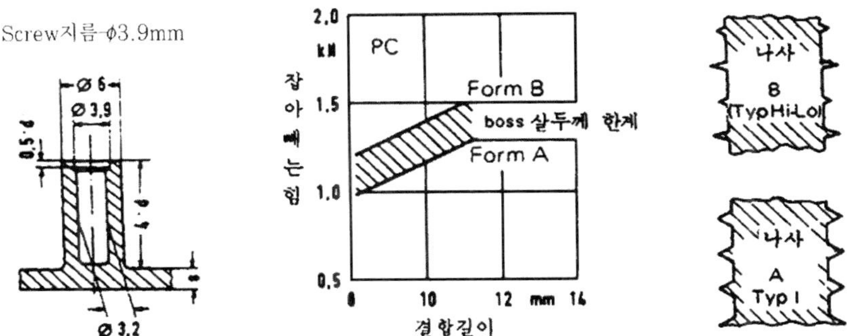

(6) Noryl boss 설계

① Boss size

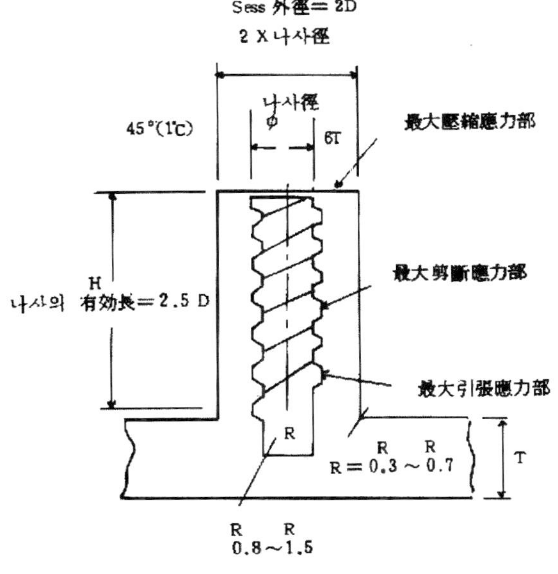

나사경	파괴 Torque	boss경
M3	16kg — cm	Φ6
M3.5	20	Φ7
M4	38	Φ8
M5	57	Φ10

② Screw

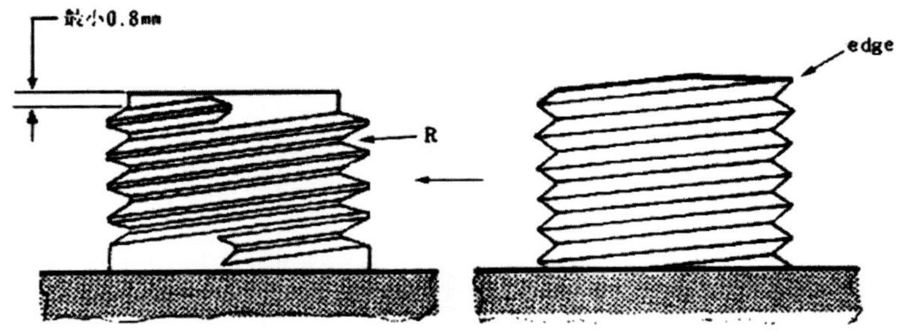

(7) PPHOX Boss 설계

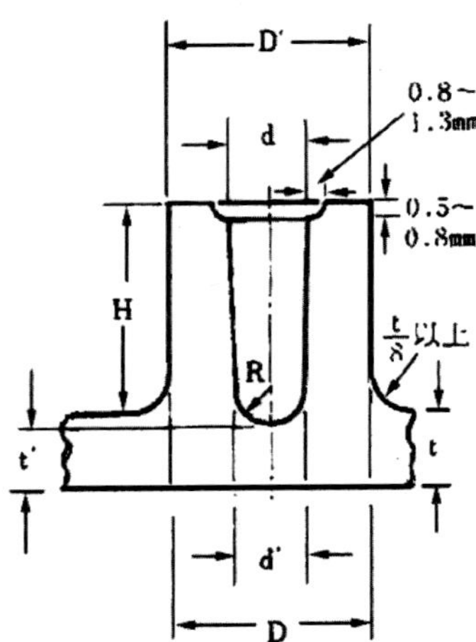

$$\frac{(D - D')}{H} = 0.035 \sim 0.070$$

$$\frac{(d - d')}{H} = 0.0177 \sim 0.035$$

$$t' = t \times (0.6 \sim 0.8)$$

$$R = 0.5d'$$

$$H \geqq 2.5d$$

$$H \leqq 2D'$$

(8) Engineering structure foam boss 설계

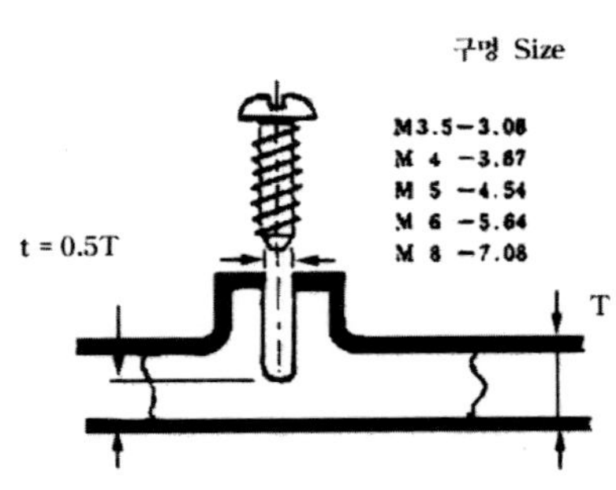

(9) Boss의 Self tapping 시험

① FR ABS는 전단 강도가 크고 Self tapping 시의 체결 Torque는 충분히 높은
값이 유지 가능하다. 따라서 기초구멍이 작은 경우에는 Thermal shock에 의한
Crack를 발생하는 것이 없다.

(10) Boss의 Self tapping screw 시험 예

① Boss의 개략

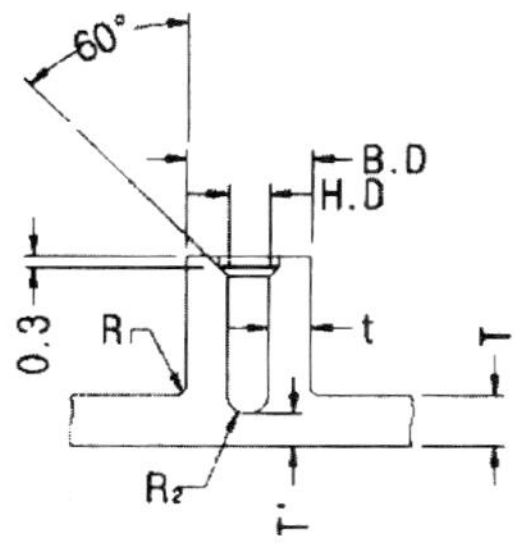

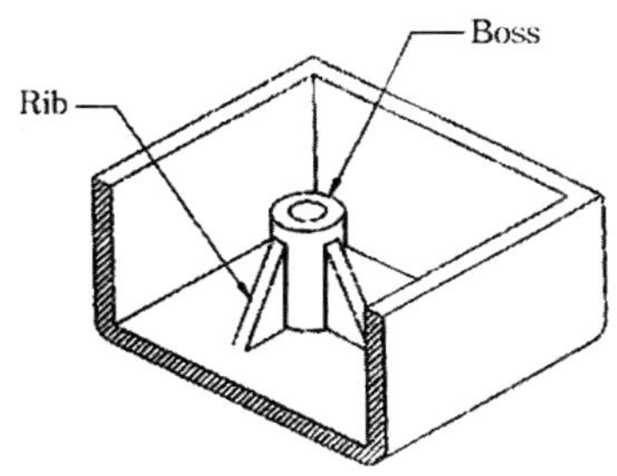

② 사출성형 조건
- 사출기: 140OZ
- 금형온도: 45℃
- 사출속도: 1.0m / min
- 냉각시간: 35초
- 수지온도: 201∼206℃
- 사출압력: 100kg / ㎠(Gauge)
- 사출시간: 25초

③ 측정조건
- Tapping screw JIS 2종 4mΦ L=10, 12㎜
- 기초구멍 3.0, 3.2, 3.4, 3.5㎜Φ
- 와셔 외경 16㎜Φ 내경 4.1㎜Φ 두께 1.0㎜
- Torque driver 동일제작소 FTD−40형
- Test piece 변조 20℃×24hrs, 65%RH

④ 재질별 Boss 강도

- 나사조립 Torque: Tapping 나사의 Screw 취부 Torque
- 파괴 Torque: Torque를 가하여도 나사 파괴가 발생하지 않는 최대 Torque

Boss경 mmΦ	Screw	Screw 길이 mm	Torque	FR ABS		HIPS		ABS / PVC	PPHOX
			kg · cm	V−0	V−0	HB	V−0	V−0	V−0
3.0	2종 4mmΦ	10	나사깊이	6	8	9	6	4	7
			파괴	16	21	26	16	10	23
		12	나사깊이	6	7	12	5	4	10
			파괴	21	27	30	20	11	27
		14	나사깊이	−	7	−	−	−	−
			파괴	−	32	−	−	−	−
		16	나사깊이	6	−	−	−	6	−
			파괴	23	−	−	−	16	−
3.2	1종 4mmΦ	10	나사깊이	7	8	−	7	3	−
			파괴	18	24	−	19	10	−
		10	나사깊이	5	6	7	5	4	6
			파괴	15	20	25	16	9	22
3.2	2종 4mmΦ	12	나사깊이	4	6	8	6	4	7
			파괴	20	24	27	19	10	27
		14	나사깊이	6	6	−	7	−	11
			파괴	21	28	−	22	−	28
		16	나사깊이	6	6	−	5	5	−
			파괴	23	32	−	22	14	−
	1종 4mmΦ	10	나사깊이	6	7	−	6	4	−
			파괴	17	21	−	18	10	−
3.4	2종 4mmΦ	10	나사깊이	4	4	−	−	−	−
			파괴	15	18	−	−	−	−
		12	나사깊이	3	4	4	−	−	7
			파괴	16	22	24	−	−	22
		14	나사깊이	4	4	6	5	−	6
			파괴	19	25	25	21	−	23
		16	나사깊이	4	−	−	4	3	−
			파괴	21	−	−	20	12	−

Boss경 mmΦ	Screw	Screw 길이 mm	Torque	FR ABS		HIPS		ABS / PVC	PPHOX
			kg · cm	V − 0	V − 0	HB	V − 0	V − 0	V − 0
3.5	2종 4mmΦ	10	나사깊이	3	3	5	−	−	4
			파괴	13	16	17	−	−	18
		12	나사깊이	3	3	5	−	−	5
			파괴	16	21	23	−	−	12
		14	나사깊이	3	3	−	−	−	−
			파괴	19	24	−	−	−	−
		16	나사깊이	3	−	−	−	−	−
			파괴	20	−	−	−	−	−

(11) Tapping set 품의 Thermal shock 시험

① 시료

- 수지 FR ABS
- 체결부 Torque 20kg · cm
- 나사길이 12mm 및 16mm의 2종
- Screw tapping 2종 외경 4mmΦ
- Boss 내경 3.0mmΦ, 외경 8mmΦ
- 와셔 두께 1mm

② 시험결과

- 환경조건: 50℃×2hr − 10℃×2hr을 1cycle로써 8회 반복한다.

  결과: Crack 발생 전혀 없음.
- 환경조건: − 20℃×50hr

  결과: Crack 발생 전혀 없음.

(12) POM Boss 설계

① Boss는 성형품과 성형품의 조합, 타 성형품 체결 등에 이용되며 체결법으로는 Self tapping 방법, Metal insert 방법, Metal 압입방법 등이 있고 부적정의 Boss는 체결력을 저하시킨다. 그래서 성형품의 기능을 상실케 한다.

② Self tapping의 Boss 형상

Self tapping으로 체결력을 지속 증가하는 요인으로 Self tapping screw의 Design boss 외경과 내경관계, Screw와 Boss 길이관계 등이 있다.

또한 t는 성형품의 수축, Weld, Flow mark의 요인이 된다.

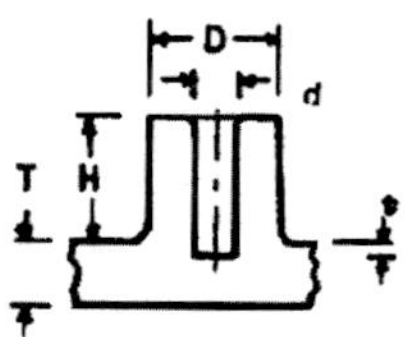

기호	Self tapping screw	
	Φ3	Φ4
D	6.5~7.5	8.0~9.0
d	2.5~2.7	3.4~3.6
T	2~4	2~4
t	T×0.2	T×0.2

③ Metal insert의 Boss 형상

㉮ Metal을 수지에 Insert하여 체결력을 유지하는 방법으로서 Metal과 수지의 성질이 완전히 다른 경우에 주의할 필요가 있다.

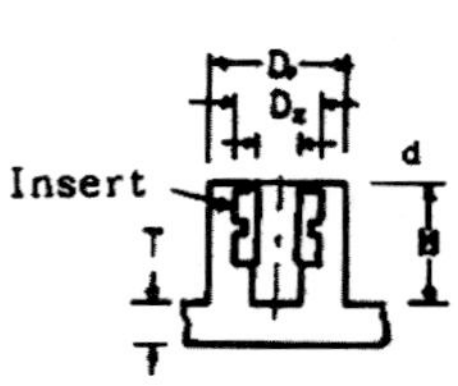

기호	Screw	
	Φ3	Φ4
D_1	≧8.5	≧10
D_2	5	6
d	M3	M4
T	2~4	2~4

㉯ Metal insert가 체결력에 미치는 영향은 Metal의 길이와 Knurling 등이며 Metal 외경과 Boss 외경과의 관계 등이다.

㉰ 수지와 Metal의 선팽창계수가 현격히 다를 경우에 Metal에 응력집중점이 발생한다.

㉱ Boss가 높고 큰 경우에 D_1-D_2를 작게 하고 수축발생을 방지해야 한다.

㉲ Insert로 하는 Metal은 탈지를 행하고 충분히 건조 후 사용해야 한다.

④ Metal 압입의 Boss 형상

㉮ 체결력에 영향을 주는 요인으로 Metal 외경과 Boss 내경의 차이, Metal의 Design 등이다.

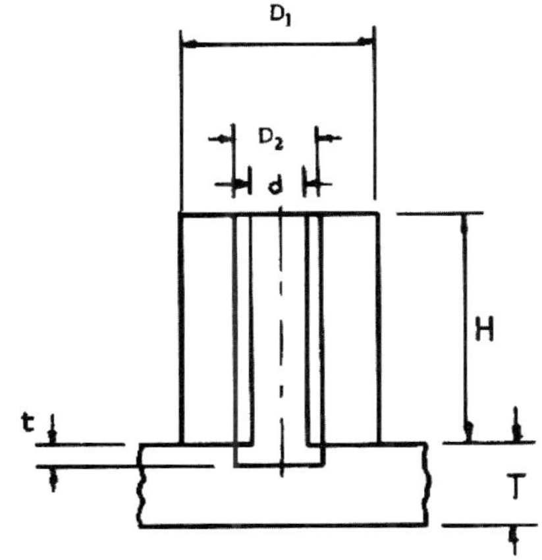

기호 \ 나사	M3	M4
D_1	$\geqq 8.5$	$\geqq 10$
D_2 Boss 내경	D2 − (0.05 ∼ 0.1)	D2 − (0.05 ∼ 0.1)
D_2 Metal 외경	5	6
d	M3	M4
H	Metal 높이	Metal 높이
T	2 ∼ 4	2 ∼ 4
t	$T_X 0.1 ∼ 0.5$	$T_X 0.1 ∼ 0.5$

㉯ 압입방법으로 냉간압입, 가열압입, 초음파압입 등이 있다.

㉰ Boss 체결방법

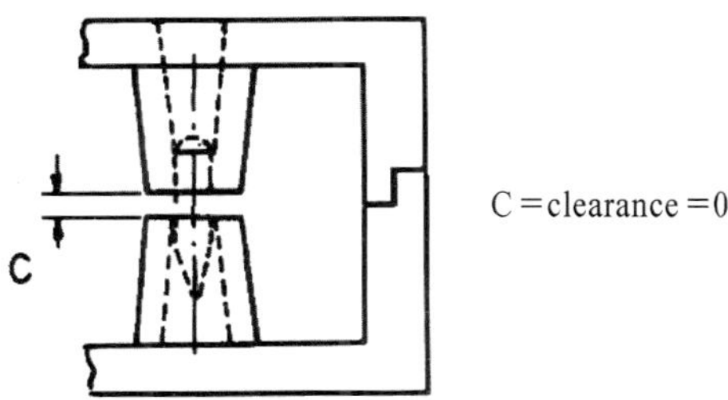

(13) 일반적 Boss 설계

① 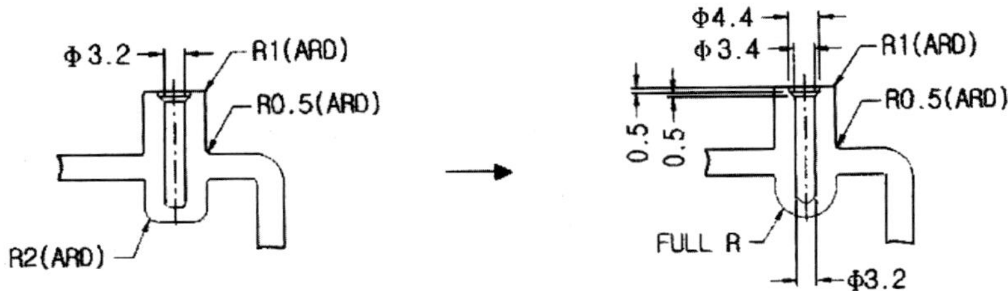

② 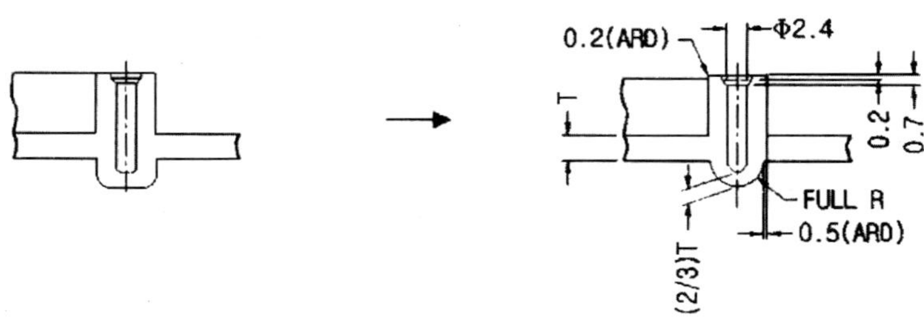

③ Coring

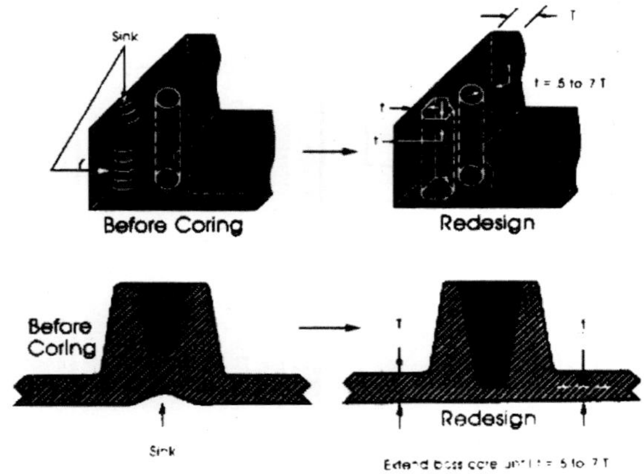

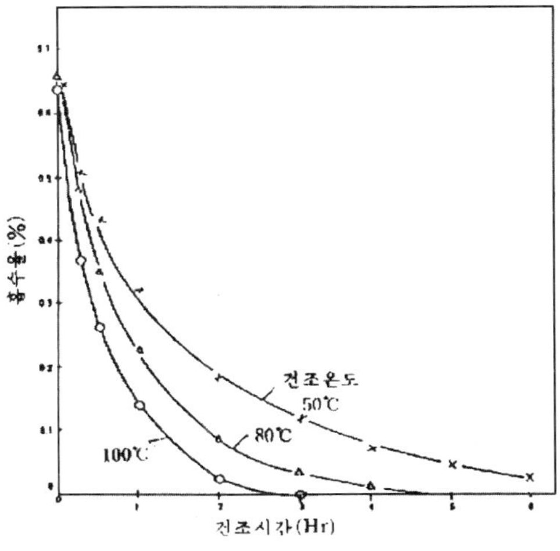

ABS 수지의 건조 곡선

④ Boss design

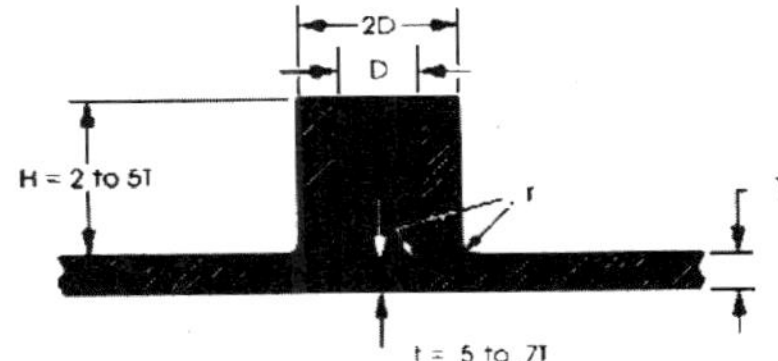

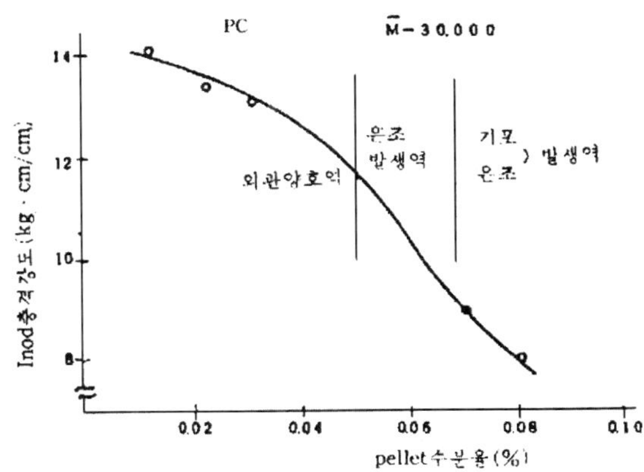

Pellet 수분율과 충격강도 및 외관

⑤ Styrene계 수지에 적용하는 Self tapping boss의 치수

항목	고충격성 PS	중충격성 ABS 수지	Glass 섬유강화 AS 수지
Screw 외경－ Boss 내경	0.5㎜	0.5㎜	0.3㎜
Boss 상부 두께	Screw 골격 이상	Screw 골경×2/3 이상	Screw 골경 이상

(주기) 일반용 Poly styrene은 적용 불가능

⑥ Styrene계 수지에 적용하는 Metal insert boss의 치수

Resin	(T / D)×100(%)
고충격성 PS, SAN 수지, Glass 섬유강화품	약 70
ABS 수지	약 50

(주기) 일반용 Poly styrene은 적용 불가능

⑦ Tubing
　㉮ Tube의 내압에 작용하는 Stress

일반적으로 $S_{max} = P\left(\dfrac{r_0^2 + r_1^2}{r_0^2 - r_1^2}\right)$

　㉯ 얇은 Tube 경우

$t < 10 \times r$일 때 $S_{max} = P\dfrac{r}{t}$

　㉰ Tube의 내압에 작용하는 Stress에 의한 변형

$$R = P\frac{r}{E}\left(\frac{r_0^2 + r_1^2}{r_0^2 - r_1^2}\right)\left[(1 - \mu) + (1 + \mu)\frac{r_0^2}{r_0^2}\right]$$

μ: Poisson ratio(0.3 ~ 0.5)

E: Flexural modulus(kg / cm^2)

r1: Tube 내경의 반지름(㎝)

r0: Tube 외경의 반지름(㎝)

t: Tube 두께(㎝)

P: Tube 내압(kg / cm^2)

 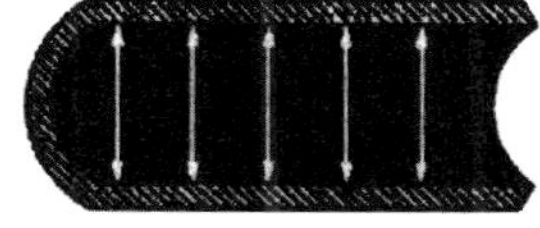

제16장

Plastic 접합 설계

 Plastic의 접합가공은 그 고도의 생산성과 성질, 형상, 용도 등의 다양화에서부터 모든 목적에 사용되는 여러 가지 접합기술이 개발되어 있다. 여기서는 고주파용착에 관하는 고속도 용착, Spark에 의한 장해의 방지, Laser 등 섬유가 넣어진 재료의 용착 절단(2단압기구), 각종의 자동화 System, 자동 동조(同調), 전파장해의 방지 등에 관해 기술하고자 한다. 또한 고주파 및 초음파 Welder의 연구과정에서 얻어진 열전도 이론이나 여러 재료에 관한 많은 Data도 열거코자 한다.

 그런데 이들 Plastic 용착법 이외에 원리적으로 실제적에도 여러 가지 방법이 생각되고 이들을 정리 소개하는 의미로 정리하는 것이 Plastic 접합법의 분류표이다. 접합 방법으로서는 열용착이 주로 이용되고 있는데 이것은 열가소성 Plastic을 대상으로 하고 있다. 표준에서 외부 가열 분류 중이 Laser라 하는 것은 그 발생하는 적외선의 Sharp한 접점을 이용하여 Plastic 발열을 국부적으로 멈추는 방법으로 현재 연구단계에 있다. 또 내부 조사(照射)는 Plastic의 접합면을 접합 직전까지 Master 등으로 표면에서 복사열로 가열하여 기계적으로 가압접합하는 방법으로 외부가열을 행하면서 내부가열과 똑같은 온도분포가 얻어지는 특징이 있다.

 내부가열의 분류 중 Micro파라는 것은 최근 전자 Range 등에 널리 사용되고 있는 주파수 2500㎒ Band의 전자파를 이용하여 발열작용을 일으키는 것이다. 이것은 종래 고주파 Welder나 고주파 Machine에서 그 Energy가 잘 흡수되지 않고 발열용착 가능치 않았던 종류의 Plastic에 대해서 적용 가능한 장점이 있고 독자의 가능성을 갖고 있는데 실용화는 이제부터의 문제이다. 최후의 Micro 음파라는 것은 수 ㎒의 높은 초음파 주파수 영역의 것으로 이 Energy를 집속하여 Plastic에 부여시키는 것으로 이제까지의 초음파 Welder와는 많은 점에서 틀린 특징이 있고 Polyethylene 등의 비교적 부드러운 Plastic을 용착하는 경우, 전달용착에 유사한 효과도 알려져 있으므로 하루빨리 실용화가 기대되는 방법이다.

Plastic 접합법의 분류

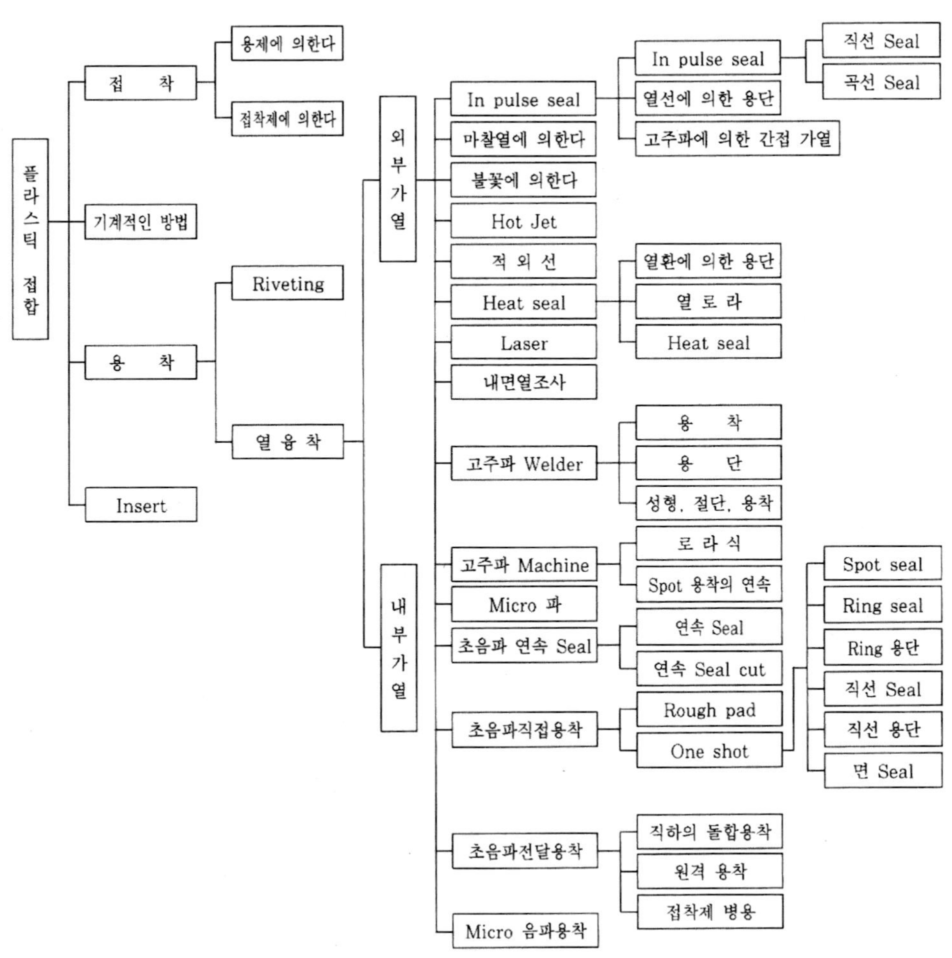

1. Ultrasonic Welder

(1) 내부 가열이다

고주파 용착은 유전체 손실이 큰 일부의 Plastic에만 적용 가능함에 대하여 초음파 용착은 모든 열가소성 Plastic에 적용 가능하고 Plastic 자체를 발열시킨다. 또 가열은 극히 단시간에 행해질 수 있다.

(2) 개재물의(散逸)

용착하는 표면은 초음파 진동을 행하므로 용착 부분에 부착하고 있는 먼지나 분체, 액체는 물론, 점도가 높은 유, 도막, 증착막, 인쇄 Ink도 불어 날려서 용착한다.

(3) 연속 Seal

초음파를 부여하는 공구 Horn 선단은 큰 진폭으로 진동하고 있으므로 외관마찰이 적은 용착재료와 상대적으로 이동시키는 것이 용이하다.

(4) 용착동시 용단

선단을 첨예로 한 공구 Horn에서 용착을 행하면 그때부터 용단(溶斷)하는 것이 가능하다. 고주파 용착에서는 이 방법을 채용한 경우 용착물의 전열파괴에 의한 Spark가 생길 염려가 있으나 초음파에서는 그 Trouble은 없다.

(5) 이종 Plastic의 용착

염화 Vinyl과 Acryl, Poly styrene, ABS, Poly carbonate, 또한 ABS와 Acryl, Poly carbonate 혹은 Poly carbonate와 Acryl 등의 이종재질의 용착이 가능하나 원재료 정도의 강도는 나오지 않는다.

(6) 선택발열

초음파에 의한 발열효과가 큰 재료나 접착제 등을 선택적으로 발열시키는 것이 가능하다.

(7) 전달효과

공구 Horn에서 떨어진 부분으로 Plastic 중을 초음파가 전달시켜 경계면이나 응력이 집중된 곳에서 발열시키는 것이 가능하다. 그 위에 공구 Horn이 닿는 면에는 흠이 없다.

(8) 충돌효과

이 효과는 특히 전달 용착에서는 현저하다. Plastic 내의 내부응력에 의한 발열작용 외에 Plastic 접합면에 약간의 Gap이 있는 경우 초음파 진동에 의해 Plastic 간에 충돌이 일어나 표면 부근에 강한 응력을 일으켜 용착하는 접합면만이 발열한다.

(9) 응력효과

Horn에서 전달된 초음파 진동이 Plastic 내의 특정한 부분에 집중하면 강한 응력을 일으켜 그 부분이 발열용융한다. 이 현상도 경우에 따라서는 적극적으로 이용가능한 특징이다.

(10) 금속 등의 삽입과 Riveting

Plastic 내로 금속부품(암나사 등)에 초음파진동을 부여하면서 삽입하는 것도 가능하다. 또한 이종 Plastic 또는 금속과 Plastic을 접합함에 Plastic의 Boss 머리를 눌러 깨어 Riveting한다.

이상에 열거한 특징은 초음파 Welder의 기본적인 특징이므로 구체적인 용도에 대해서는 이들의 특징의 2가지 또는 그 이상이 동시에 작용하는 것이 된다. 실제적인 사용례에 대해서는 후장에서 기술한다.

여기에서 Plastic 용착에 요구되는 일반적인 사항을 열거하면 다음과 같다.
① 용착강도
② 용착속도
③ 용착면의 미관

④ 모재의 변질열화도

⑤ 모재의 오염에 대한 관용도

⑥ 용착치구의 제작, 교환, 조정 등의 간편도

⑦ 용착의 균일성과 안정성

⑧ 용착 Line의 길이, 면적, 곡선 등의 자유도

⑨ 장치의 취급조작의 용이도

⑩ 장치의 보수관리의 용이도

2. 전달용착

1) 성형품

느낌이 딱딱한 Plastic을 용착하는 경우에 가압력을 낮게 하면 공구 Horn이 접촉하고 있는 부분은 거의 변형이나 홈이 생기지 않으므로 Plastic끼리 충돌한 표면부근에서 발열용착하는 점이 있다. 그 충돌 부분이 공구 Horn 바로 아래만이 아니고 Horn에서 꽤 떨어진 경우에도 이 현상이 일어난다. 이것을 이용한 용착이 전달용착이다.

전달용착에는 이하에 기술하는 바와 같이 많은 특징이 있다.

① 용착 Speed가 빠르다. 보통 1초 전후에서 용착을 끝내고, 건조시간을 필요로 하지 않는다. 적은 물건이라면 0.5초, 특수한 경우를 제외하고 3초를 넘는 것은 없다.

② 표면이 침식되지 않는다. 외관에 어떤 이상이 생기지 않으므로 용착면만이 용융 접합한다는 이상적인 용착이 가능하다.

③ 용착면이 아름답다. 용제에 의해 빠져나오거나 악취도 없고 또한 백탁현상이 없으므로 투명한 성형품에서도 깨끗이 마무리가 가능하다.

④ 용착 부분 이외는 발열하지 않는다. 초음파 발열은 두 개의 2부분의 경계면에

서만 일어나므로 제품의 변형이나 내용물의 변질이 없다.

⑤ 사전처리가 필요 없다. 용착의 전처리가 일체 불필요하여 액체나 분말 등에 의한 오염도 초음파 진동으로 날아가 버리므로 처리가 쉽다.

⑥ 기밀(氣密)용착이 가능하다. 성형품의 형상이나 공구 Horn의 선택에 따라서 완전한 기밀용착이 가능하다.

⑦ 마무리에 얼룩이 없다. 일정한 조건하에서 기계 가공되기 때문에 마무리에 얼룩이 없고 제품의 균일성이 보증된다.

Plastic 상자를 전달용착하는 모양을 표시한 것으로 Horn으로부터 부여된 초음파는 Plastic 중을 전달하고 있고 접합면에서 충돌하여 발열용착한다.

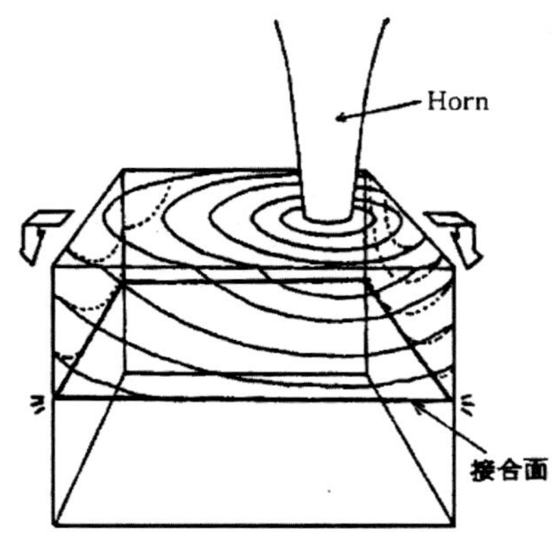

⑧ 작업은 간단하다. 수동조작에서도 자동조작에서도 한번 조건을 선택하면 간단히 작업 가능하다.

각 Plastic에 대하여 전달용착의 적부(適否)로 하여 기술적인 난이 마무리 강도를 제각기 우, 양, 가, 불가로 표시한 것.

각종 Plastic 전달용착의 특성

기질	전달용착의 특성			
	용착특성	착특성	마무리	강도
P.S(G.P)일반용	음향감쇠소, 용착에 최적, 전달거리를 길게 한다.	우	우	우
P.S(H.I)	고무함유량에 좌우된다. 30%까지는 양호	우	우	우
AS	음향감쇠가 P.S보다 크므로 전달거리가 짧게 된다.	우	우	우
ABS	P.S, Acryl과 용착한다.	우	우	우
Poly Carbonate	연화온도 높고 충분한 Power 필요, 전달거리가 짧다.	양	우	우
Acryl	전달거리는 실용상 20㎜ 위까지 ABS와 용착	양	우	양
Poly Aatal	충분한 Power 필요, 전달거리는 짧다.	양	양	우
P.V.C(경)	전달거리 3㎜ 위까지 가능, Horn과의 접촉면이 연화하는 경향이다.	가	가	양
Nylon	Nylon의 종류에 의하여 전달거리를 대단히 짧게 하여 큰 진폭에 의한 가능한 것으로 전달거리가 긴 것은 부적, Glass 섬유입은 다소 좋게 된다.	불가	불가	불가
Acetate	부적, Horn과의 접촉면이 연화변형한다.	불가	불가	불가
P.P	전달거리 3㎜ 이하는 가능 빠져나옴을 크게 한다.	불가	불가	불가
P.E	PP보다 용착성이 나쁘고 부적	불가	불가	불가

용착가공의 구체 예는 후술하는데 장치는 목적에 맞추어 300W－2㎾의 출력의 것이 이용되고 있다. 고정 Horn의 단면 진폭은 20㎑, 300W 및 1㎾의 것으로 11μ, 15㎑, 2㎾에서는 20μ로 유지되도록 발진기는 공진주파수 자동추미방식 정진폭자동제어 방식이 채용되고 있다. 고정 Horn과 공구 Horn은 나사로 접합되어 있어 간단히 교환 가능하다. 공구 Horn은 용착에 필요한 15~40μ의 진폭을 얻기 위해 적절한 단면적 변화와 공진하기 위해 특정 길이가 제약되어 있으며, 용착물의 모양에 일치시킨 단면의 형상을 동시에 만족시키도록 설계하지 않으면 안 된다. 2㎾의 경우는 주파수를 15㎑로 하여 단면진폭을 20μ로 한 것은 특히 대형 Horn을 사용함으로써 공구 Horn의 설계, 가공 등을 고려하여 단면적 변화가 없는 봉상 판상의 Horn을 그대로 이용 가능한 특징을 이용한 것이다.

2) 삐져나옴을 피하기 위한 Fitting

(a)	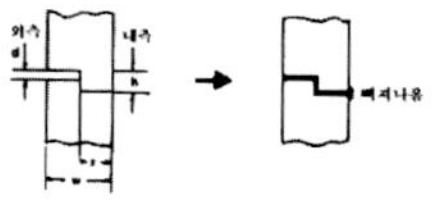	일반적인 방법이다. 수밀성을 요할 때는 불충분. 벽두께 W =1~2㎜ 때 내측 접촉면의 폭 X =w / 2가 좋다. 접합면의 간격 d는 접합면 전체의 길이에 의해 변한다. $$d = 0.2 \sim 0.5\,㎜$$
(b)	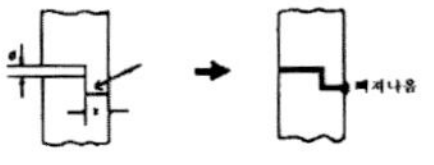	벽두께가 얇은 경우에 적당한 방법이다. W =1㎜ 이상 시인(矢印) 분의 삐져나옴에 의해 외측의 부분이 팽창하는 것을 방지하기 위해 $$X = w / 3$$ 위로 한다. d =0.3~0.5㎜로 한다.
(c)	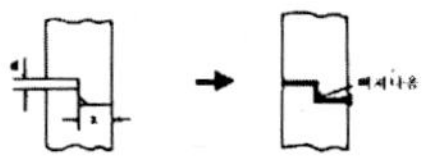	b도에 논한 외측으로의 팽창을 피하거나 P.S의 경우 삐져나옴에 따라 Crack를 피하기 위한 방법 $$X = w / 2 \quad d = 0.3 \sim 0.5\,㎜$$
(d)	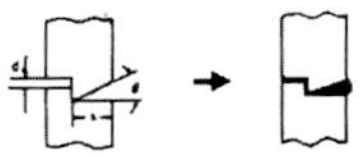	수밀성의 용착이나 대형의 성형품을 균일히 용착하는 경우에 한 접촉면의 Edage의 각도는 θ=45°~60° $$X = w / 2 \quad d = 0.3 \sim 0.8\,㎜$$
(e)	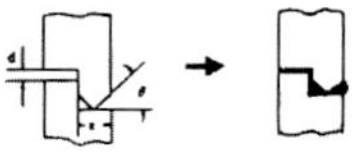	수밀성을 요하고 외부로의 팽창 Crack를 방지할 경우 접촉면의 Edage의 각은 θ=45°~90° $$X = w / 2 \quad d = 0.3 \sim 0.8\,㎜$$
(f)	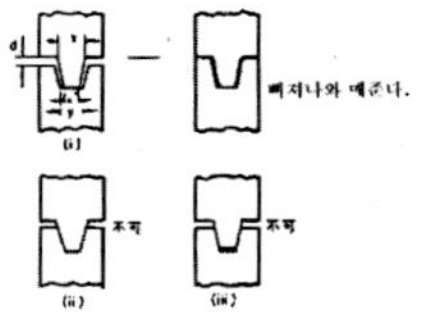	용착강도를 크게 하고 싶은 경우, 단 ii~iii도와 같이 Tapper 일면이 서로 세게 감합하면 접합면에서 충돌을 일으키지 않고 진폭은 아래로 전달되기 때문에 용착하지 않으므로 Taper 1면의 접촉에는 $$X = w / 3 \cdot X' = w / 4 \quad y = w / 3$$ 또한 Taper 일면을 수직으로 하여 X =X'로 할 때도 있다. $$d = 0.2 \sim 0.5\,㎜$$
(g)	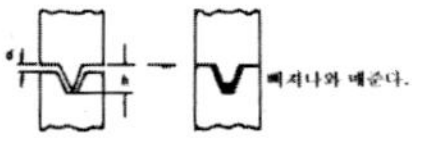	수밀성과 강도를 필요로 할 때 $$d = 0.3 \sim 0.6\,㎜$$ 내측 접합면은 성형품의 형상 크기에 따라 변하며 대체 $$h = 1 \sim 2\,㎜이다.$$
(h)	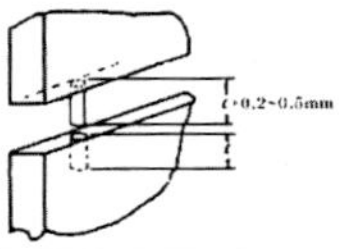	핀과 소켓에 의한 감합에서 완구류의 조립에 적당하다. 소켓의 길이를 1로 하면 핀의 길이는 $$1 + 0.2 \sim 0.5\,㎜ \text{ 위}$$

빠져나옴을 피하기 위한 Fitting부의 연구

3) FRTP(강화 Plastic)의 용착

1958년에는 미국에서 FRTP(강화 Plastic)는 2종류밖에 시판되지 않았는데 현재에는 100종류가 넘을 만큼 구조재로서 알려져 각광을 받게끔 되었다. 이 급속한 진보의 발단은 열가소성 Plastic의 성능을 열경화성 Plastic 혹은 금속에 필적하도록 향상시켰다는 데 있다. 기계적, 전기적, 열적 성질, 치수안정성 등이 개선된 Thermoplatic의 FRTP는 반대로 사출, 압출성형, 용착, 접착, 기계가공 등의 면에서 여러 가지 문제가 일어났다. 접합가공의 점에서는 초음파에 의한 용착, Riveting 등이 FRTP의 응용기술 분야의 확대에 큰 역할 가능성을 갖고 있다. 다음 표는 열가소성 강화 Plastic(FRTP)의 물성을 표시한 그 예이다. 이것에 따르면 인장강도나 내열성 등의 향상이 현저하다는 것을 알 수 있다.

Plastic의 용착강도

Plastic의 조합	용착조건			인장전단강도 (kg / ㎠)	파단상황 (박리 이외 것은 파단)
	출력 (kW)	가압력 (kg)	가압시간 (sec)		
P.E − P.E	1	34	1.0	37	
P.S − P.S	1	34	0.4	78	
Poly Carbonate − P.S	1	34	1.0	60	박리
ABS − ABS	1	34	0.4	159	
ABS − Acryl	1	34	1.2	120	
ABS − PVC(경)	1	34	1.0	113	
ABS − PS(HI)	1	34	1.2	56	박리
ABS − Poly carbonate	1	34	1.0	148	
PVC(경) − PS(HI)	1	34	1.2	80	
PVC(경) − Acryl	1	34	1.2	92	

Plastic의 조합	용착조건			인장전단강도 (kg / ㎠)	파단상황 (박리 이외 것은 파단)
	출력 (㎾)	가압력 (㎏)	가압시간 (sec)		
PVC(경)－ Poly carbonate	1	34	1.5	158	
Acryl－ Poly carbonate	1	34	1.2	120	
Acryl－ P.S	1	34	1.2	90	
PS－ Poly carbonate	1	34	1.5	85	박리
PS(HI)－ Noryl	1	34	1.5	125	
Poly acetal－ Poly acetal	1	34	1.2	157	
Noryl－ Noryl	1	34	0.8	205	
Poly carbonate－ Noryl	1	34	1.0	120	박리

4) 용착현상과 원리

초음파 용착현상은 Plastic 자체의 초음파진동의 발열연화 용융현상에 따라 Polymer 간의 결합력 및 범위까지 2가지의 Plastic 접합면이 가깝게 붙어 거기에 동화작용이 일어나 용착이 행해진다고 생각된다. 즉 Plastic의 연화용착은 불가결의 것으로 열용착의 일종으로서 생각되는데 지당한 것이다. 이 경우 초음파 발열현상은 직접용착이나 연속용착과 같이 압축진동에 의한 것과 전달용착과 같이 표면에 있어서 충돌에 의한 마찰발열효과에 의한 것이 생각된다. 여기에서 초음파용착을 구체적인 형으로 생각한다면 Polystyrene의 1㎜ 판을 2매 중복시켜 이것에 주파수 20㎑, 진폭 30㎛(편진폭)을 준다. 이 진폭은 신문지의 두께의 1 / 5이고, 그 순간속도는 최대 3.72m / sec로 된다. Polystyrene의 Young율을 200kg / ㎟로 보면 30㎛의 왜곡으로 3kg / ㎟의 응력을 일으킨다.

Polystyrene의 인장강도는 2kg / ㎟이므로 이 응력은 대단히 크다. 얇은 재료에 이런 정도의 진폭을 주면 응력은 더욱 증대되는데 정압력의 한쪽 편에서 실제로 주어진 왜곡은 어느 정도 조정된다. 즉 진폭의 일부가 Plastic에 주어진다. 초음파를 줄 수 있는 금속체(공구 Horn)의 선단표면에 깔쭉이를 붙인 경우 선단효과를 생각할 수 있고, 두꺼운 재료에서도 일부 커다란 응력이 얻어질 수 있다. 이와 같이 집중된 강한 응력장에서는 Plastic의 점탄성적 성질에 따라 급격히 발열하여 용착한다. 이와 같이 Horn 바로 아래에 커다란 응력장을 만들고 용착하는 방법을 직접용착이라 부르고 있다.

Styrol을 직접용착과 같은 방법으로 있으면서 Horn에 가한 정압력을 적게 하고 중합된 Styrol 사이에는 빈틈이 가능, 또는 Horn과 Styrol의 경계면도 약간 뜬 감이 든다. 이 상태에 있는 Horn으로부터 Styrol에서는 Hammer 작용으로 초음파진동이 주어진다. 이 진동은 Horn 측의 Styrol에는 전술의 예와는 달리 내부 왜곡의 형태가 아니고, 속도로서 주어진다.

즉 Horn 바로 아래의 Plastic은 함께 진동을 하고 있다. 따라서 중합한 하측의 Styrol에 충돌하는 상태가 된다. 이때 그 충돌면이 발열하여 용착한다. 이것은 Horn 바로 아래에 한하지 않고 성형품 등에서는 Horn으로부터 상당 떨어진 곳에서도 용착한다. 더욱이 불가사의한 것은 Horn 단면을 평활하게 놓으면 Horn에 접한 부분은 다르다고 보이지 않을 정도이다. 이 대상이 되는 Plastic은 Styrol과 같이 경질의 것에 한정되는데 이 방법은 전달용착이라 불리고 최근 Plastic의 성형품의 용착에 급격하게 널리 이용되고 있다. 전달용착은 Plastic의 표면현상으로서 직접용착이나 고주파용착의 경우의 내부가열보다도 더욱이 일보전진 Energy 효율은 높고 불필요한 부분을 가열하지 않고 성형품과 같이 비교적 두껍고 더구나 열전도율이 나쁜 Plastic에 있어서 바람직하지 않은 방법이다. 열용착의 경우 고속화에 따라 문제가 되는 것이 냉각시간이다. 전달용착의 경우 가열시간은 1~3초로서 냉각시간은 0.3초 이하이다.

또한 이제까지의 설명에서는 접합면은 두드림에 일치한 방향에 있는 경우에 대하여 논했는데 물론 면방향의 마찰에서도 가능하다.

1) 직접용착

초음파 직접용착에서는 금속제의 수대(受臺)와 Horn 사이에 Plastic을 눌러 초음파는 Horn에서부터 줄 수 있으며 Horn은 그 금속 자체의 신축진동으로 Horn과 수대의 GAP의 교대적 변화로서 Plastic은 매초 20,000회나 압축된다. Horn과 수대의 사이는 가압기구로 수 10~수 100g / ㎟의 정압력의 범위이고, 일정한 Gap으로 유지하도록 Stopper도 설치되어 있는 예도 있다. 이와 같은 상태에서 Plastic이 어떻게 발열하는가를 구체적인 예를 열거하여 설명한다.

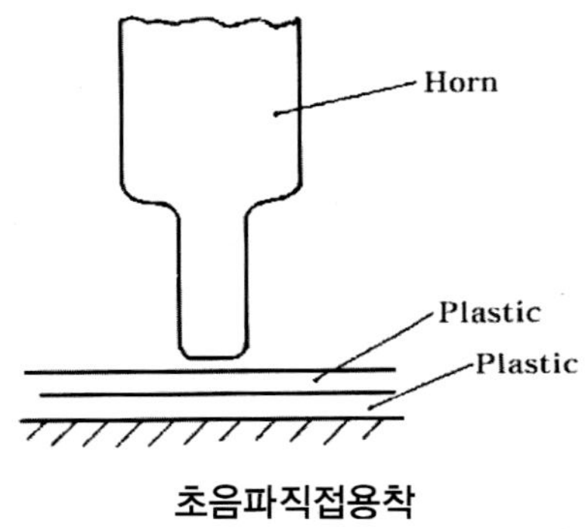

초음파직접용착

(1) 발열량

Plastic 중의 초음파에 의한 발생열량 P를 단위면적당으로 생각하면

$$P\,[\mathrm{W/㎡}] = 0.308\,\frac{E\,(\mathrm{kg/mm}^2)\,f\,(\mathrm{Hz})X\,m^2\,(\mathrm{mm})}{Q\,b\,(\mathrm{mm})} \qquad ①$$

E는 Young율, f는 주파수, Xm는 단면편진폭, Q는 Plastic의 기계적 Q, b는 Plastic 두께이다.

이제까지의 설명에서는 진폭은 ㎛(Micro meter)로 표시했으며 그 1,000배가 ㎜이다. Q는 공진의 예각을 나타낸 값으로 일정한 전압을 준 때에 진폭이 최고치로 달한 점을 공진주파수 f0라고 그 $1/\sqrt{2}$ =0.707만 감소하고 공진보다 높은 주파수 f1과 낮은 편의 주파수 f2로부터

$$Q = \frac{f0}{f1 - f2} \qquad\qquad ②$$

가 정의된다. 이것은 또한 진동하고 있을 때의 진동 Energy와 진동에 따르는 열
손실 Energy의 비이기도 하다.

$$Q = \frac{진동 Energy}{손실 Energy} \qquad\qquad ③$$

식 ①의 우변 중 Q를 제거한 식은 Plastic의 진동 Energy를 얻을 수 있다. Styrol
에서 E$=200\,\mathrm{kg/mm^2}$, f$=20{,}000\,\mathrm{Hz}$, Xm$=0.02\,\mathrm{mm}$, Q$=100$, b$=1\,\mathrm{mm}$라고 하면

$$P = \frac{(0.0308)\cdot(200)\cdot(20.000)\cdot(0.02^2)}{(100)\cdot(1)} = 0.493\,(\mathrm{W/mm^2}) \qquad ④$$

(2) 열도피를 무시한 Plastic에 필요한 Power

체적비열의 σ가 열거되어 있으므로 이것을 이용하면 단위면적당의 필요한 Power
P는 Plastic의 두께를 b, 용착시간을 t, 소요상승온도를 Q℃라 하면

$$P\,(\mathrm{W/mm^2}) = \sigma\,(\mathrm{WS/mm^3\,℃})\cdot b\,(\mathrm{mm})\cdot\theta\,(℃)\cdot\frac{1}{t\,(\mathrm{sec})} \qquad ⑤$$

전례의 Styrol의 σ를 σ$=1.4\times10^{-3}\,\mathrm{WS/mm^3\,℃}$, 소요온도상승을 $80\,℃$라 하면 소요시
간 t는

$$t = \frac{\sigma b\theta}{P} = \frac{(1.4)(10^{-3})(1)(80)}{0.493} = 0.23\,(\mathrm{sec}) \qquad ⑥$$

또한 일반비열($\mathrm{kcal/kg\cdot℃}$)의 때는 밀도($\mathrm{g/cm^3}$)를 곱하고 그것에 0.0042를 곱하면
체적 비열($\mathrm{WS/mm^3\cdot℃}$)로 된다. 또한 식 ⑥은 초음파를 주고 있는 사이 중 Q, E,
Xm는 모두 일정하게 가정되고 있으므로 실제는 이것보다도 긴 시간을 요한다.

(3) 열도피를 고려한 경우의 필요 Power

전례는 두께 1㎜로 두께가 0.1㎜의 때와 비교하여 본다. 열도피가 없다면 두께 1㎜의 때는 0.493W / ㎟의 소요전력이고, 0.1㎜이면 0.049W / ㎟이다. 다음에 중심부의 온도 상승 θ를 80℃로 하면 두께 1㎜의 때의 양측으로 도피하는 열량은 직선근사치로 양측으로 도피하는 거리가 반분되는 것을 생각하여 α를 열전도율로 하면

$$P\,(W/mm^2) = 4\alpha\,(W/mm\,℃)\cdot\theta\,(℃)\cdot\frac{1}{b(mm)} \qquad ⑦$$

이고 두께 1㎜의 때는

$$P = (4)(1.2)(10^{-4})(80)\frac{1}{1} = 0.0384\,(W/mm^2)$$

이고 두께 0.1㎜의 때는

$$P = (4)(1.2)(10^{-4})(80)\frac{1}{0.1} = 0.384\,(W/mm^2)$$

이다.

이것으로 아는 바와 같이 1㎜ 이하에서 열의 도피는 Plastic의 가열전력 중에서 중요한 Factor가 된다. Brown, Hoyler의 전열방정식에서 유도하면 연질 PVC의 고주파가 가열의 경우에서는

$$P\,(W/mm^2) = 0.156\frac{1}{b(mm)} \qquad ⑧$$

이다. 이것도 두께가 반분이 되면 같은 면적을 만드는데 출력은 2배 필요하게 되는데 Plastic과 공구 Horn, 수대(受臺), 전극 등과 접속 부문에서 열이 Smooth하게 흐르지 않는 것이나 열을 도피시키지 않는 것같이 이물을 사용한 경우나 온도에 의

한 발열 Factor가 다른 등 계산 시에는 생각할 수 없는 Factor 때문에 실제로는 위의 식과 맞지 않는다. 실험과 경험의 집적에서 두께 1㎜ 이하의 때는

$$P\,(W/mm^2) = 0.3\,\frac{1}{\sqrt{b(mm)}} \qquad\qquad ⑨$$

가 잘 맞는다. 역시 식 ⑦, ⑧, ⑨식은 기간이 고려되지 않았으며 이것도 여러 가지로 생각될 수 있는 요소가 많게 되는데 1㎜의 때에는 3~5sec, 0.1㎜ 이하는 1sec 전후가 된다.

2) 연속용착

주로 Film상의 Plastic을 용착할 때 Plastic을 수평방향으로 이동시키면 용착은 선상으로 연속용착시키는 것이 간단히 가능하다. Horn의 형상은 연속용착의 장을 참조. 경우에 따라서는 대단히 고속도로 50㎜ 매분 정도의 용착속도를 얻은 기록도 있다. 또한 공구 Horn 선단을 첨예(尖銳)로 하면 용착과 절단이 동시에 행해질 수 있으며 많은 것은 포장에 실용되고 있다.

(1) 인가(印加) 시간과 소요 Power 밀도

b=0.02㎜ 두께 Polypro film 2매의 용착에 대하여 생각한다. Horn 선단의 용착방향의 길이를 a(㎜)라 하면 용착속도 V(㎜/S)의 때 Seal 선상의 일점의 가열된 시간 T는

$$T\,(sec) = \frac{a\,(mm)}{V\,(mm/s)} \qquad\qquad ⑩$$

a=2.5㎜, V=500㎜/S, 30m/min로 하면

$$T\,(sec) = \frac{2.5}{500} = 0.005\,(S)$$

이와 같이 빠른 가열에서는 열의 도피는 무시할 수 있다고 하고 식 ⑤에서 소요전력을 계산하면

$$\sigma = 1.76 \times 10^{-3} WS / mm^2$$

$\theta = 130\,℃$라 하면

$$P = 1.76 \times 10^{-3} \times 0.04 \times 130 \times \frac{1}{0.005} (W/mm^2) = 1.83 (W/mm^2)$$

(2) 소요진폭

소요진폭을 구하는 식은 식 ①에서

$$X_m = \sqrt{\frac{P(W/mm^2)Qb(mm)}{0.0308E(kg/mm^2)f(Hz)}} \qquad ⑪$$

$\theta = 60$, $E = 100kg / mm^2$, $f = 20,000Hz$로서

$$X_m = \sqrt{\frac{(1.83)(60)(0.04)}{(0.0308)(100)(20.000)}} = 0.0267(mm) = 26.7(\mu m)$$

실제 Test에서는 35㎛ 이상이 필요하다. 이것에는 여러 가지 이유가 생각되는데 제1에 Horn의 진동방향과 직각방향에 상당한 빠름으로 Film을 이동시키는 데에는 Horn과의 사이에 공간이 생기는 시간이 가능하도록 필요하고 그 때문에 여유가 있다.

(3) 소요전력

소요전력은 Seal 폭 C = 2㎜로 하면

$$P(W) = P(W/mm^2), a(mm)c(mm) \qquad ⑫$$

이 좌변의 P는 전력치, 우변의 P는 전력밀도, a는 식 ⑩의 a, c는 Seal 폭이다.

$$P = (1.83)(2.5)(2) = 95(W)$$

3) 전달용착

직접용착을 행하는 장치와 같은 것으로 Horn에 가하는 정압을 작게 하여 중합시킨 Styrol 사이에 일부 빈틈을 일으켜 Horn과 Styrol 간에서도 일주기 중에서 떠 있는 시간이 많게 된다. 이

상황에서는 Horn부터 Styrol까지는 직접용착과 같이 Plastic을 초음파 Cycle에서 압축하는 것이 아니고 적어도 Horn 바로 아래에서는 Plastic은 같이 진동한다. 그래서 이와 같은 진동은 Plastic 중을 전달하여 가고 다른 Plastic과의 경계면, 즉 용착면에서 Plastic끼리는 맹렬히 반복충돌이 행해지고 발열용착한다. 더구나 Horn과 Plastic의 접착면은 광택면에서조차 거의 흔적을 남기지 않는다. 이 방법은 최근 급격히 널리 이용되고 있다.

(1) Horn과 Plastic 면과의 접착면이 흠이 없는 것

결과부터 말하자면 (Ⅰ) Plastic이 받는 충격은 그 Plasic의 탄성한도 내에서 되지 않으면 안 되는데 Plastic의 탄성한도 등이라는 Data는 본 것이 없다. 그것은 응력-왜곡선도의 경사가 완만하다. 온도 의존성이 너무 크고, 레오로지적인 해석으로 되어 있는 것처럼 주파수(시간) 의존성이 크고 주파수가 높으면 탄성체로 되기 쉬운 등의 이유로 생각된다. 또한 (Ⅱ) Horn은 금속이어서 Plastic보다 적어도 100배는 열전도가 좋으므로 표면은 열가소성적인 변형을 받을 정도로 온도상승하지 않는다. (Ⅲ) 전달용착에서는 Horn은 흠을 만들지 않는 것같이 광택하는 평활면으로 있으므로 예로써 변형하여도 재차 광택면으로 돌아와진다. (Ⅳ) Horn에서 Plastic까지의 진동전달의 Mode가 약한 응력에서 명백해지고 있다. (Ⅴ) Plastic이 Horn과의 접촉면에서 용융한다 해도 미소하기 때문에 Plastic의 성질상 광택면으로 돌아와 버린다.

(2) 초음파의 전달

이 전달용착은 대상으로 되는 Plastic이 조(爪)로 채워져서 'Cone'이라고 느낄 만한 딱딱한 것에 한한다. 연질 PVC나 P.E는 불가능하고 P.S, Poly carbonate, 경질 PVC 등이 대상이 된다. 이것은 (Ⅰ) 전달 중의 초음파의 감쇠가 많으므로 접합면에서 충분한 진동이 얻어질 수 없는 것과 (Ⅱ) 어느 것인가 접합면에서 충돌시켜도 필요한 충격력은 나오지 않고 말하자면 Punch 효과가 없기 때문이다. Poly styrol이나 Poly carbonate에서도 유유히 장시간 초음파를 걸고 있으면 접합부에서 없는 곳이 발열변형하고 있다. 초음파 전달용착의 가, 부는 Plastic의 초음파 전파성에 의한 것으로 초음파의 감쇠가 제1로 문제가 된다. 다음에 Plastic의 표면마찰, 무정형의 Plastic에서는 연화온도, 결정성의 것에서는 융점, 밀도, 탄성률, 음속 등이 중요한 Factor가 된다. 그 외에 용착물의 형상이나 접합면의 위치 등이 영향을 받는다. 초음파의 전달로서 실험에서는 여러 가지의 진동 Mode가 관찰되고 있고 또한 여유 있는 것이 없는 한 형상에 의한 Trouble이 없으므로 해석은 곤란한데 실용으로는 차이가 없는 종류의 문제라고 생각된다. 이것은 방 안에서 Streo를 듣는 것과 같은 것인지도 모른다.

(3) 발열

전달용착에서는 접합면의 Plastic끼리가 충돌하므로 발열하게 되는데 기계적 Energy가 열로 교환하는 것은 내부마찰에만 의하는지 또는 내부마찰과 접합면 마찰의 통합작용에 의하는지 어느 것에 있어서도, 접합면의 마찰만을 생각한 것에는 사실을 정확히 파악하는 것이 불가능하다. 전달용착에서는 먼저 접합면의 선단이 발열하여 그것에 의해 접합면의 연화부분은 움직이기 시작한다. (소성유동) 그래서 초음파 Energy가 가장 많이 흡수된 접합면의 부분이 정압에 의해 가압되고 남은 접합면도 접촉하도록 하고 그것이 더욱이 주변폭으로 확산되어 가서 초음파 Energy는 점점 열로 변화하여 간다. 이것에 의해 유동한 부분은 일층 가열되어 이 부분에 접하는 접합면의 다른 부분도 가열시켜 소성유동화하여 용착은 전 접합면에 걸쳐 넓은 용착이 완료하는 것이다. 이 모양이 실제의 용착에서는 수초 중에 행해지게 된다. 따라서 전달용착의 경우는 직접 용착에서 행한 열계산과는 꽤 차이가 있다. Energy 이용 면에서는 발열이 접합면에 한정되어 있으므로 고주파 유전가열에 의한 용착이나 초음파의 직접 내지 연속용착에 비교하여 가장 이상적이다.

전달용착의 가열시간은 0.5~3초, 냉각시간은 0.3초 정도에서 끝난다. 발열이 국소적이므로 냉각시간이 짧게 끝나는 것은 대단히 큰 특징이다. 여기에서 수치를 넣어 계산을 해 본다.

똑같이 Styrol에서 발열 부분을 0.1㎜, 시간을 1sec로 하면 식 ⑤로부터

$$P = 1.4 \times 10^{-3} \times 0.1 \times 80 \times \frac{1}{1} = 0.0112 (\mathrm{W} / \mathrm{mm}^2)$$

이 되고 이것에서 식 ①을 이용 진폭을 계산하면

$$Xm = \sqrt{\frac{0.012 \times 100 \times 0.1}{0.0308 \times 200 \times 20.000}} = 0.96 \times 10^{-3} \mathrm{mm} = 0.96 \mu m$$

로 된다.

즉 주위가 Plastic뿐으로 열의 도피가 없으므로 접합면은 작은 진폭으로 발열하여 얻어지는 것을 알 수 있다. 이것은 Plastic 내부에서도 일어나는 것이 있으므로 느슨한 초음파를 걸고 있으면 필요치 않은 곳이 발열 변형해 버린다. 또한 식에서 구한 것은 Plastic 자체의 응력진폭으로 있으므로 접합면에서의 충돌은 이보다 상당히 큰 것이 필요하고 접합면에서 그뿐의 진폭을 얻기에는 Horn 단면에서는 $20 \sim 25 \mu m$의 진폭이 일반으로 필요하다.

Plastic의 발열기구에서 생각하여 G. Mevges 씨는 여러 가지의 Plastic의 용착성을 판단하는 수치를 식으로 다음과 같이 나타내고 있다.

$$\Phi = \int_{\theta_1}^{\theta_2} \frac{9C}{E'\left[\frac{3}{2} + 0.2s\left\{1 - (\frac{P}{PK})^{0.7}\right\}0\right]} \mathrm{d}\theta \qquad ⑬$$

$$\Lambda = \pi 7 \qquad ⑭$$

Φ는 단위를 갖지 않는 정수이다. θ_1은 가열 전의 Plastic의 온도, θ_2는 용착완료

시의 Plastic 온도, ρ는 Plastic의 밀도, C는 Plastic 비열, E′는 Plastic의 복소 Young 탄성률 E의 실현 부분의 수지이다. η는 손실계수라 부르고 복소(複素) Young 탄성률 E의 허수부분을 E″로 하면 $\eta = E″ / E′$로 된다. P는 용착 중에 누르고 있는 압력이고 PK는 접합면 마찰이 일어나지 않는 한계의 압력이고 Acryl, PVC에서는 60~70kg / ㎠, Poly carbonate에서는 50~60kg / ㎠ 정도이다. ν는 Plastic끼리의 마찰계수이다. A는 대수 감쇠율이라 부른다. 식 ⑬, ⑭는 PK를 제거 ρ, C, E′, η ρ, ν가 일반으로 온도의 관계수이고 식 ⑬의 적분을 간단히 구하는 것은 가능치 않다. 실험에 의해 구하여진 값을 다음 표에 나타낸다. ⑬, ⑭ 두 개의 식으로 Φ의 값이 크게 되면 되는 만큼 용착에는 커다란 Energy가 필요하고 대수 감쇠율 Δ가 작게 되면 되는 만큼 Energy는 접합면에 집중하도록 된다.

양자의 수치적인 크기는 Plastic을 평가하는 데에 상호간에 관련하는 것이고 Φ 및 Δ가 작은 때는 직접 내지 전달용착, 공히 양호하고 Φ 및 Δ공히 큰 값을 나타내는 Plastic에서는 직접용착만이 적합하지 않다.

Plastic 용착특성표

Plastic 종류	$\theta2$ (℃)	ν	Δ (20℃)	Φ			
P.S	110	0.45	0.0258	0.989	1.181	1.998	5.97
Poly carbonate	150	0.27	0.0314	3.700	4.402	7.349	19.25
Acryl	110	0.5	0.1200	0.537	0.599	0.805	1.19
P.V.C	80	0.45	0.1715	0.341	0.38	0.478	0.539
P.P	160	0.37	0.2199	11.236	12.287	15.339	19.81
Nylon	260	0.46	0.0402	23.429	26.694	38.021	63.336
				0	0.1	0.5	1
					P / PK		

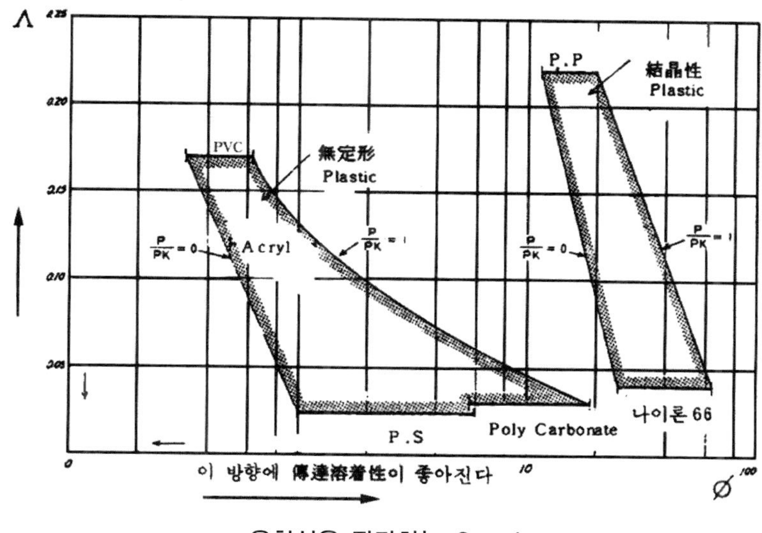

용착성을 판단하는 Graph

이 Graph에 의해 다음의 것을 말할 수 있다. Φ의 값이 크다면 그 정도 용착 Energy는 많이 필요하게 되고 Δ가 작은 정도 접합면으로의 Energy 집중이 크게 된다. Graph에 표시되어 있는 바와 같이 P.S, Poly carbonate는 Δ의 값이 작고 Φ의 값이 중, 소 정도이므로 직접 및 전달용착성이 좋고 Δ가 큰 Plastic에서는 직접용착 만 가능하게 된다. Δ가 중정도의 PVC나 Acryl에서는 비교적 Φ도 작으므로 접합면 의 Rib의 V형의 선단을 작게 하면 용착성을 좋게 하는 것이 가능하다.

FRTP 물성표

수지명	Glass 혼입률 (%)	인장강도 (kg / ㎠) (ASTM D638)	신율 (%) (ASTM D638)	굽힘강도 (kg / ㎠) (ASTM D256)	Izod 충격치 (kg · cm / cm) (ASTM D256)	열변형온도 (℃)(STEM D648, 264psi)	Rockwell 경－도 (ASTM D785)	비중 (ASTM D792)
Nylon6	0	490	25～320	560	5.4～19.5	67～70	R103～118	1.12～1.14
	단 30	1190～1690	3	1580～2250	7.1～10.9	205～216	E45～50, M90	1.37
	장 30	1410	2	1970	16.3	216	E55～60	1.37
Nylon66	0	630	60～300	880	5.4～10.9	66～86	R108～118	1.13～1.15
	단 30	1300～1620	3	1860～2250	6.5～10.9	205～216	E45～50, R120	1.37
	장 30	1410	1.5	1960	13.6	253	E60～70	1.37

수지명	Glass 혼입률 (%)	인장강도 (kg / ㎠) (ASTM D638)	신율 (%) (ASTM D638)	굽힘강도 (kg / ㎠) (ASTM D256)	Izod 충격치 (kg · cm / cm) (ASTM D256)	열변형온도 (℃)(STEM D648, 264psi)	Rockwell 경－도 (ASTM D785)	비중 (ASTM D792)
PC	0	670	60~100	950	13.6	130~138	M70, R118	1.20
	단 20	840~1300	2.5~3	1200~1760	8.2~13.6	141~146	M92, R118	1.35
	장 20	980~1300	2~5	1300	13.6~16.3	146	M80~90	1.35
PP	0	300	200~700	420	—	57~63	R85~110	0.90~0.91
	단 20	420	3	530	5.4	110	H40	1.05
	장 20	560	2	700	19.0	139	M50	1.05
POM	0	700	15	980	7.6	124	M94, R120	1.425
	단 20	700~950	2~3	980~1050	4.3~7.6	157~163	M70~75, 95	1.55
	장 20	740	2	1050	12.0	163	M75~80	1.55
PE (고밀도)	0	240~300	65		5~30	43	R52	0.95~0.97
	30	720~790	16		14.7	132	R82	
PS	0	350~840	1~.5	610~980	1.4~2.2	104max	M65~80	1.04~1.09
	20, 30	630~1050	1	740~1400	2.2~2.4	90~104	M70~95	1.20~1.33
AS수지	0	670	1.5~4	980~1340	1.9~3.7	88~104	M80~90	1.075~1.10
	20, 30	600~1400	1~4	1550~1830	2.2~2.4	88~110	M110~E60	1.20~1.46
ABS 수지	0	350~440	5~60	530~810	16.3~43.5	93~103	R85~109 M65~100 R113	1.02~1.04
	20, 40	600~1330	.5~3	1120~1900	5.5~13.0	99~116		1.23~1.36
PET	0	730	2	1170	2.5	85	R100	1.37~1.38
	30	1350~1450	2	2000~2200	11~13	235~242	R100	1.60

　FRTP의 초음파 가공에 대해서는 여러 가지 발표되어 있는데 Poly carbonate의 용착 Data에서 시료의 치수나 용착방법은 위에 나타낸 것과 같고 재료는 Poly carbonate와 Poly carbonate(Glass 30%)가 사용되었다.

　용착조건은 용착면적이 12.7㎜×5㎜로 Rib가 없는 것, Rib(b)의 한 변을 0.5, 1㎜와의 2종류의 것에 대해서 출력 1kW, 하중 34kg으로 용착시간을 달리하여 행했다. 그 결과는 다음에 표시되어 있는데 Poly carbonate g / f이 편이 용착시간이 짧고 높은 강도가 얻어지고 Rib의 영향도 Poly carbonate보다 적지 않다.

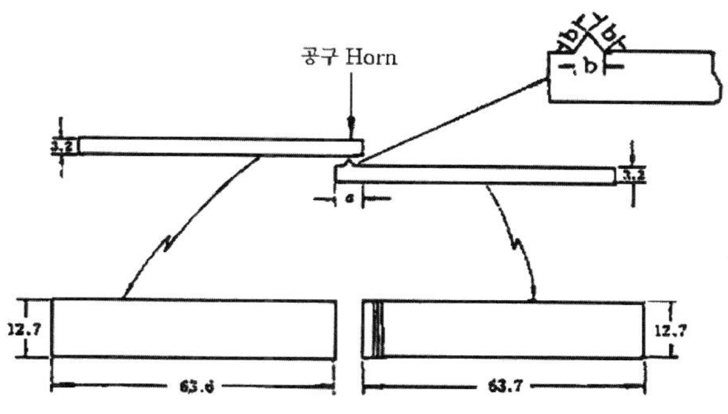

IS형 시험편의 형상 및 용착방법

표시방법	용착부의 형상	
	착폭 a(㎜)	돌기길이 b(㎜)
IS−5(0)	5	0
IS−5(0.5)	5	0.5
IS−5(1.0)	5	1.0

이와 같이 FRTP의 편이 용차성이 양호한 이유의 하나는 FRTP의 편이 탄성률이 높다고 생각되고 있다. 전달용착이 충돌효과에 의한 것으로 생각된다면 탄성률이 높은 만큼 충돌효과는 크다는 것이다.

Rib가 있는 것은 Glass가 들어 있지 않은 것도 Glass가 들어 있는 것도 강도가 대체로 같다. Glass가 들어 있는 모재(母材) 강도는 Glass가 들어 있지 않은 것의 약 2배이므로 용착강도도 2배나 되는데 강도가 같다는 것은 통합 접합품 특유의 현상에 의한 것으로 생각된다. 그것은 중합 접합품에 인장과 Moment가 발생하여 용착 끝에 응력집중이 일어나는데 그 경우 단순인장에서는 신율을 나타내지 않고 파괴하는 Glass 함유의 편이 크다는 것에 의한다고 생각된다. Glass가 들어 있지 않는 것과 Glass가 들어 있는 것을 용착한 때의 용착강도는 위에 표시한 바와 같은데 Glass 함유의 편에 돌기를 설치한 편이 높다.

이상과 같이 용착한 것에 대해 75℃ 열처리, 75℃ 열수처리, 120℃ 열처리, Heat cycle 처리, 폭로처리 등을 행하고 용착부의 강도변화를 시험했는데 용착면에 Crack 이 발생하거나 자연히 각리되도록 하는 경향도 인정되어 있지 않고 전달용착의 용착강도는 안정한 것이라는 것을 알았다. 또한 용착부의 가열에 의한 잔류응력을 염화탄소 침적법으로 Test했는데 응력의 크기는 통상의 성형응력과 같은 정도라고 말할 수 있다.

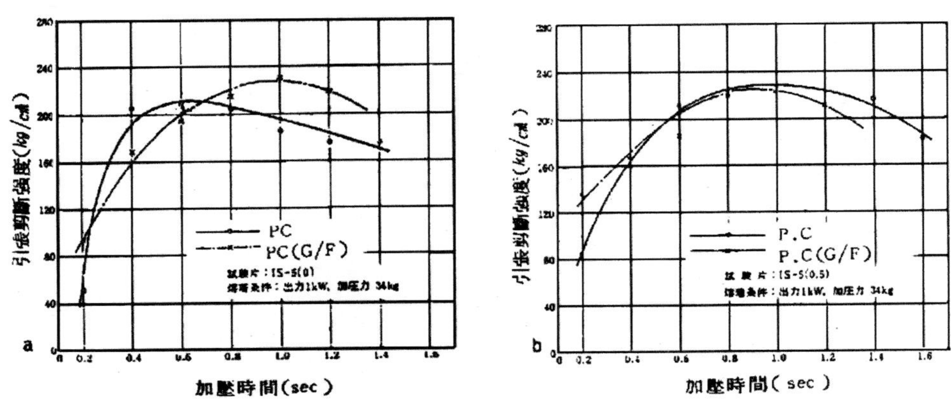

4) Horn

초음파 Welder에 있어서 Horn은 외관상은 어떤 변화도 없고 금속의 성질을 갖고 있지만 이것은 최고의 재질과 이론과 가공기술을 요하는 것이다.

(1) Horn의 모양과 진폭확대

Horn은 전기회로에 있어서 Trans, 기계에 있어서 연자(挺子)의 움직임을 시키는 것이다. 지농자가 그 물성의 제한에서 얻을 수 있는 진폭에 한도가 있고 P.Z.T에서 20㎑로 4㎛, 15㎑에서 6㎛ 정도이다. 한편 Plastic 용착에 필요한 초음파 진폭은 20~50㎛이다. 또한 용착할 Plastic에 따라 Horn 단면의 형상을 바꿀 필요에서 진동자와 공구 Horn과는 간단히 탈착가능한 것이 바람직하다. 전술의 소요확대율도 함께 생각하여 진동자와 공구 Horn 간에 고정 Horn을 넣는다. 20㎑의 경우 고정 Horn 단면의 진폭은 진동자의 진폭을 10㎛까지 확대하고 있다. 여기서는 이 10㎛을 소요유의 40㎛ 50㎛로 확대하는 것으로서 이론 배율 약 5배의 공구 Horn을 채택해야 한다고 생각된다. Horn의 형상은 여러 가지 것에 제안되고 있으며 여기서는 그

대표예로서 지수형, 원추형, Step의 3종에 대하여 논한다.

(a) 지수형

이 지수형 Horn은 복리계산과 같이 단면적의 증가율이 축상의 전면에서 같은 것으로 수식상 가장 솔직한 형상이다. 단면을 산출하는 식은

$$SX = Si(E \times P)e - mlx$$

여기서 SX는 Si에서 Lx의 거리의 면의 단면적 e는 자연대수의 밑, m은 Taper 정수이다. 이 Horn의 이론 배율은 D1 단의 진폭을 X1, D2 단의 그것을 X 2로 하면

$$\frac{X2}{X1} = \frac{S1}{S2} = \frac{D1}{D2}$$

즉 배율은 직경비와 같다.

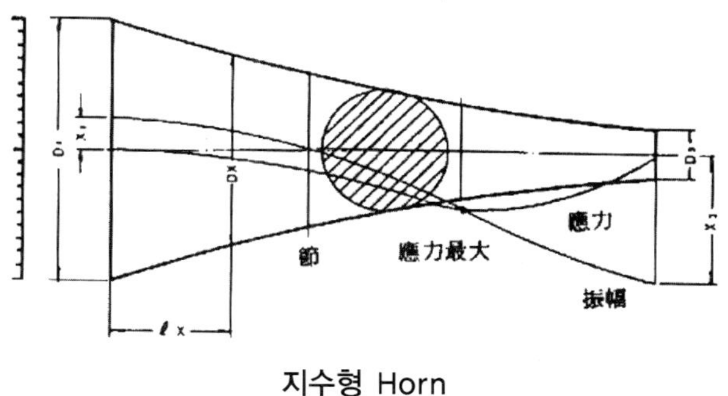

지수형 Horn

(b) 원추형

이 원추형 Horn은 공작이 용이한데 다음 그림에 나타낸 것과 같이 직경비 10 이상으로 선단을 좁혀도 진폭확대율은 거의 증대하지 않는다. 또한 수식적으로는 지수형보다 취급은 편리하다. 이 그림은 직경비 10, 단면적비는 100의 것인데 배율은 4.2 정도로 지수형정은 떨리지 않는다. 직경비로 2배 정도까지는 거의 같은 특성을 가지므로 그 정도의 저배율에는 이 편이 공작이 간단하여 좋다.

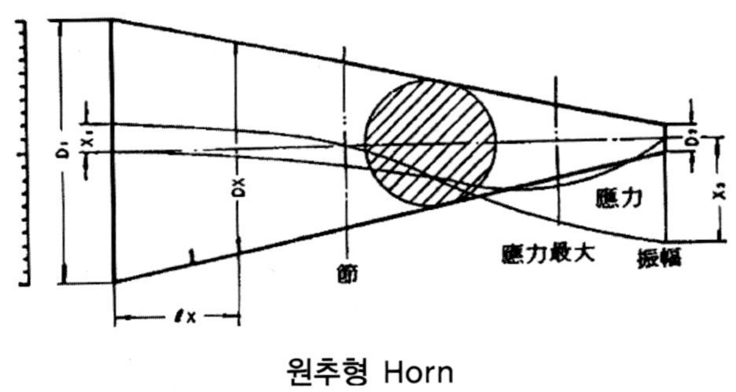

원추형 Horn

(c) Step형

이 Step horn도 원추형과 같이 공작이 용이하다. 이론상 배율은 극히 크고

$$\frac{X2}{X1} = \frac{S1}{S2} = \frac{D1^2}{D2^2}$$

이므로 지수형의 제곱으로 모든 Horn(단순) 중에서 배율은 최대이다. 그러나 그 진동 자체는 이론에서 가정한 것과 같은 평면과 근사(近似)는 직경비로 2배, 진폭 비로 4배까지이다. 단의 부분의 불연속 때문에 정밀한 이론해석은 곤란하고 경험 과 실측에 의해 제작시킨다.

(2) 공진과 치수제한

일반 Horn은 매질이 공기로서 Horn은 공진 이외에서도 이용되지만 초음파에 이 용되는 고정 Horn에서는 공진 또는 그 근처에서만 실용가능치 않다. 이 때문에 Horn은 전술의 배율과 같이 공진조건도 동시에 만족할 설계를 하지 않으면 안 된 다. Horn 중을 전달하는 음속은 무한공간 중의 음속과는 약간 차이가 있는데 대체 로 10% 이하의 오차로 이용 가능하다. 일반적으로 한 모양의 굵기의 봉으로 생각 한 계산치보다 약간 길게 된다. 듀라루민의 음속은 5130㎧이다.

또한 Horn은 1/2 파장 공진에서 이용되므로 그 대체의 길이는

$$\text{Horn길이} \fallingdotseq \frac{1}{2} \frac{5130\text{m/S}}{20\text{kHz}} = 128\text{mm}$$

이다. 1 / 2 파장공진에서 단면이 개방되어 있으면 중심의 부분에 마디가 있고 그곳은 진동하지 않는데 이것은 물리학에서 취급된다.

실제장치에서 진동시키면서 Horn에 손가락을 대면 양끝에서는 진동 때문에 반들반들하지만 마디근처에서는 진동을 느끼지 못하는 것을 알 수 있다.

Horn에 이용되는 재질의 특성

재질	음속 (m/s)	밀도	대진폭 시의 (Q)	실용진폭한도 (μm)
듀라루민	5,130	2.79	50,000	40
티탄합금	4,900	4.42	24,000	100
K – 모넬	4,300	8.90	5,300	35
공구강	5,190	7.90	1,000	20
저손실강	5,240	7.90	1,300	20
스테인리스	4,980	7.60	1,200	20
인청동	3,360	8.80	5,000	30

매체 중에 전해지는 음속(왜곡진동도 같음)과 같으며 그보다 빨리 움직인다면 매체는 일정한 연속적인 움직임이 없게 된다. Horn의 경우는 속도가 음속에 가깝지는 않지만 Horn의 일면에서 일정한 힘을 주어도 평면파로 되어 일정하게 진행하지 않게 되어 이것이 Plastic을 용착하는 단면에서는 진폭의 불균일이나 진동방향의 불균일을 일으킨다. 그 때문에 여기에서도 Horn의 길이 128㎜에 가깝고 균일한 용착이 곤란하게 되어 있다.

거의 균일하게 진동 가능한 한도로서는 1 / 2 파장의 70~75%로 보아 9.5~10㎝ 정도의 Horn 단면의 크기의 것이다. 그 때문에 인청동은 비교적 작은 치수의 것만 이용하지 않는다. 그러나 실제로는 이 한도 이상의 대형 Horn이 요구되므로 Horn의 형을 여러 가지 연구하거나 Slit를 넣거나 하여 Horn 단면의 진동이 균일화하도록 고심하고 있다. 실용화되고 있는 Horn의 크기로서는 20㎑에서는 Ring horn(원추형)으로 직경 150㎜, Bar Horn(장방형)으로 길이 200㎜ 정도이고, 15㎑에서는 Bar horn에서 길이 300㎜에 달하는 것도 있다.

Horn의 크기의 한도도 주파수나 Horn 재질가공조건 등에 의해 현저하게 영향되므로 명확히 결정 불가능한 것이 현상이다.

(3) Horn의 움직이는 힘

Horn 진동 중에는 그 금속재료는 압축과 인장이 꽤 강한 인력을 받는다. Horn 중에서 제일 응력을 받는 부분은 각각의 Horn에 대하여 마디로서 그림 중에 나타내고 있다. 그 값은 그림에서는 없으나 일정한 봉에 대하여 마디의 면에 있어서 응력의 최대치 2max를 계산하면

$$\tan_{max} = 6.49 \rho cfx.10^{-9}(kg / mm^2)$$

ρ: Horn 재질의 밀도(g / cm^3)

c: 음속(cm / S)

f: 주파수(kHz)

x: 진폭(μ)

지금 재질을 모델로 하고 $\rho = 8.9$, $c = 4.3 \times 10^5$, $f = 20$, $x = 40$이라 하면

$$\tau_{max} = 19kg / mm^2$$

인 큰 수치로 된다. 이것은 대단히 큰 힘이다. 만일 직경 3cm, 길이 10cm의 철제의 Hammer를 4m/s의 속도로 내려친다고 한다. Hammer의 정지까지의 시간을 50micro초로 하면 Hammer의 질량은

$$3^2 \times \frac{\pi}{4} \times 10 \times 7.6 = 0.535kg$$

$$충격력 \ F = \frac{1}{9.8} \times 0.535 \times \frac{4}{50.10^{-6}} = 4360kg$$

그 면적은

$$30^2 \times \frac{\pi}{4} = 705mm^2$$

이므로 Hammer 표면에서는

$$\frac{4360}{705} = 6.16 \text{kg}/\text{mm}^2$$

이고 Horn 내부에서는 Hammer보다 훨씬 큰 응력이 움직이고 있다. 더구나 매초 2만 회로 이것이 반복됨으로써 Horn 내에 약간의 결함이 있으면 그 차는 넓어지고 그 금속재료를 상하게 한다는 것을 알 수가 있다. 실제 Horn에서는 일정한 봉보다도 응력집중이 완화되고 먼저 그림 예에서 지수형으로 0.5배 원추형으로 0.42배나 된다. Step형에서는 1로 전혀 완화시키지 않고 오히려 Step마다 불연속 때문에 실증적으로는 1보다 크게 된다. 이 때문에 Step형에서는 기타 여러 가지로 연구를 하고 있다. 또한 이 커다란 반복응력 때문에 금속 내에서 마찰현상이 일어나고 손실발열을 일으킨다. 이것이 진폭에 의존하기 때문에 큰 진폭으로 직접 측정하지 않으면 Data가 취해지지 않는다.

(4) 재질의 선정

이상과 같이 Horn 형상은 소요진폭을 얻는 데에 중요한데 더욱이 그 손실에서 Horn 재료의 선정은 중요하다. Horn 재질의 선정은 이 이외에도 많은 제약이 있고 실제로 선정가능한 것은 한정되어 있다.

① 경도

Horn 단면은 강한 충격력을 받으므로 내마모성 때문에 초경질합금이 요구되는 것이 많다. 이것을 실현하기 위해서는 선단에 Row를 다는 수밖에 없다. 현재 실용으로는 모넬합금만이 이것에 적합하다. 전달용착 등으로 그 정도의 경도를 요구치 않을 때는 듀랄루민에 크롬도금된 것이나 인청동에 크롬도금한 것이 이용되고 있다.

② 치수

전술과 같이 음속이 작은 것은 큰 치수의 경우에는 이용되지 않는다.

③ 손실

소요진폭에 의해 여러 가지 선정되지 않으면 안 된다, 대진폭 시의 Q가 작으며 진동자로부터의 음향출력은 공구 Horn의 손실 때문에 태반이 침식돼 버리는 결과가 된다. 발진기 출력은 장치 전체의 Cost에 커다란 영향을 줄 뿐이 아니고 Plastic의 열특성으로 보아 Horn의 온도상승은 거의 요망되지 않는다. 이 점에서도 실용진폭은 제한된다.

그러나 낮은 손실강을 몇 가지 방법으로 냉각했다 해도 $30\mu m$의 진폭을 얻는 데에는 발진기 출력은 모넬에 비교해 2배 이상 필요하다.

④ 가격

재료 중에는 대단히 고가인 것이 많고 또한 가공성의 난이 등의 점도 무시할 수 없는 문제이다.

(5) 다른 형의 Horn

실제 목적에 사용한 Horn은 용착치수나 형상에 일치하여 설계되지 않으면 안 된다. 원형단면인데 임의의 단면형에 있어도 그 면적이 같고 전후가 불연속이 아니면 대체 원형단면과 같이 생각해도 좋다. 그러나 실제는 꽤 기대에 어긋난 진동자태로 되는 것이 가능해 버린다. 즉 진폭의 불균일이나 소요진폭에 대한 과부족 외에 진동이 수직성분 이외의 것을 갖게 돼 버린다. 전달용착 등에서는 이것이 표면에 홈을 만드는 원인이 된다. 직경이 커다란 것이나 비대칭의 것은 그 설계에 상당경험이 있어도 시간으로서 실패하고 있는 것이 현상이다. 그러나 여하튼 선단의 단면적이 큰 Horn형의 편이 굵은 편의 직경이 작게 되므로 Step horn이 제일 많이 이용된다. 2㎾ 이상의 출력의 Welder에 사용하는 대형의 공구 Horn은 환봉이나 각봉과 같은 배율을 움직이지 않고 무크-Horn이 주로 이용되고 그 대신에 고정 Horn의 선단진폭을 $15\sim25\mu$이라는 필요한 진폭으로 하는 방법이 일반으로 이용되고 있다. 대형공구 Horn에서는 선단면 전면에 걸쳐 균일한 진폭을 얻는 것이다.

5) Riveting

(1) Riveting

Riveting은 이종의 Plastic 끼리나 금속판 등을 접하는 방법으로 Plastic이나 금속

판에 구멍을 뚫어 그 구멍에 접하는 Plastic에 설치하는 Boss를 끼워 넣거나 또는 별도로 계획된 Plastic의 Rivet를 집어넣어 그 머리에 공구 Horn을 두어 Boss의 머리를 짓눌러 Riveting하든가, 전달용착에 의해 Rivet와 아래의 Plastic을 용착하거나 어느 편의 방법에 따른다. Boss의 머리를 짓누르는 방법(그림)은 직접 Riveting으로 이 경우는 Boss의 머리가 용융정형되어 공구 Horn 선단과 같은 형상으로 된다. Rivet를 집어넣어 Plastic 판과 용착시킴에는 전달 Riveting이 있고 Horn의 선단면은 Rivet의 머리와 동일 형상으로 한다.

접합에는 2교의 판에 구멍을 관통시켜 그곳에 Rivet를 집어넣어 머리를 짓눌러 Riveting하는 방법도 있다.

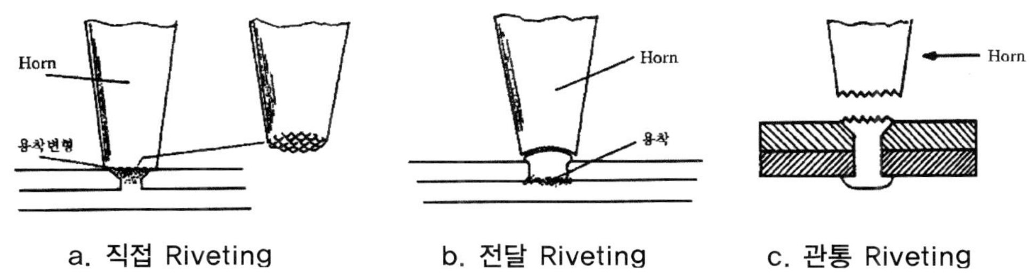

a. 직접 Riveting   b. 전달 Riveting   c. 관통 Riveting

현재 주로 하여 이용되고 있는 것을 직접 Riveting으로 이것에 사용하는 공구 Horn의 선단형상은 미국에서 개발된 Double mount형이 사용되고 있고, 짓뭉겨진 머리 높이에 의해 표준형과 저위형이 있고 Rivet경(頸)의 소요 강도에 따라 그림에 나타난 것과 같이 치수가 달라지고 그것과 같이 Boss의 높이도 변한다. 또한 변형 Double mount는 5㎜ 정도까지 판끼리의 부분적인 접합에 널리 이용되고 있다. 재질이나 두께에 의한 Rivet의 간격은 50~100㎜ 정도로 취한다.

선단 Tip의 형에 따라 1점의 각리 강도가 100kg 이상이나 된다. 판재의 가공이나 대형 정화조의 접합 등에 이용되고 있다. 공구 Horn은 모넬 Metal, 인청동 등에 탄소강, Starite호 경합금 등을 Row-붙인 것으로 진폭은 25~35㎛로 가공시간은 1~2초, 하중은 Boss의 직경선단 Tip의 형상에 의해 변한다.

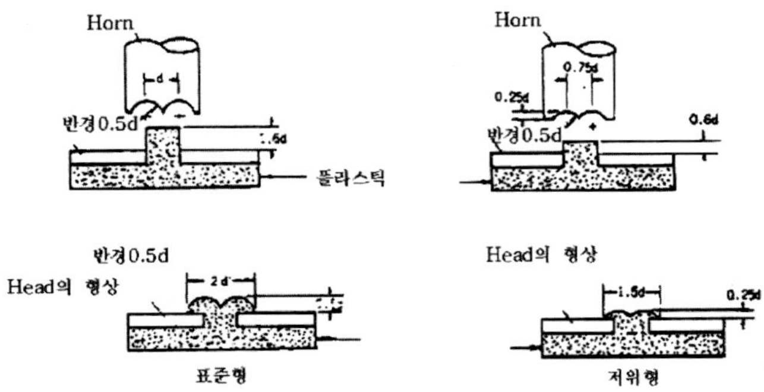

Double mount

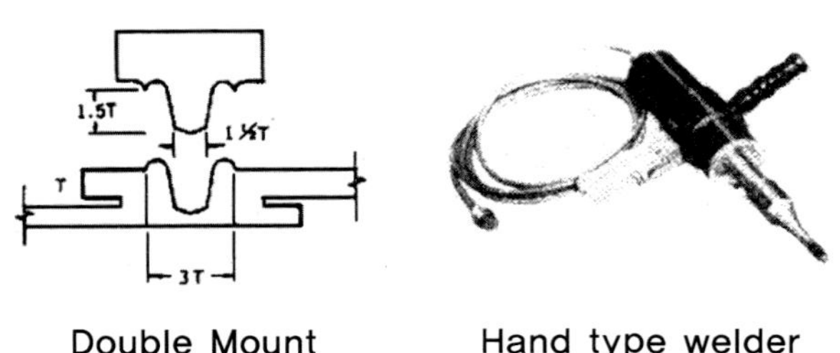

Double Mount   **Hand type welder**

Rivet의 강도에 대하여 Poly carbonate로 Test한 결과로서는 머리모양이 다음 그림 (a)(b)의 것에 대하여 전단강도로서는 (a)(b) 양자로 거의 차이는 없으며 인장 강도로는 (a)의 편이 (b)보다 2～3 높다.

다음 표는 Poly carbonate로서의 강도를 비교한 것이다.

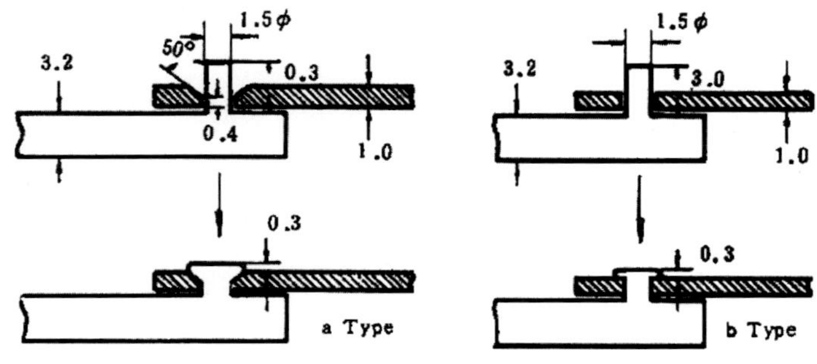

강도시험의 Rivet의 Head

Riveting의 강도 비교

강도	Caulking양식	Poly carbonate	Poly carbonate glass 섬유 30% 入
인장전단강도 (kg)	a	10.0	14.6
	b	9.6	13.6
인장강도 (kg)	a	6.2	8.4
	b	2.3	3.1

제17장

Nylon gear 설계

1. 서 론

1) Plastic gear에 대하여

일반적으로 운동 혹은 동력전달은 유체를 매개로 하는 방식, 전기적 방식으로 구별하면 Gear, Chain, Belt, 마찰차 등을 매개로서 한다. 이 경우의 Gear에 의한 전달은 ① 정확한 동력전달이 가능하다. ② 하중에 의한 회전비가 일정하다. ③ 소형으로 취급이 간단하다. 등 이유로 가장 많이 이용하며 이 말은 다시 말하면 기계요소에 있어서 Gear의 지위를 높게 했다. 따라서 Gear의 역사도 오래며 그리스 시대의 구데시비오스에 의해서 이용되었다는 사실도 있으며 본격적인 이론적 연구는 16~17세기 이후이고 그 이후 주로 금속(철)을 대상으로 많이 연구가 되었고 모든 전도장치 분야에 있어서 Gear가 주도적 입장을 점하게 되었다.

현재 사용하고 있는 Gear재는 이러한 이유로 금속이 압도적으로 많으며 근년에 의해 합성수지, 즉 Plastic 발명에 따라 이 Gear에 의한 응용이 시험되고 현재 페놀수지, 폴리아미드수지, Poly acetal 수지 등이 실용화하고 있다.

페놀수지는 이 경우에서는 역사가 가장 오래며 절삭에 의한 단절을 행하는 관계로 대량생산에는 어렵고 어느 정도 대형 Gear 용도에 한한다. 한편 폴리아미드 수지 및 Poly acetal 수지는 전달 Torque가 다소 떨어지며 그 우수한 Gear 특성과 더불어 사출성형에 의한 형상이 복잡한 것, 많은 기능을 갖는 것, 고생산성인 것도 일체성형에 의해 제작할 수 있어 오늘날 더욱더 그 수요는 늘어나고 있다. 그렇지만 아무래도 그 역사가 짧아 해명이 되지 않은 Gear 특성도 많은데 그 우수한 Gear 특성이 충분히 알려지지 않은 사실로도 어느 정도 이해된다.

따라서 이와 같은 형상에 비추어 볼 때 폴리아미드 수지를 Gear재로서 응용하는 것으로 생각하는 방법과 그 방법을 지금까지 경험치에서 얻은 지식을 기초로 일관적으로 논한다.

물론 이것에도 예외가 아니고 금후에 해명을 기대할 문제점을 포함한다고 생각되며 지금까지 이러한 계통적 시도가 거의 없었다고 생각하여도 무리가 아니라고 생각한다.

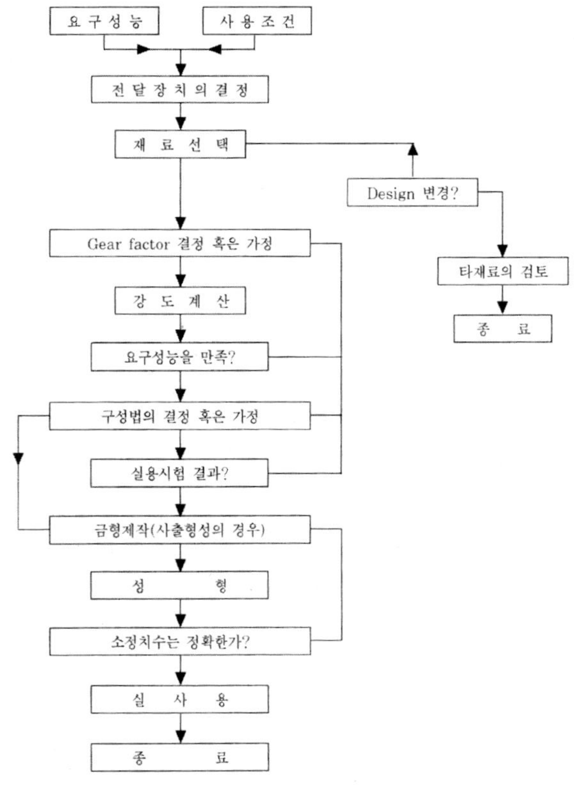

Nylon gear가 될 때까지

그런데 위의 그림은 Nylon gear가 될 때까지의 과정을 Flow chart 형식으로 나타낸 것이다. 이것을 보면 계략은 알 수 있으나 현실에는 이 Flow chart대로 행한다는 것은 비합리적인 것이며 이 경우 몇 개는 생략되며 혹은 다른 요인이 첨가되는 일도 많다. 그렇지만 이 Flow chart는 가장 기본적인 흐름을 나타낸 것으로 생각되며 이하 이에 대하여 간단히 설명하고 이 경우 몇 가지에 대하여 다음 장에서 구체적으로 취급한다.

1) Nylon gear가 될 때까지

(1) 요구성능 사용조건

요구성능 및 사용조건의 내용을 구체적으로 나타낸 것이다. Gear 설계에 우선 이것을 충분히 파악한다는 것은 꼭 필요한 것이며 여러 번 이러한 문제로 곤란을 겪는 경우가 많다.

그렇지만 설계결과의 신뢰성은 당연히 이러한 것의 정확한 파악에 의존함으로써 따라서 금속과 달리 안전성의 한계점 부근에서 설계되는 일이 많은 Plastic에 있어서는 이것은 치명적이고 이 경우 실제 사용에 있어서 Trouble이 생기는 것도 적지 않다. 이와 같이 후에 문제점을 발생치 않기 위해서는 Model 실험 없이 어떠한가의 측정법에 따라 이러한 요구성능 및 사용조건을 충분히 해석하고 파악하지 않으면 안 된다는 것은 당연하다.

Gear의 요구특성 및 사용조건

요구성능	사용조건
(1) 전달마력	(환경조건)
(2) 회전수	(1) 분위기 온도
(3) 회전비	(2) 분위기 습도
(4) Service life	(3) 먼지 등 이물존재
(5) 중량·용량	(4) 화학약품, Oil 등 존재
(6) 허용조립오차	(전도장치 조정조건)
(7) 가격(Cost)	(1) 충격정도
(8) 정음성(靜音性)	(2) 전달마력의 시간적 변동

요구성능	사용조건
	(동적하중)
	(3) 사용빈도
	(4) 고유진동수

(2) 전달장치의 결정 · 재료선택

이처럼 요구성능 및 사용조건이 구체적으로 파악되면 이것을 만족기 위해 필요한 치차전도장치 및 가장 좋은 재료선택이 가능하게 된다.

치차전도장치에 관여하는 다음 표가 참고되며 Gear재로서의 Nylon에 관해서는 표가 지침이 된다.

다음으로 Gear의 사용 목적을 크게 분류하면 ① 운동전달, ② 동력전달의 2가지로 분류되며 이러한 분류에 따라 요구되는 특성이 커다란 차이가 있다는 것이다. 먼저 ①의 운동전달로서 목적부터 생각하면 요구는 어디까지나 기하학적인 정확한 운동전달로서 안정하게 작동하는 조건은 어느 정도 무시되는 것이 보통이다.

한편 ②의 동력전달은 목적에 있어서는 원활하게 회전하게 되어 기하학적 운동의 정확은 그다지 중요하지 않은 것이 많고 이 경우는 안정된다는 것이 중요한 조건이 된다.

따라서 Nylon을 Gear재로서 생각하는 경우 이러한 사정을 충분히 고려해 넣는다면 정도(精度)에만 구애받지 않으면 기존재료의 단순한 교체로서 품질 향상에도 기여하는 Gear를 cost면에서도 싸게 만들 수 있다는 것을 알 수 있다.

치차전도장치

	장치의 특징과 Nylon을 사용할 경우 요주의점
1. 원간치차  평치차	1) 평행측 간에 사용하는 평치차, 내치차 Helical 치차, double Helical, Bevel 등이 있다. 2) 회전비는 관성 Moment가 문제되는 경우는 1단의 경우 4 이하에 미끄러지고 다단의 경우는 고속부에는 적고 저속부에는 크게 되어 조를 이룬다. 3) 전달동력은 치(齒)끝응력으로 환산하여 최고 600kg / ㎠(극히 저속에서도 단시간 사용의 경우)까지 허용되는 것도 있으며 통상은 대개 200kg / ㎠ 정도이다. 4) 회전수는 최고 2,500r.p.m까지 주속은 최고 50m / sec까지의 예가 있다.

	장치의 특징과 Nylon을 사용할 경우 요주의점
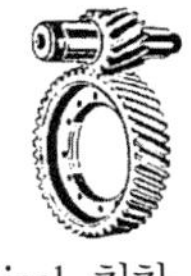 **Helical 치차**	5) 전달효율은 타 Gear의 경우보다 높다. 6) Helical gear를 사용하면 한층 소음을 감소할 수 있다. 7) 유성치차장치를 이용하면 소형에서 커다란 전달마력을 얻는다. 8) 다단감속의 경우 고속, 저Torque의 제1단 Step에 사용하며 중간에 이용하여 소음, 진동을 감소시키는 데 사용이 가장 좋다.
2. Bevel  **치차 Bevel 치차**	1) 서로 교차하는 축 간에 사용하며 치차 Bevel 치차, Spiral Bevel gear 등이 있다. 2) 동시에 1개 이상의 Bevel gear와 치합하는 것이 가능하므로 회전방향 절환장치로서 사용한다. 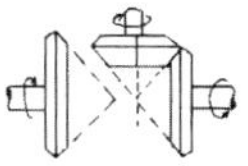
3. Hypoid gear 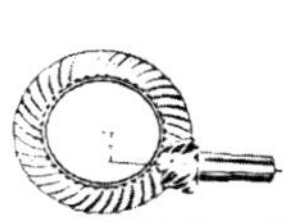	1) 좌도와 같이 옵셋 a를 잡는 식위(食違) 축 간에 사용한다. 2) 치(齒) 줄기 방향에 미끄럼이 존재하며, 일반적으로 운동은 정숙히 행하며, 마찰열 발생이 큰 경우에는 전달마력을 거의 기대할 수 없다. 3) 전달효율은 Bevel gear 경우보다 떨어진다.
4. Worm gear 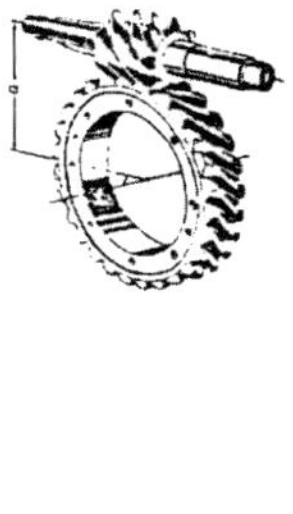	1) 식위(食違) 축 간에 사용한다. 2) 감속비는 꽤 크게까지 잡으며 치(齒) 줄기 방향의 미끄럼에 의하여 마찰열 발생이 크게 되므로 주의가 필요하다. 3) 따라서 주속(周速)은 금속과 조합할 경우 1.25m / sec, Plastic과 조합할 경우는 1.2m / sec 정도가 한계이다. 이 경우 주속은 다음 식으로 계산한다. $$V = \frac{1.88\,DN}{\cos T}$$ 여기서 V: 주속(m / sec) D: Worm pitch 원직경(cm) N: Worm 회전수(r.p.m) T: Lead각(°) 4) 높은 전달효율은 특정조건 시에만 가능하며 Lead 각이 적을 시(높은 감속비 때) 난 미끄럼 속도가 적을 경우에는 저하한다.
5. Screw gear 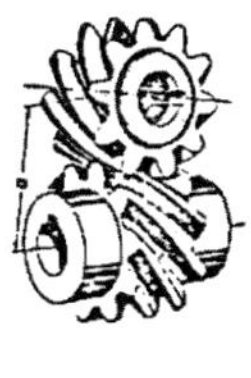	1) Helical gear를 식위 축 간에 이용하는 것에 있다. 2) 치합점 접촉에서 손실동력도 크고 마모도 많아 전달하중은 적다. 3) 치가 맞물린 상태에 1개의 치차를 고정하고 다른 치차를 추방향으로 이동할 경우 회전운동을 행하게 하는 성질을 잡으며 이것을 이용한 회전체의 위치조정에 이용하는 경우가 많다. (계산기의 회전운동전달기구 등에 의한 구동, 종동(從動)의 상대적인 회전각의 조정에 이용하는 것이 좋은 예이다.) 4) 축각의 사소한 오차나 축 간 거리의 사소한 변화는 치 맞물림에 악영향을 주지 않음.

	장점	단점
강과 비교	1) 자기 윤활성 　무윤활사용이 가능하다. 2) 내약품성 　산 이외의 부식성약품 중에서 사용 혹은 수중에서 사용이 가능하다. 3) 종류 　관성 Moment가 적다. 4) 진동감쇄성 　운전 시 소음이 감소한다. 5) 가공성, 생산성(Cost) 　사출형성으로 형상이 복잡한 것, 다기능을 갖는 물건을 대량 저렴하게 생산할 수 있다.	1) 저강도, 저탄성률 　동일형상에는 전달능력이 적고 Insert로서 어느 정도 개선됨. 2) 내열성 　강에 비교하여 사용온도는 한정되며, Plastic 내에는 지극히 우수하다. 3) 정도, 치수안정성 　강과 비교하여 온도, 수분에 의한 영향이 크며, 거의 고정도(高精度)는 바랄 수 없고 저탄성률의 경우 어느 정도 오차를 흡수할 수 있음. 또한 Insert를 이용하여 약간 개선된다.
Poly acetal 수지와 비교	1) 내충격성 　충격적 하중에 견딘다. 2) 인성 　회전개시 시 정지 시에 걸리는 고 Torque에도 견딘다. 3) 내마모성 　끓임마모(Abrasion)에 특히 우수하며 먼지가 들어가는 곳에 사용해도 충분히 견딘다. 4) 내열성 　내열노화성에 특히 우수하다.	1) 내Creep성 　고하중의 경우 치(齒)의 Creep 변형이 문제가 되며, glass 섬유강화 Nylon 같으면 이 점은 문제없음 2) 내피로성 　고하중에서는 열세며 저하중에서는 거의 같다. 3) 정도(精度), 치수안정성 　회전운동전달용의 소형정밀 Gear에서 응용은 상당히 곤란하고 그 외 Gear 응용에 대하여는 이것은 거의 장애되지 않는 것이 확인되었다.

(3) Gear factor 결정 혹은 가정, 강도계산

이로써 Nylon이 Gear재로서 부상될 경우 다음에 지켜야 할 것은 실사용에 견디는가를 정량적으로 잡는다는 데 있다. 이 방법에는 여러 가지가 있으며 여기에서는 가장 기본적으로 생각되는 다음 방법을 채용한 것이다. 즉 우선 강도계산에 필요한 Gear factor(moulde 치수, 치(齒) 폭, 압력각, etc)를 가정하고 이것을 기초로 하여 요구성능 및 사용조건을 가산하여 강도계산을 행하고 이 결과가 Nylon의 허용한계 내에 들어가도록 조정한다.

이 결과 허용한계 내에 들어가는 경우는 문제없고 그렇지 않은 경우는 안전 Side에 Geart factor을 가정하여 바로 강도계산을 행하는 조작을 요구성능에 만족하게 될 때까지 번복하여 Gear factor를 결정한다. 이 방법은 가장 생각하기 쉬운 방법이며, 최적의 Gear factor를 얻고 초기 가정이 좋지 않은 경우 몇 번의 계산을 행하지 않으면 안 된다는 결점은 동시에 갖고 있다. 그렇지만 여기에서 강도계산은 모두 Monogram(계산도표)으로부터 계산할 수 있으며 상기 결점을 보완하는 데 충분하다고 생각한다.

(주) 안전 Side에 Gear factor를 가정하여 직접 하는 조작은 Gear 치수, 형상에 대한 요구상의 제한에 따른 일반적인 실행가능에는 제한이 없다.

이 경우는 Nylon의 사용은 곤란하다는 결론을 얻고 Gear 구성이나 Design을 연구하는 것으로부터 요구성능을 만족시키는 경우가 있으므로 간단히 포기하지 않는 것이 바람직하다고 말할 수 있다,

(4) 구성법결정 혹은 가정, 실용시험

이와 같이 Gear factor가 결정되면 여기서 이것을 기초로 하여

① 치(齒)의 부분 이외(Gear 본체)의 각부 치수 가정

② Gear의 축에 취부하는 방법 검토

③ 윤활을 행하는가 만일 행하지 않으면 그 방법 검토

④ Backlash의 결정을 한다.

이 경우 Plastic으로서 Nylon의 특성을 고려하면 제작 시의 치수와 실사용 시의 치수를 엄밀히 고려하는 것은 말할 것도 없다. 이로써 제작된 Nylon gear의 image가 지상(紙上)에는 가능하다고 생각되나 사용조건이 불명확한 것으로 강도계산이 정확하지 않은 경우도 적지 않고 고가이므로 금형제작에 들어가기 전에 실용시험을 행하는 일이 많다.

따라서 일부의 경우에는 실용시험을 특별히 행하며 지금까지 설명된 사항이 실제로는 무의미한 일이 많다.

그렇지만 실용시험 없이 실사용에 들어가는 것이 좋다고도 말할 수 있는데 왜냐하면, 이 방법이 성공 가능성도 훨씬 높고 또한 예로 실패한 경우에도 얻는 교훈은 대단히 많고 더구나 정량적이므로 잘못됨의 수정을 보다 용이하도록 하는 데 있다.

이제 중요한 것은 이 실용시험에 의하여 간단히 실사용에 견디어 내는가를 확인하고 치수공차 등을 포함한 Cost 면에서의 검토를 행하는 것이다. 이것은 적절한 치수공차를 설정하고 다음에 금형제작에 있어서도 엄격한 치수공차를 설정하게 된다

면 Cost-down이 된다는 것을 생각하는 것은 당연하다.

(5) 금형제작, 성형

강도계산, 실용시험 등에서 문제없다면 Gear 제작이 들어가고 Nylon의 경우 제작
방법으로 다음의 2종류가 있다.
① Red 등으로부터 절삭에 의한 방법
② 사출성형에 의한 방법

이런 절삭 Gear는 실용시험용의 Proto type gear나 대형 Gear에 사용하며 그 제작
방법도 금속 Gear 절삭방법과 거의 같고 사출성형 Gear의 제작방법에 한정한다.

그러나 사출성형 Gear의 커다란 제작(성형)상의 특징은 1회 성형에 의해 거의 최
종제품까지 얻는다는 것은 Nylon의 경우 결정성 수지인 외에 성형수축 또한 흡수성
인 까닭에 성형 후 치수 변화를 고려하지 않으면 안 되며 치수정도가 문제되는 경
우도 있다. Nylon을 포함한 일반적인 Plastic의 정도(精度)에 대하여는 지금은 엄격
한 취급은 곤란하며 나중에 4항에서 이것을 포함한 Nylon 제작상 유의점에 대하여
설명한다.

(6) 실사용(實事用)

이상에서 구해진 Gear를 만들어 실사용에 투입하며 이제 어느 정도 사용실적을
쌓을 때까지는 정기적인 발췌검사 등을 해야 한다는 것이 좋다는 것은 말할 필요도
없다.

2. 강도계산

1) 강도계산의 과정

여기에서는 Nylon의 강도계산을 취급하며 그 전에 계산과정을 Flow chart로써 표

시했다. 그림에 이것을 표시했고 이미 논한 것같이 Gear factor 결정까지는 가정한다. Gear factor의 의미 및 선정에 관하여는 표를 참조하고 이 요구성능 및 사용조건이 충분히 고려되어야 한다는 말은 할 필요도 없다.

이로써 Gear factor가 선정되고 운전 중의 Gear 온도지정이 가능하게 된다. Gear 온도를 안다는 것은 모든 강도계산의 기초이며 Nylon과 같은 Plastic 재료로서는 가장 중요한 것의 하나이다.

그런데 이상을 기초로 하여 강도계산을 행한다는 것을 알았으며 그 밖에는 Nylon의 파손형태를 알지 않으면 아니 된다. Nylon의 파손형태는 많은 경험으로부터 치(齒)끝에서 파괴, 치(齒) 변형 및 치면의 손상(Pitching, Crack, 치면의 소성변형, 마모 등)으로 크게 나누고 사용조건으로부터 이러한 것의 어느 것이 허용한계를 결정하게 된다.

따라서 이것의 각각에 대하여 계산을 행하고 이 결과가 허용한계 내에 들어가는가 검토를 한다. 물론 사용한계 내 운운하는 것도 한 방법이지만 또한 해명되지 않은 많은 점이 남아 있고 그러한 것에 대하여는 그때마다 주석을 단다.

이렇게 계산을 한 결과 만일 모든 결과가 허용한도 내에서 있다면 강도적으로는 전혀 문제가 없다는 뜻에서 다음 단계에 바로 실용시험 없이도 실사용에 들어간다는 뜻이다. 그렇지만 계산결과 내에 몇 개가 허용한계를 초과하는 경우는 지금까지는 요구성능을 만족할 수 없다는 것을 의미한다.

따라서 이러한 경우에는 Gear-factor를 안전 Side로 가정하여 바로 재차 계산을 행한다. 이로써 파손형태가 사용한계를 넘는 것을 알 수 있으며 적당한 방향에 Gear factor를 가정하여 바로잡는 것이 중요하다. 이하에서는 강도계산법을 나타내며 사용에 있어 실제 이러한 것을 이용하는 것을 상당히 복잡한 것으로 이것을 모두 Monogram화했다.

계산방법의 원리를 이해하는 방법으로 이 Monogram은 충분히 만족할 것으로 생각한다.

(주) 이 장에서의 강도계산 취급은 모두 평치차를 대상으로 한다. 여기에서 사용된 Data를 기존 방법에 따라 평치차 이외의 Gear에 응용하는 것도 물론 가능하며, 그것은 이러한 소책자에 범위를 넘는 것으로 할애한다.

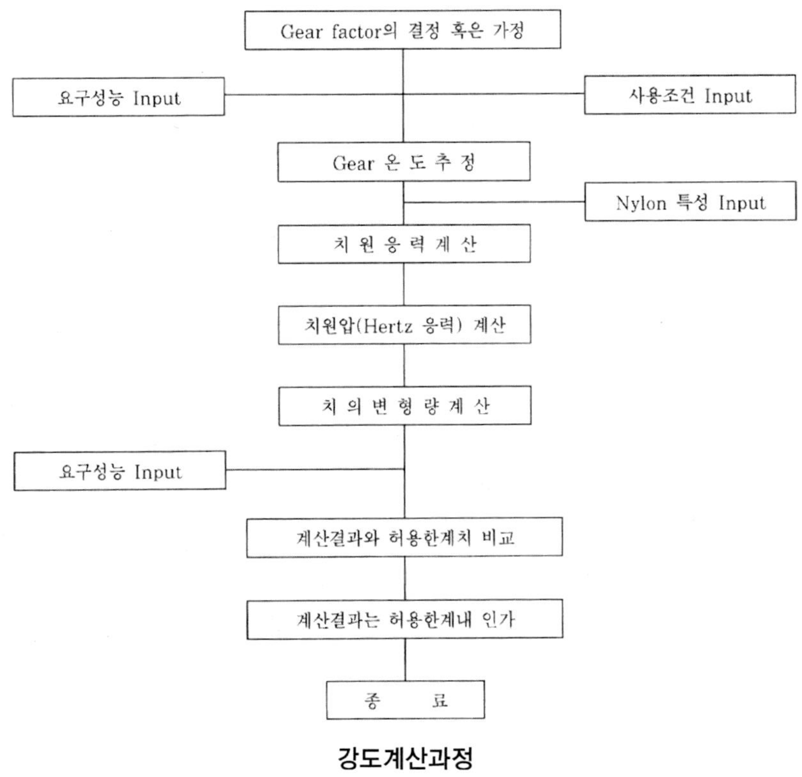

강도계산과정

통상 응용에 있어서 주의하지 않으면 안 될 점은 마찰열의 영향에 있어 특히 식위(食違) 축 간에 사용되는 Worm gear, Screw gear 등의 경우는 치고(齒高) 방향만큼 되고 치줄기방향에도 미끄럼이 존재하여 이로부터 마찰열의 영향을 충분히 고려한 허용한계를 결정하지 않으면 안 된다.

Gear factor와 그 선택

Gear factor	의미	선택기준
압력각 α (齒압력각)		• 14.5°와 20°의 나선형 Gear가 일반적이며 Nylon의 경우 20°가 좋다(20°가 전달마력이 크다). • 치합(齒合) 상태에 있는 양 Gear의 압력각은 같지 아니하면 안 되는 까닭에 맞물리는 Gear의 경우 20° 이외의 압력각을 잡지 아니하는 경우는 그것에 일치하지 않으면 아니 된다.

Gear factor	의미	선택기준
Module m	m=d/z d=Pitch 원직경(㎜) z=치수 (치의 크기를 표시한다)	• 치뿌리에 걸리는 응력에 관하여는 Module이 큰 쪽에 유리하며 Nylon의 경우 필요한 동력전달에 충분하므로 될 수 있는 한 작은 쪽이 좋다. 이것은 Module이 적은 쪽이 동시에 치합치수가 많고 따라서 치 1매 결합 동하중이 적고 동시에 매끄럽게 회전한다. 최소 m=0.2의 사출성형 Gear의 예도 있다.
치수지	치수	• Gear의 크기와 관련하여 선택되며 너무 치수가 적게 되면 치절하게 되므로 전위가 필요하게 된다. 구체적인 전위방법은 금속 Gear에 준한다.
치폭 d	치의 축평면 내에 있어서 길이	• 금속 Gear의 경우는 치폭이 크거나 편당이 문제되며 Nylon은 탄성률이 적으므로 그다지 문제되지 않는 경우가 많다.

2) Gear의 온도측정

Plastic을 Gear로서 사용하는 경우 금속과 비교하여 가장 주의하지 않으면 안 될 점의 하나는 온도 영향이다. Nylon은 Engineering 수지이며, 이것도 예외 없이 온도에 따라 그 특성은 변화한다.

이 온도 영향의 중요성은 Gear가 산업용 부품이라는 것으로 그 사용되는 온도범위가 광범위하다는 것으로도 또한 Nylon의 열전도도를 금속과 비교했을 경우 1 / 100 오−다로 되고 따라서 치합 시의 마찰열 영향이 크기 때문에 나쁘다. 따라서 Nylon gear로서 사용하는 경우 그 온도를 안다는 것은 이미 논한 것과 같이 가장 중요한 점의 하나이다. 그리고 Gear 온도 운운하는 것도 이것은 조금 막연한 개념으로 여기에서는 다음과 같이 생각하기로 한다. 즉 일반적인 Nylon gear의 파손은 조건에 따라서 치원에서 파괴 치변형 및 치면 손상으로 나누며 이러한 치원에서의 파괴 및 치의 변형은 치의 평균온도에 의해 지배되고 또한 치면 손상은 치면 온도에 의해 지배된다고 생각된다.

이하 이러한 2개의 Gear 온도추정 방법을 논하고 실제사용 조건을 정확히 파악한다는 곤란이 어느 정도 있고 이러한 것을 모두 고려한다는 것은 쓸데없이 문제를 복잡하게 하고 나가서는 이 책의 줄거리로부터도 벗어나며 어느 정도 Rough한 추정방법이 된다는 것은 부정하지 않는다.

그렇지만 사용에 앞서 혹은 실용시험에 앞서서 Gear 온도를 고려한다는 것은 쓸데없는 실패를 반복하고, 무모한 시험을 반복하는 것을 줄이며 이 추정법은 이러한 목적으로 사용하는 경우는 충분히 유효한 것이 확인되었다.

(1) 손실마력

1조의 Gear Z_1, Z_2 치합일 경우 그 전달효율(여기서는 Gear Z_1이 구동한다)은 구동축마력 N_1과 종동축마력 $N_2 = N - 1 - N_V$에서

$$\frac{N_2}{N_1} = \frac{N_1 - N_V}{N_1} = 1 - \frac{N_V}{N_1} \leq 1$$

로서 표시되는 것은 주지 사실이며 여기에서 N_V가 손실마력이라는 것이며 이것은 Gear의 경우 다음과 같이 나타낸다.

$$N_V = N_O + N_Z + N_L \tag{2.2}$$

$\quad$ N_O: 무부하 시의 손실마력

$\quad$ N_Z: 부하가 걸렸을 때 치합 손실마력

$\quad$ N_L: 부하가 걸렸을 때 축수 손실마력

그렇지만 이 N_O, N_Z, N_L 중에는 N_Z가 점유할당이 가장 크고 또한 Gear의 온도상승도 대부분 이것에 의존하는 것으로 생각되며 여기에서는 N_Z만에 대하여 생각하는 것으로 충분하다. 그런데 윤활상태에서 사용하는 경우도 고려에 넣는다면 N_Z는 일반적으로는 직접 접촉에 의한 손실 마력과 유체윤활 유막에 의한 손실마력의 합이며 여기에서는 직접 접촉에 의한 손실마력을 적게 변형하므로 다음과 같이 생각한다. 즉 직접 접촉의 손실마력 Nb는 일반으로는

$$Nb = \mu bpV_G / 75 (HP) \tag{2.3}$$

$\quad$ μb: 직접 접촉의 경우 마찰계수

$\quad$ P: 치합점에 의한 법선력 내 직접 접촉에 의한 방지부분(kg)

V_G: 치합점에 의한 양치면의 상대미끄럼 속도(m / sec)

로 나타내며 윤활상태에 대하여는 μb 대신에 혼합윤활에 대한 마찰계수를 P 대신에 법선력을 잡는다. 이와 같이 생각하며 치합에 의한 손실마력 N_Z은 일반적으로

$$N_Z = \mu P V_G / 75 (HP)$$

    μ: 치합에 의한 마찰계수

    P: 치합점에 의한 법선력(kg)

    V_G: 치합점에 의한 양치면의 상대미끄럼 속도(m / sec)

으로 된다.

그런데 치합점에 의한 양치면의 미끄럼속도 V_G는

$$V G = f v \cos\alpha \tag{2.5}$$

$$f = \frac{e}{r_1 \cos\alpha} \cdot \frac{i+1}{i} \tag{2.6}$$

    v: Pitch 원주속도(m / sec)

    α: 치합의 압력 각(°)

    e: Pitch 점과 치합점 간의 거리(㎜)

    r_1: Gear r_1의 Pitch 원반경(㎜)

    i: Gear비($= Z_2 / Z_1$, Z_1, Z_2은 각각 Z_1, Z_2의 치수)

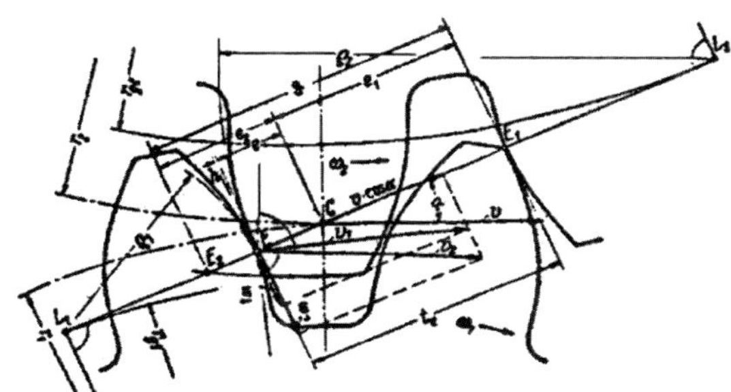

$$V_G = W_2 - W_1$$
$$W_1 = V_1 / r_1, \quad W_2 = V_2 / r_2$$
(1, 2 칠치면의 전율반경)
$$\varepsilon = g / te = \varepsilon + \varepsilon_2$$

로 되며 이것은 v, r_1 등이 일정한 경우 e의 함수로 되고 합치에 초기에 있어 최대

가 되고 Pitch 점에서는 $V_G = O$이 된다는 것을 알게 된다. G. Niemann에 따르면 f의 평균치 fm은

$$fm = \frac{\pi}{Z_1} \frac{i+1}{i} (1 - \varepsilon + \varepsilon_1^2 + \varepsilon_2^2)$$ (2.7)

    ε: 치합률($= g$ / te: g, te는 각각 치합길이 및 원 Pitch)

    $\varepsilon_1 = \varepsilon_1$ / te($e_1 =$ 가까운 치합의 길이, te는 위와 같음)

    $\varepsilon_2 = e_1$ / te($e_2 =$ 먼 치합의 길이, te는 위와 같음)

으로 나타낸다. 이것은 상기 (2.6)식에서 $e = 0.5te(1 - \varepsilon + \varepsilon_1^2 + \varepsilon_2^2)$하에서의 값이고 물리적으로 2조의 치가 치합된 경우의 접촉압력을 0.5P로 생각하여 계산할 경우의 평균치를 의미한다. (2.7)식을 현재까지는 사용하며 압력 각 20° 표준치형에 대하여는 G. Niemann에 의해 다음의 간단한 식이 된다.

$$fm \fallingdotseq 2.6 \frac{i+1}{Z_2 + 5}$$ (2.8)

이 (2.8)식 fm은 꽤 근사하며 상기조건 이외의 Gear에 대해서도 현재대로의 형이 성립된다고 생각하면, 1조의 Gear의 치합에 의한 손실마력 N_Z는

$$N_Z = \mu P_V \cos a / 75 \cdot 2.6 \frac{i+1}{Z_2 + 5}$$ (2.9)

$N_1 = P_V \cos a$ / 75보다

$$Z_2 = 2.6 N_1 \mu \frac{i+1}{Z_2 + 5}$$ (2.10)

    N_Z: 치합의 손실마력(HP)

    N_1: 구동마력(HP)

    μ: 치합에 의한 마찰계수

    i: (Z_2 / $Z_1 =$ Gear비)

로 되며, 이것이 열로서 발생하는 것을 알게 된다.

(2) Gear로부터 발산하는 열

Gear로부터 발산하는 열을 Q_1이라 하면 이것은 일반적으로

$$Q_1 = Q_{11} + Q_{12} + Q_{13} \qquad (2.11)$$

Q_{11}: Gear로부터 분위기 중(eg Gear box)에 공기를 매개로서 발산하는 열(kcal / hr)

Q_{12}: Gear로부터 윤활유를 매개로서 발산하는 열(kcal / hr)

Q_{13}: 열전달에 따른 Shaft에 전하여 발산하는 열(kcal / hr)

로 나타낸다.

① Gear로부터 분위기 중에 공기를 매개로서 발산하는 열 Q_{11}은 전열론에 의하면

$$Q_{11} = C_1 m Z_1 b(\theta_{F1} - \theta_C)h + C_1 m Z_2 b(\theta_{F2} - \theta_C)h$$

$C_1 m Z_1 b$, $C_1 m Z_2 b$: 각각의 Gear Z_1 및 Z_2의 방열면적(C_1은 방열면적을 보정한 경험치)

m : module

b: 치폭$\left(\dfrac{Z_1 b_1 + Z_2 b_2}{Z_1 + Z_2}\right)$: b_1, b_2는 각각의 Gear Z_1, Z_2의 치폭

θ_{F1}, θ_{F2} = 각각의 Gear Z_1 및 Z_2의 치면온도

θ_C: 분위기 온도

h: 열전달 계수

로 나타내며 정상 상태에서는 $\theta_{F1} = \theta_{F2} = \theta_F$로서 생각하므로 상식은

$$Q_{11} = C_1 m b(\theta_F - \theta_C)(Z_1 + Z_2)h \qquad (2.13)$$

이 된다.

회전 중의 Gear에 의한 열전달계수에 대한 것은 측정한 예가 없으며, 치면을 공기가 유속 Pitch 원주속도 v로서 흐른다고 생각하여 H. Hachman 등은 1매의 치에 대하여 다음과 같은 경우를 생각했다. 즉 "길이 $m\pi$의 평면 위를 유속 v로서 공기가 흐른다."라는 경우를 생각했다.

이 가정은 꽤 타당하다고 생각되어 여기에서도 이 경우를 채용한 것에 의하면 열전달 계수는 다음과 같이 결정할 수 있다. 즉 A. Colburn Jurges 등에 따르면 이러한 경우에 있어서 열전달 계수 h는

$$\frac{h1}{k} = 0.036 \left(\frac{1 v \rho}{\mu}\right)^{4/5} \left(\frac{cp\mu}{K}\right)^{1/3}$$

h: 열전달계수(kcal / m² · hr · ℃)

l: 평면길이(m)

K: 공기열전도도(kcal / m · hr · ℃)

v: 공기유속(m / hr)

ρ: 공기밀도(kg / m²)

μ: 공기점도(kg / m · hr)

cp: 공기정압비열(kcal / kg · ℃)

을 만족한다. 따라서 공기온도가 $0° \sim 800℃$ 경우 h는

$$h = \frac{1}{30} \frac{(vm)^{4/5}}{m} \tag{2.15}$$

h: 열전달계수(kcal / m² · hr · ℃)

v: Pitch 원주속도(m / sec)

m: Module(mm)

에 가깝게 된다.

$$Q_{11} = \frac{C_1}{30}(Z_1 + Z_2)b(\theta_F - \theta_C)(vm)^{4/5} \tag{2.16}$$

② Gear로부터 윤활유를 매개로서 발산하는 열

윤활은 치면 간의 마찰과 마모를 극히 적게 하여 발생열을 감소시키는 효과 이외에 냉각효과도 나타낸다. 따라서 윤활하므로 얻어지는 열을 결정하는 것이 필요하고, 금속 Gear에 대하여는 여러 가지 방법이 시험되었다. 그렇지만 윤활방법의 종류도 많고 또한 냉각효과도 똑같지 않으므로 모두 적용할 수 있는 방법은 아직도 확립되지 않은 현상에 있다. 이러한 현상에 있고 또한 Nylon의 경우 강제윤활 등으로 사용되는 것은 거의 없으므로 여기서는 윤활에 의한 냉각효과는 무시한다. (즉 Q_{12} =0), 냉각효과를 무시한다는 것은 안전 면에서 계산을 한 것이 되며 여기서의 목적으로부터 고려한다면 문제없는 것으로 생각된다.

③ 열전달에 따른 Shaft에 전하여 발산하는 열

경험에 따르면 열전도에 의한 발산열 Q_{13}은 상가 (a)에서 취급한 Q_{11}과 비교하여 무시할 수 있다. 따라서 여기서는 Q_{13}=0이라 하여도 지장이 없다. 따라서 이상 (1)(2)(3)보다 1조의 Gear의 치합에 의한 발산하는 열 Q_1은 Q_1=Q_{11}잡으므로

$$Q_1 = C_1(Z_1 + Z_2)b(\theta_F - \theta_C)(vm)^{4/5} \tag{2.17}$$

    Q_1: 1조의 Gear의 치합에 있어서 발산하는 열(kcal / hr)

    C_2: 경험치($=C_1 / 30$)

    Z_1, Z_2: 각각의 Gear Z_1, Z_2의 치수

    b: 치폭(mm)

    θ_F: 치면온도(℃)

    θ_C: 분위기 온도(℃)

    v: Pitch 원주속도(m / sec)

    m: Module(mm)

으로 표시한다.

(3) 1조 Gear의 치합에 의한 치면온도

정상상태에 있어 발생하는 열량과 Gear로부터 발산하는 열량과는 같으므로 (2.10)

식 및 (2.17)식으로부터 $Q_1 = N_Z \times 630$로 되며 Gear의 치면온도 θ_F는 다음과 같이 표시한다.

$$\theta_F - \theta_C = \frac{C_3 \mu N_1}{Z_1 (Z_2 + 5) b(vm)^{4/5}}$$ (2. / 18)

여기서 C_3는 경험치로서 실험에 따라 결정한다.

(4) 치차열에 의한 전손실마력

지금까지는 1조 Gear의 치합을 대상으로 했으며, Gear는 일반으로 1개의 치차열에 짝으로 넣어 사용하는 것도 많으므로 여기서는 그것에 대하여 생각한다. 그렇지만 이 경우 취급은 1조 Gear 치합의 경우의 조합으로 생각하고 여기에는 쓸데없는 것을 피하고 예로된 것만 추구하는 것으로 끄친다.

그림과 같이 치차열 Z_1, Z_2', Z_3', ……이 주어졌다.
이때 Gear ZK, Z′K+1 간에 의한 손실마력은 (2.10)식으로부터

$$NK_1, K+1' = 2.6Nk\mu k, k+1 \frac{Z_k + Z_k + 1}{Z_k (Z_1 k + 1 + 5)}$$ (2.19)

  Nk, K+1′: Gear Zk, Z′k+1 간에 의한 손실마력(HP)

  Nk: Gear Zk의 구동마력$(= Nk' = Nk-1 - Nk-1, k')(HP)$

  μk, k+1′: Gear Zk, Z′k+1의 치합 마찰계수

  Zk, Z′k+1: 각각의 Gear Zk, Z′k+1

로 표시된다.
한편 발산하는 열은 (2.17)식으로부터

$$Qk, k+1' = C_2 (Zk + Z'k+1) b(\theta_F (k, k+1') - \theta_C)$$
$$(vk, k+1'm)^{4/5}$$ (2.20)

$Qk, k+1'$: Gear Zk, $Z'k+1$ 치합에서 발산하는 열(kcal / hr)

C_2 : 경험치

Zk, $Z'k+1$: 각각 Gear Zk, $Z'k+1$의 치수

b : 치폭

$\theta_F(k, k+1')$: Gear Zk, $Z'k+1$의 치면온도(℃)

θ_C : 분위기 온도

$k, k+1'$: Gear Zk 혹은 $Z'k+1$의 원주속도(m / sec)

m : Module(㎜)

으로 나타낸다. 정상상태에 있어서는

$$Q k, k+1' = N k, k+1' \times 630 \,(k=1,2,3,\dots\dots) \tag{2.21}$$

로 생각되므로 이상으로

$$Q F(k, k+1') - \theta_C \,(k=1, 2, \dots\dots)$$

이 결정될 수도 있다.

또한 이 치차열에 의한 전손실마력 $N_Z T$는

$$N_Z T = N1, 2' + N_{2 \cdot 3}' + \dots N k, k+1' \tag{2.22}$$

이 된다.

(5) 분위기 온도

Gear는 일반적으로 Gear box 내에 한정하는 것이 보통이므로 지금까지 고려한 분위기 온도 θ_C는 Gear box 내 온도라 생각하고 따라서 이 온도는 Gear box를 둘러싼 주위온도(환경온도)와는 차이가 있는 것이 예상된다(Gear가 드러난 경우는 분위기 온도를 환경온도로서 생각해도 좋다).

이 온도는 통상 다음과 같이 생각된다. 즉 Gear box로부터 발산하는 열 Q_2는

$$Q_2 = hcS(\theta c - \theta a) \tag{2.23}$$

    Q_2: Gear box로부터 발산하는 열

    hc: Gear box 표면과 외부공기 간의 열전달계수(kcal / m², hr · ℃)

    S: Gear box의 표면적(m²)

    θc: Gear box 내의 분위기 온도(℃)

    θa: 환경온도(℃)

로 된다. 열전달계수 hc는 Gear box 구조에 따라도 차이 있고, 또한 축을 통하여 발산하는 열도 있어 엄밀한 측정은 곤란하며 경험적으로 다음 표와 같은 수치가 추천된다.

Gear box의 열전달계수

hc(kcal / m², hr · ℃)	Gear box의 조건
10	정지된 공기 중
13	약간 흔들리는 공기 중
30	Fan으로 냉각

그런데 정상상태에서는 이 열은 치차열의 전손실마력과 같으므로

$$Q_2 = N_Z T \times 630$$

    Q_2: Gear box에서 발산하는 열(kcal / hr)

    $N_Z T$: 치차열의 치합에 의한 전손실마력(HP)

가 된다.

(6) 치면온도, 치의 평균온도

이상 1)~5)를 종합하여 이것을 1조 Gear의 치합으로 정리하면 다음의 치면온도 추정식을 얻게 된다.

$$\theta_F = \theta_a + \frac{1640\mu N_1}{Z_2 + 5}\left(\frac{C}{Z_1 b(vm)^{4/5}} + \frac{i+1}{hcS}\right) \tag{2.25}$$

θ_F: 치면온도(℃)

θ_a: 환경온도(℃)

μ: 마찰계수

N_1: 전달마력(HP)

Z_1, Z_2: 각각 Gear Z_1, Z_2의 치수

i: Gear 비($=Z_2/Z_1$)

b: 치폭

v: Pitch 원주속도(m / sec)

m: Module(㎜)

hc: 열전달계수(앞의 표로부터 얻는다)(㎉ / ㎡ · hr · ℃)

S: Gear box의 표면적(Gear가 드러난 경우 S$=\infty$)(㎡)

C는 실험에 따라 결정된 값이며 회전 중 Gear의 치면온도를 측정한다는 것은 일반적으로 상당히 곤란한 문제다. 이것은 다음과 같은 이유이다. 즉 실제 치합에 의한 치면온도란 지금까지 생각한 것과 같이 일정 값이 되고 치합 상태에서는 상승하고 그 외에는 저하하는 함수라는 것이다. 그렇지만 이 곤란은 다음과 같은 이유로 어느 정도 완화된다는 것을 안다.

이것은 다음의 2가지를 기초로 한다.

① 회전 중 Gear의 치면온도는 발열과 냉각에 따라 주기적으로 변동하며 이것은 치면의 극히 표층부만의 현상이고 그로부터 내부에서는 온도의 시간적 변화가 거의 없다고 생각할 수 있다. 이것은 Nylon의 열전달도가 금속 등과 비교할 경우 낮다는 것으로 귀결된다.

② 이 주기적 변화가 일어나지 않는 부분의 온도를 Gear 중심으로부터 함수로 그림과 같이 $\theta(\times)$로 잡고, 또한 간단히 Gear를 Pitch 원반경을 갖는 원반으로 생각하고 이 원반의 원주상에 있어서 온도 $\theta(R)$은 주기적 변화를 무시할 수 있는 부분의 최고 온도로 생각하면 R≦10㎝ 경우 이 온도는 중심부 온도와 비교할 경우 분위기 온도를 θc로서 $\theta(R) - \theta c \le 1.3(\theta(O) - \theta c)$(이것은 θc을 20~

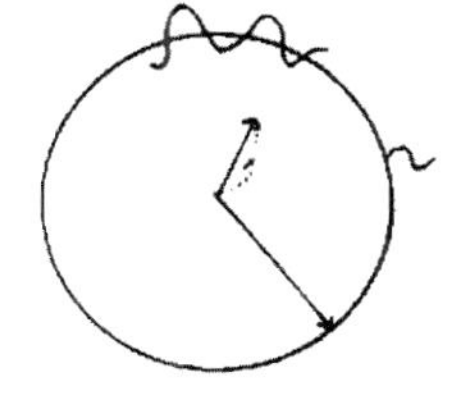

50℃ Pitch 원주속도를 10m / sec 이하로서 열수지 방정식으로부터 이론을 도입한 것이다)이 성립한다. 따라서 $\theta(R)$은 치끝부분의 온도에서 충분히 근사하며 이것은 또한 치의 평균온도로 생각해도 좋다.

이상 ①, ②로부터 안 것은 지금까지 생각한 추정식에 있어서 치면온도는 오히려 치의 평균온도로 치환하는 법이 보다 타당성이 있다는 것이다. 따라서 다음 표에 나타낸 C값은 치끝부분의 온도를 측정하여 정했다.

역시 이 표는 각각의 사용조건에 있어서 마찰계수도 병기했으며 이것을 사용하여 (2.25)식에 의해 치의 평균온도가 결정됨을 안다.

치의 평균온도 결정에 필요한 경험치

치합조건	윤활	μ	C
Nylon / 강	무윤활 구리스윤활 오일윤활	0.45 0.10~0.15 0.05	2.0×13^3
Nylon / Nylon	무윤활 오일윤활	0.12~0.15 0.05	9.0×10^3

치의 평균온도를 평균 Gear 온도로 정의하면 이상으로부터 평균 Gear 온도는 결정할 수 있음을 알고 따라서 치면온도에 관한 고찰은 남게 된다. 처음에 논한 것같이 이것은 주기적으로 변동하는 것과 같이 시간의 함수이며 그 평균치는 많은 경험으로부터 평균 Gear 온도와 관련하여 다음의 경험식으로 추정됨을 안다.

$$\theta_F = \theta a + 1.4(\theta_G - \theta a) \tag{2.26}$$

    θ_F: 치면온도(℃)

    θ_G: 평균 Gear 온도(℃)

    θa: 환경온도(℃)

(7) Nylon gear의 사용한계

Nylon gear의 사용한계를 결정하는 것은 그 파손형태 및 요인을 아는 것이 필요하며 파손형태는 다음의 3가지로 크게 나눈다.

- 치끝에 있어서 치파손

- 치면에 있어서 손상(Pitching, 치면의 소형변형 Crack 마모)
- 치의 변형

이하 이것의 각각에 대한 그 사용한계 결정을 논하며 여기에서 취급방법은 지금까지의 Plastic gear에 있어서 그것은 약간 차이점도 있고, 또한 Nylon gear의 강도계산하는 방법을 잘 안다는 것으로도 꽤 상세히 알게 되는 부분이 많으며 실제로 강도계산을 하는 경우 약간의 결점이 없지도 않다. 따라서 이러한 것을 뒤에서는 이 결과를 일괄하여 Monogram화했다. 이것을 이용하면 신속히 사용한계를 결정할 수 있다.

① 치끝에 있어서 치파손

치원에 있어서 치파손은 Nylon 파손형태의 대표적인 것의 하나며 이것은 금속 Gear에 있어서도 같으므로 여러 가지 해석방법이 확립한다. 즉 치끝에 있어서 굽힘응력(치끝부근에서 치면에 수직으로 작용하는 하중의 수평분력에 따른 치끝 살두께의 공칭 굽힘응력)에 따라서 치의 파손이 일어나는 것으로 생각한 Lewis방법, 굽힘응력 이외 압축응력도 고려에 넣은 영국규격 AGMA방법, 더욱더 전단응력도 고려에 넣은 G. Niemann 등의 방법이 제안되었고, 이것을 처음에 강도계산식에도 다수 제안되었다. 또한 Plastic gear에 대해서도 AGMA에는 Nylon 및 페놀수지에 대한 강도계산식(Lewis식)이 있다.

그런데 Nylon gear에 이 강도계산식을 응용하는 경우 사용할 강도계산식은 쓸데없이 복잡한 것은 좋지 않으며 평범한 것으로 하지 않으면 아니 된다. 따라서 여기에는 G. Niemann 등에 따른 계산식을 채용한 것이다. G. Niemann 등에 따른 치끝 강도의 상세한 계산방식에 대하여는 문헌을 참조하시고 여기서는 간단히 설명한다.

지금 다음 페이지 우상도와 같은 평치차에 법선력 P가 가할 경우 이것은 접선방향성분 Isinα와 반경방향성분 Psinα로 나누어진다. 따라서 치끝에서는 굽힘응력 δb, 압축응력 δd, 평균전단응력 tm, 3개가 변하며 하중변화하는 측치면두께부에는

$$\delta = \sqrt{(\delta b - \delta d)^2 + (\mu tm)^2} \tag{2.27}$$

$$\mu : \delta - \text{limit} \, / \, tm - \text{limit}$$

로 나타낸 것과 같이 총합호칭응력 δ가 변한다.

따라서 이것을 구체적으로 해석하면 δ가 결정
될 수 있음을 알고, 이 결과는 G. Niemann에 따
르면 다음과 같이 된다.

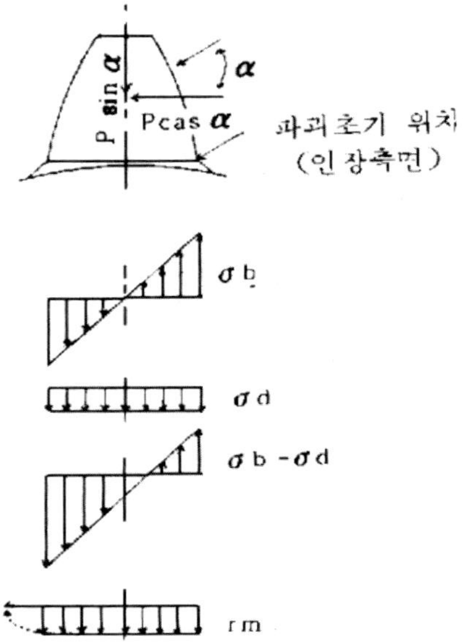

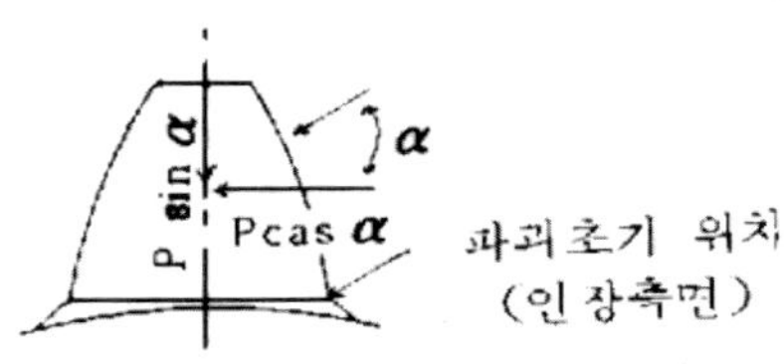

$$\delta T = \frac{100U}{m \cdot b} \, qk \cdot q\varepsilon \qquad\qquad (2.28)$$

    δT : 치끝에서의 총합 호칭응력(kg/cm^2)

    U : 접선력(kg)

    m : Module(mm)

    b : 치폭(mm)

    qk · qε: 치끝강도계산

(주) 치끝강도에 대한 보충

<qk에 대하여>

G. Niemann에 따르면 엄밀히는 다음 조건에서 성립한다. 즉 2.25m(m: Module)의
높은 치원에 하중이 변할 경우에 α(α: 치합의 압력각)=20° Backlash 없고 치의 위
험단면은 Hoffer의 위험단면을 취할 경우에 성립한다(공구의 Rack 치형은 치선은
0.38m 곡률을 잡고 정상은 Sk=0.25m이다.).

따라서 이 외조건의 경우는 엄밀히 구분하여 qk를 사용할 것으로 생각하는 것도
알지 못하며 여기서의 목적으로 생각할 경우 상기 qk로 충분히 대용 가능한 것으로
생각된다.

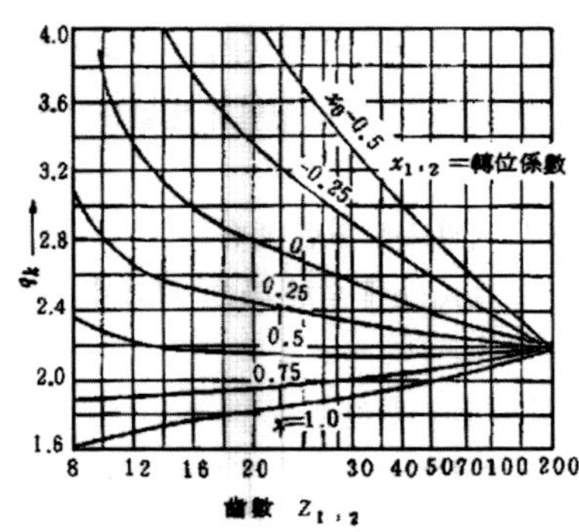

치원강도계수 qk

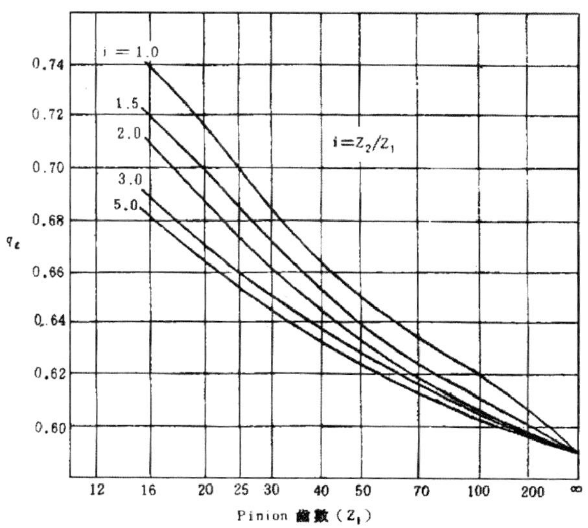

<qε에 대하여>

그림의 qε는 G. Niemann에 관여하는 것에 약간의 차이가 있다. 즉 G. Niemann는 Pinion이 구동하는 경우와 Gear가 구동하는 경우로 나누며 이 계수를 구하는 것이 Nylon gear 경우 이와 같이 취급한다는 것은 현 상태에서는 곤란하다.

$$q\varepsilon = 1.4/(\varepsilon + 0.4)$$

    ε: 치합률

로 대용한다. 여기서 목적으로 생각할 경우 이것으로 충분하다고 생각된다.

이상으로 치끝에 걸리는 응력을 결정할 수 있으므로 여기에서 치끝에 있어서 허용응력에 대하여 생각한다. 이 응력을 안다는 것은 파손원인을 알 필요가 있으며 Nylon gear의 경우 이것은 다음의 2가지가 된다.

- 반복피로에 따르는 곳의 치피로에 의한 파손
- 회전개시 시에 걸리는 고Torque에 의한 파손, 따라서 이하에서는 이 하나하나에 대하여 고찰하기로 한다.

① 치의 피로강도에 대한 허용응력 결정

피로에 의한 파괴가 일어나는 한계응력은 그림 Monogram으로 결정할 수 있다.

따라서 허용응력 δTP는 안전율 ST을 고려하여

$$\delta TP = \delta T / ST \tag{2.29}$$

    δTP: 치의 피로강도에 대한 허용응력(kg / cm^2)

    δT: 피로에 의해 파괴되는 한계응력(kg / cm^2)

    ST: 치의 피로강도에 대한 안전율로 나타낸다.

안전율 ST는 사용조건에 따라 차이가 있으며 표에 표시한 값이 일반적이다.

피로강도에 대한 안전율 ST

사용조건	ST
1. 통상운전 (한 가지 모양인 회전상태)	$1.2 \sim 1.5$
2. 충격적 하중이 가할 경우 혹은 빈번히 회 전방향이 변하는 경우	$1.5 \sim 2$

② 회전개시 시 과부하에 의한 파괴에 대한 허용응력결정 Nylon 같은 인성이 있는 재료에 대한 이 경우의 파손은 거의 일어나지 않는다고 생각하여도 좋다. 실제 이것이 문제가 될 가능성이 있는 경우는 Nylon이 절건(絶乾) 상태에 있거나 혹은 극히 저온에서 사용할 경우(이 경우에도 파괴요인은 내부왜 등에 의한 경우가 많다)에 있고, 기타의 경우 예를 들면 Gear가 흡수(吸水)되고 고온인 경우는 파괴되고 치의 변형이 온다.

경험에 의하면 이러한 파괴의 한계응력은 인장항복응력과 거의 같은 정도이다. 따라서 이 경우 허용응력 $\delta'ST$는 안전율 $S'T$을 이용한다.

$$\delta'TP = \delta'T / S'T$$

    $\delta'TP$: 운전개시 시 과부하를 고려한 허용응력(kg / cm^2)

    $\delta'T$: 운전개시 시에 걸린 부하에 의한 한계응력(kg / cm^2)

    $S'T$: 운전개시 시 과부하에 대한 안전율

안전율 S′T는 통상 1.2~1.5 정도이며 회전개시 시 걸리는 부하가 정확지 않을 경우는 보다 큰 값을 잡지 아니하면 안 된다.

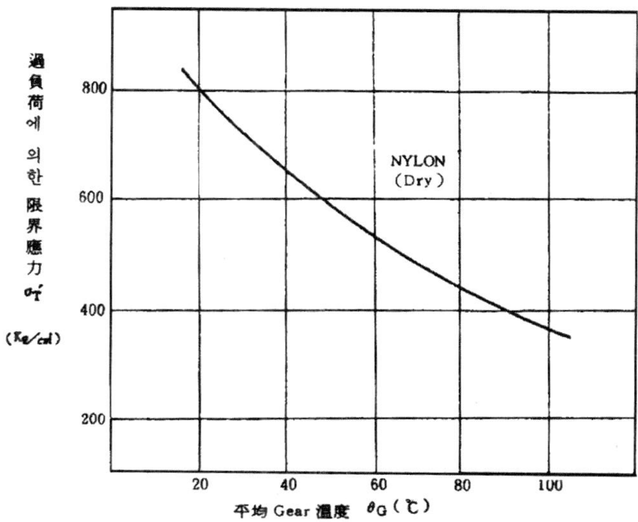

치원강도 δ T(회전개시 시의 과부하에 의한 파괴)

② 치면의 손상

Nylon gear 치면의 손상에 대하여는 아직도 해명되지 않은 면이 많고 사용한계를 결정할 수 있는 단계가 아닌 사항이다. 따라서 이 항에서 취급하는 것도 어느 정도의 애매한 것을 얻지 않으며 사용할 때 일어나는 치면의 이상한 손상을 어느 정도 예측할 수 있는 것으로 생각되는바 결정하는 데 무리가 없는 것으로 생각된다.

그런데 Nylon gear 치면손상에는 다음 표에 나타낸 것과 같은 것이 있으며, 이로부터 치면온도 및 치합 시 접촉압력이 치면손상을 결정하는 두 가지 요인이 있다는 것을 안다. 이하 이것에 대하여 지금까지 얻은 것으로 알 수 있게 논한다.

Nylon gear 치면손상 및 그 요인

손상 상태	고려하여야 할 요인
1) Pitching(Pitch 선에서 다소 내측근방에 Pin Hole 구멍이 발생하는 현상)	Oil 윤활에서 사용하는 경우에 일어나는 현상으로 금속 Gear의 경우도 똑같은 원인이 일어나는 것으로 고려됨. 즉 "반복 접촉압력에 의한 표면으로부터 어느 깊은 곳에 최대 전단응력(반복응력)이 발생하고 이같이 한계치를 초과한 때 미세한 파열이 발생하며 이 가운데 윤활유가 들어가므로 재료의 일부 파손을 제거한다." 원인으로 생각한다.
2) 치면의 깨짐 (Crack)	무윤활로서 사용하는 경우 일어나는 현상으로 치합 시 마찰열에 의한 치면의 온도상승에 따라 치면이 산화열화를 받는 것이 원인으로 생각된다.
3) 마모	Nylon 내마모성이 특히 우수한 수지로서 보통 운전 상태에는 마찰에 대하여는 생각지 않아도 좋다. (Back lash 등이 부정당한 경우는 국부적인 이상한 마모가 일어나는 것이 있으므로 주의하지 않으면 안 된다.)
4) 치면의 소성변형 (강복)	치합 시 접촉압력에 의한 치면이 변형하거나 탄성한계를 초월하는 변형이 일어나는 경우의 Creep 변형이라 생각한다.

가) 치면온도의 영향

Nylon은 내열열화성이 특히 우수한 Plastic이므로 치면온도가 높게 되거나 치면의 열열화에 의한 손상이 문제가 된다. 이 손상의 대표예가 무윤활운전에 있어서 치면의 미세한 Crack 발생 및 그 진행이 생각되며 이러한 Crack은 서서히 진행하는 것으로 사용한계를 결정하는 것은 일반적으로 곤란하다. 따라서 여기서는 Nylon의 내열 Aging 특성으로부터 한계온도의 하나의 목표를 삼는다.

그림은 Nylon의 내열 Aging 특성을 표시하여 이로부터 10,000시간(약 1년에 해당한다) 정도의 연속운전에 있어서 한계의 치면온도는 각각 약 80℃ 및 120℃ 정도 된다고 생각된다. 물론 Service life가 이 이상의 경우는 좀 더 낮은 값을 취할 필요가 있는 것은 말할 나위도 없다.

(주) 상기의 10,000시간이란 운전시간은 거의 10회 정도의 반복하중 횟수에 상당한다. 또한 그림에 의한 파단신율이 50%까지 저하하는 시간은 거의 강도가 떨어지는 초기시간에 해당한다. 공기분위기 중에서 신율의 유지율이 50%에 달할 때까지 시간과 온도의 관계이다.

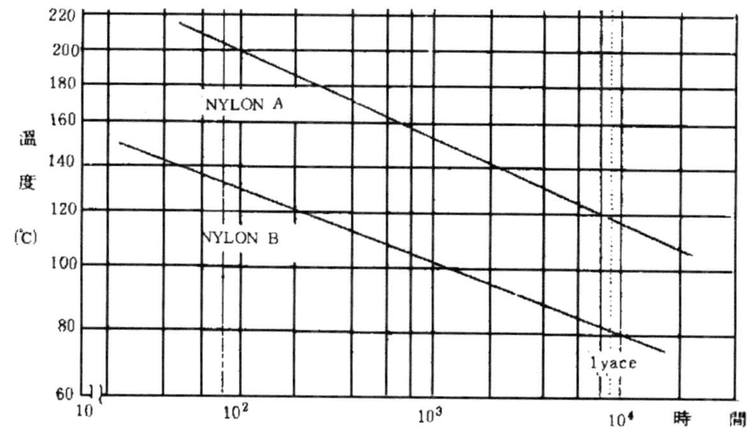

Nylon의 내열열화성

나) 치합 시의 접촉압력 영향

먼저 논한 것같이 치합 시의 접촉압력도 또한 Nylon gear의 치면손상을 결정하는 하나의 큰 요인이며 금속 Gear의 경우 이 접촉압력에 대하여 Hertz의 압축 응력을 잡는 것이 일반적이다. 따라서 여기서도 이것을 채용한 것이며 먼저 Hertz의 접촉응력에 대하여 간단히 설명하면 다음과 같다.

일반적으로 Gear의 치합에 대하여는 Gear의 회전에 따라 변화하는 곡면상의 점이 치합이며 이것을 피치점에서부터 곡률반경을 반경으로 하는 접촉 2원통이 접촉선에 따라 하나의 부하되는 경우에 옮겨진다.

이 경우 치면(원통 간)에 발생하는 접촉압력의 포아손비를 0.3으로 할 때 다음과 같은 식이 된다는 것을 안다.

$$PH = \sqrt{\frac{0.175PE}{9b}} \tag{2.31}$$

PH: Hertz의 최대접촉응력(kg / cm²)

P: 치면에 수직방향의 하중(kg)

E: 상대 Young율(kg / ㎠)

$$1/2E = 1/E_1 + 1/E_2$$

E_1, E_2는 각각 Pinion 및 Gear의 Young율(kg / ㎠)

ρ: 치면의 상당곡률반경(㎝)

$$1/\rho = 1/\rho_1 + 1/\rho_2$$

ρ_1, ρ_2는 각각 Pinion 및 Gear의 피치점에 있어서 곡률반경(㎝)

b: 치폭(㎝)

(주)

Nylon의 포아손 비는 0.3～0.4이며, 계산의 간략화된 상식을 사용한다. 이것에 의한 오차는 실용상에 무시할 수 있다.

그런데 (2.31)식은 지금까지는 사용하는 것으로 너무 적고 사용하기 쉽도록 쓰면 다음과 같이 된다.

$$PH = K \sqrt{\frac{100U}{mb}} \left(\frac{1}{Z_2} + \frac{1}{Z_2}\right) \tag{2.32}$$

PH: Hertz의 최대접촉응력(kg / ㎠)

K: 0.7E / sin2α Nylon과 Nylon의 치합

1.4E / sin2α Nylon과 강의 치합

E와 α는 각각 Nylon의 Young율(kg / ㎠) 및 치합의 압력각(°)

U: 접선력(kg)

m: Module(㎜)

b: 치마폭(㎜)

Z_1, Z_2: 각각 Pinion 및 Gear의 치수

이상의 접촉압력 PH의 설명이며 실제의 Gear 치합에 있어서 접촉압력으로 이것을 사용하는 것은 엄밀한 의미로서는 문제가 안 된다. 이것은 실제 치합에 있어서는 치면 간에 생기는 윤활, 윤화유막 등의 영향이 고려된다. 그렇지만 여기에서 얻은 PH는 접촉압력의 하나의 척도로서 생각되는바 충분하다고 생각된다. 그런데 이 PH에 따라 사용한계를 결정하는 것은 명확히 파괴한계가 파악되지 않은 상태에서

는 곤란하며 여기서는 치면의 소성변형 및 Pitching이라는 면으로부터 대응하는 목표로 잡는 것이다.

먼저 PH는 압축응력으로서 이에 따라 치면의 소형변형이 생각되며 통상운전 상태에 있어서는 1매의 치에 하중이 걸리는 시간은 대단히 짧은 $10^{-3} \sim 10^{-4}$sec/cycle 정도이며 한편 비례한계로서 초기 왜곡이 2%를 넘지 않는 압축응력을 허용한계로서 생각하면 그림으로 알 수 있다.

안전율로서 1.2를 채용하면

$$PH \leq PHD/1.2 \tag{2.33}$$

PH: Hertz의 최대접촉응력의 허용한계치(kg / ㎠)

PHD: 초기왜곡이 2%를 넘지 않는 압축응력(kg / ㎠)

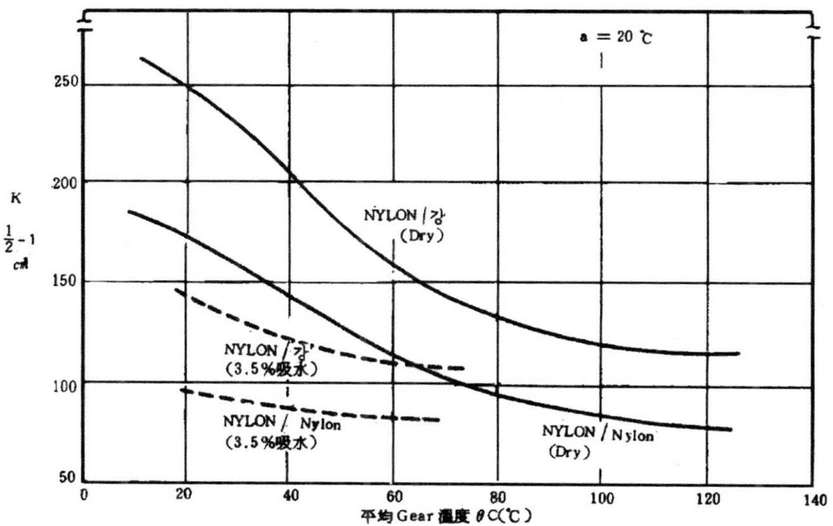

Hertz의 최대접촉응력 P_H를 구한 보정 Factor

이 얻는다. 다음에 Pitching이 있는데 이것은 Oil 윤활된 Nylon의 경우 일어나는 현상이고 아직 잘 해명되지 않는 면이 많고 사용한계를 결정지을 수 없고 한편 목표로서 Pitch-ing의 PH로서 나타나는바 반복하중의 횟수가 10^7회에서 거의 $PH = 400$kg/㎠, 10^8회에서 거의 $PH = 250$kg / ㎠ 정도라는 결과를 얻는다.

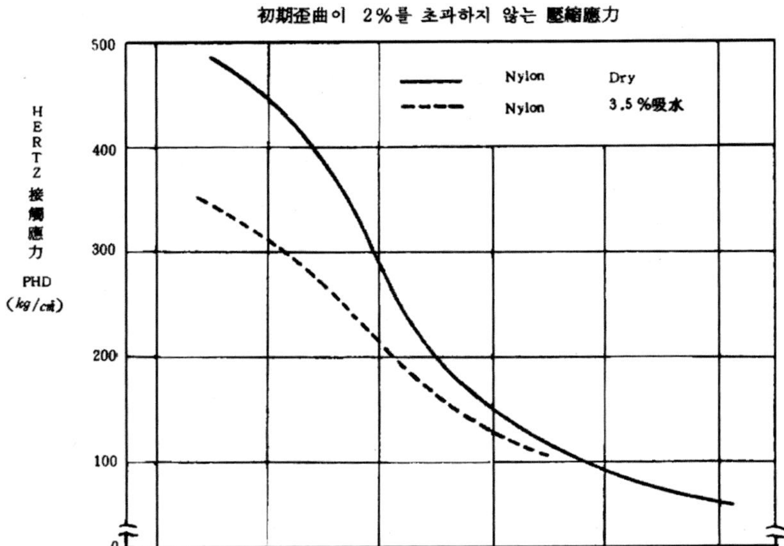

初期歪曲이 2%를 초과하지 않는 壓縮應力

이상으로 치면의 손상에 대한 기술을 마치는데 여기서의 취급은 '사용한계의 결정'이란 너무 어려운 면이 많다. 여기서 얻은 치면온도 및 Hertz압에 대한 허용한계도 사용한계보다도 엄격한 용도에 대하여 치면의 손상을 방지하는 Trouble의 원인 추구를 용이하도록 하는 수단으로 생각할 수 있으며 이러한 목적으로 사용하면 충분히 유용하다고 생각된다.

여기서는 치면마찰에 대하여만 거의 언급했는데 Oil 윤활의 경우 마찰은 무시할 수 있는 정도이며 무윤활인 경우도 Nylon은 특히 내마모성이 우수한 수지로서 이것이 사용한계가 되는 것은 통상 거의 없다고 생각하는 것이 좋다.

다) 치의 변형

금속과 비교하여 Young율이 적다는 것은 Nylon을 Gear로 사용하는 경우 장점이자 단점도 된다. 즉 이것은 Nylon이 금속보다도 변형이 쉽다는 것을 의미하는 것이며 치가 변형하기 쉽다는 것은 충격하중을 흡수할 수 있다는 장점을 가짐과 동시에 한편 꽤 치의 변형이 크게 되고 충격적으로 치가 치합과 치합이 부정확하게 되는 단점도 된다는 것은 Nylon gear의 사용한계에도 통한다. 따라서 여기서는 치의 변형에 대한 허용한계에 대하여 고찰한다. 일반으로 치의 변형량은 다음 식으로부터 계산할 수 있다.

$$\delta 1.2 = \frac{100U}{E_1,\ 2b\cos\alpha}\ \rho\phi 1.2$$

$\delta 1.2$: 치선에서 변형량(㎜)

U: 원주력(kg)

E1.2: Gear재의 Young율(kg / ㎠)

b: 치폭(㎜)

α: 치합의 압력각(°)

ρ: 보정 Factor

Φ1.2: 보정 Facotr(전위 Gear에 대한 보정)

따라서 치합에 있어서 Gear 간의 변형에 의한 외관의 Pitch 오차 δ는 다음과 같이 된다.

$$\delta = \frac{100U}{b\cos\alpha}\left(\frac{\phi_1}{E_1}+\frac{\phi_2}{E_2}\right) \tag{2.35}$$

δ: 치합에서의 Pitch 오차(그림 참조)(㎜)

U: 원주력(kg)

b: 치폭(㎜)

α: 치합의 압력각(°)

ρ: 보정 Facotr

  Φ_1, Φ_2: Pinion 및 Gear에 대한 보정 Factor(전위 Gear에 대한 보정)

E_1, E_2: Pinion 및 Gear의 Young율(kg / ㎠)

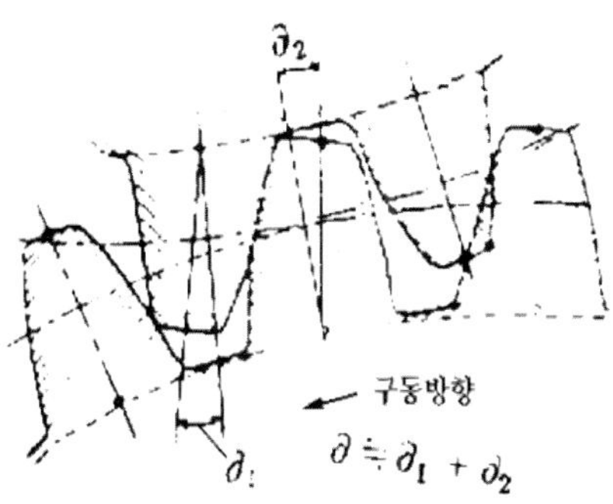

δ의 허용한계는 Back lash 등과의 균형보다 m / 10(moudle)이다. 즉

$$\delta \leqq m/10 \tag{2.36}$$

δ: 치선에서의 Pitch 오차(㎜)

m: Module(㎜)

로 하지 않으면 아니 된다.

　(주) 보정 Factor ρ에 대하여는 Ishigaw식을 이용하여 전하중이 치선(치선으로부터 2m 되는 곳: m＝Module)에 걸리므로 $\alpha＝20°$의 표준 Gear로 구했다.

　(주) Young율 El, E2에 대하여

Nylon gear와 강과의 치합에서는 강 Gear의 변형은 무시할 수 있다. 따라서 이 경우는 강이 Pinion 혹은 Gear로 되며 $\phi 1/\,E1＝0$ 혹은 $\phi 2/\,E2＝0$으로 족하다.

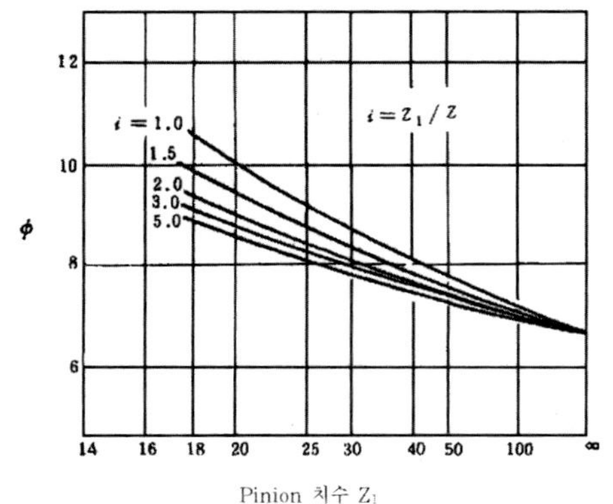

보정 Factor Φ

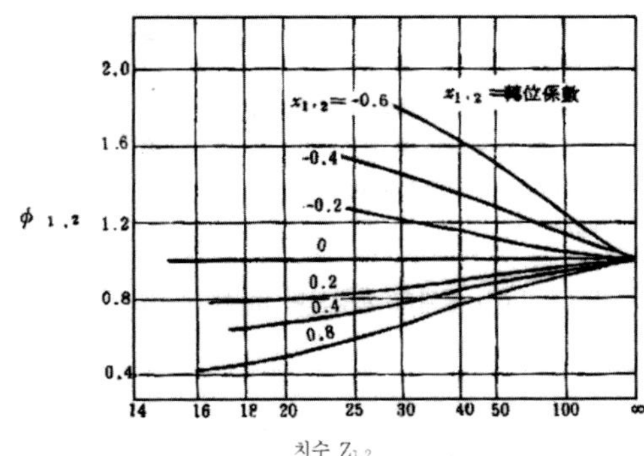

보정 Factor $\Phi 1,\ 2$

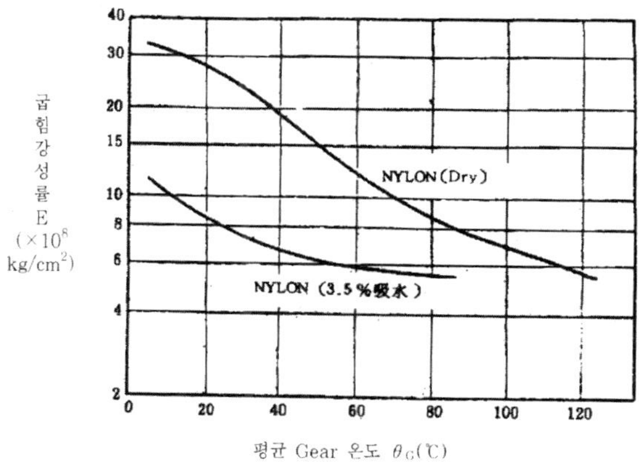

Nylon 굽힘 강성률

3. Nylon gear 구성법 및 실용시험

여기서는 먼저 조립하지 않은 Assembly에 대하여 요주의점을 말하며, 실험시험용의 Gear에 대해 논한다. 이제 사출성형 Gear가 최종제품인 경우는 성형수축을 고려하지 않으면 안 되며 실용시험 Gear에 대하여도 이것을 반영할 필요가 있으며 편의상 여기서는 실용시험용 Gear 제작에 있어서 최소한 필요한 점에 대하여 논한다.

다음에 실용시험의 실제 고려한 Trouble과 그 대책에 대하여 논하며 크게 참고될 것으로 사료된다.

1) Nylon gear의 형상(사출성형 Gear의 경우)

우측 그림은 가장 일반적인 평치차의 형상을 표시한 것으로 일반적인 Plastic 치차 경우 각 부의 치수에 대하여는 다음과 같은 값이 추천되며 이것을 참고하여 설계한다면 좋다.

① a≧2×(Module) 리브(Rib)의 강도가 충분한 경우 (금속 등으로 보강된 경우)는 상기의 값보다도 적을 수도 있다.

② a≧b≧C

이것은 중간 부문에 Gate가 있다는 것을 전제로 한 것이다.

Nylon의 경우 비보강에 대하여는 a=b=c, 유리섬유보강의 경우는 a<b<c로 되며 상세히는 b=1.1a, c=1.2a 정도가 좋다.

③ $D_1 / P_0 \geq 1.5 \sim 1.6$

Key에 따라 Gear를 고정하는 경우는 이 비는 크게 잡는 것이 안전하다.

④ $L \sim D_0$

Nylon을 이용하여 Key 멈춤에 따라 Key의 고정을 고려하는 경우는 Key 부분에 움직이는 힘을 200kg / ㎠ 이하로 하지 않으면 아니 된다. 그런데 실제로 사용되는 Key는 어느 것도 이러한 형상에 한하여 분류하게 되고 여러 가지 형태가 포함된 복잡한 형상의 것은 사출성형에 따라서 만들어지는 예도 있는데 일반적인 견해는 아직도 얻어지지 않았다.

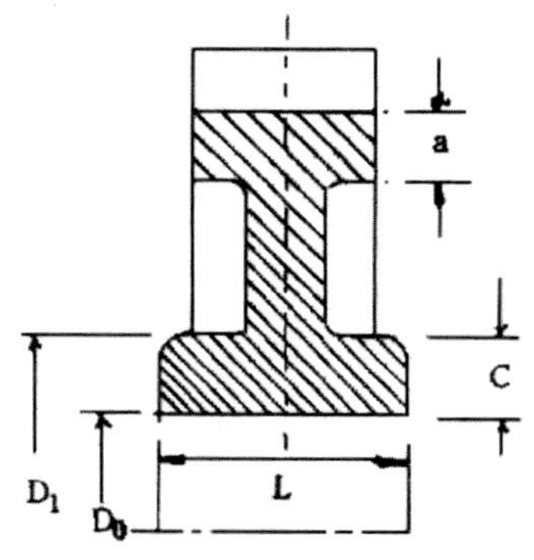

2) Nylon gear와 Shaft와 결합

통상 금속 등에 이용하는 방법이 그대로 적용되며 Plastic인 까닭에 장, 단점도 있으므로 주의가 필요하다.

다음 표에 그들을 나타냈으며 이것을 참고하여 결정한다면 좋다고 생각된다.

Nylon gear와 Shaft 결합방법

결합방법	특징 및 사용상 주의점
Key에 고정하는 방법	• 가장 일반적인 방법으로 전달 Torque도 크고 떼었다 붙였다도 용이하고, 비용도 중간 정도이다. • 주의점으로는 Key부에 응력집중을 받게 되는 Key에는 둥글게 하여 붙이고 또한 Key부에 걸리는 응력은 200kg / ㎠을 초과하지 않을 것.
홈붙이 샤프트(Spline shaft)에 의한 방법	• Spline에는 축 측의 치의 양면이 평형면에 있어 각형 Spline과 치의 축직각 단면이 나사형 곡선을 그리는 나사형 Spline이 있고 어느 쪽도 결합방법으로는 가장 좋은 방법이며, 결점은 축을 만드는 것이 고가이다.
Serration 축에 의한 방법	• 이 방법은 전달 Torque가 크고 또한 결합의 위상을 세밀하게 조절할 수 있는 특징이 있으며 결함은 떼었다 붙였다가 곤란한 것이 있다.
면을 깎은 샤프트에 의한 방법	
샤프트에 직접 사출 성형하는 방법	• 작은 샤프트 경우에는 특히 유효한 방법이며, 수축에 의한 마찰력만큼 고정에는 불안하며 Rollet축 등을 사용하여 기계적인 결합을 하는 것이 좋다.
강의 Sleeve에 사출 성형하여 이 Sleeve와 샤프트를 결합하는 방법	• Sleeve에 Hub(Boss)를 보강할 수 있는 특징이 있으며 Sleeve에는 Serration을 내는 등 Hub와의 결합을 공고히 하는 것이 좋다.
기타방법	• 상기 외에 1. 압입에 의한 방법, 2. Insert 금속을 Shaft와 결합하는 방법, 3. Cross pin에 의한 방법 등이 있으며 사용하기 편한 것을 하면 된다.

3) 윤 활

Nylon은 폴리아미드 수지로서 자기 윤활성이 있어 무윤활로 사용할 수 있는 것이 커다란 장점이며 윤활을 행하며 고하중, 고속도 영역까지 사용이 가능하다는 것은 말할 필요도 없다. 따라서 여기서 Nylon을 윤활하는 실제 요주의점에 대하여 종합했다.

(1) 윤활방법에 대하여

Nylon gear의 윤활방법은 통상 금속 Gear에서 이용하는 방법이 전부 적용될 수 있다.

다음 표에 각종 윤활방법 및 그 특징을 표시했으며 이것을 참고로 하여 적당한 윤활방법을 결정하면 좋다.

Gear 윤활방법

윤활방법	특징
Splash 윤활방식 (Gear box를 유조로서 낮은 위치에 있어 치차의 하부를 기름에 담가 치차회전에 따라 Splash된 기름의 비말(飛沫) 및 Box 천장으로부터 떨어지는 기름으로 윤활하는 방식)	• 밀폐치차를 이용하는 방법으로 특별한 장치가 이용되는데 간단히 되는 소형, 중형의 감속기에 잘 사용된다. • 너무 회전속도가 느린 경우는 주의가 필요하며 고속(주소도 13~15m / sec 이상)이 되고 기름이 치합부에 충분히 움직이면 기름의 빠져나감이 좋지 않다.
순환급유방식 (Pump로 기름을 보내고 치의 치합개소에 분사 혹은 흘려 넣는 방법)	• 냉각기, 기름탱크를 설계하여 기름의 온도를 낮게 보존하는 것이 가능하며, 윤활 및 냉각효과가 크다. • Pump 배관 등 특별한 장치를 필요로 하며 제작비가 높게 되며 또한 순환하는 동력이 필요
Brush도포 수동방식 (점질의 Gear compound로 치면에 바르고 수동으로 급유하는 방법)	• 개방치차의 가장 간단한 윤활방식으로 저속의 경우에 이용한다.
와하급유방식 (적하급유기로 급유하는 방법)	• 개방치차에서 이용하고 어느 정도 고속까지 사용할 수 있다.
유사라방식 (치차의 하단을 남아 있는 기름사라에 붙여 치에 따라 기름으로 윤활하는 일종의 치용윤활)(Oil bath)	• 저속대형치차에서 잘 이용하는 방법이며, 밀폐치차의 경우에 비교하여 치면에 두꺼운 유막을 만드는 데 충분하지 않다.
분사윤활방식 (희석된 윤활제를 Nozzle로부터의 압축공기에 의해 치면에 묻혀 산포하는 방법)	• 개방치차 윤활로서는 일반으로 날려 분산되어 떨어지고 일정하게 분포되며 또한 적정한 유량공급도 곤란하며 이 방법으로는 일정한 시간 내에 규정량씩 급유가 가능하다.

(2) 윤활제에 대하여

일반으로 윤활제는 광물성 윤활유, 지방성 윤활유, 혼성 윤활유, 구리스 및 고체

윤활제로 크게 나누며 이외에 절삭유, 소입유, Silicon유, 불소유 등 특수제품이 있고 이러한 광물성 윤활유(鑛油)는 산화안정도가 좋고 또한 각종의 점도제품이 있는 Gear용 윤활제로서 널리 사용된다. 한편 Nylon은 내유성이 특히 우수한 수지이므로 통상 윤활상태에 있어서는 이런 윤활제에 의한 것이 거의 없고 양호한 윤활특성을 나타낸다.

따라서 Nylon gear의 윤활에 대하여는 사용하는 전체 윤활제에 그다지 신경을 쓸 필요가 없으며 다음 표에는 Nylon에 좋은 대표적인 윤활제를 나타내었으니 참고 바란다. 또한 사용되는 모든 윤활제는 사용조건하에 있어서 치면 간에 충분한 유막을 형성하는 점성을 갖는 것이 좋으며 이러한 것을 기대할 수 없는 경우는 구리스 윤활로 하는 것이 좋다.

Nylon gear에 적정한 윤활제

윤활제	특징
Spindle유	방적기계의 정방기 스핀들, 각종 소형전동기·경하중 고속기계 등에 사용, 백스핀들유(잘 정제된 무색투명한 것)는 제품의 유오손을 꺼리는 경우의 윤활에 적당하다.
Turbine유	각종 터빈 윤활 및 전동기 등 일반고속 축수의 윤활에 이용한다. 저점도인 것과 고점도인 것이 있어 전자는 직결식 증기 터빈 터보(Turbo) 송풍기, 터빈 펌프 등 윤활에 사용, 후자는 감속식 증기터빈, 수력터빈, 조속기, 진공펌프 내속 등 윤활에 사용
Silicon유	내한성에 우수하고 저온에서 사용되는 기계나 계기유의 윤활에 이용한다. 또한 내열성에도 뛰어나다.

4) Backlash

Nylon을 이용한 평치차의 Backlash는 다음 식으로 주어진다.

① Nylon gear끼리의 치합의 경우

$$cn = \frac{(3-4)m}{100} + \frac{m \sin \alpha}{100}(Z_1 + Z_2)(\varepsilon\theta + \varepsilon W)$$

② Nylon와 강과의 치합의 경우

$$cn = \frac{(3-4)m}{100} + \frac{m \sin \alpha}{100} Z(\varepsilon\theta + \varepsilon w)$$

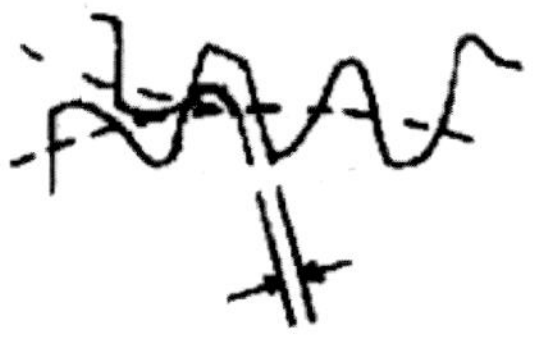

Backlash

③ 사용조건이 명확지 않은 경우

$$cn \geqq \frac{(6-10)m}{100} (경험식)$$

상기 ①, ②, ③에 있어서 기호의 의미는 다음과 같다.

cn : 법선 Backlash(그림 참조)(㎜)
m : Module(㎜)
α : 기본압력각(°)
Z, Z1, Z$_2$: Nylon gear의 치수 Backlash
$\varepsilon\theta$: Gear 온도상승에 따른 제수변화(%)(그림 참조)
εw : 척수(吩水)에 따른 치수변화(%)(그림 참조)

주) 상기의 Backlash에 대한 근거

이하 상기식 ①, ②에 대한 근거를 논한다.

Nylon은 Plastic이므로 금속에 비교하여 온도 및 수분의 영향을 받으며 그런고로 치수상의 변화도 크므로 Backlash에는 Pitch 원주상의 Backlash Co, 치면에 수직한 방향의 Backlash Cn(법선 Back lash) 및 Radial 방향의 Backlash Cr이 있고, 통상 Cn이 이용되므로 여기서도 그것을 채용한 것인바, Nylon gear에서 가장 필요한 Backlash Cn는 다음과 같이 나타낸다.

$$Cn = Cn_0 = 운전 \ 시에 \ 필요한 \ Backlash = \frac{(3-4)m}{100} \ (경험치)$$

Cn$_1$: 온도 및 수분에 대한 보정

Cn₁은 다음과 같이 계산할 수 있다.

지금, 서로 맞물릴 때에 Pitch 원반경 r을 갖는 Gear가 운전 시에 온도 상승 및 환경조건(수분)에 따라 피치원 반경 r의 Gear에 체팽창했다면 Pitch 원반경의 증대

$$r^1 - r 은 = r(\varepsilon\theta + \varepsilon w)$$

혹은 $= Zm(\varepsilon\theta + \varepsilon w)/2$로서 이것을 취하는 것도 역시 Radial 방향에 있어서 Backlash 감소를 의미한다.

평치차의 경우

$Cn = 2Cr \sin \alpha$의 관계가 있으므로 이 감소는 범선 방향(치면에 수직)에 대하여도

$Zm(\varepsilon\theta + \varepsilon w)\sin\alpha$의 감소를 의미한다.

이것은 한편 Nylon gear에 대하여만 고찰했으며 다른 방법의 Gear에 대하여도 똑같이 생각되는바(강제의 Gear에 대하여는 치수변화는 무시할 것) 소정의 결과가 얻는다.

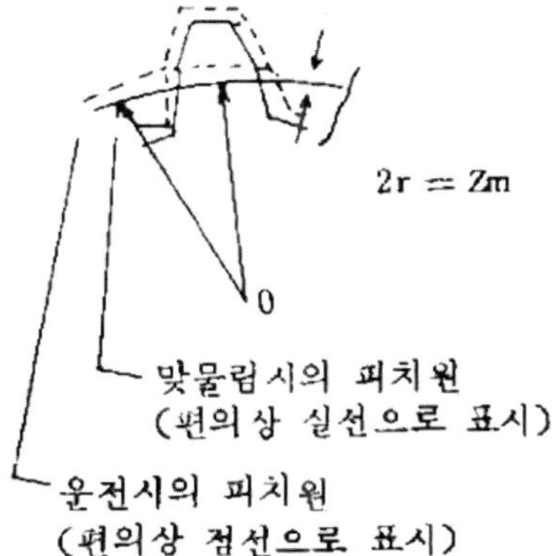

주) 치수변화율 εθ, εw에 대한 보충

치수변화율 εθ, εw는 엄밀히 어느 것도 Annealing을 한 Gear에 대하여 성립하는 것이다. 일반으로 Nylon gear를 사출성형 후 Annealing 없이는 수분조절과 후처리를 하지 않고 사용하는 성형 시에 생기는 잔류응력 완화에 의한 후수축이 일어나 실제 치수변화는 위에서 얻는 것보다 적게 된다.

그런데 이 잔류응력은 성형품형상, 성형조건에 따라 차이 있으며, 잔류응력의 완화에 의해 치수변화를 추정하는 것은 Gear와 같이 복잡한 형상인 경우는 대단히 곤란하다. 따라서 후처리를 하지 않은 Gear의 경우는 상기 방법으로 결정된 Backlash는 잔류응력이 클 수 있다는 것이 되며 Nylon gear의 경우 Backlash가 크고 작은 것에 따르고 불리한 점은 금속 Gear와 비교하여 탄력이 풍부하여 일반적인 것은 문제없다.

물론 Backlash가 적으면 불리한 점이 많다는 것이 주의된다. 이상과 같은 이유로 후처리를 하지 않고 사용하는 경우도 상기의 Backlash로 충분하다. 잔류응력의 완화에 치수변화(수축)가 문제되는 용도의 경우 Annealing 치면온도와 함께 후처리가 필요하게 된다.

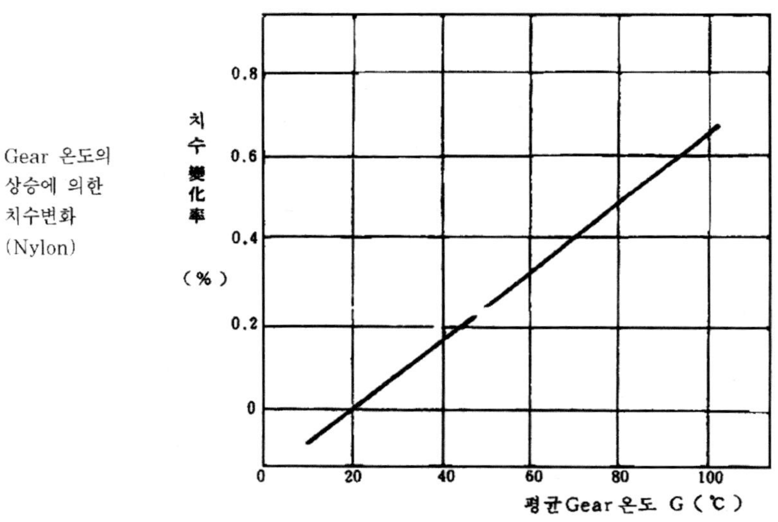

Gear 온도의 상승에 의한 치수변화(Nylon)

평치차 이외의 Gear의 경우도 Backlash는 상기에 준하여 생각하는 것이 좋다. 역시 Backlash의 구체적인 취급방법에 대하여는 금속 Gear의 경우를 참조 바란다.

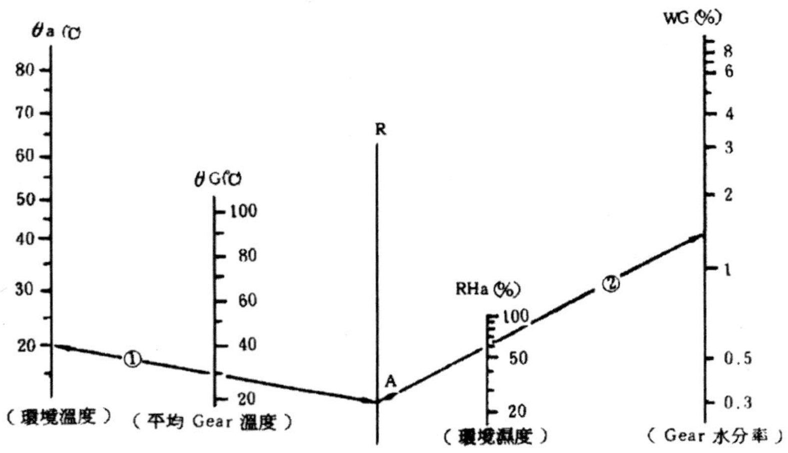

운전 중의 Nylon gear의 수분율(평형상태)의 추정

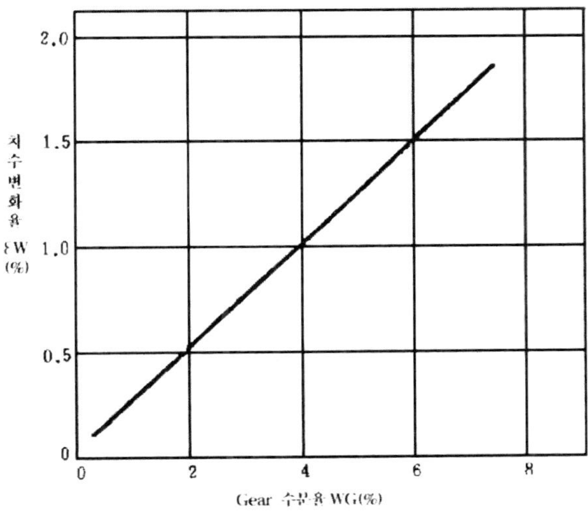

Nylon 흡수에 의한 치수변화

5) 실용시험

먼저 설명한 것과 같이 실용시험에 있어서는 사용에 견디어 내는 정성적인 방법과 다음에 정량적인 방법을 채택하는 것이 중요하다.

다음 표에는 실용시험 시 혹은 실사용 시 고려할 몇 가지의 손상에 대하여 그 대책을 표시한 것으로 참조 바란다. 여기에 올려진 대책은 어느 것도 간단히 실행할 수 있는 것이며, 이와 같은 방법에 의하여도 해결되지 않는 경우는 일반적인 문제는 어렵고 사용조건, 강도계산 등의 재검토를 하여 완전한 원인을 해명하여 대책을 행하지 않으면 아니 된다.

파손종류	현상 및 대책
치원파괴	−충격하중에 의한 치의 절손(折損) • 허용 이상의 하중이 걸리지 않는 장치를 붙이고 연구를 한다. • 설계에 있어서는 하중을 계산하고, 예측된 하중변동을 충분히 고려에 넣는다. • 잔류응력을 없애는 Annealing을 한다. −피로에 의한 치의 절손 • 치원의 곡률반경이 적지 않은가 • 전위 등의 방법을 채용하여 Module이나 압력각을 크게 한다. • 치의 양단을 크게 면취한다.
치면손상	−표면피로(Pitching, etc) • 점성이 큰 기름을 이용한다. • 항상 새로운 윤활유를 이용한다. • 치면에 일정하게 하중이 걸리도록 한다. −치면의 현저한 마모 • 상대 Gear의 치선을 수정한다(오른쪽 그림). • Backlash, 정극(頂隙)을 적당하게 한다(치수변화를 고려에 넣는다). • 상대 Gear(강)의 표면조도는 $1.6 \sim 3\mu Ra$ 정도가 좋다. −치면의 소성변형 • 설계에서는 사용조건을 충분히 고려에 넣는다. • 금속의 Insert
기타	−Nylon은 연한 금속 예를 들면 황동 등과 무윤활상태에서 사용하고 그것을 마모하는 경향이 있어 그와 같이 사용하는 방법이 좋다. 또한 상대 Gear가 강의 경우 마모점으로부터 경도 높은(HRC250) 재료를 이용하는 방법이 보다 좋다. −예기치 못한 손상에 대하여는 사용조건 등을 재검토할 필요가 있다.

4. Nylon gear의 제작

1) Nylon 사출성형 Gear와 절삭 Gear

Nylon gear의 제작방법에는 크게 나누어 사출성형에 의한 방법(사출성형 Gear)과 압축 Lot 등으로부터의 기계가공에 의한 방법(절삭 Gear)의 2종류가 있으며 사출성형 Gear는 절삭 Gear와 비교할 경우 일반으로는 다음과 같은 장점 및 단점을 갖고 있다.

사출성형 Gear 장점과 단점

장점	단점
(1) 형상이 복잡한 Gear를 일체성형에 의해 성형가능→Cost down	(1) 성형수축률, 잔류응력→정도
(2) 고생산성	(2) 높은 금형제작비→소 Lot 물건, 실용시험용 Prot type 물건에는 맞지 않는 경우가 있다.
(3) 측과 일체성형 Insert 성형이 가능	(3) 살두께에 한계가 있다.

따라서 Nylon gear 제작에 있어서도 이것이 참조되며 절삭 Gear의 제작법은 금속 Gear에 준하여 생각하는 것이 가능하므로 여기서는 생략하고 사출성형에 의한 Nylon gear 제작법에 대하여 취급한다. 이제 Gear와 같은 복잡한 형상의 성형품에 대하여 일반적으로 취급하는 것은 추상적인 것으로 여기에서의 언급은 예를 들어 일일이 해설하는 것으로 하고 그때그때 현상에서의 문제점을 언급하는 것으로 하겠다.

2) Nylon gear의 사출성형가공

(1) 성형수축률, Annealing, 치면온도

① Nylon은 폴리아미드 수지로서 결정성 수지이므로 무정형수지와 비교할 경우 성형수축률이 크다. 따라서 금형치수는 이 수축을 고려하여 크게 만들지 아니하면 안 된다.

이 수축률은 성형조건으로 보아 제품 Design의 영향이 크며 Gear와 같은 형상이 복잡한 경우 금형제작에 앞서 치수를 정확히 예상하는 것은 곤란하다.

이 같은 형상은 성형수축률을 적게 하여 가정된 형을 제작하고 그 후 서서히 수정을 반복하므로 소정치수를 내는 방법이 일반적이다. 물론 실제에 필요한 것은 사용 시의 치수에 있으므로 성형 후 치수변화도 예상하여 형 제작 시 치수를 결정하지 않으면 안 된다.

예를 들면 그림의 Nylon gear의 경우는 성형수축을 2.4% 취수(吹水)에 의한 치수 변화(증대) 0.5%로서 형 제작 시의 수축률을 1.9(＝2.4－0.5)에 예상하여 소정의 치수를 얻는 것이 성공적이다.

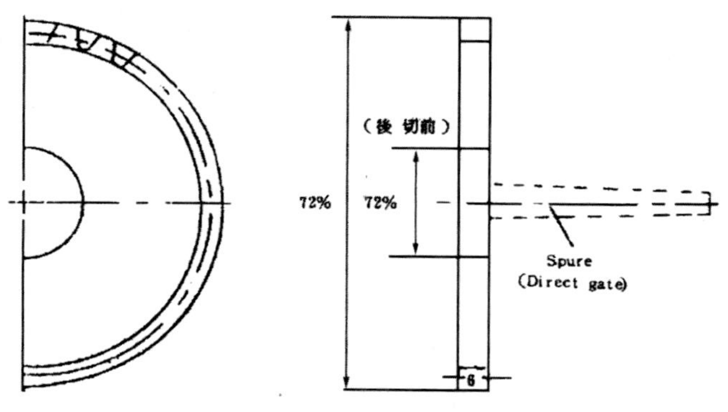

근력전달용 사출성형 Gear

평치차	
Module	2
치(齒) 수(數)	34
압력각	20°
Pitch 원경	68㎜

(주) 금형제작법

1. Cavity의 제작법은 방전가공을 이용한다. 역시 이 경우 방전 Cap으로 80μ을 예상한다.

2. Master, gear의 치절(齒切)은 Single cutter를 이용한다.

3. Cutter의 압력각은 성형 후의 치수변화도 고려에 넣어 Nylon의 수축률은 1.9%로서 16°41′이다((4.3)식 참조).

② Annealing

Annealing은 대부분 완전히 마른 상태에서 사용된 Gear에 대하여 치수안정성(値數精度)이 요구된 경우에 행하고 성형 시에 생긴 잔류응력 완화가 그 주된 목적이다. 따라서 취수 상태에서 사용된 Gear의 경우는 다음 항에서 설명하는 치면온도 처리를 참조 바란다.

그런데 Annealing의 구체적인 방법에 있어 통상은 사용최고온도에 따라 수십도 높은 Silicone oil 중에서 대단히 짧은 시간 행하는 것이 좋고 다음 표에는 하나의 표준을 나타낸다.

Nylon gear의 경우 Oil 중에서 Anneal을 하는 것은 동시에 초기윤활도 겸하게 되며 이 초기윤활은 익숙한 운전단계에 있어서는 결정적으로 이중의 의미로서 Merit가 된다. 이제 주의할 것은 Annealing이 끝난 Gear를 서냉(徐冷)시킨 것으로 급냉시에는 모처럼의 Annealing도 그 효과가 없게 된다.

간단한 방법으로 포장상자(Carton box) 내에서 냉각시키면 어느 정도 이 조건은 만족된다. 한편 Annealing에 의한 치수변화(수축)는 성형품에 남아 있는 잔류 왜곡된 가열수축률＝전수축률의 변형으로 생각하여 그것을 그림에 표시했다.

Annealing 방법

사용조건	Annealing 방법
θG ≦ 90℃	150℃, 1hr
θG ≦ 100℃	160℃, 1hr
θG ≦ 120℃	170℃, 1hr

(주) θG ＝ 평균 Gear 온도(℃)

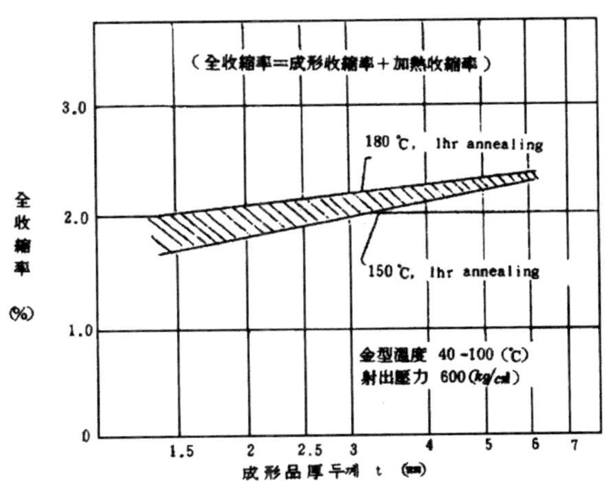

전수축률(Nylon)

③ 치면온도

Nylon은 Poly amide 수지이므로 성형 후 대기 중에 방치하거나 서서히 진행해 나가면, 그 습도에서 평형수분율까지 흡수한다. 흡수에 따라 일반적으로 치수는 증대하며 동시에 잔류 응력완화에 따른 치수변화(수축)도 일어나며 실제로 생긴 치수변화는 간단히 예상할 수 없는 현상이다. 따라서 엄격한 치수정도(置數精度)가 요구되는 경우는 이런 것은 Nylon 사용을 제한하는 커다란 요인이다.

그렇지만 Nylon의 흡수 속도는 상온의 대기 중에서 사용할 경우는 그림으로부터 아는 것과 같이 박물(薄物)을 제외하고는 대단히 낮으므로 미리 사용조건에 있어 수분율까지 강제적인 치면온도가 되는바 그 후의 환경조건의 변화에 따라 수분율 변화는 거의 일어나지 않는 것으로 생각해도 좋다.

사실 일간, 주간 혹은 월간의 환경조건(습도, 온도)의 변화는 일단 흡수된 수분율에 대부분 영향을 받고 연간의 환경변화에 있어서도 그것이 수분율을 받는 영향은 높아서 ±0.5%(Sample 두께: 4㎜t) 정도로서 생각되는바 이 치수에서의 영향은 ±0.13% 정도가 된다.

한편 150℃의 Gear 온도변화에서 0.13% 정도의 치수변화가 일어나는 것으로 생각되는바 꽤 특별한 경우에만 제한되지 않고 온도변화에 의한 치수변형이 Nylon gear의 치수에 커다란 영향을 준다는 것을 안다.

이상과 같이 치면온도 처리를 행한 Nylon gear의 치수안정성은 특별한 박물을 제외하면 다른 플라스틱(Plastic) 재료에 못하지 않다는 것을 알 수 있다.

그런데 치면온도를 행한 Gear는 통상 표층부는 과잉으로 흡수되며, 대기 중에 방치할 경우 Gear 내의 수분율이 일정하게 될 때까지 다소의 시간이 걸린다. 이 동안은 치수도 안정치 못하므로 빨리 치수를 안정시킬 경우는 극히 짧은 시간의 열풍건조에 의해 표층부의 많은 수분을 제거하는 방법도 있다.

예를 들면 그림의 Gear에 대하여 이것을 나타낸다면 그림과 같이 된다. 빨리 치수를 안정시킨다는 것이 가능한 한 좋다는 것을 알게 된다.

주) 그림에 대한 보충

그림의 Gear는 두께가 6㎜이므로 이것을 대기에서 사용한다고 생각할 경우 통상의 사용조건, 기간에 있어서는 평형수분율까지 흡수하는 것은 아니다. 따라서 치면온도 처리에 의한 치수를 안정시키는 경우도 평형수분율까지 흡수할 필요는 있고,

2~2.5% 정도 흡수시키면 충분하다고 생각한다.

통상 예정된 수분율보다 다소 많이 흡수하고, 표층부의 과잉수분이 어쩔 수 없다면 나중의 수분율이 예정된 수분율이 되도록 치면온도 조건을 설정하는 방법을 취하게 되어 여기서도 80℃에서 20hr 치면온도 처리하는 것에 의해 약 3.2%의 수분율을 얻고, 그 후 방치 혹은 열풍건조에 따라 예정한 수분율 2~2.5%를 얻는다.

한편 그림으로부터 아는 바와 같이 2~2.5% 흡수에 의한 Nylon 치수증대는 0.5~0.63% 정도에 있고 잔류응력이 없으므로(6㎜t의 두께의 경우 통상의 성형조건에 있어서는 잔류응력이 작다고 생각되므로) 치면온도 후 Gear의 외경은 72.00~72.09㎜ 된다. 이것을 그림의 결과와 비교하면 똑같이 예정치수가 얻어진다고 생각된다.

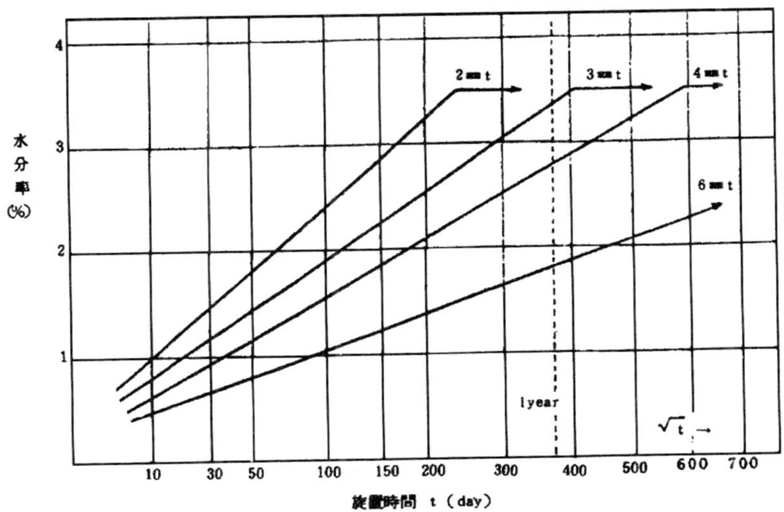

Sample 두께와 흡수속도
(20℃, 65% 방치: Nylon)

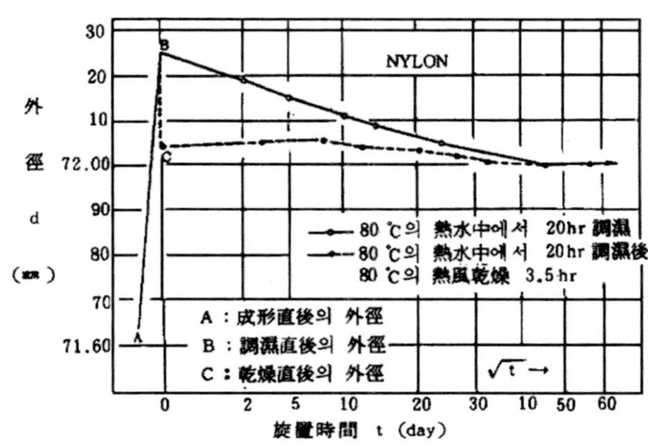

치면온도 처리와 치수 안정성
(20℃, 65%RH에 방치할 경우)

(2) 제품설계 및 금형설계상의 요주의점

표에는 Nylon gear를 사출성형하는데 실제 요주의점을 제품설계 및 금형설계상의 요주의점이라는 형식으로 해 놓은 것으로 참고 바란다.

제품설계 및 금형설계상의 요주의점

항목	주의점
금형제작법	**1. Master-gear 제작방법(평치차)** ① 특수 Module의 치절공구를 이용하는 방법. 성형 시에 치차의 각 부분이 균일하게 수축된다고 가정하고 압력각은 변하고 Master-gear(금형에 조각이 들어간 Gear)와 성형 Gear의 사이는 다음과 같은 관계가 성립된다. $d = do/(1-Ms)$ (4.1) $m = d/Z = do/Z(1-Ms) = mo/(1-Ms)$ (4.2) d, do: 각각 Master gear 및 성형 Gear의 Pitch 원직경 m, mo: 각각 Master gear 및 목표한 성형 Gear의 Module Z: 치수 Ms: 수축률 따라서 이 경우는 목표된 Gear의 압력각과 같이 Module을 (4.2)식에서 크게 한 치절공구로서 Pitch 원경을 (4.1)식으로 크게 하여 Master-gear를 제작한다면 좋다.

항목	주의점
금형제작법	이 방법은 가장 좋은 방법이나 특수한 Hole을 새로이 제작하지 않으면 안 되고 납기(수개월)가 걸리고, Cost(수만 원)도 높게 되는 결점이 있다. 통상 표준 Hole이 아닌 대단히 적은 Module 경우라든지 특히 정도를 요구하는 경우에 이용한다. 역시 다소, Pitch 오차를 희생하는바 Hole 대신에 Single cutter를 이용하므로 납기(1개월 이내)도 단축되고, 또한 Cost(1~2만 원)도 싸게 된다. ② 특수압력각 치절공구를 이용하여 성형수축을 줄이는 (+) 전위 방법. 표준 Hob로써 성형수축을 줄이는 (+)전위된 경우의 외관 압력각 증대를 보정하는 방법으로 공구압력각은 다음 식으로부터 계산할 수 있다. $$\alpha = \cos^{-1}\left(\frac{\cos \alpha_0}{1 - \mathrm{Ms}}\right) \qquad (4.3)$$ α, α_0: 각각 공구 및 성형 Gear 압력각 Ms: 성형수축률 따라서 이 방법도 ①과 똑같이 특수한 압력각의 치절공구를 새로이 제작하지 아니하면 안 되는 결점이 있다. ③ 표준 Hob를 이용 성형수축 줄이는 (+)전위방법. 이 방법으로 제작된 Gear는 치선의 치두께가 감소하고, 치원의 두께가 증대하여 외측의 압력각이 크게 된다. 따라서 이 경우는 목표된 Gear와 동일한 압력각을 갖는 Gear로서의 차합 정도는 나쁘게 되며 표준 Hob를 허용한 납기, Cost 면에서는 ①, ② 비교하면 훨씬 유리하며 정도가 그다지 문제가 되지 않는 경우의 간단한 방법으로서는 적합하다.

2. Cavity 제작방법

Gear용 Cavity 제작방법에는 현재 전주법, 방전가공법, 베리움 등 주조법이 있으며 Gear의 정도는 금형의 정도에 크게 좌우되므로 그 선택에 있어서는 충분한 주의가 필요하다.

이러한 제작방법에서는 전주법이 정도로서는 가장 우수하며(요구정도), Cost 납기(제작시간) 등으로 종합적인 판단으로서 제작방법을 결정하는 것이 바람직하다.

진원도가 좋지 않은 Gear는 원활한 회전함에 여러 가지 Trouble이 원인이 된다. 따라서 진원도를 산출하는 것은 제품설계, 금형설계상 중요한 점의 하나이다.

① 외경, Pitch 원경 그 자신의 진원성

  ㉮ Gate의 종류, 위치영향

    Gate는 진원도에 커다란 영향을 준다.

    Edge부에 gate를 설치한다는 것은 흐르는 방향성을 주는 것이 되므로 많은 수량의 진원도를 거의 요구되지 않는 Gear에서 사용한다.

    일반적으로는 Center로부터 Direct gate diaphragm gate가 좋으며 금속축을 Insert하는 경우와 많은 수량을 얻는 경우 등에는 다점 Pin point gate가 좋다.

  ㉯ 제품형상의 영향

    살두께가 극단적으로 다르고, 외주부 근방에서 구멍이나 돌기가 있고, 수지 흐름의 변화가 있으므로 진원도는 나빠진다.

항목	주의점
금형제작법	또한 우측 그림과 같은 Gear는 비록 살두께는 일정하지만 진원은 기대할 수 없다. Nylon은 원래 경량이므로 이 같은 방법보다 관성 Moment의 저감을 예측하는 장점은 거의 없다. ② 축의 편심 축에 편심이 있고 비록 외경 Pitch 원경은 진원이라도 원활한 회전은 희망할 수 없다. 일반으로 축의 편심은 금형제작오차에 영향이 이를 적게 하는 Core pin은 치와 같은 축의 Cavity에 붙이면 가능하다.
기타	**1. 축의 수직도** 얇은 두께의 Gear에 대하여 축을 Insert 성형하는 경우, Gate 위치에 따라서는 흐르는 방향으로 나가는(특히 g / f Gate) 것이 있으므로 축의 수직도가 되는가 확인하지 않으면 안 된다. **2. 성형품의 휨, 오목** 오른쪽 그림과 같이 극단적인 두께 변화가 있고 살두께 변화가 있는 살두께에 있어 성형품의 경우는 휨, 오목이 쉽게 일어난다. 설계상 이와 같은 형상이 피할 수 없는 경우는 요구정도에 대응하는 금속 Insert 등으로부터 이것을 방지하는 방법을 생각하지 않으면 안 된다. 또한 아래 그림과 같이 좌우가 대칭형이 아닌 형상도 휨이 쉽게 일어나므로 이를 피하거나 그렇지 않으면 금속으로 보강이 필요하다. **3. Burr** 일반으로 사출성형용 폴리아미드 수지는(Nylon도 포함) 용융점이 낮으므로 성형 시 Burr가 발생한다. 정도를 요구하는 소형 Gear의 경우 이것은 좋지 않은 영향을 주므로 Parting면의 정도를 충분히 잡고, 또한 금형재질은 훌륭한 것으로 금형표면 정도를 높게 하는 것이 좋다.

3) 사출성형 Nylon gear의 정도

Nylon gear의 정도에 대하여 생각할 경우 지금으로는 취급상 곤란한 점이 몇 가지 있다. 이 이유의 하나로서 Nylon을 포함한 일반 Plastic을 금속과 비교할 경우 특성상의 차이가 있다.

① Nylon을 포함한 일반적인 Plastic은 열전도도가 낮음과 더불어 온도변화에 의한 선팽창이 크다.

이것은 사용조건, 환경조건에 의해 치수가 변화하는 것을 의미하며, 넓은 의미로서 치수정도(値數精度)에 영향을 준다.

② Nylon을 포함한 일반 Plastic은 금속과 비교할 경우 Young율이 적다.

이것은 부하상태에 있어 치의 변형보다 치합오차가 일어나는 것을 의미하며, 무부하상태에서의 간단한 기하학적 형상으로 정도를 논하는 것에는 의문이 남는다.

실제로 필요한 것은 사용 시의 정도에 있으므로 엄밀히 생각하면 상기 ①, ②의 영향에 대하여서도 생각하지 않으면 안 되며 현재로는 이것은 곤란하며 또한 사출성형 Gear의 정도의 대하여도 수지, 금형, 성형조건의 각 요인이 복잡하므로 균형을 이루고 적응성 있는 각 요인을 하나하나 분리하여 생각하지 않으면 안 되기 때문에 추후 언급하기로 하고 본 책에서는 생략하기로 한다.

이와 같은 상황에 있기 때문에 여기서의 취급하는 것도 동력전달용 및 회전운동용 2가지의 Nylon gear에 대하여 예를 나타내 기술만 하고 Nylon gear의 정도에 대하여 하나의 시사만 한다.

따라서 여기서는 사출성형 Gear에 대하여만 취급한다. 그래서 동력전달용 Gear의 예로서 Gear에 대한 치수정도측정 예를 나타냈으며, 이에 따른 Gear는 충분히 성형가능한 것으로 알 수 있다.

물론 실생산에 있어 이것이 그대로 적용된다는 것에 대하여는 문제가 있다는 것으로 생각되며, 이것은 통상 성형에서 가능한 정도의 하나로서 표준으로 생각하는 것이 좋다. 이 예의 Gear는 Nylon의 성형수축률을 예상 성형 후 압력각이 20°가 되는 특수한 Single Cutter를 이용 Master gear의 치절을 행한다.

그림에는 그 치형 및 목표로서 압력각 20° 표준 Gear의 치형을 나타냈다.

거의 기대한 치형이 얻어진다는 것을 안다. 한편 회전운동 전달용 소형 Gear에 대하여 일례로써 외경의 흔들림 및 벗어남을 나타냈다.

Gate(1점 Pin point gate) 위치의 영향이 진원도에 약간 어긋나며 벗어남을 볼 경우 개개의 벗어남은 ±25 / 1000로서 전체의 벗어남(4개 취한 모든 Gear)을 잡아도 ±30 / 1000 정도이다.

이것은 사출성형품으로서는 꽤 높은 정도에 속하고 이 이유로서 소형정밀 사출기(비스탈사, 네오맛트 47 / 28) 및 정밀금형을 사용하는 것 등, 신중히 성형을 행함으로써 이 정도의 정도(精度)가 가능한 것을 나타낸 일례이다.

주) 그림에 대한 보충

소형 Gear 외경 벗어남을 대표로 한 4점에 대하여 측정한 결과를 확률방안지에 표시한 것이다.

종축의 존재확률은 외경의 벗어남을 정규분포로써 가정(이 가정이 올바른 것은 n＝50lot로서 확인될 것)할 경우 대응하는 외경(횡축) 이하의 Gear의 존재확률을 나타낸다.

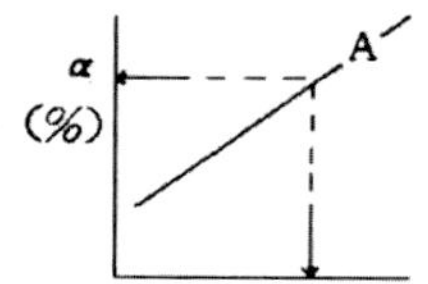

(e · g) A 부분의 외경이 d(㎜) 이하에 있는 Gear가 α(%) 정도 존재한다.

동력전달용 사출성형 Nylon gear 정도

항목	사출성형 Nylon gear m＝2, Z＝34, b＝6	
단일 Pitch 오차	18μ	5급
인접 Pitch 오차	14μ	4급
누적 Pitch 오차	63μ	4급
치 홈의 흔들림	63μ	5급
전 맞물림 오차	63μ	5급
1Pitch 맞물림 오차	43μ	6급

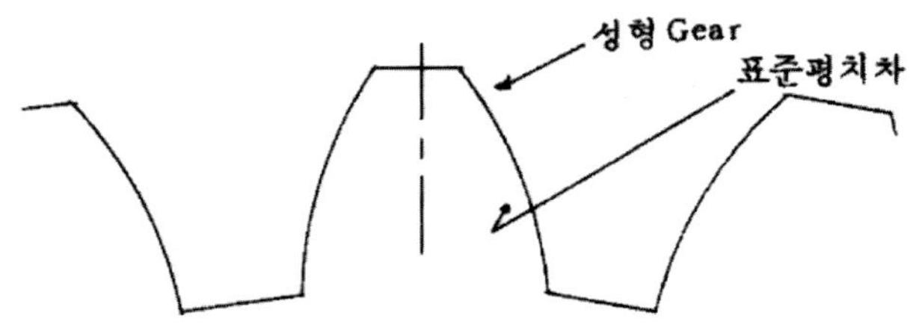

동력전달용 사출성형 Nylon gear

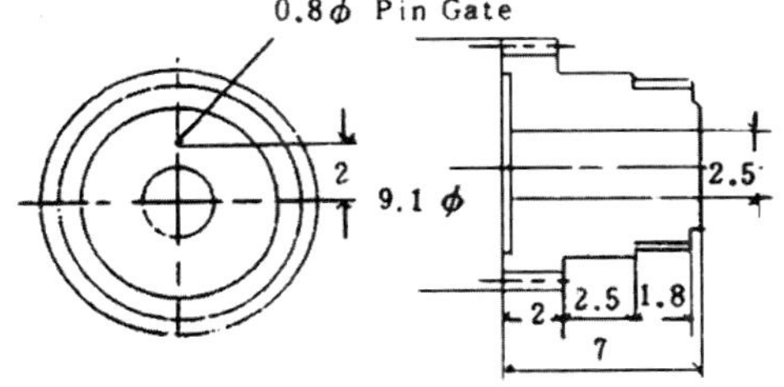

소형 Gear

평치차	
Module	0.3
치수	28

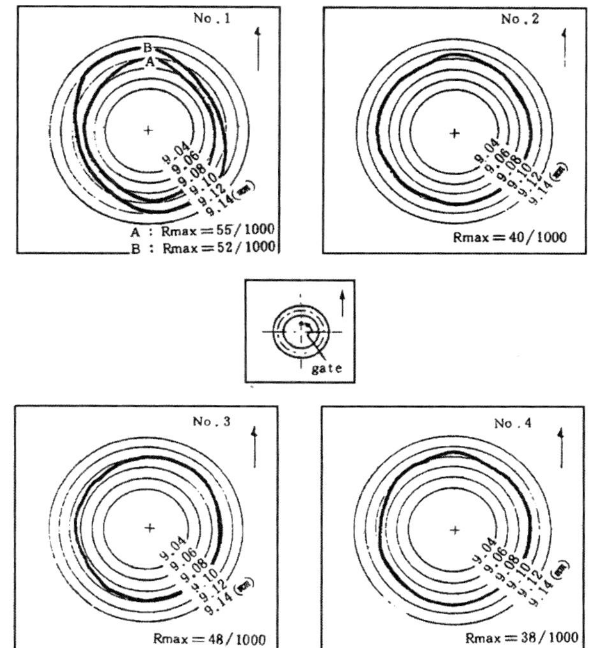

소형 Gear의 외경 흔들림

주) • Gear No.1은 성형 후 1주간 방치 후(A), 10주간 방치 후(B)의 측정치

  • Gear No.2, 3, 4는 성형 후 10주간 후의 측정치

  • 방치조건, 측정조건은 어느 것도 20℃, 65%RH

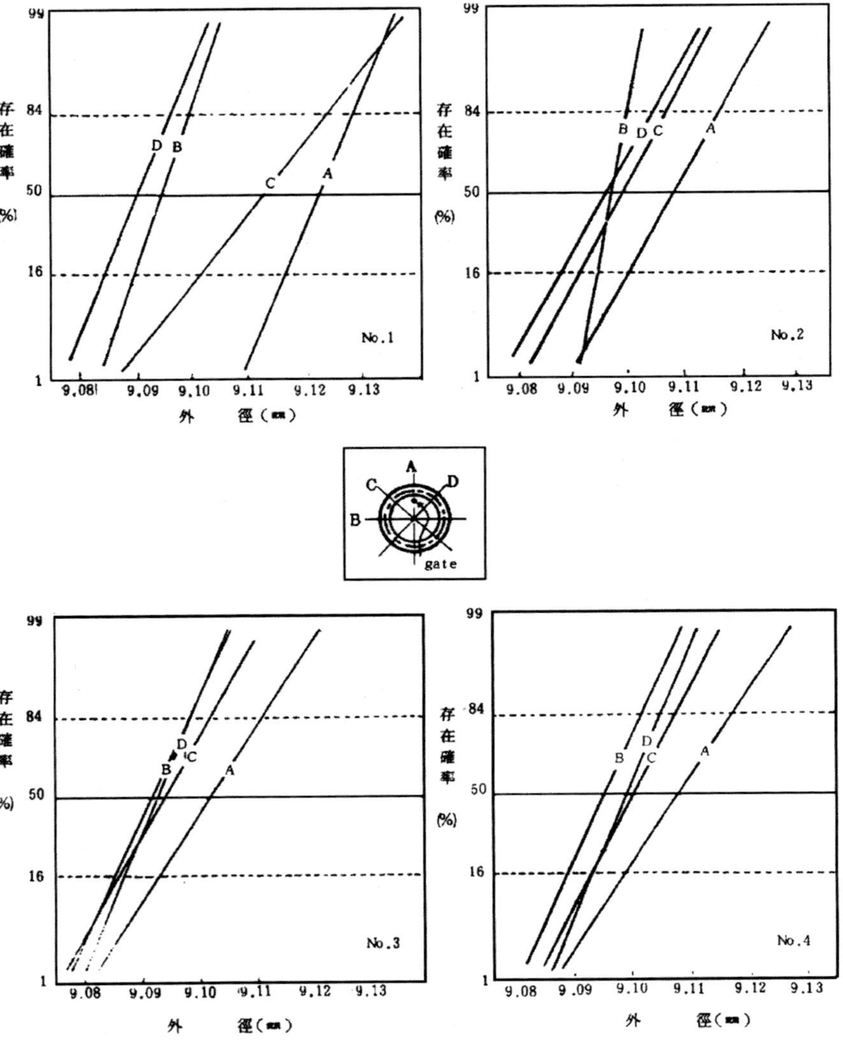

소형 Gear의 외경의 어긋남
(성형 후 10주간, 20℃, 65%RH에 방치한 Sample에 대하여 측정)

5. 응용에 대한 고려 방법

1) 용도와 요구정도

지금까지 Plastic gear를 사용하는 것은 회전운동의 전달을 목적으로 한 용도(Timming 기구 등) 및 비교적 낮은 동력전달을 목적으로 한(가정용 기기 등) 용도이며, 이것을 Plastic화에 따른 성능 향상이라는 면으로 본다면 소음을 싫어하는 용도(영사기, 미싱, 선풍기 등) 내마모성이 요구되는 용도(자동차의 Speed meter camera, 계산기 등) 더러움을 싫어하는 용도(섬유기계, 식품기계 등) 등이 있다. 그런데 이러한 용도에서의 Plastic gear 특히 폴리아미드 수지를 포함한 사출성형 Gear의 응용이 성공리에 진행되는 배경에는 Plastic gear의 경우 금속 Gear와 비교하여 다소 정도적으로 나쁜 것도 충분히 견딘다는 사실이다.

이것은 Plastic gear의 경우 금속 Gear의 경우와 달리 간단한 기하학적인 형상은 정확하지만 운전 시 정도를 그대로 반영하지 않는다는 것을 의미한다.

다음과 같은 예는 이것을 단적으로 나타낸다. 즉 지금 똑같은 형상(정도 등)의 Nylon gear와 동 Gear가 동일조건에서 사용될 경우를 생각한다. 간단한 표준 평치차의 치합으로 생각하면 (2.25)식에 의해 치의 변형에 의한 외관 Pitch 오차는 다음과 같다.

Nylon gear의 치합에 대하여

$$\sigma L = K/EL$$

동 기어의 치합에 대하여

$$\sigma S = K/ES$$

    σL, σS: 각각 Nylon gear 및 동 Gear의 치합에 있어서 외관 Pitch 오차

    K: 운전조건, 치합조건, 치형에 따른 정수

    E_L, E_s: 각각 Nylon 및 동의 Young율

따라서 $E_L/E_S \sim 1/100$인 것을 생각하면 이것은 동 Gear 경우 거의 생각할 필요 없이 치변형의 영향이 Nylon gear의 경우 100배의 Order로서 가능하다는 것을 의미하며 K의 값 여하에 따라서는 이것이 Pitch 오차 이상이 된다는 것이 충분히 된다.

고로 이 같은 경우에는 간단히 기하학적 형상은 정확하지만 치수정도 순위에는 Nylon의 실사용 시 정도를 나타내지 않는다는 것이 된다.

한편 이 Nylon이 동에 비교하여 변형이 쉽다는 것을 역으로 본다면 치합 시 다소의 오차는(예를 들면 동 Gear의 경우 이것이 허용기준을 초과하는 경우에 있어서도) 수정 허용될 가능성을 가지며, 사실 Plastic gear의 경우 금속 Gear보다 정도적으로 나쁘지만은 사실상 어떤 문제도 되지 않는다는 예가 많다는 것으로도 이미 충분히 알 수 있다.

따라서 Nylon gear를 응용하는 경우 Plastic gear 정도의 의미를 충분히 고려하여 헛되이 금속 Gear식의 치수정도(기하학적 형상의 정확)에만 구애되지 않고, 사용조건까지도 생각하여 요구정도를 결정하는 것이 필요하다.

2) 경제성

Plastic gear, 특히 사출성형 Gear의 Cost적 장점에 대하여는 먼저 수차례의 실용례로써 증명되었고, 그 주변사항에 대하여도 여러 가지 문헌에 있으며 여기서는 그러한 것에 대하여 구체적인 기술은 했으나 어느 것보다도 중요한 것은 Total cost란 개념이 명확하게 인식되어야 하는 것이다.

이러한 배경의 하나로서 절삭 Gear와 사출성형 Gear를 비교할 경우에 있어서 소재비의 Total cost에 점유하는 데 상당한 차이가 있다.

일반적으로 절삭 Gear의 경우 Totel Cost에 점유하는 소재비의 할당은 최고 20~30%이며 기타비용, 즉 본체절삭 가공비, 치절 가공비, 열처리비, 연삭사상비 기타 여러 가지 후처리에 점유하는 할당이 Cost를 지배한다.

한편 사출성형 Gear에 있어서는 대부분의 경우 최종제품으로서 제품이 얻어지는 소재비의 Total cost에 점유하는 할당에 대한 제한은 비교적 완만하고 통상 50% 이하로서 충분한 제품화는 가능하다.

이상으로 아는 것과 같이 제품화에 있어서 고려하지 않으면 안 되는 것은 Total cost에 있으며 단순히 소재비의 높, 낮음의 범위에서 판단한다는 것은 전혀 의미가 없는 것이다.

Total cost로써 비교할 경우에 있어서 장점은 사출성형 Gear의 가장 큰 장점이며, Nylon Gear에 있어서도 상기 Total cost 개념을 충분히 인식한 응용을 예상한다면 단순한 대체가 되며 새로운 분야가 아직도 많이 있다고 생각된다.

제18장

Polyacetal gear의 강도계산

1. Gear 용어

1) 용어에 대한 계산식

순	용어	단위	계산식
1	표준평치차 중심거리	㎜	$a = \dfrac{(z_1 + z_2)m}{2}$
2	전위치차의 중심거리	㎜	$ax = a + ym$ y: 중심거리 증가계수
3	평치차 Pitch 원직경	㎜	$d_0 = zm$
4	평치차 기초 원직경	㎜	$dy = Zm \cos d_0$
5	표준 평치차 외경	㎜	$d_k = (Z+2)m$
6	표준 평치차 밑뿌리 직경	㎜	$d_r = Zm - 2h,\quad h = 2m + c,$ $C = 0.2m,\ 0.25m,\ 0.35m$
7	Lead	㎜	$L = \pi \cdot d_0 \cdot \cot \beta_0$
8	Pitch 원통상 Screw 각	도, 분	$\tan \beta_0 = \pi d_0 / L$
9	기초원통상 Screw 각	도, 분	$\sin \beta_g = \sin \beta_0 \cdot \cos \alpha_n$
10	치직각압력각	도	$\alpha_n = \alpha_c,\ \tan \alpha_n = \tan \alpha_s \cdot \cos \beta_0$
111	정면압력각	도	$\tan \alpha_s = \tan \alpha_n / \cos \beta_0$
112	압력각	도	$r \cos \alpha = r_0 \cos \alpha_0$

순	용어	단위	계산식
13	정면 Module	㎜	$mn = d_0 \cos \beta_0 / Z$
14	정면 Module	㎜	$ms = mn / \cos \beta_0$
15	Diameter pitch		$P = 25.4/m$
16	기준 Pitch 원반경	㎜	$r_0 = Zm / 2$
17	치차현두께	㎜	$S_j = Zm \sin \theta$
18	Pith 원통상의 원호치 두께	㎜	$S_0 = \pi \cdot m/2$
19	Pitch 원통상의 정면원호치 두께	㎜	$S_{os} = \pi \cdot mm/2 \cos \beta_0$
20	축방향 Pitch	㎜	$t_a = L/Z$
21	법선 Pitch	㎜	$t_e = \pi \cdot m \cos \alpha_0$
22	Pitch 원통상의 정면원호치 두께	㎜	$t_{es} = \pi \cdot ms \cdot \cos \alpha_0$
23	치차각 Pitch	㎜	$t_n = \pi \cdot mm$
24	기준 Pitch	㎜	$t_0 = \pi \cdot m$
25	치적각 전위계수		$X_n = X_s / \cos \beta_0$
26	축직각 전위계수		$X_s = X_n \cdot \cos \beta_0$

2) 각종 Gear

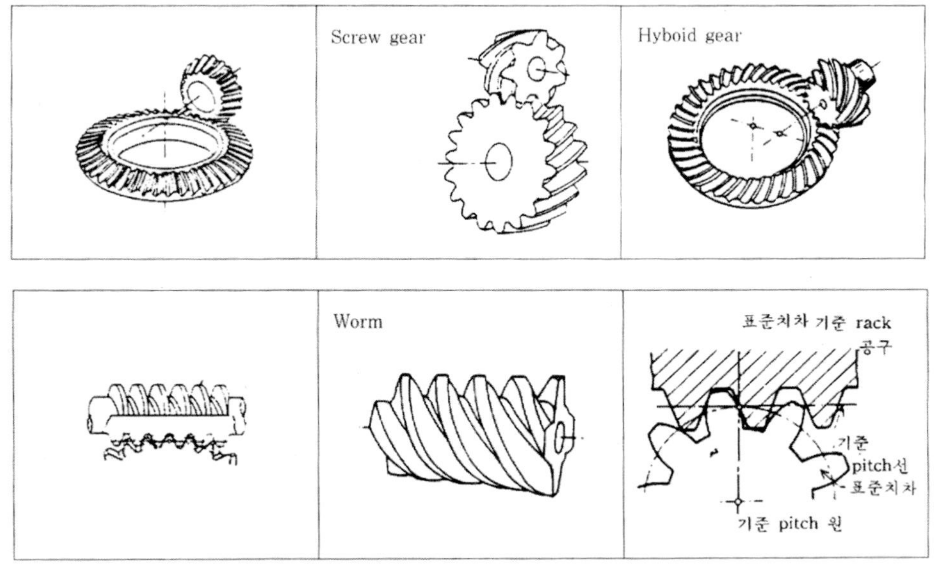

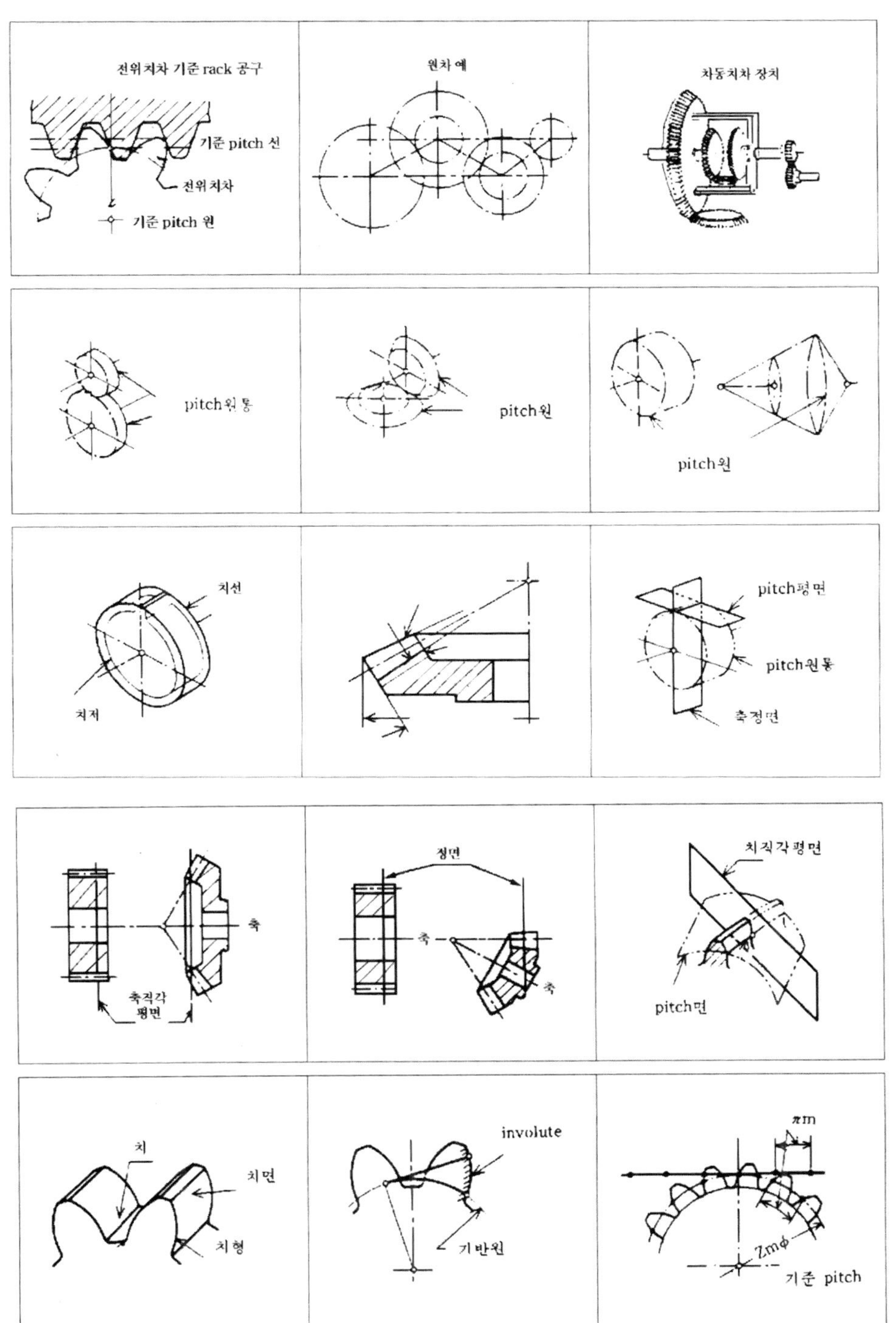

전위치차 기준 rack 공구
기준 pitch 선
전위치차
기준 pitch 원
원차 예
차동치차 장치
pitch원통
pitch원
pitch원
치선
치저
pitch평면
pitch원통
축정면
축직각평면
축직각평면
pitch면
치
치면
치형
involute
기반원
πm
Zmφ
기준 pitch

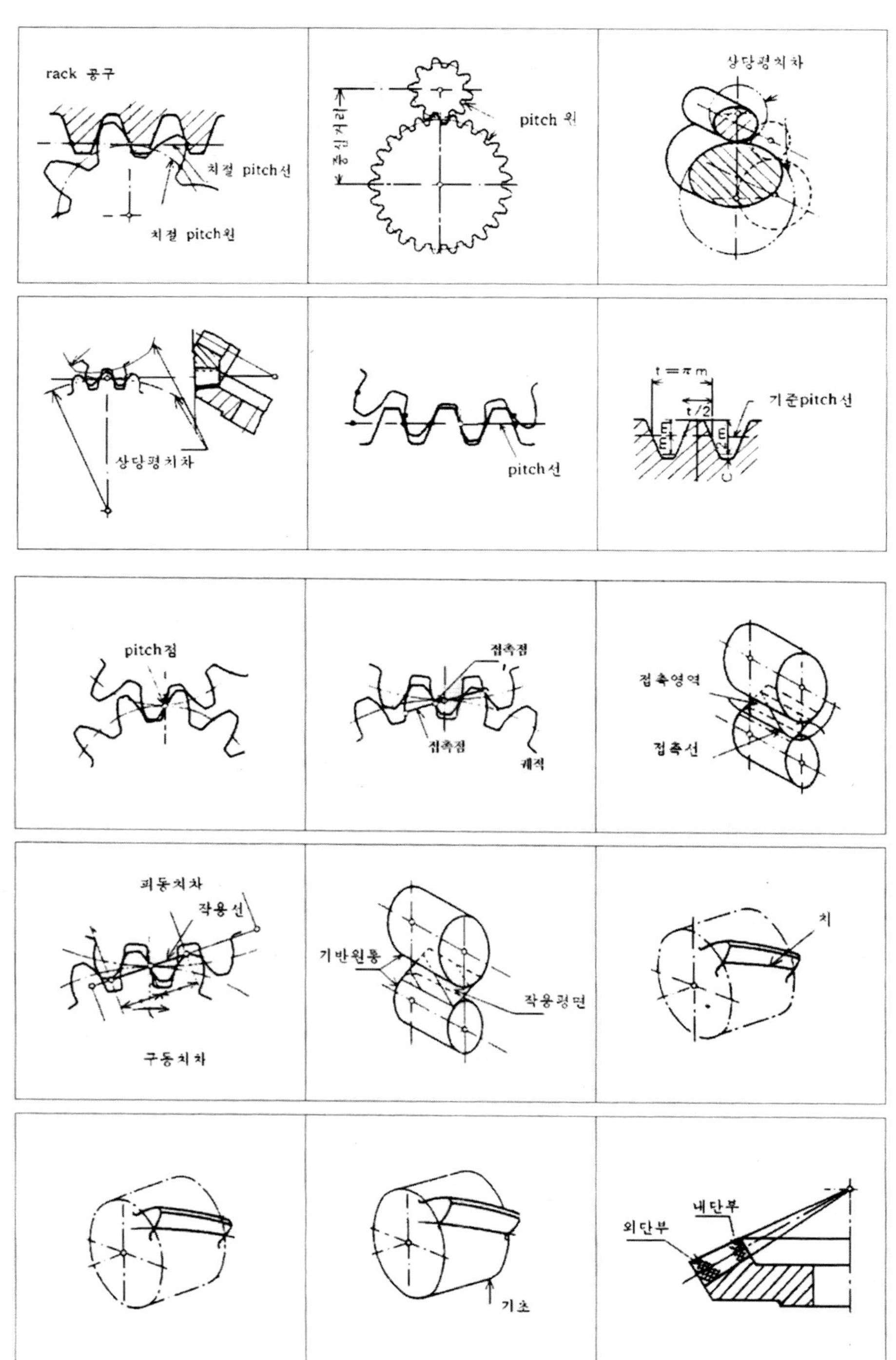

rack 공구
치절 pitch선
치절 pitch원
pitch 원
상당평치차
상당평치차
pitch선
기준pitch선
$t = \pi m$
$t/2$
pitch점
접촉점
접촉점
궤적
접촉영역
접촉선
피동치차
작용선
구동치차
기반원통
작용경면
치
기초
내단부
외단부

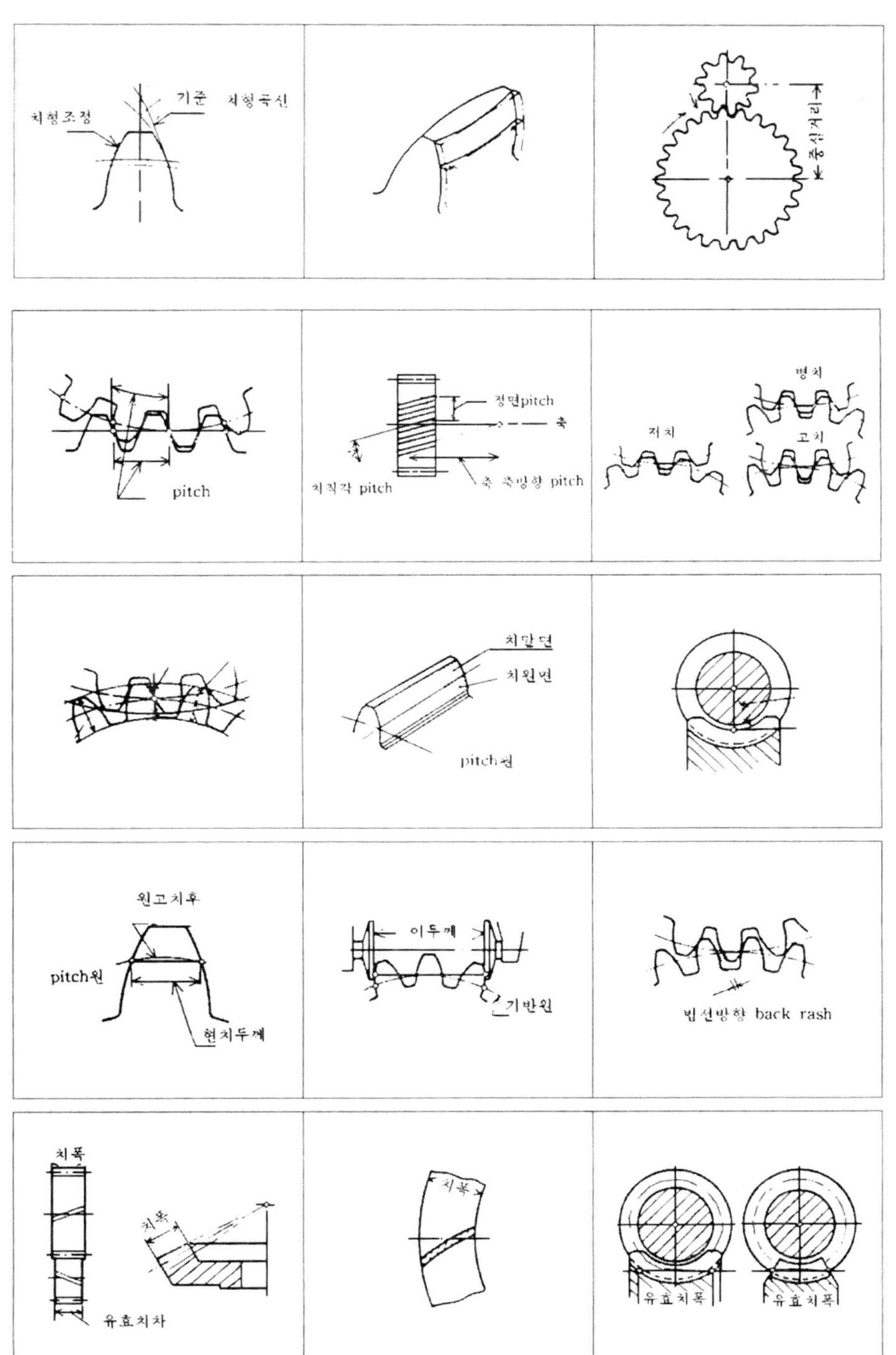

치형조정
기준 치형곡선
정면pitch
축
치직각 pitch
축 축방향 pitch
병치
저치
고치
치말면
치원면
pitch면
원고치후
pitch원
현치두께
이두께
기반원
빗선방향 back rash
치폭
치폭
치폭
유효치차
유효치폭
유효치폭

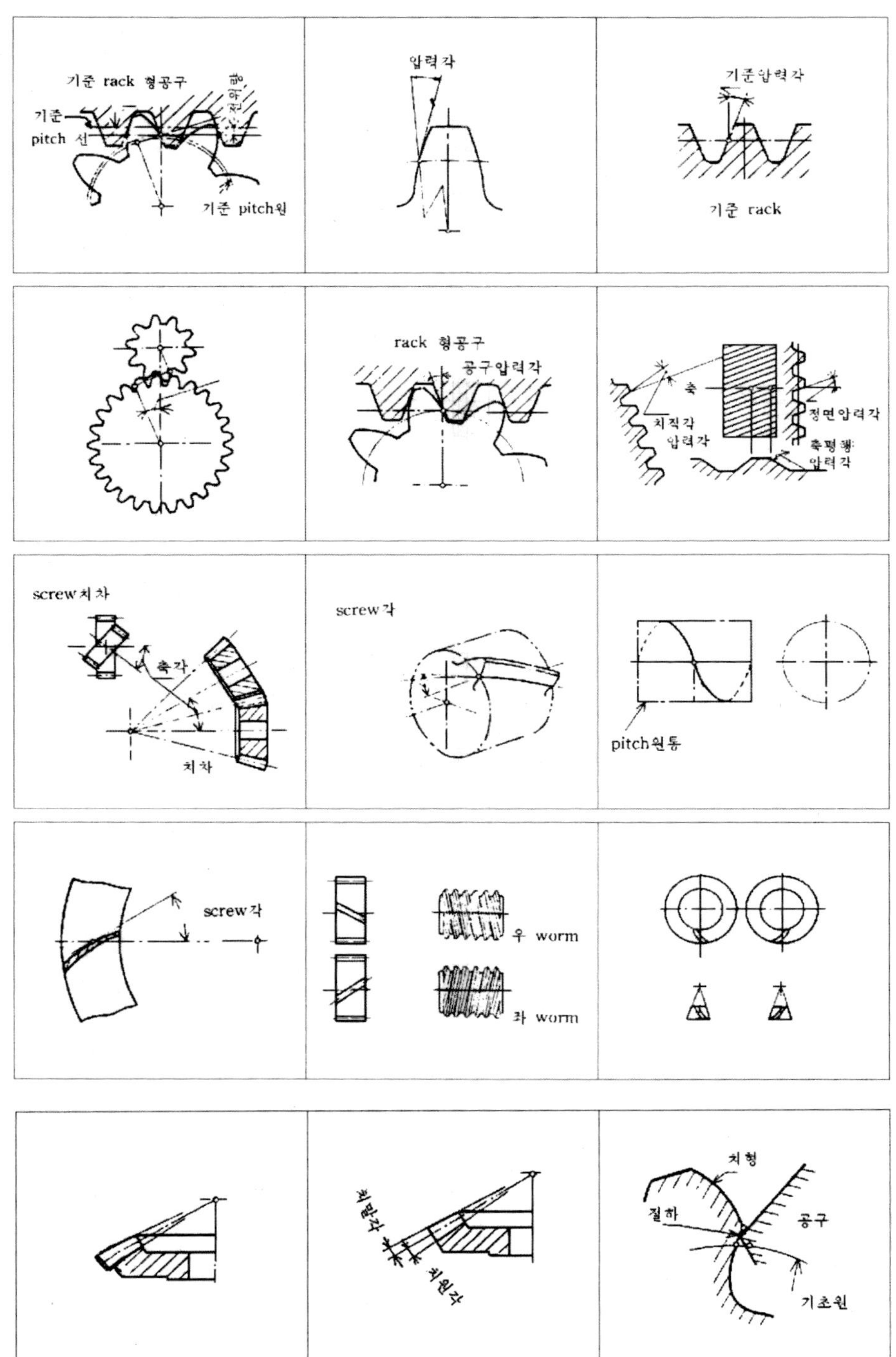
기준 rack 형공구
기준 pitch 선
기준 pitch원
압력각
기준압력각
기준 rack
rack 형공구
공구압력각
축
치직각 압력각
정면압력각
축평행 압력각
screw 치차
축각
치차
screw 각
pitch원통
screw 각
우 worm
좌 worm
치형
절하
공구
기초원

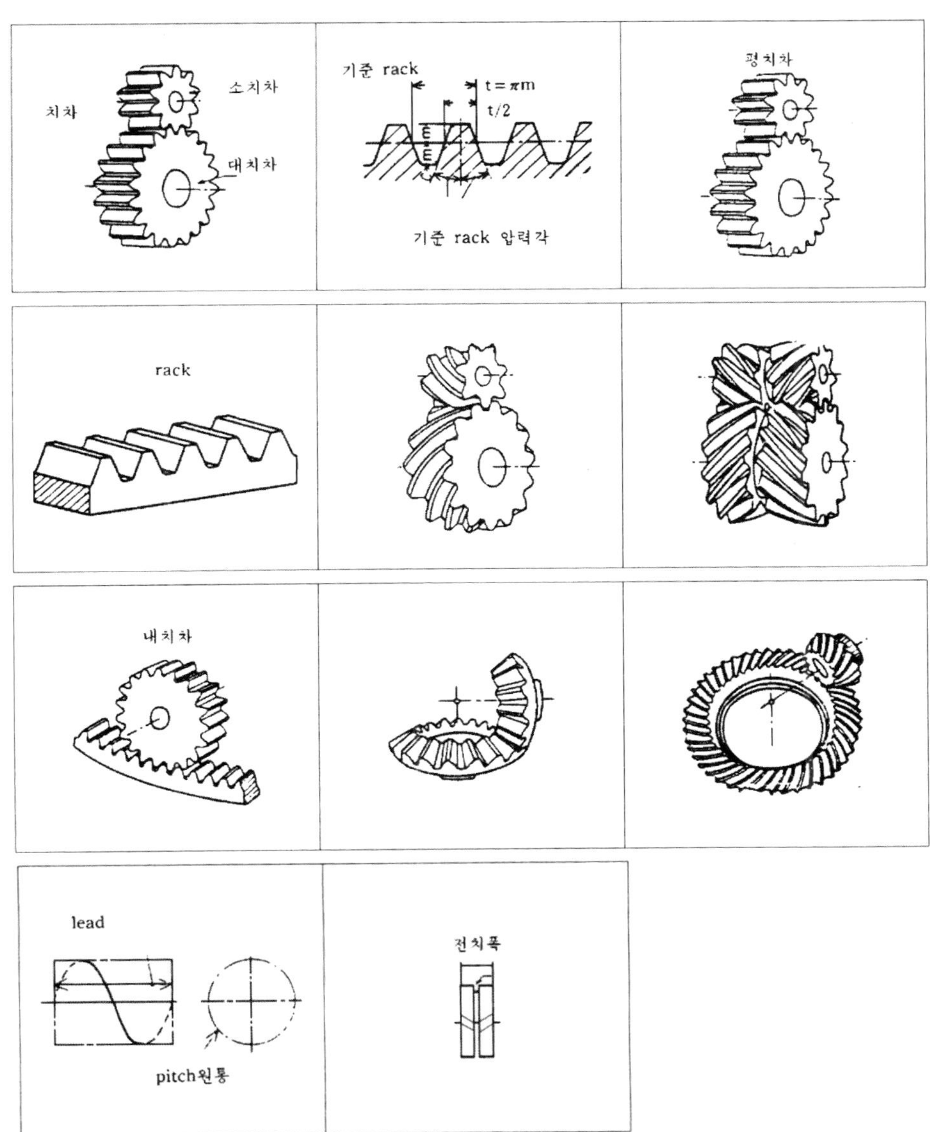
치차
소치차
대치차
기준 rack
t = πm
t/2
기준 rack 압력각
평치차
rack
내치차
lead
pitch원통
전치폭

2. Gear 성형

 Gear를 사출성형하는 경우는 일반성형품 경우와 달라 약간의 치면변형의 문제가 발생한다. 방전가공과 전주에 의해 제작된 치차의 금형은 Master gear를 제작하여 이것은 Base로 한 금형 Gear bead를 제작한다. 이 Master gear를 소요의 성형치차보다 약간 크게 제작하지 않으면 안 된다. 표준치차 절삭공구 Wire cutter, Hobb cutter, Rack cutter 등을 사용하여 Pitch 원직경을 정규치수로 하여 성형수축이 감안된 전위치차로 하지 않으면 안 된다.

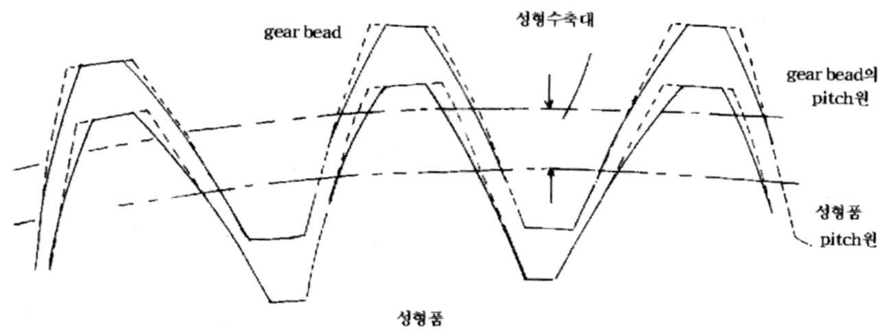

Polyacetal gear의 강도계산

 graph. 표준자치 절삭 Hobb로 절삭하여 Master gear를 만든 Gear bead를 얻은 성형품
  L.D. Matin "Tool for injection molded nylon gears"
  L.D. Martin의 Tool for injection molded nylon gears

1) Gear금형 제작법

 Gear의 Gear bead 제작법은 먼저 제작한 Master gear를 주조, 방전가공, 전주 등의 방법과 Master gear를 사용한 Wire cutter 법에 의하여 직접 Gear bead가 제작되는 방법이 있다.

(1) Master gear 제작법

성형 수축률을 감안한 Plus 전위 Master gear를 만들어 Pitch 원직경의 보정, 치형의 정규 형상을 고려하여 Master gear 법을 고안한 것이다.

이 방법을 압력각 오차의 정밀도, Cost, 납기를 고려 후 선정해야 한다.

① 특수 Module의 치차절삭공구에 의한 방법

성형치차를 제작할 경우에 치수: $Z=30$, Module: $m=1$, Pitch 원직경: $d=m\cdot z=1\times30=30\text{mm}$, 성형수축률과 Gear bead 제작법은 보정치의 2%로 추정하여 소요 Master gear 제원은 치수: $Z'=30$, Module: $m'=1.02$,

Pitch 원직경: $d'=m'$, $z=1.02\times30=30.6\text{mm}$

Master gear의 절삭은 $m=1$의 표준 치차 절삭공구를 사용하고, $m'=1.02$인 특수 Module의 치차 절삭공구로 가공되기 때문에 Delivery, Cost가 높은 결점이 있다.

② 특수압력각의 치차 절삭공구에 의한 성형수축률 Plus 전위에 의한 방법

압력각의 변화 $\cos \alpha_1 = d_1 \dfrac{\cos \alpha_2}{d_2}$

  α_1: 수축률 보정한 Pitch 원직경(Master gear의 Pitch 원직경)

$$d_1 = d_2\left(1 + \frac{S}{100}\right)$$

S: 수축률

α_2: 표준 Gear의 압력각

  (일반적으로 $20° - 14\ 1/2°$가 Master gear 및 성형 Gear의 압력각)

d_2: 표준 Gear의 Pitch 원직경

  (성형 Gear의 Pitch 원직경)

따라서

$$\cos \alpha_1 = \frac{100 + S}{100} \cos \alpha_2$$

입력각 20°의 Gear 성형에서 성형수축률과 소요치차 절삭공구 압력각

수축률 1%일 때 $\alpha_1 \fallingdotseq 18°20'$
수축률 2%일 때 $\alpha_1 \fallingdotseq 16°34'$
수축률 3%일 때 $\alpha_1 \fallingdotseq 14°33'$
수축률 4%일 때 $\alpha_1 \fallingdotseq 12°13'$

성형수축률과 소요의 치차절삭 공구 압력각의 관계

$\alpha_1 = 20°$일 때

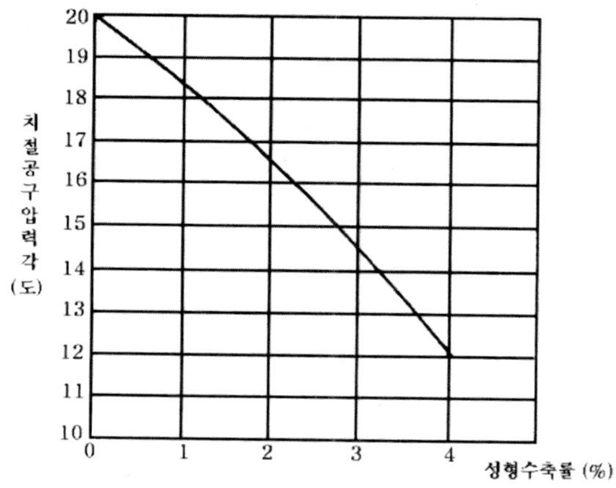

표준 Module의 압력각이 성형수축률에 대응키 위하여 위의 식과 Graph에 표시한 바와 같다. 특수한 치차 절삭공구를 이용하여 성형수축률을 감안한 Plus 전위 Master를 절삭하면 정규의 치형을 얻을 수 있다. 일반적으로 이 방법은 압력각 20°의 Gear 성형에서 동일한 Module, 압력각 14°30'의 표준치차 절삭공구를 사용하여 성형수축률을 감안한 Plus 전위 Master를 절삭하는 방법이다. 아래의 Graph에서 수축률 3%, 압력각 20°의 Master gear를 절삭한다.

수축률이 3% 이상의 Master gear는 성형 Gear의 압력각이 20°보다 작아야 된다.

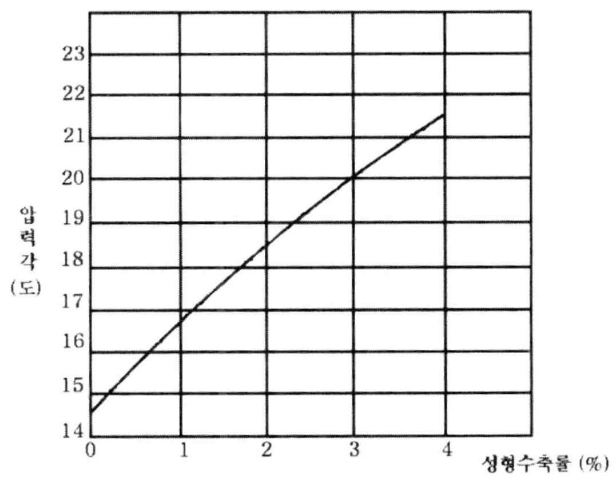

③ 표준치차 절삭공구로 성형수축률을 감안한 Plus 전위방법

성형 Gear와 동일한 Module, 동일한 압력각이 표준공구를 사용, 성형수축률을 감안한 Plus 전위 Master gear를 절삭하는 방법이다.

이 방법은 Master gear, 성형 Gear의 압력각은 항상 표준보다 커야 한다. 압력각에 문제가 있는 경우는 간편하기 때문에 비교적 많이 이용된다. Pitch 오차 등, 압력각 오차 이외의 점은 위의 방법과 별 차이가 없다.

④ 표준치차 절삭공구에 의한 전위절삭방법

Master gear의 Pitch 원직경이 성형수축률을 감안한 성형 Gear의 Pitch 원직경을 성형수축률만 Minus한 치수이다. 일반적으로 Pitch 원직경을 2% 정도 Minus한다.

(2) Gear bead 제작법

① Be-Cu 합금 주조법

주조성, 경도, 강도는 Belilium 2.50~2.75%를 함유한 Be-Cu 합금을 사용한다. 주조 시의 수축률은 0.2~0.3%이다. 따라서 Master는 이형관계로 구배를 일반적으로 1 / 100~2 / 100 정도가 필요하다.

② 방전가공법

가) Master gear법

Master gear를 전극으로 방전가공에 의하여 Gear bead가 제작된다. 이 방전가공은 성형수축률을 감안한 보정수치로 해야 한다. 방전가공 간격은 일반적으로 저부형 0.05~0.12㎜, 통상형은 0.03~0.06㎜ 정도로 하는 것이 통례이다. 측벽 Taper는 0.2 / 100 이상이 좋다.

나) Wire cutter법

동, Tangsten 선을 전극을 방전가공하여 Gear bead가 제작된다. 방전가공 간격은 성형수축률을 감안하여 보정해야 한다. 일반적으로 0.02~0.05㎜ 정도로 하는 것이 통례이다.

③ 전주법

전해액 중의 Master는 금속을 석출하여 제작된다. 전사정도는 최상이며 가공시간은 길다. Nickel의 경우는 전착속도 0.03~0.6㎜ / hr 정도이다.

성형평치차

Gear 제원	Gear bead 제작법
$m=0.5㎜, z=40,$ $b=10㎜, \alpha=20°$	(1) 압력각 14.5°의 표준공구 Cutter로 성형수축률 감안한 전위 Master를 이용하여 방전가공 (2) 특수 Module의 공구 Cutter를 만들어 Master 이용한 방전 가공 (3) Wire cutter gear bead를 제작
$m=1㎜, z=40,$ $b=10㎜, \alpha=20°$ $m=2㎜, z=20,$ $b=10㎜, \alpha=20°$	(1) 성형수축률 및 Belilium의 수축률을 감안한 특수 Module의 공구 Cutter를 만들어 Master gear를 이용한 Be-Cu 합금 주조법
$m=1.5㎜, z=1.0,$ $b=7㎜, \alpha=20°$	(1) 압력각 20°의 표준공구 Cutter를 수축률이 감안한 전위 Master gear를 이용한 Be-Cu 합금주조법

단, 정밀도는 공업표준 규격에 의한다.

(3) Gate 선정

정밀성형급의 공차를 요구할 경우는 1개 취의 금형을 추천하고 4개 취 이상을 요구하는 경우는 한도를 고려한 후 제작할 필요가 있다. 일반적으로 1개 취가 많이 사용된다. 공차는 5% 이내라야 되고 1개 취의 금형은 Dircet gate, Dia frame gate가 통상 사용된다. Center Pin의 흔들림 방지로 Center pin을 고정판에 위치시키고 금속 Insert 하며 다점 Pin gate type은 Sprue의 일단에 3~4개의 제한 Gate로 균일한 흐름이 되도록 고려해야 한다.

따라서 다점 Pin gate type이 가장 좋다. Pin gate의 직경은 0.7~0.8㎜ 정도이다. 일반적으로 외경 10~30㎜, 두께 1~3㎜ 정도의 Gear를 1점 Gate로 성형할 경우는 Gate 방향의 직경은 직각방향의 직경보다 0~0.04㎜ 정도 작아야 한다.

또한 2점 Gate의 성형은 Gate 방향의 직경은 직각방향의 직경보다 0.03㎜ 정도 크게 해야 한다. 1점 Pin gate는 진원도는 양호하다.

3. Gear 강도 설계

Gear의 강도설계는 치차의 수명, 마모, 치면의 Scoring, Pitting 등으로 대별한다.

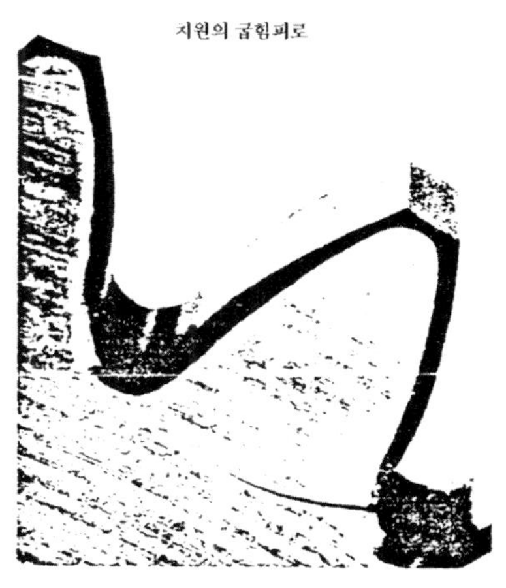

치면의 scoring

악보 같은 흔적

치면 마모

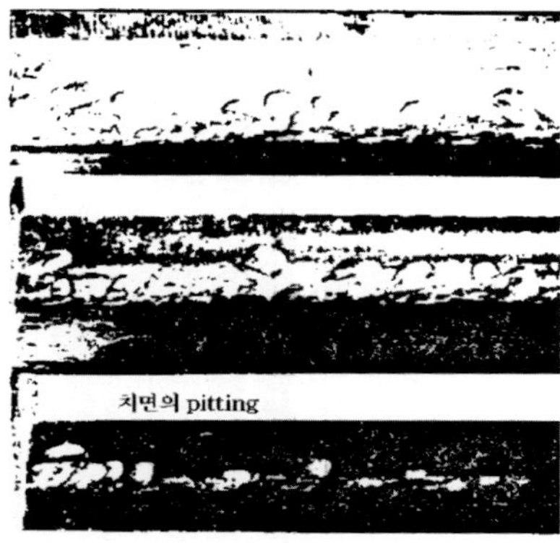

치면의 pitting

얽은 자국

1) 루이스식 평치차 치원 강도의 설계

(1) 치선에 전하중이 가한다고 가정하면 정밀도는 높고, 치형 수정한 Gear는 치 가정에 성립하지 않는다.

(2) 하중의 반경방향 성분에 의한 치원은 충격의 수직응력 및 원주방향의 성분에 의한 전단응력이 고려되지 않는다.

(3) 치차접선하중, 전달 Torque, 전달마력

평치차의 치차접선하중 P, 전달 Torque T 및 전달마력 HP는 아래의 식과 같다.

$$P = \sigma_b \cdot b \cdot m \cdot y' \qquad\qquad ①$$

$$T = \frac{\sigma_b \cdot b \cdot d^2 \cdot y'}{20Z} \qquad\qquad ②$$

$$H = \frac{\sigma_b \cdot b \cdot d^2 \cdot y' \cdot n}{1.43 \cdot 10^6 \cdot z} \qquad\qquad ③$$

P: 치차접선하중(kgf)

T: Torque(kgf－cm)

H: 마력(HP)

σb: 굽힘응력(kgf / ㎟)

b: 치폭(㎜)

m: Module(㎜)

d: Pitch circle diameter(㎜)

y′: Pitch점 부근의 치형계수

치형계수 y′

z \ 치차	14 1/2°	20° 표준	20° 저치
12	0.355	0.415	0.495
13	377	443	515
14	399	468	540
15	415	490	556
16	430	504	578
17	446	512	587
18	459	522	603
19	471	534	616
20	481	543	628
21	490	553	638
22	495	559	647
24	509	572	663
26	522	587	679
28	534	597	688
30	540	606	697
34	553	628	713
38	565	650	729
43	565	672	738
50	587	694	757
60	603	713	773
75	613	735	792
100	622	757	807
150	635	779	829
300	650	801	855
Rack	660	823	880

② 식 적용한 계산도표를 이용하면 간편하다.

(4) 예 제

$\sigma_b = 3\,\mathrm{kgf}/\mathrm{mm}^2$, $d = 50\,\mathrm{mm}$, $Z = 50$, $b = 10\,\mathrm{mm}$, $\alpha = 20°$일 때 최대허용 Torque T를 구하라.

① 계산치

$$T = \frac{\sigma_b \cdot b \cdot d^2 \cdot y'}{20Z} = \frac{3 \times 10 \times 50^2 \times 0.694}{20 \times 50} = 520.5\,\mathrm{kgf-mm} = 52\,\mathrm{kgf-cm}$$

② 계산도표

계산도표에 의하여 $T = 51\,\mathrm{kgf-cm}$이다.

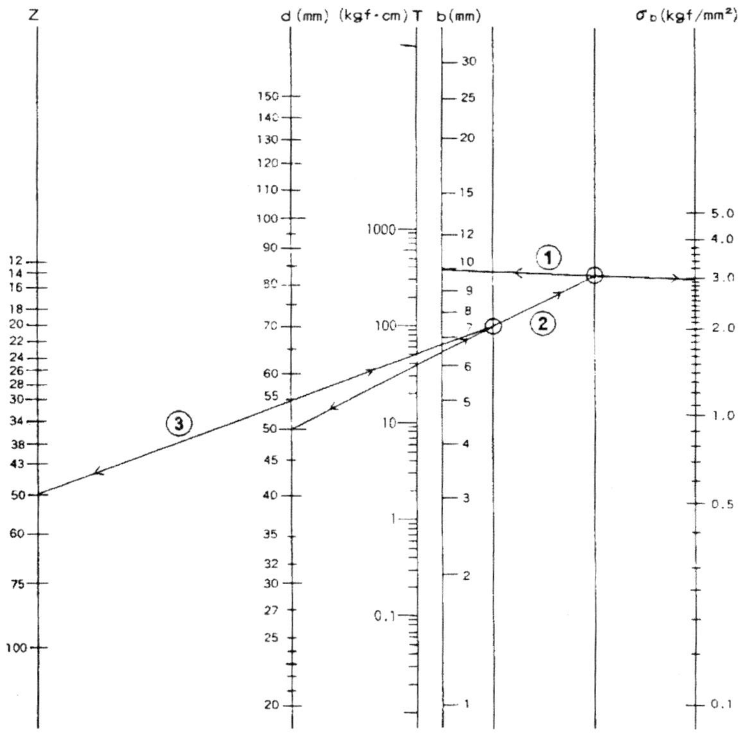

**최대 허용굽힘응력(σ_b)으로 최대허용 Torque(T)를 구하는
계산도표($\alpha = 20℃$)**

(5) 최대 허용굽힘응력

허용굽힘응력은 아래 Graph에 표시된 표준조건에서 시험을 구하여 Module에 대응하는 최대 허용굽힘응력을 기초로 한 운전조건이 다를 경우 ④식을 이용하여 보정하는 방법이다.

$$\sigma_b = \sigma_b \cdot \frac{k_V \cdot k_T \cdot k_L \cdot k_M}{C_S} \qquad\qquad ④$$

σ_b: 문제로 인한 운전조건에서 최대 허용굽힘응력($kgf\,/\,mm^2$)

$\sigma_b{}'$: 아래의 Graph로부터 구하는 표준조건에서 최대 허용굽힘응력($kgf\,/\,mm^2$)

Cs: 사용상황계수

사용상황계수 Cs

하중종류	1일 운전시간			
	24시간 / 일	8~10시간 / 일	3시간 / 일	0.5시간 / 일
일반	1.25	1.00	0.80	0.50
경충격	1.50	1.25	1.00	0.80
중충격	1.75	1.50	1.25	1.00
대충격	2.00	1.75	1.50	1.25

k_V: 속도보정계수

k_T: 온도계수

80℃의 온도의존성에서 $k_T = \dfrac{470}{940} = 0.5$를 얻는다.

k_L: 윤활계수

　　무윤활경우: $k_L = 0.75$, Grease에 의한 기초윤활 경우

　　기름에 의한 연속윤활 경우: $k_L = 1.5 \sim 3.0$, 기름순환의 유무, Filter의 유무에 대한 윤활효과는 없다.

　　동일유조에 침정하여 운전하는 경우: $k_L = 1.5$

k_M: 재질계수

　　금속과 조합하는 경우: $k_M = 1$

　　이종 plastic과 조합하는 경우: $k_M = 0.75$

따라서 ④식을 구하여 허용 굽힘응력 σb의 ②식을 ③식에 대입하여 아래의 Graph 를 얻는다. Module 0.8 경우의 허용 굽힘응력을 적용해야 안전측 문제가 없다. Module 3.0 경우는 Module 2.0의 허용 굽힘응력 80%에 해당한다.

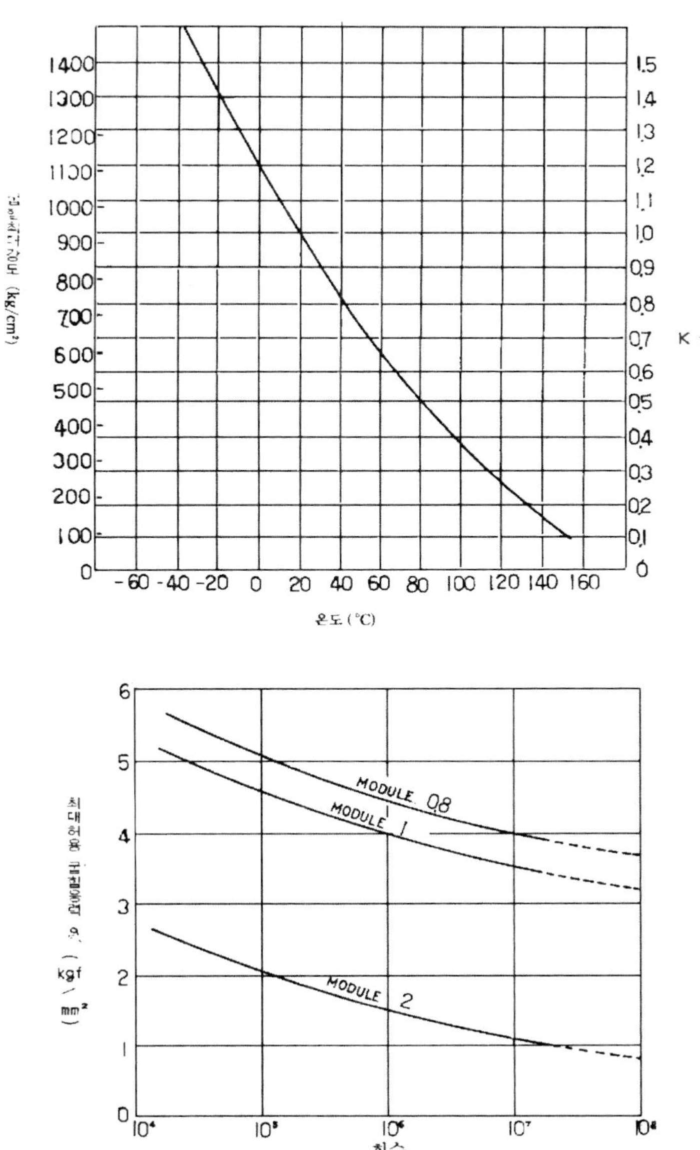

표준시험 조건의 치차 최대 허용굽힘응력

2) Bevel gear 강도 설계

(1) 면 압

S'' : bevel의 면압(kg/mm^2)

p : 치의 접선 하중(kgf)

b : 치폭(mm)

d_1 : Pinion의 Pitch 원직경(mm)

I : 치수비 $= Z_2/Z_1$

α : 압력각

E : Gear 재질의 탄성계수(kgf/mm^2)

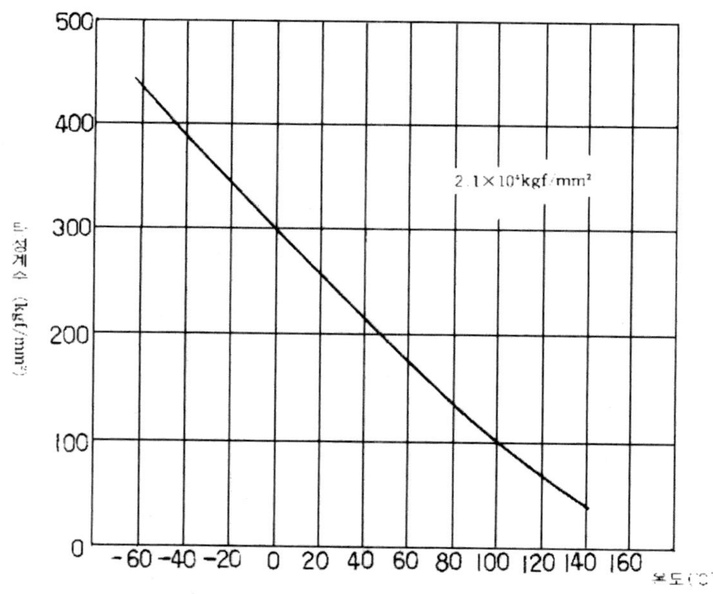

굽힘탄성 계수의 온도 의존성

$$S_c = \sqrt{\frac{p}{b \cdot d_1} \times \frac{i+1}{1} \times \sqrt{\frac{1.4}{(1/E_1 + 1/E_2)\sin 2\alpha}}} \qquad ⑤$$

(2) Gear 설계

$$T = \frac{\sigma_b \cdot b \cdot d^2 \cdot y^2}{20Z} \times \frac{R_a - b}{R_a} \qquad \text{⑧}$$

R_a: 외단원 거리(㎜)

$Z_v' = z / \cos\delta$

δ: Pitch 원각

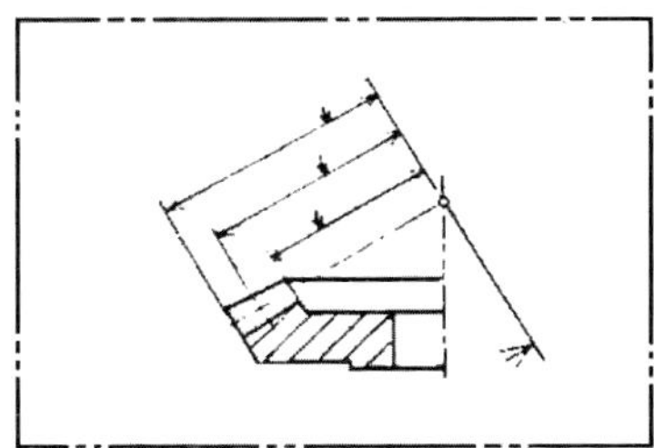

치면은 최대조로 5㎛, 최대허용면압 0.5~1kgf / ㎟ 이하라야 한다.

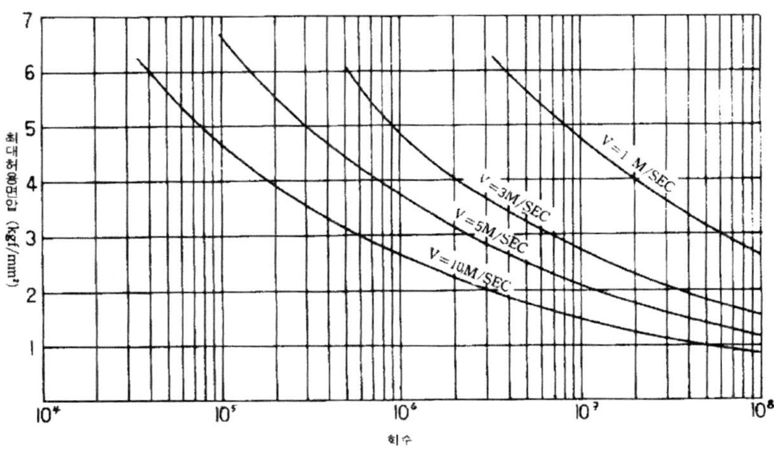

최대 허용 면압과 횟수와의 관계(m＝2의 평치차 마모파괴 경우)

3) Herical gear 강도 설계

(1) 치원 강도

상당 평치차수 Z_v에 대한 치형계수를 사용한다.

$$Z_v : Z / \cos^3 \beta \qquad\qquad ⑥$$

$\quad m_n :$ 치직각 Module

$$m_n = m \cdot \cos \beta \qquad\qquad ⑦$$

$\quad P : \sigma_a \cdot b \cdot mm \cdot y'$

$\quad \beta :$ Screw 각

(2) 면 압

$$S_c = \sqrt{\frac{p}{b \cdot d_1} \times \frac{1+i}{i}} \ \sqrt{\frac{1.4\cos \beta}{(1/E_1 + 1/E_2)\sin 2\alpha}}$$

4) Worm gear 강도 설계

(1) Worm의 Pitch 원주상 접선력

Worm 축방향의 휨

$$F_X = F_z \cot(\gamma + \rho) = \frac{T}{\gamma} \cos(\gamma + P) \qquad\qquad ⑩$$

$\quad F_x$: Worm의 축 방향힘

$\quad F_z$: Worm의 원주 방향힘

$\quad r$: Worm의 Pitch 원의 반경

$\quad T$: Worm의 충격 Torque

$\quad \gamma$: Worm의 Pitch 원통각

$$\tan \gamma = i t_a / 2\pi r \qquad \text{⑪}$$

  I : Worm 치수

  t_a : Worm의 축방향 Pitch

$$\rho = \tan \rho = \mu / \cos \alpha_n \qquad \text{⑫}$$

  μ: Worm과 Worm wheel과 동마찰계수 금속과 Plastic 조합경우 0.15

  α_n: 치직각압력각

   Worm의 압력각과 축직각 α_s 경우와 치직각평면 α_n 경우

$$\tan \alpha_n = \cos r \cdot \tan \alpha_s \qquad \text{⑬}$$

(2) Worm 치의 굽힘강도

Worm wheel의 Pitch 원주상 허용 굽힘부하

$$F_a : \sigma_b \cdot y \cdot b \cdot t_a \cdot \cos\gamma \qquad \text{⑭}$$

  σ_b : 허용굽힘응력(평치차 참조)

  b : Worm wheel의 치폭

  t_a : Worm 축 방향의 Pitch

  y : 치형계수

치직각 압력과 치형계수 관계

α_n	14.5°	20°	25°	30°
y	0.100	0.125	0.150	0.175

$F_a > F_x$가 되어야 한다.

(3) Worm wheel의 전단강도

$$F_a = \frac{2}{3} \cdot A \cdot \sigma_s \qquad \text{⑮}$$

F_a: 허용전단강도(kgf)

σ_s: 허용전단응력(kgf / ㎟)

A: Wheel의 치근원 단면적

압력각과 Wheel 치근원 단면적의 관계

압력각 αn	A
14.5°	$0.60 b_f \cdot t_a$
20°	$0.70 b_f \cdot t_a$
25°	$0.75 b_f \cdot t_a$

t_a: Pitch(㎜)

b_f: Wheel의 축 단면치 밑뿌리의 원호길이

$$b_f = \frac{\pi(d_1 + 2h f_2)}{180} \theta^{\circ}$$

d_1: Worm의 Pitch 원직경(㎜)

hf_2: Wheel의 치원 0.368ta

2θ: Rim 양측면각도(°)

$$\theta = \sin^1 \frac{\dfrac{b}{2}}{\dfrac{d_1}{2} + hiz}$$

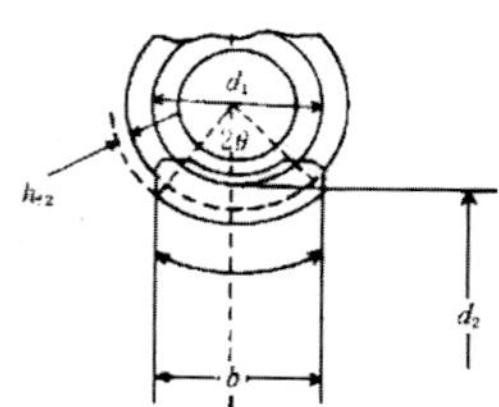

: F_a의 계산식의 90%만 감안한다.

4. Gear 형상 설계 유의점

1) Backlash

축직각 Module 0.2～25, pitch 원직경 1.5～3.2㎜ 평치차의 backlash는

$$W = \sqrt[3]{d_0} + 0.65m$$

  d_0: Pitch 원직경

  m: Module

  λ: 35.5～10

2) 금속 Insert

금속의 재질은 열팽창계수의 점에서 Al 합금, Zn 합금, 철이 좋다.

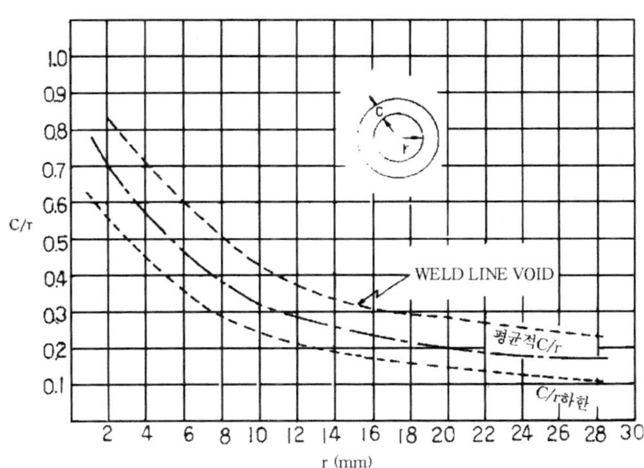

금속 Insert가 있는 Plastic 층의 두께

3) 평치차 계산(1)

평치차가 금속 Pinion과 조합하여 1 / 8HP×1 / 6(감속비)의 감속기 사용하는 경우
m = 1mm, 치수 Z = 60, 압력각 α = 20°, 초기에 Grease 윤활, 사용온도 60℃, 3시간 /
일 운전, 수명 2년일 때 굽힘강도를 계산한다.

$$H = \frac{\sigma_g \cdot b \cdot d^2 \cdot y' \cdot n}{1.43 \cdot 10^6 \cdot Z}$$

$$H = \frac{1}{8}HP$$

$$d = m \cdot z = 1 \times 60 = 60\text{mm}$$

$$y' = 0.713(\text{표에서})$$

$$n = \frac{1800}{6} = 300\text{rpm}(\text{Motor의 회전수를 1800rpm으로 한다.})$$

z:60

$$\sigma_b = \sigma_b' \cdot \frac{k_V \cdot k_T \cdot k_L \cdot k_M}{C_s}$$

굽힘횟수

$$N = 300 \times 60 \times 3 \times 365 \times 2 = 3.94 \times 10^7$$

그림에서 $\sigma_b' = 3.3\text{kgf} / \text{mm}^2$

선속도 $V = \dfrac{\pi d_n}{60} = 3.14 \times 60 \times \dfrac{300}{60} = 942\text{mm}/\text{sec} = 0.942\text{m}/\text{sec}$

그림에서 $k_V = 1.4$

표에서 $C_s = 1.00$

사용온도 60℃ 그림에서 $k_T = 0.66$

초기 Grease 윤활 $k_L = 1$

Plastic과 금속조합 $k_M = 1$

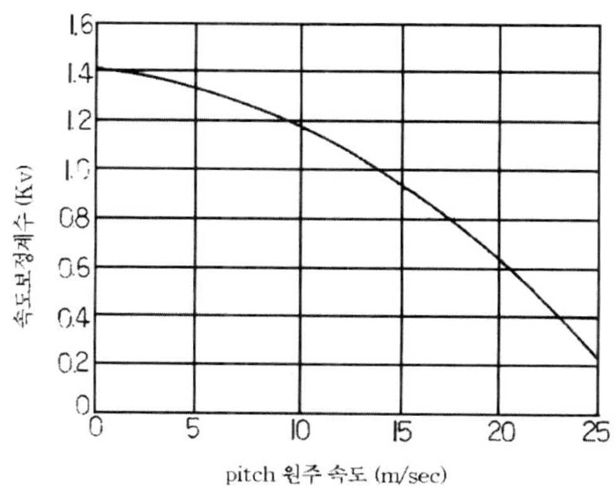

$$\sigma_b = \frac{3.3 \times 1.4 \times 0.66 \times 1.0 \times 1.0}{1.00} = 3.05 \,\mathrm{kg\,f/mm^2}$$

$$\frac{1}{8} = \frac{(3.05)\mathrm{b}(60^2)(0.713)(300)}{(1.43 \times 10^{6})(60)}$$

$$\mathrm{b} = 4.57\,\mathrm{mm} \fallingdotseq 5\,\mathrm{mm}$$

속도 보정계수 $\mathrm{k_v}$

4) 평치차 계산(2)

평치차 $\dfrac{1}{16}$HP $\times \dfrac{1}{3}$(감속비)의 감속장치를 사용하고 Pinion은 m =1mm, 치수 Z = 20, 압력각 α=20°로 하고 무윤활, 사용온도 60℃이며 1일에 3시간 운전하여 수명연수는 2년간일 때 평치차의 치폭을 구하라.

굽힘강도로부터 치폭을 구하고 Pinion과 Gear가 동일재료로 Pinion을 검토한다.

③식으로부터

$$\mathrm{H} = \frac{\sigma_b \times \mathrm{b} \times \mathrm{d}^2 \times \mathrm{y'} \times \mathrm{n}}{1.43 \times 10^{6} \times Z}$$

$$\mathrm{H} = \frac{1}{16}\mathrm{HP}$$

d_1: $m \cdot z_1 = 1 \times 20 = 20\,\text{mm}$

y': 0.543(표, 치형계수)

n: 1800rpm(Motor의 회전수를 1800rpm으로 한다.)

Z_1: 20

④식으로부터

$$\sigma = \sigma_b{'} \cdot \frac{k_V \cdot k_T \cdot k_L \cdot k_M}{C_s}$$

치차의 굽힘함수 N은

$$N = 1800 \times 60 \times 3 \times 365 \times 2 = 2.36 \times 10^8$$

따라서 표준시험 조건의 치차 최대 허용굽힘응력 Graph에서

$$\sigma_b{'} = 3.15\,\text{kgf}\,/\,\text{mm}^2$$

Pitch 원주속도 V는

$$V = \pi d_1 \frac{n}{60} = \pi \times 20 \times \frac{1800}{60} = 1890\,\text{mm}/\text{sec} = 1.89\,\text{m}/\text{sec}$$

속도보정 계수 k_V로부터 $k_V = 1.38$

1일 3시간 운전하고 경충격을 받을 때 사용 상황계수 Graph에서 $C_s = 1.00$

사용온도 60℃이니까 굽힘강도의 온도 의존성 Graph에서 $k_T = 0.66$

무윤활 $k_L = 0.75$로 한다. Plastic과 Plastic 조합일 때 $k_M = 0.75$

$$\sigma_b = 3.15 \times \frac{1.38 \times 0.66 \times 0.75 \times 0.75}{1.00} = 1.61\,\text{kg f}\,/\,\text{mm}^2$$

따라서

$$\frac{1}{16} = \frac{1.61 \times b \times 20^2 \times 0.543 \times 1800}{1.43 \times 10^6 \times 20}$$

$$\frac{1}{16} = \frac{629445.6 \times b}{28600000}$$

$$b = \frac{28600000}{10071129.6} = 2.8398 \fallingdotseq 2.84$$

치폭 b=3㎜로 한다.

면압에 의한 마모를 검토하면 ⑤식에서

$$S_c = \sqrt{\frac{P}{b \times d_1} \times \frac{i+1}{i}} \times \sqrt{\frac{1.4}{(\frac{1}{E_1} + \frac{1}{E_2})\sin 2\alpha}}$$

b=3㎜, d=20㎜, i=3, $E_1=E_2=170$kgf / ㎟(굽힘탄성계수의 온도의존성), α=20°

$$P = \frac{7500 \times 60}{2\pi \times \frac{d_1}{2} \times n} \times H = \frac{75000 \times 60}{2\pi \times \frac{20}{2} \times 1800} \times \frac{1}{16} = 2.5\text{kgf}$$

$$S_c = \sqrt{\frac{2.5}{3 \times 20} \times \frac{3+1}{3}} \times \sqrt{\frac{1.4}{(\frac{1}{170} + \frac{1}{170})\sin(2 \times 20°)}}$$

$$= \sqrt{0.05555} \times \sqrt{\frac{1.4}{0.01176 \times 0.64278}}$$

$$= 0.23569 \times 13.617 = 3.20\text{kgf}/㎟$$

Module 2㎜ 평치차의 최대 허용면압(마모파손 경우) Graph에서 Pitch 원주속도 V=1.89m / sec이므로 V=3m / sec의 곡선을 택한 후 굽힘횟수 $N=2.36\times10^8$일 때의 허용면압 $S_{ca}=1.6$kgf / ㎟ $S_{ca}<S_c$로부터 마모된다.

따라서 $S_c=1.6$kgf / ㎟가 되는 치폭을 구하면

$$b = 3 \times \left(\frac{3.20}{1.6}\right) = 12$$

b＝12㎜로 하는 것이 필요하다.

5) Herical gear 계산

금속 Worm과 Plastic herical gear를 조합하여 감속장치 하는데 Worm에 걸리는 Torque는 3kgf－cm이고 연속윤활은 하지 않고 상온에 초기윤활로 사용된다. 이 경우의 Plastic herical gear의 치폭을 구하라.

Worm은 Pitch 원직경 d_1＝15.5㎜, Module m＝1.25㎜, 치수비 i＝l, 압력각 α＝20°, Pitch 원통각 r＝4°37′이고, Worm wheel은 Pitch 원직경 d_2＝47.5㎜, 치수 z_2＝ 38module, m＝1.25㎜, 압력각 α＝20°, Wcrew각 r＝4°37′, 1일에 8시간 운전하여 3년간 수명연수로 한다.

Worm 치차의 설계 ⑩식으로부터

$$F_x = \frac{T}{\gamma} \cot(\gamma + \rho) = \frac{30}{7.75} \cot(4°37′ + \rho)$$

⑬식으로부터 $\tan \alpha_n = \cos\gamma + \tan \alpha_a = \cos 4°37′ \tan 20°$

⑫식으로부터 $\tan \ell = \dfrac{\mu}{\cos \alpha_n} = \dfrac{0.15}{\cos 20°3′}$ $\ell = 9°5′$

$$F_x = \frac{30}{7.75} \cot(4°37′ + 9°5′) = 15.9\text{kg f}$$

(1) 치의 굽힘강도

⑥식으로부터 치차의 상당 평치차 치수

$$Z_0 = \frac{Z}{\cos^3 \beta} = \frac{38}{\cos^3 4°37'} = 38.4$$

치형 계수표에서

$$y = 0.652 \quad y_{v'} = 0.652$$

⑦식으로부터 치직각 Module은

$$m_n = m \cdot \cos \beta = 1.25 \cos 4°37' = 1.245\,mm$$

Pitch 점의 속도는 v

$$v = \pi d_1 \frac{n}{60} = \pi \times 47.5 \times \frac{1}{60}\left(1800 \times \frac{1}{38}\right) = 115\,mm/sec = 0.115\,m/sec$$

따라서 속도계수 $K_v = 1.4$, 사용시간계수 C_s는 $C_s = 1.25$ 굽힘횟수 N은

$$N = 1800 \times \frac{1}{38} \times 60 \times 8 \times 365 \times 3 = 2.49 \times 10^7$$

최대 허용굽힘응력 $\sigma_b' = 2.75\,kgf/mm^2$, 온도계수는 상온으로 하여 $k_T = 1$, 윤활계수는 초기윤활 $k_L = 1$, 재질계수 Plastic과 금속 $k_m = 1$

④식으로부터 Gear의 허용굽힘응력

$$\sigma_b = \sigma_b' \times \frac{k_V \times k_T \times k_L \times k_M}{C_s} = 2.75 \times \frac{1.4 \times 1 \times 1 \times 1}{1.25} = 3.08\,kgf/mm^2$$

따라서 ①식으로부터 m에 m_n, y'에 yv'를 대입하여 허용접선 하중 p를 구하면

$$P = \sigma_b \times b \times m_n \times y_{v'} = 3.08 \times b \times 1.245 \times 0.652 = 2.50 \times b$$

이때 p가 F_x보다 크지 않으면 안 되기 때문에

$2.50 \times b \geqq 15.9$

$b \geqq 0.36 \text{mm}$

(2) 치의 전단강도

⑮식의 Worm wheel의 전단강도의 식으로부터 $Fa = \dfrac{2}{3} A \cdot \sigma_s$ 전단에 대한 피로는 굽힘피로와 같다고 가정한다.

$$\sigma_s = 5.4 \times \frac{2.75}{9.3} = 1.595 \text{kg f}/\text{mm}^2$$

 5.4kgf / mm²: 상온에서 전단강도

 9.3kgf / mm²: 상온에서 굽힘강도

 5.4kgf / mm² / N = 2.49×10⁷를 Graph에서 구하는 치대 굽힘피로강도

$$F_a = \frac{2}{3} \times A \times 1.595 = 1.065 \times A$$

이때 F_a는 F_x보다 크지 않으면 안 되기 때문에 $1.065 \geqq 15.9$

$A \geqq 14.95 \text{mm}^2$, 압력각 $\alpha = 20°$일 때 Worm wheel의 전단강도 도표에서 $A = 0.70 b_f \times t_a$, $t_a = \pi m$, $t_a = \pi \times 1.25 = 3.925 \text{mm}$

 따라서 $0.70 \times b_f \times 3.925 \geqq 14.95$ $b_f \geqq 5.44 \text{mm}$

$$b_f = \frac{\pi (d_1 + 2h_{f2})}{180} \theta° = \frac{\pi (d_1 + 2 \times 0.368 \times t_a)}{180} \theta°$$

$$= \frac{\pi (15.5 + 2 \times 0.368 \times 3.925}{180°} \times \theta° \geqq 5.44$$

$\theta \geqq 16.95°$

$$\sin\theta° = \frac{\dfrac{b}{2}}{\dfrac{d_1}{2}+h_{f2}} = \frac{\dfrac{b}{2}}{\dfrac{d_1}{2}+0.368\times t_a}$$

$$= \frac{\dfrac{b}{2}}{\dfrac{1}{2}\times 15.5+0.368\times 3.925} \geqq \sin 16.95°$$

b≧5.36㎜ Worm wheel이 Herical gear일 때

$$b \geqq 5.36\times\frac{1}{0.9} = 5.97$$

1)과 2)의 결과에 의하여 b=6㎜로 한다.

제19장

Polyacetal의
Journal bearing의 설계

1. Journal bearing 설계

1) 축수내경

축수내경 d_i는 Journal경과 d_g는 Clearance와의 관계에서

$$d_i = d_g(1 + \phi)$$

   Φ': Journal경에 대한 비율

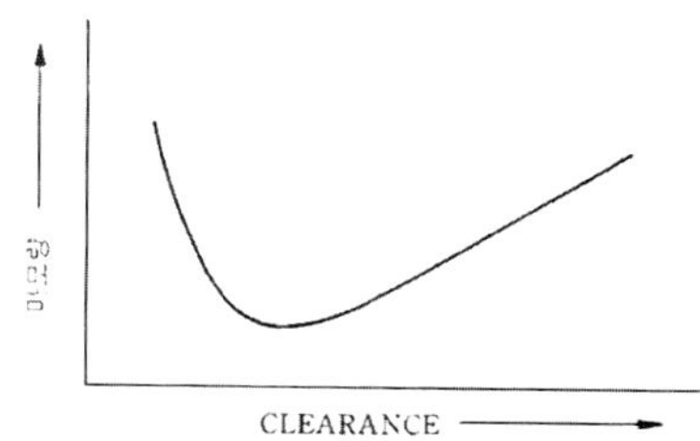

Journal bearing의 Clearance과 마모량

$$\phi = 0.005d_g + \phi_1 + \phi_2 + \phi_3 + \phi_4 + \phi_5$$

Φ_1: 열팽창에 의한 치수변화

α: 수지의 선팽창계수

Δt: 상온과 작동 시에 온도차

Φ_1: $\alpha \cdot \Delta t \cdot d_g$

Φ_2: 수중, 유윤활에 의한 치수변화

Φ_3: 성형조건과 사용온도에 의한 치수변화

Φ_4: 성형에 의한 치수변화

Φ_5: 금속 Housing에 수지축수를 압입에 의한 치수변화

$$\phi_5 = \frac{m}{1.35m^2 + 0.65}\, I \tag{1}$$

$$m = \frac{\text{수지 sleeve의 내경}}{\text{수지 sleeve의 외경}} \fallingdotseq \frac{\text{journal경}}{\text{housing 직경}}$$

I: 압입하는 경우

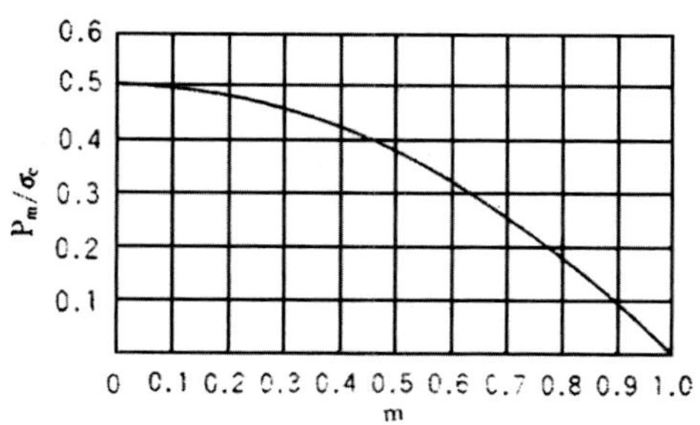

계산식(1)의 Graph

2) 축수외경

$$t = 0.06d_g + 0.25(\text{mm}) \tag{2}$$

t: 축수의 두께(㎜)

d_g: Journal 직경(㎜)

d_0: 축수외경(㎜)

$$d_0 = d_i + 2t(㎜) \tag{3}$$

(1) 금속 Housing에 압입하는 경우

① 스라스트 하중이 수지의 Sleeve 축수에 영향이 없는 경우

$$\sigma_c = \frac{2}{1-m^2}\,P_m \tag{4}$$

σ_c: 수지의 Sleeve에 가입하는 최대 압축응력(kg / ㎟)

P_m: Sleeve와 Housing의 상호압력(kg / ㎟)

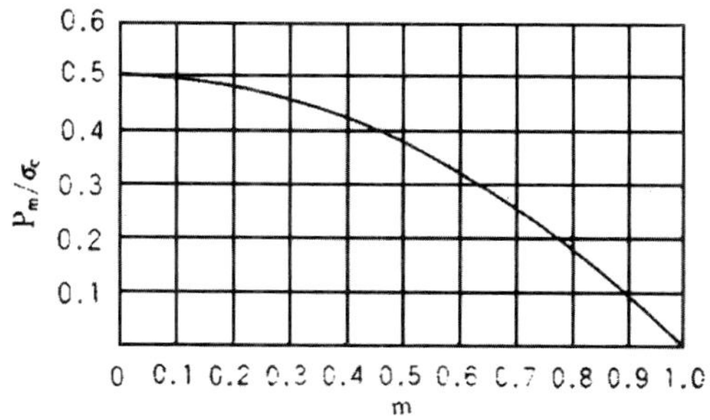

계산식(4)의 Graph

σ_c는 압축 Sleeve을 고려하여 수지 Sleeve의 사용온도에 의한 압축강도의 1 / 4 이하로 하며 P_m을 다음 식에 대입하여 I를 구하면

$$\frac{P_m}{E}\left(\frac{1+m^2}{1-m^2} - v\right) = \frac{I}{2r_2} \tag{5}$$

v: 수지의 Poisson비 0.35

E: 수지의 최고 사용온도, 최고사용 시간에 대한 탄성계수(kg / ㎟)

$2r_2$: Sleeve의 외경 Housing의 Hole size

$$I_0 = I - \alpha \cdot \Delta t \cdot 2r_2 \fallingdotseq I - \alpha \cdot \Delta t(d+I) \tag{6}$$

    d: 금속 Housing의 Hole

따라서 I_0은 수지의 Sleeve를 압입하는 것과 파괴 여부를 검산하는 경우는 (5)식의 I에 I_0의 수지를 대입하여 P_m을 구하고 이 P_m을 (4)식에 넣어 σ_c를 구한다. 이때 산출되는 σ_c는 수지의 최대 허용 압축응력 $11 \text{kg}/\text{mm}^2$ 이하가 되지 않으면 안 된다.

② 스라스트 하중이 수지의 Sleeve를 삭제해야 되는 경우
P_m에 의한 마찰력이 하중에 대하여 크지 않을 때

$$P_m > \frac{F}{\pi d \ell \mu} \tag{7}$$

    F: Sleeve에 의한 스라스트 하중
    d: Housing의 Hole
    l: 축수의 길이
    μ: Sleeve와 Housing의 마찰계수 0.15

이상으로부터 축수의 외경은

$$d_0 = d_i + 2t + I_0 \tag{8}$$

3) 축수의 길이

축수의 길이가 길수록 국부적인 반열, 마모의 원인이 되어 되도록 길이를 길게 하지 말아야 된다. 일반적으로 $l \leqq (1.5-1.0)d_g$를 추천한다.
축수에 의한 압축압력은

$$P_c = \frac{W}{d_g \cdot \ell} \tag{9}$$

단, P_c의 산출되는 압축응력은 수지의 허용압축응력보다 작지 않아야 한다.

4) 축수의 수명

이상과 같은 조건으로 축수를 사용함에 있어 PV치에 판단한다. Journal bearing의 경우에 마모는 아래의 Graph를 이용하여 축수내경의 증가량을 추정한다.

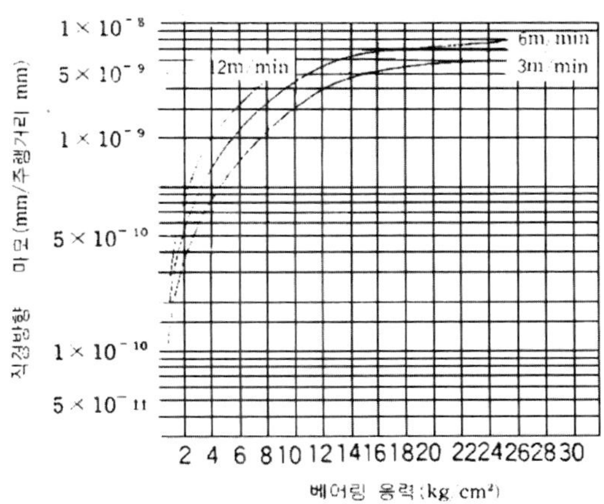

Journal bearing의 무윤활 Resinggrade 마모 특성

$$\delta = \lambda \cdot \pi \cdot d_g \cdot n \cdot H \cdot 60 \,(\text{mm}) \tag{10}$$

 δ: 축수 내경의 증가량(㎜)

 λ: 직경방향의 마모와 축수에 의한 응력 Graph에서 찾은 수치(㎜ / ㎜)

 n: 축수 내경(㎜)

 d_g: Journal 직경(㎜)

 H: 운전시간(hr)

5) Sleeve 축수 계산

금속 Housing에 수지 Sleeve를 압입하여 축수를 사용하는 경우에 금속 Housing의 Hole과 Sleeve 축수의 형상을 결정하라. 따라서 Journal의 Journal경 10Φ, 축수하중 2kg, Shaft의 회전수 100rpm, 사용환경 온도는 상온에서 운전 중의 Sleeve 축수는 60℃의 온도상승이 있다. 사용시간은 20000시간에서 30000시간 운전한다. 이 경우 축수의 마모량은 직경 0.3㎜ 이내라야 한다.

(1) Sleeve 축수의 길이 결정

Shaft의 주 속도

$$v = \pi \cdot d_g \cdot n \cdot 1/60 = \pi \cdot 10 \cdot 100 \cdot 1/60$$
$$= 52.4㎜/sec = 5.23cm/sec$$

Graph로부터 $v = 5.23cm/sec$의 한계 PV치는 $135kg/㎠ \cdot cm/sec$ 설계치의 80% 감안하면 $PV = 108kg/㎠ \cdot cm/sec$, Sleeve의 허용면압 $(P_c)a \leq PV치 \div v = 108/5.23 = 20.6 kg/㎠$ 그리고 (9)식으로부터

$$P_c = \frac{W}{\ell \cdot dg} \leq (P_c)a$$

$$\therefore \ell \geq \frac{2}{1.0 \times 20.6} = 0.097cm = 0.97㎜$$

$$\ell \leq 1.5d_g = 1.5 \times 10 = 15㎜$$

마모를 고려하면 $\ell = d_g$

즉 $\ell = 10㎜$가 된다.

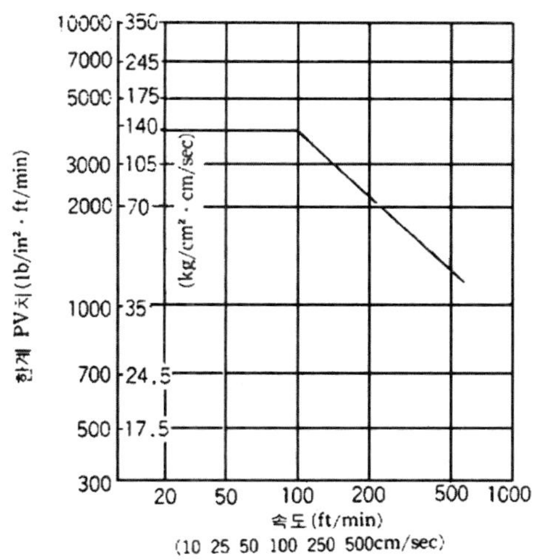

Journal bearing 무윤활 Resin
grade의 한계 PV치

(2) 축수의 마모량 검토

$v = 5.23\,\text{cm} / \text{sec} = 3.14\text{m} / \text{min}$

$P_c = 2 / 10 \times 10 = 0.02\text{kg} / \text{mm}^2 - 2\text{kg} / \text{cm}^2$ 때에

(10)식으로부터

$\delta = 4 \times 10^{-10} \times \pi \times 10 \times 100 \times 3000 \times 60 = 0.226\,\text{mm}$

무윤활을 사용한 마모량이 된다.

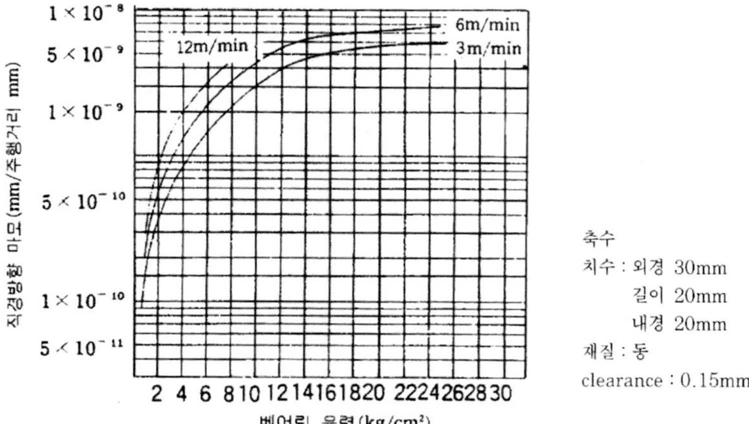

Journal bearing의 무윤활 Resin grade 마모 특성

(3) Sleeve 축수의 외경 결정

$t = 0.06d_g + 0.25$의 식으로부터 Sleeve의 최소량은

$$t = 0.06 \times 10 + 0.25 = 0.85 \text{mm}$$

따라서 Sleeve의 두께 $t = 1$mm로 한다. 금속 Housing에 압입하는 것으로 하면 금속 Housing의 Hole은 $d = d_g + 2t = 10 + 2 \times 1 = 12$mm이다.

Sleeve 축수의 형상을 결정하면 금속 Housing의 Hole size 수정하면

$$m \fallingdotseq \frac{\text{journal의 hole}}{\text{housing의 hole}} = \frac{10}{12} = 0.833$$

(4)식으로부터

$$\sigma_c = \frac{2}{1 - m^2} P_m \text{에서} \frac{P_m}{\sigma_c} = 0.152$$

이때

$$\sigma_{c=} 6\mathrm{kg}/\mathrm{mm}^2 \times 1/4 = 1.5\mathrm{kg}/\mathrm{mm}^2 (80℃\ )$$

$$\mathrm{P\_m} = 1.5 \times 0.152 = 0.228\mathrm{kg}/\mathrm{mm}^2 이며$$

(5)식으로부터

$$\frac{\mathrm{P_m}}{\mathrm{E}}\left(\frac{1+\mathrm{m}^2}{1-\mathrm{m}^2} - \mathrm{V}\right) = \frac{\mathrm{I}}{2\mathrm{r}_2} 에서$$

$$\frac{0.228}{38}\left\{\frac{1+(0.833)^2}{1-(0.833)^2} - 0.35\right\} = \frac{\mathrm{I}}{12}$$

E: $38\mathrm{kg}/\mathrm{mm}^2$(80℃, 사용시간 20000시간)

I: $0.373\mathrm{mm}$(80℃ 경우)

상온에서

$$\mathrm{I}_0 = \mathrm{I} - \alpha \cdot \Delta\mathrm{t}(\mathrm{d}+\mathrm{I})$$

$$= 0.373 - 8.45 \times 10^{-5} \times 60(12 + 0.373) = 0.31\mathrm{mm}$$

따라서 Sleeve의 축수외경은

$$\mathrm{d}_{0=} \mathrm{d}_i + 2\mathrm{t} + \mathrm{I}_0 = \mathrm{d}_i + 2 \times 1 + 0.31 = \mathrm{d}_i + 2.31$$

(4) Sleeve 축수의 내경결정

Clearance $\phi = 0.005\mathrm{d}_g + \phi_1 + \phi_2 + \phi_3 + \phi_4 + \phi_5$

$\phi_1 = \alpha \cdot \Delta\mathrm{t} \cdot \mathrm{d}_g = 8.45 \times 10^{-5} \times 60 \times 10 = 0.051\mathrm{mm}$

$\phi_2 = 0$

$\Phi_3 = 0$(금형온도 80℃ 이상에서 사출성형한다.)

$\Phi_4 = 0.03\mathrm{mm}$

$\phi_5 = \dfrac{\mathrm{m}}{1.35\mathrm{m}^2 + 0.65} \mathrm{I}$로부터

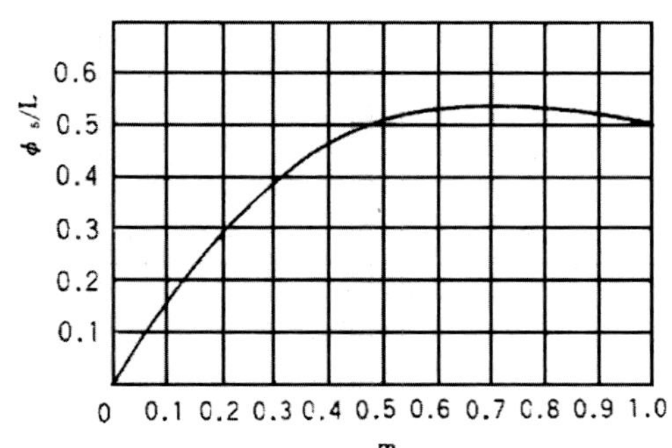

$m = 0.833$

$$\frac{\phi_5}{I_0} = 0.525$$

$\therefore \phi_5 = 0.31 \times 0.525 = 0.163$ 따라서

$\phi = 0.005 \times 10 + 0.051 + 0.03 + 0.163 = 0.294 \,\text{mm} \fallingdotseq 0.30 \,\text{mm}$

$d_i = d_g + \phi = 10 + 0.30 = 10.30 \,\text{mm}$

이상으로부터 축수의 길이 $\ell = 10 \,\text{mm}$

Sleeve 축수내경 $d_i = 10.30 \,\text{mm}$

Sleeve 축수외경 $d_0 = d_i + 2.31 = 10.30 + 2.31 = 12.61 \,\text{mm}$

금속 Housing hole $d = d_0 - I_0 = 12.61 - 0.31 = 12.30 \,\text{mm}$

1.6 Radial bearing의 각종 Plastic의 금속과의 마모마찰

plastic	비마모량 $mm^3 / kgf \cdot mm^*$	마찰계수 μ^*	PV한계 $kgf / cm^2 \cdot cm / sec^*$
Polyacetal	1.3×10^{-8}	0.21	124
Nylon66	4.0×10^{-8}	0.26	89
Nylon6	4.0×10^{-8}	0.26	89
Polycanbonate	50.0×10^{-8}	0.38	18
염소화 Polyester	12.0×10^{-8}	0.33	71
Polyurethane	6.8×10^{-8}	0.37	53
AS resin	60.0×10^{-8}	0.33	19

* $V = 25 cm / sec$ $P = 2.8 kgf / cm$

** $V = 50 cm / sec$

2. 각종 자료

(1) Acetal 수지 대체 시 중량감소율

재료	비중	중량감소율(%)
Acetal 수지	$1.41 \sim 1.42$	–
Mg die cast	1.81	22
Al die cast	2.65	45
Zn die cast	6.7	79
주철	7.1	80
강철	7.8	82
놋쇠	8.5	83

$1 kgf / cm^2 = 9.807 \times 10^1 PA$

$1 kgf / cm = 9.807 J / m = 9.807 \times 10^{-2} J$

(2) Acetal 수지와 금속재료의 물성비교

성질	단위	Acetal	아연 SAE 903	황동 (85 / 5 / 5 / 5)	알루미늄 SAE 903	마그네슘 AZ 91−B
비중	−	1.41 ∼1.42	6.6	8.75	2.64	1.81
인장강도	kg / ㎟	5.6 ∼7.03	29	28	33	23.2
굴곡탄성률	kg / ㎟×10^2	2.64 ∼2.9	−	105	70.3	5.7
신율	%	15 ∼75	10	25	3	3
전단강도	kg / ㎟	5.4 ∼6.7	21.8	22.5	21	14
열전도율	*1	5.44	27	12	35	17
열팽창계수	cm / cm℃×10^{-6}	81 ∼84	27.4	18.2	21	26
반복충격	회	63 ∼183	7	−	5	−

*1: cal / sec / ㎠ / ℃ / cm×10^{-4}

(3) Acetal copolymer와 각종 금속과의 마찰특성

금속재료	Copolymer 마모량(mg)	Copolymer 비마모량 (10^{-3}×㎣ / kg · ㎜)	마모 상수	금속 마모량(mg)
놋쇠	7.1	2.5	0.31	2.5
아연합금	2.48	870	0.30	143.0
스테인리스강	12.5	4.4	0.29	0
탄소강	9.1	3.2	0.26	0.2
연질강	8.8	3.1	0.31	0.3

주: ① 조건: 30㎝ / sec, 10kg / ㎠, 10㎞ 주행
　　② 비마모량: 마모용량 / 하중×주행거리

(4) Gear 재질로서의 플라스틱 평가

항목	Polyacetal	Polycarbonate	Nylon	ABS
충격−단일	4	2	3	1
충격−피로	2	3	1	4
굽힘−피로	1	3	2	4
치수안정성(수중)	3	2	4	1
(윤활유중)	1	4×	2	3×

항목	Polyacetal	Polycarbonate	Nylon	ABS
내약품성(산)	2×	3×	4×	1
(알칼리)	2	4×	3	1
(유기용제)	1	4	2	3
강성(상온)	2	3	4	1
(93℃)	1	2	3	4
내마모성	3	3	1	4

(1 =Highest, 4 =Lowest, × =사용의문)

(5) Acetal 수지 Gear의 금속 Gear에 대한 비교

장점	단점
① 사출성형에 의한 경제성	① 하중전달력 부족
② 다기능 부품	② 사용온도의 한계
③ 엄격하지 않은 치수공차	③ 선팽창계수가 크다.
④ 고성능	④ 치수정밀도가 낮다.
⑤ 내충격, 내진동성	⑤ 치수안정성이 낮다.
⑥ 경량성	
⑦ 소량윤활 또는 무윤활 운전가능	
⑧ 내부식성	

(6) Acetal copolymer의 마찰특성에 대한 금속 표면조도의 영향

표면다듬질	마찰계수	마모량 (mg)	비마모량 (mm³/ kg · mm)
Gr 도금 표면	0.39	9.1	3.2×10^{-3}
3 −S	0.26	15.4	5.2×10^{-3}
6 −S	0.19	28.5	9.9×10^{-3}
12 −S	0.17	65.2	2.5×10^{-3}

주: ① 3 −S는 3μ 이하의 요찰에 상당
  ② 조건: 30cm / sec, 10kg / cm², 10m 주행

(7) Acetal 수지 Bearing의 장·단점

장점	단점
① 마찰계수가 낮다. ② 응착-Sliding 운전이 없다. ③ 소량의 초기윤활 또는 무윤활이라도 좋다. ④ 내마모성이 우수하다. ⑤ 손실되어도 상대축을 손상하지 않는다. ⑥ Fitting할 필요가 없다. ⑦ 성형한 그대로 사용된다(후가공 불요).	① 열전도율이 낮고 축열되기 쉽다. ② 열팽창계수가 크다. ③ 최대 한계 PV치가 작다.

(8) 각종 판 Spring의 설계 시

종류	Sb (굽힘응력)	W (Spring하중)	y (휨)	u 단위체적당 탄성에너지
평판스프링	$\dfrac{6LW}{bh^2}$ $= \dfrac{3}{2} \cdot \dfrac{hEy}{L^2}$	$\dfrac{bh^3E}{4L^3} y$ $= \dfrac{bh^3ab}{4L^3y}$	$\dfrac{4L^3W}{bh^3E}$ $= \dfrac{2Lab}{3}$	$\dfrac{1}{18} \cdot \dfrac{a^2b}{E}$
3각판스프링	$\dfrac{6LW}{bh^2}$ $= \dfrac{hEy}{L^2}$	$\dfrac{bh^3E}{6L^3} y$ $= \dfrac{bh^2ab}{6L^3y}$	$\dfrac{4L^3W}{bh^3E}$ $= \dfrac{L^2ab}{hE}$	$\dfrac{1}{6} \cdot \dfrac{a^2b}{E}$

b: Spring의 폭, h: Spring의 높이, L: Spring의 길이, E: Spring 재질의 탄성계수

(9) 원통 및 구상제품의 허용하중

	Acetal 수지	Nylon 66
평면상의 원통	$P = 174D \times T$	$P = 81D \times T$
곡면상의 원통	$P = \dfrac{174T}{\left(\dfrac{D_1 - D_2}{D_1 \cdot D_2}\right)}$	$P = \dfrac{81T}{\left(\dfrac{D_1 - D_2}{D_1 \cdot D_2}\right)}$
평면상의 구	$P = 3.17D^2$	$P = 1.45D^2$
곡면상의 구	$P = \dfrac{3.17}{\left(\dfrac{D_1 - D_2}{D_1 \cdot D_2}\right)}$	$P = \dfrac{1.45}{\left(\dfrac{D_1 - D_2}{D_1 \cdot D_2}\right)}$

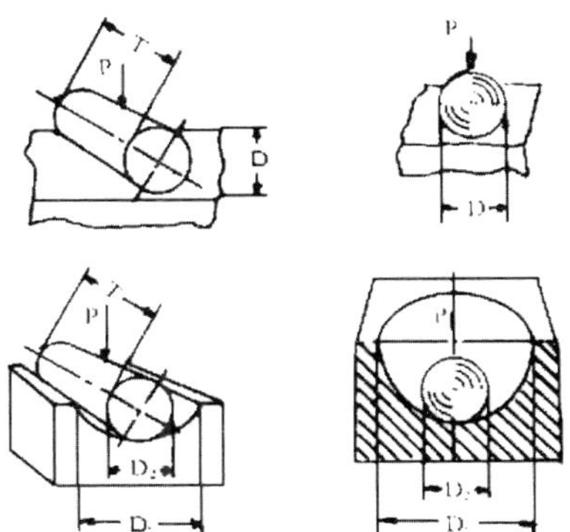

각종 곡면상의 Acetal 수지 부품 예

(10) 구조설계 공식

형상	최대변형량	응력	기호
중앙하중	$Y_m = \dfrac{FL^3}{48EI}$	$S = \dfrac{3FL}{2bd^2}$	F =하중, b =폭, L =Span, I =관성 모멘트, d =두께, E =탄성계수, S =응력, Y_m =최대휨, p =단위면적당 하중
원판상의 균일하중 (주변고정)	$Y_m = \dfrac{3pr^4(1-\mu^2)}{16Et^3}$	$S = \dfrac{3pr^3(1+\mu)}{8t^3}$	t =두께, μ =포아슨비 r =반경, S =최대응력
원판상의 균일하중 (주변지지)	$Y_m = \dfrac{3pr^4(5-4\mu-\mu^3)}{16Et^2}$	$S = \dfrac{3pr^2(3+\mu)}{8t^3}$	위와 같음
원통용기	$Y = \dfrac{R}{E}\left(1-\dfrac{\mu}{2}\right)\dfrac{P_1 R}{t}$	$S_h = \dfrac{P_1 R}{t}$	t =벽두께, R =평균 P_1 =내압, Y =반경방향변위 S_h =후푸응력

3. ASTM 시험방법

플라스틱으로 어떤 제품을 제조하는 공정은 온도와 압력을 급격히 변화시킴으로써 유체와 고체 조건 사이에 급격한 전이를 일으켜 최대속도로 반복하는 작업이다. 최종제품의 품질은 온도와 압력의 불균일, 생산주기의 편차 등에 따라 민감한 차이를 보인다. 따라서 롯트(Lot)마다 혹은 롯트 내에서 최종제품의 성능의 균일성은 사용된 플라스틱의 균일성과 제품을 제조하는 작업의 균일성 등에 따라 달라진다.

플라스틱의 성능을 시험하는 하나의 표준시험방법인 ASTM은 플라스틱이 출현한 이래 플라스틱 공업에 종사하는 전문가들이 수많은 시험을 통하여 정한 시험방법으로서 위에서 언급한 균일성을 가장 지현성 있게 시험할 수 있는 방법으로 알려져 있다. 즉 다른 플라스틱 시험방법에서와 같이 ASTM 시험방법을 통하여 다음과 같은 정보를 얻을 수 있다.

① 원하는 작업에 적당한 플라스틱의 종류와 그 플라스틱의 특정 그레이드 (Grade)를 선택할 수 있다.
② 작업을 시작할 때 생산에 요구되는 적합한 작업조건을 얻을 수 있다.
③ 제품설계의 적합성을 알아볼 수 있다.
④ 원료와 제조된 제품의 균일성을 검사할 수 있다.
⑤ 기계나 작업조건의 연속적인 변화에 따른 영향을 검사할 수 있다.

본 기술자료에서는 이와 같이 대단히 유용한 ASTM 시험방법을 요약하여 위에서 설명한 여러 가지 판단을 바르게 할 수 있도록 도움을 주고자 하는 데 그 목적이 있다.

플라스틱의 표준시험방법으로는 ASTM 외에도 일본의 JIS, 독일의 DIN 등이 있으나, 국내에서 주로 ASTM 방법이 통용되고 있다.

(1) 시험시편의 조절(ASTM D618)

① 시험방법

시험시편을 조절하는 방법으로서 방법 A는 표준시험실 환경(50±2%RH, ±1℃)에서 다음과 같은 기간 동안 조절하는 것이다.

시편두께(Inch)	시간(Hr)
0.25 이하	40
0.25 이상	88

시편 주위에 항상 공기를 적당히 순환시켜야 한다.

② 중요성

플라스틱의 온도와 수분함량은 물성과 전기적 성질에 큰 영향을 미치기 때문에 서로 다른 실험 환경, 서로 다른 시간에 대등한 결과를 얻기 위해서는 시험시편을 조절하는 이 방법은 대단히 중요하다.

위에서 설명한 방법 이외에도 더욱 높거나 낮은 수준의 온도와 습도에서 시험시편을 조절하는 방법이 여러 가지 있다면 그 제품이 FDA 규정을 준수하고 있다고 할 수 있을 뿐 "FDA 규격을 획득했다."고 표현할 수 없다는 것이다.

한편 폴리올레핀 등 위생협의회는 일본의 식품위생법에 의거한 시험규격이 폴리스틸렌 등의 열가소성 수지에 적용하기 미흡하여 수지 제조업자 및 가공업자, 첨가 제조업자, 유통관계자, 식품제조업자 등의 관련 업계로 구성 설립된 것이며, 독자적으로 자주규제기준을 작성하여 시행해 오고 있다.

(2) 규제 내용

재료명	항목	대상물질	시험조건			규제치
			추출시험	추출온도	추출시간	
PS ABS	재질시험	카드뮴	폴로라그라프 또는 원자 흡광법			≦100ppm
		연	폴로라그라프 또는 원자 흡광법			≦100ppm
		휘발성성분	가스크라마토 그라프법			≦100ppm
		AN모노머 (ABS)				≦100ppm
		질소	마이크롤－케탈법			16～18.5%
	용출시험	중금속	4% 초산	60℃	30분	검출되지 않을 것.
		증발잔유물	n－헵탄 (유성식품)	25℃	60분	* 사용조건 70℃ 이상 ≦300ppm * 사용조건 70～100℃ ≦240ppm
			20% 알콜 (알콜성식품)	60℃	30분	≦30ppm
			4% 초산 (기타식품)	60℃	30분	≦30ppm
		과망간산칼슘소비량	수	60℃	30분	≦10ppm
고온 식품용 EPS (사용온도 70～100℃)	재질시험	카드뮴	폴로라그라프 또는 원자 흡광법			≦100ppm
		연	폴로라그라프 또는 원자 흡광법			≦100ppm
		휘발성성분	가스크라마토 그라프법			SM≦1000ppm EM≦1000ppm Total≦2000ppm
	용출시험	중금속	4% 초산	95℃	10분	검출되지 않을 것
		증발잔유물	n－헵탄 (유성식품)	25℃	60분	≦240ppm
			4% 초산 (기타식품)	95℃	10분	≦30ppm
		과망간산칼슘 소비량	수	95℃	10분	≦10ppm

(3) 인장시험(ASTM D638)

① 시편

시험시편은 사출성형이나 압축성형으로 만들며, 시험 전에 이미 설명한 D618에
의해 조절한다. 시편의 크기는 변할 수도 있지만 대개 두께는 1 / 8인치이며, 일반적
인 모양은 아래의 그림과 같다.

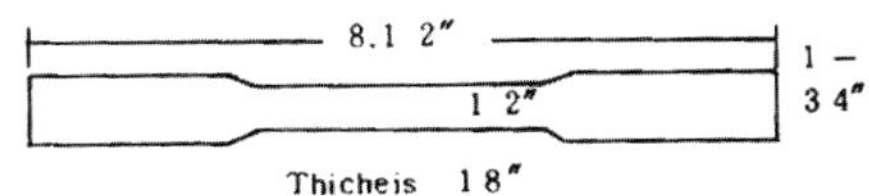

② 시험방법

시험시편의 양끝을 인스트론(Instron) 인장시험기의 물림쇠(Jaw)에 물린다. 한쪽
물림쇠는 고정되어 있고 다른 편은 움직일 수 있어서, 움직일 수 있는 물림쇠를 분
당 0.05, 0.2, 0.5, 2, 20인치 등의 여러 가지 속도로 움직인다(아래의 그림 참고).

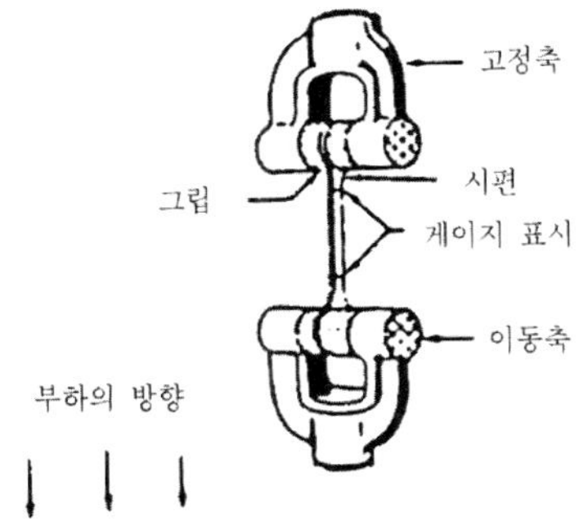

③ 중요성

인장성은 어떤 재료의 강도를 표시하는 가장 중요한 척도가 되는데, 본 시험에서
는 시편을 늘리는 데 필요한 힘과 파괴점에서의 신율이 결정된다.

탄성률은 가해진 응력(Stree)과 변형도(Strain)가 응력에 선비례하는 영역에서 가해
진 응력을 만드는 변형도에 대한 비율이다. 탄성률은 근본적으로 경도(Stiffness)의
척도이며, 어떤 부품을 탄성률이 측정되는 선형 영역에 일치하도록 설계하려고 할

때 대단히 유용한 인자가 된다.

즉 고무와 같은 탄성이 필요한 용도에 대해서는 파괴점에서 신율이 대단히 높으며, 딱딱한 부품의 경우에는 반대로 신율이 대단히 낮다. 그러나 신율을 적당하게 유지함으로써 급속한 충격을 흡수하도록 설계할 수도 있다. 따라서 응력－변형곡선 이하의 면적은 충격강도를 측정하는 척도가 될 수 있다. 대개의 경우 인장강도가 대단히 높고 신율이 작은 재료는 실제로 사용 시 깨어지기 쉽다. 이를 정리하면 아래와 같다.

수지의 성질	응력 변형도 곡선의 특성			
	탄성률	항복응력	인장강도	파괴점의 신율
유연하고 약함	낮음	낮음	낮음	보통
단단하고 깨지기 쉬움	높음	높음	높음	낮음
유연하고 강인함	낮음	낮음	낮음	높음
단단하고 강함	높음	높음	높음	보통
단단하고 강인함	높음	높음	높음	높음

이를 다시 그림으로 설명하면 다음과 같다.

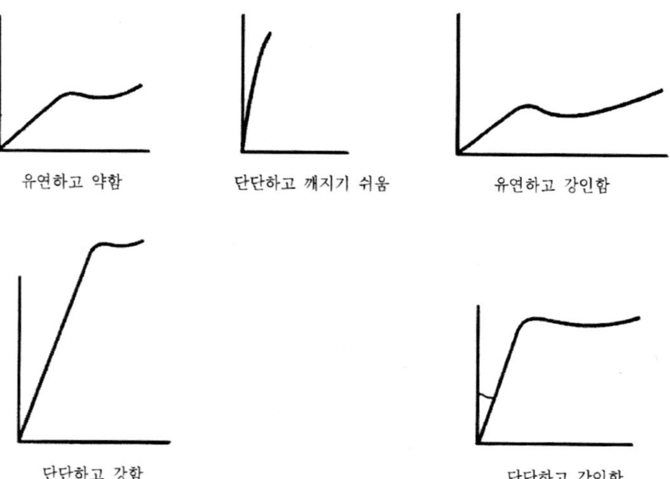

(4) 굴곡강도 시험(ASTM D790)

① 시편

대개 1 / 8×1 / 2×5인치나 더욱 얇은(1 / 16인치) 시트(Sheet)나 플레이크(Plaque)로도
가능하다. 이때 길이와 넓이는 두께에 따라 달라진다. 또한 시편은 D618에서 설명
한 방법으로 조절한다.

② 시험방법

아래 그림과 같이 시편을 2인치 떨어진 두 지지대 위에 올려놓는다.

정해진 속도로 시편의 중심에 힘을 가해, 파괴점에서의 힘을 기록하게 되는데 이
힘이 굴곡강도이다. 대부분의 열가소성 수지는 시편이 대단히 많이 변형된 후에도
파괴되지 않기 때문에 굴곡강도를 얻어낼 수 없다. 이와 같은 경우에는 5% 변형도
가 발생했을 때의 탄성률을 대신하여 사용한다.

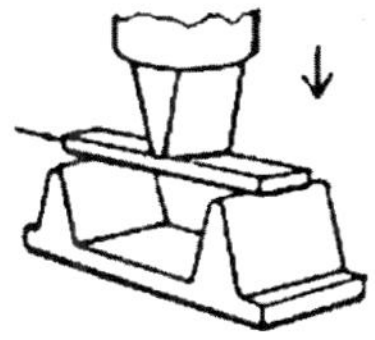

③ 중요성

어떤 재료를 구부릴 때에는 아래 그림과 같이 인장응력과 압축응력을 동시에 받
는다. 따라서 이 시험은 품질 검사나 기준시험을 위해 유용하게 쓰인다.

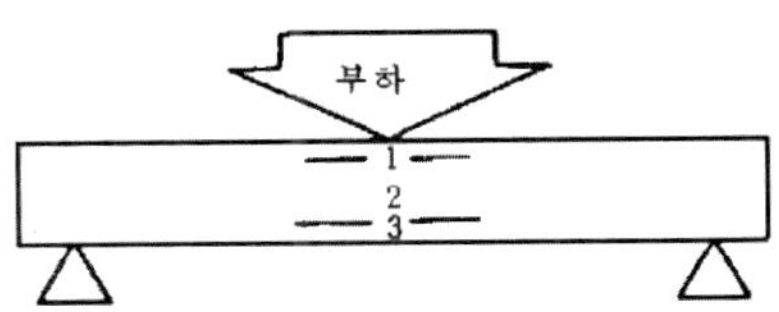

(5) 아이조드(Izod) 충격저항시험(ASTM D256)

① 시편

대개 1 / 8×1.2×2.5인치나 두께가 다른(1 / 2인치까지) 시편을 사용할 수도 있다. 노치(Notch)는 시편의 좁은 면에 만들며 시편은 D618에서 설명한 방법으로 예비조절한다.

② 시험방법

시편을 아래의 보여준 전자시험기(그림 A의 좌측)의 아래쪽에 물리고 조여둔 진자를 풀면 시편을 파괴시키는 데 소비된 힘이 계산된다. 충격시험에 많이 쓰이는 샤르피 충격저항시험도 아이조드 방법과 원리는 비슷하나 시편을 진자시험기(그림 A의 우측)에 물리는 방법이 약간 다르며 시편의 크기도 다르다.

③ 중요성

아이조드 충격시험은 노치가 있는 시편을 표준조건으로 파괴시키는 데 필요한 에너지를 나타내며 노치의 인치(혹은 ㎝)당 ft · Ib(혹은 ㎏ · ㎝)로 나타낸다. 참고로 그림 B에 아이조드 시편과 노치의 크기를 나타냈다.

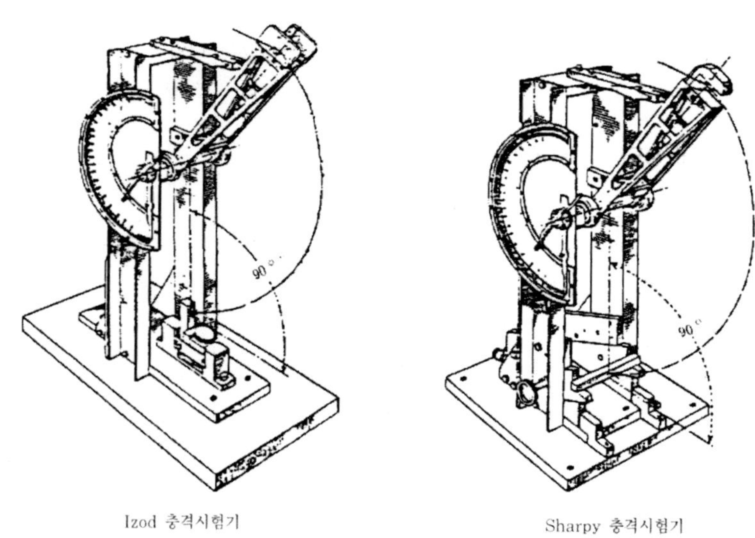

Izod 및 Sharpy 충격시험장치

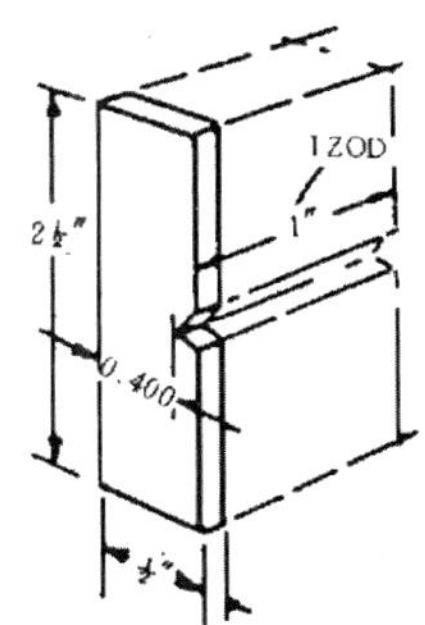

Izod 충격시험용 시편 규격

아이조드값(혹은 샤르피값)은 같은 수지의 여러 가지 그레이드(Grade)를 비교하는 데 유용하다. 그러나 어떤 수지를 다른 수지와 비교하는 데 있어서 아이조드 충격시험을 각 플라스틱의 총괄적인 질김성과 충격강도를 비교하는 대상으로 사용해서는 안 된다. 왜냐하면 어떤 수지는 노치에 민감하며, 노치작업에서 응력이 크게 집중될 염려가 있기 때문이다. 따라서 아이조드 충격시험은 이와 같은 재료로 된 부품을 설계할 때 날카로운 예각구조를 피할 필요성의 척도가 되기도 한다. 예를 들어, 나일론과 아세탈류의 수지는 성형품으로 비교했을 때에는 가장 질긴 수지에 속하나, 노치에 대단히 민감하기 때문에 아이조드 충격시험으로는 낮은 값을 기록한다.

(6) Reckwell 경도(ASTM D785)

① 시편

두께가 최소한 1 / 4인치인 시트나 플레이크가 쓰이나, 필요한 경우에 더 얇게 할 수도 있다. 시험 전에 시편을 ASTM D618방법으로 예비조절한다.

② 시험방법

강철볼에 예비 부하(Minor load)를 가해 시편 표면에 떨어뜨린다. 이와 같이 하여 표면이 약간 파여서 접촉이 좋아지면 게이지를 0에 맞춘다.

다시 본부하(Major load)를 15초 동안 가한 후 풀되 예비부하는 그대로 유지한다. 이때 15초 동안 가한 후 시편표면에 파인 정도가 다이얼 직접 기록된다. 이 값을 사용된 Rockwell 경도 스케일(Scale)을 나타내는 문자(L, R 등) 뒤에 쓴다.

사용하는 볼의 크기와 가해진 부하의 크기는 다르며, 어떤 크기의 부하로부터 얻은 값은 다른 부하에서 얻은 값과 관련지어 생각할 수 없다.

③ 중요성

아이조드 충격시험의 경우와 마찬가지로 어떤 한 가지 수지의 여러 가지 그레이드에 대한 상대적 비교는 가능하나 서로 다른 종류의 수지와 비교할 때에는 그 수치를 절대적으로 믿어서는 안 된다.

Rockwell 경도는 내마모성의 척도는 될 수 없다. 예를 들어, 폴리스틸렌은 경도값이 매우 크지만 내마모성은 대단히 약하다.

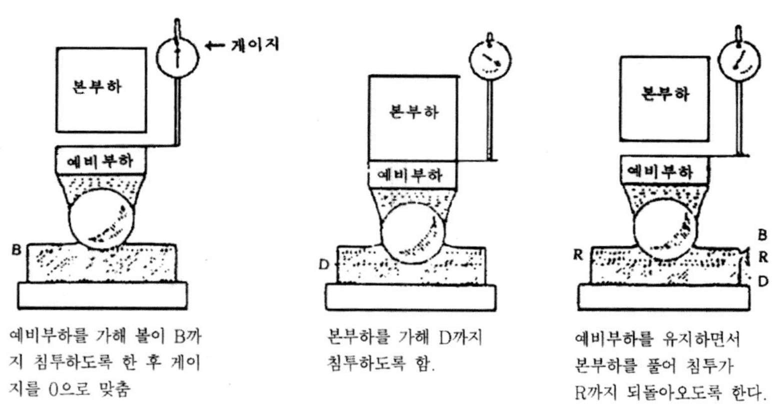

거리 RB는 Rockwell 경도를 계산하는 데 사용된다.

(7) Vicat 연화점 시험(ASTM D1525)

① 시편

시험시편은 넓이가 최소한 1/2인치, 두께가 1/8인치가 되어야 한다.

필요한 두께를 얻기 위해서 2개의 시편을 포개놓을 수도 있다. 양 경우에 사용되는 시편은 사출성형과 압출성형으로 제조한 것을 사용한다.

② 시험방법

Vicat 연화점을 시험하는 장치는 아래 그림에 보여준 것과 같이 온도가 조절되는 기름통(Oil both)에 끝이 평평한 바늘이 박혀 있어 침투도가 게이지에 기록되도록 되어 있다.

바늘에 부하를 주어 시편 위에 놓고 50℃/hr의 속도로 기름통 내부에 있는 기름의 온도를 올리면 바늘이 시편에 침투하게 되는데 Vicat 연화점은 바늘이 시편표면의 기준면에서부터 1㎜ 침투했을 때의 온도를 말한다.

③ 중요성

Vicat 연화온도는 여러 가지 열가소성 수지의 가열 연화성을 비교하는 좋은 척도가 될 수 있다.

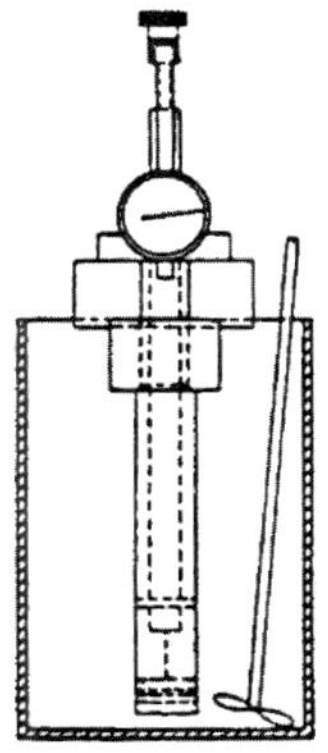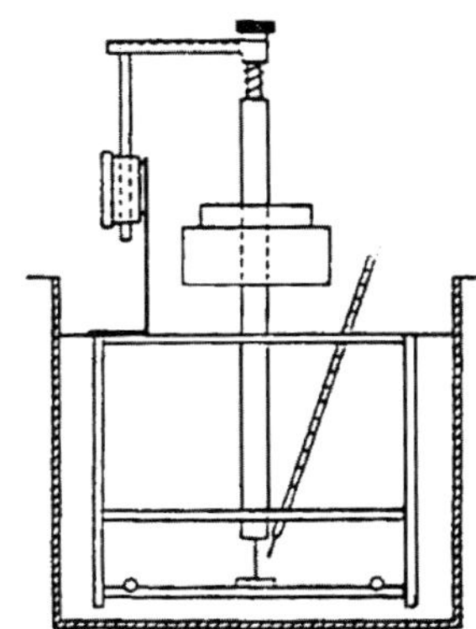

(8) 가열변형온도(ASTM D648)

① 시편

시험시편은 5×1/2인치×1/8~1/2인치이다. 또한 이 시편은 ASTM D618에 따라 예비조절한다.

② 시험방법

시편을 4인치 떨어진 지지대 위에 올려놓고, 중심에 66 혹은 264psi의 부하를 가

한다. 시편이 위치하고 있는 주위의 온도를 분당 2±0.2℃의 속도로 올려 시편이 0.010인치 변형되는 온도를 66(혹은 264)psi에서의 변형온도라 정의한다.

③ 중요성

정해진 부하에서 임의의 양만큼의 변형이 발생하는 온도를 측정하는 이 시험은 어떤 수지가 특정한 용도로 사용될 수 있는 최고한계 온도를 보여주는 척도이다. 이 시험은 또한 여러 가지 수지의 열적 성질을 상대적으로 비교하는 용도로 사용할 수 있지만 주로 어떤 수지를 개발할 때 더욱 유용하게 사용할 수 있다.

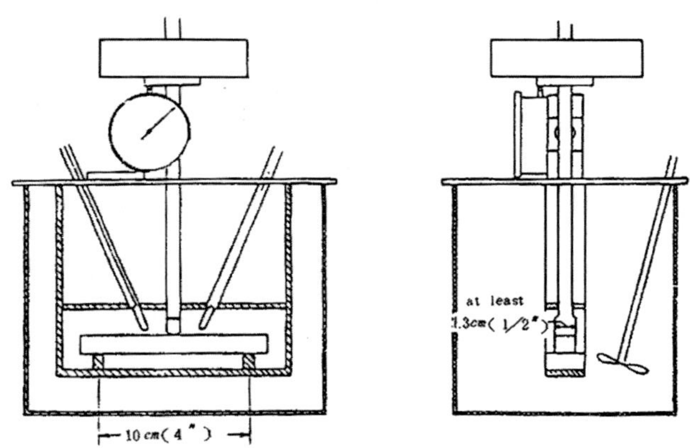

(9) 내전압 시험(ASTM D149)

① 시편

시편은 얇은 시트나 판상이며, 두께에 따라 내전압값이 달라지기 때문에 내전압 값을 표시할 때에는 항상 두께를 표시해야 한다.

또한 온도와 습도도 시험결과에 큰 영향을 미치기 때문에 시험하려는 재료에 대해 정해진 방법으로 조절을 해야 하며, 시험은 조절 직후에 실행하여야 한다.

② 시험방법

시험시편을 전류가 통하는 무거운 실린더형 황동전극 사이에 놓는다. 이 시험을 행하는 방법으로는 2가지가 있다.

① 단기간 시험: 전압을 일정한 속도(0.5~10kV / sec)로 0에서부터 파괴점까지 올린다.

② 단계시험: 단시간 시험에서 나타난 파괴점에서의 전압의 50%를 초기전압으로 가한다. 여기에서부터 일정한 속도로 전압을 올리면서 파괴점에서의 전압을 기록한다.

이 시험에서 파괴라 함은 시편을 통해 갑작스런 과전류가 흐르는 상태를 뜻한다.

③ 중요성

이 시험은 절연체로서 어떤 재료의 전기적 강도를 나타내는 척도이며, 절연재료의 내전압은 연속적인 아크(Arc)(기계적 성질의 인장강도에 해당)로서 파괴가 일어나는 전압속도(Voltage gradien)이다. 재료의 내전압은 습도, 형상과 같은 여러 가지 조건에 따라 크게 달라지기 때문에 시편의 크기 등과 같은 모든 조건이 같지 않을 때 실행된 시험의 결과는 실제적인 상태에 직접 적용할 수 없다. 따라서 내전압시험의 결과는 절대적인 비교보다는 상대적인 비교값으로 사용해야 한다.

(10) 유전율과 손실률(Dissipation factor) 시험(ATM D160)

① 시편

시험시편의 크기는 시험하기에 편리한 어떤 크기의 것도 좋으나 두께는 일정하여야 한다. 시험은 일반적으로 표준온도와 습도에서 행하나 원하는 조건에서 행할 수도 있다. 어떤 경우라 해도 시험시편은 예비조절을 해야 한다.

② 시험방법

전극을 시편의 반대면에 장치한다. 이어서 정전용량과 유전손실을 전기브릿지 회로에서 비교법이나 대치(Substitution)법으로 측정한다. 이와 같은 측정방법을 통해 얻은 실험치와 시편의 크기로부터 유전율과 손실률을 계산한다.

③ 중요성
① 손실률

손실률은 반응성 파우어(상에서 90°의 파우어)에 대한 실제파우어(상파우어)의 비율이나 다른 방법으로도 정의된다.

② 유전율

유전율은 특수한 유전체로 만들어진 콘덴서의 용량과 공기가 유전체인 같은 콘덴서의 용량의 비율이다. 하나의 전기적 구조체 성분을 다른 것으로부터 지지하거나 절연하는 용도로 사용되는 재료는 반대로 콘덴서용량이 같은 크기에서 되도록 크게 하기 위해서 높은 유전율을 가져야 한다.

(11) 체적저항률(ASTM D257)

① 시편

평판, 시트, 튜브 등 실제적인 형태가 시편으로 쓰일 수 있다.

② 시험방법

2개의 전극을 시험시편의 표면에 두거나, 시편 속으로 꽂는다.

③ 중요성

체적저항률은 재료에서 전류와 평행한 전위구배와 전류밀도의 비율이다. 절연물의 체적저항률은 어떤 특수한 용도의 절연물을 설계하는 데 쓸 수 있다.

(12) 비중과 밀도시험(ASTM D792)

① 시편

시트, 막대 혹은 튜브와 같은 성형품으로 시험할 수 있으며(방법 A), 분말, 펠렛, 플레이크와 같은 성형원료로도 측정할 수 있다(방법 B). 압축물 혹은 성형물이 기공 등이 있을 수 있는 성형원료보다는 시험에 적합하며, 성형품으로 시험할 때에는 후성형 수축이 완전히 일어날 때까지(24시간) 기다린 후 시험하여야 한다.

② 시험방법

① 방법 A: 성형품 조각을 가는 철사에 걸어 무게를 단 후 물속에 넣어서, 물속에서 다시 무게를 잰다. 여기에서 얻어진 무게차이로 밀도를 계산할 수 있다.

② 방법 B: 5g의 분말이나 펠렛을 고온계속의 이미 측정된 용적에 넣고 73.4°F에 무게와 용적 차이로 비중을 계산한다.

③ 중요성

비중은 재료의 원가적인 측면에서 대단히 중요한 요소이며, 원가 / 용적의 관계를 넘어서서 비중은 재료의 생산과정과 성형과정에서 생산조절을 하는 데도 이용될 수 있다. 비중과 밀도는 자주 혼용하여 사용하나 약간의 차이가 있다. 즉 비중은 73.4°F(23℃)에서 주어진 용적의 원료의 무게와 같은 온도에서 같은 용적의 물의 무게에 대한 비율로서 '비중, 23 / 23℃'로 표시한다. 밀도는 23℃에서 재료의 무게에 대한 용적의 비율이며, '23℃, g / ㎤'로 표시한다.

(13) 용융지수 시험(ASTM D1238)

① 시편

실린더 보어(Bore)로 도입될 수 있는 어떤 형태(분말, 그레뮬, 필름, 펠렛 등)도 가능하나, 시험 전에 각 재료에 대해 명시된 방법으로 시편을 예비조절하여야 한다.

② 시험방법

아래에 보여준 시험장치를 각 재료에 대해 정해진 온도로 가열한다(PS에 대해서는 200℃). 다음에 재료를 실린더에 넣고, 부하를 가할 피스톤을 제 위치에 놓고 5분 후에 오리피스로부터의 토출량을 잘라내고 다시 1분 후에 잘라낸다. 이 시험에서 이와 같은 절단은 재료에 따라 1, 2, 3 혹은 6분에 취한다. 용융지수는 이와 같은 과정으로 g / 10min으로 계산한다.

③ 중요성

용융지수는 주로 원료제조자가 원료의 균일성을 조절하는 방법으로 유용하게 쓸

수 있다. 물론 이 시험에서 얻어진 자료를 서로 다른 원료의 상대적인 성형특성으로 직접 적용할 수는 없지만 용융지수 값은 여러 가지 수지와 같은 수지의 여러 가지 그레이드의 유동성의 척도가 될 수 있다.

이 시험에서 측정된 성질은 기본적으로 용융수지점도 혹은 변형률(Rate of shear)을 나타내며, 일반적으로도 흐름성이 나쁜 원료일수록 분자량이 높다.

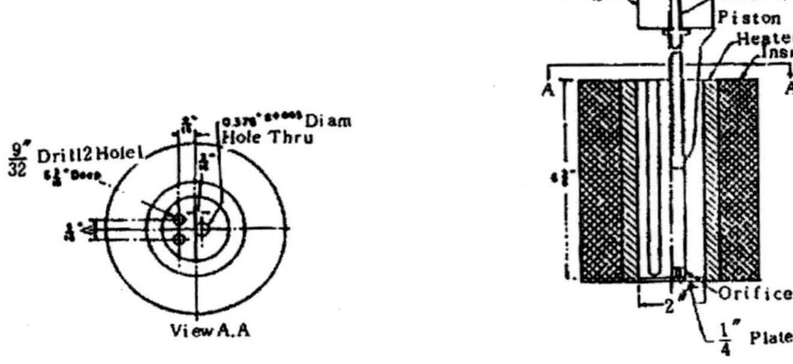

(14) 흡수율 시편(ASTM D570)

① 시편

시편은 직경이 2인치, 두께가 1/8인치이며, 이 시편은 성형에 의해 만들며, 압출에 의해 만든 시트를 3인치×1인치×임의의 두께로 자른 막대를 사용할 수도 있다.

시편은 50℃의 오븐에서 24시간 건조하고 데시케이터에서 냉각한 후 즉시 무게를 측정한다.

② 시험방법

시험편을 24시간 이상 73.4°F(23℃)의 물에 담그고 난 후 꺼내어 시편을 헝겊으로 닦아내어 즉시 무게를 단다. 여기에서 얻어진 무게의 차이를 %로 나타낸다.

③ 중요성

대개 수지에 따라 흡습률이 다르며, 수지 내의 수분은 여러 가지 방법으로 수지의 성질에 영향을 미친다. 특히 전기적 성질에 가장 큰 영향을 미치며, 흡습률이 대단히 낮은 PE가 전기절연체로 가장 적합한 것은 이 이유 때문이다.

또한 수지 내에 함유되어 있는 수분은 성형 시에 여러 가지 악영향을 미치기 때문에 성형 전에 예비 건조를 하여야 한다.

제20장

사출성형과 금형

1. 성형품 생산성 향상

1) 성형품의 생산성 향상에 필요한 요인과 금형관계

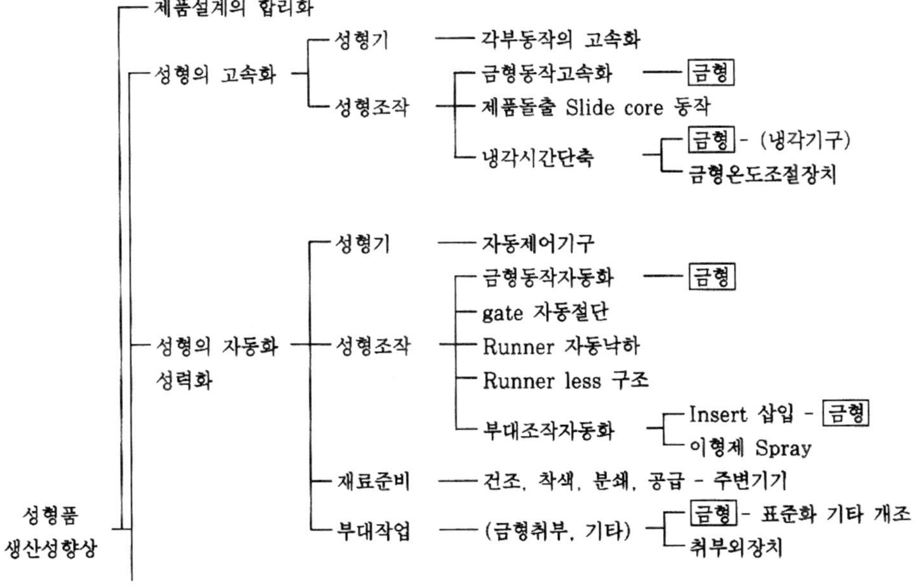

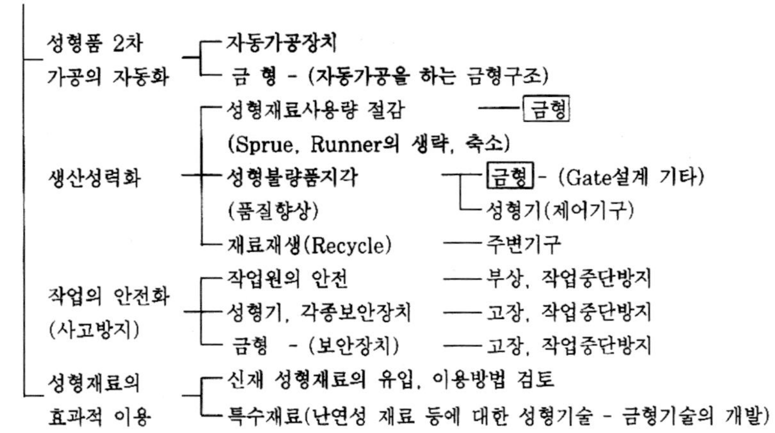

2. 금형제작 사양서

주문선	주문선주소		
	주문선회사명		
	납입장소		
성형기	품명 및 품명코드		
	사용수지명		
	성형수지율		/1,000
	색조	투명성	투명, 불투명
		색명	
	성형품 중량		g
	성형품투영면적		cm²
성형품	제작처(제조처)명		
	형식		
	사출중량		g / shot
	형체력		ton, oz

성형품	tiebar	수평	cm×cm
		수직	cm×cm
	ejector 구멍직경		mmΦ
	사용형두께	최대	mm
		최소	mm
	Rocket ring 구멍직경		mmΦ
	Nozzle 구멍직경		mmΦ
	Nozzle R		
기타	지급품		
	금형납기		년 월 일
	사용공장		
	금형가격		
금형구조	금형구조형식		
	취수		
	Parting line		
	금형형식	Heater	Pin, 단부 Pin, Plate, 접시 Pin
		Stripper plate	Plate bar block, Link
		Sleeve	Sleeve 특수 Sleeve
		공기	공기
		기타	2단돌출
	Runner	방식	보통, Insulate hot
		형상 · 치수	원, 반원, U형, 치형
	Nozzle 방식		Well type
	종류 · 위치 형상 · 치수		
	Core	종류	Side core
		인발구조	경사 Pin, 경사 Cam 유압, 공기압
	냉각가열방식		
	특수가공의 유무		
	도금의 유무		유무
	주요재료		
	소입		경도
	금형 Layout size		가로×세로×높이

3. 금형의 끝마무리에 대하여

1) 수지의 종류와 금형설계 시의 유의사항

수지명	현상 및 문제점	설계 시의 유의사항
폴리에틸렌 (결정성)	1. 수축이 커서 비틀림, 변형이 생기기 쉽다. 2. 긴 냉각시간을 요하고, 성형능률은 그다지 좋지 않다. 3. 언더컷이 있는 성형품을 강제적으로 금형에서 빼낼 수 있다. 4. 성형 수축률이 금형 온도에 대한 의존도(依存度)가 커서 안정성이 나쁘다. 5. 잔류 수지가 있으면 버닝 마크(Burning mark)를 일으키기 쉽다.	1. 재료의 충전 속도를 빨리할 수 있도록 금형설계(게이트, 러너)를 한다. 2. 냉각 속도를 균일하게 할 수 있는 냉각 방식을 채택한다. 3. 성형기의 기종은 스크류식이 좋다. 4. 성형 수축률은 흐름방향 2.75%, 직각방향 2.0% 정도 5. 비틀림, 변형 방지를 고려한 성형품 설계를 한다.
폴리플로필렌 (결정성)	1. 성형성은 대단히 좋다. 2. 변형, 비틀림, 싱크마크가 발생하기 쉽다. 3. 힌지(Hinge) 특성이 있다. 4. 치수 안정성은 좋다. 성형 후 24시간에서 치수 변화는 발생하지 않는다.	1. 힌지가 있는 성형품의 게이트 설계에 주의를 요한다. 2. 성형수축률은 1.3~1.7% 정도 3. 싱크마크, 변형방지의 성형품 설계가 필요하다.
폴리아미드 (결정성)	1. 용융 점도가 낮고 흐름 특성은 좋다. 단, 그 때문에 플래시가 생기기 쉽다. 2. 수축률의 안정성이 나쁘다. 3. 용융온도 이외에서는 경도가 높아져 금형이나 스크류 등을 파손할 염려가 있다.	1. 플래스(성형귀) 방지를 위한 정밀금형이 필요하다. 2. 공업부품일 때는 금형온도를 높여 결정화에 대한 주의가 필요하다. 3. 싱크마크 방지의 성형품 설계를 하고 치수 안정성을 좋게 한다. 4. 성형 수축률은 1.5~2.5% 정도
폴리아세탈 (결정성)	1. 흐름이 나쁘고 분해하기 쉽다. 2. 게이트의 흔적은 외관 불량을 일으키기 쉽다. 3. 싱크마크, 변형을 발생시키기 쉽다.	1. 흐름을 좋게 하고 게이트 부분의 외관을 좋게 하는 러너, 게이트의 디자인이 필요하다. 2. 성형기의 기종은 스크류식이 좋다. 3. 성형조건, 특히 실린더 온도(재료온도), 금형온도 관리에 주의해야 한다. 4. 성형 수축률은 2.5% 이하

수지명	현상 및 문제점	설계 시의 유의사항
불소수지 (3불화염화 에틸렌) (결정성)	1. 용융 점도가 극히 높고, 고압성형에 적합하다. 2. 변색을 일으키기 쉽다.	1. 흐름에 적합한 게이트, 러너의 설계를 한다. 2. 고압사출성형기가 필요하다. 3. 변색 방지의 성형조건을 선정한다. 4. 표면 산화 방지의 금형, 재료, 표면 처리 방법의 선정이 필요하다. 5. 성형 수축률은 0.5% 정도
폴리스틸렌 (아크릴스틸 렌) (AS) (비결정성)	1. 흐름이 좋고 성형성이 양호하며 성형능률도 좋다. 2. 크랙(균열)이 발생하기 쉽다. 3. 플래시는 잘 나오지 않는다.	1. 금형으로부터 이형(離型) 시의 크랙에 주의해서 적당한 녹아웃(Knockout) 기구를 선정한다. 2. 성형품에 크랙이 발생하지 않도록 제품설계를 할 것. 특히 발구배는 1° 이상으로 하며, 금형에 언더컷이 없도록 주의할 것. 3. 성형 수축률은 0.45% 정도
ABS (비결정성)	1. 흐름은 좋지 않다. 2. 성형품의 성능은 안정되어 있다. 3. 게이트 부분의 표면 및 외관의 웰드라인이 나타나기 쉽다.	1. 흐름에 대한 러너, 게이트의 적절한 것을 선정한다. 2. 웰드라인에 대한 게이트의 위치를 적절하도록 선정한다. 3. 고압성형 때문에 발구배를 2° 이상 필요하다. 4. 성형 수축률은 0.5% 이상
아크릴 (메타크릴레 이트) (비결정성)	1. 흐름이 나쁘고 충전부족, 플로우 마크, 압력 부족에 의한 싱크마크가 발생하기 쉽고 고압성형을 요한다. 2. 광학적 용도일 때 투명도가 문제되고 이종(異種) 재료의 혼입, 분해 등에 주의를 요한다.	1. 고압 성형을 요하며, 고압 성형기가 필요하다. 2. 발구배는 되도록 크게 할 것. 3. 흐름에 의해 고려된 러너, 게이트의 설계가 필요하다. 4. 재료온도, 금형 온도의 관리에 주의할 것. 5. 성형 수축률은 약 0.35% 정도
염화비닐 (경질) (비결정성)	1. 열 안정성이 나쁘고, 성형 범위와 분해 범위가 접근해 있다. 2. 흐름이 좋지 않다. 3. 외관이 나쁘게 되기 쉽다. 4. 금형을 부식시킨다. 5. 용해(溶解) 실린더의 잔류 수지가 열분해를 한다.	1. 재료의 온도 관리가 중요하고 스크류식의 성형기가 좋다. 2. 유동 저항이 적은 러너, 게이트 설계를 할 것. 3. 내식(耐蝕) 때문에 금형의 표면처리가 필요하다(크롬도금). 4. 성형 수축률은 0.7% 정도

수지명	현상 및 문제점	설계 시의 유의사항
폴리카보네이트 (비결정성)	1. 용융 점도가 높고, 고압, 고온의 성형이 필요하다. 2. 잔류 응력에 의해 크랙(균열)이 발생되기 쉽다. 3. 단단하기 때문에 금형을 파손시키기 쉽다. 4. 플래시는 잘 나오지 않는다. 5. 물적강도, 치수안정성, 내열성, 내후성, 투명성, 자기소화성(自己消火性), 내연소성, 무독성 등 우수한 성질이 있다.	1. 성형은 고압, 고온성형이 필요하고 스크류식이 좋다. 2. 재료의 예비 건조는 충분히 할 것. 3. 유동 저항이 적은 러너, 게이트 설계를 할 것. 4. 두께를 어느 정도 두껍게 한 제품 설계를 하고 금속 인서트의 삽입은 되도록 피할 것. 또 발구배는 2° 이상으로 한다. 5. 성형 수축률은 0.6% 정도
셀룰로오스 아세테이트 셀룰로어스 아세테이트 부틸레이트 (비결정성)	1. 흐름은 나쁘고, 성형은 좋다. 2. 외관면의 촉감은 좋으나 치수정밀도를 내기 어렵다.	1. 재료 예비 건조를 한다. 2. 성형수축률 셀룰로오스 아세테이트 0.5% 셀룰로어스아세테이트부틸레이트 0.4% 정도

2) 금형의 마무리 제작

(1) 제품공차에 따른 금형제작 공차의 부여방법에 의한 제작

① 제품공차가 기준치의 상한으로 되어 있을 때 금형 공차 부여는?

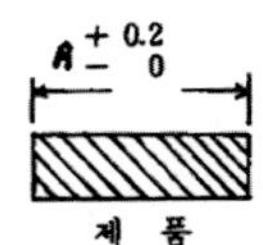

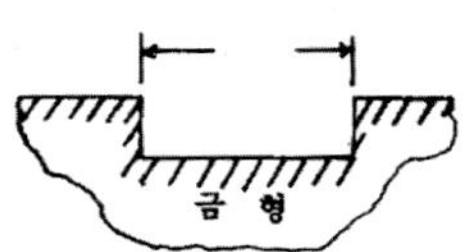

나쁜 방법: (A + 0.1), (1 + 수축률)±0.05

좋은 방법: A(1 + 수축률) + 0.06, − 0

제품도 공차에 기준하여 금형의 성형품공차는 1 / 3을 한다.

② 제품 공차범위가 기준치에 하한으로 되어 있을 때 금형공차 부여는?

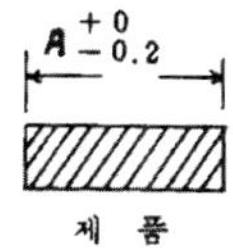

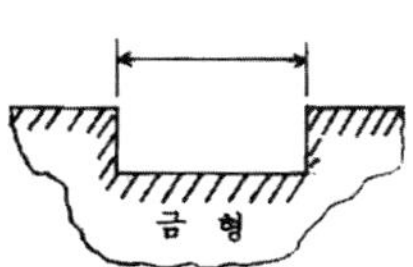

나쁜 방법: $(A-0.1)(1+수축률)\pm0.05$

좋은 방법: $(A-0.2)(1+수축률)+0.06,\ -0$

③ 제품 공차범위가 기준치에 상한으로 되어 있을 때 금형공차 부여는?

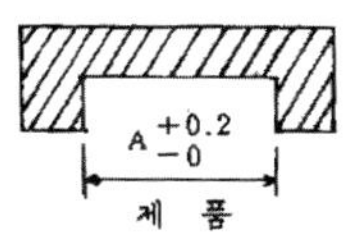

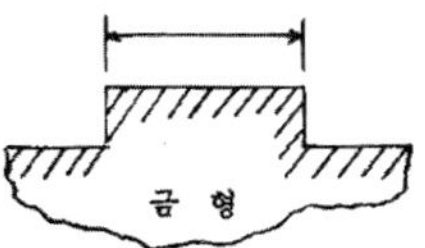

나쁜 방법: $(공차\times50\%)$

나쁜 방법: $(A+0.1)(1+수축률)\pm0.05$

좋은 방법: $(A+0.2)(1+수축률)+0,\ -0.06$

④ 제품 공차범위가 기준치의 하한으로 되어 있을 때 금형공차 부여는?

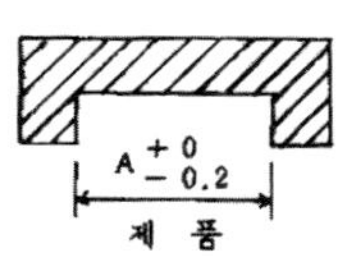

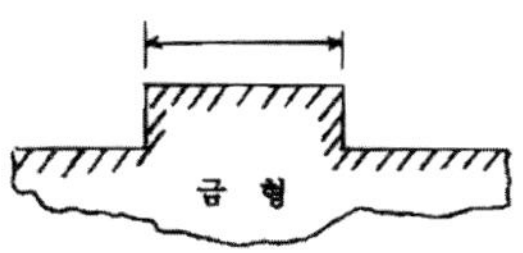

나쁜 방법: $(A-0.1),\ (1+수축률)\pm0.05$

좋은 방법: $A(1+수축률)+0,\ -0.06$

⑤ 축 또는 중심거리에서 제품이 중간공차로 되어 있을 때 금형에서는?

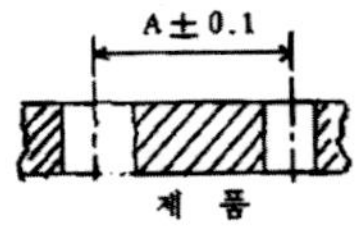
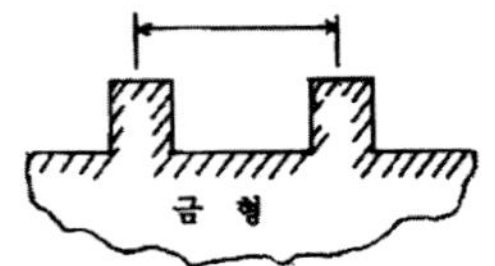

나쁜 방법: A×(1 + 수축률)±0.05

좋은 방법: A×(1 + 수축률)±0.03

4. 금형치수 정밀도의 강도계산

1) 금형치수 정밀도

① 금형치수공차는 제품치수공차의 1 / 3 ~ 1 / 6으로 한다.

② 금형구조상 정밀도

금형부분	해당개소	조건	표준치
형판	두께	평행으로 한다.	300에 0.02 이내
	조립총두께	평행으로 한다.	300에 0.1 이내
	Guide pin	Hole경이 정확하다.	H7
		고정측, 가동측이 동일 위치한다.	±0.02 이내
		직각이 한다.	100에 0.02 이내
	Ejector pin	Hole경이 정확하다.	H7
	Return pin hole	직각이 한다.	0.02 이내
Guid pin	압입부의 직경	연삭다듬질 한다.	k6 k7 m6
	섭동부의 직경	연삭다듬질 한다.	f7 e7
	진직도	굽힘이 없다.	100에 0.02 이내
	경도	소입, 소려 처리한다.	H_{RC} 55 이상

금형부분	해당개소	조건	표준치	
Guid pin bush	외경	연삭다듬질한다.	k6 k7 m	
	내경	연삭다듬질한다.	H7	
	내・외경의 관계	동심으로 한다.	0.01	
	경도	소입, 소려 처리한다.	H_RC 55 이상	
Ejector pin Return pin	가동부의 직경	연삭다듬질한다.	$2.5 \sim 5$	-0.01 -0.03
			$6 \sim 12$	-0.2 -0.05
	진직도	굽힘이 없어야 한다.	100에 0.1 이내	
	경도	소입, 소려 또는 질화 처리한다.	H_RC 55 이상	
Ejcetor plate	Ejector pin 취부 hole	Hole 위치형판과 동일치수로 한다.	±0.3	
	Return pin 취부 Hole		±0.1	
Side core	가동부의 작동	원활해야 한다.	H7 e6	
	경도	양면 또는 한 면 소입 처리해야 한다.	H_RC 50 $\sim$ 55	

2) 강도계산식

	하중	(M)	δ
1		$M_{max} = W\ell$	$\delta_{max} = \dfrac{W\ell^3}{3EI}$
2		$M_{max} = \dfrac{1}{2}W\ell$ $(W = w\ell)$	$\delta_{max} = \dfrac{W\ell^3}{8EI}$ $(W = w\ell)$
3		$M_{max} = \dfrac{1}{4}W\ell$	$\delta_{max} = \dfrac{W\ell^3}{48EI}$

4		$M_{max} = \dfrac{1}{8} W \ell$	$\delta_{max} = \dfrac{W \ell^3}{192EI}$
5		$M_{max} = \dfrac{1}{8} W \ell$ $(W = w \ell)$	$\delta_{max} = \dfrac{5W \ell^3}{384EI}$ $(W = w \ell)$
6		$M_{max} = \dfrac{1}{12} W \ell$ $(W = w \ell)$	$\delta_{max} = \dfrac{W \ell^3}{384EI}$ $(W = w \ell)$
7		$M_{max} = \dfrac{1}{8} W \ell$ $(W = w \ell)$	$\delta_{max} = \dfrac{W \ell^3}{184.6EI}$ $(W = w \ell)$

3) 금형측벽계산

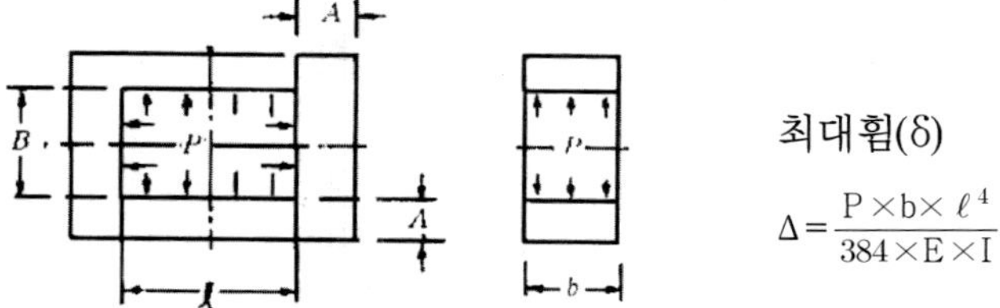

최대휨(δ)

$$\Delta = \frac{P \times b \times \ell^4}{384 \times E \times I}$$

① 예제 $\ell = 400\,mm$, $P = 400\,kg / cm^2$, $E = 2.1 \times 10^4 kg / mm^2$, $b = 200\,mm$, $h = 200\,mm$의 경우

$$\delta = \frac{4 \times 200 \times 400^2}{384 \times 2.1 \times 10^4 \times (200 \times 200^3 / 12)} = 0.02\,mm$$

(1) 가동형판의 휨

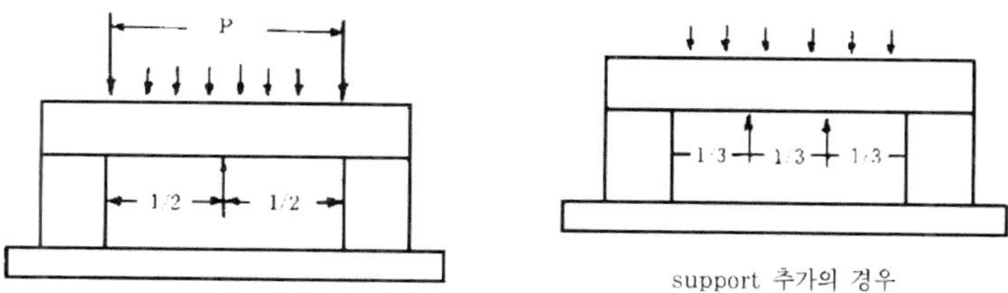

$$\delta = \frac{5 \times W \times \ell^4}{384 \times E \times I}$$

$I - \dfrac{bh^3}{12}$ 식을 변형하여 다음과 같이 h를 구하면

$$h = \sqrt[3]{\frac{5 \times W \times \ell^4}{32 \times E \times b \times \delta}}$$

h는 $\ell^{1/3} = \sqrt[3]{\ell^4}$ 에 비례한다.

따라서 $\ell = 1/2$일 때 h＝1／25이고 $\ell = 1/3$일 때 h＝1／4.3이 된다.

5. 성형품에 의한 정밀도 등급과 금형가공 허용오차

정도등급	성형품의 허용공차폭	금형가공허용공차
초정밀급	절대치수의 차이에 의한 공차폭 ±10μ 이내	±2μ 이내
	절대치수에 대한 허용공차폭(결정성) ±0.03	±0.005 이내
	절대치수에 대한 허용공차폭(비결정성) ±0.02	±0.005 이내

정도등급	성형품의 허용공차폭	금형가공허용공차
정밀급	절대치수에 대한 허용공차폭(결정성) ±0.06	±0.007 이내
	절대치수에 대한 허용공차폭(비결정성) ±0.04	±0.007 이내
중급	절대치수에 대한 허용공차폭(결정성) ±0.08	±0.01 이내
	절대치수에 대한 허용공차폭(비결정성) ±0.06	±0.01 이내
거칠음급	절대치수에 대한 허용공차폭(결정성) ±0.15	±0.02 이내
	절대치수에 대한 허용공차폭(비결정성) ±0.10	±0.02 이내

결정성 수지: PE, PP, POM, PBT, PA
비결정성 수지: PS, ABS, SAN, PMMA, PC, PPHOX, PSU

6. 사출성형기 선정기준과 Daylight

특별한 조건하에 기계의 크기를 선택하는 데 도움을 줄 수 있는 8가지 Rule이 있다. 이것은 금형과 제품설계에 도움을 준다. 그리고 성형기술도 기계의 크기와 Cycle의 조건에 영향을 줄 수 있다.

1) 투영면적과 Clamping 힘

기계의 Clamping 힘은 완전히 사출된 상태에서 Runner와 Mold 부품의 투영면적에 3~5배가 되어야 한다. 이것은 얇은 벽, 깊은 곳의 뽑아냄 또는 두꺼운 Boss를 가진 부품에서 투영면적의 단위 평방 in당 3ton을 허용한다.

또한 두꺼운 벽, 얇은 곳의 뽑아냄과 두껍지 않은 Boss를 갖는 부품에서 투영면적의 단위평방 in당 2ton을 허용하기 위해 총 투영면적의 2~3배가 되어야 한다.

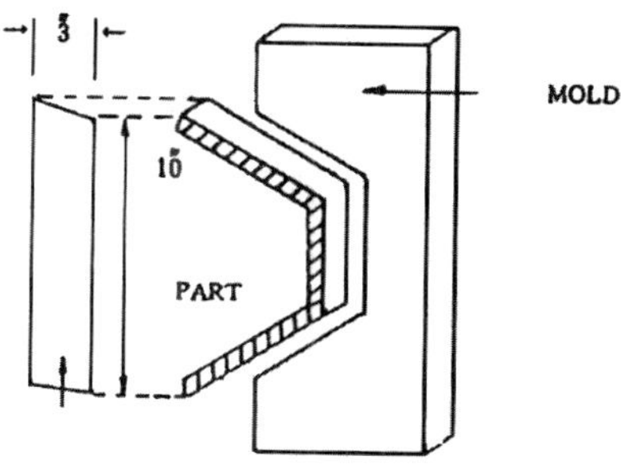

Projected area(투영면적)

2) 사출물의 무게와 기계의 분사용적

사출된 상태의 사출물 Sprue와 Runner의 총무게는 특정 재질에서 기계의 최대분사용적의 90%를 넘으면 안 된다. 용융점이 높은 온도에서 요구사항은 사출크기의 최대를 75%까지 감소시키는 것이다. 기계는 Styrene의 OZ로 평가되기 때문에 사출용적은 대략의 값에 의해 다른 재질도 조정되어야 한다.

Styrene과의 비교 OZ		Styrene과의 비교 OZ	
HDPE	0.90	NYLON	1.08
POLYPROPYLENE	0.85	PVC	1.23
ABS	0.99		

3) 금형크기와 원판크기

금형은 Tie rod 사이의 가능한 금형장치면에 맞아야 한다.

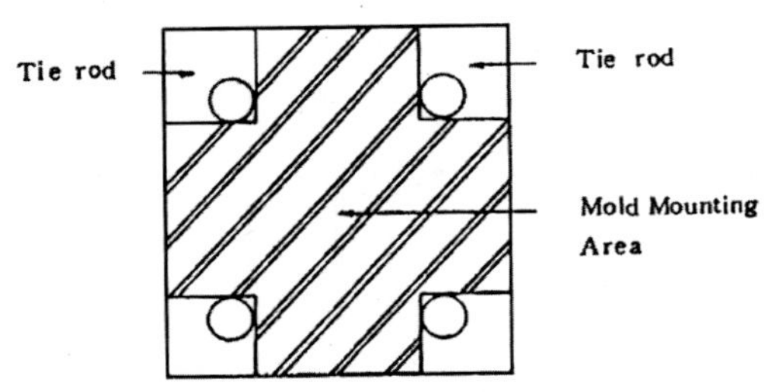

4) 금형두께와 닫힘 여유

금형을 닫았을 때 금형두께는 기계의 최소여유(Daylight)보다 커야만 한다. 단지 기계적 Clamp에서는 금형두께가 Clamp tonnage를 세우기 위하여 최대 닫힘 Daylight보다 작아야 한다.

5) 사출물의 깊이와 열림 여유

사출물 제거 시에 열림 Daylight는 사출물의 깊이의 2배 더하기 닫힘 금형의 두께보다 커야만 한다.

Open daylight > 2×(Part 깊이) + (금형두께)

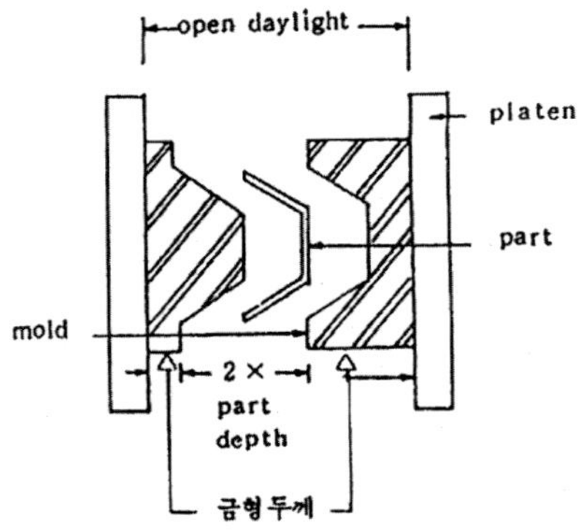

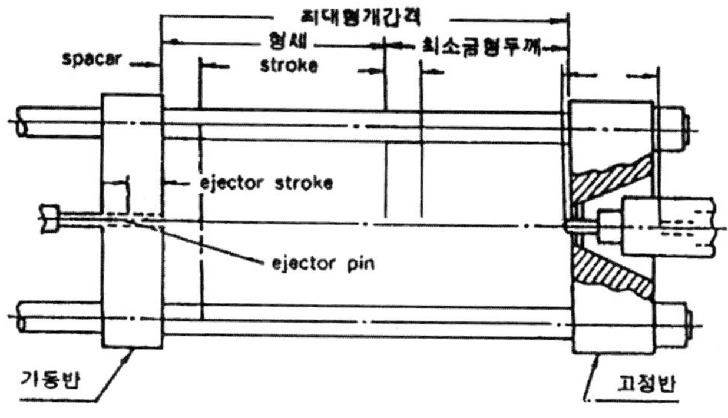

6) 사출물의 깊이와 Clamp 행정거리

수압 Clamp 기계에서는 Clamp 행정거리는 열림 Daylight 배기 금형두께보다 크거나 같고 사출물의 깊이의 2배보다 커야 한다.
- Clamp stroke ≥ (Open daylight) − (금형 두께)
- Clamp stroke > 2×(Part 깊이)

기계식 Clamp 기계에서는 Clamp 행정거리는 열림 Daylight 빼기 금형두께와 같아야 하고 사출물의 깊이의 2배보다 커야 한다.
- Clamp stroke = (Open daylight) − (금형두께)
- Clamp stroke > 2×(Part 깊이)

7) 순환시간(Cycle time)

순환시간은 기계시간 더하기 냉각시간이다. 금형을 목적으로 하는 Plastic은 알맞은 냉각능력과 일정한 두께를 갖는 부분을 갖고 있어야 한다.

기계 Size (tons)	성형시간	두께 (inches)	냉각시간
75~200	4sec	0.030	3sec
300~500	8sec	0.045	5sec
700~1000	10sec	0.095	12sec
1500~2500	15sec	0.1875	20sec

순환시간＝기계시간＋냉각시간＋손으로 부품을 제거하는 데 5~10초.

Plastic 부품 0.045″의 균일한 두께를 갖고 있고 기계는 357톤 용량이다.

8) Screw 회복과 순환시간

최소 순환시간에 대해 Screw 회복시간은 냉각시간보다 크거나 같아야 한다.

$$\text{Screw회복} = \frac{\text{사출물중량(OZ)}}{\text{회복비율(OZ/sec)}} \leq \text{냉각시간}$$

7. 금형의 온도방식

1) 전열면적

$$Q = S \times G \times C_p (t_1 - t_0) \text{kcal/hr}$$

  S: 매시 Shot수

  G: 1Shot의 수지중량

  C_p: 수지의 비열

  t_1: 취출 시의 수지온도

t_0: 취출 시의 성형품목

전열면적은 $A = Q / hw \times T$

   T: 금형과 냉매의 평균온도차

   hw: 냉각 Pipe의 경막전열 계수

따라서 hw는 다음 식에서 산출한다.

$$hw = \frac{\lambda}{d} \times (\frac{d \times v \times q}{\mu})^{0.8} \times (\frac{C_p \times \mu}{\lambda})^{0.3}$$

   d: 관경

   v: 유속

   q: 밀도

   μ: 점도

   λ: 매체의 열전도율

2) 온조방식

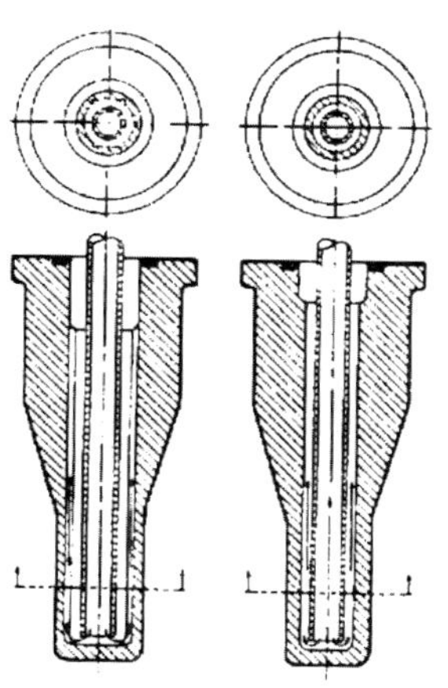

Mold cooling(Bubblers)

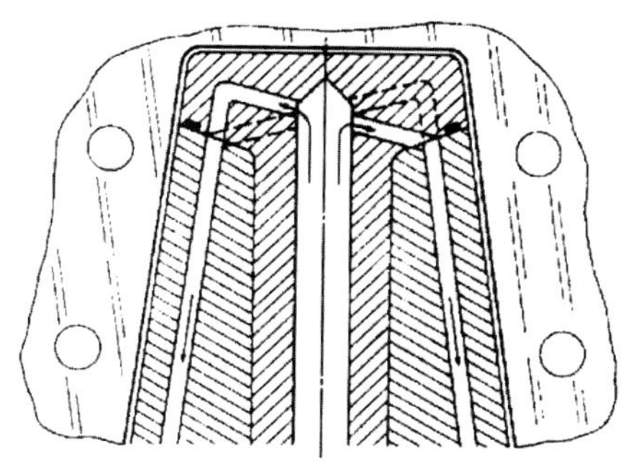

Mold temperature control

그림	적요
	• 일반적으로 사용하는 방법으로 가공이 용이하다. • Sprue에 근접하여 냉수로를 통할 수 있다. • 성형품의 각진 부분에 적용한다.
	• 성형품의 형상에 근접한 냉각 Hole을 가공하는 것으로 냉각효과가 크다. • 각진 부분, 변형 부분의 성형품에 적용한다.
	• 원통형의 성형품의 외주냉각법이다.
	• 냉각 Hole의 선단을 교차하는 방법 • 성형품의 직경이 크지 않은 부품에 적용한다.
	• 가동측은 Gate 부분의 냉각, 고정측은 Link상의 회로로 가공한다.
	• Core pin의 냉각으로 선단에 미세한 단부 Hole을 취부판에 취부하는 회로로 가공한다.
	• Sleeve ejector 경우에 Core pin을 냉각

그림	적요
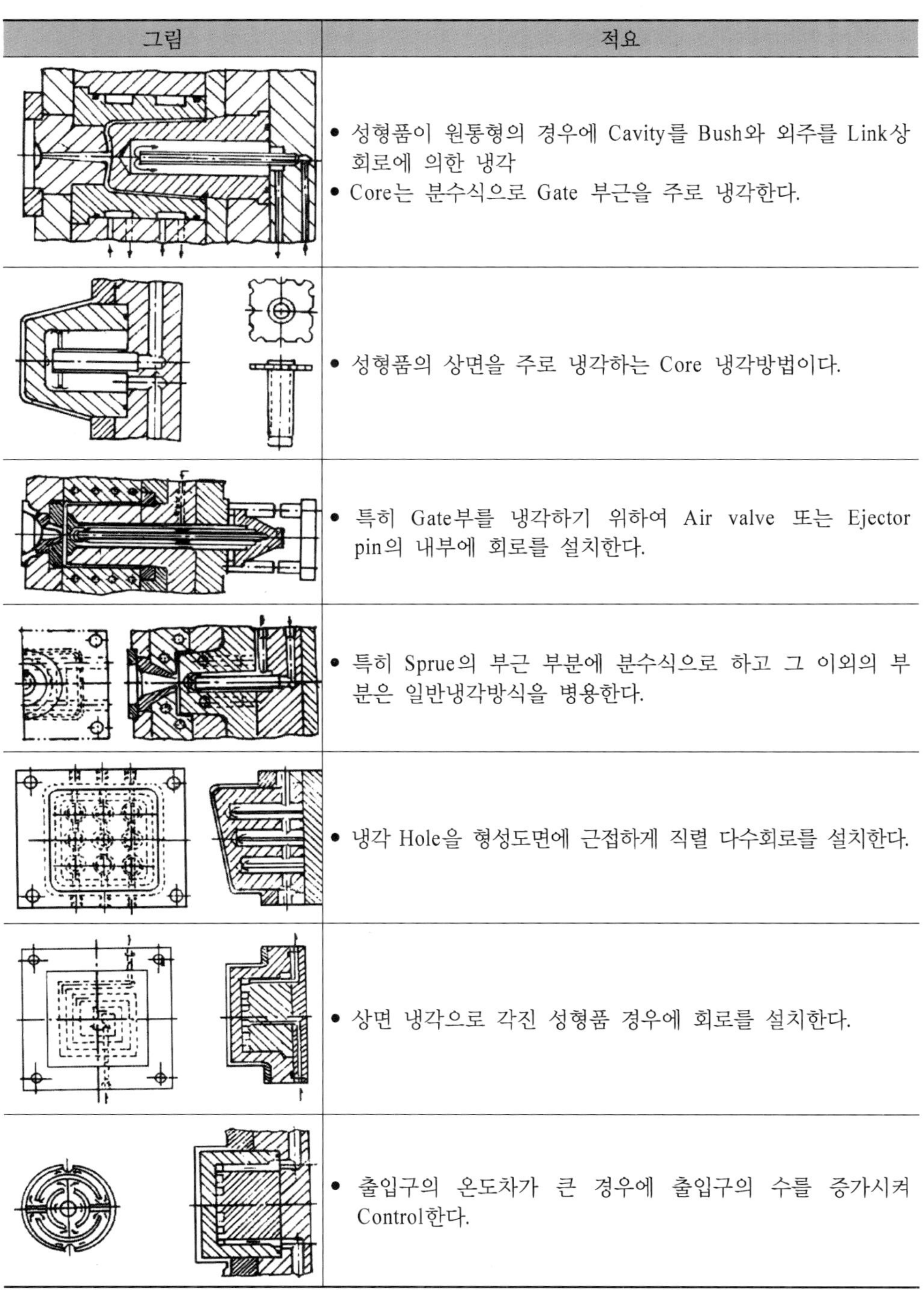	• 성형품이 원통형의 경우에 Cavity를 Bush와 외주를 Link상 회로에 의한 냉각 • Core는 분수식으로 Gate 부근을 주로 냉각한다.
	• 성형품의 상면을 주로 냉각하는 Core 냉각방법이다.
	• 특히 Gate부를 냉각하기 위하여 Air valve 또는 Ejector pin의 내부에 회로를 설치한다.
	• 특히 Sprue의 부근 부분에 분수식으로 하고 그 이외의 부분은 일반냉각방식을 병용한다.
	• 냉각 Hole을 형성도면에 근접하게 직렬 다수회로를 설치한다.
	• 상면 냉각으로 각진 성형품 경우에 회로를 설치한다.
	• 출입구의 온도차가 큰 경우에 출입구의 수를 증가시켜 Control한다.

그림	적요
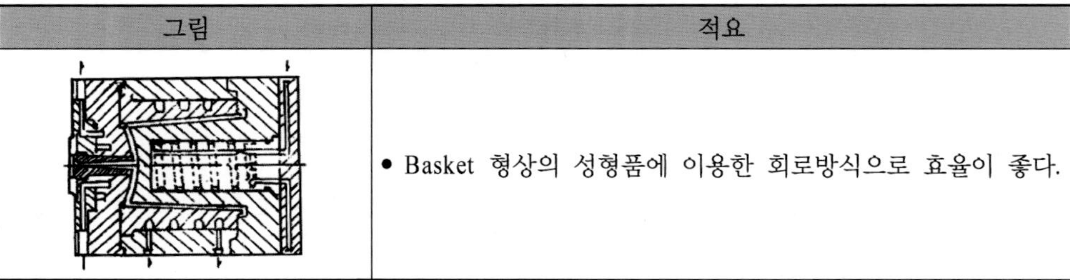	• Basket 형상의 성형품에 이용한 회로방식으로 효율이 좋다.

수지가 Cavity에 충전을 끝낸 후 짧은 성형 Cycle 시간에 고화되려면 냉각시키는 것이 중요하다. 냉각은 균일하게 해야 한다.

균일하지 않은 경우는

- 부분적인 휨 현상이 생긴다.
- 성형 Cycle 시간이 길어진다.

3) 금형온도 Control의 설계

(1) 설계상의 원칙

"냉각구조는 압출 핀에 우선한다." 이것이 설계 원칙이다.

일반적으로 Cavity는 복잡한 형태이므로 압출 핀 설계 후 금형구조상 허용되는 범위 내에서 냉각 구멍을 뚫어 적당한 냉매유량과 온도를 힘들여 설정하므로 금형온도의 정확한 조절은 불가능하다고 생각하는 것은 큰 잘못이다.

먼저 제1차로 금형온도 조정으로부터 금형설계를 착수하는 것이다.

(2) 금형의 전열면적

금형온도 조정을 한 뒤에 필요한 냉각구멍의 전열면적은 차식으로 나타낼 수 있다(외부 기온으로의 방열, 형판, Nozzle touch의 전열을 무시한 경우).

$$A = \frac{WNC_p}{h} \cdot \frac{(t_1 - t_0)}{\triangle T}$$

$$h = \frac{\lambda}{d}\left(\frac{du\rho}{\mu}\right)^{0.8}\left(\frac{C_p\,\mu}{\lambda}\right)^{0.3}$$

A: m^2 전열면적

W: kg 성형품의 중량

N: l / hr Shot 수

C_p: kcal / kg℃ 수지의 비열(0.5~0.8)

t_1: ℃ 수지의 온도

t_0: ℃ 성형품의 취출(取出)

ΔT: ℃ 금형과 냉각수의 평균 온도차

h: kcal / m^2 · hr℃ 냉각구멍측의 경막 전열전도계수(80~120)

λ: kcal / m · hr℃ 냉각수의 열전도율(500~600)

d: m 관경

u: m / sec 유속

ρ: kg / m^2 밀도

μ: kg / m · sec 점도(1.0~1.3)

상기 식의 수식을 어느 정도 판정하여 얻은 Graph가 아래 표이다. 여기서 얻어진 전열면적을 최소식으로 참고하면 된다.

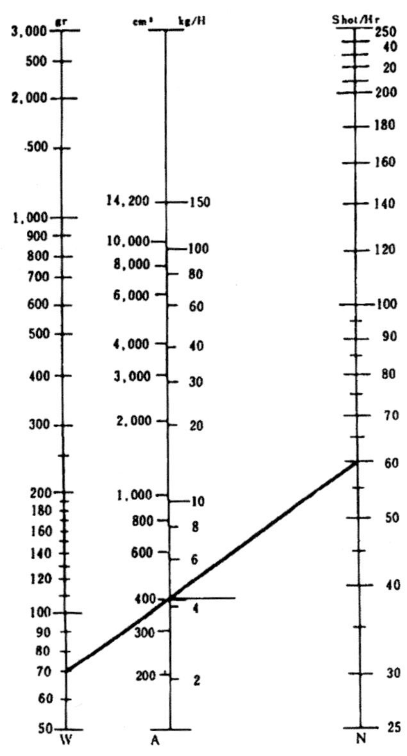

(3) Shot 중량 70g, Shot 수 60shot / 시간으로 할 때 금형의 냉각구멍 열 면적을 선정한다.

해답) Graph상에서 W =70g의 점과 N =60shot / hr의 점을 연결해, A점상에 교차 하는 점, A =400㎠가 구하는 소요 전열 면적이다.

(4) 금형의 냉각구멍의 크기를 Ø12.7로 하면, 상기 문제의 경우 냉각구멍 길 이를 선정하라. 금형의 크기가 30㎝ × 30㎝라 하면, 직선 구멍을 몇 개 뚫 으면 좋겠는가?

해답) $\pi D l = A$

$$\therefore \ell = \frac{A}{\pi D} = \frac{400}{\pi \times 1.27} ≒ 100㎝ \text{ 이다.}$$

적어도 100㎝ 이상의 냉각구멍의 길이가 필요하다.

(5) 냉각구멍의 분포와 크기

이론적으로 용융수지가 Cavity 내측에 축적된 Entalpy 분포 혹은 중량분포와 같다. 이 냉각 분포가 적정한가 어떤가를 Test 하는 데는 소요의 냉각시간을 단축시켜 성형할 때 변화상태와 금형의 냉각구멍 위치를 Check한다.

냉각구멍의 크기는 $\Phi9.5 \sim \Phi12.7$㎜가 적당하다. 그리고 Cavity 면으로부터 $25 \sim 40$㎜의 거리가 필요하다. 너무 가까우면 불균일한 냉각을 일으켜 성형품에 냉각효과를 볼 수 없는 현상이 발생되고 너무 멀면 그 효과에 시간이 걸린다. 냉각수의 흐름의 방향은 Runner에 대해서 먼 쪽의 Cavity로부터 가까운 방향으로 향해 냉각이 진행되며, 동일 Cavity 내에서는 수지의 흐름 방향으로 흐르게 되어 있는 것이 바람직하다.

(6) Core 및 금형 각부의 냉각방법

금형의 Cavity block은 일반적으로 열용량도 크고, 온도 상승도 크고, 온도의 상승이 어려운데, 일단 온도가 오르면 잘 냉각되지 않는다. 그러나 치수는 넓게 열려 있으므로 구멍을 뚫기 쉽다.

그러나 Core 등의 열용량이 작은 Block은 온도가 빨리 올라 성형 Cycle에 큰 Brake가 되어, 성형 비틀림의 문제도 일으킨다. 그래서 냉각구멍을 많이 뚫고 싶지만, 일반적으로 치수가 작은 것이 많으므로 뚫기 어려운 것이 보통이다.

그래서 금형 설계상도 이런 문제에 대처해 온 실례를 그림에 나타냈다.

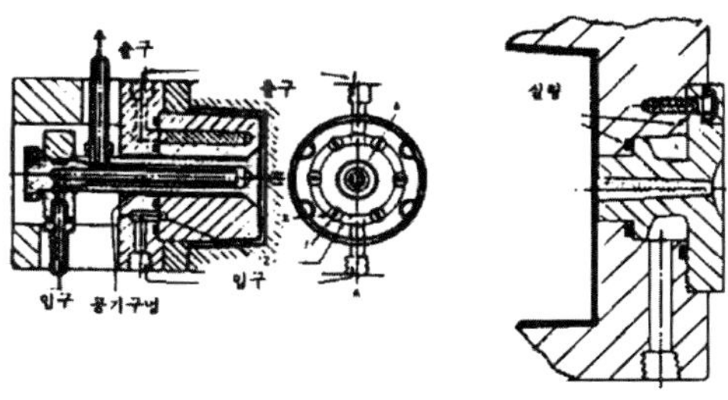

4) 금형온도와 수지온도와의 관계

(1) 금형의 열량 계산식

$$Q_H = \lambda A \frac{\triangle t}{\triangle d}$$

λ 의 값	
금형재질	λ
S55C	0.125cal / cm · sec ℃
SCM4	0.220cal / cm · sec ℃

Q_H: 금형의 열량(kcal / hr)

λ: 금형재질의 열전도율(kcal / cm · sec ℃)

A: 접촉 전 표면적(cm^2)

$\triangle t$: 금형의 형온이 평균온도차(수지의 열 변형온도보다 10~20℃ 낮아야 됨)(℃)

$\triangle d$: 금형표면과 통수공의 평균거리(cm)

(2) 사출성형품의 열량계산식

$$Q_R = 60g \times C_u \times C_t \times (t_2 - t_1)$$

Q_R: 성형품의 열량(kcal / hr)

60: hr

g: 유량(gr / min)

C_t: 유열(gr / min)

C_u: 비중

t_2: 수지의 출구온도(℃)

$$P = \frac{W \times S \times T}{100t \times a} + \frac{2A}{1000}$$

P: Power(kW)

W: Moldweight(pounds)

S: 비중

T: Rise in temp in deques(F)

a: BTU / watthour

A: Total mold surface in square inches(Last tern to accout for loosed).

수지별 비열 및 비중 값

수지명	비열 cal / gr · ℃	비중
P.P	0.46	0.90
MMA(MS)	0.35	1.12
PS(HIPS)	0.33	1.06
AS	0.33	1.12
NYAON66	0.40	1.14
NYAON6	0.38	1.14
PPHOX(1005)	0.32	1.06
P.C	0.27	1.20
ABS	0.33	1.05
ABS(AF−303)	0.33	1.20
ABS(KJT)	0.33	1.20

여기서 서술한 것은 대개 일례이고 실제의 금형은 보다 복잡하게 되어 있다.

(3) 냉각용수량

금형 내에 적당한 냉각수로의 설계가 가능하거나 입수온도, 출수온도, 냉각수량 등에 대한 고려가 요구된다. 금형으로 출수한 온수의 이용방법, 재순환을 하기 때문에 입수온도에까지 내린 냉각수온도 조절기 또는 열교환기의 선정을 필요로 한다.

또한 금형에의 입수온도와 출수온도와의 차가 상당히 있으면 금형의 온도분포상 Merit가 없어진다. 냉각수는 금형 내에서 수지가 가지고 있는 열량을 받아서 온도가 상승한다. 이 온도상승을 상당히 크게 하면 입수, 출수의 온도차가 크게 되므로 흐름의 속도를 증가되게 하는 것에 따라 상기의 것을 방지하도록 한다. 냉각 Hole 경에 대한 수량의 한도는 표에 표시한다.

냉각수로의 한계순환수량

유료의경 (㎜Φ)	유량 (㎥ / min)	유량 (L / min)	유료의경 (㎜Φ)	유량 (㎥ / min)	유량 (L / min)
8	0.0038	3.8	19	0.038	38
11	0.0095	9.5	24	0.076	76

금형의 열량은 냉각수에 따라서 형외에 들어가는 물의 중량은 다음과 같이 계산
된다.

$$Q = K m_2 (T_1 - T_2)$$

  Q: 1시간에 금형에서 나오는 열량(㎉)

  K: 열전달효율

  m_2: 1시간에 유출한 물의 중량(㎏)

  T_1: 물의 출구의 온도(℃)

  T_2: 물의 입구의 온도(℃)

$$m_2 = \frac{Q}{K(T_{1-T_2})}$$

따라서 Q는 $S \times \times C_p(t_1 - t_0)$의 외에 용융잠열을 가산한 것.
$q = m\{C_P(T_1 - T_2) + L\}$, $Q = m \times a$를 사용하는 편이 좋다.
식 $Q = ma$을 대입하면

$$m_2 = \frac{ma}{K(T_1 - T_2)}$$

  m: 1시간에 금형에 유입하는 수지의 중량(㎏)

  a: 용융수지가 성형될 때까지의 방출된 전열량

  k: Cavity, Core에 유입되는 냉각수로의 경우　　　　　0.64

  Back plate에 유입되는 냉각수로의 경우　　　　　0.50

  동 Pipe를 사용한 냉각수로의 경우　　　　　0.10

각 수지의 성형온도 조건에 대한 전열량(kcal / kg)

수지명	a (kcal / kg)	수지명	a (kcal / kg)
PE(저밀도)	138.9~166.7	ABS	77.8~94.4
PE(고밀도)	166.7~194.4	AS	66.7~83.3
PP	138.9~166.7	POM	100
PS	66.7~83.3	PV	50
PA	166.7~194.4	셀룰로즈아세테이트	68.9
MMA	68.3	셀루로즈부틸레이트	61.7

(4) 각종 냉각회로의 실례

13.3.3에 따라서 냉각홀의 분포에 대하여 기본적인 회로의 작동방법에 대하여 서술하며 성형품이 다종다양이기 때문에 Cavity 내의 온도분포, Gate의 위치 등에 따라 각종 각양에 배치를 고려하지 않으면 안 된다.

가공방법에서 분류하면 Drill에 대한 방법, 홀을 가공하는 방법 이 2가지를 조합하는 방법으로 알 수 있다. Drill hole에 대한 방법이 가장 일반적인 방법이고 가공이 간단하여 값이 싸며 배치에 곤란성이 있는 경우는 냉각효율은 그다지 좋지 않다. 각종 Cavity core의 냉각회로 수종을 소개한다.

① Drill hole 냉각

Drill hole에 대한 방법 중 가장 일반적인 것으로는 그림에 표시한 것같이 통공을 설계하여 금형의 외부에 Rubber hose 등을 사용하여 Hole과 Hole과의 연결을 한다.

Hole은 Plug를 사용하여 그림과 같이 Sprue에 가까운 곳에 냉각한 물을 통하도록 고려한 것이며 성형품이 4각의 경우에 적당하다.

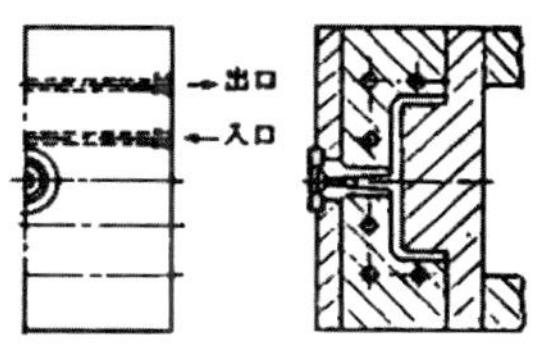

성형품의 형상에 연하도록 Drill hole을 합쳐 불요부분을 Plug에 두는 예도 냉각

효과가 좋다. 각물 또는 변형물의 성형품에 적당하다.

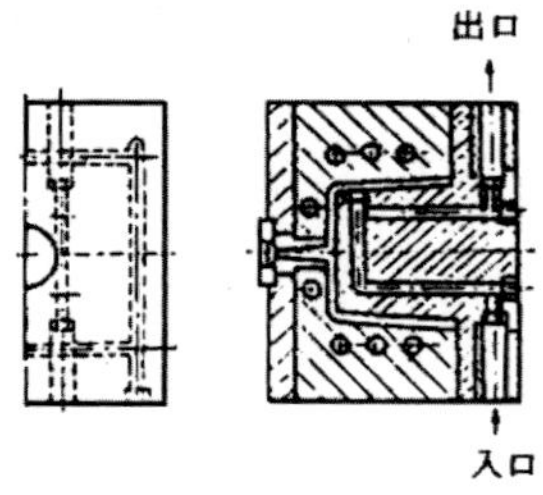

원통형의 성형품, 외주 냉각방식의 일례이다.

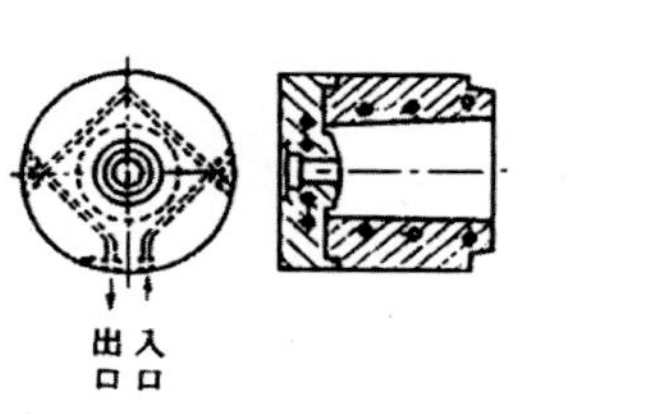 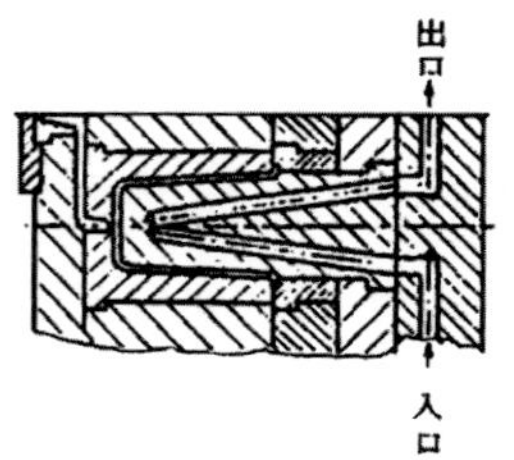

② Core의 냉각

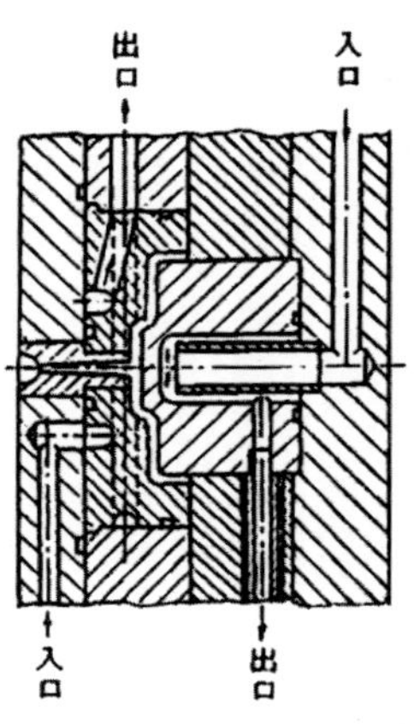

Core의 냉각은 성형품의 깊이, 폭의 크기에 따라서 차이가 있으며 형상에 연한 Hole에 따른 방법 이외에 분사식의 순환로를 사용한다. 또한 냉각수와 압착공기를 병용하는 경우도 있는 성형품이 얇더라도 폭이 넓기 때문에 주로 가동형 Gate 부근의 냉각을 고려한 것이므로 고정측을 Ring상 회로를 가공하여 사용한 예이다.

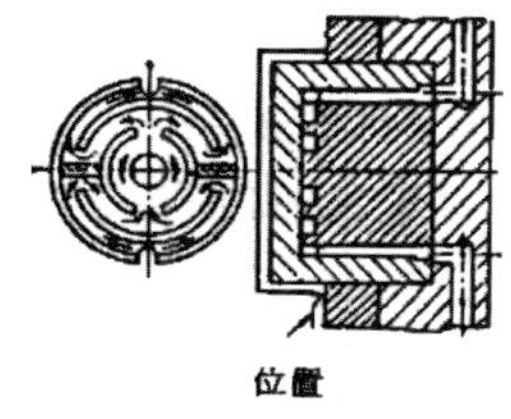

얇고 바닥면적이 넓은 Side gate를 사용한 간곡형의 냉각수로의 일례이다. 이 회로는 냉각수의 입구, 출구의 온도차가 큰 경우 등은 출입구의 수를 증가하여 온도조정이 가능한 편리한 방법이다. 그러나 가공에 공수를 요하는 것이 결점이다.

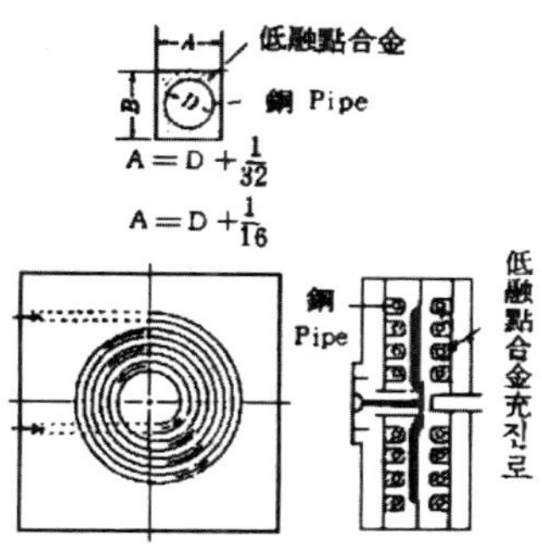

Center gate의 고정, 가동 어느 측도와 권형에 홀을 가공하여 그중에 동 Pipe를 넣어 저용합금에서 충전되는 방법이며, 앞 그림과 비교하면 공수는 작게 된다. 동 Pipe 경과 각 hole과의 관계 치수는 도시하여 놓은 것과 같다.

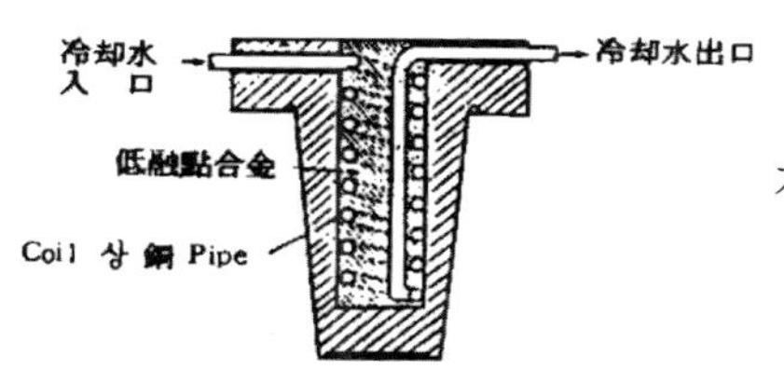

큰 공통의 중간에 Coil 형상에 한 Pipe을 넣어 저용합금으로 형성된 냉각수로이다.

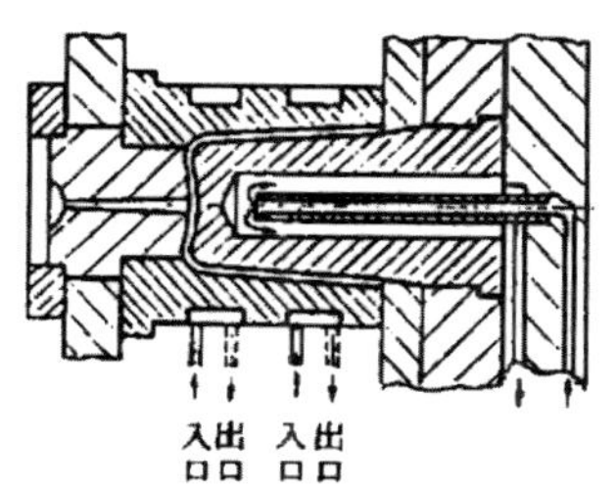

원통형에 중 정도의 깊이의 성형품의 경우 Cavity부 Bush 구조로 하여 외주를 Ring상 회로로 하여 냉각하고 Core 분수식을 이용하여 Gate 부근을 냉각하는 예이다.

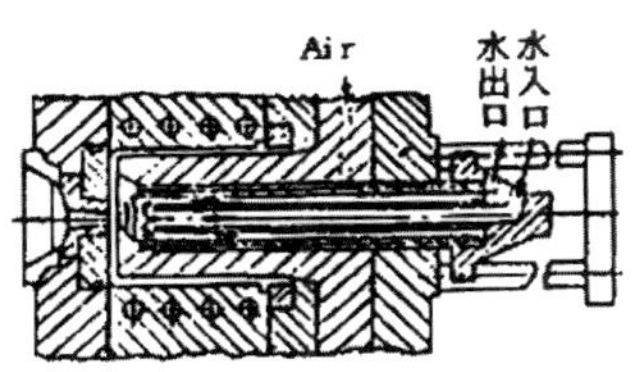

각진 부품의 성형품에 외측은 Drill에 따른 냉각, Core는 특별히 Gate부를 냉각하기 때문에 Core를 설계하여 돌출하고 Rot의 외측에서 냉각하면 함께 돌출하는 핀 내부에 분수식 순환수로를 설치한 공수병용형의 예이다.

Core 냉각의 일례이며, Sprue에 가까운 부분의 분수식을 사용하고 기타의 부분은 일반 냉각방식을 병용한 것이다.

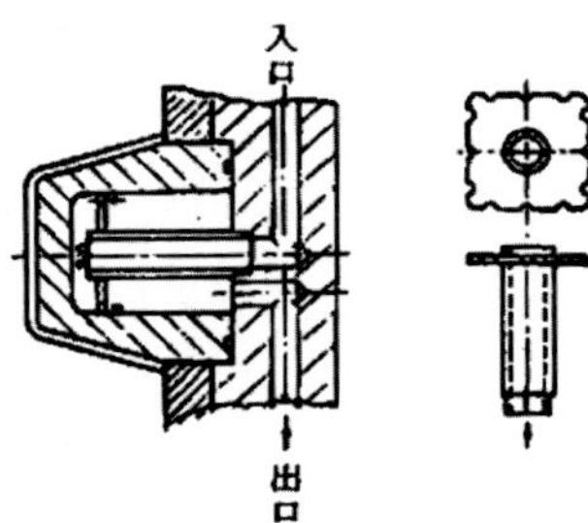

Core의 상면을 넓게 생각하기 때문에 아래와 같이 주위에 냉각수의 통과홀을 설계한 특수판을 사용한 예이다.

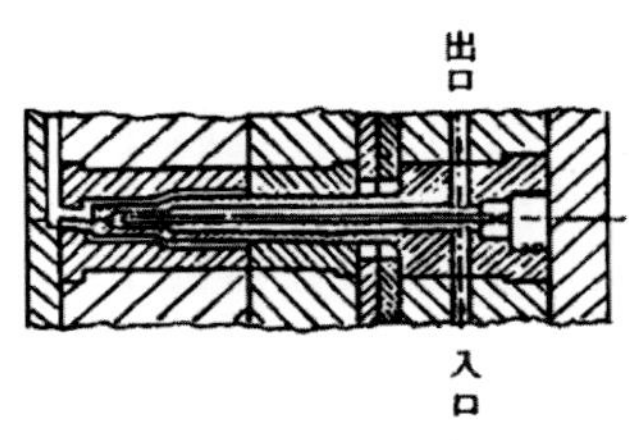

Be-Cu를 사용한 예도

이상 Core가 비교적 넓은 경우의 냉각수로 배치에 대하여 서술하였으며 가는 Core 또는 Sleeve pin과 같은 경우의 예이다.

Core Pin의 냉각에 선단이 가는 경우 부침홀을 가공하여 이 홀에 판을 취부하여 냉각수의 입구·출구를 경계한 것이다. Sleeve pin의 경우도 이것과 동일형상의 Core pin 중 경계판을 넣은 홀을 가공하여 냉각수로 하는 예도 많다. Core가 가늘고 수로를 가공 못 할 경우는 Be-Cu 재료를 사용한다.

③ 부분냉각, 부분가열

금형의 온도제어상 어떻게 하여도 부분적 냉각과 가열이 필요한 경우에 냉각 Unit와 카트리지 히터를 삽입한 삽입한 가열 Unit를 사용한다.

다음은 Be-Cu와 Al과 같은 구조의 것을 사용하면 좋다.

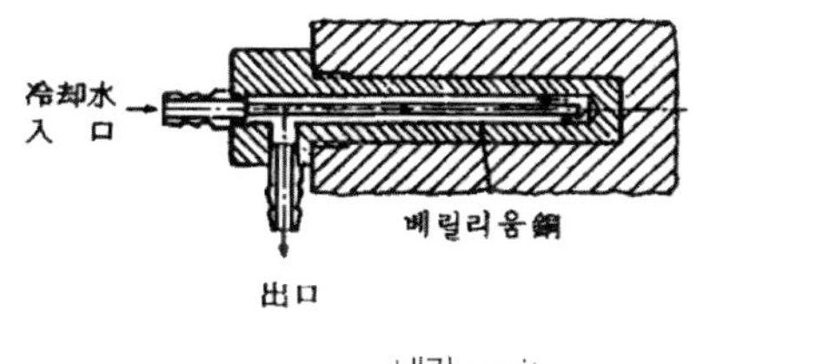

냉각 unit

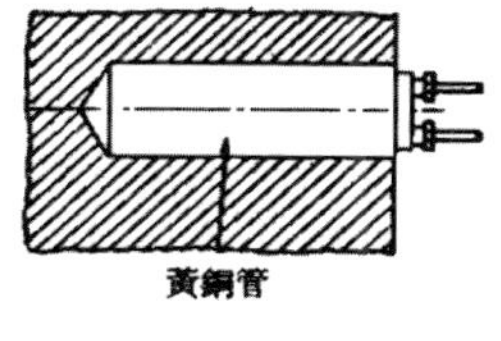

가열 unit

황동관 중에 카트리지 히터를 넣은 부분가열기이다. 이 부분 냉각기와 가열기를 사용한 경우는 삽입홀과 벽이 합쳐진 부분에 간격이 없도록 밀착도를 좋게 하는 것에 따라 그 효과를 올리는 것이 좋다.

④ 화네스 프레이징

성형품의 형상에 연한 냉각수회로를 만드는 것이 보통 방법이며, Drill 가공에서 행하면 Cost적으로 실용적이 아니며 또 불가능한 것도 있고 경우 등에 따라 노중합금 방법으로 냉각수로를 만드는 것이다.

동 Pipe를 Hole의 중간에 넣어 저융금속으로 Packing한 것이며, Cost도 높고 공수도 상당히 많이 된다.

이것의 결점을 보충하기 위한 방법은 노중이다. 이 방법은 표시한 것과 같이 Cavity 혹은 Core는 선반 또는 Milling에 따라서 가공된 냉각 Hole을 갖는다. 각각 내외접면에서 작동되고 이 2가지의 접면이 열처리되는 합금부착되는 것이 특징이다.

이렇게 하는 것에 따라서 Cavity 혹은 Core는 표면 가까이 냉각 Hole을 설계하는 것이 가능하며 보다 좋은 균일한 열이동이 얻어진다.

요청은 합금부착 온도와 열처리온도가 같은 것이 필요하다. 금형소재의 열처리온도가 다르기 때문에 이 열처리온도에 적당한 합금의 재료를 생각하지 않으면 안 된다.

다음 표는 다른 열처리온도에 사용되고 합금재료를 표시한다.

열처리온도와 사용된 재료

열처리온도($°F$)	AISI 규격	합금재료	경도(H_RC)
1500~1600	A_4 A_5 A_6 재	은합금	54~60
1600~1900	D_1 D_2 D_3 D_4 D_5	동합금+8% 기타	54~61

물론 이 경우 접면의 사상정도는 Cavity 또는 Core의 사상정도와 어느 정도 같이 하여 놓는다. 이 외에 주의를 요하는 것의 하나로서는 접합된 중량, 벽두께에 따라서이다.

상접한 다른 2개의 금속부분은 가열, 냉각의 반조정에 따라서 높은 Stress가 발생하고 Crack을 일으키게 하는 것이다.

이 점에서도 합금재료의 선정은 중요하다. 합금부착하는 부분의 조립에서 유지를 하는 고정치구의 설계, 표면의 평행도, Clearance의 문제, 분위기소의 Control 등 문제가 있지만 발전과정에 있는 것으로서 주의를 요하는 것만으로는 안 되고 냉각회로 가공상 상당히 가치가 있는 것으로 생각된다. 이 방법의 성공은 열처리공장 또는 합금재 공장과 밀접한 관계를 유지하는 것에 따라 얻을 수 있는 것이다.

8. 사출성형용 금형의 열해석

1) 금형의 열해석

열계산에 따라서 냉각 Hole의 필요전열면적은 산출이 가능하며 그 위치에 대하여는 그다지 시행착오의 범위를 벗어나지 못한 것이다. 즉 금형의 설계자는 경험에 비해 냉각관의 위치를 추측에 따라서 결정하고 있다.

이 추측이 정확하지 않은 경우는 품질이나 생산성 중 어느 것인가 또는 그 양자를 조금씩 특성이 있는 것에 기가 흐려지며 놓쳐버리고 있다.

유입열량의 약 95% 가까이 금형을 통하여 열전도에 따라서 냉각수관의 크기, 위치는 이론적인 기초의 것에 결정되는 것이 당연하다. 그러니까 성형품의 형상은 수식에 나타나는 복잡한 것이기 때문에 순수학적인 방법에는 해석이 불가하다.

그곳에 이 방법은 열에 다른 성질을 가진 전기에 시뮬레이트하여 그 위치를 정할 수 있으면 시험하여 알 수 있다. 금형의 열해석은 다음 4단계에서 성립되어 있다.

① 기초적인 간단한 수학과 전열의 기본적인 방정식에 따라서 금형에서 제거하지

않으면 안 되는 열량을 계산하여 그 열량을 상이한 전장에 놓을 전압치에 바꿔놓는다.

② 통전성이 있는 종이(테레데루트스 페이프)를 사용하여 금형의 온도장에 상이한 전장을 만든다. 성형품에 상당하는 부분은 Paint에 따라서 도표하고 각 부분의 온도에 상당하는 전압을 건다.

③ 수관을 표현하는 전극을 이 종이의 위에 놓고 이곳에 수온에 상당하는 전압을 건다. 이 전극은 종이의 위에 움직이는 것이 가능하도록 하여 놓고 ①항에서 계산한 전압치(온도구배)에 일치할 때까지 수관전극을 움직인다.

④ 최적수관의 위치가 결정되면 이것을 금형의 도면에 옮긴다. 이것은 금형설계에 불가결의 공정이 된다.

2) 열과 전기의 관계

전기는 전위차가 있는 곳에 전류가 흐르면 동상에 온도차가 있는 곳에 열은 전달되어 간다. 그 부분에 전위차, 즉 전압이 높으면 높을수록 유로의 저항이 적으며 전류가 큰 것은 Ω의 법칙에 의하여

$$I = \frac{V}{R}$$

  I: 전류(A)

  V: 전압(V)

  R: 저항(Ω)

열도 동상의 관계가 있다. 즉 이동하는 열량은 온도차가 클수록 열저항이 적을수록 좋게 이동한다.

$$Q = \frac{\triangle T}{R_t}$$

  Q: 이동하는 열량(열유)(kcal / hr · m²)

  $\triangle$T: 온도차(℃)

R_t: 열저항 $\text{m}^2\ \text{hr}\,℃\,/\,\text{kcal}$

또 전기저항 R은 전위차가 있는 두 점 간의 길이에 비례하며 유로단면적에는 역비례한다.

$$R = \rho \frac{L}{A}$$

   ρ: 저항률(단위길이당 단위면적의 전기저항)(Ωm)

   L: 길이(m)

   A: 단면적(m^2)

열에 대하여도 동상의 것이 있다. 그리고 열을 전달하는 방법이 전도만으로 생각하면 열저항 R_t는 다음 식과 같이 두 점 간의 거리에 비례하여 열전도율과 전열면적의 합에 역비례하는 것을 안다.

$$R_t = \frac{d}{K \cdot A_S}$$

   d: 두 점 간의 거리(m)

   A_s: 전열면적(m^2)

   K: 열전도율($\text{kcal}\,/\,\text{m}\ \text{hr}\,℃$)

위의 식을 대입하면

$$Q = \frac{K \cdot A_S \cdot \Delta T}{d}$$

온도구배 $\dfrac{\Delta T}{d}$ 를 나타내보면 다음과 같다.

$$\frac{\Delta T}{d} = \frac{Q}{k \cdot A_S}$$

3) 냉각 비틀림 변형 방지

성형품의 각부는 균일하게 냉각하도록 하여야 한다. 성형품의 각부를 불균일하게 냉각하면 불균일한 수축에 의한 비틀림이 생긴다. 물론 분자 배향과 성형압력으로 비틀림을 적게 하는 것은 불가능하지만, 이 비틀림은 금형온도의 적절한 조정에 의해 없앨 수가 있다.

실제의 금형설계에 있어 Slide core, 압출 Pin, 입자, Be－Cu 주입 Cavity, Block 등이 있고,

Cavity가 균일하게 냉각되도록 냉각구조를 계산되어도 해결되지 않는 경우가 종종 있다.

이런 경우에는 빠르게 냉각 경화하는 부분은 온수로써 가열해 Brake를 걸어 전부위에 냉각속도를 균일하게 한다. 이런 부분적인 가열에 의해 용융수지의 Cavity 속에 유동을 좋게 해 성형성도 향상할 수 있다.

4) 냉각온도차에 의한 변형

① 금형 온도차

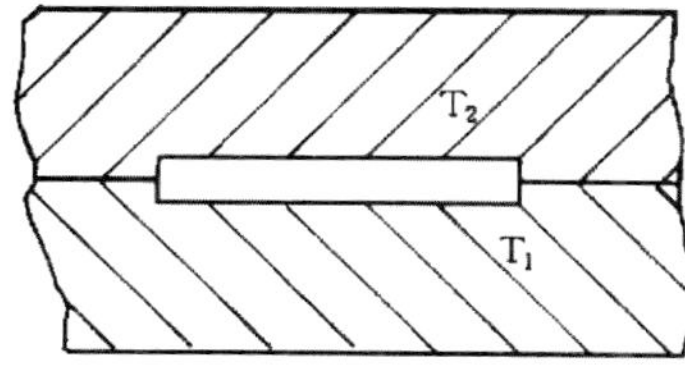

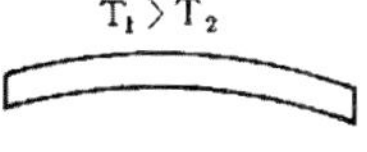

② Parting 형상의 금형 열전도율의 차

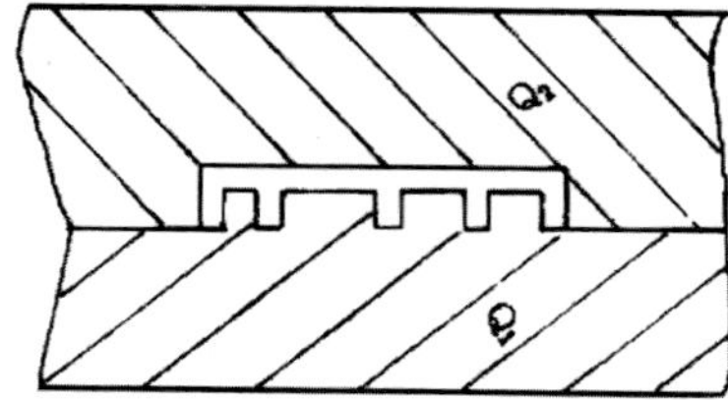

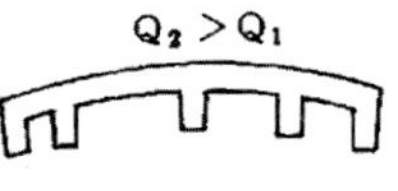

9. Sprue

1) Sprue bushing

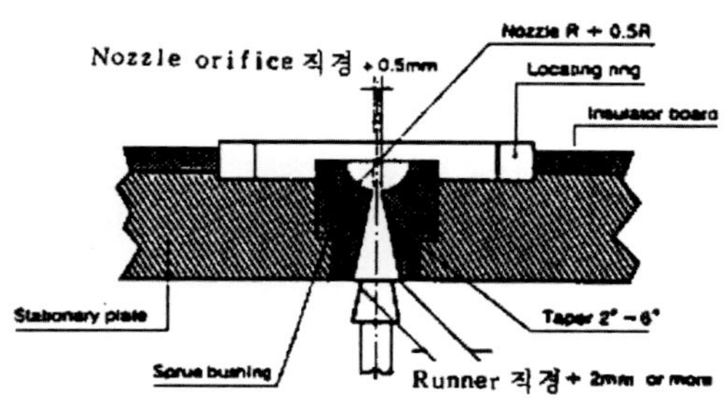

① 길이: 가능한 한 짧게

② Taper: 2~6°

③ Sprue R: Nozzle R + 0.5

④ Orifice 직경: Nozzle 편에 Nozzle orifice 직경에 +0.5㎜(Nozzle orifice 직경은 4~6㎜), runner 편에는 runner 직경보다 2㎜ 또는 더 크게 한다.

⑤ 내부는 잘 닦여야 되고 크롬은 도금되어야 한다. 또한 교체될 수 있어야 한다.

2) 스프루(Sprue)

성형 재료의 유로(流路)의 일부로서 원뿔형의 부분 또는 이 부분에 고화(固化)된 재료를 말한다.

가는 쪽은 성형기의 Nozzle과 연결되며, 다른 쪽은 Runner에 연결된다.

① 매우 작은 금형일 경우를 제외하고는 통상직경 9 / 32″ 이상의 'O'형이 좋다.

② Sprue 하단직경≧연결되는 Runner의 직경.

③ Runner와 연결되는 Sprue 하단에는 곡률을 주는 것이 좋다.

3) Sprue design

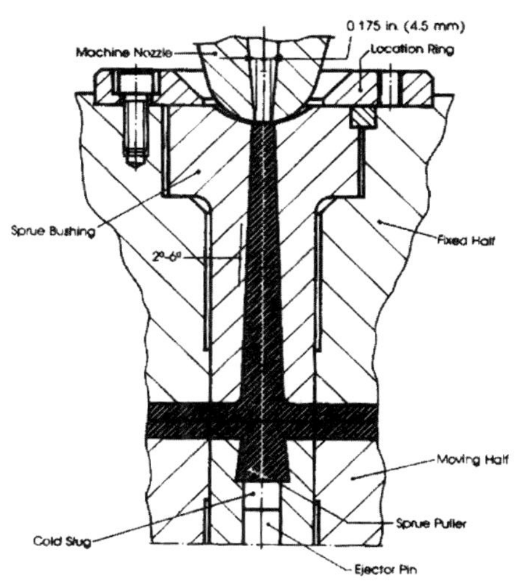

4) Sprue 구조

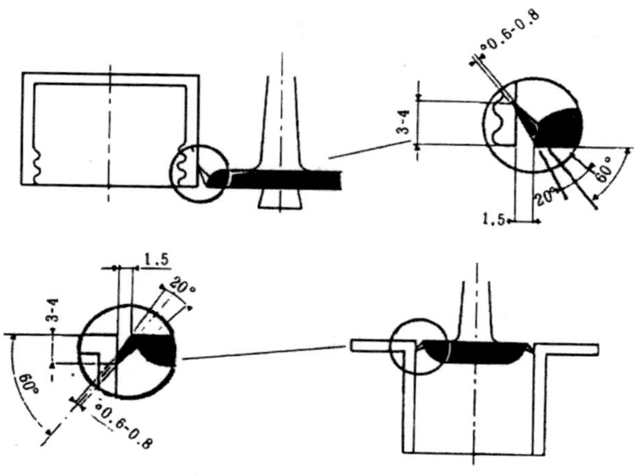

5) 제품중량별 Sprue 치수

재료	제품중량	3oz 이하		12oz 이하		대형	
	Sprue경	d	D	d	D	d	D
PS		2.5	4	3	6	4	8
PE		2.5	4	3	6	4	8

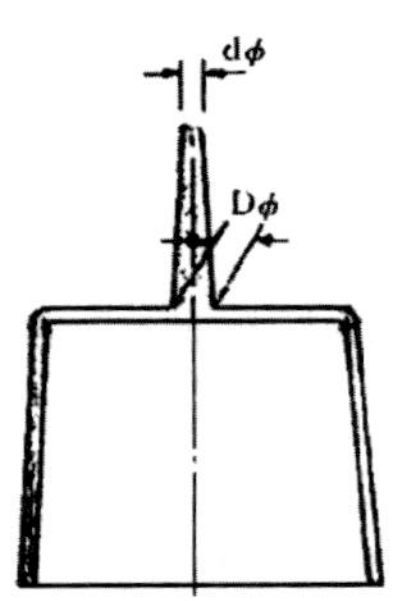

6) Direct sprue

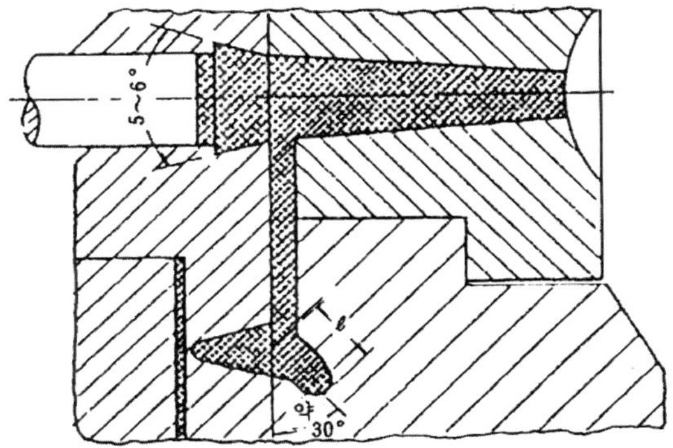

Pin point gate 자동전달을 위한 Under cut

Direct sprue는 용융정도가 높은 P.C의 성형에 가장 많이 이용된다.

그 형태는 Sprue와 거의 같은 것이 좋으며, 성형품과 Direct sprue와의 접합부에 Direct sprue에는 다음 2가지에 주의해야 한다.

① 첫째: 사출압력이 성형품에 직접 걸리므로 잔류 응력이 용이하게 발생하기 쉽다는 것이다.

② 둘째: Sprue부를 꽤 크게 하고, 특히 두께가 얇을 경우 흠이 생기는 경우이다.

③ Direct sprue 설계

　　살두께가 얇은 경우의 Sprue부 직경＝두께×1~2배

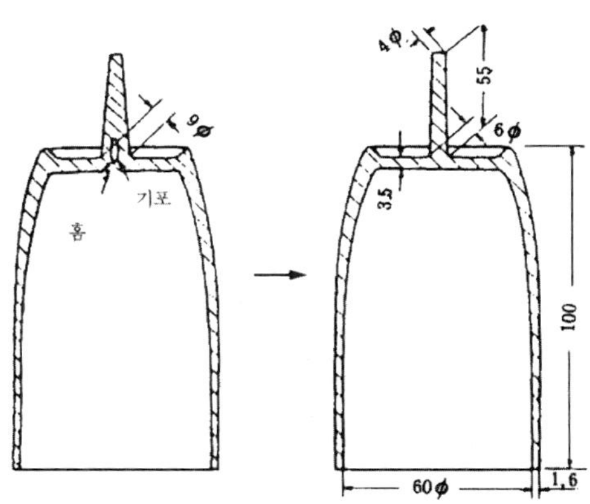

④ POM gear 평균중량 표준편차

일자	성형 Shot 수	평균중량	표준편차	
1일	67	9.934g	0.0016g	
2일	124	9.930g	0.0016g	
3일	125	9.933g	0.0023g	
4일	130	9.931g	0.0024g	
5일	115	9.929g	0.0025g	
6일	89	9.929g	0.0023g	
7일	121	9.929g	0.0014g	
8일	1234	9.929g	0.0013g	
9일	127	9.929g	0.0023g	
total	1022	9.930g	0.0027g	

7) 특수 Sprue

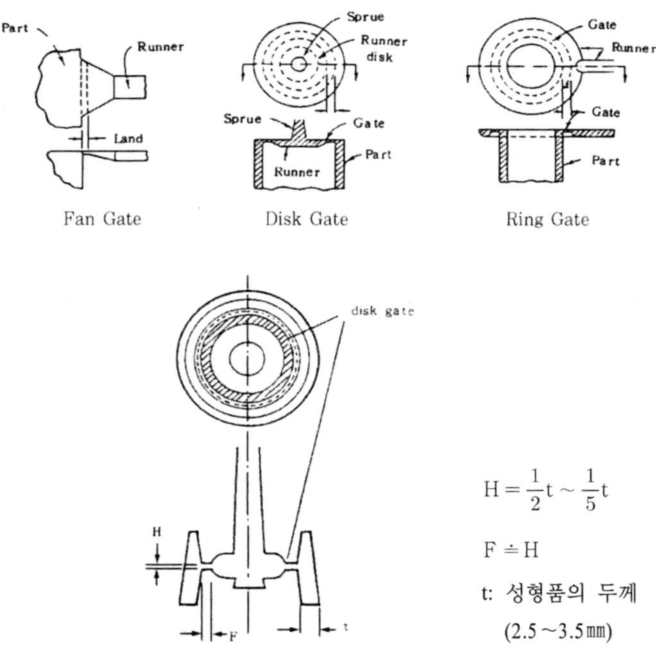

$$H = \frac{1}{2}t \sim \frac{1}{5}t$$

$$F \fallingdotseq H$$

t: 성형품의 두께

(2.5 ~ 3.5㎜)

그림 (a)(b)는 우산형상 Sprue로 전하는 것으로 D : L = 1 : 10 정도 되면 Core가 성형 시에 변형되거나 편심되거나 하므로 (c)와 같은 형상 Sprue를 사용하지 않으면 안 된다.

이와 같은 특수 Sprue는 성형이 좋다고 전하며, Weld mark가 생기지 않는 것이 특징이다.

8) 일반 Sprue

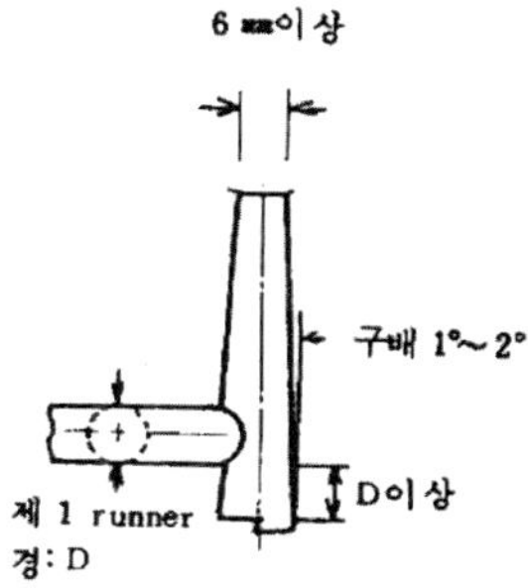

성형기의 성형조건의 변동에 의한 치수편차

성형조건	조건의 장기간변동	조건의 변동으로 추정하는 치수
금형온도	90.8±6.9℃	±0.05%
수지온도	213.0±15.3℃	±0.11
사출압력	969±96kg / ㎠	±0.14

10. Runner

1) Runner 압력손실

① 열효율이 양호한 형상의 Runner를 사용

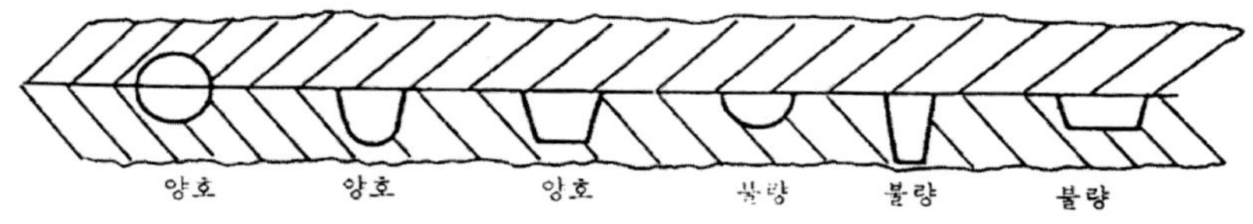

② Cavity에서 Runner 거리는 균일유지

③ Runner 거리는 짧게 하고 Cavity 배치, Gate 배치 검토

④ Runner 가공정도의 면조도는 Cavity와 편차발생이 없도록 가공

⑤ 얇은 Pipe 제품은 동용량의 수지를 충진하는 2점 Gate를 사용

⑥ 제품의 긴 방향 끝면에 설정

⑦ Runner size를 결정하는 경험식: 두께 3.2㎜ 이하, 중량 20gr 이하, Runner diameter 3.2~9.5㎜의 성형품에 대한 Runner size.

$$D = 0.2654W \times L$$

  D: Runner dia(㎜)

  W: 성형품 중량(gr)

  L: Runner 길이(㎜)

⑧ 열효율이 양호한 형상, Cavity에서 Runner 거리는 균일유지, Runner 거리는 짧게 하고, Cavity 배치, Gate 배치 검토, Runner 가공의 면조도는 Cavity와 편차발생이 없도록 가공, 제품의 긴 방향 끝면에 설정

⑨ Runner 중 수지의 압력 손실

$$P = \frac{8\mu LQ}{3.14}/R^4$$

P: Runner 중의 수지압력손실(kg/cm^2)

μ: 점성계수($kg \cdot sec/cm^2$)

R: Runner의 반경(cm)

L: 유동거리(cm)

Q: 사출속도(cm^3/sec)

⑩ 각종 수지의 추정 충진조건과 유동거리에 의한 Runner size.

순	재질	Cylinder 온도 여유+℃	금형온도 여유+℃	충진압력 여유+kg/cm^2	사출속도 여유+cm/sec	유동거리에 의한 Runner size		
						거리 150mm	거리 300mm	거리 600mm
1	POM	195+10	70+15	800+200	30+30	Φ2.4	Φ3.2	Φ4.0
2	PBT	240+10	60+15	700+150	30+30	Φ2.5	Φ3.5	Φ4.5
3	PA 6	245+10	60+20	700+150	30+30	Φ2.5	Φ3.5	Φ4.4
4	PA 66	270+10	65+20	700+150	30+30	Φ2.8	Φ3.8	Φ4.8
5	PA 12	210+20	50+15	800+200	20+30	Φ2.5	Φ3.5	Φ4.5
6	PP	210+20	50+10	800+200	30+60	Φ2.4	Φ3.2	Φ4.0
7	HDPE	210+20	50+10	800+200	30+60	Φ2.4	Φ3.2	Φ4.0
8	PS	185+30	40+15	700+150	30+60	Φ2.8	Φ3.8	Φ4.8
9	SAN	190+20	50+15	800+200	20+30	Φ2.8	Φ3.8	Φ4.8
10	ABS	220+20	60+10	800+200	20+30	Φ2.8	Φ3.8	Φ4.8
11	PMMA	220+15	60+15	1000+200	20+30	Φ3.0	Φ4.5	Φ6.0
12	PC	275+15	80+20	1200+200	30+40	Φ3.2	Φ4.8	Φ6.5
13	PPHOX	265+15	80+15	1200+200	30+40	Φ3.2	Φ4.8	Φ6.5

2) Runner 방식

(1) Runner 형상

① 원형 Runner 형상

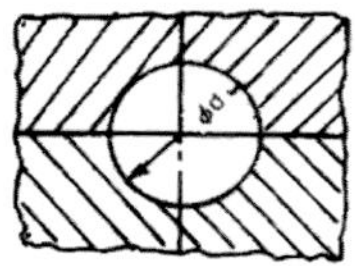

성형재료의 유동성이 좋다.

(단위: ㎜)

호칭	4	6	7	8	9	10	12
d	4	6	7	8	9	10	12

(2) 광택불량 대책

불량현상	원인	대책
광택불량	① 금형면과의 밀착불량	① 금형온도를 높게 사출압력을 높게 사출속도를 빠르게 gate를 크게
	② 수지의 열화	② Cylinder 온도를 낮게 Cylinder 내에 장시간 체류한 재료는 깨끗이 제거한다.

① U형 Runner 형상

(단위: ㎜)

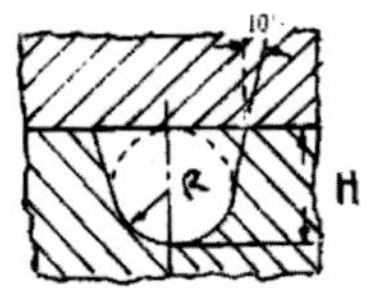

호칭	4	6	7	8	9	10	12
R	2	3	3.5	4	4.5	5	6
H	4	6	7	8	9	10	12

③ 사다리꼴 Runner 형상

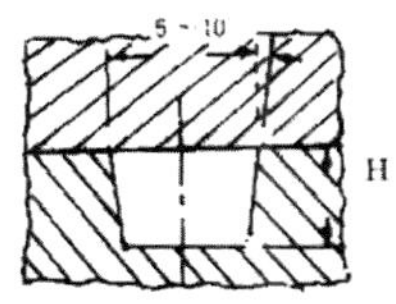

(단위: mm)

호칭	4	6	7	8	9	10	12
W	4	6	7	8	9	10	12
H	3	4.0	5	5.5	6.0	7	8

$$\left(H \fallingdotseq \frac{2}{3}W\right)$$

(3) Runner 선택 기준

호칭치수	성형품중량(oz)
4	3
6	12
8	12
10	12 이상
12	대형

Styrene 수지에 사용례

호칭치수	성형품투영면적
6	10 이하
7	50
7.5	200
8	500
9	800
10	1200

성형재료의 특성 및 성형품 형상에 따라 가감할 필요가 있다.

(4) PVC 수지의 Sprue, Runner system

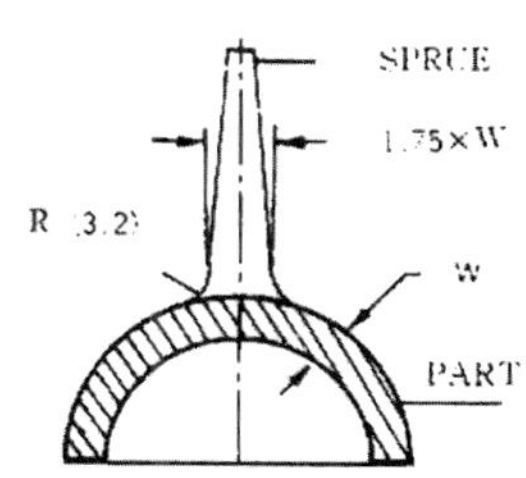

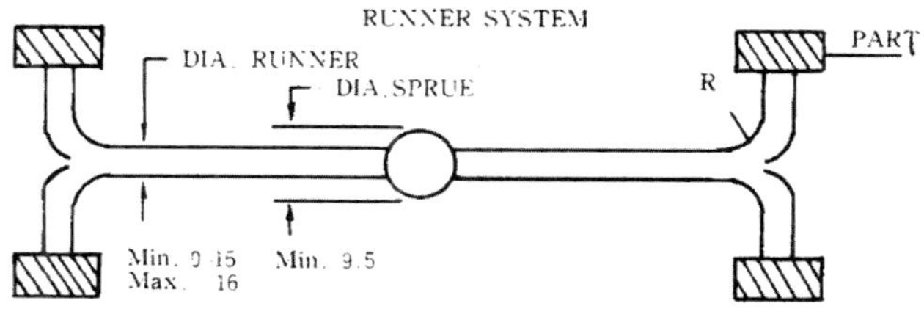

(5) Runner balance

Runner는 2~4개가 보통이고 5개 이상은 수지가 분산되어 성형품의 치수편차가 크다. 설치 각도는 흐름의 역류방향에 90° 이하로 하고 좌우대칭으로 한다.

① Cavity의 배치와 Runner의 방식

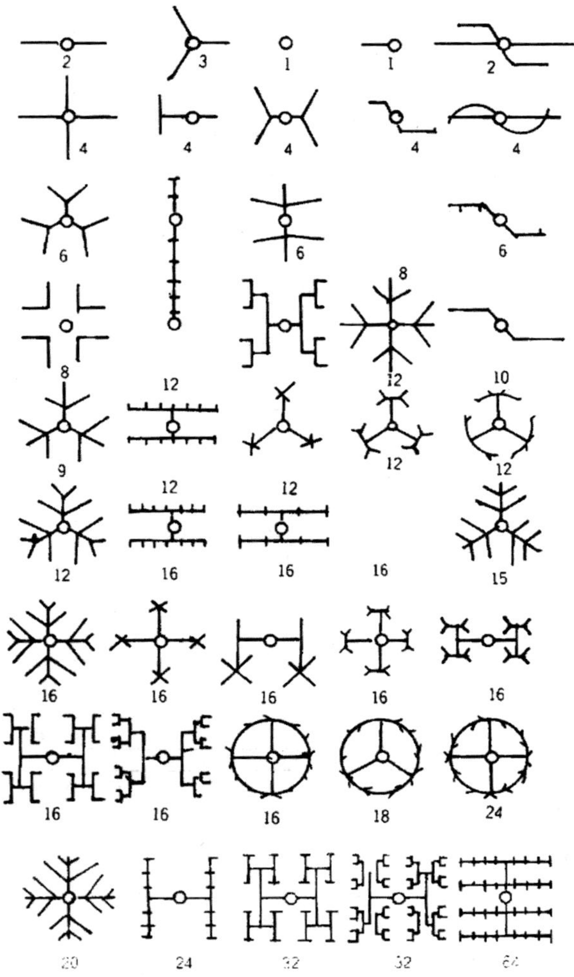

② Hot runner system

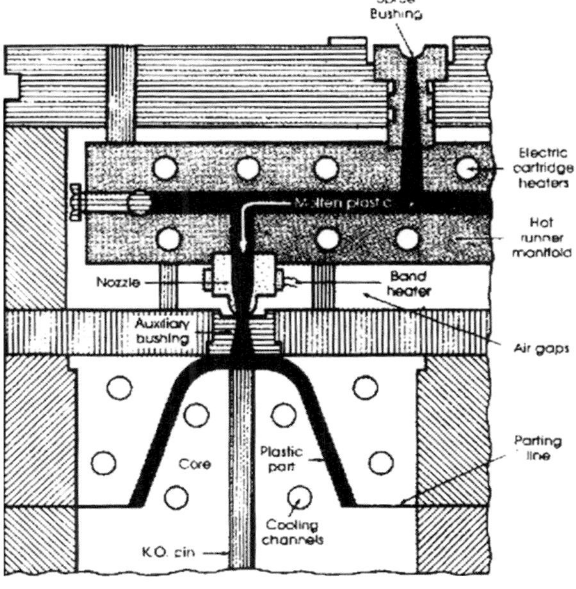

③ Runner design

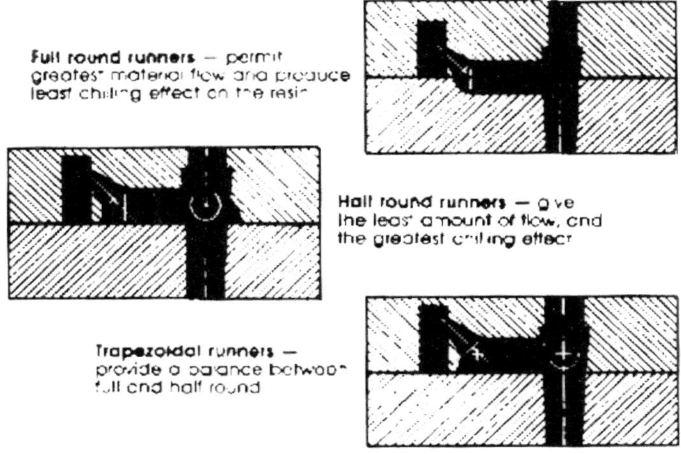

④ Recommended runner diameters

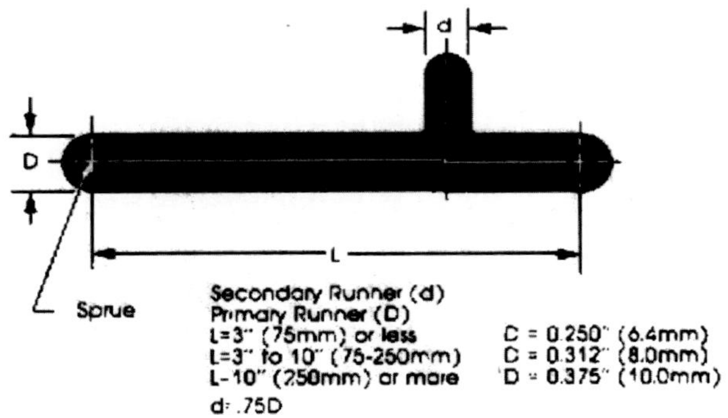

(6) Runner 유동비

① 각종 수지의 L / t와 사출압력 관계

$$유동비 = \sum_{i=1}^{i=n} \frac{Li}{ti}$$

Li: 유로의 길이(㎜)

ti: 유로의 직경(㎜)

재료수지명	사출압력 kg / ㎠	$\sum_{i=1}^{i=n} \frac{Li}{ti}$	재료수지명	사출압력	$\sum_{i=1}^{i=n} \frac{Li}{ti}$
PE	1,500	280~250	PS	900	300~260
PE	600	140~100	HDPVC	1,300	170~130
PP	1,200	280	HDPVC	900	140~100
PP	700	240~200	HDPVC	700	110~70
PS	900	300~280	LDPVC	900	280~200
PMMA	900	360~200	LDPVC	700	240~160
			PC	1,300	180~120
POM	1,000	210~110	PC	900	130~90

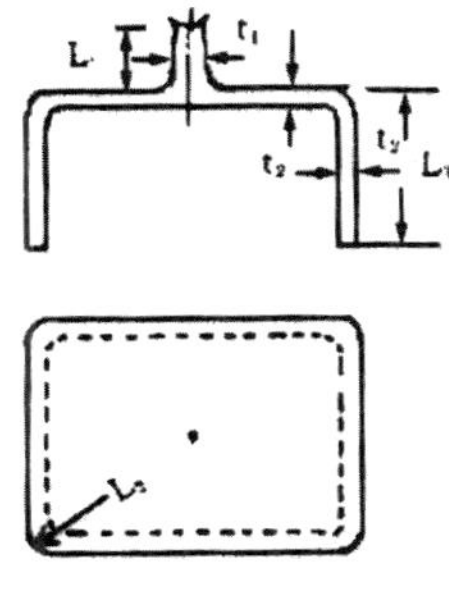
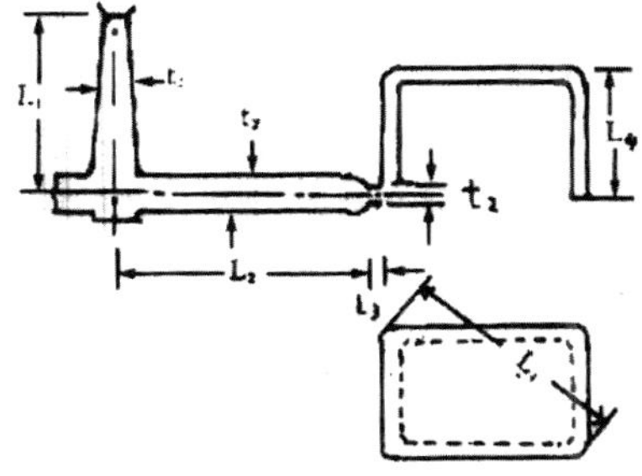

$$\text{유동비} = \frac{L_1}{t_1} + \frac{L_2 + L_3}{t_2}$$

$$\text{유동비} = \frac{L_1}{t_1} + \frac{L_2}{t_2} + \frac{L_3}{t_3} + \frac{L_4 + L_3}{t_4}$$

3) Runner 영향

(1) Short shot

① 금형측에 원인이 있는 경우

  ㉮ 제품의 두께가 얇고 유동거리(L / t)가 크다.

  ㉯ Sprue, Runner가 적다.

  ㉰ Gate 단면적이 작다.

  ㉱ Airvent가 없다.

  ㉲ 금형강도, 가공정도의 문제로 성형조건의 폭을 한정한다.

  ㉳ Air 도피 장소에 Gate 설정한다.

  ㉴ 다수 개취금형에 Runner 거리 및 Size, Gate 단면적 및 Land, Gate 설정부의 제품두께 등에 차가 있다.

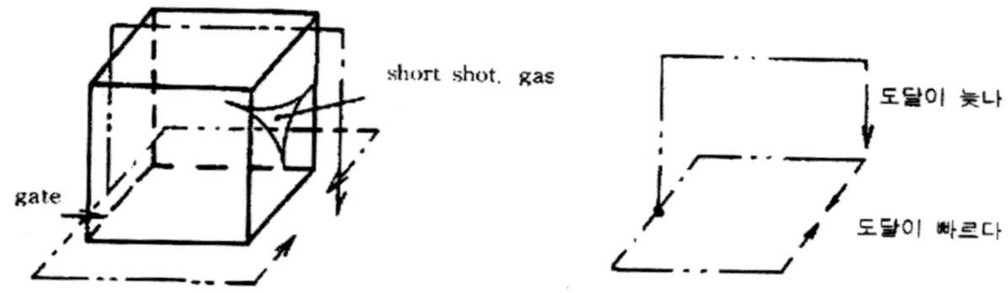

(2) Weld line

① 고형온, 고속도충진을 행하면 효과적이다.

② 금형강도, 가공정도가 높고 Air vent를 설치

③ 수지의 유동 방향에 두께차가 있는 경우는 구배로 두께차를 서서히 한다.

(3) Flow mark

① Side gate 경우에 수지의 유동이 직선상의 말단에 위치 원인

㉮ Flow mark가 있는 경우　　　　㉯ Flow mark가 없는 경우

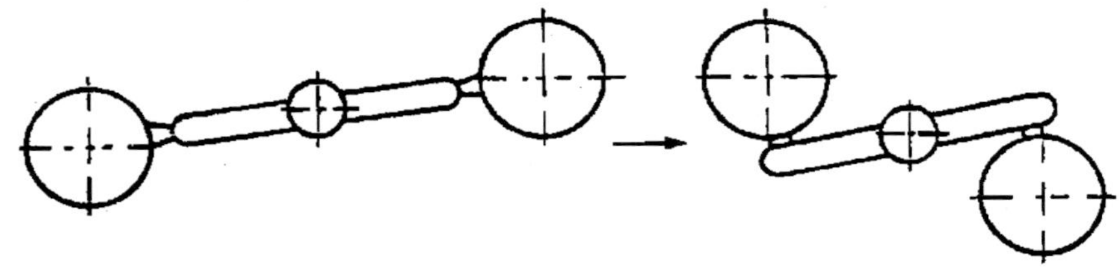

② Runner 내의 유동 시에 수지의 냉각 원인

③ Side gate 경우에 두께가 얇은 단면적 원인

④ Pin gate 경우는 Gate land를 작게

⑤ Cold slug well 설치

⑥ Gate 통과 직후에 제품의 외관 장애물에 충돌 때문

(4) Jetting

① Runner size는 충분한 여유를 유지하는 Size로 한다.

② Gate는 유입저항, 전단발열로 기인하기 때문에 얇은 Gate로 한다.

(5) Vent

① 말단부에 Air vent 5~10μ 정도 다수 설정
② 제품형상의 2~3㎜ 오측에 깊이 30~100μ 정도

(6) 은조

① 은조 발생 원인

  ㉮ 건조부족의 수분 영향

  ㉯ 수지의 Over heat에 의한 분해

  ㉰ 성형기 Cylinder 내의 공기 유입

$$V = W \times \frac{3600 \times T}{t} \times 10$$

  V: 건조기 필요용량(kg)

  W: Shot 중량(gr)

  T: 필요건조시간(hr)

  t: 성형 Cycle(s)

② 은조 방지 대책

  ㉮ Gate 단면적을 작게 한다.

  ㉯ Cavity 내의 수지 유동 말단에 Over flow 설치

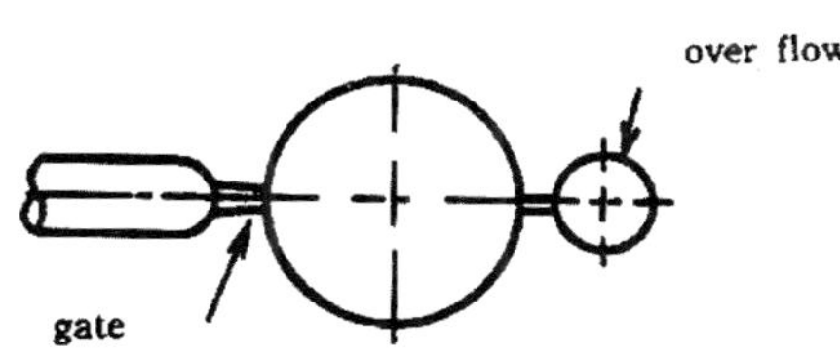

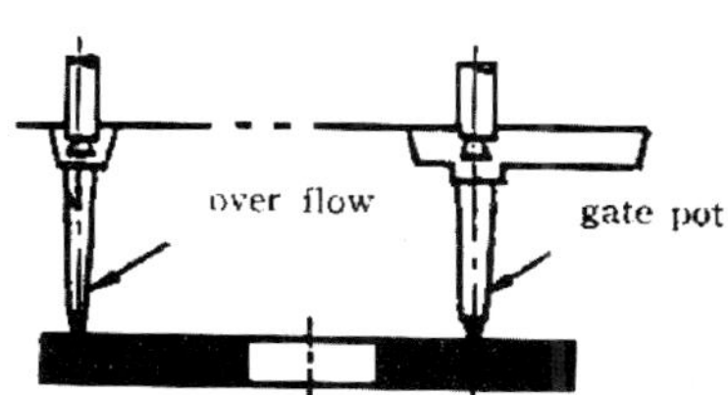

  ㉰ Cavity를 흐름 직전방향에 설정

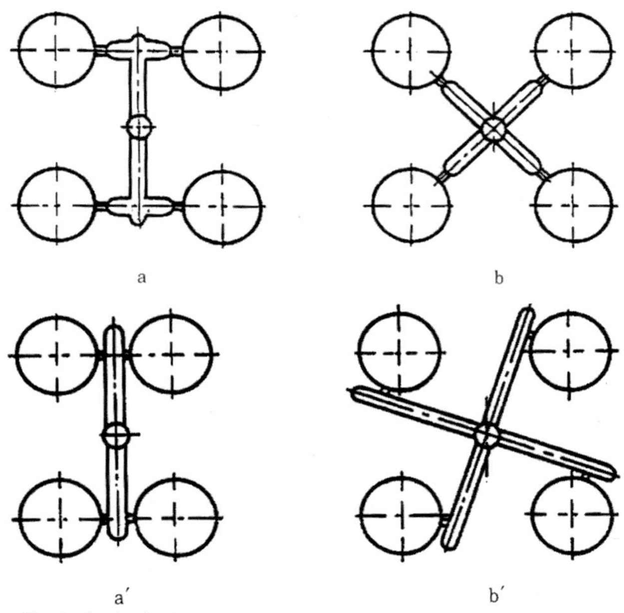

(7) 수축

① 발생 원인

　㉮ Cavity 내압 부족,　㉯ Gate 부분의 역류,　㉰ Cavity 내 수지의 고온

② 대책

　㉮ Gate 위치는 제품의 최대 두께 부위, 최대 두께의 50% 이상의 두께 부위에 설정

　㉯ Gate경 및 두께를 최대 두께의 50~80% 정도 설정

　㉰ High cycle 경우는 최대 두께의 35~60% 정도의 Gate경을 설치

Runner size와 수지 유동 두께

Runner 두께	최고 유동 거리
1mm	80mm
2mm	180mm
3mm	320mm
4mm	50mm

Runner 두께	최고 유동 거리
5㎜ (사다리 Runner)	740㎜ 90° 굽힘으로 1회 15~20㎜를 감한다.

POM 수지

   금형온도: 70~80℃

   사출온도: 190~210℃

   사출압력: 100kg / ㎠

   사출률: 60㎤ / sec

(8) Crack

① 발생 원인

  ㉮ 제품의 Notch 부위

  ㉯ Weld 부분

  ㉰ Gate 부분

  ㉱ Ejector pin 주변

② 대책

  ㉮ 제품의 Notch 부분에 두께의 50~80% 정도 R 또는 C 설정

  ㉯ 얇은 두께 방향에 Gate 설정을 피한다.

  ㉰ 흐름 최종단에 Over flow 설정

4) Runner 형상

(1) 원형 Runner

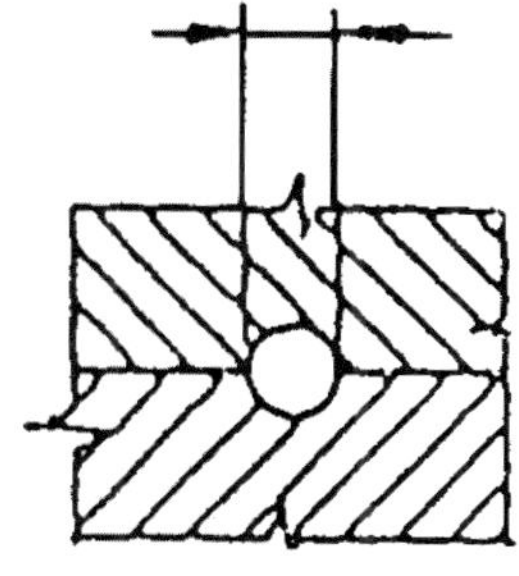

Runner의 형상 중 일반적으로 가장 좋은 형상이 원형이다. 그러나 Runner의 경이 Φ9.5㎜ 이상은 아래와 같은 이유로 설계 시 고려해야 한다.

① 너무 큰 Runner는 Plastic의 Loss이다.

② 서냉으로 인한 성형 Cycle time이 길어진다.

③ 금형의 Size가 커진다.

(2) 반형 Runner

① 극심한 냉각의 Runner

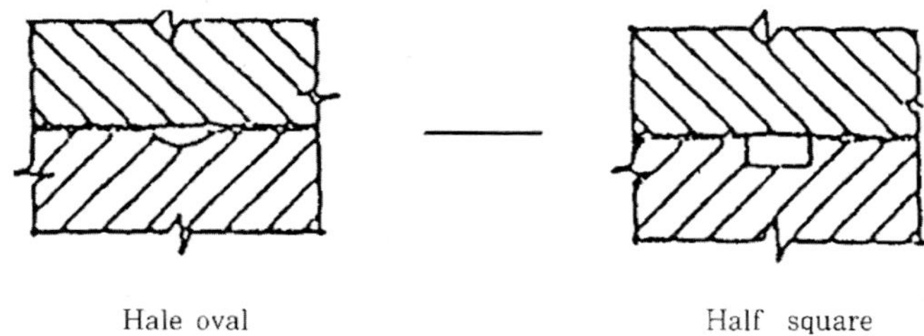

② 반원형

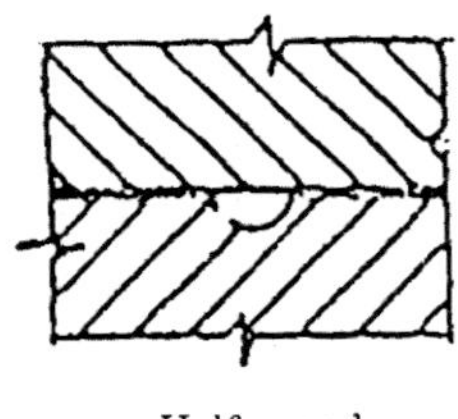

③ 사다리꼴 Runner

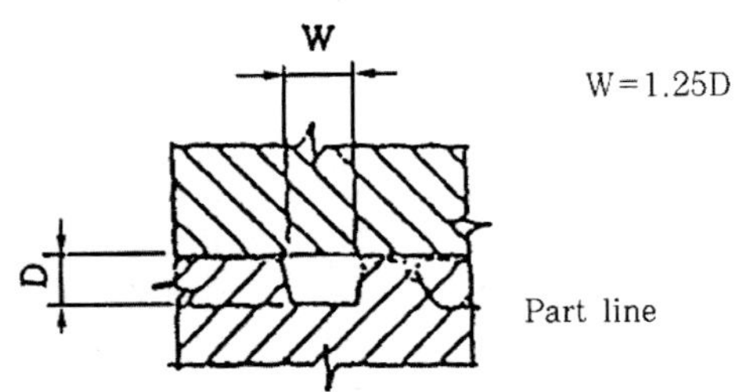

(3) Runner types

① 층류흐름과 난류흐름

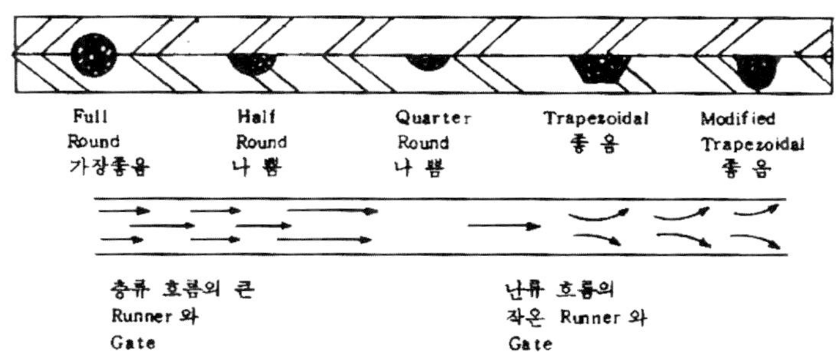

② 재료별 사출성형 시 추천 Runner size

재료	직경(in)	metric ㎜
ABS, SAN	0.187~0.375	4.7~9.5
Acetal	0.125~0.375	3.1~9.5
Acrylic	0.312~0.375	7.5~9.5
Cellulosics	0.187~0.375	4.7~9.5
Ionomer	0.093~0.375	2.3~9.5
Nylon	0.062~0.375	1.5~9.5
Polycarbonate	0.187~0.375	4.7~9.5
Polyester	0.187~0.375	4.7~9.5
Polyethylene	0.062~0.375	1.5~9.5
Polypropylene	0.187~0.375	4.7~9.5
PPO	0.250~0.375	6.3~9.5
Polysulfone	0.250~0.375	6.3~9.5
Polystyrene	0.125~0.375	3.1~9.5
PVC	0.125~0.375	3.1~9.5

사출성형 시 재료의 Runner는 Round runner가 층류흐름이 좋다.

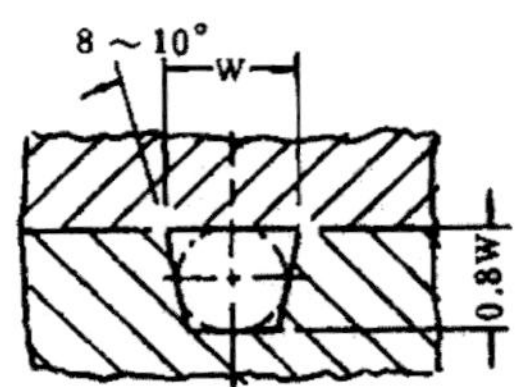 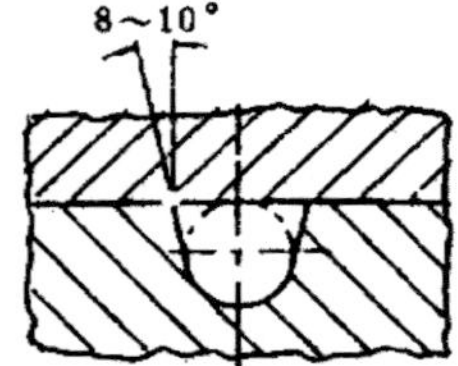 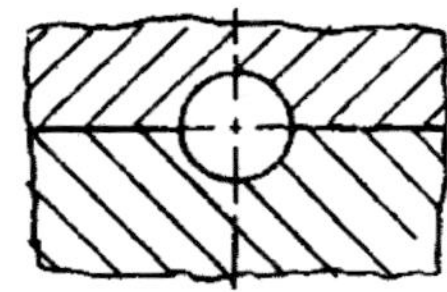

③ Runner 크기

Runner계의 기본 원칙

㉮ 재생 수지를 줄이고 냉각시간을 줄이기 위해 최소한의 길이로 한다.

㉯ 압력 강화를 막고 열손실을 줄이기 위해 수지 흐름 방향 전환을 되도록 줄인다.

㉰ 모든 Cavity가 같은 속도로 동시에 채워질 수 있도록 수지 흐름의 균형을 잡는다.

④ 추천 Runner 크기

성형두께 (in)	Runner 길이 (in)	최소원형 Runner 직경 (in)
0.020~0.060	2up to 2	0.060
0.020~0.060	2 이상	0.125
0.060~0.150	4up to 4	0.125
0.060~0.150	4 이상	0.185
0.150~0.250	4up to 4	0.250
0.150~0.250	4 이상	0.310

⑤ 원형이나 사다리꼴의 Runner가 바람직하다(단면적을 줄이기 위해). 원형 Runner의 최소 지름은 4㎜이다. 반원의 경우에서는 위의 단면적은 원형 Runner와 똑같아야 한다.

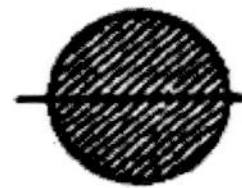  

⑥ Runner 형태와 Flow 저항 사이에서의 관계

같은 단면적을 가진 다른 형태의 Runner들은 다른 흐름 용량을 가진다.

수량률 \ Runner	원형	반원형	정방형	직각형(1:5)
사출수량	100%	80%	90%	40%

원형 Runner와 비교해 볼 때 반원 Runner는 흐름에서 20%가 작다. 정밀한 제품의 성형에서는 이것이 낮은 수준의 밀도로써 성형되는 제품의 물리적 성상에 큰 영향을 미친다.

⑦ Runner bend는 직각이어서는 안 되고 10~20R이어야 한다.

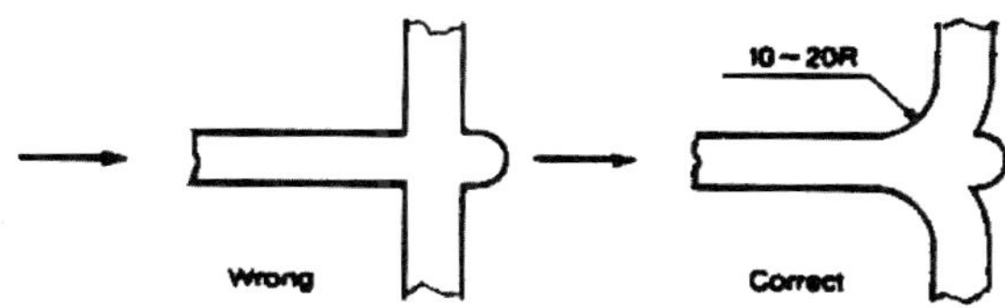

⑧ Glass 섬유강화 Polycarbonate

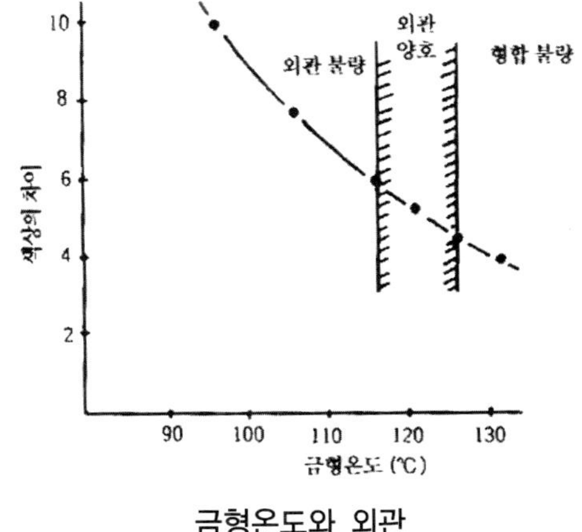

금형온도와 외관

⑨ 사다리꼴 Runner 단면

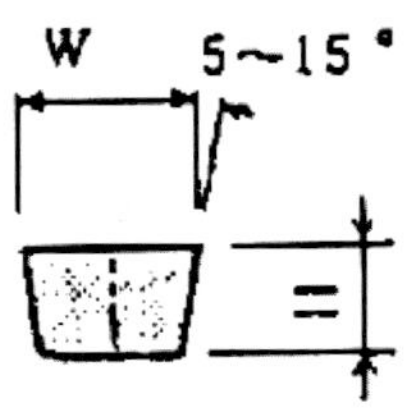

(mm)

W	H
3	2.5
3.5	2.5
4	3
4.5	3
5	3.5
5.5	3.5
6	4

사다리꼴 Runner 단면

⑩ Runner 길이와 직경

성형품 두께 (㎜)	Runner 길이 (㎜)	최서 Runner 직경 (㎜)
0.5~1.5	<50	1.6
	>50	3.2
1.5~3.8	<100	3.2
	>100	4.8
3.8~6.4	<100	6.4
	>100	8.0

⑪ 제1Runner와 제2Runner

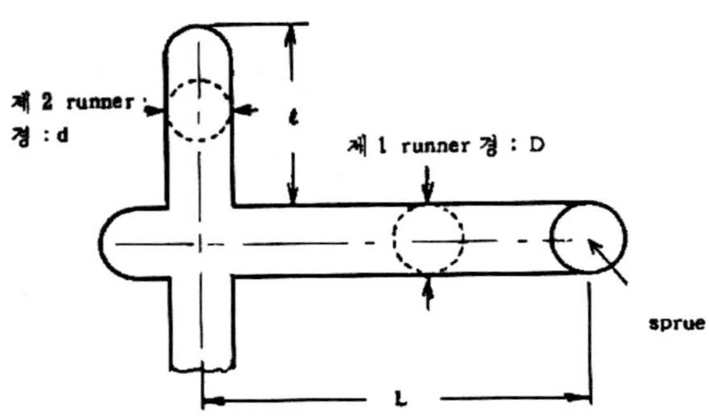

제1Runner 길이 (L)	제1Runner의 경 (D)
70 이하	6 ~ 8
70 ~ 200	8 ~ 10
200 이상	12 이상

제1Runner 길이 (l)	제1Runner의 경 (d)
70 이하	6

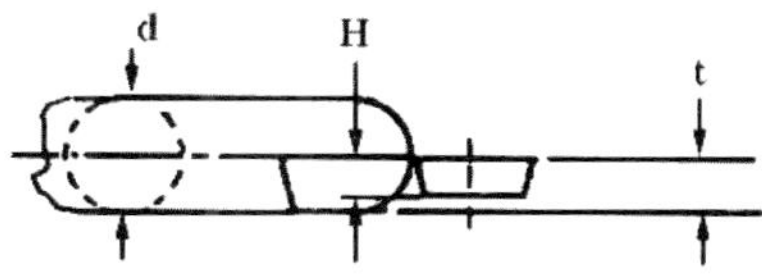

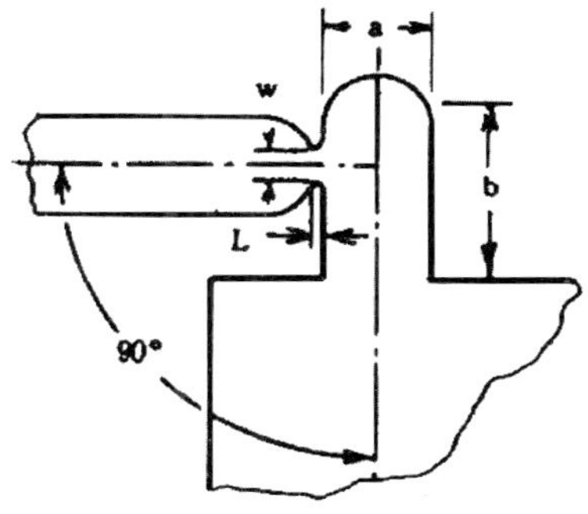

5) Runner 각도에 의한 유량 계산

운동량 법칙에 의거

$$F = pQV_1\sin\theta = \frac{r}{g}(\text{kgsec}^2/\text{m}^4)$$

F: 유체 간 판에 작용하는 힘(kg)

Q: 유량(m^3 / sec)

V_1: 평판에 수직 작용하는 속도

ρ: 비질량

γ: 비중량

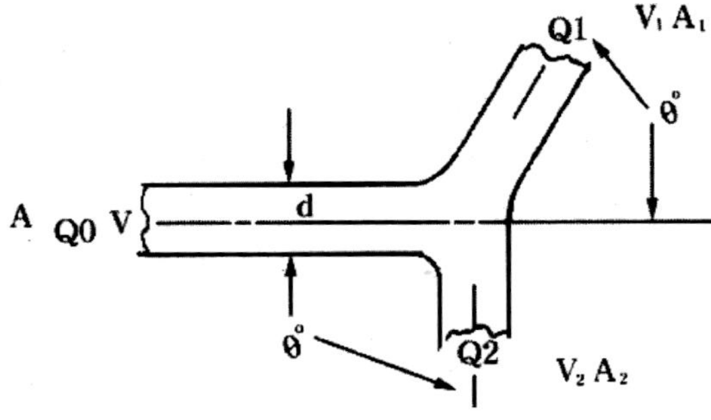

$$Q_1 = \frac{Q_0}{2}(1+\cos)$$

$$Q_2 = \frac{Q_0}{2}(1-\cos)$$

① 90°일 때

$$Q_1 = \frac{Q_0}{2}(1+\cos 90°) = \frac{Q_0}{2} = \frac{1}{2}Q_0 = 0.5Q_0$$

$$Q_2 = \frac{Q_0}{2}(1-\cos 90°) = \frac{Q_0}{2} = \frac{1}{2}Q_0 = 0.5Q_0$$

② 60°일 때

$$Q_A = \frac{Q_0}{2}(1+\cos 60°) = \frac{Q_0}{2}(1.5) = 0.75Q_0$$

$$Q_B = \frac{Q_0}{2}(1-\cos 60°) = \frac{Q_0}{2}(0.5) = 0.25Q_0$$

$$V_2 = \frac{0.5Q_0}{A_2}$$

$$V_1 = \frac{0.75Q_0}{A_1}$$

$$Q_A = A_1 V_1 = 0.75Q_0$$

6) Runner와 Gate 상호관계

① Fan

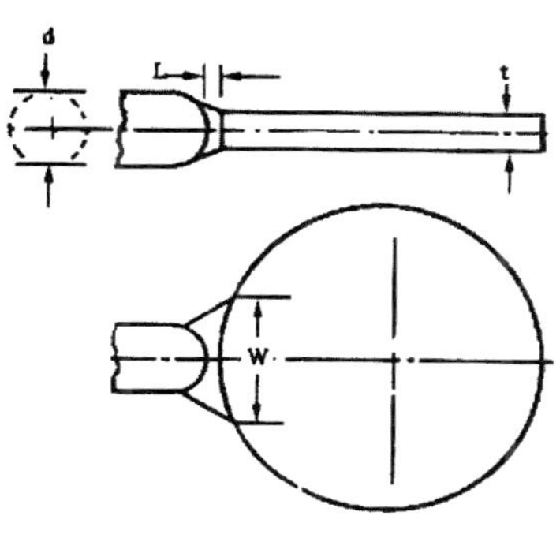

d = Runner의 경
W = 2d
L = Gate runner 길이
t = 성형품 두께

② Submarine

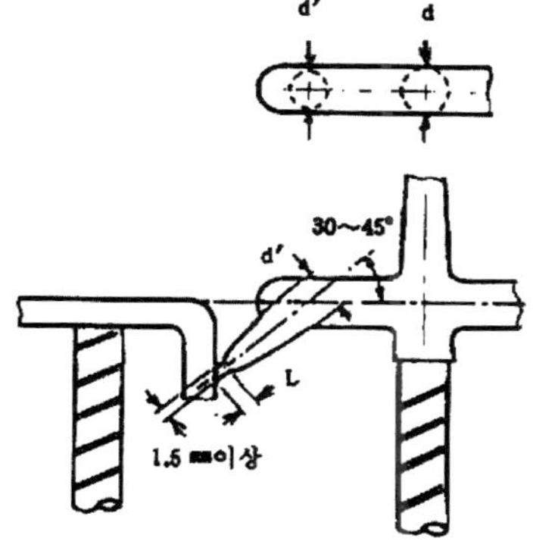

d′ = d-(1~2)
L : Gate 길이 0.8~1.0

③

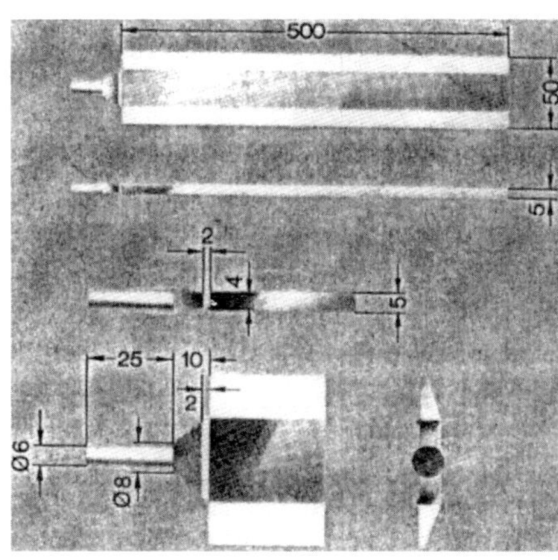

④

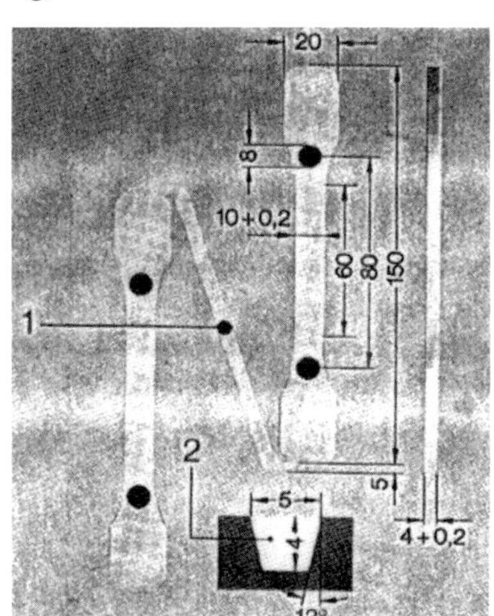

⑤

⑥

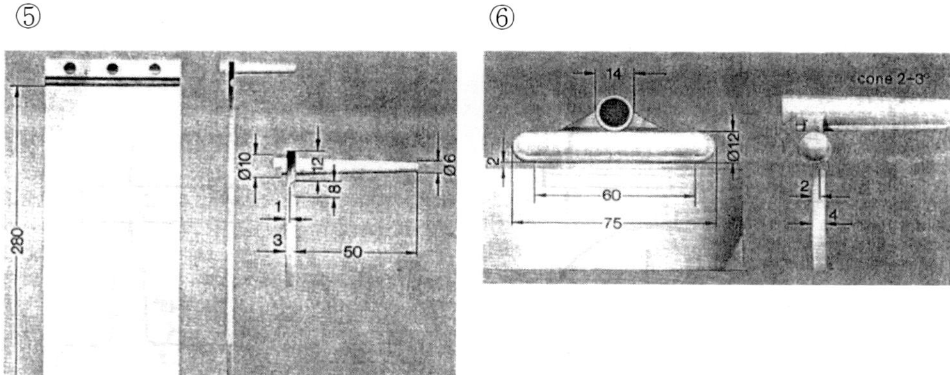

⑦

⑧

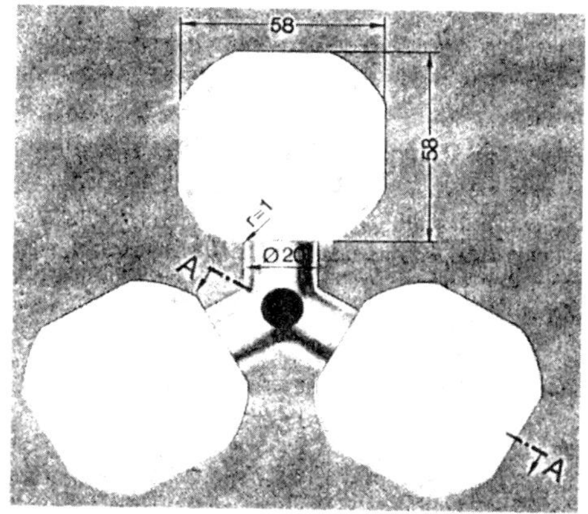
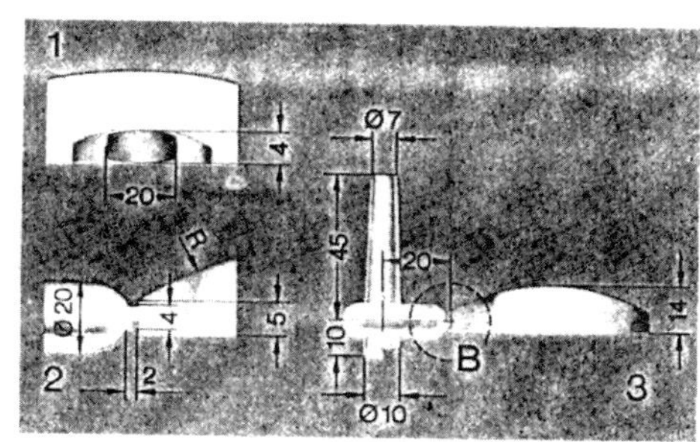

⑨

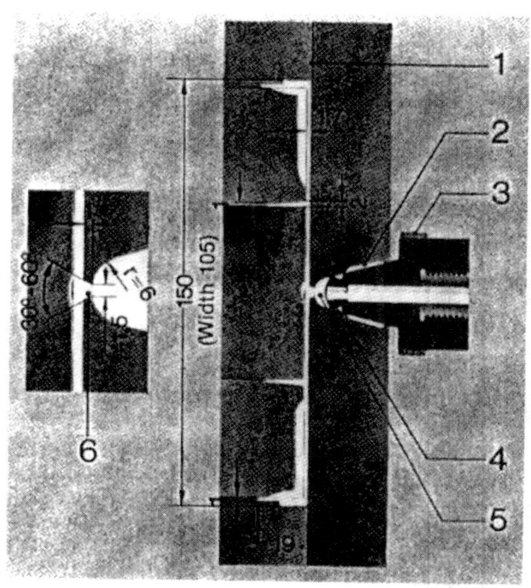

1 = Junction plane
2 = Air pocket
3 = Band heater
4 = Undercut
5 = Well
6 = Equalising chamber

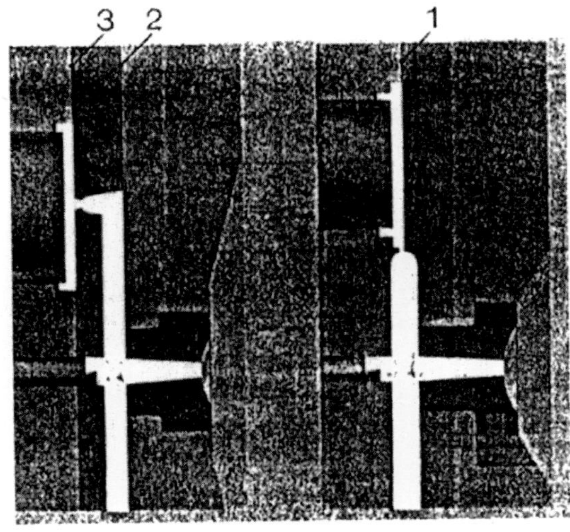

1 = Junction for runner
    and mould
2 = Junction for runner
3 = Junction for runner
    mould

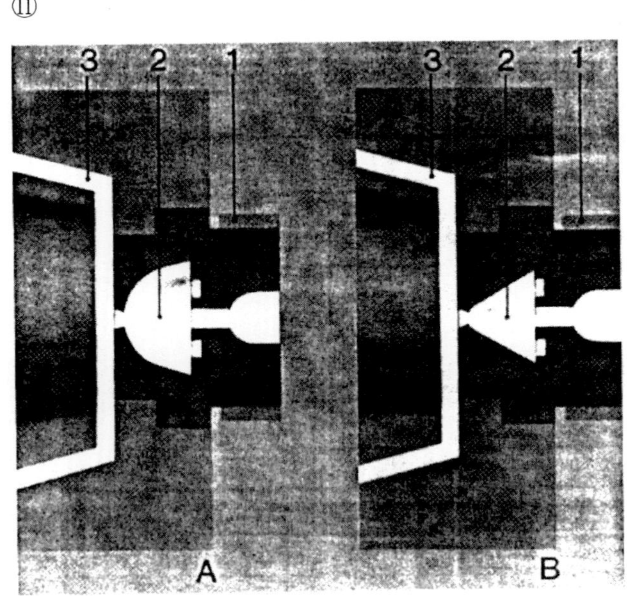

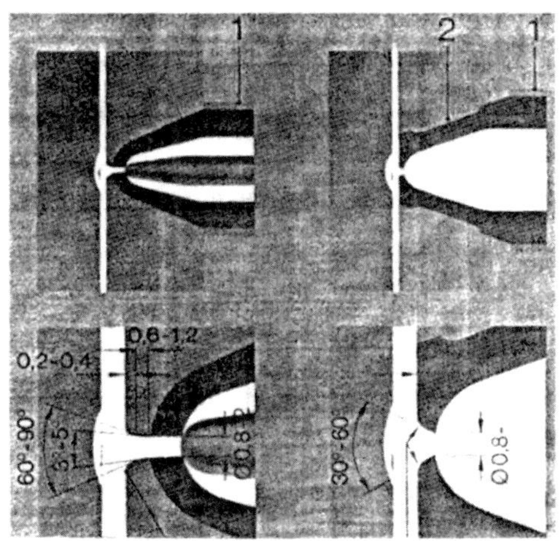

11. Gate

1) Common gate type

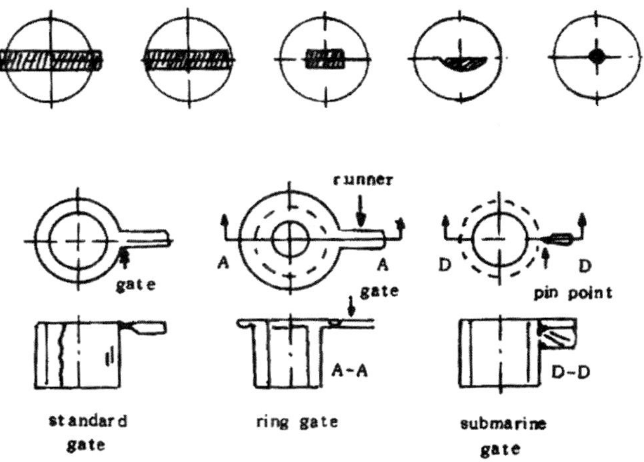

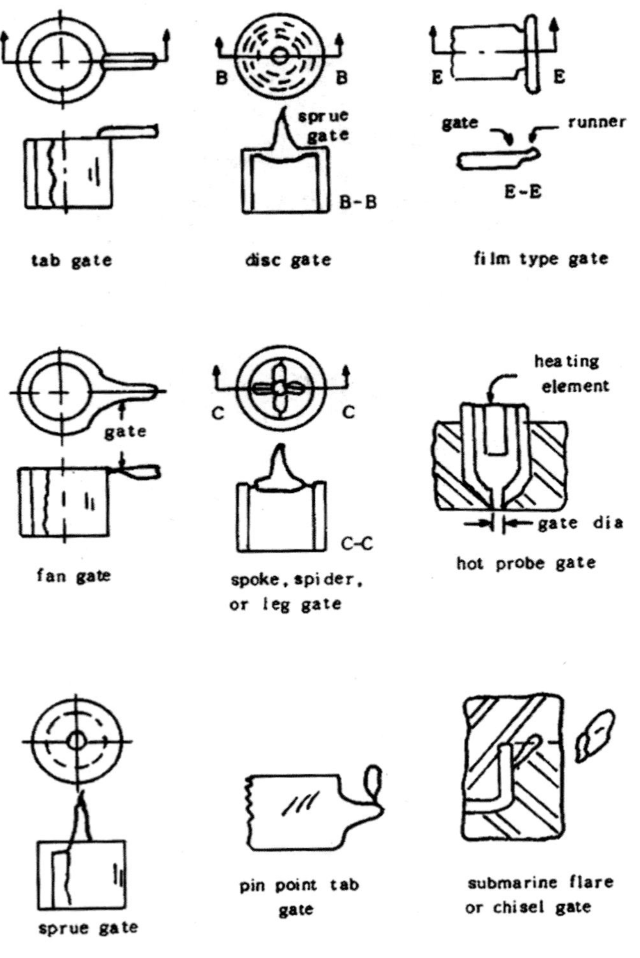

2) Gate 종류에 따른 특징

Gate의 종류

Gate의 모양	Gate의 종류	특 징
P.L —	Direct gate	● 성형품 측면에 직접 설계한 Gate를 말함. ● Gate 절단 흔적이 크게 남

Gate의 모양	Gate의 종류	특 징
P.L —	Fan gate	• 주로 대형 성형품에 부채모양으로 붙인 Gate를 말함. • 성형재료 충전이 용이하며 변형이 적다.
P.L —	Top gate	• 성형품의 선단 또는 면에 설치함. • 측면이 중요한 부품에 적합함.
P.L —	Fan top gate	• 대형 성형품에서 측면이 중요한 성품에 적합함.
배기용 pin 잘라버림 P.L	Ring gate	• 원통형 성형품과 같이 대칭형의 Canvity를 채울 때 Runner를 Ring 모양으로 하여 수지 흐름을 원활하게 함으로써 Weld mark 굽힘 등을 방지할 목적으로 쓰인다.
잘라버림 Sprue P.L	Disk gate	• 재료는 중심으로부터 외주로 향해 흐른다. 중심성을 가진 성형품에 적합하다. • 사상에 난해가 있다.
L runner의 경사 절단부	Collar gate	• 원통형의 성형품에 적합하다. • Weld mark가 생기지 않으나 사상이 난해하다.
P.L	Submarine gate	• P.L 밑으로 Gate가 난 것으로 금형이 열림과 동시에 Gate가 자동 절단됨. • 소형 성형품에 용이함.
P.L P.L	Pin point gate	• 금형의 단면적을 아주 작게 한 Gate를 말하며, 주로 판형구조 금형에 사용된다. • Gate 흔적이 남지 않음. • 마무리 작업이 불필요하다.
	Tab gate	• 성형품에 직접 Gate를 붙일 수 없는 경우나 Gate부에 변형이 생기기 쉬운 수지를 성형할 때는 성형품에 여분의 tab를 내서 여기에 Gate를 붙인다. • 사상이 복잡하다.

3) Gate 설계의 Type

	A Good	B Fair	C Poor
1			
2			
3			
4			
5			
6			

4) Gate의 금형설계는 Part 강도에 영향

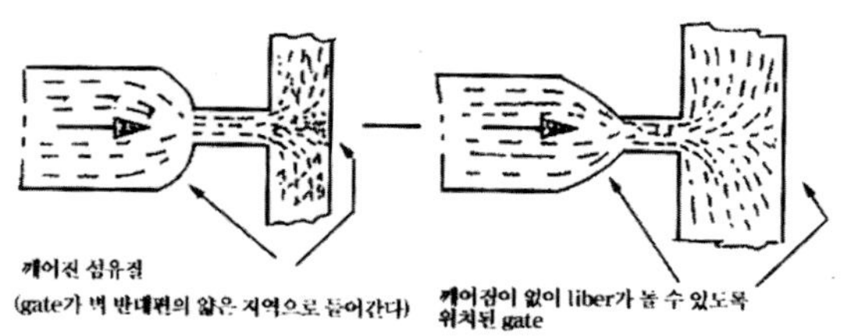

5) 성형수축률의 계산

(1) POM 수지

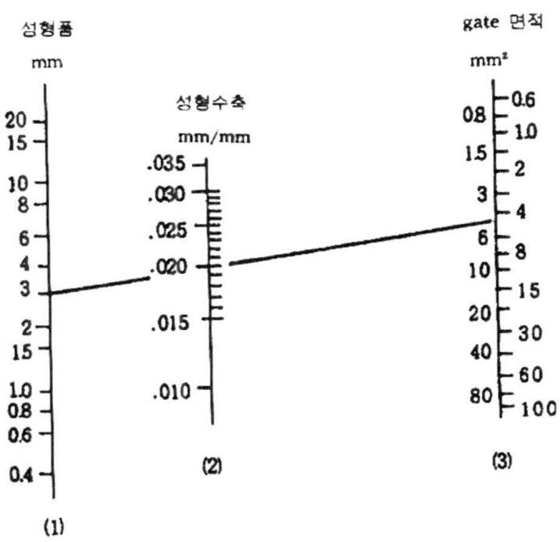

6) Gate 형상과 수축률의 관계

(1) POM 수지

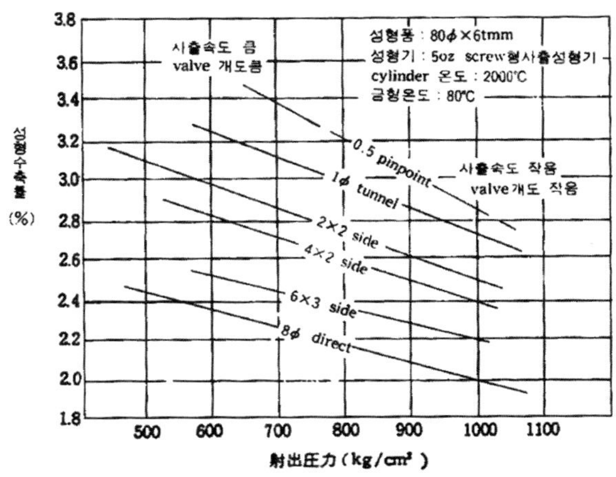

7) 열가소성 수지의 일반적 수축률

Resin	Natural type	GF 3% 강화	
		//	⊥
*PE	1.5~5.0	−	−
*PE	2.0~5.0	−	−
*PP	1.0~2.5	0.2~0.5	0.4~1.5
*POM	1.5~3.0	0.2~0.6	0.5~1.8
*PBT	1.2~2.5	0.2~0.5	0.4~1.2
*PA	1.0~2.0	0.2~0.5	0.4~1.2
*PA	0.8~1.8	0.2~0.5	0.4~1.2
*PA	0.8~.5	0.2~0.5	0.4~1.2
PS	0.2~0.8	0~0.2	0.2~0.6
AS	0.2~0.6	0~0.2	0.2~0.5
PAB	0.4~0.9	0.1~0.4	0.3~0.6
PMMA	0.3~0.8	−	−
PC	0.4~0.7	0~0.2	0.2~0.4
PSU	0.4~0.7	0~0.2	0.2~0.4
변 PPO	0.2~0.6	0~0.2	0.2~0.4

① %표는 결정성 수지
② //는 수지의 유동방향수축률
③ ⊥는 수지의 직각방향수축률

8) 비용적과 온도 관계

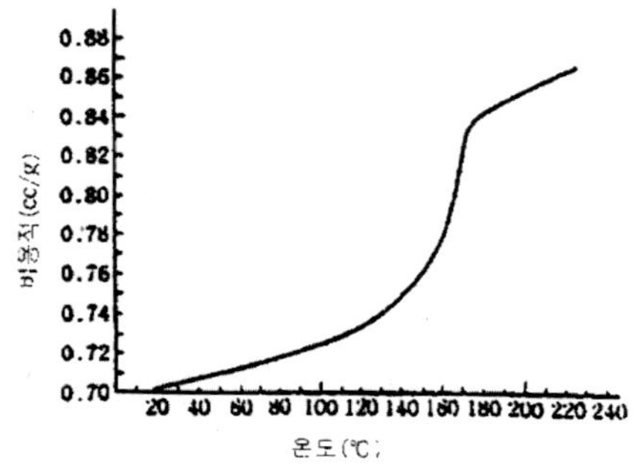

9) 표준 Grade로 Pin point gate의 경우에 성형수축률

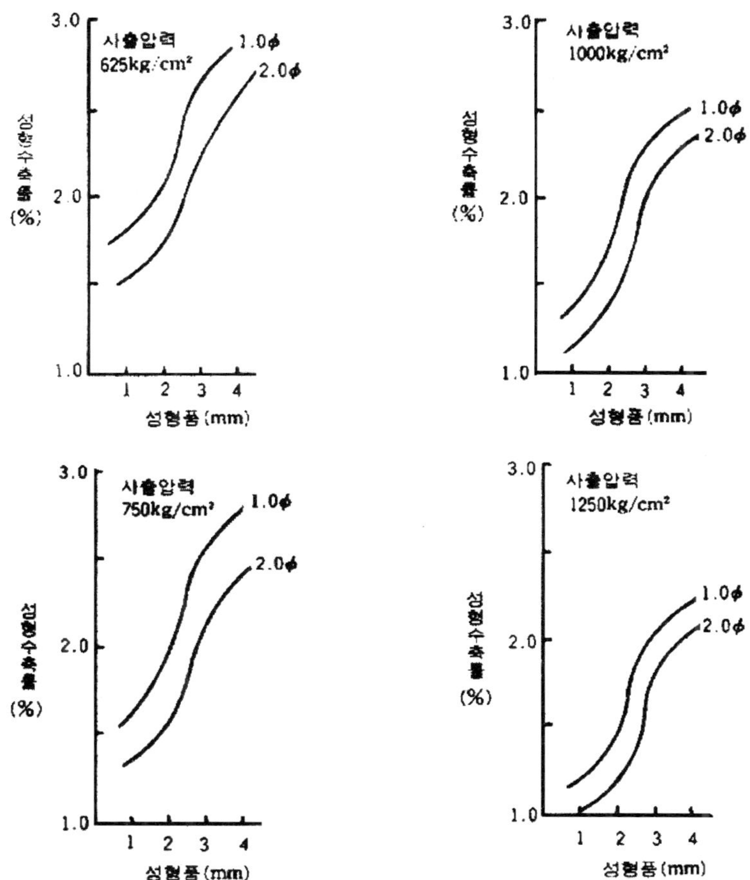

10) Gate 단면적 계산

Runner가 일반적인 방법으로 설립된 경우 각 Gate의 단면적을 바꾸어 균일한 충전을 행(行)하여 Gate balance를 잡는다.

각 Gate의 단면적은 다음 식에서 산출된다.

$$W = K \cdot \frac{S_G}{\sqrt{\ell_R \times \ell_G}}$$

2, 3식

W: 통과하는 수지의 중량(g)

S_G: Gate의 단면적(㎟)

l_R: Gate까지의 Runner 길이(㎜)

l_G: Gate 랜드의 길이(㎜)

K: 수지의 성질, 금형 등에 따라 결정되는 정수

문제) 아래 그림에 표시한 Runner가 있다. 각 Gate의 단면적 S_{G1}, S_{G2}, S_{G3}, S_{G4}, S_{G5}를 산출하시오.

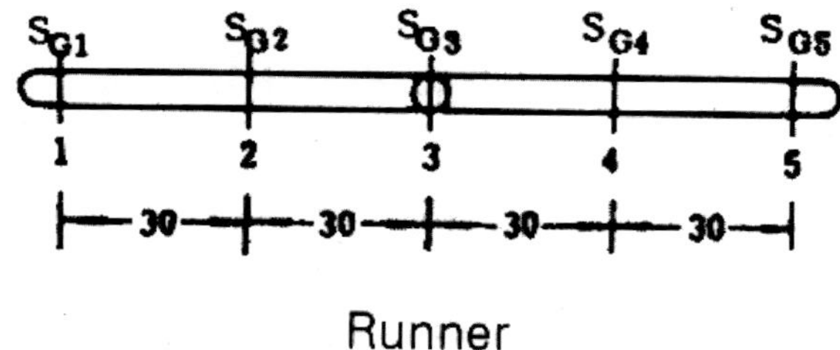

해설) Sprue에 바로 접한 Gate S_{G3}의 단면적은 Runner(직경 4.5㎜의 원형)의 1% 라고 하면, $S_{G3} = 0.01 \times \pi \times 4.42 / 4 = 0.159㎟$, Gate 단면 형태가 긴 방향으로 Gate 폭 W, Gate 깊이 h와의 관계가 W = 3h라고 하면,

$$S_{G3} = W \times h = 3h^2 = 0.159$$

고로 $h^2 = 0.053$, 따라서 h = 0.23㎜, W = 0.69㎜, Gate 랜드 ℓ_{G3}는 Gate 깊이와 같이 0.23㎜로 한다.

$\ell_{R1} = \ell_{R5} = 60$, $\ell_{R2} = \ell_{R4} = 30$, $\ell_{R3} = 4.5/2$, $S_G = 3h^2$, $\ell_G = h$라 하면 2, 3 식으로부터

$$\frac{W}{K} = \frac{S_G}{\sqrt{\ell_R \times \ell_G}} = \frac{3h^2}{\sqrt{4.5/2 \times 0.23}} = 0.487 = \frac{3h^2}{\sqrt{\ell_R \times h}} = \frac{3h}{\sqrt{\ell_R}}$$

$\ell_{R1} = \ell_{R5} = 60$을 대입하면 $h_{1.5} = 1.25$, $\ell_{R2} = \ell_{R2} = \ell_{R4} = 30$을 대입하면 $h_{2.4} = 0.887$, 정리하면 S_{G1}과 S_{G5}는 4.68㎡, S_{G2}, S_{G4}는 2.42㎟, S_{G3}는 0.159㎟, W_1과 W_5는 3.75㎟, W_2와 W_4는 2.7㎜, W_3는 0.69㎜ h_1과 h_5는 1.25㎜, h_2와 h_4는 0.887㎜, h_3는 0.23㎜로 된다.

11) 금형온도 분포와 Runner 거리 Balance를 고려한 Cavity 배치와 Runner 형태 및 Pin point gate

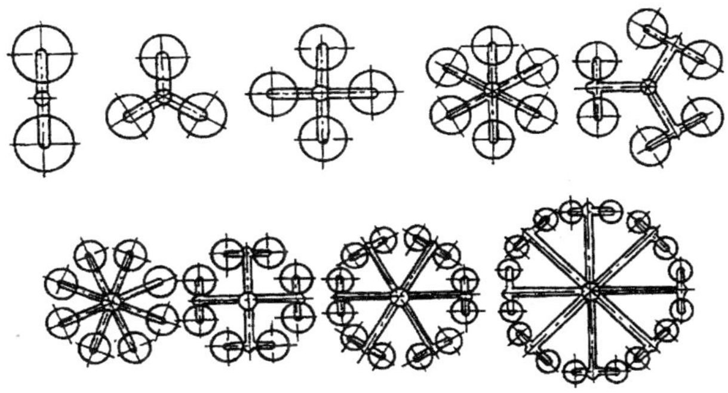

(1) Runner 거리 Balance를 고려한 Runner 형태 및 Pin point gate

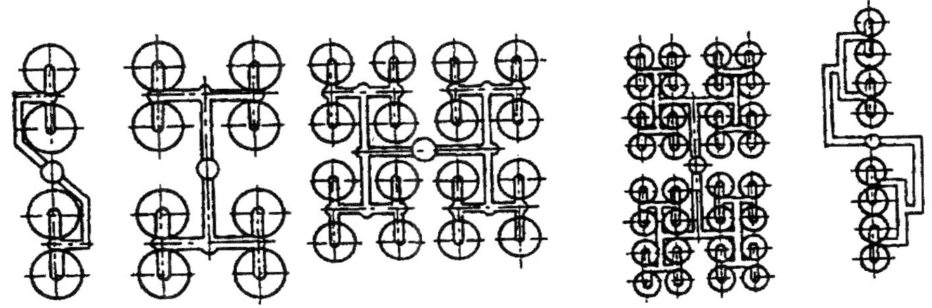

(2) Glass fiber 첨가 Plastic의 이방성

수지	두께(mm)	굴곡강도 (kg/cm²) 유동방향	직각방향	굴곡탄성률 (×10³kg/cm²) 유동방향	직각방향	충격강도 (kg·cm/cm)(izod, notch) 유동방향	직각방향	성형수축률 (×10⁻³cm/cm) 유동방향	직각방향
Polyacetal (Glass fiber 0%)	2	746	843	26.6	29.5	6.2	5.1	20.0	19.4
	3	850	931	23.5	26.7	5.0	5.2	21.0	20.5
	4	973	1,020	24.1	25.7	5.4	4.6	21.5	21.0
PBT (Glass fiber 0%)	2	795	816	26.2	25.3	5.1	5.0	14.0	13.5
	3	873	897	24.3	25.2	4.5	4.1	15.0	14.0
	4	953	969	24.9	25.5	4.2	4.0	15.0	14.5
PBT (Glass fiber 30%)	2	1,760	820	84.8	37.7	6.6	2.9	2.0	8.0
	3	1,980	932	88.7	39.7	7.9	3.4	2.4	12.5
	4	1,990	876	87.6	42.8	6.7	3.3	4.0	14.5
Nylon 6 (glass fiber 0%)	2	978	997	29.1	30.8	3.3	3.0	9.0	8.0
	3	850	931	23.5	26.7	2.9	2.5	11.3	11.4
	4	—	—	—	—	—	—	13.0	12.8
Nylon 6 (Glass fiber 30%)	2	2,290	1,200	90.0	45.6	7.8	2.9	1.5	7.4
	3	2,410	1,320		44.8	8.0	3.4	2.2	9.0
	4	2,450	1,440	87.0	46.0	8.1	3.8	4.4	10.2
PET (Glass fiber 30%)	2	1,890	936	97.7	46.8	4.3	1.8	1.6	7.5
	3	2,030	956	102.5	49.0	5.1	2.1	2.0	4.0
	4	2,090	1,820	97.9	51.1	5.0	2.5	3.0	5.0

12) 제품두께, 제품용량에 대한 Gate size 설정

Gate size는 Gate 폭을 의미함

제품두께 mm / 제품중량 cm³	0.3 이하	0.3~1	1~3	3~6	6~15	15~30	30~50	50~100	Gate land(mm)
0.6 이하	0.4~0.6	0.4~0.6	0.4~0.6	0.4~0.6	—	—	—	—	0.6~0.8
0.7~1.0	0.5~0.7	0.6~0.8	0.6~0.8	0.6~0.8	0.6~0.8	—	—	—	0.8~1.2

제품두께 mm \ 제품중량 cm³	0.3 이하	0.3~1	1~3	3~6	6~15	15~30	30~50	50~100	Gate land(mm)
1.1~1.5	0.6~0.8	0.7~0.9	0.8~1.0	0.8~1.0	0.8~1.0	0.9~1.1	–	–	1.0~1.4
1.6~2.0	0.7~0.9	0.7~0.9	0.8~1.0	0.8~1.0	1.0~1.2	1.0~1.2	–	–	1.2~1.6
2.1~3.0	–	0.8~1.0	1.0~1.2	1.0~1.2	1.2~1.4	1.2~1.4	1.4~1.6	–	1.4~1.8
3.1~4.0	–	–	1.2~1.4	1.4~1.6	1.6~1.8	1.8~2.0	2.0~2.2	–	1.6~2.0
4.1~5.0	–	–	–	1.6~1.8	1.8~2.0	2.0~2.2	2.2~2.4	2.4~2.8	1.8~2.4
5.1~6.0	–	–	–	–	2.0~2.2	2.2~2.4	2.4~2.8	2.8~3.0	2.0~3.0
6.1~7.0	–	–	–	–	–	2.4~2.8	2.8~3.2	2.8~3.0	2.0~3.0
7.0~8.0	–	–	–	–	–	–	3.0~3.4	3.4~3.8	3.0~4.0
8.1~10.0	–	–	–	–	–	–	3.4~3.8	3.8~4.2	3.5~4.5

13) Gate balance

(1) 다른 종류의 성형품인 경우의 Gate size

$$\frac{W_a}{W_b} = \frac{\dfrac{S_{ga}}{L_{ra} \times L_{ga}}}{\dfrac{S_{gb}}{L_{rb} \times L_{gb}}}$$

W_a: 성형품 a의 중량　　　　　W_b: 성형품 b의 중량

S_{ga} 성형품 a의 Gate 단면적　　S_{gb}: 성형품 b의 Gate land

L_{ga}: 성형품 a의 Gate land　　　L_{gb}: 성형품 b의 Gate land

L_{ra}: 성형품 a의 Runner 길이　　L_{rb}: 성형품 b의 Runner 길이

(2) 병렬 배열 Gate

선 배열은 일반적으로 동시에 충전이 어려우므로 잘 채용되지 않는다. 예로서, 동시충전을 하기 위해서 Gate balance 치수를 기입하거나 경우에 따라서는 완전히 이것과 반대의 Gate balance를 채택하면 동시 충전이 되지 않는 것도 있다.

따라서 선 배열을 택할 경우 Gate balance를 시행착오에 의한 결정 가능치 않다

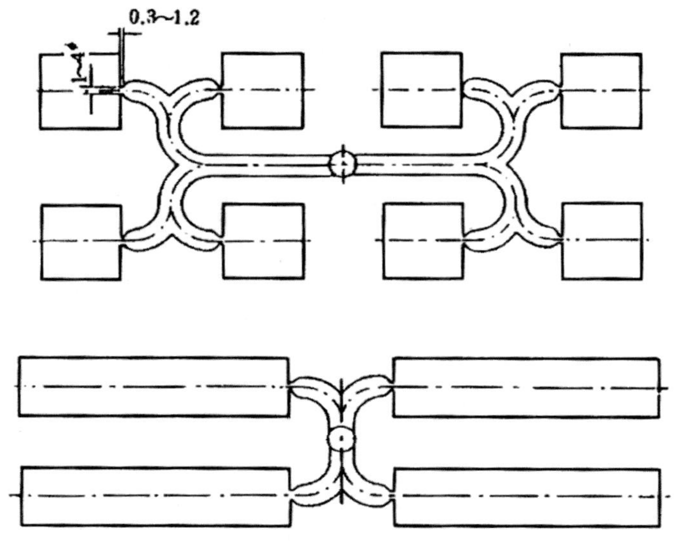

(3) 선 배열 Gate

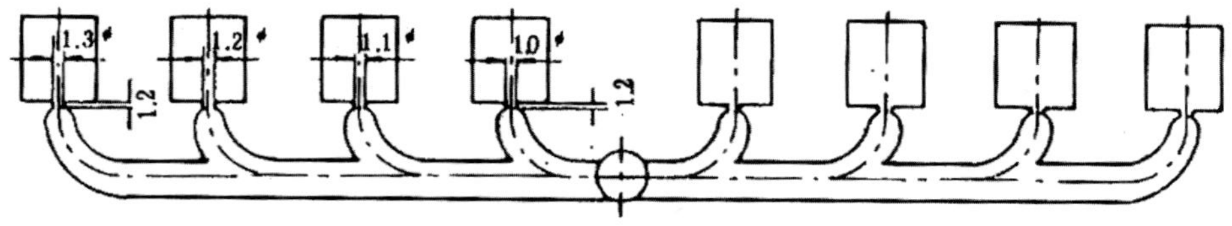

14) Cavity 온도조절

① 고정측 및 가동측 Plate 간에 10℃ 이하의 온도차로 한다.
② 금형 Base의 온도조절 Hole 설정

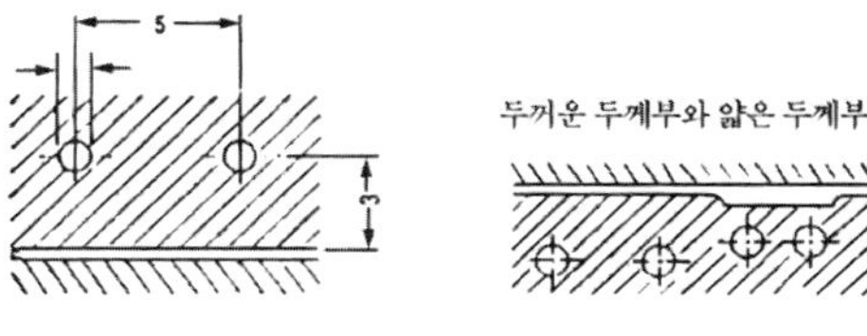

수로의 지름, 간격, Cavity의 거리관계

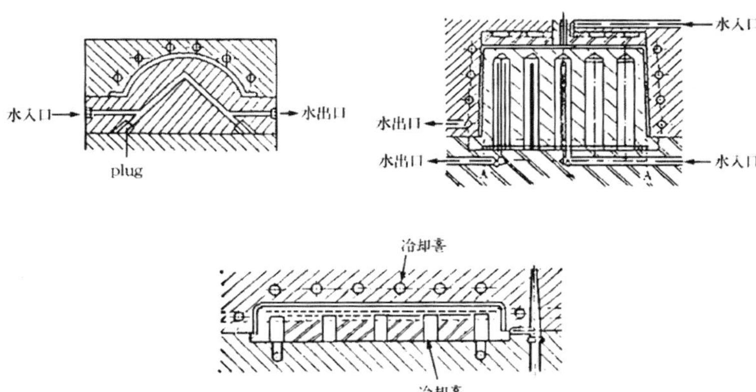

중간정도 깊이의 성형품의 냉각수로

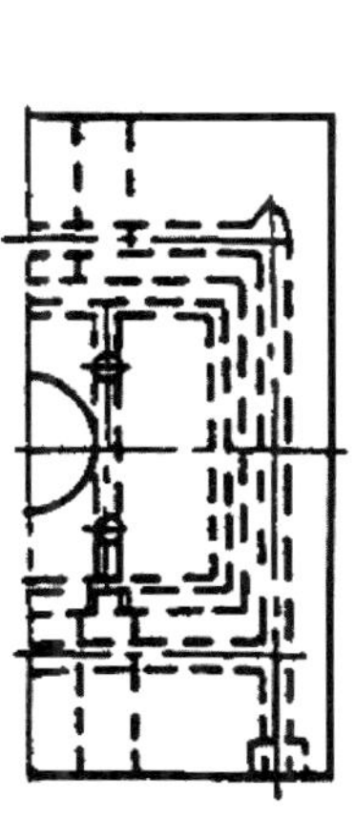
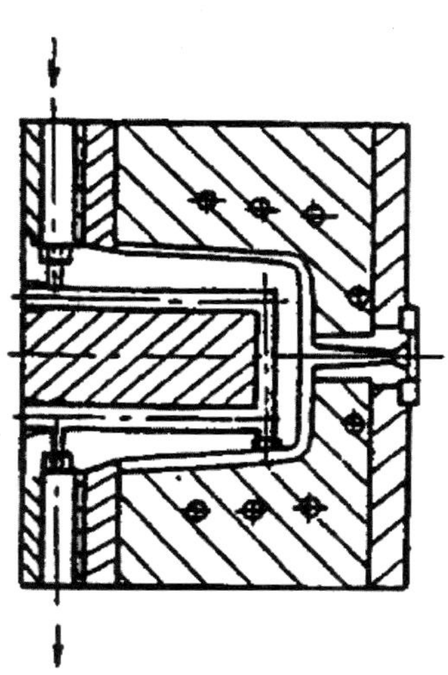

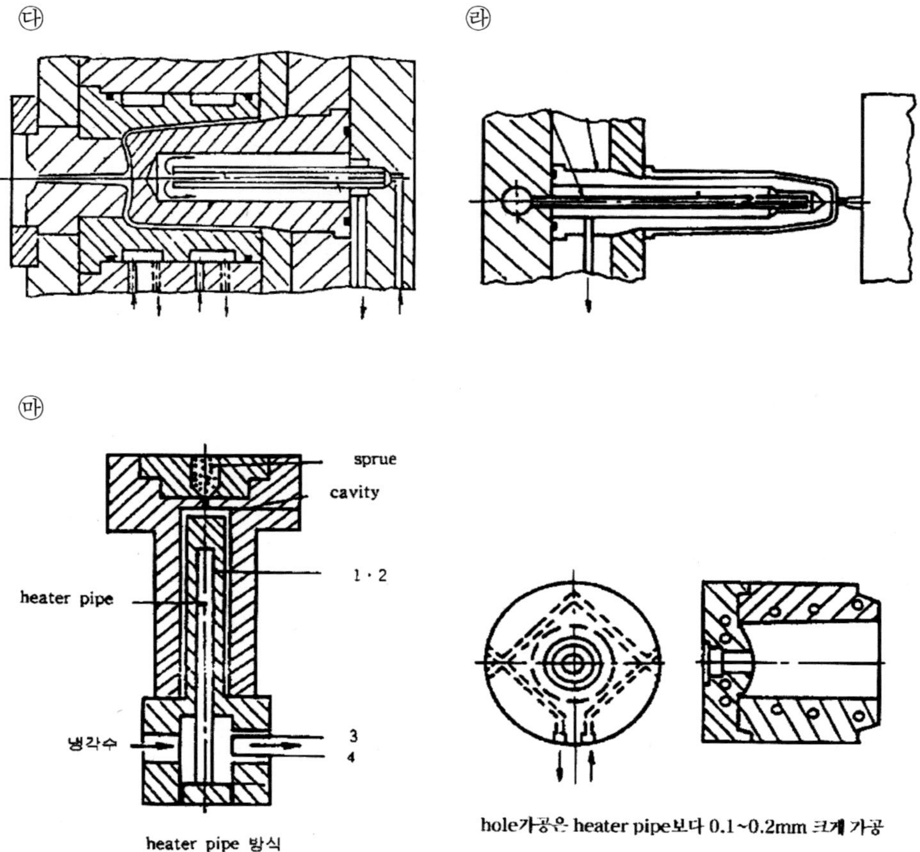

15) Cavity 분할

　금형의 제작방법은 직조방식과 Core 방식 2종류의 방식으로 형상이 복잡한 치수 정도의 Engineering plastic 부품의 금형제작에 열처리강제를 사용한다.

　Core 방식의 채용은 압도적으로 이용된다.

① 고정측과 가동측의 이형저항 Balance

② Cavity 가공의 용이성과 가공정도의 확보

③ Cavity 내의 수지유동과 Air vent

④ Ejector pin 구조와 Ejector 위치 결정

⑤ Gate 위치 설정

⑥ Cavity 분할 후의 기계적 강도

냉각효율이 취약한 Core 관계는 열전도율이 양호한 Be-Cu재 사용

16) 결정성 수지의 동일 정밀도에 의한 제품 취수

결정성 수지: PE, PP, POM, PBT, PA

중량(gr) size(Φ)	0.1 이하	0.1~0.3	0.3~0.7	0.7~1.2	1.2~2.0	2.0~5.0	5.0~10.0	10~20	20 이상
5 이하	32	32	24	16	12	–	–	–	–
5~10	32	24	16	14	8	6	–	–	–
10~20	–	16	14	8	6	4	3	–	–
20~30	–	–	–	8	6	4	3	2	–
30~50	–	–	–	–	4	3	2	1	–
50~80	–	–	–	–	–	2	1	1	1
80~120	–	–	–	–	–	–	1	1	1

17) 비결정성 수지의 동일 정밀도에 의한 제품 취수

비결정 수지: PS, ABS, SAN, PMMA, PC, PPHOX, PSU

중량(gr) size(Φ)	0.1 이하	0.1~0.3	0.3~0.7	0.7~1.2	1.2~2.0	2.0~5.0	5.0~10.0	10~20	20 이상
5 이하	48	48	32	24	16	–	–	–	–
5~10	48	32	24	16	16	12	–	–	–
10~20	–	24	16	12	12	8	6	–	–
20~30	–	–	–	8	8	6	4	3	–
30~50	–	–	–	–	6	4	3	2	1
50~80	–	–	–	–	–	2	2	1	–
80~120	–	–	–	–	–	–	1	1	–

18) 각종 Gate 설계

(1) Side gate

소형부터 중형까지 성형품의 다수개 취하는 데 많이 이용한다.

압력손실이 크고 Short shot가 생긴다. 일반적으로 Gate 두께는 0.5~1.5㎜, 폭은 1.5~5㎜, Gate land는 1~2.5㎜ 정도로 하나 대형 성형품의 형상에 대한 Gate의 두께는 2~2.5㎜, 폭은 7~10㎜, Gate land는 2~3㎜로 한다.

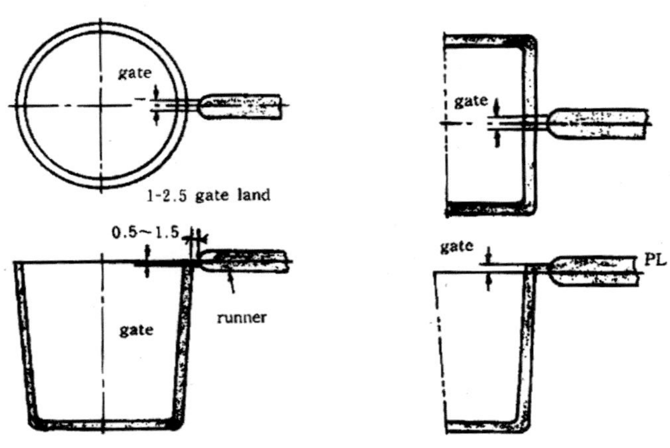

(2) Edge gate

(3) Jump or film gate

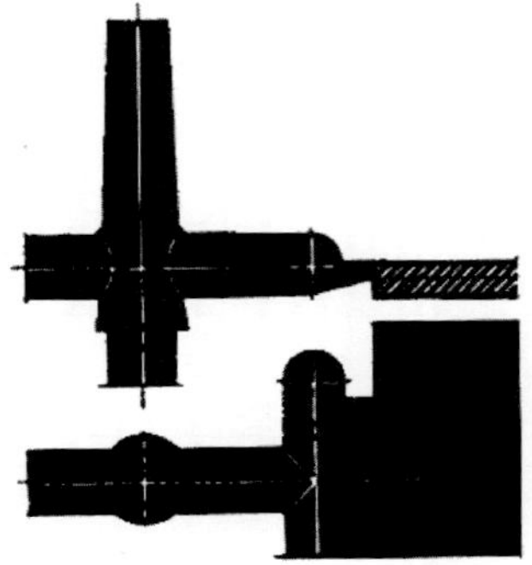

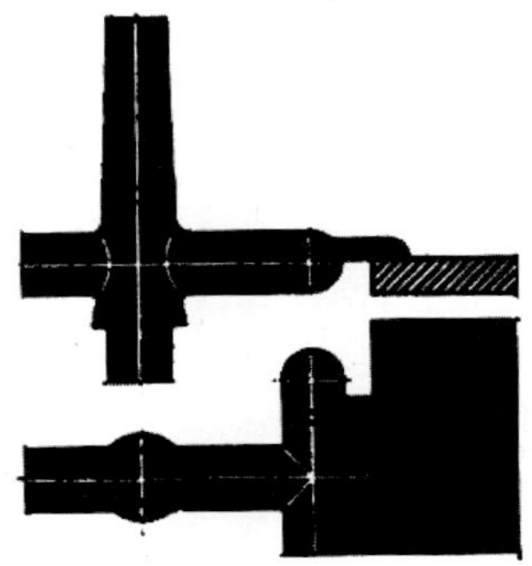

(4) Tab gate

PMMA 수지나 SAN 수지 등 투명도를 요구하는 수지에 사용

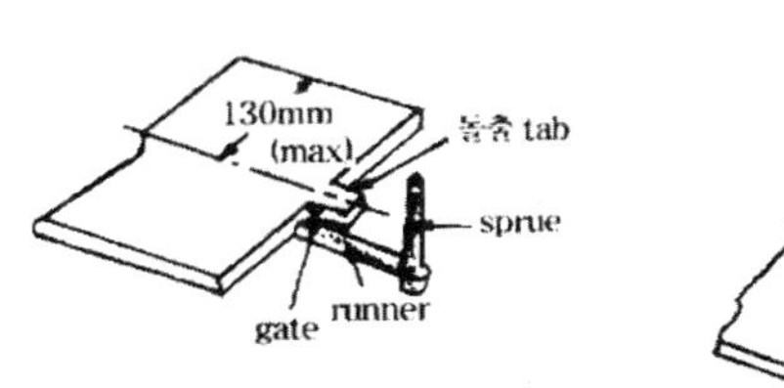

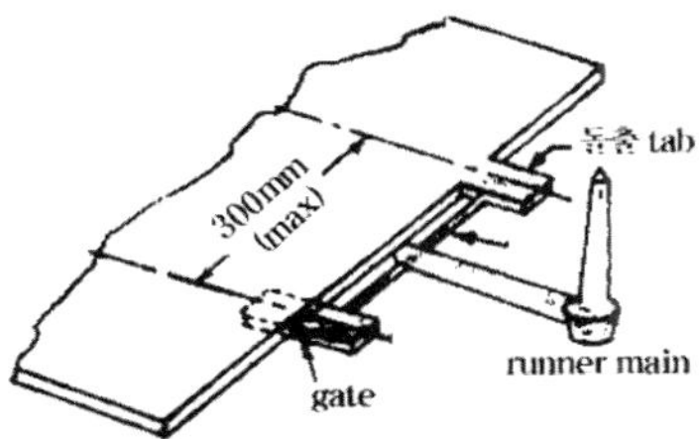

(5) Fan gate

평판면적이 큰 성형품에 사용

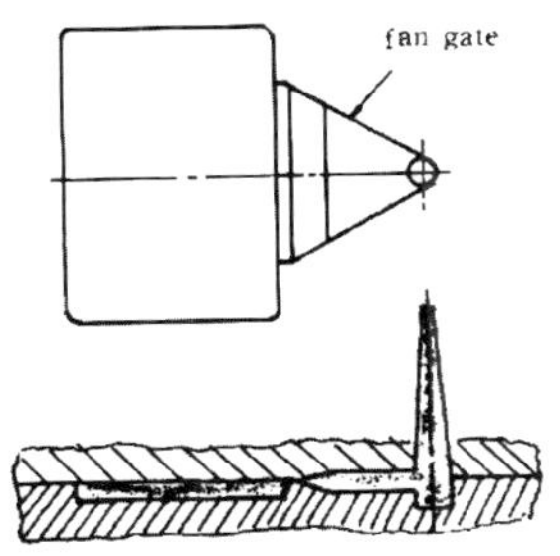

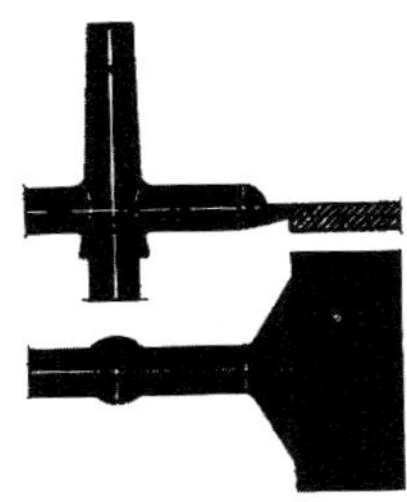

(6) Disk gate

성형품의 원형 Hole 부에 위치한다.

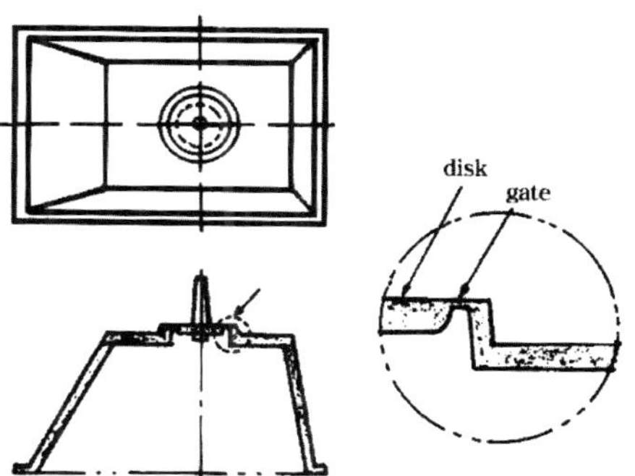

(7) Submarine gate

Tunnel gate라고도 한다. Gate가 금형 내에서 자동 절단된다.

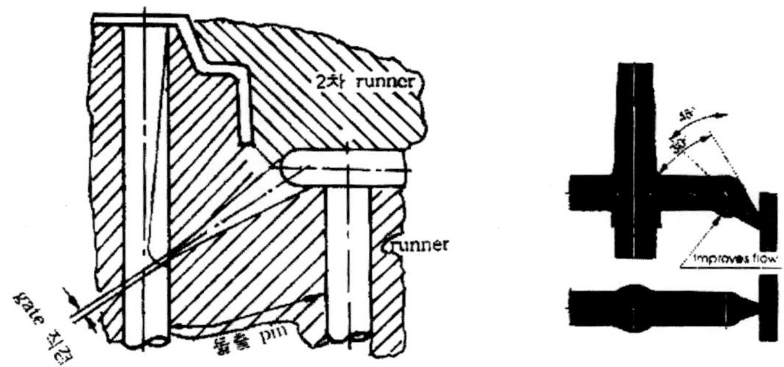

(8) Pin point gate

금형 내에 Gate가 자동 절단된다.

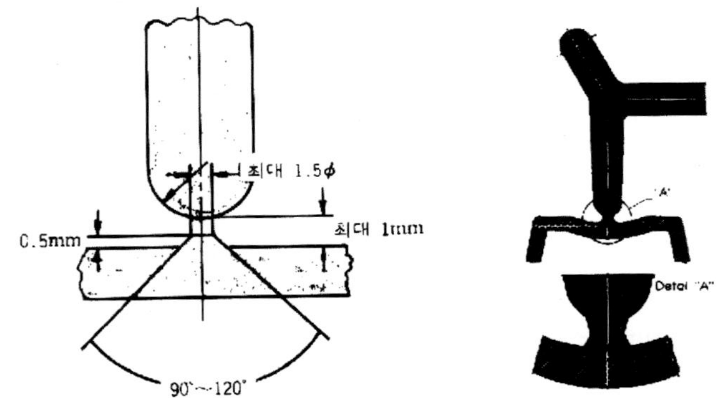

(9) 다점 Pin point gate

중형, 대형 성형품에 Gate를 1개소로 부족할 경우에 Gate부를 수개소 설치한다. Pin point로 채용할 경우에 주의할 사항은 Runner 성형품 취출의 Space가 성형기의 Stroke 내에 있어야 한다.

(10) Side gate

성형품두께(㎜)	Gate 크기(㎜)		
	깊이	폭	Land 길이
<0.8	<0.5	<1.0	1.0
0.8~2.4	0.5~1.5	0.8~2.4	1.0
2.4~3.2	1.5~2.2	2.4~3.3	1.0
3.2~6.4	2.2~4.2	3.3~6.4	1.0

(11) Side gate 수축률

두께(㎜)	수축률(%)	
	Flow 방향	수직방향
<1.5	0.2~0.3	0.4
1.5	0.2~0.3	0.5~0.6
3	0.2~0.3	0.6~0.7
8	0.2~0.3	0.6~0.7

(12) 원판(Center gate)

두께(㎜)	수축률(%)
3	0.3
6	0.6

(13) Pin gate

성형품 두께(㎜)	Gate 직경(㎜)	Land 길이(㎜)
<3.2	0.8~1.3	1.0
3.2~6.4	1.0~3.0	1.0

(14) 얇은 두께, 작은 부품

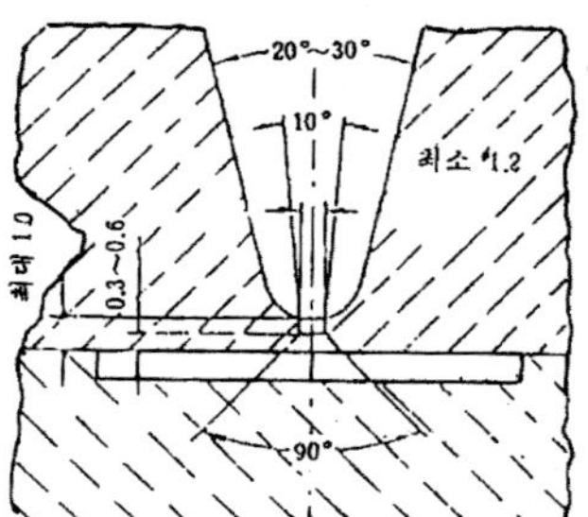

(15) 비교적 큰 성형품

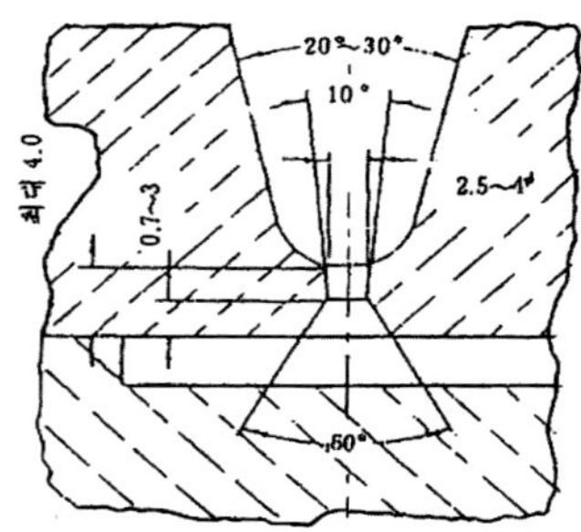

(16) Gate의 형상

① 직사각형 Type　② 원형과 사각형 Type　③ 반원형 Type

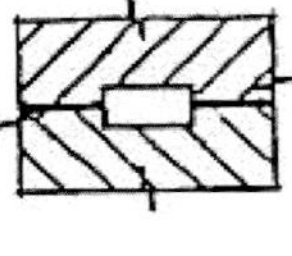

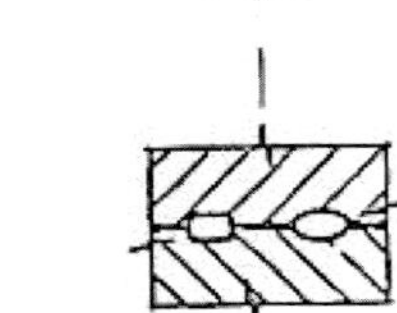

(17) Gate 두께, 폭

① 두께

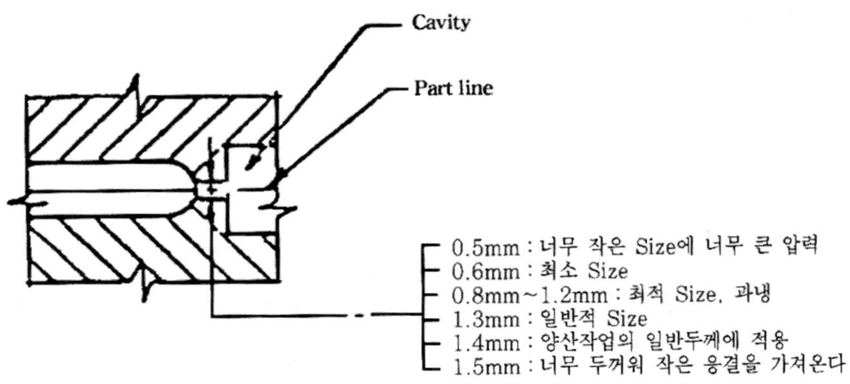

② 폭

● 최적치수

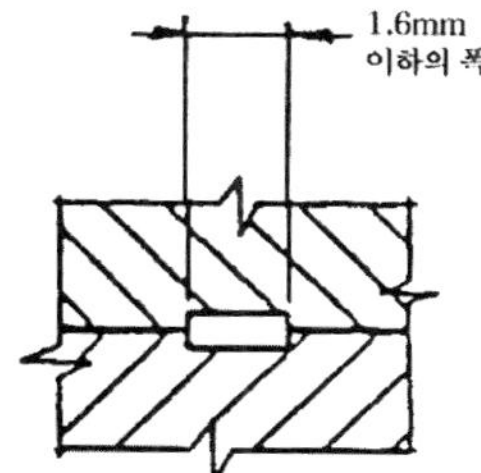

● 최대치수

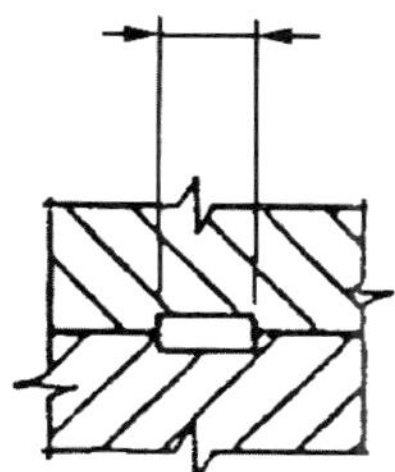

③ 사다리꼴 Runner

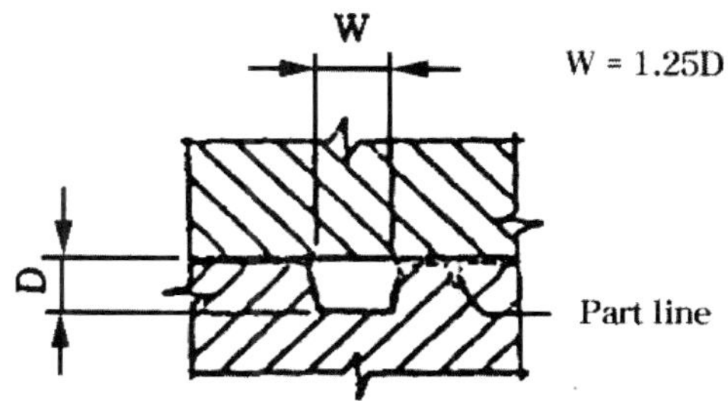

Gate는 Runner와 금형 Cavity 사이의 제한된 통로이다. Gate의 면적치수는 폭과 두께 그리고 길이 치수는 Land라고 부른다. Gate의 폭은 Runner 폭의 75~100%가 일반적이다. Gate의 두께는 일반적으로 Gate가 접해 있는 부품의 부분두께의 40~60%로 설치된다. 최소 Gate land 길이는 Gate의 두께와 같아야 한다.

(18) Cavity에 따른 Gate의 접근방법

① 추천되는 Type

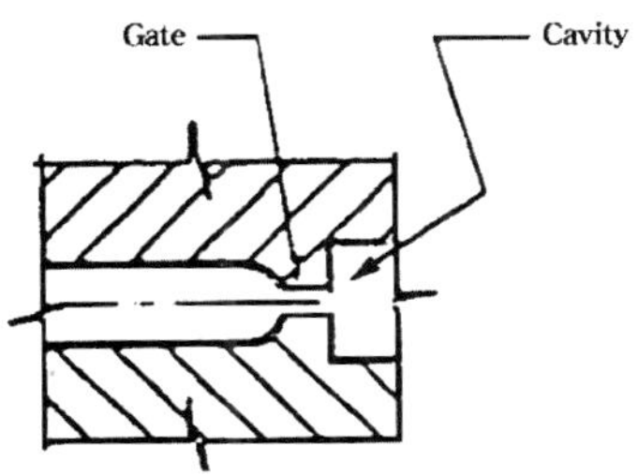

② 안전한 Type

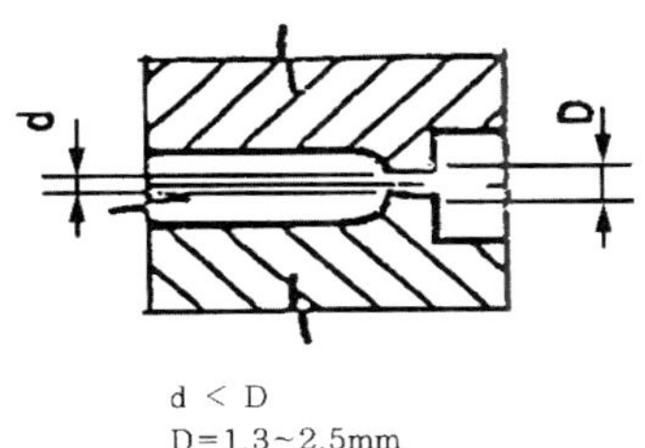

③ 나쁜 Type

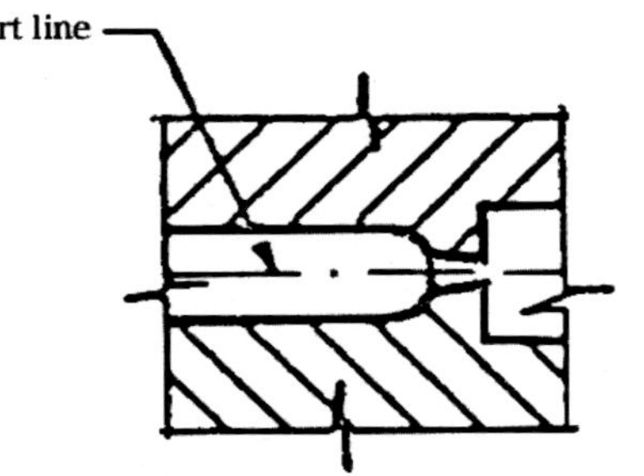

자칫하면 수지의
흐름을 중지시키고
거친 면을 가져온다.

(19) 굴곡터널 게이트 치수

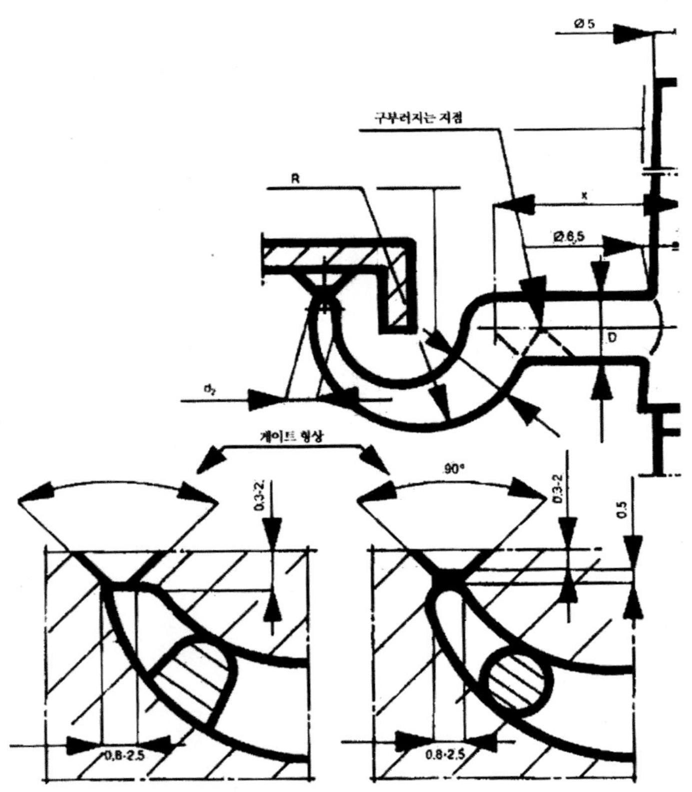

$$\frac{X}{D} > \frac{2.5}{1} \; 최소 15\text{mm}$$

D: 대개 4∼6㎜

d < D(보통 4∼6㎜)

R = 2.5∼3×d

d_1의 d_2에 대한 비는 3∼5°의 경사가 주어져야 한다

(20) Submarine gate

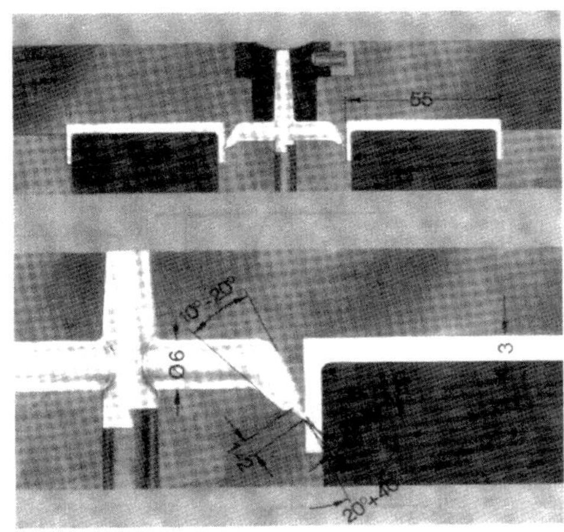

(21) Flow mark 대책

① Gate 치수를 크게 한다.
② ABS, PA는 성형품의 두께에 비하여 Gate의 두께 비는 2 / 3 이상 필요
③ 각종 수지의 Barus 효과

Barus 효과	수지
대 B >2.5	PP, PE
중정도 1.5 <B <2.5	PS, AS, PMMA
소 B <1.5	ABS, nylon

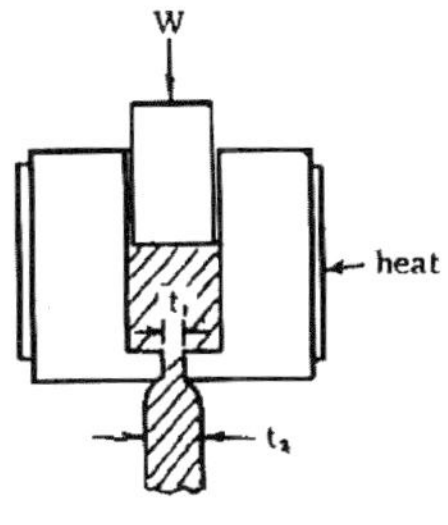

$$B = \frac{t_2}{t_1}$$

(22) Correct position of the gate(A) and poor position of the gate(B)

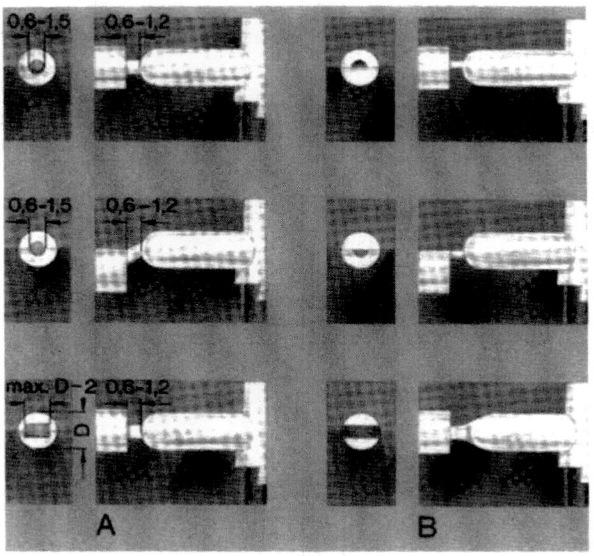

(23) Widge gate, Film gate

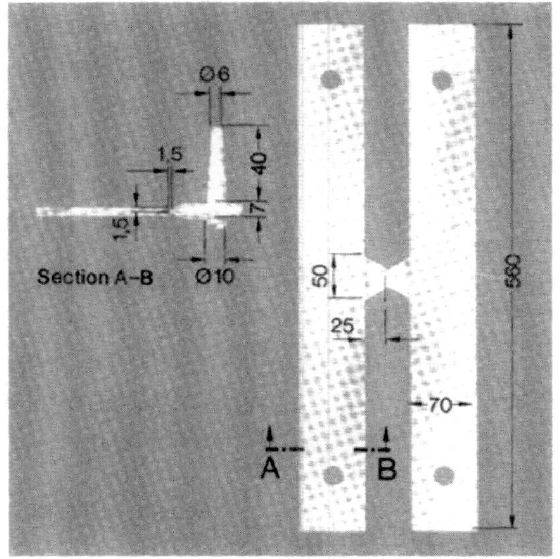

12. 치수정도 향상에 의한 인자

(1) 성형품 치수정도와 관계인자의 상호관계

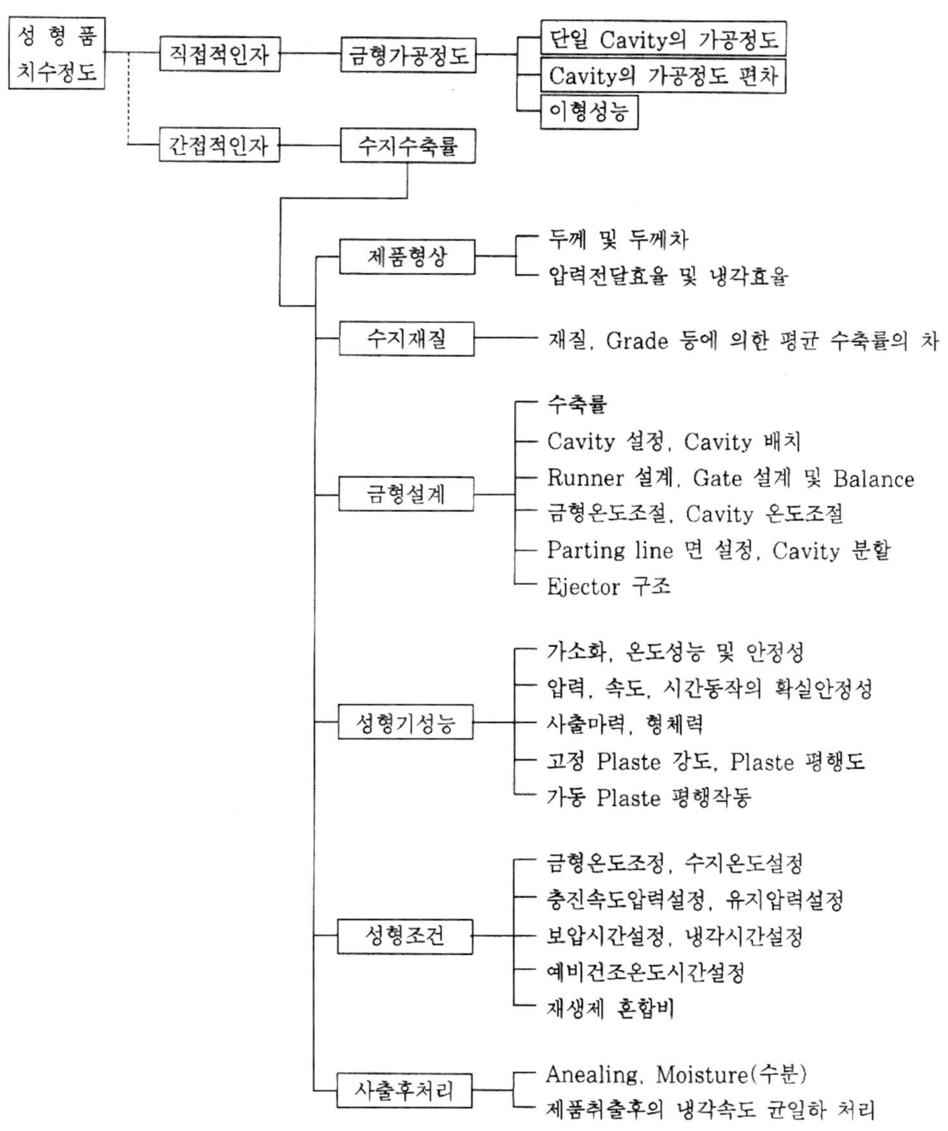

(2) 수축률과 사출압력 Gate size 관계

① POM 수지

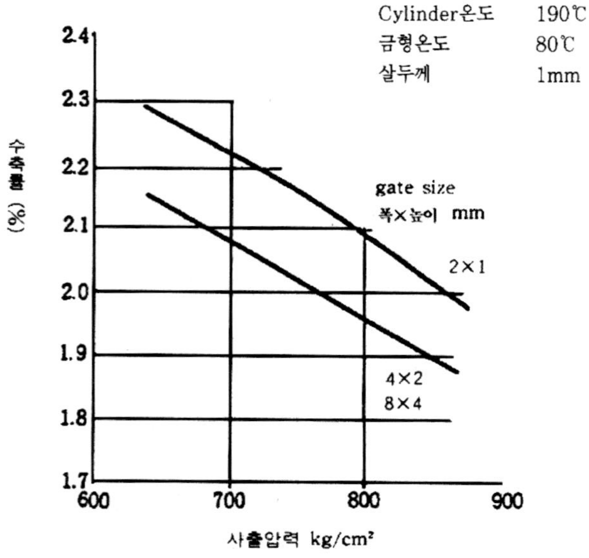

(3) Glass 섬유 함유율과 성형수축률 관계

① PBT 수지

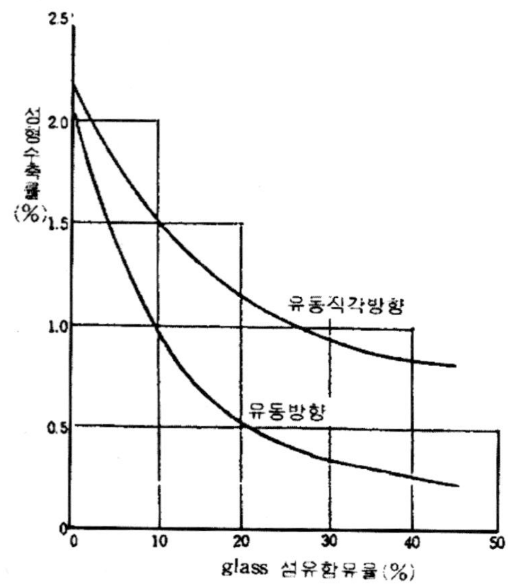

(4) 성형품에 의한 정밀도 등급과 금형가공 허용오차

정도등급	성형품의 허용공차폭	금형가공허용공차
초정밀급	절대치수의 차이에 의한 공차폭 ±10μ 이내	±2μ 이내
	절대치수에 대한 허용공차폭(결정성) ±0.03	±0.005 이내
	절대치수에 대한 허용공차폭(비결정성) ±0.02	±0.005 이내
정밀급	절대치수에 대한 허용공차폭(결정성) ±0.06	±0.007 이내
	절대치수에 대한 허용공차폭(비결정성) ±0.04	±0.007 이내
중급	절대치수에 대한 허용공차폭(결정성) ±0.08	±0.01 이내
	절대치수에 대한 허용공차폭(비결정성) ±0.06	±0.01 이내
거칠음급	절대치수에 대한 허용공차폭(결정성) ±0.15	±0.02 이내
	절대치수에 대한 허용공차폭(비결정성) ±0.10	±0.02 이내

※ 결정성 수지: PE, PP, POM, PBT, PA
  비결정성 수지: PS, ABS, SAN, PMMA, PC, PPHOX, PSU

(5) 정밀성형품의 치수공차(단위: ㎜)

기본 치수	PC, ABS, PPHOX		PA, POM	
	최소한도	실용한도	최소한도	실용한도
0~0.5	±0.03	±0.008	±0.005	±0.01
0.5~1.3	0.05	0.01	0.008	0.025
1.3~2.5	0.08	0.02	0.012	0.04
2.5~7.5	0.01	0.03	0.02	0.06
7.5~12.5	0.015	0.04	0.03	0.08
12.5~25	0.022	0.06	0.04	0.10
25~50	0.03	0.06	0.05	0.15
50~75	0.04	0.10	0.06	0.20
75~100	0.05	0.15	0.08	0.25

주) ① 수치는 흡습, 기타 경시변화에 의한 허용치를 포함하지 않는다.
  ② 하기수치는 적용하지 않는다.

• 대형금형의 경우

- 불균일한 두께의 성형품
- 4 Cavity 이상의 금형
- 성형품 치수가 금형에 의하여 직접 정해지는 개소는 기본치수 0.5~25±0.03, 25~100±0.05를 가산한다.

(6) 고정도 부품을 얻기 위한 구체적인 금형기능

① Cavity 취수, Cavity 배치, Runner 배치의 설정

㉮ 금형 Base는 Optimum size, 균일한 금형온도를 행한다.

㉯ 성형기는 동일 성능에 대형기종의 경우에 조건의 정밀안정성 기능이 저하한다.

㉰ Cavity의 가공정도의 편차가 적어야 한다.

㉱ Cavity수는 제품품질의 공정능력과 금형제작허용 Cost를 고려

(7) 외관정도를 향상하는 금형의 기본조건

① 고정측, 가동측의 Plate 두께는 Optimum size

② Space block은 Optimum 간격

③ 강도가 취약한 부분은 Support pin 설정

④ 금형 Base 구성 재질은 HRC 35 이상 Pre harden강 사용 특히 Runner plate와 Runner stripper는 HRC 45 정도 이상 사용

⑤ Slide pin, Guide pin, 각 Bushing 등 관계부품은 HRC 55 이상 정도의 열처리 재질을 사용

⑥ 각 구성부품의 위치정도, 평행도, 직각도는 ±0.01㎜ 정도

⑦ 금형 전체의 평행도는 0.02~0.03㎜ 이내이고 성형기 평행도는 0.04㎜ 정도, 정격형 체력에 따른 Tie bar 신장량은 0.5~0.75㎜ 정도

⑧ 필요형체력과 필요사출용량은 Optimum 성형기종을 선정하고 형체력＝유효 Cavity 내압력×전투영 면적의 10~20% 여유 Enpla 성형의 경우의 설정 압력은 충진 시에 1000~1600kg/㎠ 정도, 보압 시에 400~800kg/㎠ 정도이다.

⑨ Rocket ring 경운 150ton 이하의 Enpla 성형기는 Φ100 이하로 하고 75ton 이하의 기종은 Φ60 정도를 사용

⑩ 금형온도 조절은 Heater 사용하여 동일 Plate에 온조용 Hole을 다수설정

⑪ Cavity 배열은 Rocket ring 중심방향으로 Compact화

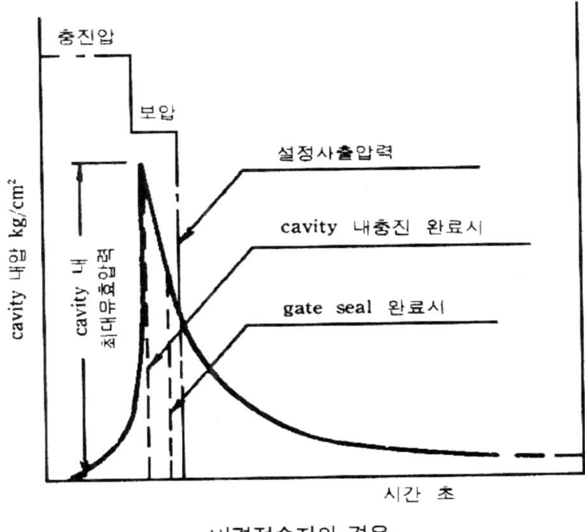

비결정수지의 경우

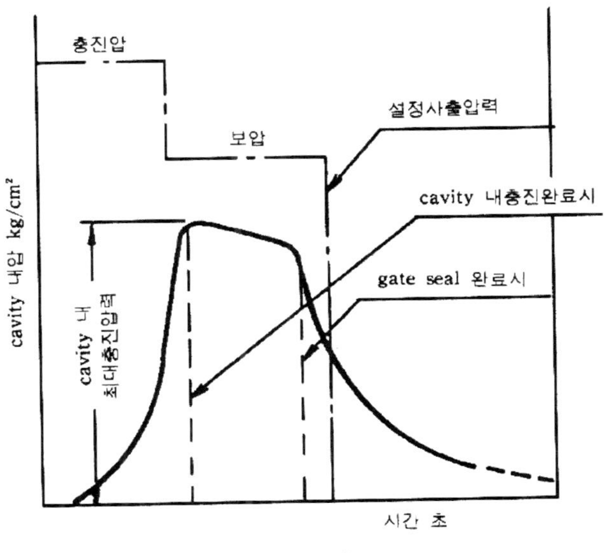

결정성수지의 경우

(8) 성형작업표준

SN				승인		작성	
품명							

일반조건	재료(grade)			성형공장		cavity 수	
	재생		%	기종		shot 중량/단량	
	예비건조	℃	H	사출 cylinder	℃	양편기	%

성형조건	hot runner manu holder	℃	사출 time	초	계량	m / m	온조방법	
	nozzle	℃	냉각 time	초	보압절환	m / m		
	계량부	℃	중간 time	초	잔량	m / m	이동측	℃
	압축부	℃	ejector time		일차사출	kg / ㎠	이동측	℃
	이송부	℃			이차사출	kg / ㎠	고정측	℃
	수지실온	℃	cycle time	초	배압	kg / ㎠	고정측	℃
			표준생산량	shot초	사출속도	목성		
			screw 회전	rpm				

사상	금형취급주의사항	
	성형 point (trouble 처치)	
	공구, 사용방법	

검사	부위(도시)	허용범위(한도 sample)	단위
			측정기

성형종료후처치	

작성 년 월 일	⚠	⚠	⚠	⚠

13. 사출성형

(1) 열가소성 수지의 사출성형

수지의 상태

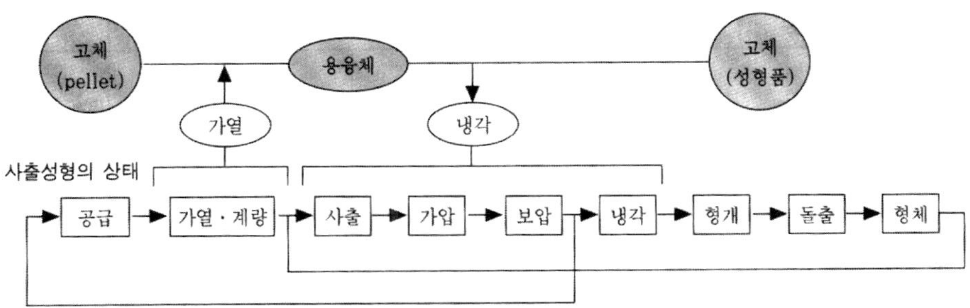

(2) 열가소성 수지와 열경화성 수지의 비교

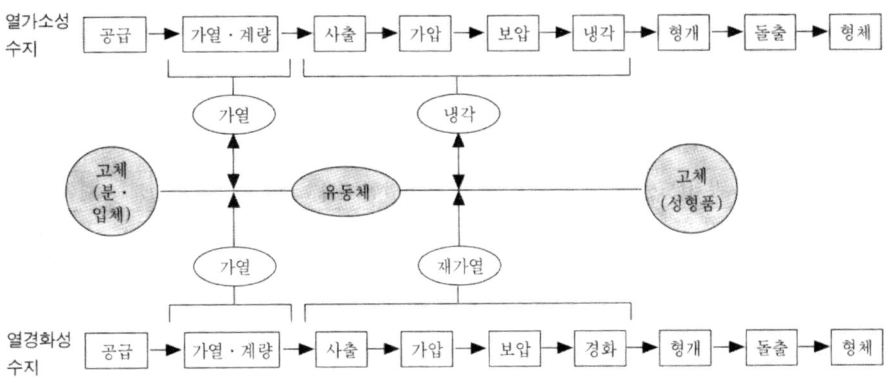

(3) 합성수지 재질검사 방법

Plastic 부품의 재질검사는 주로 연소시험으로 판별하지만 판별이 곤란한 것에 있어서는 용제에 대한 용해성, 비중, 원소분석 등으로 검사를 한다.

① 연소시험

부품 또는 그의 일부를 성냥, 라이터, 분젠버너, 알코올버너 등의 불꽃 속에 넣어서 다음 사항을 잘 관찰하여 비교하여 본다.

㉮ 시료의 상태변화(軟化, 용융, 터짐, 갈라짐의 유무)

㉯ 연소의 난이성

㉰ 불꽃의 색, 그을음(연기)의 나는 상태

㉱ 버너 등의 불꽃에서 시료를 꺼냈을 때도 연소를 계속하는가의 여부

㉲ 냄새를 맡는다. 불꽃에서 시료를 꺼내도 연소가 계속될 때는 불을 끄고서 즉시 냄새를 맡는다.

㉳ 이 시험은 난연처리를 한 합성수지로 만든 부품에는 적용할 수 없다.

② 용제시험

용제시험은 메틸알코올에서 다음 시약으로 시험해 나가며 용제를 시험판에 취하고 그 속에 플라스틱시료를 넣고 시료의 상태를 관찰한다.

플라스틱의 연소시험

시험항목 수지명	용융○ 비용융×	용융온도 (℃)	연소의 난이	화염 제거 시	화염의 성질	독성에 의한 화염색반응 스펙트럼	냄새	메틸 알코올
페놀수지	×		난연	자기소화	황색		페놀냄새	N
유리아수지	×		난연	자기소화	황색 끝: 담청 선단: 백화		포르말린	N
멜라민수지	×		난연	자기소화	담황		요소냄새	N
디아릴프탈레이트 수지	×		난연	자기소화	–			N
폴리에스테르 (열경화)	×		연소	연소	황색·흑연		스티렌 모노꺼 냄새	N
에폭시수지	×		난연	–				N
폴리우레탄	×		연소	–	유연흑연			N
실리콘수지 (고체)	×		연소	–				N
염화비닐수지	○	80~160	난연	자기소화	황색	녹색	염산	N

시험항목 수지명	연소시험							
	용융○ 비용융×	용융온도 (℃)	연소의 난이	화염 제거 시	화염의 성질	독성에 의한 화염색반응 스펙트럼	냄새	메틸 알코올
석산비닐수지	○	80~140	난연	자기소화				S
폴리비닐부틸랄	○	160~220	연소	연소	청색상부 황색		부패한 버터냄새	S
폴리염화비닐리텐	○	104~120	난연	자기소화	황색 착화곤란	녹색	염산	N
폴리에틸렌	○	135~250	연소	연소	흘러 떨어지는 것 연소		파라핀 냄새	N
폴리프로필렌	○	170~240	연소	연소	청색화염 상부황색		달콤한 냄새	N
폴리스티렌	○	130~220	연소	연소	황색·연		스티롤 냄새	N

및 용제시험표

용제시험								
아세톤	벤젠	톨루엔	m- 크레졸	트리클렌	4연화 탄소	테트라 히드로 푸란	포름산	물
N	N	N	N	N	N	N	팽윤분해	N
N	N	N	자촉분해	N	N	N	자촉분해	N
N	N	N	N	N	N	N	N	N
N	N	N	S	N	−	N	N	N
N	N	N	분해	N	N	N	N	N
N	N	N	N	N	N	N	분해	N
N	N	N	N	N	N	−	−	N
N	N	N(油S)	N	N	N	−	−	N
N	N	N	N	N	N	S	N	N
S	S	S	S	S	−	S	S	N
−	−	−	−	N	N	−	−	N
N	N	N	N	N	N	N	N	N
N(열 S)	N(열 S)	N	N	N	N	N	N	N
N	N	N	N	N	N	N	N	N
S	S	S	N	S		−	−	N

시험항목 수지명	연소시험							
	용융○ 비용융×	용융온도 (℃)	연소의 난이	화염 제거 시	화염의 성질	독성에 의한 화염색반응 스펙트럼	냄새	메틸 알코올
ABS 수지	○	150~220	연소	연소	황색흑연		스티롤냄새	N
AS 수지	○	150~240	연소	연소	황색흑연		스티롤냄새	N
메타크릴산 메틸수지	○	150~220	연소	연소	청색 상부황색		아크릴 니트릴냄새	N
폴리아미드 나일론 6	○	240~380	난연	–			과일냄새	N
폴라아미드 나일론 66	○	240~380	난연	–	청색 상부황색		불에 탄 반모냄새	N
섬유소 에틸셀룰로오스	○	150~220	연소	연소				S
부틸아세틸 셀룰로오스	○	150~240	연소	연소	황색 상부청색			N
폴리아세탈	○	200~240	연소	연소	담황색용융		포르말린	N
폴리카보네이트	○	250~300	난연	자기소화	녹색 상부황색			N
폴리 4 플루오르화 에틸렌	×		난연	자기소화	변형			N
열가소성 섬유강화 폴리에스테르 (FR-PET)	○	250	연소	연소	황적색흑연			N
폴리페닐렌옥시드	○	260~400	난연	자기소화				N

※ S: 용해 N: 불용해

용제시험								
아세톤	벤젠	톨루엔	m- 크레졸	트리클렌	4연화탄소	테트라히드로 푸란	포름산	물
자촉	자촉	자촉	–	S	자촉	–	–	N
		N	N	N	N	–		N
S	S	–	–	S	N	N		N
N	N	N	N	N	N	N	분해	N
N	N	N	N	N	N	N	분해	N

용제시험								
아세톤	벤젠	톨루엔	m − 크레졸	트리클렌	4연화탄소	테트라히드로 푸란	포름산	물
S	−	N	N	S	S	−	−	N
S	−	−	−	S	N	−	−	N
N	N	N	N	N	N	−	N	N
N	N	N	N	S	S	−	−	N
N	N	N	N	N	N	N	N	N
N	N	N	S	−	−	−	−	N
N	N	N	S	−	−	−	N	

③ 재질검사방법

시 료
(인화, 용융되지 않음) 연소시험
열경화성수지
자소성
가연성
(타고남은재. 백화)
(타고남은재. 흑색)
(그을음을 내며 탄다. 스치롤 냄새)
(밝은 황색 불꽃 다량의 SiO₂의 흰재가 생김)
(끓는 물속에 10~20분간 침적)
(그을음을 내며 탄다. 페놀냄새)
폐놀수지
플리에스텔 수지
에폭시수지
규소수지
표시의 퇴색심함
퇴색없음
요소수지
멜라민수지

(연화. 용융됨)
열가소성수지
자소성
가연성
(불을 가까이 했을때만 연소)
(전혀타지 않음)
테프론
가라앉음
물에 띄운다
뜸
양초냄새
(초산냄새)
(검은연기 알콜에 녹는다.)
(검은연기없음)
폴리 에틸렌
(석유냄새)
EVA
폴리 프로필렌
강한 포르말린냄새
폴리아세탈
(연산용융부가. 거품이 되며 방향성 향기)
(양털. 손톱 타는 냄새)
폴리아미드수지 (나일론)
BeilStein반응 (할로겐검출반응)
(녹기어려움. 농황산중에서 가열)
(가용성 농황산에 가열)
초산냄새
초산냄새 없음
초산비닐
폴리비닐 아세탈
폴리메틸 메타 크릴 레이트
(초산냄새)
(초산냄새없음)
초산섬유소
PS. AS. ABS
(할로겐검출)
(할로겐검출안됨. 폐놀냄새)
아세튼. MEK로 표면을 닦는다.
폴리 카보네이트
(용해한다)
(용해가 어렵다)
염화비닐
염화비닐디덴
(크실렌으로 닦는다.)
가용
PS
AS. ABS
점성이 강함
단단히 부서지기 쉬움
점성이 강함
고체가 되어도 무르다.
HIPS
GPPS
ABS
AS

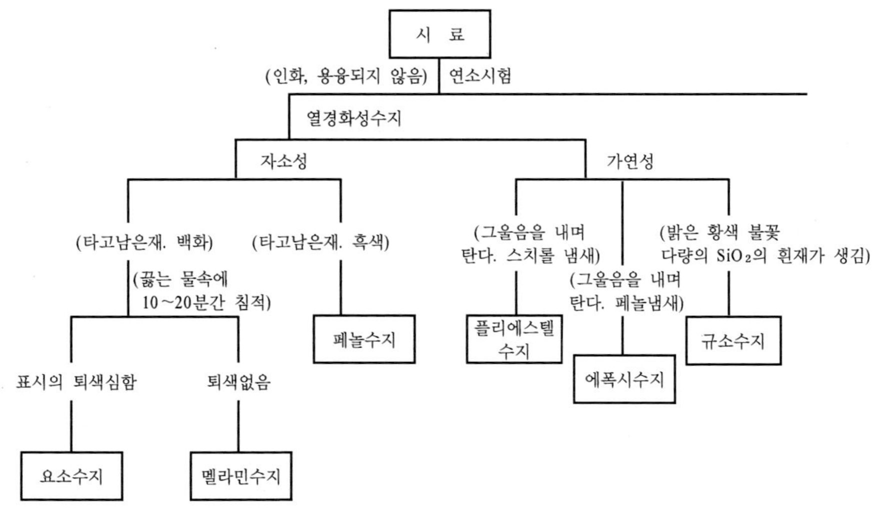

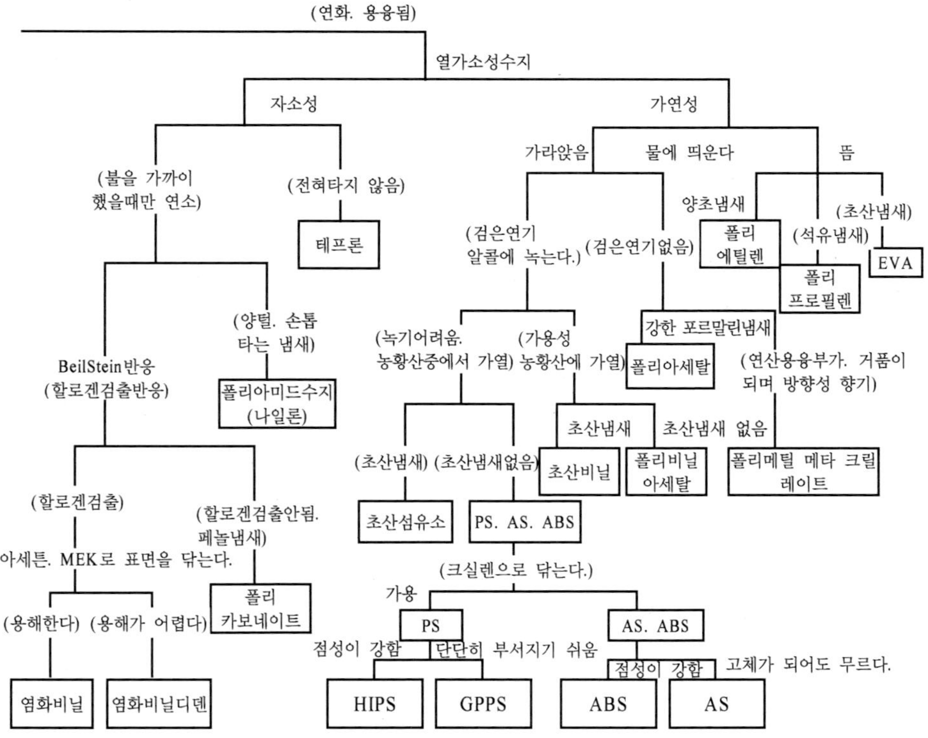

(4) 정밀 성형을 위한 실제 가공 조건

엔지니어링 플라스틱에는 결정성 수지와 비결정성 수지로 구분할 수 있는데 비결정성 수지에는 ABS, SMA, PC 등이 있으며 결정성 수지에는 PBT, PET, NYLON, POM 등이 있다. 일반적으로 엔지니어링 플라스틱은 가공 전 건조를 시키는데 제습 건조기를 사용하는 것이 좋으나 열풍 건조기로도 건조시킬 수 있다.

① ABS

공기 중에서 약간의 수분만을 흡수하므로 건조가 불필요하나 표면 문제가 발생할 우려가 있을 경우에는 건조를 하며 특히 전기 도금용인 경우에는 특히 건조에 주의해야 한다.

열풍 건조기 사용 시 Tray 두께가 최대 5㎝ 이하로 적재하고 90~95℃에서 2시간 정도 건조하며 ABS / PVC 경우는 70~80℃에서 2시간, ABS / PC 경우는 105~110℃에서 4시간 건조시킨다. Scrap 사용률은 20% 정도이다.

② PBT

수분율이 최대한 0.05% 이하여야 하므로 제습건조기 사용 시는 120℃에서 2~4시간, 열풍건조기 사용 시에는 Tray 두께는 2.5㎝ 이내로 2~4시간 건조하되 강화 Grade는 65~95℃에서 비강화 Grade는 100~120℃에서 행한다.

③ PET

수지온도가 280~310℃에서 가공하며 난연 Grade 경우는 최대 300℃ 이내이어야 한다. 함수율은 0.02% 이하이어야 하므로 120℃에서 2~4시간 제습 건조기를 사용해야 하며 결정화도를 촉진키 위해 금형온도는 100~110℃를 유지하는 것이 좋다. 재생률은 25% 정도이다.

④ Nylon

건조가 그렇게 필요치 않으나 표면 문제 시에는 80℃에서 4~12시간 건조하는 것이 좋으며 특히 Shear나 가수분해에 민감치 않으므로 사출 속도를 올리는 것이 좋다. 열 안정성이 좋으므로 재생률은 비강화 grade는 50%까지 강화 grade는 25%까지 사용한다.

⑤ POM

Homopolymer는 가공온도가 205~225℃, Copolymer는 175~210℃ 정도이며 최대 250℃를 넘으면 안 된다. PVC와 POM은 서로 가공온도에서 분해시키므로 PVC와 가공기기를 같이 사용하지 말아야 하며 Screw compression ratio(L / D)가 3~4 정도로 높은 것을 사용한다. POM은 결정화도가 높아 체적 변화가 크므로 1/2″ 이상의 두께 성형은 힘들다.

⑥ Phenylene ether

Jetting 방지를 위해 Fan gate나 Tab gate를 사용하는 것이 좋으며 Gate land가 0.02~0.04″로 작아야 압력 손실과 미리 냉각하는 것을 방지할 수 있다. 수지 온도를 조절하기 위해서 되도록이면 Shear를 많이 걸지 않는 것이 좋다.

⑦ PPO

대개 중 수분 흡수가 거의 없으므로 건조가 거의 불필요하나 건조 시에는 Tray에서 1/2″ 이내 두께로 8시간 이내 건조시킨다.

⑧ PPS

성형품 사용온도가 80℃ 이상일 경우는 금형온도를 135~150℃로 올려야 결정화도가 높아져 인장강도, 열변형온도, Soldering 온도가 높아진다. 금형온도가 95℃ 이하인 경우는 비정형을 이루며 충격강도가 증가한다.

⑨ Polysulfone

Shear rate 증가에 따른 점도 감소가 적어 Flow가 나쁘다(Newtonian fluid와 유사). 금형온도는 두께가 0.075~0.1″ 경우는 95℃ 정도이며 얇은 경우는 150~165℃ 정도로 해야 잔류응력이 작고 내화학성 및 열적 특성이 좋다.

(5) Engineering plastic의 특성 비교에 따른 resin 선정

Glass 섬유강화

특성 \ 순위	1위	2위	3위	4위
내열성	PET	PBT	Nylon 66	Acetal
충격강도	Nylon 66	Acetal	PBT	PET
굽힘강도	Acetal	Nylon 66	PET	PBT
강성	PET	PBT	Acetal	Nylon 66
마찰성	PET	PBT	Nylon 66	Acetal
내약품성	PET	PBT	Acetal	Nylon 66
전기특성	PBT	PET	Acetal	Nylon 66
성형성	Acetal	PBT	PET	Nylon 66

(6) 수지의 일반적 성질의 상호 관계

① 유동성 $\propto$ 1 / 충격강도
② 인장강도 $\propto$ 1 / 충격강도
③ 인장강도 $\propto$ 열변형온도
④ 인장강도 $\propto$ 경도

(7) 투명수지의 일반적 성질에 의한 상호관계

① 내충격성　　PMMA＝AS＞GPPS(General Purpose Poly Styrene)
② 내열성　　　PMMA＝AS＞GPPS
③ 내후성　　　PMMA＞AS＞GPPS
④ 내약품성　　AS＝PMMA＞GPPS
⑤ 색조(자연색)PMMA≧GPPS＞AS(Acrylonitrile Styrene)
⑥ 투명도　　　PMMA≧GPPS＞AS
⑦ 유동성　　　GPPS＞AS＞PMMA(PolyMehyl MethAcrylate)
⑧ 가격성　　　PMMA＞AS＞GPPS

(8) 수지 특성

Material data

Material		Mold temp ℃	Barrel melt temp range ℃	Max melt ℃	Stress max ×1000	Shear rate ×1000
Code	Type					
ABS	Acrylonitrile butadeine styrene	60	200～260	280	300	50
ABS	도금 grade	60	200～260	260	200	30
AP	Aromatic polyster					
EVA	Ethylene vinyl acetate	20	140～220	220	100	30
GPPS	Polystyrene (General purpose)	20	180～260	280	250	40
HIPS	High impact polystyrene	20	200～260	280	300	40

Material		Mold temp ℃	Barrel melt temp range ℃	Max melt ℃	Stress max ×1000	Shear rate ×1000
Code	Type					
LDPE	Low density polyethylene	20	180~240	280	100	40
PA6	Nylon 6	80	230~280	320	500	60
PA66	Nylon 66	80	270~320	360	500	60
PA12	Nylon 612	80	230~280	320	500	60
PBT	Polybutylene terephalate	60	220~260	300	400	50
PC	Polycarbonate	60	280~320	320	500	40
PES	Polyethersulphone	150	310~400	400	500	50
PET	Polyethylene	80	280~310	340	500	*
PMMA	Polymethyl methacrylate	60	240~260	280	400	40
POM	Polyoxymethylene polyformaldehyde (acetal)	60	190~230	240	450	*
PPO	Polyphenylene oxide(modified)	80	260~300	300	450	*
PPS	Polypnenylene sulphide	100	310~340	360	500	50
PP	Polypropylene	20	200~240	280	250	100
PSU	Polysulphone	100	330~400	420	500	50
PUR	Polyurethane	20	190~220	260	250	40
FPVC	Flexible polyvinyl chloride	20	140~200	*	150	20
SAN	Styrene acrylonitrile	60	220~260	280	300	40
UP	Unsaturated polyester	60				

<범례>

Mold ℃: 전형적인 성형온도(℃)

Barrel melt: 전형적인 Barrel 온도범위(Cavity로 들어가는 온도에 대해 20℃를 더한다.)

MAX melt ℃: 감소되기 전의 최대 공정온도(Barrel temperature)

MAX stress×1000: Cavity에서 최대응력(㎫)

Shear rate×1000: Gate에서 최대 전단속도(sec −1)

전형적인 전단속도 범위: Runner 100∼20,000 Gate 10,000∼100,000 Cavity 100∼5000

*주)

이 수치는 재료 공급자마다 그리고 등급마다 다르기 때문에 단지 지침으로서 주어진다. 명확한 자료를 위해서는 재료 표본이나 자료집을 점검한다.

(9) 수지의 특성비교

① 열경화성 수지

성형재료 / 특성항목		디아릴프탈레이트수지	에폭시수지	메라민수지	페놀수지	불포화폴리에스텔수지	폴리이미드	실리콘수지	폴리에틸렌열경화성	유리아수지	비고
성형성		○	○	◎	◎	△∼○	△	△∼○	×	◎	압축 이송 및 사출 성형이 용이하다.
기계적 성질	강성	◎	○∼◎	◎	◎	○∼◎	◎	◎	◎	◎	외력을 가했을 때 변형이 잘되는 정도의 변형 저항을 나타냄
	강도	○∼◎	△∼◎	○	△∼◎	○∼◎	◎	△	○	○	굴곡 인장 압축의 종합 강도를 표시함
	내충격성	×∼○	×∼○	×	×∼○	○∼◎	◎	×∼○	○	×	
	절연성	○	○	×∼△	×∼○	△∼○	○	○	◎	×∼△	
	유전특성	△∼○	△	×∼△	×∼△	△	△	△∼○	◎	×	
내열성		○∼◎	○	×∼△	△∼◎	○	◎	◎	△	×∼△	열변형온도와 연속 사용 온도의 종합 평가를 표시함.

특성상황＼성형재료	디아릴프탈레이트수지	에폭시수지	메라민수지	페놀수지	불포화폴리에스텔수지	폴리이미드	실리콘수지	열경화성폴리에틸렌	유리아수지	비고
내습성	○~◎	○~◎	△~○	△~○	○	○	○	◎	×	
치수안정성	◎	○	△	△~○	○	○	◎	○~◎	×	성형 후의 경시변화, 온습도에서 변화 및 Creep성의 정도에서의 평가를 표시
내약품성	○~◎	○~◎	△~○	△~○	△~○	△	△~○	○	×~△	
내용제성	◎	◎	○~◎	○~◎	△~○	◎	○	△	○	
내후성	◎	△~○	○	△~○	○	○	◎	△	△~○	
부식성	○	△~○	△	×~○	△~○	○	○	◎	×~△	금속의 화학부식 또는 전식에 대한 정도
내연성*(1)	×	×	△	△	×	◎	○	×	△	
	△~○	△~○	○	○	△~○	−	−	−	○	
투명성	×	×	×	×	×	○	×	△~○	×~△	
기계가공성	△	△~○	△	△~○	△	△	△	◎	△	가공의 난이성과 가공의 정도에서 평가
금속내부성	○	△~○	△	△~◎	△~○	△	△~○	×	×	
상대가격	2~4	2~6	1~3	1~3	0.8~3	15~25	8~10	*(2)	0.5~1	페닐수지를 표준으로 한 비율을 표시함. 단 변동사항이 있으므로 참고 정도로 한다.

*① 상단: 난연제를 첨가하지 않은 경우
하단: 난연제를 첨가에 의하여 내연화된 경우의 특성 비교임
*② 열경화성 폴리스티렌은 환봉이나 판으로 구입하며 또한 치수와 단위 중량에 따라 가격이 다르므로 비교할 수 없다.

<비고>

① 열경화성 수지는 기본재료에 의한 특성의 상위점이 크므로 Glass 섬유기재의 재료는 강도, 전기절연성, 내열성, 내습성, 치수안정성이 좋다.

② 특성의 범위가 큰 성형재료는 각각의 특성이 다르고 많은 종별이 있다.

③ 기호설명

◎: 매우 좋음 　　　◎: 불연성 　　　　　　　94V−0 40 이상 산소지수

○: 좋음 　　　　　○: 잘 타지 않음

△: 약간 떨어짐 　　△: 자기소화성 　　　　　94V−1 25~40

×: 아주 떨어짐 　　　　×: 느리게 타며 또한 타기 쉬움　　　94HB 25 이하

② 성형기의 성형조건의 변동에 의한 치수편차

성형조건	조건의 장기간 변동	조건의 변동으로 추정하는 치수
금형온도	90.8±6.9℃	±0.05%
수지온도	213.0±15.3℃	±0.11
사출압력	969±96kg / ㎠	±0.14

③ 정밀성형품의 치수공차

(단위: ㎜)

기본 치수	PC, ABS, PPHOX		PA, POM	
	최소한도	실용한도	최소한도	실용한도
0～0.5	±0.004	±0.008	±0.005	±0.01
0.5～1.3	±0.005	±0.01	±0.008	±0.025
1.3～2.5	±0.008	±0.02	±0.012	±0.04
2.5～7.5	±0.01	±0.03	±0.02	±0.06
7.5～12.5	±0.015	±0.04	±0.03	±0.08
12.5～25	±0.022	±0.06	±0.04	±0.10
25～50	±0.03	±0.08	±0.05	±0.15
50～75	±0.04	±0.10	±0.06	±0.20
75～100	±0.05	±0.15	±0.08	±0.25

<주기>

① 수치는 흡습, 기타 경시변화에 의한 허용치를 포함하지 않는다.

② 하기수치는 적용하지 않는다.

• 대형금형의 경우

• 불균일한 두께의 성형품

• 4 Cavity 이상의 금형

• 성형품 치수가 금형에 의하여 직접 정해지는 개소는 기본치수 0.5～25±0.03, 2
5～100±0.05를 가산한다.

④ 치수상이 원인에 대한 대책

	원인	대책
원료	• 성형수축률이 크다. 　Pellet의 계량성 부족 • 충전제의 영향 　재생품의 혼합	• 성형수축률이 작은 수지로 변경 　Pellet의 형상 적정화, 표면윤활제를 사용 • 충전제의 재검토 　혼합비율을 작게
성형기	• 사출용량의 Balance 부적 • 최대 사출압력의 부족 • Screw의 형상 부적 　Screw, Cylinder의 마모 　Hopper의 형상 부족	• 사출용량의 Balance는 40~80% 범위 • 사출압력이 큰 기계로 변경 • Screw 형상을 재검토 　Screw, Cyclender의 경선 　Hopper 각도를 크게, Hopper hole을 크게
제품형상	• 두께가 너무 얇다. • 유동거리가 너무 멀다. • 불균일한 두께 　Corner의 r부족	• 두께를 두껍게 • 유동거리를 가깝게 • 균일한 두께 　Coner에 r설치
금형	• Cavity의 배치 부적 　Sprue의 형상 부적 • runner의 형상 부적 • Gate의 형상 부적	• 취수, 배치 재검토 　Sprue경을 크게 • Runner를 크게, Balance 재검토 • Gate를 크게, Balance 재검토
성형조건	• Cylinder 온도의 설정 부적 • 사출압력의 설정 부적 　사출속도의 설정 부적 • 금형온도의 설정 부적 　Screw 회전수의 설정 부적 　Screw 재압의 설정 부적 • 충진량의 설정 부적 　성형 Cycle의 설정 부적	• Cylinder온도, 온도분포 적정 • 적정하게 한다. 　적정하게 한다. • 적정하게 한다. 　적정하게 한다. 　적정하게 한다. • 적정하게 한다. 　적정하게 한다.
후가공처리	• 흡수처리 • 결정화처리	• 처리조건을 적정하게 한다. • 처리조건을 적정하게 한다.

<주기> • 표기는 중요도가 높은 것이다.

⑤ 광택불량 원인에 대한 대책

원인		대책
원료	• 오리곤의 함유량이 많다. • 충진제의 영향 • 계량성 불량 • 재생물의 혼입	• 충진재를 재검토 • Pellet의 형상 적정화, 표면윤활재를 검토 • 혼입비율을 적게
성형기	• 사출용량의 Balance 부적 • Screw의 형상 부적 • Hopper의 형상 부적	• 사출용량의 Balance는 40~80% 범위 • Screw의 형상을 적정 • Hopper의 형상을 재검토
제품형상	• 평판형 • 두께가 너무 두껍다. (너무 얇다) • 유동거리가 너무 멀다. • Corner의 r 부족 • 불균일한 두께	• 곡면으로 한다. • 두께를 조정 • 유동거리를 가깝게 • Corner에 r 설치 • 균일한 두께
금형	• Cavity의 배치 부적 • Sprue의 형상 부적 • Runner의 형상 부적 • Gate의 형상 부적 • 발구배가 부족 • Gas vent가 부족 • Cold slugwell이 부족	• 취소, 배치를 재검토 • Sprue를 크게 한다. • Runner를 크게, Balance • Gate를 크게, Balance를 유지, 위치를 적정 • 발구배를 크게 • Gas Vent를 설치 • Cold Slugwell을 설치

성형조건	• 예비건조 부족
	• Cylinder 온도의 설정 부적
	• 사출압력의 설정 부적
	• 사출속도의 설정 부적
	• 금형온도의 설정 부적
	  Screw 배압의 설정 부적
	• 충진제의 설정 부적
		• 충분한 예비건조
		• 적정하게 한다.
		• 적정하게 한다.
		• 적정하게 한다.
		• 적정하게 한다.
		  적정하게 한다.
		• 적정하게 한다.

<주기> • 표기는 중요도가 높은 것이다.

⑥ 사출성형의 불량현상과 대책

사출성형기

사출성형의 불량현상과 대책	용융수지온도를 올린다.	용융수지온도를 내린다.	노즐온도를 올린다.	노즐온도를 내린다	성형주기(cycle time)를 길게한다.	성형주기를 짧게한다.	사출압력을 올린다	사출압력을 내린다.	보압을 올린다.	보압을 내린다.	사출속도를 올린다.	사출속도를 내린다	사출시간을 늘린다.	사출시간을 줄인다.	보압시간을 늘린다	보압시간을 줄인다.	냉각시간을 늘린다.	냉각시간을 줄인다.	계량을 늘린다(injection stroke).	계량을 줄인다(injection stroke).	쿠션을 늘린다.	쿠션을 줄인다.
충전부족 (Short shot)	○		○		○		○		○		○								○			○
형수축, 꺼짐 (Sink mark)							○		○				○		○		○		○			
웰드라인 (Weld line)	○		○				○				○											
파상흔적(Flow mark)	○		○				○		○						○							
표면불량 (Dull surface)			○			○																
기포(Void)		○				○			○				○			○						
색상불균일		○				○																
탄화물의 생성으로 인한 흑줄		○				○		○					○									
플래시(Flash)		○		○				○		○				○		○						
성형품의 변형 (Parls distort)	○		○		○			○		○			○			○				○		
은색흔적 (Silver streak)		○				○		○					○					○				
박리현상 (Laminations)	○																					○
성형품의 잔금 (Graze)이 발생	○							○		○				○		○						
박힘흔적 적(Sticking mark)	○							○		○				○		○	○					
금형에 성형품이 박힘		○						○		○				○		○	○			○		

| | | 금형 | | | | | | | | | | | | | | | | | | 기타 | | | | |
스크류배압을 높인다	스크류배압을 낮춘다	형체력이 큰 사출기를 사용한다	금형온도를 올린다	금형온도를 내린다	금형온도를 올리거나 내린다	냉각수로를 적절히 한다	제품설계를 적절히 한다	성형품두께를 늘린다	성형품두께를 줄인다	게이트의 크기를 늘린다	게이트의 크기를 줄인다	금형충전의 균형을 유지한다	런너크기를 늘린다	금형에 배기구를 설치한다	냉각슬러그웰을 크게한다	냉각슬러그웰의 설계를 바르게한다	이젝터핀의 균형을 유지한다	금형의 강도를 늘린다	금형내의 드라프트를 늘린다	오염되지 않은 원료를 사용한다	금형에 분사하는 이형제를 줄인다	건조한 원료를 사용한다	삽입물을 적절히 한다	적당한 안료를 사용한다
		○	○		○			○		○		○	○				○							
				○			○		○	○		○												
		○						○	○			○	○	○		○				○	○		○	○
		○			○			○	○			○			○									○
○		○																		○	○	○		
					○	○		○		○		○											○	
														○						○	○			
	○																	○						
		○		○															○	○				
				○	○						○	○	○								○			
			○													○			○					
						○													○		○			○
			○		○														○					
		○																						
			○					○										○						
				○																				

⑦ 수축률 변화

성형품의 수축률 변화를 성형품의 기하학적 형상, 금형상의 문제, 성형조건 변화로 구분

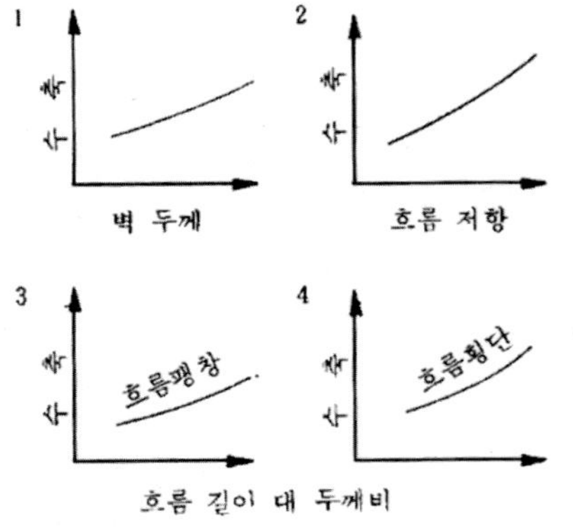

(a) part geometry의 함수로서의 수축

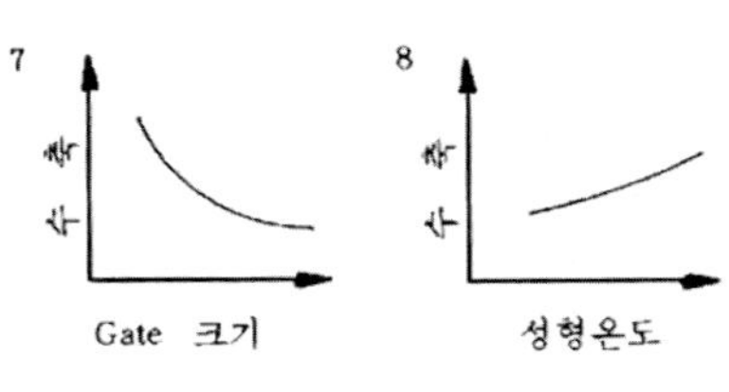

(b) 성형변수의 함수로서의 수축

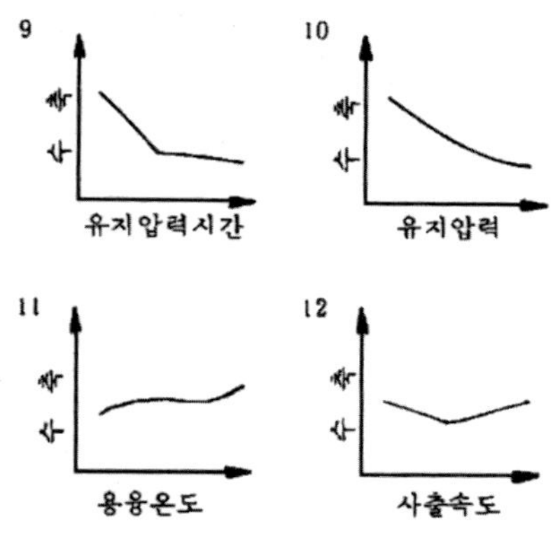

(c) 성형조건들의 함수로서의 수축

⑧ 재료선정의 고려사항

Cost	성형성
● 무게당의 코스트	● 성형법
● 비중당의 코스트	● 성형의 용이성
● 부피당의 코스트	● 성형 Cycle
	● 금형 Cost

성능
- 기계적 강도
- 열적 특성
- 전기적 특성
- 내약품성
- 내구성
- 치수 안정성

설계
- 설계의 특징
- 설계의 자유도
- 외관
- 조립의 삭감 또는 생략

2차가공
- 표면상태
- 바탕색
- 사상가공의 용이성
- 접합
- 장식(도장 Hotstamping, 도금, 진공증착)

취급 수송 보관
- 파손의 가능성
- 홈 나기 쉬운 정도
- 전체 무게
- 온도

(10) 사출성형재료 및 판재 사양 승인원

__________ 귀중

품　명: PS resin

grade: HFH-400

신청연월일: 2003. 07. 01.

년	월	전회 제출한 승인 원서와의 차이 요지

주 식 회 사

항목별 시험법 및 규격에 의한 spec

1. 적용범위

   이 규격은 사출성형부품 성형재료와 판재에 대하여 규정한다.

2. 품명 및 grade

   ㉮ 품명: PS resin

   ㉯ grade: HFH−400(black)

3. 시험 항목 및 시험법

   ㉮ 시험항목 시험법은 표 1에 의한다.

   ㉯ 성형 재료(판재)는 규격에 합격하여야 한다. 단 시험 의뢰자와 시험 당사자 간의 협정에 따라 시험을 일부 생략할 수 있다.

   ㉰ 항목별 시험법 및 규격에 의한 spec의 물성치는 black 시편인 경우의 최저 한도 값이며 대표치는 아니다.

   ㉱ 위 재료의 자연색 시편인 경우의 대표치는 별첨 catalogue에 의한다.

   ㉲ 위의 수치는 사출성형 시편에 의한 실온 23℃, 상대습도 50%에서의 측정치로 한다.

4. 포장 및 표시

   ㉮ 운송 또는 저장 중에 손상 또는 파손되지 않도록 포장하여 잘 보이는 곳에 다음 사항을 표시한다.

   ① 제조회사 ② 품명 ③ grade ④ 색번호 ⑤ 중량 ⑥ 제조 lot no.

5. 기타

   ㉮ 성형 재료(판재) 출하 시 매 lot마다 검사 성적서를 발행한다.

No	항목	시험법	단위	규격
1	외관	−	−	한도 견본
2	비중	ASTM D−792	g / cm^3	1.09〜1.21
3	굴절률	ASTM D−542	np	−
4	인장강도	ASTM D−638	kg / cm^2	250 이상
5	신율	ASTM D−638	%	70 이상
6	인장탄성률	ASTM D−790	kg / cm^2	−
7	압축강도	ASTM D−695	kg / cm^2	−
8	굽힘강도	ASTM D−790	kg / cm^2	380 이상
9	충격강도	ASTM D−256	kg−cm / cm	9.5 이상
10	경도(Rockwell)	ASTM D−785	L scale	55 이상
11	굽힘 탄성률	ASTM D−790	kg / cm^2	19,500 이상
12	압축 탄성률	ASTM D−695	kg / cm^2	−
13	전단강도	ASTM D−732	kg / cm^2	−
14	VICAT 연화점	ASTM D−1525	℃	90 이상
15	용융점	ASTM D−1238	g / 10min	4.0 이상(200℃, 5kg)
16	열전도도	ASTM D−177	$\times 10^{-4}$cal / sec・cm^2・℃ / cm	0.89〜11.4
17	비열	−	cal / ℃ gr	0.35
18	열팽창계수	ASTM D−696	℃	−
19	연속내열온도	−	℃	−
20	열변형온도 18.6kg/cm^2	ASTM D−648	℃	78 이상
21	열변형온도 4.6kg/cm^2	ASTM D−648	℃	−
22	체적 저항	ASTM D−257	Ω−cm	10(E16) 이상
23	절연파괴강도	ASTM D−149	kV / mm	17 이상
24	유전율	ASTM D−150	60Hz	−
25	유전율	ASTM D−150	10^3Hz	−
26	유전율	ASTM D−150	10^6Hz	2.6 이상
27	역률	ASTM D−150	60Hz	−
28	역률	ASTM D−150	10^3Hz	−
29	역률	ASTM D−150	10^6Hz	−
30	내 Arc성	ASTM D−495	sec	68
31	IEC Tracking	CTI		260
32	인장충격강도	ASTM D−1822	cm・kg / cm^2	−
33	하중변형	ASTM D−621	%	−
34	선팽창계수	ASTM D−696	$\times 10^{-5}$cm / cm / ℃	7〜8

No	항목	시험법	단위	규격
33	하중변형	ASTM D-621	%	−
34	선팽창계수	ASTM D-696	$\times 10^{-5}$cm / cm / ℃	7~8
35	흡수율	ASTM D-570	%	0.05 이하
36	연소특성	UL 94*	Class(1.16″)	V-O
37	연소특성	UL 94*	Class(1.16″)	−
38	태양광선의 영향	−	−	−
39	약산의 영향	ASTM D-543	−	변화 없음
40	강산의 영향	ASTM D-543	−	경미한 변화
41	약 알칼리의 영향	ASTM D-543	−	변화 없음
42	강 알칼리의 영향	ASTM D-543	−	변화 없음
43	유기용재의 영향	ASTM D-543	−	부분적인 변화
44	기계 가공성	−	−	양호
45	투명성	−	%	
46	광택	입사각 60°	−	50~70
47	식품 위생성	FDA**	합, 불합격	
48	성형수축률	ASTM D-955	%	0.4~0.6

<주기>

ⓐ UL File No. E65424

ⓑ 일본 플라스틱 검사협회 공인

1. 규격번호란 중 7, 12, 13, 18, 19, 21, 24, 25, 27, 28, 31, 32, 33 항목은 PS 및
   ABS 수지에서 통상 사용하지 않는 항목임.

(11) 변형, 휨의 불량대책

① 변형·휨의 불량현상

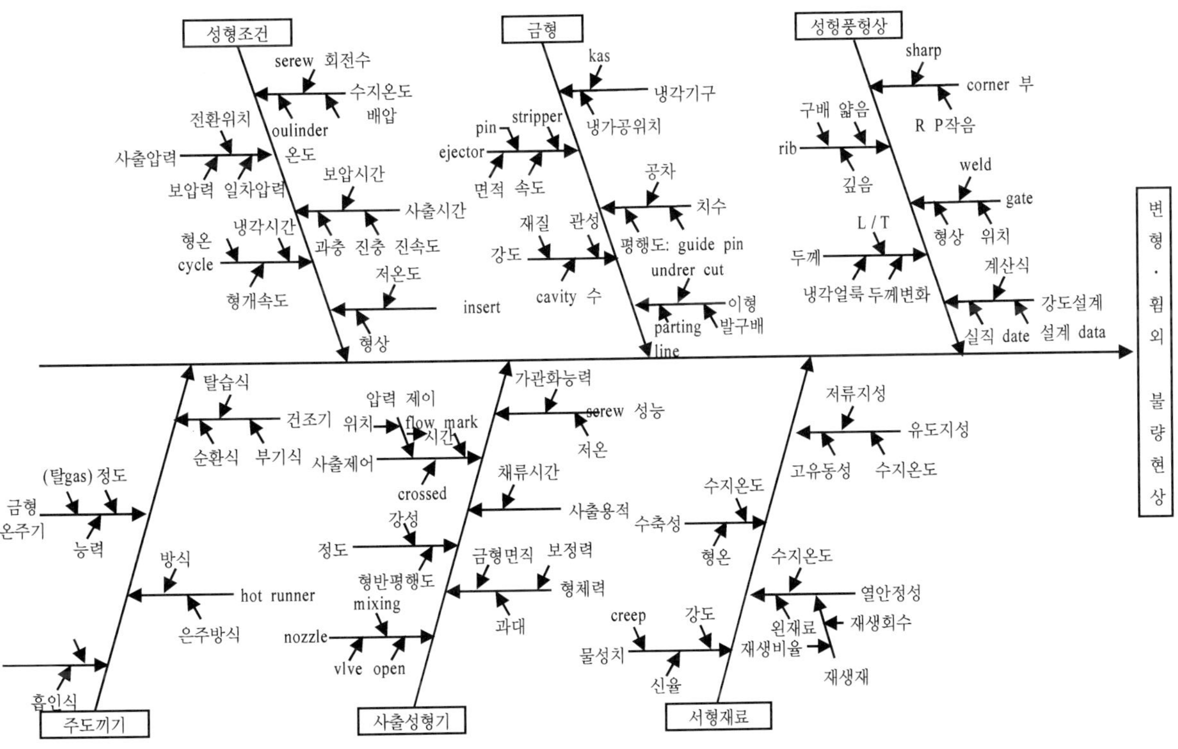

변형 · 휨 외 불량 현상
성형조건
serew 회전수
수지온도
배압
전환위치
oulinder
온도
사출압력
보압력 일차압력
보압시간
형온
cycle
냉각시간
사출시간
과충 진충 진속도
저온도
형개속도
형상
금형
kas
냉각기구
냉가공위치
stripper
pin
ejector
면적 속도
공차
치수
재질 관성
강도
평행도: guide pin
cavity 수
undrer cut
insert
parting
line
이형
발구배
성형품형상
sharp
corner 부
구배 얇음
R P작음
rib
깊음
weld
L / T
gate
두께
형상 위치
냉각얼룩 두께변화
계산식
강도설계
실직 date 설계 data
탈습식
건조기 위치
순환식 부기식
압력 제이
flow mark
시간
사출제어
crossed
강성
정도
형반평행도
mixing
nozzle
vlve open
(탈gas) 정도
금형
온주기
능력
방식
hot runner
은주방식
흡인식
주도끼기
가관화능력
serew 성능
저온
채류시간
사출용적
금형면직 보정력
형체력
과대
서형재료
저류지성
유도지성
고유동성 수지온도
수지온도
수축성
형온
수지온도
열안정성
creep 강도
원재료 재생회수
물성치
재생비율
신율
재생재
사출성형기

㉮ 정밀 성형의 경우는 치수 25~75㎜일 때 ±0.2~0.3%

㉯ 실험결과: 30% Glass 섬유 Grade 120×120×3㎜ 평판

1일 내: 0.038~0.059%

5일 내: 0.125%

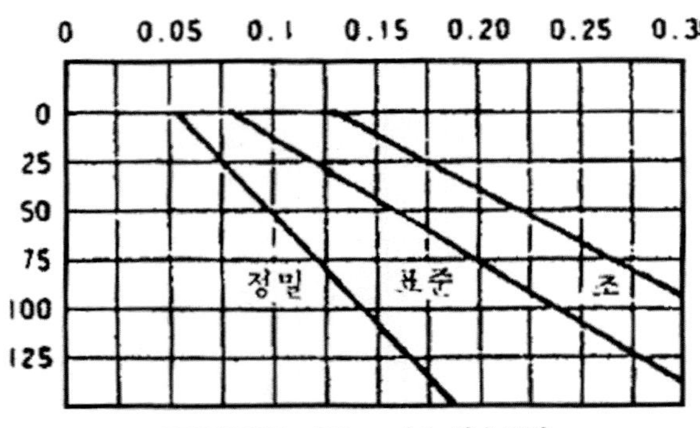

PBT(GF0%, HB grade) 치수공차

(12) 성형 Cycle의 추정

① 성형 Cycle

사출성형의 전 Cycle 시간 t는 다음 식으로 표시한다.

$$t = t_d + t_i + t_e \tag{1}$$

t_d: 중간시간

형개폐시간(사출성형기의 Dry, Cycle)

금형에서 성형품을 빼어내는 시간, 금형에 Insert를 삽입하는 시간,

이형제 도포 등 조각 시간의 합

t_i: 사출시간

용융 Polymer의 Cavity 충진시간, 홈 등이 생기지 않도록 부족분을 보

조충진하는 시간의 합

t_e: 냉각시간

Cavity 중의 용융 Polymer가 응고하여, 압축 Pin에 의해 금형 외로 돌

출되어도 변형이나 비틀림이 없는 곳의 온도까지 금형 중에 냉각 고

화하는 시간

㉑ 중간시간

최근 사출성형기의 개량, 진보가 현저해 이 Dry cycle의 매우 짧은 성형기도 나오고 있지만 Dry cycle이 단축되면 되는 만큼 금형의 재질 설계는 충분히 고려해야만 한다.

즉 충격 하중이 커지므로 탄탄한 구조로 할 것. 성형품의 자동적 이형의 설계로 할 것. Insert는 가능한 사용치 않을 것 등이 중요한 것으로 되어 있지만 성형기계, 제품 재료에 의해 이 중간시간은 정확히 예측할 수가 있다.

㉒ 사출시간

Cavity 내용적(㎤)을 사용하는 사출성형기의 사출률(㎤ / sec)에서 제외해 Polymer 충진시간을 파악한다. 다음 살두께나 복잡함, 치수정도의 요구정도에 따라 2차압(보압)시간을 가해 사출시간을 산출한다. 또 성형기의 사출률은 사출속도조절, Cavity의 살두께와 형상, Gate 단면적, 재료의 Grade, 성형조건(Polymer 온도, 금형온도, 사출압력) 등에 의해 좌우된다.

사출률은 이런 인자에 영향을 받지만 일반 Screw In line 사출성형기에서 대개 1 온스당 15~25㎤ / sec이다. 성형개시 시에는 사출률을 측정, 후에 추정에 도움이 되도록 data를 축적하는 것도 중요하다.

㉓ 냉각시간

일반성형품의 냉각시간의 추정에는 평행평면판의 일차원 전열에 관한 방정식으로부터 구한다.

$$\frac{d\theta}{dt} = a\frac{d^2\theta}{dx^2}$$

이 식에서 냉각시간 t_c(sec)와 그 시점의 평판의 중심온도 θ(℃)와의 관계식은

$$t_c = -0.2435 \cdot \frac{\ell^2}{\alpha} \cdot \log(\frac{\pi}{4} \cdot \frac{\theta - \theta_s}{\theta_0 - \theta_s})$$

ℓ: 성형품의 최대 두께(m / m)

α: Polymer의 온도 전파율(mm^2 / sec)

θ: t_c에 있어 중심부의 Polymer 냉각온도

압축 Pin에 의한 동출가능온도는 성형품의 형상 압출 Pin 위치에 따라 결정되며 이것을 t_c라 한다(일반적으로는 t_c를 열변형온도 4.6kg / ㎠).

θ_s: 금형온도(℃)

θ_0: Polymer의 초기온도

Type	Nylon6	비결정성 Nylon6	Nylon66
α	0.086	0.075	0.060
θ	195	195	240
중심부 냉각온도℃	149	185	182

참고로 열가소성 수지의 온도전파율과 냉각점을 나타낸 것이다. 또 식을 계산하는 것은 어려운 일이므로 표를 이용하는 것이 편리하다. 더욱이 13㎜ 이상의 살두께 성형품을 표면에서 어느 거리의 점이 θ℃로 되는 그 시간을 냉각시간이라고 하는 것이 변형도 없으며 Ejection하는 것이 지장이 없다고 생각된다.

중심면의 냉각시간과 어느 거리 X로 한곳의 냉각시간과의 비를 나타낸 Graph를 그림에 나타낸다.

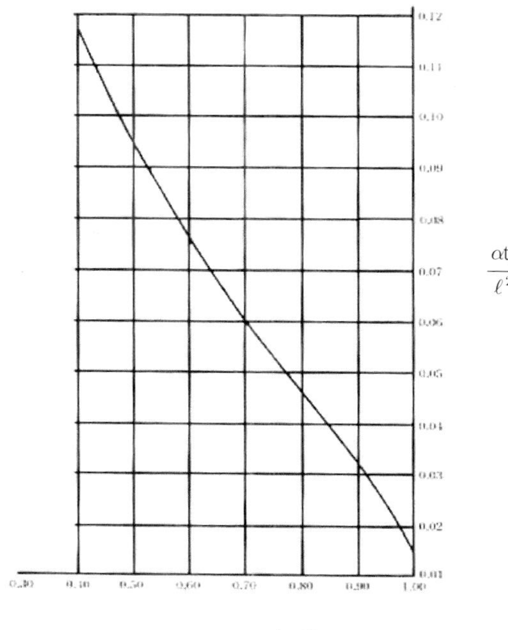

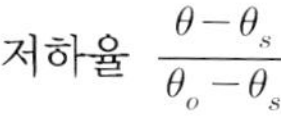

저하율 $\dfrac{\theta - \theta_s}{\theta_o - \theta_s}$

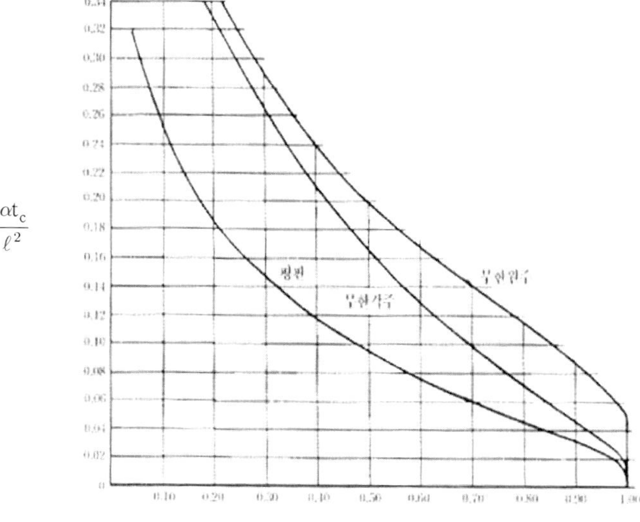

온도저하율 $\dfrac{\theta - \theta_s}{\theta_o - \theta_s}$

수지의 α와 θ

재료	$\alpha\, \mathrm{mm^2/sec}$	$\theta\,℃$
스티롤수지	0.077	87
ABS수지	0.075	98
AS수지	0.075	98
메타크릴수지	0.065	90
염화비닐	0.068	60
고밀도 폴리에틸렌	0.102	76
폴리카보네이트	0.098	148

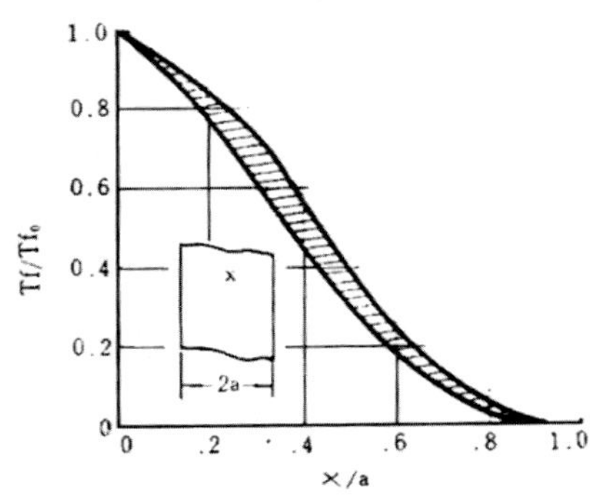

평판의 응고

② 문제례

㉮ 3oz의 Screw type 사출성형기에서 두께 3㎜의 60Φ㎜ 원판이 4Cavity 금형에서 성형할 때의 Cycle을 추정하라. 재료는 미결정성 Nylon6, 성형조건은 Polymer 온도 250℃, 금형온도 65℃

<해석>

$d_d = 5\mathrm{sec}$, $t_i = 50\,\mathrm{cm^2}\,/\,15 \times 3\,\mathrm{cm^3} + 3 = 4.1\mathrm{sec}$

$$\frac{\theta - \theta_s}{\theta_o - \theta_s} = \frac{182 - 65}{250 - 65} = 0.63$$

그림에서 $\dfrac{\theta - \theta_r}{\theta_o - \theta_s} = 0.63$의 점을 고르면 $\dfrac{\alpha t_c}{\ell^2} = 0.071$

표에서 $\alpha = 0.075$에 의해

$$t_c = \frac{0.061 \ell^2}{\alpha} = \frac{0.071 \times 3^2}{0.075} = 8.550\mathrm{sec}$$

따라서

$$t = t_d + t_i + t_e = 5 + 4.1 + 8.5 = 18\mathrm{sec}$$

㉯ 두께 6㎜의 6㎜Φ의 원판의 냉각시간을 추정하라.

단 3㎜ 이상의 살두께이니까 표면에서 1.5㎜의 점이 θ로 되는 시간을 그때의 냉각시간, 또 그때의 중심부의 온도를 산출하라. 재료는 미결정성 Nylon6, 성형조건은 polymer 온도 250℃, 금형온도 70℃

<해석>

$$\frac{\theta - \theta_s}{\theta_o - \theta_s} = \frac{185 - 70}{250 - 70} = 0.638$$

그림으로부터

$$\frac{\alpha t_{co}}{\ell^2} = 0.7 \quad t_{co} = \frac{0.07 \times \ell^2}{\alpha}$$

$$\frac{0.07 \times 6^2}{0.075} = 33.6 \text{sec}, \quad \frac{X}{0} = \frac{1.5}{3} = 0.5$$

그림으로부터

$$\frac{t_c}{t_{co}} = 0.4$$

또 그때의 중심부의 온도는

$$\alpha \cdot t_c / \ell^2 = 0.075 \times 13.4 / 6^2 = 0.0208$$

그림에서

$$(\theta - \theta_s) / (\theta_0 - \theta_s) = (\theta - 70) / (250 - 70) = 0.97$$

$$\theta = 244℃$$

따라서 그 시점의 중심부 온도는 244℃ 또 중심부가 185℃로 되는 시간은

33.6sec

㉱ Melt temperature $\theta_M = 250℃$, Cavity wall temperature $\theta_w = 50℃$, Mean ejection temperature $\theta_E = 75℃$, Effective thermal conductivity $a_{elf} = 0.085 mm^2/s$, Moulded part thickness $s = 2 mm$.

Result: $\overline{T} = \dfrac{250 - 50}{75 - 50} = 8$ from Nomogram: $t_k = 9 seconds$

Thermo-plastic	Thermal conductivity (mm^2/s)	Mean ejection temperature (℃)(guide value)*
PC+ABS	0.090	110
PA6.66	0.070	100
PC+PBT	0.095	130
PC	0.100	130
ABS	0.080	90
PET	0.080	150
PBT	0.090	130

* Values different from those given above may be necessary. depending on the grade being processed.

Guide values for determining cooling time

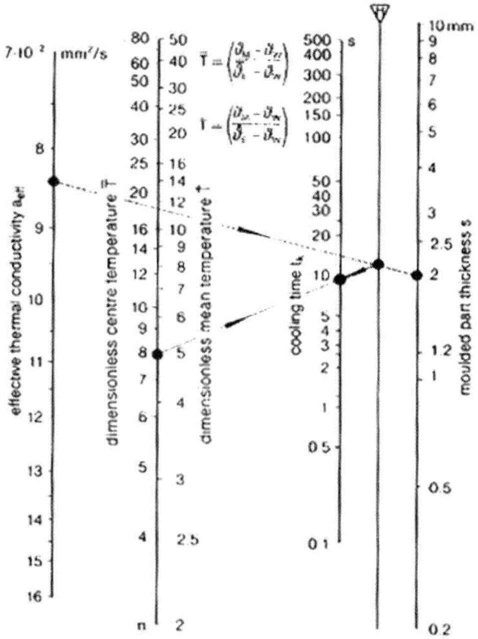

Nomogram for determining cooling time
when injection moulding thermoplastics

③ 냉각

- 냉각관과 냉각관 간의 거리＝냉각 Line 직경×2～3배
- Cavity 면에서 냉각관 중심까지의 거리＝냉각 Line 직경×2～3배
- 냉각관

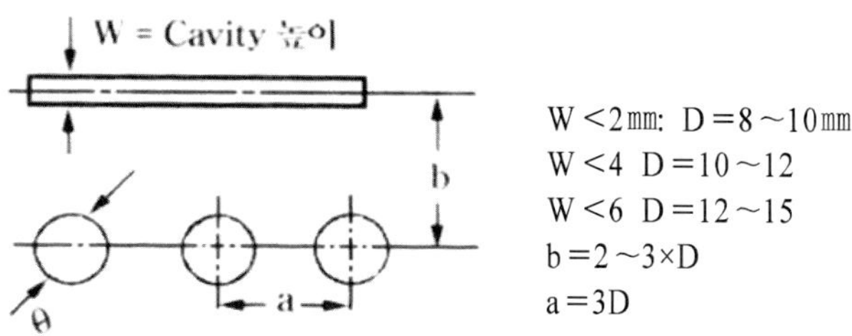

$W < 2\,mm$: $D = 8 \sim 10\,mm$
$W < 4$ $D = 10 \sim 12$
$W < 6$ $D = 12 \sim 15$
$b = 2 \sim 3 \times D$
$a = 3D$

- 입수냉매와 출수냉매의 온도차＝2~3℃ 이하
- 입수온도＝목표금형온도－10~20℃
- 입수온도－냉각 Line 표면온도＝5℃ 이하
- 과도하게 긴 냉각회로 배열＝압력손실로 열전달 효율감소
- Hot spot 발생＝Baffle, Bubbler, Thermal pin 설치
- 금형재질 부분적 고려＝부분적으로 Cu / Be－Cu 합금사용
- 냉각해석의 중요성＝성형품의 표면상태
- Pump 용량＝유량×4(냉각효율측면), 유량＋30%(일반적)
- 냉각 Line 내 이물＝1㎜ 두께의 이물 간의 거리 50㎜ 이상
- 장치에 따른 냉매온도범위

일반적 Cooling tower	20~25℃
Heater 사용	30℃
Chiller 사용	10℃
Chiller와 냉매 사용	5℃
Heater와 Vaporizer	80℃
Heater와 Oil	100℃

④ 변형
- 제품의 형태를 바꾸기에 충분히 큰 잔류응력이 불균일하게 분포할 때 발생
- 잔류응력은 성형품 내부의 수축률편차가 원인
- 수축률편차는 재료의 결정화도, 체적수축, 금형 내의 구속형태, 배향원인

⑤ 유동
- 충진 중 발생되는 전단응력＜수지에 따른 전단응력 허용치
- 유동의 정체현상: 유동이 두꺼운 곳과 얇은 부분으로 나누어지는 곳으로부터 가능한 먼 곳에 Gate 설치
- Cavity 내에서 온도강하는 20℃ 이내, 압력강하는 100mp 이하

　냉각온도의 편차＝±10℃ 이하

- 금형용 강재의 열전도도

Medium alloy steel　　　　　　　　29w / m / k

Carbon steel	46.9
Stainless steel	23
Be−Cu Alloy	130〜260

(13) 단위환산표

일열량 · Energy	J	kW · h	kgf · m	kcal
	1	2.77778×10^{-7}	101972×10^{-1}	2.38889×10^{-4}
	3.600×10^{6}	1	2.67098×10^{5}	8.6000×10^{2}
	9.80665	2.72407×10^{-6}	1	2.34270×10^{-3}
	4.18605×10^{3}	1.16279×10^{-3}	4.26858×10^{2}	1

(주) 1J＝1W · s, 1W · h＝3600W · s
　　1cal＝4.18605J(계량법에 의함)

일률(공률 · 동력) 열량	kW	kgf · m / s	PS	kcal / h
	1	1.01972×10^{2}	1.35962	8.6000×10^{2}
	9.80665×10^{-3}	1	1.33333×10^{-2}	8.43371
	7.355×10^{-1}	7.5×10	1	6.32529×10^{2}
	1.16279×10^{-3}	1.18572×10^{-1}	1.58095×10^{-3}	1

(주) 1W＝1J / s, PS: 불마력에 의함
　　1PS＝0.7355kW(계량에 의함)
　　1cal＝4.18605J(계량법에 의함)

물리량	단위	환산
힘	N	$1kgf＝9.81N$
압력(액압)	bar	$1bar＝10^{5}Pa$ $1kgf / cm^{2}＝0.981bar$
압력 탄성률	N/mm²	$1kgf / cm^{2}＝14.22PSI$ $1kgf / cm^{2}＝0.098N / mm^{2}$ $1N / mm^{2}＝1MPA＝10.20kgf / cm^{2}$ $1PSI＝0.0703kgf / cm^{2}$
energy 열량	J	$1kgf · m＝9.8J$ $1cal＝4.186J$ $1kWh＝3.6MJ$

물리량	단위	환산
충격강도	KJ / ㎡ J / m	$1\text{kgf} \cdot \text{cm} / \text{cm}^2 = 0.981\text{KJ} / \text{m}^2$ $1\text{kgf} \cdot \text{cm} / \text{cm} = 9.81\text{J} / \text{m}$ $1\text{kgf} \cdot \text{cm} / \text{cm} = 0.18376\text{t} - 1\text{b} / \text{in}$ $16\text{t} - 1\text{b} / \text{in} = 5.44\text{kg cm} / \text{cm}$
열류	W	$1\text{kgf} \cdot \text{M} / \text{S} = 9.81\text{J}$ $1\text{cal/S} = 4.186\text{W}$
열전도율	W/mk	$1\text{kcal} / \text{mh}℃ = 1.163\text{W} / \text{mk}$ $1\text{W} / \text{mk} = 0.86\text{kcal} / \text{mh}℃$
절연강도	V/㎜	$1\text{V} / ㎜ = 0.0254\text{V} / \text{mil}$ $1\text{V} / \text{mil} = 39.37\text{V} / ㎜$

<참고>

(1) k: 10^3

(2) M: Mega $= 10^6$

(3) G: Giger $= 10^9$

(4) K: 케르핀(열역학온도)

• 저자 •

임무생
林茂生
Moo-Seang
Lim

•약 력•

과학기술 진흥과 산업발전 유공자 석탑산업훈장 수상
수출진흥 발전과 수출시장 개척 유공자 대통령표창 수상
공기방울제어장치기술 과학기술처장관상 수상
Low noise and less vibration vacuum cleaner. U.S.A. patent 5,293,664
가열초음파가습기 기술 과학기술처장관 상장 수상
한양대학교 공과대학 기계공학과 공학사
서울대학교 공과대학 최고산업 전략과정 수료
한양대학교 신뢰성분석연구센터 연구 부교수
HYU Failure analysis and reliability course completion
상공자원부 산학연 기술교류회 위원
산업자원부 기술개발 기획평가단 위원
대우전자주식회사 가전연구소장, 생활가전 사업부장
테크라프주식회사 대표이사
영진전기주식회사 품질관리 이사
대한Nakagawa산업주식회사 Engineering consultants

•주요저서•

벤처기업과 기술경영
한국적 슬기가 세계를 이긴다
사출가공과 금형
플라스틱 제품설계
Press 부품설계
요소설계 신뢰성공학
정보system 신뢰성공학
Plastic 최적설계
Engineering plastic 신뢰성공학

외 다수

Plastic 최적설계

• 초판 인쇄	2008년 10월 20일
• 초판 발행	2008년 10월 20일
• 지 은 이	임무생
• 펴 낸 이	채종준
• 펴 낸 곳	한국학술정보㈜
	경기도 파주시 교하읍 문발리 513-5
	파주출판문화정보산업단지
	전화 031) 908-3181(대표) · 팩스 031) 908-3189
	홈페이지 http://www.kstudy.com
	e-mail(출판사업부) publish@kstudy.com
• 등 록	제일산-115호(2000. 6. 19)
• 가 격	50,000원

ISBN 978-89-534-0306-2 93550 (Paper Book)
      978-89-534-0307-9 98550 (e-Book)